跟着大师学创新

（上 册）

代旭升　杜国栋　唐守忠　孟向明　张义铁　**编著**

中国石化出版社

·北京·

图书在版编目（CIP）数据

跟着大师学创新 / 代旭升等编著 . —北京：中国石化
出版社，2023.11（2024.3 重印）
ISBN 978-7-5114-7355-4

Ⅰ.①跟… Ⅱ.①代… Ⅲ.①石油开采 – 技术革新
Ⅳ.① TE35

中国国家版本馆 CIP 数据核字（2023）第 223025 号

中国石化出版社出版发行

地址：北京市东城区安定门外大街 58 号
邮编：100011　电话：(010)57512500
发行部电话：(010)57512575
http://www.sinopec-press.com
E-mail：press@sinopec.com
北京鑫益晖印刷有限公司印刷
全国各地新华书店经销

*

787 毫米 ×1092 毫米 16 开本 45.5 印张 12 彩插 1064 千字
2023 年 11 月第 1 版　2024 年 3 月第 2 次印刷
定价：225.00 元

代旭升　中共党员，采油高级技师，原中国石化集团公司采油技能大师，山东省首席技师，胜利油田首席技能大师，50多年如一日，立足岗位、勇于创新，填补国内外油井套管气回收领域技术空白，自主完成获奖成果107项、获国家科学技术进步二等奖1项、获国家专利授权73项，创效上亿元。被中组部等十部委授予"工人发明家"。其三位徒弟获全国劳动模范荣誉称号，一位获国家科技进步二等奖，一位获中华技能大奖，三位获全国技术能手。曾获评全国劳动模范、全国五一劳动奖章、中国高技能人才十大楷模、中华技能大奖、全国技术能手、中国十大国匠和全国关心下一代最美五老等，享受国务院政府特殊津贴。创建了国家级代旭升技能大师工作室和全国示范性劳模创新工作室。

张义铁　男，42岁，中共党员，江汉油田特级技师，中国石化集团公司采油技能大师，曾获评中华技能大奖、全国技术能手、全国劳动模范、全国五一劳动奖章、全国最美青工、全国向上向善好青年、湖北省首届"杰出人才奖"，国家级技能大师工作室领衔人，享受国务院政府特殊津贴。

创立了江汉油田首个技师工作室，解决现场问题300余项，其中45项成果获国家专利授权，21项成果在多个油田推广应用。培养出了42名技师、10名省部级"技术能手"。2019年成为了团中央讲师团成员，先后到北京、河北、湖南、广西等省市职业院校、大学、军队巡回演讲报告。个人事迹先后被《工人日报》《中国青年报》《中国石化报》《中华儿女》《湖北日报》等媒体宣传报道。

唐守忠 中共党员，胜利油田采油工特级技师，中国石化集团公司技能大师，全国示范性劳模和工匠人才创新工作室领衔人。他扎根黄河入海口盐碱荒滩34年，先后编著《大国工匠工作法－唐守忠工作法》等技术专著3部，自主完成获奖技术成果134项，获得国家专利授权46项、全国优秀质量管理成果一等奖3项，累计为企业降本增效超亿元，成为石油行业的发明大王；他培养行业技术能手214人，为推动石油石化行业技术提升、保障国家能源安全做出了积极贡献。获评全国劳动模范、全国技术能手、全国五一劳动奖章、石化名匠等，享受国务院政府特殊津贴。曾受到党和国家领导人的亲切接见，并代表亿万产业工人在北京人民大会堂做典型经验介绍。

毛谦明 中共党员，西北油田特级技师，中国石化集团公司技能大师，他30年如一日、始终坚守生产一线，勤学苦练、勇于创新，完成获奖创新成果70余项，其中获国家专利授权24项，获省部级奖励20余项，累计创效近亿元；在国家级期刊发表论文10篇。共计带徒56名，他组织编写及拍摄的多项培训教材已作为西北油田技能竞赛、新工教育的标准和入厂读本。他本人也获评全国劳动模范、全国技术能手、全国五一劳动奖章、全国最美青工、自治区劳动模范、中石化劳动模范等，享受国务院特殊津贴。他组建了"全国示范性劳模创新工作室"，解决现场难题300余项，培养出2名全国技术能手，4名集团公司技术能手，5名中石化青年岗位能手。

孟向明　男，中共党员，49岁，胜利油田特级技师，中国石化集团公司采油工技能大师、山东省首席技师。参加工作30年来，始终扎根生产一线，自主完成获奖创新成果351项，其中获国家专利授权76项，省部级以上获奖成果35项；发表技术论文38篇，编写出版技术专著5部；带徒107人，其中67人晋升高级技师，18人在国家级大赛中获奖，3人被授予全国技术能手，"孟向明创新工作室"被评为山东省示范性劳模工匠创新工作室。个人先后获评全国五一劳动奖章、全国技术能手、国家技能人才培育突出贡献个人、中央企业"大国工匠"、泰山产业领军人才、齐鲁大工匠、齐鲁最美职工、山东省五一劳动奖章、中国石化劳动模范等。

都亚军　中共党员，河南内黄人，中国石油化工股份有限公司中原油田分公司采油特级技师，中国石化集团公司技能大师，曾获评全国五一劳动奖章、全国技术能手等，享受国务院政府特殊津贴。他扎根油气开发一线，破解生产难题，传承技能知识，促进油田发展。他编写的《采油（采气）危害识别与防范》《油气生产应急处置指南》《信息化设备使用手册》在石油石化行业广泛应用。自主完成技术革新成果145项，获实用新型专利授权35项；在石油石化行业培训员工上万人次；59名徒弟中，39人取得技师、高级技师任职资格，6人成长为河南省、集团公司技术能手，成为全国石油石化行业高技能人才的代表。

　　李红星　中原油田采油工高级技师、中原油田首席技师、青年成长导师。他扎根采油一线 32 年，坚持把平凡的事做好的理念，先后完成创新成果 160 余项，获得国家发明专利授权 1 项，实用新型专利授权 13 项，推广应用后累计创效 2000 余万元。创新高技能人才培养模式，创建了石化系统首家技师工作站；主编的《采油工技能操作标准化培训教程》《注水泵工岗位技能操作标准化培训教程》经中国石化出版社出版并在中国石化集团公司推广发行，积极参与集团公司技师、高级技师培训班和技能竞赛培训任务，培养了大批优秀技能人才。曾获评全国五一劳动奖章、河南省技术能手、十大能工巧匠等。

　　杨　莲　中国石油化工股份有限公司江苏油田分公司采油特级技师，江苏省劳动模范、全国五一劳动奖章获得者，"杨莲劳模创新工作室"的带头人。参加工作 25 年来，她始终扎根在采油生产一线，致力于以创新解决生产难题，完成各类技术成果 51 项，获得国家专利授权 23 项，累计创造经济效益 3200 万。她积极为广大员工搭建技术交流的平台，全方位、多角度、深层次地推广劳模经验，实现技术革新、技术攻关、节能减排等创新工作，以实际行动为保障国家能源安全，为推动全面建设社会主义现代化强国贡献石油力量。2023 年，工作室成功入选中石化红色教育基地。

沈　霁　华东油气分公司采油工特级技师、华东油气分公司首席技师、中国石化集团公司技能大师。工作 22 年以来，他扎根生产一线，解决现场生产难题百余项，取得创新成果 40 余项，获得国家发明专利授权 3 项、实用新型专利授权 24 项，省部级科技奖 4 项，累计创效 5000 余万元。他立足油气田生产实际，不断创新应用前沿技术推进智慧油田建设，从一名采油工成长为"互联网+"智能化油田建设的技术领军人物，培养出大批智能化油田复合型高技能人才，推动企业从传统油田向信息化油田再到智能化油田的转变。曾获评全国技术能手、全国青年岗位能手、中央企业技术能手、江苏省劳动模范、江苏工匠等，享受国务院政府特殊津贴。

景天豪　河南油田特级技师，河南油田采油工首席技师、中国石化集团公司技能大师、景天豪劳模创新工作室带头人。他扎根采油一线 30 年，先后完成技术成果 120 余项，获得国家专利授权 67 项，省部级创新成果 25 项，国家级及省部级优秀 QC 成果 29 项，累计降本增效 6500 多万元。他培养的徒弟获全国行业及中国石化集团公司职业技能竞赛 10 项金奖、8 项银奖、14 项铜奖，有 2 人获得全国技术能手，均成为采油领域新一代领军人物，为保障国家能源安全做出了积极贡献。曾获评全国技术能手、第三届"感动石化"人物、中原大工匠、中央企业劳动模范等，享受国务院政府特殊津贴。

厉昌峰 江苏油田分公司采油工特级技师，中国石化集团公司技能大师，中国石化示范性职工创新工作室领衔人。他从事采油工作34年来，在实践中增长才干，在探索中获得累累硕果，成长为关键时候能"一锤定音"解决难题的操作大师。先后完成创新成果182项，其中获国家发明专利授权3项、实用新型专利授权41项，累计为企业降本增效5600万元。他先后8次担任国家和集团公司技能竞赛裁判，培养出中国技能大赛金奖、中石化职业技能竞赛金奖、中央企业技术能手等一大批青年技术人才，书写着石油战线优秀技能人才的"工匠"精神。曾获评国家技能人才培育突出贡献个人、江苏工匠、江苏省"十佳行业工匠"、中国石化优秀共产党员等。

孙爱军 1969年出生，中共党员，河南油田采油工特级技师，中国石化集团公司技能大师，中国石化示范性职工创新工作室带头人。他扎根采油一线38年，先后完成创新成果121项，获得国家专利授权55项，省部级技术成果40项，累计创效5300多万元；所带徒弟在中石化集团公司及以上级别职业技能竞赛中共取得4块金牌、4块银牌和6块铜牌，培养出中国石化技术能手6人，油田首席技师2人，主任技师6人，采油工技师、高级技师37人，为油田高技能人才队伍建设做出了积极贡献。曾获河南省五一劳动奖章、河南省十大能工巧匠、河南省劳动模范、中原大工匠、中国石化技术能手、中国石化劳动模范、全国石油石化系统创新先进人物等。

杜国栋 中共党员，胜利油田采油工特级技师、胜利油田首席技能大师。参加工作 29 年，扎根一线解难题，爱岗敬业擅创新，先后自主完成获奖技术成果 110 项，其中 4 项获国家发明专利授权，35 项获国家实用新型专利授权，46 项获局级及以上奖励。发表技术论文 39 篇，编写专业书籍及教材 5 部，参与制修订胜利油田企业标准 7 项，总结提炼绝招绝活及先进操作法 21 项。长期担任采油专业技术教练、大学生实习导师，多次担任胜利油田采油工职业技能竞赛裁判，签约带徒 32 人，12 人在油田及以上级别比赛中获奖，为培育人才提供了技术服务。曾获评中国石化技术能手、中国石化劳动模范、山东省首席技师、山东省创新能手、富民兴鲁劳动奖章、胜利油田劳动模范等。

王　刚 中共党员，胜利油田采油特级技师，胜利油田技能大师、胜利油田劳模和工匠人才王刚创新工作室领衔人。工作 29 年来，自主完成获奖创新成果 37 项，获国家发明专利授权 2 项、实用新型专利授权 32 项，累计创经济效益 1000 余万元，发表专业技术论文 16 篇，编写局级及以上专业教材 6 本，编写胜利油田企业标准 5 项，编写采油工标准化操作规程 41 项。培养的徒弟获全国及中国石化集团公司职业技能竞赛 11 项金奖、12 项银奖、12 项铜奖，3 人获得全国技术能手，15 人晋升技师、高级技师。个人先后荣获中央企业技术能手、山东省首席技师、富民兴鲁劳动奖章、油田为民创新贡献奖银奖、东营市十大金牌工匠、油田劳动模范三次、荣立油田二等功两次，东营市东营区第十四届人大代表。

郝洪峰 中共党员，胜利油田采油工特级技师、胜利油田采油技能大师，他扎根孤东油田 30 多年，先后攻克了光杆断后停产污染、油管漏后躺井等技术难题，完成获奖技术革新成果 160 项，其中获得国家发明专利授权 5 项，国家实用新型专利授权 56 项，局级以上奖励 100 多项，提出增产增效建议 230 余条，累计获得经济效益 6000 万元。发表《采油计量间集油流程故障状态分析》等 33 篇技术论文，编写了《采油工（信息化）培训教材》《采油工三问题库》等专业技术书籍 6 本，先后培养徒弟 2000 多人，有 50 多位晋升技师或高级技师。曾获评山东省首席技师、中国石化集团公司劳动模范、山东省职工创新能手、胜利油田劳动模范等。

隋爱妮 中共党员，胜利油田分公司采油工特级技师、胜利油田技能大师、胜利油田劳模和工匠人才创新工作室带头人。扎根采油一线 28 年，先后自主完成获奖技术成果 92 项，其中：获国家专利授权 18 项，省部级奖励 27 项，局级奖励 27 项，18 项成果共在生产现场推广应用 1282 套，创效 1620.7 万元；创立"3+5"导师带徒法，签约徒弟 65 人，其中 6 人在中国技能大赛中获奖，12 人在中国石化、油田职业技能竞赛中获奖，28 人晋升技师、高级技师。曾获评集团公司技术能手、中石化劳动模范、山东省有突出贡献的技师、山东省富民兴鲁劳动奖章、齐鲁首席技师、齐鲁工匠、中国技能大赛采油工优秀教练、油田技能大奖、油田为民技术创新金奖、中国技能大赛采油工优秀教练等。

序

适值中国石化成立40年之际，捧读《跟着大师学创新》书稿，每页纸都是厚重的，每项成果都是沉甸甸的，其中透出干事创业、勇往直前的磅礴力量：感动于石油石化人攻坚克难的锐气，一项项创新成果叠加起创新发展的新高度；欣喜于石油石化人的创新情结、战斗情怀，这是我们厚植发展根基的底蕴底气所在；庆幸于我们赶上了一个伟大的时代，才有了施展才华、创新创造的舞台——这都成为加快打造世界领先企业、全力为美好生活加油的强大动力。

创新是一个民族进步的灵魂，是一个国家兴旺发达的不竭动力，也是中华民族最深沉的民族禀赋。融入中国式现代化新境界新格局，涉及组织创新、技术创新、管理创新、战略创新等的企业创新，已成为决定企业发展方向、发展规模、发展速度的关键要素，成为引领企业可持续高质量发展的重要力量。

中国石化作为国有重要骨干能源企业，担负着重要的政治责任、经济责任和社会责任，历来高度重视科学技术创新。中国石化走过40年激情岁月，辉煌成就史就是一部创新发展史。自1983年成立以来，中国石化坚持把创新贯穿于公司生产经营的全过程，大力推进观念、体制、机制、管理、技术、产品、服务等方面的创新，引领了市场发展，打造了行业标杆，成就了卓越品质，逐步成长为治理规范、管理高效、文化先进，市场化程度高、国际化经营能力强，拥有世界一流技术、人才和品牌的先进企业。

当前，中国石化进入历史性跨越的新发展阶段，担负着保障能源资源等重要产业链供应链的安全稳定、促进人与自然的和谐共生、加快绿色低碳循环发展、全面满足人民对美好生活向往的时代重任。如何高效推动实现高端化、集约化、数字化、绿色化发展，迫切需要创新驱动的加持。令人心潮澎湃的是，中国石化厚植创新沃土、营造创新氛围，坚定不移实施创新驱动发展战略，深化科技体制机制改革，强化关键核心技术攻关，加快提升原创技术需求牵引、源头供给、资源配置、转化应用能力，推动科技创新驶入快车道、实现大跃升。

本书汇集了中国石化上游板块8家油田企业的621项创新成果，很好地体现了价值导向、以人为本，具有很强的实用性和可操作性，可以说是石油石化矿场破题攻关的百科全书。研学一项项创新成果，犹如一颗颗耀眼的珍珠铺陈开来，串起了石油石化人创新发展的心路历程，串起了中国石化40年创新不辍、奋斗不止的足迹，眼前浮现的是大师和工匠们刻苦攻关的身影，其中凝结着辛勤的付出、闪耀着智慧的光芒，仿佛听到"有条件要上，没有条件创造条件也要上"的呐喊，亦仿佛看到石化员工"为祖国加油，为民族争气"的执着与豪迈。衷心希望本书能引发广大石油石化人的广泛思考，有所启迪、有所借鉴、有所感悟，推动用创新办法寻求化解矛盾的"钥匙"，用创新思路获取攻坚克难的"良方"，用创新举措打开实现突破的"锦囊"，激发锐意创新的勇气、敢为人先的锐气、蓬勃向上的朝气，真正形成"处处是创新之地，个个是创新之人"的生动局面。

唯创新者进，唯创新者强，唯创新者胜。现代企业的竞争已越来越依赖科学技术，强化技术创新已成为现代企业发展的一股新潮流。跟着大师学创新，学的不是具体的成果本身，而是创新的意识、思维、境界和格局，自觉融入时代洪流，用发展的眼光、宏阔的思维和创新的担当解决发展中出现的新情况、新问题，以创新不辍突破一批影响产业高质量发展的关键核心技术和"卡脖子"技术，增强自主创新能力，培育产业发展新动能，支撑引领产业高质量发展，让创新在发展全局中始终居于核心地位。

抓创新就是抓发展，谋创新就是谋未来。创新是实现中国式现代化、推进民族复兴伟业的动力源泉。企业是实现创新驱动发展战略落地见效的关键主体，是促进科技与经济结合的关键纽带，而增强自主创新能力是一项长期而艰巨的任务，让我们坚定创新自信，勇攀科技高峰，加快打造原创技术策源地，奋力实现高水平科技自立自强，为"打造世界领先洁净能源化工公司"不懈奋斗，为建设创新型国家和世界科技强国作出新的更大贡献。

高永林

上 册 目 录

第一章 陆上采油

第一节 抽油机维护保养及调整 ································· 001

井口长效保温防腐技术 ································· 001

抽油机皮带快速调节器 ································· 003

皮带式抽油机电动机快速调节装置 ················· 005

通用分体式滑道冲击锤 ································· 007

立式抽油机移位装置 ································· 008

抽油机皮带自动调节装置 ························· 010

油井辅助登高平台 ································· 012

一体式抽油机盘根、皮带量化自动调整装置 ········· 014

油水井井口清洗及喷漆装置 ····················· 016

油井安全憋压稳压装置 ························· 018

新型曲柄销撞击装置 ··························· 019

抽油机平衡率快速自动精调装置 ················· 021

采油设备润滑油加注装置的研制 ················· 023

新型电动机滑轨 ······························· 025

研制曳引式抽油机钢丝绳保养装置 ··············· 027

一种利用皮带式抽油机自身动力移动装置 ········· 029

游梁式抽油机远程制动装置 ····················· 031

皮带式抽油机移位盘动器及辅助滚轮 ············· 033

滑杠式曲柄销子取出工具 ······················· 034

游梁式抽油机辅助平衡装置 ····················· 036

一种电动机皮带自动调整装置 ··················· 038

便携式可移动式死刹车 ························· 039

便携式注油保养设备 ··························· 041

双向伸缩式电动机移动装置 ····················· 043

电动机免拆卸式滑轨 ··························· 045

曲柄销衬套取出装置 ··························· 046

抽油机可视化高空智能巡检仪 ··················· 048

抽油机可移动式电动机底座 ····················· 050

第二节 注采设备设施及辅件 ··························· 052

皮带式抽油机减速箱轴端密封器 ················· 052

抽油机防溜车锁 …………………………………………………… 054

游梁式抽油机组合防护罩 ………………………………………… 055

计量站污油储存罐 ………………………………………………… 057

角式单流阀 ………………………………………………………… 059

自燃煤式油井加热炉 ……………………………………………… 061

油井地面降压装置 ………………………………………………… 063

组合式皮带轮 ……………………………………………………… 065

抽油井免放空取样阀门 …………………………………………… 066

一种轴流式井口过滤器 …………………………………………… 068

可调式油井射流掺水装置 ………………………………………… 070

螺杆泵油井驱动头防反转装置 …………………………………… 072

磁性密码防盗阀门 ………………………………………………… 074

移动式油井产量核验装置 ………………………………………… 075

复合变径皮带轮 …………………………………………………… 077

抽油机减速箱漏油治理系列技术 ………………………………… 079

抽油机防偏转悬绳器 ……………………………………………… 081

抽油机刹车定位装置 ……………………………………………… 083

抽油机刹车防盗装置 ……………………………………………… 084

通用型抽油机刹车蹄轴装置 ……………………………………… 086

新型防盗丝堵 ……………………………………………………… 088

新型游梁式抽油机驴头销子 ……………………………………… 089

柱塞泵油润滑装置 ………………………………………………… 091

油田双火源射流燃烧器 …………………………………………… 092

一种组合式单向阀 ………………………………………………… 094

一种膨胀式抽油机驴头销子 ……………………………………… 096

层流合路器 ………………………………………………………… 098

电机防盗螺栓 ……………………………………………………… 100

热采井光杆防撞锥帽 ……………………………………………… 102

减速箱防盗堵头及专用拆装工具 ………………………………… 103

电机组合式皮带轮 ………………………………………………… 105

油井标产不停井泄压装置 ………………………………………… 106

新型防盗减速箱盖板 ……………………………………………… 108

注水泵机组强制润滑油量控制技术 ……………………………… 109

一种抽油井井口保温防腐护罩 …………………………………… 111

换向单流截止阀 …………………………………………………… 112

油水分离电加热储罐 ……………………………………………… 114

燃气炉安全点火装置 ……………………………………………… 116

五种油井井口流程 ………………………………………………… 118

内置式免放空取样装置 …………………………………………… 119

抽油机多功能悬绳器 ……………………………………………… 121

压力表防冻、防喷装置 …………………………………………… 123

一种抽油机毛辫子可调式悬绳器 ………………………………… 124

抽油机远程自动刹车装置 ………………………………………… 126

掺水水嘴套 ………………………………………………………… 128

防旷式驴头销子 …………………………………………………… 129

高压增注泵防机油串水保护装置 ………………………………… 131

注聚泵组合式吸入阀 ……………………………………………… 132

稠油井掺水辅助加热装置 ………………………………………… 134

回水系统防进油装置 ……………………………………………… 136

抽油机防退扣曲柄销 ……………………………………………… 137

抽油机调偏悬绳器 ………………………………………………… 139

油套双向导通放空放气阀 ………………………………………… 140

高低温油井换热装置 ……………………………………………… 141

输油管线加热装置 ………………………………………………… 143

油井自动憋压测试装置 …………………………………………… 144

注水泵柱塞润滑装置 ……………………………………………… 146

自动调偏悬绳器 …………………………………………………… 148

油井井口防憋压装置 ……………………………………………… 149

抽油机压杠螺栓的改造 …………………………………………… 151

抽油机减速箱输出轴堵漏盖板 …………………………………… 152

电动机通用锥套 …………………………………………………… 153

可调整机械密封 …………………………………………………… 155

上装式闸门铜套 …………………………………………………… 156

一种污油罐回收原油新工艺 ……………………………………… 158

一种注水吞吐采油工艺的研制与应用 …………………………… 159

一种新型抽油机驴头销子 ………………………………………… 161

活接式耐高温高压注汽放喷管汇 ………………………………… 163

新型锥套式驴头锁紧装置 ………………………………………… 164

减速箱二次密封回流装置 ………………………………………… 166

自动蒸汽、掺水调节阀 …………………………………………… 167

注汽井焖井放压流程 ……………………………………………… 169

游梁式抽油机压杠螺栓 …………………………………………… 171

潜油电泵井口电缆密封工艺 ……………………………………… 173

皮带式抽油机防尘罩 ……………………………………………… 175

热采注汽井口法兰（钢圈）补偿式防漏密封垫圈 ……………… 176

可调节油嘴装置 …………………………………………………… 177

自喷井油嘴套 ……………………………………………………… 179

油井产液在线检测装置 …………………………………………… 180

一种油田采油树用防堵过滤油嘴 ·· 182

翻斗量油分离器在线校验装置 ·· 184

防倒灌油井多功能油嘴装置 ·· 185

基于机械杂质防堵新型条形防砂油嘴 ·· 186

加热炉烟筒冷凝水回收装置 ·· 188

水套炉分气包进、出口工艺流程 ·· 190

水套炉温控低氮燃烧装置 ·· 191

新型高压双闸板防喷器 ·· 192

油田计转站集输系统自动分排水工艺 ··· 194

柱塞泵滴漏污水回收装置 ·· 195

移动清蜡防跳滑轮组合 ·· 197

第三节　油水井井筒故障排除 ··· 198

稠油掺水井自动泵下热洗装置 ··· 198

空心光杆防磨连接器 ·· 200

径向锚定法取换套技术 ·· 202

抽油机井口防喷装置 ·· 204

自喷井 6 字形刮蜡片 ··· 206

多功能油井热水循环洗井装置 ··· 208

直流高速清蜡绞车 ··· 210

底部球座 ··· 211

电动混砂撬装置 ··· 213

一种油井查蜡管柱 ··· 215

光杆强制润滑装置 ··· 218

注水井远程调控洗井装置 ·· 219

螺杆泵井人工提放杆柱装置 ·· 221

自动泄压式凡尔抽子 ·· 223

一种采油井机械刮蜡器 ·· 225

清洁安全型空心杆掺水装置 ·· 227

油井自循环洗井远程控制装置 ··· 228

移动式油井热洗计量装置 ·· 230

抽油机井光杆断脱井喷失控封井装置 ·· 231

抽油杆防偏磨旋转器 ·· 232

不锈钢内衬防腐空心杆 ·· 234

第四节　注采设备维保工具用具 ··· 235

玻璃棒式温度计弹簧式护罩 ·· 235

专用测压短节 ··· 237

一种利用抽油机动力的加药装置 ··· 238

抽油机井电动机拔轮器 ·· 240

抽油机液压系列调参工具 ·· 242

计量站配水流程起升装置 …………………………………………………… 244

一种抽油杆打捞筒 …………………………………………………………… 246

皮带机平衡铁加取装置 ……………………………………………………… 248

一种用于油田生产的水表芯子取出装置 …………………………………… 250

闸门防盗报警筒 ……………………………………………………………… 251

光杆转动装置 ………………………………………………………………… 253

抽油机调平衡装置及配套工具 ……………………………………………… 255

抽油机皮带"四点一线"校正仪 …………………………………………… 256

空掺井高压胶管悬挂装置 …………………………………………………… 258

一种压力平衡油井自动加药装置 …………………………………………… 260

抽油机刹车锁紧装置 ………………………………………………………… 262

一种油井井口清洗与污油回收装置 ………………………………………… 264

链条式堵漏器 ………………………………………………………………… 266

便携式井口防盗丝堵 ………………………………………………………… 267

高架摄像头除尘装置 ………………………………………………………… 268

齿轮扳手 ……………………………………………………………………… 270

抽油机驴头操作安全防护带 ………………………………………………… 271

曲柄销轴承润滑脂刮抹器 …………………………………………………… 273

电动机皮带轮拔出器 ………………………………………………………… 275

推进式取凡尔座工具的研制应用 …………………………………………… 277

稳流配水高压流量自控仪芯体取出器 ……………………………………… 278

新型游梁式抽油机井井口防偏装置 ………………………………………… 279

全自动加药装置 ……………………………………………………………… 281

抽油机毛辫子保养装置 ……………………………………………………… 283

新型抽油机液压调偏装置 …………………………………………………… 285

油井带压加药装置 …………………………………………………………… 286

抽油机平衡块固定螺丝敲击扳手的施力装置 ……………………………… 288

抽油机自锁卸载器 …………………………………………………………… 290

电动机液压调节装置 ………………………………………………………… 292

阀门闸板取出器 ……………………………………………………………… 293

管线维修焊接调整器 ………………………………………………………… 295

皮带式抽油机平衡块移动装置 ……………………………………………… 297

皮带式抽油机井口调偏装置 ………………………………………………… 298

无动力井口连续加药装置 …………………………………………………… 299

油井日常维护器具 …………………………………………………………… 301

可敲击式平衡块调节工具 …………………………………………………… 303

抽油机曲柄销子衬套取出器 ………………………………………………… 305

抽油机调平衡工具 …………………………………………………………… 306

抽油机简易卸载工具 ………………………………………………………… 308

安全带攀爬保护绳 ………………………………………… 309

二级减速器皮带轮衬套拆卸装置 ………………………… 311

硫化氢气体取样装置 ……………………………………… 312

新型油井取大样装置 ……………………………………… 314

齿轮摇柄式除锈器 ………………………………………… 316

抽油机井掺水软管防护装置 ……………………………… 317

井口标定计量车连接装置 ………………………………… 319

流量自控仪维修配套工具 ………………………………… 320

毛辫子吊装绞车 …………………………………………… 322

皮带式抽油机基础下沉举升器 …………………………… 324

新型调整抽油机曲柄平衡组合工具 ……………………… 325

游梁式抽油机毛辫子自动提升装置 ……………………… 326

抽油机井通用快速顶丝 …………………………………… 328

一种同台油井自压式加药装置 …………………………… 330

井口对中检测仪 …………………………………………… 331

一种抽油机负荷卸载器 …………………………………… 334

一种用于油气管道焊接的管道封堵装置 ………………… 336

抽油机连杆角度扩缩器 …………………………………… 338

抽油机皮带安装校准仪 …………………………………… 339

举升式表芯提取器 ………………………………………… 341

油井套管油回收装置 ……………………………………… 342

不停井管线对接装置 ……………………………………… 344

稠油井电加热电缆保护装置 ……………………………… 345

防盗取样阀及丝堵 ………………………………………… 347

药剂罐自动加药上水装置 ………………………………… 349

盗油卡子整改器 …………………………………………… 350

车载带压加药装置 ………………………………………… 352

轨道式法兰盘错位对中装置 ……………………………… 354

二级减速器轴与轴承拆装工具 …………………………… 356

游梁式抽油机调平衡块组合工具 ………………………… 357

高架球头摄像机外罩遥控擦洗装置 ……………………… 359

抽油机驴头侧转装置 ……………………………………… 361

油水井防盗卡箍 …………………………………………… 362

一种圆柱体打捞工具 ……………………………………… 364

高压干式水表取出装置 …………………………………… 365

一种电磁流量计拆卸安装装置 …………………………… 366

一种抽油机井连续带压加药装置 ………………………… 369

立式高压自动加药泵 ……………………………………… 370

一种轻便型手动压接钳 …………………………………… 372

第五节　油井套管气回收节能降耗···373
　　移动式套管气回收装置　···373
　　撬装式气液分离装置　···375
　　免排水套管气分离装置　···377
　　抽油机无功功率谐波补偿装置···379
　　油井生产稳压装置　···381
第六节　油井光杆密封器···382
　　弹簧压紧式盘根盒　···382
　　防偏磨光杆密封盘根盒　···384
　　抽油井口光杆双防装置　···386
　　间歇出油井盘根润滑装置　···388
　　新型抽油光杆密封装置　···390
　　多功能井口盘根装卸工具　···392
　　新型填充式密封装置　···394
　　光杆双级密封器　···395
　　抽油机井盘根快加装置　···397
　　快速更换盘根光杆密封器　···398
　　油井井口盘根自动润滑及泄漏报警装置　·······································400
　　更换盘根用光杆扶正装置　···402
　　油井光杆对中微调装置　···403
　　一种井口防偏磨装置　···405
　　抽油机井口密封盒冷却器　···406
　　抽油机井井口自动密封装置　···408
　　一种采油井井口密封盒填料加装工具　·······································410
　　一种棘轮抽油机盘根辅助装置　···412
　　油井井口盘根调整装置　···413
　　抽油机光杆断脱防喷装置　···415
　　自润滑式光杆密封器　···416
　　一种油井蓄能式井口盘根盒　···418
　　油井井口防漏油装置　···419
　　采油井井口密封盒盘根快速加入装置　·······································421
　　不压井更换光杆装置　···422
第七节　信息化设备设施维护工具用具·······································424
　　载荷位移传感器保护装置　···424
　　抽油机井声音异常报警装置　···426
　　抽油机运行监测系统　···427
　　智能掺水控制装置　···429
　　信息化仪表太阳能充电装置　···431
　　抽油机设备监控运行预警系统　···432

功图传感器保护装置 ·· 434

抽油机井示功仪外挂式充电包装置 ······················· 436

新型压力表接头 ·· 437

游梁式抽油机角位移辅助装置 ······························ 439

油井载荷传感器保护装置 ····································· 440

角位移太阳能设备供电装置 ·································· 441

四化设备远程故障诊断处理系统 ·························· 443

游梁式抽油机角位移维护工具 ····························· 444

载荷传感器拆装、保护、预警一体化装置 ·············· 446

基于信息化的抽油机曲柄销松动报警器 ················ 448

第八节　油井电器设施设备 ······························· **449**

抽油机星 – 三角智能转换节能控制柜 ··················· 449

抽油机安全语音警示装置 ····································· 451

电加热井智控节能配电柜 ····································· 452

油井掺水远程调控装置 ·· 454

电力线杆防鸟筑巢装置 ·· 456

游梁式抽油机毛辫子断股保护器 ·························· 458

自力式转动防鸟占位器 ·· 460

新型电泵井地面电缆接线盒 ·································· 462

单井库存数据远传系统 ·· 463

新型潜油电泵控制柜 ··· 465

电热杆电缆故障诊断报警器 ·································· 466

憋压曲线测绘仪 ·· 468

油井远程复位装置 ·· 469

基于敏捷生产的智能掺稀 ····································· 471

新型测冲次装置 ·· 473

油井智能控制柜 ·· 474

第九节　油水井综合应用设备 ···························· **476**

车载多功能抽油机工作平台 ·································· 476

自动除草机 ··· 478

在线含水检测密闭型卸油口 ·································· 479

污水罐车多功能回收装置 ····································· 481

油田井场除草设备 ·· 483

测调电缆保养润滑装置 ·· 484

单井自动拉油系统 ·· 486

作业废液回收装置 ·· 489

化验容器清洗装置的研制 ····································· 490

液压自动控制药剂桶搬运装置 ····························· 492

抽油机井抢喷装置 ·· 494

安全放空回收装置的研制与应用 ·· 496

多功能罐应急逃生装置 ·· 498

天然气压缩机手自一体排液装置 ·· 499

电动直流除草装置 ·· 501

油气生产场所多功能防护报警装置 ·· 502

螺旋混配取样器的设计及应用 ·· 504

第十节　油水井综合应用工具用具 ·· 506

便携式管件焊接对口器 ·· 506

输油管道护皮焊接拉紧器 ·· 508

气焊工多功能专用工具 ·· 509

下 册 目 录

第二章　海洋采油

第一节　海上平台注采输维护保养 ·· 511

海上潜油电泵电缆连接装置 ·· 511

可调式多参数油嘴装置 ·· 512

油井采出液回注装置 ·· 514

电泵电缆热熔锡装置 ·· 515

新型电缆识别仪 ·· 517

新型海缆光纤熔接装置 ·· 519

海上平台新型防腐螺栓 ·· 520

可拆式电泵电缆接头支架 ·· 521

输油管道智能巡检系统 ·· 523

低碳燃烧器 ·· 525

第二节　海上平台注采输故障检测处理 ·· 526

平台流程电磁解堵装置 ·· 526

平台仪表短节防冻装置 ·· 527

潜油电泵控制柜模拟故障诊断装置 ·· 529

直流电阻法电缆故障测试仪 ·· 530

智能电伴热带监测装置 ·· 532

第三节　海上平台注采工具、用具 ·· 534

钢丝绳注油清洁保养装置 ·· 534

便携式快速注油装置 ·· 535

新型平台甲板除锈装置 ·· 537

　　球形摄像机清洁装置 ･･････････････････････････ 538

　　海上平台桩腿渔网清理装置 ･･････････････････････ 540

　　多功能平台设备清洗装置 ･･････････････････････ 541

　　海上平台靠船排除冰工具 ･･････････････････････ 543

第四节　海上平台注采仪器、仪表 ･････････････････････ 544

　　防爆感温探测器检测装置 ･･････････････････････ 544

　　火焰探测器检测装置 ･･･････････････････････････ 546

　　便携式智能仪表检修校验装置 ･･･････････････････ 547

　　可燃气体探测仪故障检修装置 ･･･････････････････ 549

　　海上平台自控仿真平台 ･････････････････････････ 550

第三章　集输注水

第一节　集输注水工艺流程设施 ･･････････････････････ 552

　　旋流式自清洗两相过滤器 ･･････････････････････ 552

　　沉降罐浮动出油装置 ･･･････････････････････････ 553

　　除油罐密闭隔氧浮动收油装置 ･･･････････････････ 555

　　撬装式密闭卸油装置 ･･･････････････････････････ 556

　　双向闸阀 ･････････････････････････････････････ 557

　　储罐安全阀液压油回收装置 ･･･････････････････ 559

　　磁控式阻水排气装置 ･･･････････････････････････ 560

　　多功能罐智能装油装置 ･････････････････････････ 561

　　空压机缓冲罐放空改造 ･････････････････････････ 563

　　原油稳定压缩机快装过滤器 ･････････････････････ 564

　　新型卸油装置 ･････････････････････････････････ 565

　　油井产出液在线计量连接装置 ･･･････････････････ 566

　　环保型全密闭自动化计量卸油口 ･････････････････ 568

第二节　集输注水动力热力设备 ･･････････････････････ 570

　　柱塞泵高效运行系列配套装置 ･･･････････････････ 570

　　注水泵系列管理节点的优化改进 ･････････････････ 572

　　柱塞式注水泵盘根刺漏预警保护装置 ･････････････ 573

　　分体式防刺漏防腐蚀柱塞泵花盘 ･････････････････ 575

　　注聚泵填料式拉杆密封装置 ･････････････････････ 576

　　柱塞泵故障语音提示装置 ･････････････････････ 577

　　便捷式柱塞泵盘泵装置 ･････････････････････････ 579

第三节　采气井故障检测处理 ････････････････････････ 580

　　柱塞泵智能多元化能效优化装置 ･････････････････ 580

　　高压柱塞泵曲轴箱水汽自动收集装置 ･････････････ 582

　　新型机泵联轴器 ･･･････････････････････････････ 583

　　注水泵站远程诊断装置 ･････････････････････････ 585

柱塞泵中间杆挡水防漏油密封装置 ……………………………………… 586

新型拼叉式电动机端盖 …………………………………………………… 587

第四节　工具、用具及辅件 ……………………………………………… **588**

变径防火帽接头 …………………………………………………………… 588

沉降罐清沙孔门缓开工具 ………………………………………………… 589

地下阀门开启工具 ………………………………………………………… 590

防爆快速取样器 …………………………………………………………… 592

高压离心注水泵拆卸盘根工具 …………………………………………… 593

棘轮式阀门开关装置 ……………………………………………………… 594

角位移传感器无线激活装置 ……………………………………………… 595

取样量油一体器 …………………………………………………………… 596

燃气炉安全点火装置 ……………………………………………………… 597

消防水枪固定装置 ………………………………………………………… 598

卸油口灭火装置 …………………………………………………………… 600

新式分水器看窗 …………………………………………………………… 601

油、气罐区移动式消防装置 ……………………………………………… 602

储罐液压安全阀阻火器辅助保养支架 …………………………………… 604

新型紫外光固化封堵材料 ………………………………………………… 606

液压式闸板取出装置 ……………………………………………………… 607

一种带压换管式取样器 …………………………………………………… 608

一种柱塞泵盘泵专用工具 ………………………………………………… 609

一种柱塞泵骨架油封安装工具 …………………………………………… 611

一种柱塞泵盘根盒取出工具 ……………………………………………… 612

油罐快速量油装置 ………………………………………………………… 614

油水界面安全测量装置 …………………………………………………… 615

油水界面测量仪 …………………………………………………………… 616

原油储罐固定式量油装置 ………………………………………………… 617

原油储罐分布式自动计量盘库装置 ……………………………………… 618

原油化验可调式支架 ……………………………………………………… 620

车载式洗井装置 …………………………………………………………… 621

多功能仪表盛装集油一体器 ……………………………………………… 623

改进静电接地报警装置 …………………………………………………… 624

离心式玻璃烧瓶摇样清洗一体机 ………………………………………… 626

配电室降温节能装置 ……………………………………………………… 627

污油回收装置 ……………………………………………………………… 628

油田专用摄像头镜面清理装置 …………………………………………… 629

柱塞泵盘根快速加取工具 ………………………………………………… 630

一种大型柱塞泵盘泵装置 ………………………………………………… 632

注水泵盘泵工具 …………………………………………………………… 633

油田高压注水泵盘动装置 ·· 635

一种蝶阀开关工具 ·· 637

一种柱塞式高压往复泵拔阀座专用工具 ·································· 638

一种消防托架装置 ·· 639

第四章　陆上采气

第一节　采气井设备设施 ·· 642

引流式火管 ·· 642

撬装式天然气稳压装置 ·· 644

自动化智能采气撬块装置 ·· 645

一种用于检修作业的呼吸供给系统 ······································ 647

一种用于采输气场站工艺区阀门齿轮箱的防雨罩 ·························· 649

新型节流器 ·· 651

提升安全阀拆装效率装置 ·· 653

固定式节流阀压盖取出工具 ·· 654

放喷防爆筒 ·· 656

一种新型疏水阀喷嘴 ·· 657

适用于低温蒸馏工艺的阻垢装置 ·· 659

第二节　采气自动化设备设施 ·· 660

油气井防盗箱气体浓度检测报警装置 ···································· 660

油井解盐掺水装置 ·· 662

放喷池遥控点火装置 ·· 663

煤层气自动洗井装置 ·· 665

气田压裂用配液加注装置 ·· 667

一种撬装式自动加药泡排装置 ·· 668

适用于方井积液安全高效的排水系统 ···································· 670

一种可液压截断阀远程干预关断装置 ···································· 672

一种适用于中江气田气井排液的柱塞工具 ································ 674

第三节　采气井故障检测处理 ·· 676

油气井温压一体变送器转接头 ·· 676

气井大四通顶丝堵漏装置 ·· 678

采油树刺漏抱箍 ·· 680

附录　创新成果发明人统计表 ·· 682

后记 ·· 700

第一章　陆上采油

第一节　抽油机维护保养及调整

 井口长效保温防腐技术

胜利油田分公司　杜国栋

一、项目创新背景

油井和流程管网的保温防腐工作是油田生产中的一项重要工作，尤其在冬季生产过程中，这项工作显得更加重要：保温效果差容易造成部分井口和长输管线的冻堵、结蜡，管线腐蚀易造成管线破漏，安全环保生产的风险增加。目前，传统保温防腐材料常见的为岩棉与玻璃棉组合模式，聚酯类与外壳组合模式，高分子泡沫以及无机多孔材料都是较为常见的保温材料。传统保温方式的缺陷：一是防腐保温效果差，易出现热桥效应、保温不均匀；二是逢作业施工必须拆除、不能重复利用，浪费人力物力；三是施工难度大，流程复杂烦琐，耗时长；四是外形不美观，保温有效期不长。

二、结构原理作用

以开发新技术、新工艺、新材料，弥补传统生产管理模式的不足之处，以提高施工质量、减少重复施工、降低职工的劳动强度、创新增效为出发点，与淄博大学和陶瓷微粒水性防腐保温材料厂家进行合作，引进与研发同步，根据生产实际情况，选择、研究一种油井井口专用保温防腐材料，并获得成功，具体包括新型水性保温涂料底料和新型水性保温涂料面料，其使用包括新型水性保温涂料底料喷涂和新型水性保温涂料面料喷涂。陶瓷保温涂料通过材料中低传导率的空心二氧化硅瓷粒降低热量或冷量的传导速率，以减少热量、冷量损失，还具有较高的红外反射率，能将部分热量反射回热源，从而起到保温效果。该材料能够在金属和非金属管线外壁形成有效的防护隔层，从而达到隔热防腐的目的（图1）。

三、主要创新技术

该材料应具备以下几个特性：保温效果好、便于施工、快速成型，施工后可快速恢复，使用寿命长。

进行了室内实验，对涂装保温层的不锈钢水杯进行测试，获得测试结果，杯内水温90℃，涂料保温层5mm，外表温度35℃，环境温度20℃，通过多次验证得出结论：涂层厚度在5mm时作用效果最好，因此，确定涂层厚度为大于等于5mm。

图1　现场应用图

通过对涂料性能进行分析实现了科学配比，创新了施工方法，将手工涂抹改为喷涂，大大提高了施工速度，一人即可完成，且喷涂效果均匀美观。创新点如下。

（1）替代了传统保温方式，增强了保温效果和实用性。

（2）使用喷涂方法代替人工涂抹方法，提高了劳动效率和施工质量。

（3）实现保温、防腐一体化，延长了井口、流程寿命。

四、技术经济指标

在实验室进行采样化验符合国标要求并具备以下效果。

（1）绝热：陶瓷保温材料是通过材料中低传导率（0.030~0.050W/m·K）的空心瓷粒降低热量或冷量的传导速率，以减少热量、冷量损失，此外，它还具有较高的红外反射率（约70%）。

（2）防腐：陶瓷保温材料中的填料具有很高的耐酸碱性。

（3）环保：陶瓷保温材料不含有害的有机挥发物，产品无毒、无味，为水溶性。在使用中不会产生有害的废弃物和气体。

（4）施工性能：陶瓷保温材料的使用温度范围为−50~140℃，它可直接在低于80℃的物体表面施工，无须关闭系统，避免了停止运行造成的损失。

五、应用效益情况

图2　获奖证书

"井口长效保温防腐技术"经过多次改进，实验完善后委托有加工资质的厂家加工制作了10桶，分别在胜利油田桩西、东辛等采油厂所辖的抽油井上进行了实际保温应用。采用复合陶瓷微粒作为主填料，加上助剂配制而成的绿色环保水性涂料。稳定的陶瓷微粒和致密的涂层可使被保护管道、罐体等不受外来酸、碱、气的侵蚀，达到隔热、保温、防腐多重功效，具有很好的经济效益与推广应用前景（图2）。

抽油机皮带快速调节器

胜利油田分公司 李西江

一、项目创新背景

胜利油田分公司现河采油厂主要以机械采油方式为主，其中游梁式抽油机1092台（双驴头式、下偏杠铃式等游梁式抽油机约400台）、皮带式抽油机609台。这些抽油机全部依靠皮带进行动力传动，因此，更换、调整皮带松紧度及皮带"四点一线"是采油工主要的日常工作。现场常规的皮带更换和调节、调整皮带松紧等工作主要存在以下问题。

（1）步骤烦琐、耗时长，常规方式更换皮带主要需要11个步骤，用时约50分钟，调整皮带松紧度主要需要7个步骤，耗时约20分钟，直接影响到油井生产时率、产量和皮带的使用寿命。

（2）更换皮带时，由于空间小，老式滑轨为分体式，移动电机和调整皮带"四点一线"非常困难，至少需要2人配合才能完成。皮带"四点一线"调整不到位，易出现皮带跳槽、磨损加快等现象，造成皮带使用寿命缩短，增加生产成本。

（3）因为防盗电机与抽油机底座进行了焊接加固，更换皮带时，需将焊接部位割开，还需车辆工、专业电气焊工等至少5人配合施工，更换一组皮带耗时在50分钟左右，加大了职工的劳动强度，影响了开井时率。

（4）日常巡检中发现皮带松弛，由于操作流程烦琐，不能及时调整，造成皮带过度磨损，最终使皮带磨断，影响皮带使用寿命。

（5）移动电机操作时，由于电机所处位置空间狭小，工具使用不便，存在机械伤害等安全风险。

另外，从事采油现场操作的人员都知道，一般新更换的皮带运转20分钟左右，还需再次停机紧一次皮带，消除皮带早期的弹性变形影响，延长皮带使用寿命。因此调整皮带松紧度是日常维护中一项重要、常规的工作，发现皮带松弛，如不及时调整，则造成皮带严重磨损，最终使皮带磨断，影响油井生产。

综上所述，现有的抽油机移动滑轨存在较多的弊端，不利于原油产量和劳动生产率的提高，有必要研制和改进现有的移动滑轨，使其更加便捷、高效地应用于油井调整电机和皮带，提高效率、节约成本。

针对以上问题，采油厂成立了课题攻关小组，经过大量现场试验，制作了无须拆卸电机固定螺丝，靠丝杠旋进移动电机，靠轨道导引调整"四点一线"的皮带快速调节装置，实现了更换皮带单人操作。2014年，在此基础上研制开发出可用于各种机型的电机皮带快速调节器。

二、结构原理作用

该装置包括支架、导轨、电动机固定座、调节螺杆。支架两端安装有导轨，导轨上安装有导轨滑套，电动机固定座两端上方分别安装有顶丝，电动机固定座两端下方分别安装在两侧导轨滑套上，调节螺杆与电动机固定座中下方安装的螺母相配合，调节螺杆通过螺杆固定架安装在支架的后部中间处。使用该装置时，将支架固定于抽油机底座上，电动机安装在电动机固定座上，利用顶丝调节电动机左右位置，达到电动机皮带轮"四点一线"，通过转动调节螺杆带动电动机固定座在导轨上前后移动。由于电动机固定在电动机固定座上，因此电动机也随之前后移动，从而达到松弛和涨紧传动皮带的目的。

三、主要创新技术

该装置加长了动力丝杠的有效活动距离，可适用各型号皮带的移动距离；增加动力丝杠防尘防腐装置，确保丝杠的良好润滑性；在导轨滑套上增加了定位锁紧螺栓和润滑注油孔，有效消除了调节器震动及润滑问题，确保了使用灵活性；修正左右微调顶丝准确调节电动机皮带"四点一线"；在"四点一线"定位调节后，采用永久性焊接电机固定螺栓，达到电机防盗的目的；增加电机移动距离刻度尺；在移动丝杠固定端新增凸轴压盖，减少摩擦阻力，降低了旋进扭力；动力丝杠进行调质处理，加强耐磨度，延长了使用寿命；适用于游梁式抽油机、皮带式抽油机等不同型号。制定了抽油机皮带快速调节器的安装使用操作规程、更换皮带操作规程，并且通过了专业、安全部门认证。

四、技术经济指标

（1）更换皮带时间由50分钟减少到10分钟。
（2）实现不停机调节皮带松紧度。
（3）原2~3人配合操作，现在1人便可进行皮带更换。
（4）适用于不同机型，不同型号的抽油机皮带快速调节。

五、应用效益情况

该成果自2016年被胜利油田分公司列为专利推广两年项目，由胜利油田分公司、现河采油厂扶持分批次加工1173套，分别在胜利采油厂、孤岛采油厂、纯梁采油厂、临盘采油厂、鲁明公司及现河采油厂的9个管理区进行安装使用（图1、图2），该成果在提高油井时率增油、减少维护消耗、减少车辆成本、减少维修人员等方面年创效576.32万元，至今累计创效1728.96万元。该成果被评为胜利油田技能人才技术创新成果一等奖（图3），2014年获国家实用新型专利授权（图4）。

图1　现场安装图　　　　图2　现场应用图

图3 获奖证书　　　　　　　　图4 国家专利证书

皮带式抽油机电动机快速调节装置

胜利油田分公司　信思英　张春来

一、项目创新背景

随着油田开发技术的不断提升，皮带式抽油机的应用范围越来越广泛，已成为油田生产的主要抽油设备。目前，皮带式抽油机的电动机调节方式是撬杠旋转电动机前端一侧顶丝，推动电动机移动。而顶丝只有一条固定螺栓，在调整过程中，由于单侧受力，极易造成顶丝和电动机偏斜，不能有效地调整电动机。同时，操作速度慢，存在一定安全隐患。为缩短皮带机调整电机所需时间，提高油井时率，减少产量损失，研制一种操作更加便捷、稳定性更强、效率更高的新型电动机快速调节装置势在必行。

二、结构原理作用

皮带式抽油机电动机快速调节装置由轴承座、调节螺杆、前后支撑杆固定座、固定螺母、调节螺母、固定螺栓、前后支撑杆、支撑板、棘轮扳手等组成（图1）。

工作原理：将电动机快速调节装置的前支撑杆通过两条固定螺栓与电动机滑轨中间进行连接，后支撑杆通过两条固定螺栓与皮带抽油机"工"字钢进行连接，然后通过棘轮扳手的快速旋转使调节螺杆产生相对径向位移，带动滑轨上的电动机进行快速前后调节。

三、主要创新技术

（1）该调节装置实现了与滑轨一体化连接。

（2）通过旋转螺杆实现滑轨与电动机一体移动。

（3）使用快速棘轮扳手旋转螺杆，操作速度明显提高。

（4）操作方便、省时省力。

四、技术经济指标

（1）调节螺杆有900mm和1100mm两种。

（2）调节螺杆采用匹配的快速棘轮扳手，棘轮扳手前段有调节手柄，通过调节手柄实现棘轮扳手正、反方向转动，实现调节螺杆带动电动机前后移动。

五、应用效益情况

该皮带式抽油机电动机快速调节装置结构简单、操作便捷、拆装方便、调整效率高，将目前普通顶丝单侧调整改为整体带动加棘轮扳手快速调节，节省1~2个劳动力，解决了电动机在调整过程中偏斜、速度慢、效率低等问题，进一步缩短皮带机电动机调节时间，节省30分钟以上，提高了油井时率。该成果目前已推广应用100多套（图2），年创经济效益30多万元，并产生良好的社会效益。该成果获得油田五小成果和采油厂职工技术创新成果一等奖（图3），并获得国家实用新型专利授权（图4）。

图1　成果实物图

图2　现场应用图

图3　获奖证书

图4　国家专利证书

通用分体式滑道冲击锤

胜利油田分公司 武振海

一、项目创新背景

在游梁式抽油机与双驴头抽油机日常维护修理中，经常会遇到调冲程或更换曲柄销子的问题，就不可避免地要拆卸曲柄销子总成。过去拆卸曲柄销子都是几个人轮流用大锤砸曲柄销子，由于曲柄销子安装过紧，有时2~3个小时也砸不开，实在没办法时就用气割将曲柄销子割断，同时曲柄的冲程孔也就永远报废。

二、结构原理作用

该装置由加长臂、辅助加长杆、滑杠、冲击锤、保护环、调紧螺母组成（图1）。

图1 成果实物图

在抽油机双曲柄销子之间加装了一套支撑滑杠，支撑滑杠两端插在松开的冕形螺帽里面，用调紧螺母将滑杠紧紧支撑在双曲柄销子上，中间安装了重量较大的冲击锤，采用滑动式撞击，能够很轻松地将曲柄销子拆卸下来。

三、主要创新技术

（1）可用于8-14型游梁式抽油机，"通用分体式滑道冲击锤"具有可调节性，可任意调节总长度，达到通用效果。

（2）采用了分体式结构，安装时重量较轻，使操作变得更加轻松。

（3）加装了曲柄销松动限位环，在曲柄销松动时工具就不会跌落，从而保证了操作者的安全，提高了工作效率。

四、技术经济指标

（1）降低操作人员劳动强度，大幅提高安全生产系数。

（2）更换一次曲柄销或调整一次冲程，可节省操作时间35小时。

五、应用效益情况

该装置2015年开始研制，2015年8月21日，胜利油田临盘采油厂召开现场培训会，专家组一致认为该工具能够完成曲柄销子拆卸工作，有很高的推广应用价值。目前，已在临盘采油厂推广应用500多次（图2），年创经济效益约10万元，累计创效80多万元。该成果2015年获得油田第五届技能人才技术创新成果二等奖（图3）。

图2　现场应用图　　　　　　　　　　图3　获奖证书

 立式抽油机移位装置

胜利油田分公司　王　军

一、项目创新背景

皮带式抽油机因其具有冲程长、冲次低，动载荷小，高效、可靠、节能、运动特性好等优点，现在越来越多地应用于油田生产中，目前胜利油田有皮带式抽油机1万多台，皮带式抽油机在安装后机体离油井井口非常近，只有十几厘米，在油井修井作业时，为了保证作业队修井时正常工作，需要将皮带式抽油机向后移动1.4m，确保让出作业队起下油管抽油杆等井下工具的操作平台空间，确保井下措施工作的顺利实施，移动皮带式抽油机工作便成为油井修井作业前的一项重要工作，在现场生产中，移动皮带式抽油机时需要4人用两台千斤顶配合使用，熟练操作的员工50分钟才能将皮带式抽油机移机到位，移机工作量大、移机时间长、安全系数低，为了解决移机工作量大、耗时长、操作程序复杂等问题，技能大师研制了新式的移动皮带式抽油机工具。

二、结构原理作用

新式移动皮带式抽油装置机由液压千斤顶、滑道、支撑板、安全接头、销钉组成，使用时安装在皮带式抽油机后面，在皮带式抽油机后侧基础上焊接一个安全接头，通过活动短节安装方形滑道，在方形滑道上安装一个可移动的支撑板，在支撑板与皮带式抽油机之间安装水平液压装置，实现前后双向移机，该装置的优点，首先是安装方便，操作程序简单，其装置创造性地采用了方形滑道与方形支撑板的结合。该结合装置具有较好的稳定性，通过一个销钉连接就可以把两部分完美地结合在一起，并且在移动支撑板时，只要将销钉提出就可以实现支撑板的自如滑动。其次就是非常好地改变了液压千斤顶受力点的选择问题，将液压千斤顶的固定受力端改为活动的，将活塞的推动端改为固定的。该装置安装在抽油机后侧,操作空间大,安全系数高。操作程序简单,耗时少,只需要两人配合操作,5分钟即可完成操作。总之,该工具具有结构简单、加工方便、操作安全、适应性强等优点,具有较好的推广价值。

三、主要创新技术

(1)实现了皮带式抽油机的双向移动。

(2)液压控件,运行平稳。

(3)实行滚动摩擦,减小摩擦系数。

(4)采用电动液压控制,操作方便。

(5)在皮带式抽油机后侧操作,操作空间大,安全系数高。

(6)采用销钉连接,安装方便,适应性强。

(7)装置体积小,便于移动。

四、技术经济指标

(1)当液压装置压力达到14MPa,皮带式抽油机开始移动,正常移动时压力为6MPa,移动平稳。

(2)人工装置移机时间需要5分钟,电动液压控制移机时间需要1分钟。

五、应用效益情况

该装置2011年开始研制,2012年10月12日,在胜利油田滨南采油厂SDS44-6井等3口井上安装使用(图1)。目前,已在滨南采油厂各管理区的800多口油井安装使用,年创经济效益约36万元,累计创效260多万元。该成果2013年获胜利油田第四届技能人才技术创新成果二等奖(图2);2013年胜利油田优秀质量管理小组成果一等奖;2013年获国家实用新型专利授权(图3);2014年被评为中国质量协会石油化工分会优秀QC成果二等奖(图4)。

图1 现场应用图

图2 技术创新成果奖证书

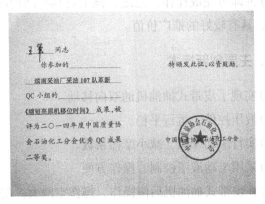

图3　国家专利证书　　　　　　图4　优秀QC成果获奖证书

抽油机皮带自动调节装置

胜利油田分公司　李西江

一、项目创新背景

电动机皮带的调整更换是采油管理中的重要工作，皮带更换、调整的速度和质量，是影响油井生产时率和产量的主要因素。从2006年开始，针对传统的抽油机滑轨设计存在的较多缺陷，以及影响原油产量和劳动生产率提高的问题，设计了皮带快速调节装置，从而便捷、高效调整电动机皮带，实现了提高效率、节约成本的目的。

2019年，在人力资源优化后，各管理区用工人数明显减少，如何与信息化结合，实现皮带松紧调节的远程操作，被创新团队提上了工作日程，研制了抽油机皮带智能调节装置。

二、结构原理作用

本装置由支架、导轨、导轨滑套、电动机固定座、顶丝、调节螺杆、调节电机、螺杆、螺母、红外线接近开关、数据传送控制系统、滑套定位螺栓、调节螺杆定位螺栓、凸面止推、防尘套等组成。使用时，支架固定于抽油机底座上，电动机固定座上安装电动机，顶丝调节电动机左右位置，实现电动机皮带轮"四点一线"。抽油机皮带自动调节装置利用胜利油田信息化平台，实现大数据监控资源，在SCADA系统中，利用闲置端口，实时监控油井的冲次参数，并实现远程启动操作。随着皮带运行时间增长，皮带的磨损、拉伸等原因会造成冲次下降，设定皮带松紧的报警阈值，当因皮带打滑使冲次下降到报警值时，监控室微机屏幕就会弹出报警对话窗。生产指挥中心值班人员接收到报警后，采取远程控制，发出指令，现场智能装置对电动机皮带实施自动紧固。装置设有电机运转时间计时器，每发出一次指令，电动机会按照运转时间计时器设定运行，电动机运转装置采用了齿轮、蜗轮蜗杆两级减速，转速为每分钟2.5转，皮带拉紧距离20mm/次。在PCS监控平台上，同时会显示该井的冲次曲线，它显示冲次损失减少、冲次数据由下降到恢复正常全过程，实现远程拉紧皮带的目的。

三、主要创新技术

（1）采用自动控制和调节系统，达到实时监控皮带运行时的现状，监控数据依托胜利油田信息化平台实时传送到"四化"监控指挥中心。实现操作时间短，效率高，可随时自动调节，1分钟完成，既减轻了劳动强度，又节约了人力、物力和时间。

（2）调节快速、安全、方便、准确，不需停井即可随时进行调节，提高生产效率，延长皮带使用寿命，提高经济效益。

（3）防盗性能好，电动机固定螺栓在滑轨下方，在结构上起到防盗作用。

（4）通过顶丝左右调节电动机的位置，可快速准确地调节电动机皮带轮"四点一线"。

（5）自动调节电动机采用双线路设计，可实现手动、自动之间相互切换。

（6）调节螺杆的螺纹外部设计有防尘套，有效地防止螺纹锈蚀。

（7）调节螺杆的定位螺栓设计有黄油孔，起到润滑螺杆的作用。

（8）导轨滑套上设计有定位螺栓，为中空有黄油孔，加注黄油可使滑套与导轨之间润滑从而减小摩擦力。

（9）调节螺杆的凸面止推由面接触设计为线接触方式，有效地减少了旋转阻力，使调节螺杆转动时更加省力。

四、应用效益情况

快速移动滑轨让更换皮带时间由50分钟减少到5~10分钟。

快速移动滑轨更换调节皮带由2~3人配合操作，减少到1人操作。

抽油机皮带智能调节装置实现了不停机皮带松紧的远程与现场调节。

减少油井时率影响原油产量：每口井每年更换皮带6次、紧皮带24次，每次节约更换皮带40分钟、紧皮带时间10分钟，按每口油井日油减少2吨计算，每吨原油2200元，每台年增加收入2260元。

减少皮带消耗：平均每口井每年节约2副皮带，每副按380元计算，约760元/年。

减少每次维修车辆费用：按1/4台班约375元，一口井每年6次计算，约2250元。

减少配合人员费用：约每次200元，一口井按每年6次计算，约1200元。

实现不停机紧皮带：约每次20分钟，每月2次，年创效1470元。

单台累计年效益：2260+760+2250+1200+1470=7940（元）。

成果推广后（图1），操作过程中工具使用及空间受限等因素造成的安全隐患降至零，确保操作人员人身安全，较大程度地提高劳动效率，降低劳动强度，社会效益显著。该成果被评为胜利油田为民技术创新成果二等奖（图2），2018年获国家实用新型专利授权（图3）。

图1　现场应用图

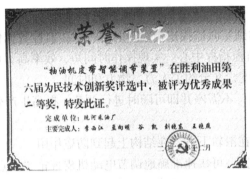

图2　获奖证书　　　　　　　　　图3　国家专利证书

油井辅助登高平台

胜利油田分公司　　隋爱妮

一、项目创新背景

目前，注采班站员工在进行油井调整防冲距、更换载荷传感器及电池等施工操作时，因施工部位较高出现不易操作或空间受限等问题，无法安全有效地完成作业，在操作过程中经常会出现违规踩踏井口流程、手抓光杆或毛辫子等不安全行为，极易造成人身伤害事故。以往解决此类问题，通常使用升降机或人字梯等方式完成登高作业，升降机与简易梯子的使用给采油厂造成了额外的经济支出与生产安全隐患。

二、结构原理作用

油井辅助登高平台通过更换固定装置，改变登高平台的支撑位，可变换作业位置和作业高度，适应井场日常各种维修和维护作业。

登高平台由台面、护栏和爬梯组成（图1），护栏为可拆卸式，适应不同种类抽油机多种作业类别使用。爬梯的高度可以调节，可满足不同高度的作业要求，爬梯与平台连接后可以折叠，登高平台折叠后还能够当作推车使用，其移动、收纳和搬运方便，适于各种车辆运输。操作平台与井口固定装置连接，井口固定装置设有井口锁定支架和井口锁紧机构，能够方便地锁定在井口盘根盒上，使操作平台、井口盘根盒和地面形成三角支撑，登高平台的固定，牢固可靠，保证了操作人员的人身安全，提高了工作效率。

三、主要创新技术

（1）整体重量轻便，便于工人携带。

（2）安装简单便捷，无须使用任何工具即可完成安装。

（3）符合中国石化登高作业安全规定，辅助操作台高度可多级调节，以便适应不同高度的要求。

四、技术经济指标

（1）登高平台主框架、可调式爬梯、伸缩杆均选用Q235普通碳素结构钢制成的镀锌方管，其规格分别为：35mm×55mm、30mm×50mm、20mm×40mm。

（2）井口锁紧装置选取规格Φ14mm×100mm，强度等级8.8的螺栓，以达到承重及固定作用。

（3）登高平台与爬梯采用硬度为HRC58的销钉连接，实现踩踏爬梯登高的安全性和稳定性。

（4）登高平台防滑网采用菱形钢板网、规格5mm×40mm的普通碳素结构钢制作完成，承重可达到500kg。

五、应用效益情况

以采油管理四区为例：机械采油油井245口，2021年1月至6月共使用升降机作业21井次，升降机费用1100元/台/班，升降机租赁费23100元。使用人字梯等登高工具作业施工205井次（图2、图3），以平均单次施工1小时计，使用油井辅助登高平台便于现场施工，缩短停井时间50%，只需30分钟即可完成，全年即可创造效益75720元，预测全厂全年总效益为60.576万元。采油设备登高作业辅助操作台适用于油田所有型号的采油设备上低于2m处的登高作业，为油井维修和保养作业提供了安全便捷的登高辅助平台，也可减少现场操作施工中使用升降机等产生的巨额费用，其制造成本低廉，能够有效提高工作效率，保证人员安全，具有显著的使用效果和推广应用价值。2021年度获得油田"为民创新奖"三等奖（图4），以及河口采油厂优秀技术创新成果一等奖。

图1 成果实物图

图2 现场应用图1

图3　现场应用图2　　　　　　　　　图4　获奖证书

一体式抽油机盘根、皮带量化自动调整装置

胜利油田分公司　　侯卫山

一、项目创新背景

目前油田四化建设已接近尾声，数字化油田、智能化油田初具规模，对于采油行业来说，"信息化"为油田生产带来了极大的便利，减轻了基层员工的劳动强度，改善了基层员工的工作环境，录取温度、压力、电参、功图等资料时更加方便快捷，大部分油井实现了可视化，为基层员工巡检减轻了极大的工作量。

但现场仍有部分工作必须由人工进行定期操作，如光杆密封器紧盘根、电机皮带涨紧、抽油机润滑等。目前紧盘根方式均为人工旋转井口密封器盘根压帽，通过一对螺纹副的相对运动，对盘根盒内橡胶盘根进行轴向加压，实现对光杆的密封；缺点是需要人工定期操作，如果加压不及时易造成泄漏。抽油机皮带的涨紧一般是通过人工旋转电机底座顶丝实现电机移动，从而涨紧皮带。此方法结构简单，操作也比较简便，但同样需要人工定期停机操作。

二、结构原理作用

在井口增加一套液压系统，分别用活塞的直线运动来替代人工旋转丝杠或压帽的工作。一套泵站驱动两套工作装置，泵站及控制系统集成安装在一个箱体内，与盘根压帽、电机涨紧装置通过液压管道相连接。

当从进油口进入压力油时，由于油压的作用，环形柱塞向下移动，压紧橡胶盘根。当油压升至设定压力上限时，压力继电器动作，断开直流电泵电路，停止供油。当盘根磨损致使压紧帽变松，系统压力下降至设定的下限工作压力时，压力继电器自动接通液压电泵，向系统补充高压油至设定上限。如此不断循环往复，可使压紧套始终保持足够的压力，保证盘根不漏油。

系统另一条支油路（电机涨紧回路），经单向减压阀至电机涨紧用双作用液压缸。减压阀进口压力由控制直流电泵的压力继电器限定，并在上下限之间波动。将减压阀出口压力设定在压力继电器下限之下，这样可确保这一支路始终有压力油供应，并因为减压阀的作用而保持压力稳定不变，油缸的活塞杆连接电机可调底座，活塞的伸缩可变更电机轴的位置实现轴涨紧；调整减压阀的出口压力可改变油缸的拉力，从而改变电机的涨紧程度。由于减压阀出口压力稳定，不受进口压力影响，因而可确保电机涨紧力基本恒定，另外滑杠上加工倒齿与顶销配合，起到止退作用。

三、主要创新技术

整个装置由电器系统、液压系统和机械三部分构成。电器系统用于控制油泵的启动、停止、点动调节、保压、下限自动启动、上限自动停止及油泵正、反转等。由整流电源、接触器、压力继电器、按钮开关、指示灯等电器元件组成。整个电器系统组装在一个配电箱内。系统由220V电压供电，首选经整流电源变成24V直流电源，这样一方面便于控制，另一方面因电压较低，比较安全。

液压系统由微型直流液压泵站、压力继电器、单向减压阀、单作用空芯液压缸（井口盘根加压用）、双作用油缸（用于电底座的涨紧）及管路、油箱等组成。其功用是源源不断地向系统提供稳定的压力油，保证盘根及电机始终处于设定的压紧状态。

空心液压缸由活塞内外径密封圈、环形柱塞、缸外筒、进油口、缸内筒等组成，油缸通过内螺纹与井口光杆盘根盒外螺纹连接。橡胶盘根顶端有钢制盘根压紧套，空芯缸环形柱塞压在压紧套上。

四、技术经济指标

（1）通过网上查询压力与扭矩的关系和现场试验数据，得出结论：盘根系统压力设定为4.8MPa较为合适。

（2）通过现场试验数据，得出结论：减压阀压力设定为6.48MPa皮带松紧合适。

五、应用效益情况

（1）该装置能够实现抽油井的自动紧盘根（图1）、皮带（图2），减轻员工劳动强度。

（2）自动对皮带进行量化调整，延长皮带使用寿命。

（3）能够随时对盘根进行松紧调整，随时保证盘根松紧合适，延长盘根使用寿命。

（4）该装置结构简单、使用方便，具有很好的推广应用前景。

（5）该成果被评为胜利油田技能人才技术创新成果三等奖（图3）。

图1 现场应用图1

图2 现场应用图2

图3 获奖证书

油水井井口清洗及喷漆装置

胜利油田分公司　张春来

一、项目创新背景

在采油厂生产管理中，油水井作为清洁生产的单元管理点，特别是对油水井井口的清洁程度，直接影响油水井的清洁生产。而导致油水井井口污染有诸多因素：井口各部连接及其井口密封器的渗漏，油水井作业井液介质污染井口，还有水井日常测调等。针对井口油污主要使用清洗剂或用土撮等不规范的方法，使用清洗剂必须用手和毛刷进行擦拭，其化学成分对人体造成了一定的伤害，除油效果不理想，还给采油队现场三标管理人员增加了繁重的工作量。因此，围绕如何降低材料成本和职工劳动强度、减轻化学药剂对人体的伤害及提高清洗效果，研制成功新型井口蒸汽清洗装置。

二、结构原理作用

该装置主要由三大部分组成（图1）：蒸汽发生部分主要由燃气瓶、蒸汽发生器、水箱、管路及气枪组成；喷漆部分主要由气压泵、储气瓶、管路及喷枪组成；电路部分主要由蓄电池、电路开关等组成。

12V蓄电池将电源输送到小排量泵，泵工作将水箱中的水输送至盘管，蒸汽发生器通过12V电源打火燃烧，将盘管内的水迅速加热为蒸汽，通过高压喷嘴喷出，对井口及设备进行清洗。清洗完成后由气泵打压，当压力升至0.04MPa时即可对井口及抽油设备进行喷漆作业，使清洗、喷漆一次完成。

三、主要创新技术

（1）清洗装置的底部安装了4个直径50mm的滚轮，同时用扶手进行推动，实现了移动方便的目的。

（2）喷枪的隔热问题是解决的主要问题，采用双层隔热管线外加胶皮套的方法，大大提高了工人操作的安全系数。

（3）设计采用将液化气瓶单独放置于一个密闭箱体，避免与燃气炉的混装；使用燃气减压阀，防止回火；使用减震圈，避免与箱体碰撞；蒸汽发生器采用内置式燃烧，减少了与外界的接触；使用6m长高压胶管避免了与井口的近距离接触。通过以上措施确保了装置的安全性。

（4）在井口的下部安装一个油污回收装置，将清洗掉的油污进行回收，以便进行统一处理，做到清洁生产。

（5）通过专家组的综合评定，一致认为该装置完全符合安全、环保的要求，并且具有很大的推广应用价值。

四、技术经济指标

水箱容量20L，液化气瓶12.5kg，滚轮直径50mm，蓄电池12V，选用长6m高压胶管。

五、应用效益情况

新型油水井井口蒸汽清洗装置已在胜利油田胜利采油厂推广应用36套（图2），应用后平均每口井的清洗剂用量由2.03kg减少为0.1kg，清洗时间由101.5分钟减少为21.3分钟，成本费用明显降低，工作效率大大提高，年创经济效益117.8万元。该成果2015年获胜利油田科技进步成果和技术创新成果三等奖（图3），并获国家实用新型专利授权（图4）。采用高温蒸汽井口清洗装置后，在减少材料损耗的同时，改变了传统的使用清洗剂必须人工擦拭井口及设备的方式，不仅减轻了工人的劳动强度，杜绝了清洗剂对人身体的伤害，更提高了工作效率，取得了较好的社会效益，因此该清洗装置具有广阔的应用前景。

图1 成果实物图

图2 现场应用图

图3　获奖证书　　　　　　　图4　国家专利证书

 # 油井安全憋压稳压装置

胜利油田分公司　杜国栋

一、项目创新背景

桩一生产管理区共开井312口，油井憋压、稳压操作是验证油井生产状况的一种有效的手段，是采油生产中的一项经常性的工作。目前，现场憋压、稳压操作主要由两人配合完成，一人在井口关闸门并观察压力表，当压力到达规定压力值时，另一人在后面停井、刹车，完成憋压、稳压操作。目前憋压、稳压方法必须两人完成，浪费人力；如果两人配合不好，压力超过规定值，会造成损坏压力表、损坏井口装置及井下工具等诸多弊端，特别是对于大泵和电泵井，憋压极易损坏工具及设备，为此，技能大师研制了油井憋压稳压操作装置，该装置主要采用定压原理，使压力达到规定值时定压阀自动打开泄压，起到了保护油井设备的作用，并由原来的两个人操作改为一人就能安全操作。

二、结构原理作用

油井安全憋压稳压装置，实现一人快速、安全地进行憋压、稳压操作。根据设定压力值，憋压时压力不会超过规定值，有效防止了设备的损坏，并确保了人身安全。

其技术方案为：该装置主要由压力表接头、中压三通、压力表、中压短节、定压阀、弯头等组成。压力表通过表接头安装在三通上端，三通下端与回压表闸门连接，三通右端连接定压阀，定压阀出口处连接弯头与套管闸门。将定压阀设定好所需压力，憋压时压力升高，当达到规定值时，停井稳压。如果压力高于规定值时定压阀开启，通过出口将压力泄至套管，起到安全保护作用。压力小于或等于规定值时定压阀不会开启。该装置适用于所有抽油机井、电泵井的安全憋压、稳压。

三、主要创新技术

油井安全憋压、稳压装置，实现一人快速、安全地进行憋压、稳压操作。根据设定压力值，憋压时压力不会超过规定值，有效防止了设备的损坏，并确保了人身安全。

四、应用效益情况

2010年3~8月在全区应用安全憋压稳压装置300井次（图1），未发生设备损坏，减少成本费用1万元。累计节约停井时间20小时，累计减少原油损失10吨。2010年获油田优秀质量成果三等奖（图2）；2012年获国家实用新型专利授权（图3）。

图1　现场应用图

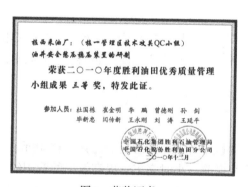

图2　获奖证书

图3　国家专利证书

新型曲柄销撞击装置

胜利油田分公司　王继国

一、项目创新背景

在机采井游梁式抽油机上，曲柄销是动力的主要传输件之一，曲柄销、轴承、轴承座、轴承端盖等，是抽油机的易损件，经常需要更换；另外游梁式抽油机调整冲程是依靠改变曲柄销在不同位置上的曲柄孔来实现的。每次更换或调整冲程都需要将曲柄销从曲柄孔内取出，但是操作人员站位高度超过2m，属于高空作业，由于站位、空间都受到限制，操作人员的劳动强度大、危险系数高。

二、结构原理作用

针对以上问题，研制出了一套切实可行的装置。该装置由千斤顶、滑锤、滑杠和撞击头等组成（图1）。新的滑锤撞击器一端增加了一个16吨的高型螺旋千斤顶（有效行程180mm，使本装置能同时满足10型、12型机的需要），拆卸曲柄销子时，先利用千斤顶预加一个涨紧力，然后操作滑锤撞击曲柄销，在两种力的叠加作用下，取出曲柄销（图2）。

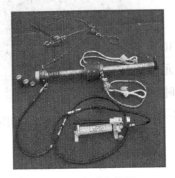 

图1　成果实物图　　　　　　　图2　现场应用图

三、主要创新技术

该装置克服了原来的大锤砸容易砸坏销子、力量小砸不出的弊端；克服了滑锤撞击取出时行程调整效率低的弊端。适用于10型、12型游梁式抽油机曲柄销子的取出操作。

四、应用效益情况

（1）经济效益

支出成本。该装置的总质量31kg，整套加工成本1500元。合计：1500元。

挽回经济损失。单井效益：平均单井提前一小时完工，提高效率的费用约385元。每次操作需6~7人，人工费用约350元。损坏的销子价值4500元。单井经济损失：735元。活动期间（6月26日~9月30日）单井挽回经济损失：735+4500=5235（元），目前已经完成10口井的施工，挽回经济损失5万余元。

（2）社会效益

该成果获中国设备管理与技术创新成果一等奖（图3）。

图3　获奖证书

抽油机平衡率快速自动精调装置

胜利油田分公司 杨智勇

一、项目创新背景

在石油开发行业，游梁式抽油机广泛应用，为了保障合理的工况、节能降耗，需要经常进行调平衡工作。目前调平衡主要是调整平衡块，工作量较大，调整时间较长，影响开井时率及产量，现场存在调节抽油机平衡率不准确、安全系数低、工作时间长以及劳动强度大的问题。个别抽油机安装了电动调平衡装置，因为利用较长的丝杠传动，加工成本高，容易损坏，耗费电能较多。

二、结构原理作用

该装置主要由储水箱、上水阀、上水管线、连通管、放空阀、呼吸管、液位计、隔板等组成，Ⅱ型还包括水位感应器、控制柜、电动阀、微电脑控制器等部件。在抽油机游梁上部前端靠近中轴承位置安装一个储水箱，为前储水箱，在抽油机游梁后端尾部安装两个储水箱并连通，为后储水箱，用专用卡子安装固定。储水箱上部有呼吸管，内部有隔板，抽油机运行时对箱内液体起到缓冲作用，水箱外侧有液位计，便于对水箱液位情况进行观察。前后储水箱之间有连通管，连通管是中压软胶管，通过抽油机支架引至抽油机底座附近，离地面高度1~1.5m。离地面高度1~1.5m处装有三通阀组，既能够加水和放水，又能够调节前后水箱内的液位和水量。

上水阀与放空阀共用一个阀门。需要上水时，上水阀连接加水泵，打开上水阀和1号水箱阀门，即可给1号水箱加水，观察液位计液位，加至合适位置时，可以关闭1号水箱阀门。打开2号水箱阀门，即可给2号水箱加水，观察液位计液位，加至合适位置时，停运加水泵，关闭上水阀门，关闭2号水箱阀门。

需要放水时，打开1号水箱阀门和放空阀，观察液位变化，放尽1号水箱内的水后，关闭1号水箱阀门，打开2号水箱阀门，观察液位变化，放尽2号水箱内的水后，关闭2号水箱阀门和放空阀。

抽油机运转时，1号水箱阀门保持常闭，2号水箱阀门保持常开，放空（加水）阀门保持常闭。游梁前后端周期性地向上或向下运动，打开1号水箱阀门，水箱内的水在重力的作用下通过连通管流向另一个水箱，就能够在一定范围内实现抽油机平衡的调整。

如果该井负荷较轻时，如下调节：当驴头下行至游梁在水平位置时，打开1号水箱阀门，后端水箱内的水在重力的作用下通过连通管流向前端的一个水箱，当驴头上行至游梁在水平位置时，关闭1号水箱阀门，反复几次，直到平衡率达标为止。气温低于0℃时，可以将水更换为防冻液。

三、主要创新技术

（1）提供了一种全新的抽油机平衡率快速自动精调装置，以及一种在一定范围内精确调整抽油机平衡率的方法和设备。

（2）在储水箱上部设计了呼吸管，内部设计了隔板，在抽油机运行时对箱内液体起到缓冲作用。

（3）Ⅱ型在连通管中部增加电动阀，可以远程控制开关，能够远程调节两个水箱内液体的液量和液位，从而在一定范围内远程精确调整抽油机平衡率。

（4）Ⅱ型在抽油机控制柜中安装微电脑控制器，能够根据抽油机运行电流计算平衡率，并对比分析是否达标，同时能够在不停井的情况下，在一定范围内自动精确调整抽油机平衡率。微电脑控制器与信息化系统联网，从而在生产指挥中心即能够在一定范围内远程精确调整抽油机平衡率。

四、技术经济指标

（1）抽油机平衡率提高8%以上。

（2）抽油机运行时率提高5%以上。

（3）符合安全环保及设备标准要求。

五、应用效益情况

该装置2019年2月份开始研制，2019年9月16日，在现河采油厂郝现管理区河90侧9B现场安装使用（图1）。安装该装置后，调平衡工作只需要一名女工进行操作，5分钟就能够完成，而且能够实现不停井调整抽油机平衡率。测算每年减少原油损失5.2吨，创效益12220元。抽油机平衡率提高了5%，测算每年节电4380千瓦时。该装置由于后端的力臂较长、重量较大，对于4块平衡块已经调整到最外端的抽油机井效果更好，避免了因不平衡造成的更换抽油机费用。

该成果2019年获国家实用新型专利授权（图2），2020年5月获得山东省设备管理创新成果一等奖（图3）。

图1　现场应用图

图2 国家专利证书

图3 获奖证书

采油设备润滑油加注装置的研制

胜利油田分公司 隋爱妮

一、项目创新背景

游梁式抽油机是胜利油田河口采油厂主要的机械采油设备，在用游梁式抽油机1445台，占总机采井数的76.2%。减速箱是抽油机的重要设备，当抽油机运转时间达到4000h（半年左右）则例行二级维护保养，其中更换减速箱润滑油是二级保养重要内容之一。

目前，注采站在更换减速箱机油时，仍采用人工搬运的重体力操作方式，4~5人分散站在油桶和抽油机之间，先将废机油放出，然后将新机油从减速箱加油口加入。由于抽油机减速箱容量达300多升，用20升油桶来回倒换操作耗时长达2个小时以上。长时间停井不仅影响开井时率，尤其对出砂井来说，由于出砂井油流中有大量的砂粒，一旦停井，砂粒沉淀，易造成砂卡事故，且从放油口放出废机油及新机油更换时，极易出现油品飞溅、润滑油浪费、污染周围环境，同时，操作人员在抽油机上爬上爬下，增加了高处作业风险。

为了解决上述问题，技能大师研制了采油设备润滑油加注装置，既能保证抽油机正常生产，又能将减速箱润滑油便捷更换，彻底解决了因更换润滑油工作强度大，生产现场不按规定时间保养而造成的设备损坏和环境污染问题。

二、结构原理作用

采油设备润滑油加注装置主要由轮式基座、风冷式柴油机、油门操作杆、离合器、联轴器、换挡器、齿轮泵、蓄电池、输油管等部件组成（图1）。

图1 成果实物图

（1）动力系统：采用具有手启动和电启动两种模式的风冷式柴油机为该装置的动力，采用柴油作为内燃机燃料，安全可靠。

（2）传动系统：设备通过柴油机输出轴输出动力时有离合器装置；根据现场使用情况，油门操纵杆控制发动机转速，发动机输出轴的高转速通过大小皮带轮减速到齿轮泵额定转速；降低发动机转速至动力输出断开后，换挡器可以进行倒正挡切换，齿轮泵根据换挡器的旋转方向实现进出油口的交替更换。

（3）加注装置：该装置齿轮泵在额定转速700r/h时排量可达30m³/h油量，抽油机更换油量大约0.8m³；整套换油作业在20分钟内可将新旧机油更换完成。

（4）承载装置：整套装置安装在四轮平板车上，旋转部位加装有保护罩，使用菱形钢板网包围固定，重量为80kg，便于搬运；周边菱形钢板网采用合页连接主框架，便于对设备进行维护与保养。

三、主要创新技术

（1）机械化程度高，加注速度快，安全性高，解决大型采油设备保养难题。

（2）节省人工，1~2人即可轻松完成更换加注，解决当前短期离岗和业务承揽导致用工紧张问题。

（3）提高开井时率，缩短设备检修时间，减少长时间停井而导致的生产故障。

（4）符合油田提出"以电代油、以机代人"的总体要求。

四、技术经济指标

（1）采用排量30m³/h电动齿轮泵，功率2.2kW/min柴油机。

（2）齿轮泵主要用于各种机械设备由润滑系统给其输送润滑油，适用于输送10℃以上、280℃以下润滑性的油料。

（3）离合器主动件的转速达到1360r/min，主动件通过离心体带动从动体，低于此转速分离，适合总体方案中设备的动力输出的通断。

（4）安装平台有4轮可移动，底板长度126cm，扶手高度96cm，平面安装多种设备空间充裕，现场搬运移动便捷。

五、应用效益情况

2018年10~11月，该装置在渤南油田BAE11-611井进行应用试验（图2），两名员工即可完成抽油机机油更换作业，原先需要两个小时以上才能干完的活，他们仅用时20分钟。随后，该装置又在BAE11-59井、BAE11-13井、BAE43井等完成15井次抽油机减速箱机油更换，及采油管理四区润滑油倒库作业。试验证实，装置运行稳定可靠，使用方便快捷，大幅提高施工效率，取得了以下效果。

（1）机械化程度高，加注速度快，安全性高，解决大型采油设备保养难题。符合油田提出"以电代油、以机代人"的总体要求。

（2）1~2人即可轻松完成更换加注，解决当前短期离岗和业务承揽导致用工紧张问题。

（3）缩短设备检修时间，提高开井时率，避免长时间停井而导致的生产故障，适用性强。

（4）定容定量标准高，润滑油加注时，按照标准施工，加注于减速箱上、下观察孔之间。

（5）采油设备润滑油加注装置因为其设计的人性化，被评为2019年山东省设备管理成果二等奖（图3），2021年获国家实用新型专利授权（图4）。

图2　现场应用图

图3　获奖证书

图4　国家专利证书

 新型电动机滑轨

胜利油田分公司　王　刚　代旭升

一、项目创新背景

抽油机是油田生产的主要机采设备，它的主要动力传动部件是皮带，工作方式为摩擦传动，属于日常消耗品，岗位工人工作内容之一就是更换皮带，而且比较频繁。目前现场更换皮带步骤比较烦琐：①停井断电；②松前、后顶丝；③松前、后固定螺栓；④用撬杠向前移动电机使皮带松弛；⑤换新皮带；⑥向后移动电机使皮带涨紧；⑦用前顶丝调整皮带松紧度；⑧用前、后顶丝调整皮带"四点一线"；⑨紧前、后固定螺栓，完成皮带更换；⑩送电开井。操作时间长，平均操作时间为40分钟，员工的工作量大且影响原油产量，而且在换皮带的工作中，"四点一线"的调整质量得不到保障，影响皮带的使用寿命，操作不慎会发生皮带挤手、撬杠挤手等安全事故。因此，改变目前传统的抽油机电动机安装方式，实现快速更换及调整皮带松紧度，是提高油田生产管理、实现节能降耗的迫切需要。

二、结构原理作用

新型电动机滑轨是由前固定螺栓、铰链结构、滑轨主体、升降机构、滑道式顶杆、后固定螺栓等组成。

该装置更换皮带时，不需调整"四点一线"，转动升降杆即可实现皮带的更换，更换快捷，安全可靠。

工作原理。第一次安装要根据"四点一线"定好位置，确定好位置后需要更换皮带时：顺时针旋转升降机的螺杆，滑轨主体在滑道式顶杆和铰链结构的作用下，后部升起；更换皮带；逆时针旋转升降机的螺杆，滑轨下降，皮带涨紧；调节好滑道式顶杆，完成操作。

三、主要创新技术

该装置采用升降结构，转动升降杆即可实现皮带的更换，结构简单，操作快捷，安全可靠，不需调整"四点一线"。

四、技术经济指标

该装置应用后，皮带使用寿命延长3倍，更换皮带时间缩短到1/4，降低了职工劳动强度，提高了开井时率。

五、应用效益情况

该装置现场应用20口抽油机井（图1），平均一个月换一次皮带，每次换皮带需要40分钟的时间。使用该装置后，更换皮带只需10分钟，由于该装置将更换皮带需松卸电动机4只固定螺丝和调节前、后顶丝，改成现在的电动机和滑轨整体升降，只需旋转升降机和调节滑道式顶杆即可完成操作，并且不需调整"四点一线"，保障了安装质量，更换皮带频次由1个月延长至3个月，提高了皮带使用寿命，通过现场应用证明其性能安全可靠，提高了开井时率，降低职工劳动强度，达到了设计要求。该成果获山东省设备管理创新成果二等奖，并获国家实用新型专利授权（图2、图3）。

现场应用20口抽油机井，实验井平均产量2吨/天，原油价格2350元/吨，该装置成本1000元/套，经济效益如下：

（40−10）×2×12×20×2350/1440=23500（元）

7100mm组合式皮带500元，节省费用：

（12−4）×1000×20=160000（元）

年创经济效益为：23500+160000−1000×20=163500（元）

图1 现场应用图

图2 获奖证书

图3 国家专利证书

 研制曳引式抽油机钢丝绳保养装置

胜利油田分公司 邵 勇

一、项目创新背景

随着城区建设不断扩大,胜利油田东辛采油厂大部分油井都处于繁华市区,油井生产过程中产生的噪声成为一个急需改善的重点。曳引式抽油机是机电一体化的新型抽油机,电机装在整机最上方且用电机罩罩起来,开机后声音小,因此又称为"静音机"。

营二管理区采油2站称为"城中采油站",现共有抽油机井71口,其中曳引式抽油机为31口,占抽油机井比例的43.7%。

曳引式抽油机牵引系统是由8根直径为12mm的钢丝绳组成,通过钢丝绳与滑轮组摩擦传递动力。钢丝绳长期处于一个承受负荷的运动磨损状态且长期风吹日晒,易造成钢丝绳生锈腐蚀、断股,不仅存在安全隐患,还缩短抽油机使用寿命。曳引式抽油机钢丝绳保养尤为重要。

曳引式抽油机整机高11.84m，保养时需持有登高证的操作人员在停机状态下系好安全带，爬安全梯上去，用装满机油的滋枪向钢丝绳滋油，使机油顺着钢丝绳下滑，以实现钢丝绳保养。这样的操作存在两个缺点：一方面，由于是处于停机状态，钢丝绳静止不动所以保养得不够全面，而且时间较长，保养一般停井时间60分钟左右。另一方面，目前一线员工老龄化现象严重，登高作业施工存在安全隐患较多。

统计2014年8月~2016年6月采油2站的13台曳引机使用情况，因钢丝绳长期磨损断股、腐蚀断股，更换钢丝绳，4口井，每口井更换时间为3个小时，共造成产量损失2.04吨；更换钢丝绳的费用每口井为2万元，共计8万元。

当前由钢丝绳引起的停井从而影响的油量如表1所示。

表1　停井影响油量表

产量/吨	井号			
	Y1X80	Y451P18	Y1X83	Y451P20
正常液量	25.4	34.3	17.4	38
正常油量	1.9	5.3	4.7	4.3
停井影响油量	−0.24	−0.67	−0.59	−0.54
共计影响油量	−2.04			

采油2站现共有曳引式抽油机31台，日总产量154吨，每口井每月停机保养钢丝绳1次平均用时1小时，31口井一个季度累计停井93小时，约损失产量19.3吨。

二、结构原理作用

针对上述问题专门制作了不用停井、不用登高的钢丝绳保养装置。该保养装置共由三个部分组成（储油罐、带孔眼的L形润滑管、手动润滑泵）。保养装置安装在最上方的电机罩上面。储油罐是用直径为Φ110mm、长约40cm的PVC管两头封上盲堵，在一头盲堵的中下部开孔，安装活动油壬，利用两个三通连接L形Φ25润滑管144cm。在储油罐正上方两头分别打两个孔眼，一个当进油孔，一个当排气孔，为了防止雨水进入，设计孔眼朝下。

三、主要创新技术

分别在电机罩的左右两侧中间从上往下18~23mm之间打眼，将Φ25mm润滑管分别插入左右两侧孔眼固定后再将储油管通过钢带固定在与电机罩上方连接的三角铁上，根据皮带槽的方位确定Φ25润滑管打眼的位置，在润滑管正下方对准两侧皮带轮槽的位置各打4个Φ1mm的孔眼。

用管线分别连接进油孔手动润滑泵，在手动润滑泵内装入润滑液，摇动手柄，润滑液通过管线进入上部的储油管内，当液面达到一定高度时润滑液就会进入润滑管从润滑管底部的孔眼滴出，对往复转动的钢丝绳进行润滑保养。

四、应用效果

该成果在Y1X78井、Y1X64井、Y1X52井安装后推广使用（图1），由于保养不用停井、不用登高且保养效果非常好，得到了职工的一致好评。

随着城镇建设不断发展，曳引式抽油机静音的优势会越来越突出，越来越被重用，钢丝绳的保养就会越来越重要。钢丝绳保养装置的研制不仅解决了停井、登高的难题，也保障了钢丝绳的保养效果，推广前景十分广阔。该成果被评为胜利油田技师协会合理化建议一等奖（图2）。

图1 现场应用图

图2 获奖证书

 一种利用皮带式抽油机自身动力移动装置

胜利油田分公司 吴 斌

一、项目创新背景

施工现场常用的一些移机工具包括：用千斤顶移动皮带式抽油机、用平式液压顶移动装置移动皮带式抽油机、手拉葫芦移动皮带式抽油机等，但是这些工具对于现场操作者来说无论是在人工和时间上都还是很笨重的一种生产劳动，技能大师能否在这个基础上研制出一种更好的工具和移机方法呢？能够让皮带式抽油机在短时间内省时省力达到移动目的及预期效果。为了解决上述问题，滨南采油厂吴斌创新团队研发了"一种利用皮带式抽油机自身动力移动装置"。

二、结构原理作用

现设计的利用皮带式抽油机自身动力移动装置，打破了原有的移动皮带式抽油机技术采用辅助设备（如液压移动装置）进行操作的费时费力的现状。该装置经定滑轮，在重力的作用下使皮带式抽油机发生明显位移，装置由底座固定装置、钢丝绳、滑轮三部分组成（图1），利用刹车装置控制平衡重铁来实现皮带式抽油机移动。

皮带式抽油机向后移动时，将钢丝绳通过固定端点连接到皮带式抽油机体的后端，通过刹车总成控制平衡重铁的下滑速度，当控制平衡重铁下移时带动钢丝绳上移，钢丝绳上移过程中拉动皮带式抽油机体向后移动。为了减少钢丝绳与皮带式抽油机机体间的摩擦，在机体的前端安装过滑固定装置，在水泥基础的后端安装滑轮。

三、主要创新技术

装置结构简单，操作方便，利用独立刹车系统及自动刹车装置来进行移动，省时省力，可靠性高，确保安全，降低劳动强度，提高开井时率。

四、应用效益情况

效益估算：

（1）原工艺技术消耗总额：（原工艺影响单井增油效益+原工艺消耗人力成本）×全年移机井数=（798.35+436.05）×150=18.52（万元）

（2）新工艺技术消耗总额：（新工艺影响单井增油效益+新工艺消耗人力成本）×全年移机井数=（159.67+52.33）×150=3.18（万元）

（3）经济效益：21.18万元。

该工具经过5年3次改进定型，已在油田756口油井上推广应用（图2）。年创经济效益21.18万元，取得了良好的效果。该成果被评为胜利油田滨南采油厂优秀专利及技改成果（图3），2015年获国家实用新型专利授权（图4）。

图1　成果实物图

图2　现场应用图

图3　获奖证书

图4　国家专利证书

游梁式抽油机远程制动装置

胜利油田分公司 薛 婷

一、项目创新背景

游梁式抽油机是胜利油田油气开采过程中主要的机械采油设备，以河口采油厂为例，机械设备开采方式的油井开井数1896口，其中游梁式抽油机设备高达1445台，占总机采井数的76.2%。在胜利油田油井智能化建设全覆盖的过程中，其现场各项生产数据的自动化采集、调速加热视频远程控制、油井的无人化巡检、站库的无人化监管已基本实现，但针对游梁式抽油机的制动问题还需要进一步完善和改进。目前，不能远程制动，存在以下问题。

（1）曲柄在惯性作用下仍然摆动，对电器设备、皮带、人身造成伤害。

（2）在油井出砂、结蜡及稠油特殊工况未停在合理位置启动抽油机时，会出现过载故障。

因此，亟须研制一种电控程度高、性能稳定、易于推广的抽油机远程制动操控系统。

二、结构原理作用

游梁式抽油机远程电子刹车系统，包括电子刹车装置、刹车联动装置、游梁姿态检测装置、RTU远程控制终端。电子刹车装置安装底座固定在抽油机后端底梁上，挂耳通过刹车联动装置及连杆与抽油机刹车总成相连。游梁姿态检测装置安装在抽油机游梁中轴承上，将抽油机游梁姿态实时信息同步传给电子刹车驱动电路系统，使其按照油井工况所需抽油机停姿刹车。RTU远程控制终端控制柜内的电子刹车控制系统电路单元，通过开发的油井远程控制通信协议，可远程接收指挥控制中心下达的动作指令，并对电子刹车驱动控制系统发送动作指令。将动力电动机的旋转力矩通过滚珠丝杆传动总成转换为直线推拉动作，即可完成游梁式抽油机刹车的拉紧和松开操作。

三、主要创新技术

游梁式抽油机远程电子刹车系统实现了自主刹车制动的主要设计思路，结合抽油机本地电气控制系统，以电动式自动执行的方式完成刹车制动，满足刹车制动效果。

（1）完成远程开机停机自动模式，实现远程刹车与释放。

通过控制中心上位机的操作可实现远程遥控游梁式抽油机无人开机停机的自动刹车与释放，本地带语音告知提示功能。

（2）完成本地端的开机停机模式，实现自动刹车与释放。

通过本地人工操作RTU控制柜进行油井的开机停机操作，可实现本地优先自动刹车与释放。抽油机在停机工况下，人工可通过刹车装置本体设置的控制按钮实现静态刹车与释放的点动操作，本地带语音告知提示功能。

（3）上下死点及定位停机刹车。

通过刹车装置本体的控制程序预置与实时监测，可以实现抽油机驴头上下死点、任意点的定位停止刹车制动功能。

四、技术经济指标

（1）不改变抽油机主体结构，保留原刹车功能，实现手自一体化设计，符合采油设备安全运行规范。

（2）装置采用不间断自备24V直流电源供电，保证断电时可以及时刹车动作。

（3）通过刹车装置本体的控制程序预置与实时监测，可实现抽油机远程上下死点及定位停机刹车。

（4）抽油机在停机工况下，现场人员可通过装置按钮实现静态刹车与释放的点动操作。

（5）刹车行程控制在0~150mm之间，保证了刹车的有效拉紧和松开。

五、应用效益情况

人工制动刹车、启停单井时长在0.5~2小时之间，而远程制动刹车、启停抽油机只需要1分钟，极大地提高了启停井时率（图1）。

图1　现场应用图

以BAE11X112为例，该井24小时产油6.6吨，按照吨油成本2200元计算该井创造效益：6.6÷24×1×2200=605（元），管理四区105口游梁式抽油机，每年效益预计达到605×105=6.35（万元）。

图2　获奖证书

该装置有效地解决了抽油机合理管控或突发断电停机造成的安全隐患，降低了抽油机停抽姿态导致的事故躺井率，减少了人工值守强度，及时刹车可对抽油机设备起到保护作用，该装置操作便捷、安全可靠，推广适应性强，符合现阶段"智慧油田"发展目标。该装置获2021年度河口采油厂优秀职工创新成果一等奖（图2）。

皮带式抽油机移位盘动器及辅助滚轮

胜利油田分公司 武振海

一、项目创新背景

皮带式抽油机是一种低冲次、长冲程抽油机，因能耗低、启动平稳、维护便捷，在油田得到了越来越广泛的应用。这种皮带式抽油机在作业时，需要预先将其移离井口1.5m左右，让开井口，才能开始井下作业，作业完成后再将其移回原位，方能开机生产。这项移位工作，一般需5~7人，工序复杂。首先需要用千斤顶顶起抽油机，在抽油机底部前端左右两侧销孔内成对安装滚动轮及轮轴，滚动轮穿套在轮轴上。再靠人力用导链拉或用通井机拖拽使皮带式抽油机移位。这样仅靠两个可以滚动的滚动轮使皮带式抽油机移位，其抽油机尾部没有任何支撑，这样生拉硬拽，一般移位一次需2~4小时，劳动强度大、工作效率低，存在极大的安全隐患，而且抽油机尾部拖地，对设备的损伤也比较严重。

因此，需要研制一款可以较好地保证安全移位，并且简易、快捷与耐用方面都能令一线员工满意的皮带机移位装置。

二、结构原理作用

该装置由偏心轴2件、衬套2件、滚轮2件、滚筒1件、包装箱1件、增力扳手2件、20T千斤顶组成（图1）。

皮带式抽油机移位滚轮及其辅助件滚筒，在对使用皮带式抽油机的井进行井下作业时，使用该装置将皮带式抽油机移离井口。移位滚轮包括移位轮体和滚轮销轴，移位轮体是筒状体，筒体上设有锁紧螺钉孔，孔中设有螺纹；滚轮销轴一端轴体上设有螺钉固定孔与锁紧螺钉配合，另一端设有施力结构；移位轮体与滚轮销轴通过锁紧螺钉连接，成对安装在皮带式抽油机底部前端原有的滚动轮位置。辅助滚筒是筒状体，安放在皮带式抽油机机体压杠与基础之间，使皮带抽油机的移动快速、高效、安全，轻松便捷，不会再出现皮带式抽油机被拽倒事件。有效缩短了作业时间，减少了操作人员，提高了工作效率，保护了采油设备。

三、主要创新技术

（1）该装置结构简单，安装方便，便于携带。

（2）兼具通井机的"快"和液压器械的"稳"两项特性。

（3）工具安装、使用简单，减少工人劳动强度，提高工作效率。

四、技术经济指标

（1）移位时使用辅助滚筒支撑起皮带式抽油机尾部，降低了摩擦力，使皮带式抽油机的移动快速、高效、安全，轻松便捷，避免出现皮带式抽油机翻倒等安全事故，保护采油设备。

（2）现场只需2人操作，20分钟就可完成皮带机的移位、复位工作，操作简单，安全、高效，省时省力，不会再出现皮带机因拖曳而翻倒事件。

（3）适应性强，适用于各种类型的皮带机。

五、应用效益情况

该装置2011年开始研制，2012年临盘采油厂在机修厂召开现场会，专家组一致认为该工具达到安全移位的效果，有很高的推广应用价值，2013年确定为临盘采油厂专利技术实施推广项目，并面向胜利油田10个采油厂推广。

实施地区：2013~2014年在胜利油田10个采油厂各推广50套，共计500套。

规模：临盘采油厂现有皮带式抽油机352台，胜利油田在装皮带式抽油机4000台（2012年数据）。

工作量：临盘采油厂每年皮带式抽油机移位、复位作业约200台次，胜利油田皮带机年作业量超过1500台次（2012年数据）。

目前，皮带机移位盘动器仍在临盘采油厂各个管理区现场应用，年创经济效益约30万元。2012年获临盘采油厂科技进步三等奖，该装置已申请国家实用新型专利（图2）（申请专利号为：ZL201220368158）和国家发明专利（申请专利号为：201210263574.9），同时被油田定为2013年的重点推广项目。

图1　成果实物图

图2　国家专利授权书

滑杠式曲柄销子取出工具

胜利油田分公司　唐守忠

一、项目创新背景

胜利油田目前在用的游梁式抽油机有15000余台，是原油生产的主要抽油设备，这些设备长期在野外环境中工作，存在锈蚀、老化等现象。由于生产的需要和管理的要求，要经常进行抽油机调整冲程和更换曲柄销子工作。虽然工作量不多，但在目前人员老龄化日趋严重的情况下，此项工作已成为注采维修站的难点工作。

游梁式抽油机井占孤岛采油厂生产总井数的90%以上，由于生产和管理的要求，经常需要对抽油机冲程进行调整和对曲柄销子进行更换。在这些工作中，都要进行抽油机曲柄销子与抽油机曲柄脱离操作。由于没有专用的卸曲柄销子工具，操作时非常不方便，用传统的方法，不仅操作时间长、影响油井产量，而且容易导致曲柄销子丝扣损坏、报废，还经常造成油井砂卡躺井及伤人事故。

二、结构原理作用

工作原理：利用压缩式滑杠，固定在两侧曲柄销子上，滑锤在滑杠上滑动，撞击头推动曲柄销子本体移动，从而卸松曲柄销子。具体操作是：首先卸掉需要更换的曲柄销子备帽与冕形螺母，然后卸掉另一侧曲柄销子备帽，将丝杠保护套套在销子本体丝扣上，然后压缩滑杠，两侧撞击头套在保护套上，上紧螺母。再将滑锤插接固定在滑杠上，然后移动滑锤撞击撞击头，从而卸松曲柄销子。

三、主要创新技术

（1）滑杠撞击更加省力。
（2）将点锤击转变为面撞击，提高撞击效率。
（3）铝合金保护扶正套，避免丝扣受到伤害。

四、技术经济指标

（1）不同尺寸保护套与丝扣的间隙<0.1mm。
（2）滑锤与滑杠配合间隙0.02mm。
（3）滑杠镀铬处理。

五、应用效益情况

滑杠式曲柄销子取出工具先后在孤岛、现河、东辛、桩西采油厂和石油开发中心等单位的120多台8—14型抽油机上试用，获得成功（图1）。有效避免了传统大锤锤击时损伤丝扣或敲击变形，致使销子变形报废或取不出来现象的发生；解决了游梁式抽油机在调整冲程与更换曲柄销子过程中耗时长、劳动强度大的问题；工作效率大幅度提高。2015年11月获得胜利油田成果展评二等奖（图2），并获得了两项国家实用新型专利授权（图3、图4）；2016年列为油田职业技能竞赛采油工实操项目，并加工了100套在全油田进行推广应用；年创效益约200万元，具有很好的推广应用前景。

图1　现场应用图

图2　获奖证书

图3　国家专利证书（一）

图4　国家专利证书（二）

游梁式抽油机辅助平衡装置

胜利油田分公司　唐守忠

一、项目创新背景

随着新型管理区建设的推进，平衡率考核指标为70%以上，伴随着"1+2+2"考核政策的实施，基层人力资源优化，定员定岗，劳务输出，基层人员越来越少。管理三区现在80%为曲柄平衡方式的游梁式抽油机，调平衡的主要方式是把平衡块移动到合适的位置，调平衡的工作量大，标准化作业流程操作率低而且停井时间长，影响采油时率。平衡率考核指标、基层人员的减少与调平衡工作量大、操作率低，三者之间的矛盾日益突出，因此，减少调平衡工作量、提高操作率和降低调平衡劳动强度的问题亟须解决。

二、结构原理作用

工作原理：技能大师根据杆秤的工作原理，当油井平衡率波动出现幅度较小时，将辅助平衡装置像秤砣一样在曲柄上移动，这样就避免了调整原曲柄平衡块。后期技能大师又添加了电磁控制锁紧与蜗轮蜗杆移动。

三、主要创新技术

（1）重量轻，单人即可移动。
（2）组合式，可根据需要增减。
（3）单根固定螺栓上卸快。
（4）带锁紧机构提高安全。
（5）蜗轮蜗杆移动更加省力。

四、技术经济指标

（1）单块平衡铁重量7.5kg。
（2）最大重量300kg。
（3）电磁控制通电消磁、无电有磁。

五、应用效益情况

技能大师于2019年6月在GDD0CP517井进行了现场试验（图1），首先进行了装置的安装（图2）。调平衡耗时为28分钟，比平均耗时降低了62分钟。

通过研制游梁式抽油机辅助平衡装置，调整平衡时省去了吊装，降低了劳动强度，同时实现一人操作，节约成本、提高劳动利用率。该成果被评为孤岛采油厂优秀QC成果二等奖（图3），2020年获国家实用新型专利授权（图4）。

图1 现场应用图

图2 现场安装图

图3 获奖证书

图4 国家专利证书

一种电动机皮带自动调整装置

胜利油田分公司　杜国栋

一、项目创新背景

桩西采油厂地处黄河入海口的滩涂地区，常年雨雾多，在用的1750多台游梁式抽油机易出现传动皮带打滑现象，造成皮带使用寿命短、更换频繁的问题。更换抽油机皮带操作需要：松开电机前顶丝，移动电机，取下旧皮带、安装新皮带，后移电机，调整前顶丝，电机皮带轮端面与减速箱皮带轮端面呈"四点一线"等工序。根据生产记录，抽油机停机更换皮带的耗时在20分钟以上，对采油厂原油产量影响很大。2018年以来，创新团队持续研发油井自动调整皮带装置，从第一代的液压自动调整装置、拉力传感电动调整装置到目前的智能滑轨，已经持续研发改进三代产品。

二、结构原理作用

用一套拉压力传感系统，控制一套自动螺杆传动系统，可实现手动调整和数字化自动调整。整个装置由滑轨、数据传感和控制三部分构成。

（1）滑轨部分结构：固定导轨座采用可伸缩调节方式，适用于任何型号游梁式抽油机安装，不受机型限制适用范围广。

（2）传感器动力滑座结构：连接梯形螺杆，通过拉压力传感器带动电机滑座，可沿固定导轨座导轨轴向运动。

（3）电机滑座：主要作用是固定电机，同时可依靠传感器动力滑座通过拉力传感器，沿固定导轨座导轨轴向运动，滑座设计U形固定孔可满足多种型号电机的安装。

（4）拉压力传感器：经多次现场试验，皮带正常运转拉力为500~700N，抽油机启动瞬间最大拉力为7000~11000N，经选型最终选定EVT-12P拉力传感器，最大拉力为100kN，最大误差为0.03%~0.05%，在允许范围之内。

（5）控制部分：主要采用五位单显仪表TY5D两路继电器。主要作用通过拉力传感器采集数据、单显测控仪表参数调整设置、信号输出控制扭力电机，通过蜗轮蜗杆机构带动电机滑座根据设定值自动调整，通过现场RTU实现远传，生产指挥中心清楚掌握皮带运行拉力。

三、主要创新技术

（1）应用了自主创新的新型可调式滑轨，消除拆卸电动机固定螺丝、顶丝操作，避免了二次调整"四点一线"。

（2）增加驱动电动机，实现自动化。电动机能够实现正转、反转紧固皮带和更换皮带方便快捷。

（3）增加拉压力传感器，在拉力作用下，自动移动电动机底座，能够使皮带保持设定的拉力。

（4）设定上限保护，皮带断后拉力上升至上限时，自动停止运行。

（5）采用自动控制技术。

四、技术经济指标

选取了经常断皮带的油井ZTH1-P20（平均一个月一条皮带），安装后，设定拉力上限800kg，下限750kg，目前皮带一直保持在760~790kg的拉力下运行，效果明显。

五、应用效益情况

该装置2018年开始研制，2020年5月6日，在胜利油田桩西采油厂ZTH1-P20井等3口井上安装使用（图1）。该成果2021年获国家实用新型专利授权（图2）。

| 图1 现场应用图 | 图2 国家专利证书 |

便携式可移动式死刹车

胜利油田分公司 张前保

一、项目创新背景

抽油机刹车是工作刹车，它用于控制抽油机停机位置，确保各项施工操作能够顺利实施，不能作为安全刹车使用。在施工中，一旦工作刹车出现松脱，抽油机就会发生摆动，造成挤压伤害事故发生。综合以上情况，技能大师从确保操作人员人身安全和降本增效考虑，设计一种便携式可移动式死刹车，专门用于工作刹车失灵后，防止抽油机摆动的工具，可移动式死刹车不用在每台抽油机上安装，用的时候安装，不用的时候拆下，达到节约成本，施工操作安全的目的。

二、结构原理作用

（1）抱合装置。

抱合装置由内、外犬牙两部分组成（图1），内、外犬牙上设计有锯形牙齿，用于增加摩擦阻力。内犬牙钩住制动轮内侧，外犬牙包住刹车毂外侧，通过加力杆加力，使内、外犬牙两部分相对合紧，为刹车毂与制动轮增加第二道抱合装置。

图1　成果实物图

（2）加力杆。

在内外犬牙一侧加工有正、反扣螺母，用正、反扣丝杠将两个犬牙连接在一起，顺时针旋转丝杠，内外犬牙产生抱合力，逆时针旋转丝杠，内外犬牙向外张开，方便工具的安装和拆卸。

（3）锁紧部分。

在加力杆后端设计安装手轮，方便快速安装和拆卸。为了确保工具的抱合力，在手轮下部设计六棱台，用于扳手或管钳加力旋转，以达到工具最大的抱合力，实现第一道防护。

三、主要创新技术

（1）在10型和12型外抱式刹车都能使用，具有通用性。

（2）制作简单，加工方便。

（3）体积小、重量轻。

（4）操作方便、快捷。

四、技术经济指标

（1）每台节约成本3000元左右。

（2）安全性达到100%。

五、应用效益情况

该装置2022年6月15日，成功揭榜油田一线生产难题，2022年11月研制成功，油田组织专家进行评审，专家组一致认为该工具达到节省生产成本，提高工作安全保障的目的，有很高的推广应用价值（图2）。2022年确定为临盘采油厂专利技术实施推广项目。目前，已在采油管理七区现场推广应用100多次，年创经济效益约5万元，累计创效7万多元。该成果2020年获得油田一线生产难题揭榜挂帅工作中"最佳创意方案"和油田设备管理成果三等奖（图3）。

图2　现场应用图　　　　　　　　图3　获奖证书

便携式注油保养设备

江汉油田分公司　张义铁

一、项目创新背景

江汉油田清河采油厂各个采油管理区每年都要投入大量人力、物力保养抽油机设备，为了维护、保养好抽油设备及提高保养质量、效率，各个采油管理区分别采用不同的方式保养抽油设备，从目前各个采油管理区保养效果来看总体效率不高，岗位工人劳动强度较大。因此，技能大师对抽油机维护和保养的相关措施进行了探讨，对保养设备进行了改进，分别在采油管理一区和采油管理二区进行试验，取得了较好的效果。

根据目前保养设备方式存在的问题，各采油管理区采用的保养方式有三种：①采用黄油枪或中型黄油枪手工加注黄油方式，如采油管理六区；②采用手动黄油枪但加注黄油方式采用压力桶加注，如采油管理一区；③采用拖拉机带打气泵方式保养，如采油管理三区、五区。

采用以上三种保养方式存在以下问题：①手动加注黄油易造成污染，浪费黄油较多；②采用压力桶加注黄油虽然能减少黄油浪费，但设备较笨重、操作不便；③拖拉机带打气泵方式较前两种要简便，但气泵压力低，容易造成黄油枪供油不连续，影响进度，气温低时还需要加入机油稀释降黏；④保养时耗费的时间较多，效率低。

二、结构原理作用

技能大师们对保养设备进行了改进（图1）。

（1）采用了高压电动黄油机，配备有一个20升的不锈钢桶，可整桶加注黄油，减少浪费，操作更便捷。

（2）为保证供油的连续性，增设了电加热装置和自动搅油装置。改进后出油顺畅，解决了黄油黏度大，气温较低时不易加注的问题。

（3）改变了供电方式。通过一个电源直接从电瓶上给电动黄油机供电，随取随用，极大地增强了野外作业的便利性。

三、应用效益情况

目前该成果在清河采油厂各个采油管理区成功推广应用（图2），每天保养效率由8井次/日提高到15井次/日，保养单口抽油机时间由30分钟下降到了15分钟。效率大幅提升，岗位工人劳动强度大大降低，由6人操作降到了3人操作，操作简单，更清洁、方便。在全厂推广后每年可取得40万元以上的经济效益，只要保养设备就可持续创效。该成果被评为全国能源化学地质系统优秀职工技术创新成果一等奖（图3），2018年获国家实用新型专利授权（图4）。

图1　成果实物图

图2　现场应用图

图3　获奖证书

图4　国家专利证书

双向伸缩式电动机移动装置

河南油田分公司　赵云春

一、项目创新背景

生产现场在更换抽油机电动机皮带时使用撬杠配合顶丝移动电动机；撬电动机时撬杠容易打滑，存在安全风险；用顶丝顶电动机时，小撬杠受顶丝角度和皮带位置的限制，转动不了360°；且顶丝只能单向顶电动机，向后移动电动机时，顶丝就要变换方向，重新固定后才能顶电动机。操作费时费力，劳动强度大，生产效率低。皮带松紧度无法精确调整，成本费用高。

二、结构原理作用

双向伸缩式电动机移动装置由与电动机相连的电动机连接座以及用于与抽油机机架相连的机架连接座组成，电动机连接座和机架连接座上分别设有螺纹连接件，移动装置还包括中间转动调节件，中间转动调节件两端分别与相应螺纹连接件的螺纹段，两螺纹段的螺纹旋向相反，中间转动调节件上设有棘轮扳手，棘轮扳手的棘轮环套在中间转动调节件上，棘轮扳手上的棘轮与棘齿配合，可改变棘轮转动方向（图1）。

三、主要创新技术

电动机连接座为L形连接板，L形连接板包括设有电动机螺栓穿孔的第一连接边，还包括设有相应螺纹连接件的第二连接边，相应螺纹连接件固定于第二连接边的背离第一连接边的一侧。

机架连接座包括用于固定卡装于滑轨上的滑轨卡座，还包括与相应螺纹连接件固连的卡座连接板，卡座连接板通过设于滑轨卡座上而使得中间转动调节件间隔布置于滑轨上方。

滑轨卡座包括用于分设在滑轨两侧的两夹紧件，以及将两夹紧件夹紧固定在滑轨上的螺纹紧固组件，螺纹紧固组件包括用于贯穿滑轨长槽的螺纹杆体以及位于滑轨上方的紧固螺母，螺杆体具有朝上凸出于紧固螺母的凸出段，卡座连接板套装于该凸出段上，滑轨卡座还包括旋装于凸出段上以防止卡座连接板脱出的防脱螺母。

棘轮扳手有握持手柄，握持手柄上设有用于可拆连接加力件的连接结构，加力件连接结构为设于握持手柄上以供加力件插入的连接套。

中间转动调节件为两端具有内螺纹段的套筒，两螺纹连接件为分设于套筒两端的螺杆。

四、技术经济指标

（1）通过设置加力件连接结构，在转动中间转动调节件时，可以将加力件装上，以便操作人员进行施力，不使用时，可以将加力件拆下，避免运输和携带不便的情况发生。

（2）使用时，螺栓同时穿过电动机安装孔、滑轨长槽、电动机螺栓穿孔，实现了电动机连接座与电动机的相连，同时螺栓能够对电动机的移动进行导向。

（3）卡座连接板通过滑轨卡座安装在滑轨上，实现与滑轨的间隔安装，进而使得与卡座连接板相连的螺纹连接件、中间转动调节件以及棘轮扳手与滑轨间隔布置，避免滑轨对棘轮扳手的转动造成影响。

五、应用效益情况

应用表明，双向伸缩式电动机移动装置具有操作方法简便、抽油机皮带调整准确度高的显著特点，现场应用效果十分理想，提高了采油时率，降低了工人的劳动工作量（图2）。该成果获河南油田质量管理成果二等奖（图3），2020年获国家实用新型专利授权（图4）。

图1　成果实物图

图2　现场应用图

图3　获奖证书

图4　国家专利证书

电动机免拆卸式滑轨

河南油田分公司 孙爱军

一、项目创新背景

抽油机皮带传递电动机动力，带动抽油机运转实现原油开采，皮带24小时连续运转，常发生磨损、打滑和烧皮带等，更换皮带和调整皮带松紧度是采油工日常的主要工作。

目前现场采用的电动机滑轨有普通电动机滑轨和托架式电动机滑轨，在这两种电动机安装结构形式下，更换传动皮带或调整皮带松紧度，都需要先将电动机固定螺栓（或调节螺母）卸松，来移动或调整电动机的位置。在拆卸调整的过程中，要调整电动机与大皮带轮之间的距离，并使皮带涨紧，又要调整电动机皮带轮与大皮带轮的"四点一线"，然后紧固电动机固定螺栓。更换皮带工作效率低，劳动强度大，移动电动机过程中经常出现工具打滑、人员磕碰等现象。为实现方便快捷更换皮带，同时消除操作过程中存在的不安全因素，需要设计一种能实现高效、安全操作的电动机滑轨。

二、结构原理作用

滑轨支撑机构通过螺栓固定在抽油机底座上，电动机安装在前、后游动底座上，游动底座的滑管穿装在底座支撑机构的两条滑杆上，并通过正反旋转传动螺杆与底座支撑机构的支撑座连接。游动底座上设有2组安装调节长孔和4条顶丝，用于电动机的横向调整。正反旋转传动螺杆的两端分别穿装有活动螺套和铰支螺套，实现游动底座和底座支撑机构的连接，传动螺杆可绕铰支螺套的铰支点在一定范围内上下转动。活动螺套卡在安装传动螺杆端支撑座的U形槽内，通过固定螺栓与支撑座连接，活动螺套可上下左右位移，自动校正传动螺杆与两条滑杆的平行度，消除抽油机机座不平和加工质量误差带来的摩擦阻力（图1）。

通过正反旋转螺杆，拉动底座滑板在两条滑杆上移动，带动电动机前后位移。使用时组合在一起，便于搬运，各组件通用、互换。需更换皮带或调整皮带松紧时，只需扳动手柄旋转螺杆即可实现电动机前后快速移动，一名采油女工即可在较短时间内完成皮带更换，调整皮带松紧度更是毫不费力。实现方便快捷更换皮带和安全规范操作，消除了操作中的不安全因素。

图1 成果结构图

三、主要创新技术

（1）电动机底座固定在两条滑杆轨道上，通过传动螺杆拉动底座前后移动。

（2）自动校正滑杆与传动螺杆的平行度，底座移动中不会发生卡、阻现象。

（3）组合式连接，安装时现场组装，搬运方便。

（4）安装时校正好电动机位置，更换皮带时无须再调整皮带"四点一线"。

（5）无须工具，随时对皮带松紧度进行调整。

四、技术经济指标

更换皮带用时6~7分钟，调整皮带松紧度用时0.5分钟。

五、应用效益情况

2015年以来，在采油一厂江河采油管理区24口油井推广应用。皮带对中度提高及松紧度的随时调整，提高了皮带使用寿命，年节约皮带290组，经济效益12万元。减轻了工人劳动强度，具有较好的推广应用前景。该成果被评为中国石化集团公司QC成果三等奖（图2），并获国家实用新型专利授权（图3）。

图2 获奖证书

图3 国家专利证书

 曲柄销衬套取出装置

河南油田分公司 景天豪

一、项目创新背景

游梁式抽油机经常因调冲程、换减速箱及换曲柄销等原因，需要拔出曲柄销衬套。拔衬套操作采用在衬套一端垫铜棒，然后用榔头敲击的办法。这种办法有以下不足。

（1）要求砸榔头及垫铜棒时必须要位置准确，对操作人员的技能要求较高。

（2）至少需两人配合，且操作人员劳动强度大。

（3）榔头砸下来的衬套端部变形严重，往往造成衬套报废。

（4）需操作人员站在减速箱上由内向外抡榔头，存在不安全因素。

二、结构原理作用

曲柄销衬套取出装置由支撑体、正反扣丝杠、可敲击螺帽及铜垫圈等部分组成。支撑体为两平行面截切后的圆桶形结构，在桶底中心有一个左旋内螺丝；内径及内孔长度分别大于衬套的最大轮廓外径及长度，使衬套被拔出后可完全"容身"其中；用两平行面切削后，宽度略小于曲柄上的衬套槽宽度，使用时能卡在曲柄孔内，防止"连轴转"。正反扣丝杠上面有六方头结构及两段不同扣型的丝扣，一端为左旋螺纹，另一端为右旋螺纹；六方头外径略小于螺纹孔，以方便通过。可敲击螺帽为"哑铃"形结构，一端用来使用榔头敲击，另一端有小于端部外径的圆筒结构，外部安装铜垫圈、内部有盲孔及右旋螺纹孔；中间部分外部设计为六边形结构，方便使用工具进行拧紧作业。铜垫圈为圆环状，用来传递敲击力，同时可防止衬套变形。

使用时，把正反扣丝杠旋进支撑体上的左旋螺纹孔内，然后将支撑体卡在曲柄孔内，使正反扣丝杠伸出；把铜垫圈安装到可敲击螺帽的圆筒上，然后安装至正反扣丝杠上的右旋螺纹孔内。转动丝杆时由于正反扣丝杠会产生两端向中间的拉力，可将衬套从曲柄孔中拔出。若衬套过紧，则将可敲击螺帽上紧后，使用榔头敲击可敲击螺帽，将曲柄销衬套拆取出来。

三、主要创新技术

（1）通过拔轮器原理，用正反扣丝杠对衬套预先拉紧。
（2）使用可敲击螺帽代替铜棒，增大受力面积以提高锤击时的冲击力。
（3）使用铜垫圈防止衬套被损坏。
（4）支撑体卡在曲柄外侧孔内，无须使用工具防止其转动。
（5）可使用榔头敲击螺帽，解决衬套黏结过紧时使用扳手拔不动的难题。

四、技术经济指标

正反扣丝杠直径36mm，允许最大拉力不低于180kN。

五、应用效益情况

曲柄销衬套取出装置适用于拔取游梁式抽油机曲柄销衬套操作（图1、图2）。无须双人配合，操作人员站在地面上操作，有效消除了安全隐患；可降低劳动强度、减少操作时间、防止衬套报废，解决了抽油机衬套取不出以及被损坏的技术难题。该成果获河南省优秀质量小组成果三等奖（图3），2019年获国家实用新型专利授权（图4）。

图1 现场安装图

图2 现场应用图

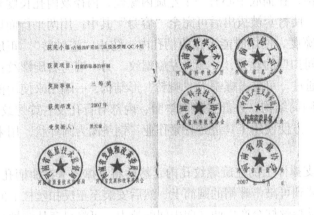

图3　获奖证书　　　　　　　　　图4　国家专利证书

抽油机可视化高空智能巡检仪

中原油田分公司　董殿泽

一、项目创新背景

抽油机巡回检查是保障抽油机正常运转，发现故障隐患的重要手段，常规人工巡回检查，是通过"看、听、摸、闻"的方法，对抽油机的运行状态进行判断。由于抽油机是24小时连续运转设备，受高度、旋转运动的限制，人为"看、听"无法准确判断设备的运转情况。登高巡检属于特殊作业，须办理登高作业许可证，并存在一定的安全隐患。为了降低采油工巡检工作强度。保障采油工的人身安全，现场需要一种，可以不登高，可视、可听的抽油机巡检仪器，帮助现场工人对抽油机的运转情况进行准确记录，以准确判断抽油机的运转情况。

二、结构原理作用

为了达到采油工在抽油机巡检过程中不登高，可视、可听的目的，技能大师通过现场调研，设计了可视化高空智能巡检仪，该装置由巡检探头、伸缩杆、数据采集传送终端三部分组成（图1）。

高空可视化智能巡检仪巡检探头为1080P高清巡检探头，设备巡检人员在现场采集巡检视频后，可以通过放大图像，检查设备的细微裂纹和松动等设备隐患。

数据采集终端可以通过APP实现数据的远程传输，并且可以实现十人同时登录，对现场进行在线观察，为设备故障的远程诊断提供有力的保障。该项目完成设计后，技能大师组织全厂5个采油管理区设备管理人员及厂内相关专家人员，在石家采油管理区进行了现场成果评价会。与会人员对各项功能及适应性比较满意。同时对巡检仪的安全性和适用性提出了两点建议。一是由于需要高空巡检，为了防止发生触电事故，必须强化巡检仪伸缩杆的绝缘。确保巡检人员在巡检过程中不发生触电事故。二是巡检过程中数据采集终端需可靠保护，需防止磕碰等原因造成损坏。针对以上意见技能大师做出改进。

（1）根据油田周边电网高压供电线路的电压值在10kV以下的情况，设计在伸缩杆第一节采用耐10kV绝缘胶带捆扎，外部采用高压热缩管保护，在顶部安装一个隔离护手，防止操作人员将手伸出绝缘保护段，同时在第一节伸缩带喷涂明显的绝缘标志，对操作人员警示，确保不出现误操作，造成人员伤害。

（2）仿照手机壳，给数据采集终端加装一个保护外壳，设计一个支架，在现场巡检时固定在伸缩杆上，既方便现场操作，又可以对数据采集终端进行保护。

采油工现场巡检时，可以采用巡检仪上的高清巡检探头对抽油机上部驴头、游梁、中尾轴等关键部件进行摄像巡检，视频资料通过4G网络传输到数据采集终端，视频终端可以实时了解抽油机的运转情况，同时可以对巡检过程进行视频、音频保存，作为巡检记录，以便对抽油机的运转情况进行详细判断。

三、主要创新技术

（1）实现高处设备地面巡查，杜绝高处作业安全风险。
（2）可以检查设备的细微裂纹和松动等隐患。
（3）可以实现十人同时登录，对现场进行在线观察。
（4）巡检仪伸缩杆具备绝缘功能，确保巡检人员不发生触电事故。
（5）具有远程传输功能可以现场连线技能大师对设备故障进行在线诊断。
（6）装置轻便，容易携带和现场操作。
（7）节约人力，2人即可操作。

四、技术经济指标

抽油机可视化高空智能巡检仪的研制，降低了采油工设备巡检工作量，消除了巡检过程中登高作业存在的安全隐患，提高了设备巡检的准确性，巡检过程可以记录，作为设备巡检档案进行保存，对设备隐患的追溯提供了可靠的依据。由于具备远程传输功能，操作人员可以现场连线技能大师对设备故障进行在线诊断，提高了设备故障的处理效率，为信息化条件下设备管理提供了新的思路。

五、应用效益情况

该装置2020年开始研制，2020年5月6日在中原油田濮东采油厂石家采油区63-3井等3口井上现场使用（图2）。2021年5月15日，中原油田濮东采油厂专家组一致认为该技术是目前国内外在高处设备巡检方面的一种较为先进的设备和技术，有很高的推广应用价值。2020年该成果获油田创新成果二等奖（图3），并获国家实用新型专利授权（图4）。已在各采油厂500多口油井现场使用，年创经济效益约200万元，累计创效500万元。

图1　成果实物图

图2　现场应用图

图3　获奖证书

图4　国家专利证书

 抽油机可移动式电动机底座

江苏油田分公司　张　峰　厉昌峰

一、项目创新背景

目前，油田普遍使用的有杆泵采油设备为普通游梁式抽油机，对于井下负荷较重的井、高凝油和深井，一般都采用游梁式抽油机进行开采。但游梁式抽油机日常维护时，更换皮带存在诸多困难，因为电动机是直接固定在横向（纵向）滑轨上的，在使用顶丝移动时都会存在一些弊端。一是游梁式抽油机的电动机重量在500kg左右，使用撬杠撬动前移非常困难；二是对于直接紧固在滑轨上的电动机，当一端用顶丝顶进，另一端就得用大锤或者撬杠辅助移动，两个导轨的移动不同步，耗时很长；三是两条滑轨在移动过程中不能保持平行，要使用大锤交替进行校正，须多人配合操作才能完成；四是滑轨的固定螺栓紧固时需要打备钳，不仅烦琐，而且整个操作过程费时费力。

二、结构原理作用

移动式电动机底座主要由电动机底板、电动机滑轨、纵向调节螺杆（正扣）、摇把、顶丝和三种规格的螺栓等部分组成。

该装置采用的是螺纹啮合传动原理快速移动电动机更换皮带。电动机底板设计为方形底板螺孔，以适用不同电动机底座尺寸电动机，滑轨上的轴承座固定螺孔和摇把固定螺栓开孔进行了扩充，加工成可横向调节的，便于底板定位和适应各种电动机的尺寸。使用时，将电动机的固定螺栓松开，使用摇把逆时针转动纵向调节螺杆，电动机纵向上向减速箱方向移动，移至合适位置后进行更换皮带操作，然后顺时针旋转摇把，电动机纵向远离减速箱方向移动，并拉紧皮带（一般情况下在首次调校好电机位置后，"四点一线"可免调整，如果现场需要可使用顶丝对皮带进行调整），最后紧固好电动机固定螺栓，皮带更换即可完成。

三、主要创新技术

（1）卸松电动机固定螺栓，转动梯形螺杆就可实现电动机的纵向前后移动。

（2）滑轨内侧短距轴承座的应用，保证了螺杆轴向水平度。

（3）电动机底板加大螺孔，可适用于不同规格尺寸的电动机，解决了"一机一座"的问题。

（4）摇把固定孔的可调式应用，可适配不同滑轨长度与宽度。

（5）12型机更换皮带只需一个人操作，"四点一线"调整准确。

四、技术经济指标

（1）装置中梯形螺杆选用碳（C）含量≥0.60的优质碳素圆钢，符合GB 5796.2-86标准，规格尺寸：Φ36mm×820mm。

（2）电机"工"字形底板选用厚度6mm的Q235b钢板，加工尺寸为：455mm×485mm，四角开方孔尺寸：45mm×45mm。

五、应用效益情况

装置2016年开始研制，2017年2月在江苏油田采油一厂永13-2井、曹51井等6口油井安装使用（图1、图2）。该装置制造成本低，一次投入长期受效，延长了更换皮带的周期，更换皮带由原来的60分钟，缩短为30分钟，提高了开井时率，同时还能减轻工人的劳动强度，为油井的平稳生产提供保障。该装置2017年获得江苏油田采油一厂第五届高技能人才创新成果交流二等奖，2017年获国家实用新型专利授权（图3）。

图1　现场应用图

图2　现场应用图

图3　国家专利证书

第二节　注采设备设施及辅件

 皮带式抽油机减速箱轴端密封器

胜利油田分公司　丛　峰

一、项目创新背景

皮带式抽油机经过长时间的连续运转，会出现锈蚀、异响、渗漏等情况，造成整机运行状态变差，严重时影响油井的正常生产。特别是机油渗漏现象，不仅使抽油机的外观形象受损，而且极易污染生产环境。

减速箱的渗漏点多出现在输入轴端，漏油之后需要检查和更换油封，操作烦琐且有效期较短，继而增大了管井人员的劳动强度。因此，当有这种渗漏造成减速箱下部出现较多油污时，员工往往采取擦拭辅之刷漆的清理方式，"只治标不治本"，短时间内又恢复了"渗漏"的原状。为此，立足生产实际问题和设备清洁生产要求，需要找到一种治理减速箱轴端渗漏的方法，以解除皮带式抽油机设备良性运转的困扰，创造出更好的运行效益。

二、结构原理作用

皮带式抽油机减速箱轴端密封器由转接压盘、调节压帽、盘根腔、油封腔、密封胶圈等组成。

工作原理：在原有油封密封的基础上，增加一道盘根密封，通过压盘固定螺栓及带扣压帽双重作用将油封和盘根压实，使其轴向不发生移动变形，防止形成渗漏通道，并根据密封情况变化适时拧紧盘根压帽，调整松紧度，达到延长有效密封的目的，盘根磨损后可以随时更换，保证了密封的持续性。

三、主要创新技术

（1）不改变减速箱原有轴端压盘，在其外端直接安装。

（2）通过油封和盘根的配合压紧，最大限度地保证转轴轴向"动"密封效果。

（3）在轴端转接压盘上加工密封槽安装密封胶圈，实现转轴径向"静"密封。

四、技术经济指标

（1）外形尺寸长度：105mm；盘根油封腔直径：Φ105mm；压盘外径：Φ245mm；压帽外径：Φ115mm。

（2）材质：整体Q235中碳钢。

密封件材质：①油封：氟胶；②盘根：芳纶四氟混编；③密封胶圈：丁腈橡胶。

五、应用效益情况

皮带式抽油机减速箱轴端密封器结构简单、使用方便，现场安装后，减速箱轴端密封的渗漏现象得到了有效治理，员工清理设备污染的工作量明显减少，同时保障了抽油机的清洁高效运转，打牢了原油平稳生产的设备基础（图1、图2）。该项目揭榜2021年采油厂一线生产难题进行重点攻关，获2021年度胜利采油厂群众性优秀技术创新成果一等奖，2022年胜利油田设备管理成果一等奖（图3），并获国家实用新型专利授权（图4），目前已推广使用150套，年创经济效益15万元。

图1 现场安装图

图2 现场应用图

图3 获奖证书

图4 国家专利证书

抽油机防溜车锁

胜利油田分公司　代旭升

一、项目创新背景

目前，游梁式抽油机的刹车大部分都采用外抱式刹车，当抽油机需要保养、调整、更换和油井作业时都需要将其停机刹紧刹车后进行操作，但由于会出现误松刹车、误启动抽油机、刹车失灵等原因的存在都会造成溜车使抽油机摆动造成伤人事故。为了彻底解决抽油机停机后溜车问题，技能大师设计了抽油机防溜车锁。当抽油机停机时刹紧刹车，将其装在刹车轮毂上，将其刹车轮锁死使它没有一点转动的余地，即便将抽油机刹车完全松开，抽油机各部位也会纹丝不动。

二、结构原理作用

抽油机防溜车锁主要由主体、活板、顶丝、护套组成。主体适用16mm钢板制作的长方体，顶端有M20螺孔可安装顶丝，两侧前端开有宽11mm、长30mm长方形豁口。活板用10mm钢板制作，使用时将其插入前端长方形豁口中。顶丝采用M20螺栓，安装在主体顶端的螺孔中。护套用D22钢管制成，保护顶丝丝扣和平时固定活板。

当抽油机停机后拉紧刹车，将抽油机防溜车锁的顶丝全部旋出取下护套，抽出活板。将主体插入刹车轮孔中，插上活板，使顶丝顶在刹车轮毂边用扳手将顶丝顺时上紧，使抽油机防溜车刹车锁卡在刹车轮毂上，这样当抽油机刹车失灵时抽油机防溜车锁就会挡在刹车蹄片上，阻止了刹车轮的旋转，从而防止了抽油机的转动造成伤人，彻底解决了各种原因造成的抽油机溜车的安全隐患。操作规程如下。

（1）穿戴好劳动保护用品，系好安全带，准备好绝缘手套及试电笔。

（2）根据抽油机停机需求和停抽操作规程将抽油机停好。

（3）刹紧刹车，检查刹车安全可靠。

（4）刹紧刹车时，辐间孔要与刹车毂开口对齐。

（5）将准备好的防溜车锁主体插入辐间孔内。

（6）装好防溜车锁活门，顺时针将防溜车锁的顶丝上紧，使其顶在轮毂上。

（7）抽油机需要开抽时，检查刹车是否刹紧。

（8）松开防溜车锁的顶丝，取出防溜车锁活门。

（9）从辐间孔抽出防溜车锁主体。

（10）按照启动抽油机操作规程使抽油机运行正常。

三、主要创新技术

（1）结构新颖，小巧玲珑，非常适用。

（2）操作方便，将主体插入装上活板拧紧顶丝即可完成。

（3）填补了游梁式抽油机无死刹车的空白。

四、技术经济指标

材质采用16mm厚高碳钢钢板制作，顶丝采用M20螺栓，活板用10mm厚高碳钢钢板制成，护套采用D22钢管制成，保护顶丝丝扣和平时固定活板。

五、应用效益情况

该装置2006年开始研制，2006年5月6日，在胜利油田东辛采油厂辛9-13井游梁式抽油机安装试验，之后又在辛9-40等3台游梁式抽油机使用（图1、图2）。2007年5月胜利石油管理局召开现场会，专家组一致认为该技术，是当前游梁式抽油机解决刹车失灵的好办法，关键的时候抽油机防溜车锁就会挡在刹车蹄片上，阻止了刹车轮的旋转，从而防止了抽油机的转动造成伤人，彻底解决了各种原因造成的抽油机溜车的安全隐患。2007年在采油队使用效果良好，并通过了管理局安全处组织的专家鉴定。先后在500台次抽油机应用。该成果2008年获国家实用新型专利授权（图3），东辛采油厂技术创新成果二等奖，胜利油田技能人才技术创新成果二等奖。

图1 现场安装图

图2 现场应用图

图3 国家专利证书

游梁式抽油机组合防护罩

胜利油田分公司 代旭升

一、项目创新背景

胜利油田东辛采油厂目前有抽油机井1000多口，随着东营市的不断发展，大约有半数的抽油机井在居民小区里。游梁式抽油机两侧有一对裸露在外、不停旋转的装有平衡块的曲柄；抽油机尾部有不停旋转的电机皮带轮和传动皮带，因此，它容易挤伤人和家畜。为了解决这个问题，目前常用的一些做法是，用水泥做标志桩，可以起到一定的警示作用。在小区内的游梁式抽油机，因为有儿童和行为不正常的人等，还需要防止将他们挤伤，起到保护人身作用。而标志桩只起到警示作用，未能真正起到防护作用。为了彻底解决曲柄和电机皮带、电机皮带轮挤伤人的问题，设计了《游梁式抽油机组合防护罩》，它采用了环氧树脂为原料的玻璃钢材质制作，分别整体制作一次成型。将旋转和传动的部位罩起来。彻底消除了抽油机伤人的事故隐患，为安全生产设立了一道安全防护线。

二、结构原理作用

该防护罩由平衡块非金属防护罩和抽油机电机皮带防护罩两大部分组成。平衡块非金属防护罩是两个半圆状壳体分别安装在抽油机左右两侧，表面采用橘黄色，提醒人们禁止靠近，注意安全；电机皮带防护罩是一个长条状的护罩，使用时将护罩直接扣在电机皮带轮处，将电机皮带轮和传动皮带罩住，防止皮带伤手。该成果的发明真正实现了游梁式抽油机曲柄和电机皮带轮以及传动皮带由开放无遮拦型变为全封闭安全型，彻底解决了曲柄平衡块挤伤人、传动皮带挤伤手的问题，彻底消除了安全事故隐患。它特别适合位于居民区内的抽油机安装使用。

三、主要创新技术

（1）设计合理、结构新颖，左、右曲柄护罩都设有操作方便门和漏水孔，便于抽油机维护保养。

（2）拆装方便，可重复使用，它采用了环氧树脂为原料的玻璃钢材质制作一次成型。

（3）结构简单、重量轻、耐老化、耐腐蚀、耐高温、耐撞击、使用寿命长。

（4）外表采用了醒目的橘黄色，起到了警示和提醒的作用，美观耐用、不易褪色。

（5）它有8、10、12、14型等型号，也可根据不同型号、不同形状的抽油机进行设计制作。

四、技术经济指标

（1）平衡块非金属防护罩。是由两个半径5m的半圆状壳体组成，两壳体平面中间分别设有高1.5m、宽1m带有暗锁扣的操作门，便于采油工维护保养抽油机。

（2）两壳体下方都有2个三角形支架，使壳体稳固地支在抽油机水泥基础上，壳体上方设有用40号角铁制作的两条拉筋，使两壳体紧紧连在一起。

（3）电机皮带防护罩。将电机皮带轮和传动皮带罩住，用M18的螺丝直接固定在抽油机底盘上，M16的螺丝直接与右侧的平衡块非金属防护罩相接连为一体。

五、应用效益情况

2007年3月《游梁式抽油机组合防护罩》首先在处于胜东社区辛盛小区内的辛9-42井和辛139-6井的游梁式抽油机安装试用，通过现场使用受到了采油队工人和小区居民的好评。胜利日报2007年9月对该成果进行了报道。

2007年5月胜利油田组织了在东辛采油厂辛9-42井召开的安全技术专家鉴定会，7月采油厂相继在37处居民小区内的230台8—12型游梁式抽油机上安装使用（图1、图2）。2008年胜利油田相继在1万多台游梁式抽油机上安装使用。中原等油田也进行了推广应用。

该成果获两项国家实用新型专利授权（图3）。该成果获得了胜利油田技能人才技术创新成果三等奖（图4），东辛采油厂2007年度科技创新奖。

图1　现场应用（Ⅱ型）

图2　现场应用（Ⅰ型）

图3　国家专利证书

图4　获奖证书

 计量站污油储存罐

胜利油田分公司　代旭升

一、项目创新背景

在全国各油田的采油计量站中，都有一个就地挖掘的面积约80m²，深度约1.5m的土池子，日常习惯称之为计量站放空池或污油池。当计量站及集油干线出现故障和管线穿孔时，都是将管线内的油水混合液全部通过计量站中放空管线排入放空池内，由于放空池既无上盖，底部也无防渗措施，因此太阳暴晒油气蒸发污染大气环境，污水渗入地下污染地下水源，大雨天放空池灌满后溢出的原油随雨水漂流四方污染地面环境和河流，原油放到放空池内被当地人拉走无法回收造成了原油损失。目前，放空池每月每平方米收污染环保费5元，每个放空池每年收污染环保费约4800元。为了彻底解决这些问题，几经努力技能大师发明了《计量站污油储存罐》来替代计量站放空池。实现HSE的管理工作目标，防止了原油资源浪费，降低了原油生产成本，保护了大气环境和地下水源。

二、结构原理作用

计量站污油储存罐主要有两大部分组成：玻璃钢污油储存罐和螺杆回收泵（图1）。玻璃钢污油储存罐有浮子式液位计，通过它便于人们观察污油储存罐内液体量。人孔，便于清洗和观察以及抽吸罐内液体。地锚翅，固定污油储存罐，防止罐内无液体时罐体漂出地面。呼吸口，平衡污油储存罐内外的压力，使污油储存罐内的压力始终保持在常压下，其内装有阻火网。螺杆回收泵，当污油储存罐装满污油时通过它将罐内污油打入干线。

三、主要创新技术

（1）彻底解决了太阳暴晒油气蒸发污染大气环境和污水渗入地下污染地下水源问题。

（2）彻底解决了计量站放空池四周老乡拉落地油时污染环境的问题。

（3）放空的原油可回收，减少了原油损失。

（4）计量站污油储存罐采用了阻燃防静电玻璃钢材质，耐腐蚀抗老化，使用寿命可达30年。

四、技术经济指标

（1）40型罐高2500mm，罐径Φ4500mm，安装时距计量房后墙10m处。

（2）当储罐中储存液体达2/3时（指示杆为红色段），可用螺杆泵将液体直接打入集油干线。

（3）日常工作中要严格按照《计量站玻璃钢污油储存罐安全使用规定》执行。

五、应用效益情况

2003年11月15日，首先在胜利油田东辛采油厂采油二十四队辛18-3计量站安装使用获得成功。2004年8月通过东辛采油厂专家鉴定，决定在东辛采油厂的五个采油矿20多座计量站安装使用，效果良好。2005年通过胜利石油管理局环保处组织的专家鉴定，建议在胜利油田推广使用，当年在东辛、现河、纯梁等采油厂50座计量站推广使用。目前已在胜利油田120座计量站推广使用（图2）。

一个放空池每月每平方米收污染环保费5元，一座计量站污油储存罐一年可少交污染环保费4800元，120座计量站少交57.6万元。一座计量站污油储存罐一年可回收原油10吨，120座计量站可回收原油1200吨，每吨原油按4000元计算，折合人民币480万元。仅2006年、2007年，节约污染环保费115.2万元，回收原油2400吨，折合人民币960万元。两项合计累计创效1440万元。在全国各油田计量站推广使用会获得更大效益。该成果

2003年获东辛采油厂技术改进成果一等奖。2004年获国家实用新型专利授权（图3）。2005年获胜利油田职工技术创新成果一等奖。

图1　成果实物图

图2　现场应用图

图3　国家专利证书

角式单流阀

胜利油田分公司　代旭升

一、项目创新背景

机械采油的油井，当深井泵停止工作时，在集油干线压力和井筒静水柱压力作用下，因井下工具漏失等原因，造成已采出地面的原油就会沿管线及油管流回井内进入油层形成倒灌，尤其是电潜泵井，一旦井下单流阀失效，停泵时由于在井底周围形成低压区更容易形成倒灌。这样严重影响了原油产量，增大了自然递减，增加了原油成本，造成了原油产量的大波动。为此，技能大师设计了角式单流阀，将其安装在计量站后单井来油管线上，当油井正常生产时，从单井来的原油顶开阀内的凡尔球进入干线，油井停产时，凡尔球在重力和干线压力作用下迅速下落坐到凡尔座上，阻止了原油倒灌。该单流阀还可以装在电泵井井口出油管线上和注水井洗井出水管线上，同样可以阻止原油倒灌，彻底解决了油水井单井倒灌问题。

二、结构原理作用

角式单流阀主要由五部分组成：阀体、丝堵、凡尔球、凡尔座、凡尔罩。使用时用焊接的方式将其安装在计量站后油井来油管线上。当油井工作时，油井产出的原油就会沿单流阀进口进入阀内将凡尔球顶起，经凡尔罩和单流阀出口流出阀体进入管线。当油井停止工作时，管线内的原油在干线压力作用下就会倒流，经单流阀出口进入阀内，与此同时凡尔球在重力和干线压力作用下瞬间下落坐在凡尔座上并达到密封，防止原油倒灌。

三、主要创新技术

（1）结构新颖，使用时凡尔球始终悬浮在阀体内，防止了凡尔球撞击凡尔座和凡尔罩造成损坏，因此该单流阀在工作时无嗒嗒的撞击声。该单流阀无弹簧，凡尔球关闭是依靠自身的重力和干线返回的液体推力，这两种综合能量来完成的。

（2）耐腐蚀密封严。该单流阀的凡尔球、凡尔座均采用$D70mm$深井泵的部件，防止了凡尔球、凡尔座因腐蚀造成单流阀关不严，该阀关闭后相当严密，可承受20MPa压力不渗漏。

（3）采用标准化设计便于配套安装。角式单流阀的进出口成90°直角，可安装在计量站后油井来油管线上，接口直径$D89mm$，可与油井单井管线直接对口焊接，安装快捷方便。

（4）设计合理便于检查维修。在角式单流阀顶部，设计了一个标准的$D65mm$高压丝堵，这样便于定期卸开丝堵，检查凡尔球、凡尔座以及各部位使用状况，对损坏的零部件也可及时维修和更换。

（5）无易损零部件。该单流阀无弹簧，因此，不存在使用过程中弹簧断，凡尔球失灵的问题，因为凡尔球是悬浮在阀体内的，所以不会发生因撞击而损坏凡尔球，进一步延长了单流阀使用寿命。

四、技术经济指标

最大流量150m³/d，工作压力2.5MPa，进出口通径$\Phi89mm$，丝堵直径$\Phi65mm$，连接方式为焊接。

五、应用效益情况

2001年1月，首先在采油七队辛9-8计量站所属的5口油井上安装使用，见到好的效果，矿领导决定3月在全矿200多口油井全部安装使用。

目前已在东辛采油厂1500口油井安装使用，现河采油厂等单位也在推广使用（图1、图2）。每年可减少倒灌原油约1000吨，折合人民币上百万元。该成果2004年获国家实用新型专利授权（图3）。胜利油田职工技术创新成果二等奖。2001年6月东辛采油厂科学技术委员会进行鉴定并将其评为采油厂技术革新成果一等奖。

图1　现场水井应用

图2　现场电泵井应用

图3　国家专利证书

自燃煤式油井加热炉

胜利油田分公司　代旭升

一、项目创新背景

常规稠油井在冬季生产时，因为天气寒冷管线内的原油温度低至30℃时原油在管线内很难流动，所以需要将原油加热至60℃才能舒畅流动，但这样的油井往往没有伴生的天然气，水套加热炉都是采用天然气为燃料，这样就无法给管线内的原油加热，造成油井因回压高而无法正常生产。用电加热炉费用高，上天然气管线投资太大且气源短缺，采用掺水的方式腐蚀管线，增加管线输送能力和联合站的处理能力。为了更好地解决这些问题，保证冬季常规稠油井正常生产，发明了自燃煤式油井加热炉，它采用无烟煤为燃料，成本低、投资小、不用新上管线，不用找气源、操作方便、加热效率高，彻底解决了无天然气常规稠油井冬季原油加热的问题。胜利油田东辛采油厂有这样的油井上百口。

二、结构原理作用

该装置的主要结构由六部分组成。

（1）烟筒、烟筒风量控制阀，使燃烧时产生的一氧化碳排出炉外，调节炉火燃烧大小。

（2）炉身、隔热层，使炉子的热量不散发到大气中。

（3）销钉式加热盘管，将热量传给盘管内的原油，使其温度升至60℃。

（4）加热盘管进出口，它与单井的来油管线和集油管线相连。

（5）炉膛、活动式炉箅子，将煤从填煤口填入炉膛内，使煤燃烧时产生热能加热盘管，用手摇动炉箅子的把手，使燃烧后的煤灰自动落入存渣室。

（6）送风口，它可以使任何方向来的风都进入炉内，使炉内的煤在燃烧时有充足的氧气。

自燃煤式油井加热炉使用时，首先将加热盘管进出口与油井来油管线和集油管线相连，将木柴填入炉膛内点火，随后再填入无烟煤，打开送风口保证燃烧时有充足的氧气使煤燃烧产生热量，加热销钉式盘管吸收的热量传给盘管内的原油使原油温度上升至60℃，炉子出口温度需要调节时，可通过调节送风口进风量和烟筒风量控制阀的排风量，实现出口温度的调节。

三、主要创新技术

（1）自主研发销钉式加热盘管，热量吸收率可以达到90％以上。

（2）通过烟筒风量控制阀，可以控制一氧化碳的排出量，调节炉火燃烧大小。

（3）每120度平分三个送风口，它可以使任何方向来的风都进入炉内，使炉内的煤在燃烧时有充足的氧气混合燃烧。

（4）活动式炉箅子，需要清炉渣时用手摇动炉箅子的把手，就可以使燃烧尽的煤灰自动落入存渣室。

四、技术经济指标

（1）日产液40吨，井口温度35℃。

（2）日消耗煤150kg，热量吸收率可达90％上。

（3）烟气排放污染指标符合环保标准要求。

图1　国家专利证书

五、应用效益情况

该装置2006年开始研制，2007年11月7日在东辛采油2队辛9-51、69-14井安装使用，回压由1.5MPa降为0.9MPa，井口温度32℃升至为炉子出口温度65℃，油井日产量由2.5吨升至3.3吨。2008年1月又先后在东辛采油厂采油7队等8个采油队43口油井安装使用，效果良好。43口油井由于回压下降平均0.4MPa，日增油17吨，年增油3000多吨，创效上百万元。

该成果2009年获国家实用新型专利授权（图1），东辛采油厂2008年度科技创新奖和胜利油田职工群众性创新活动优秀成果一等奖。

油井地面降压装置

胜利油田分公司　代旭升

一、项目创新背景

目前，稠油井解决地面输送问题常规的做法一般采用地面掺水伴送。它是将注水干线约14MPa高压水，经水嘴节流减压直接掺入油井地面管线，使管线内的液体实现"水包油型"，减小流体与管壁的摩擦，使油井回压有所降低，但没有把高压水的压能发挥作用，浪费了高压水的能量，掺水量需求大。为了使高压水的压能转化为动能，改变原来地面掺水，进入油管线的水与油伴着走，变为进入管线的水带着油走，使油井回压进一步降低。因此，技能大师发明了油井管线降压器，它使掺水管线14MPa的高压水进入降压器后，通过喷嘴、喉管等作用产生负压，将油井里的油吸入其内并使油水均匀混合后排入油管线。掺入管线内的水由原来伴着原油走变为带着原油走，使油井回压下降约50%，节水40%。

二、结构原理作用

该装置主要由五部分组成。

（1）喷射器。有大丝堵、可调式水嘴，检查或更换水嘴时将其拧下，通过调节使水量变化，喉管又称混合室，使压能变成动能，产生负压抽吸原油。扩散管。将动能转换为压力能。

（2）水表。记录总用水量，瞬时水量。

（3）过滤器。过滤水中的机械杂质，保证喷嘴不堵。

（4）进水闸门。

（5）水连通进出油闸门。

当装置工作时，首先打开进出油闸门，打开进水闸门，高压水经过滤后计量进入喷射器，通过水嘴、喉管产生负压，将进油管线内的原油吸入并与水进入扩散管使油水混合，使压能变为动能，将混合液喷入集油管线内，从而使油井井口回压下降，原油流动顺畅。

三、主要创新技术

（1）它利用了射流原理，使油管线进口有很强的吸力，可以使油井回压进一步降低而且回压稳定。

（2）油水混合均匀，减少了掺水量，防止出现原来掺水井地面集油管线内一段水一段油，油井回压波动的现象，综合含水在80以上。

（3）减少了掺水量，节约了电量（一口井可平均减少掺水30%，每节水1m³，可节电6kW·h）。

（4）减轻了抽油机驴头负荷，减少油管、抽油杆、抽油机故障，提高了系统效率，降低吨液电耗，达到了节能减排的目的。

四、应用效益情况

2008年3月，在辛24-17井试验应用，经过两年努力，2010年4月将研制的第四代油井地面降压装置在辛23-1井安装使用（图1、图2）。2010年9月胜利油田东辛采油厂组织专家进行鉴定，并决定在辛24-X27、23P2等25口井安装。日减少掺水350m³，油井回压下降0.4~0.6MPa，驴头负荷下降10kN，单井日平均节电50kW·h，单井日平均增油0.6吨，每年平均掺水日期为11月15日~4月15日约150天，年创经济效益约500万元。2010年10月胜利油田采油工程处组织有关领导和专家组织了现场鉴定会，会上专家们一致认为该技术值得在油田推广使用。

该成果2011年获国家实用新型专利授权（图3），胜利油田职工技术创新一等奖，东辛采油厂技能人才技术创新成果一等奖（图4）。

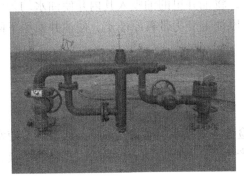 

图1　现场应用图　　　　　　　　图2　现场应用图

图3　国家专利证书　　　　　　　图4　获奖证书

组合式皮带轮

胜利油田分公司　代旭升

一、项目创新背景

目前，全国各油田游梁式抽油机在调整冲次时均采用更换电机皮带轮的直径来达到抽油机冲次的改变，它需要用拔轮器拔下旧轮装上新轮。这项工作还不能当场立即实施，费时费力。尤其是在稠油井上为了获得高产，采用$\Phi300mm$皮带轮使抽油机冲次达到9次/分钟。但当作业完成后或长时间停开，井筒内就会形成死油，开抽时就会出现光杆上下行速度小于驴头上下行速度而相互撞击。为了解决这个问题均采用暂时将$\Phi300mm$皮带轮换为$\Phi200mm$皮带轮生产。当井筒内死油抽出后再换上原皮带轮恢复正常生产。这种换轮的工作一般需要4个人用大锤、管钳、拔轮器，2个小时才能完成。为了彻底解决换电机皮带轮难问题，技能大师设计发明了组合式皮带轮。一个人10分钟一把扳手，调冲次慢时将副轮卸下，调冲次快时将副轮装上即可。

二、结构原理作用

组合式皮带轮由主轮、副轮和三条固定螺栓组成。

（1）主轮。它有一个带有键槽的圆孔与电机轴相互配合，皮带轮装到电机轴上。主轮体面上有五条三角皮带槽，它与窄V皮带相互配合将电机的旋转力传出。主轮前端有一个30度倒角，它与副轮内的30度倒角相配合，保证主辅两轮在轴向上同心，并起到轴向定位。后端有一个凸起的六角方盘，它与副轮上的凹陷六角槽相互配合，将主轮上的旋转力传给副轮，使副轮与主轮同步旋转。里段六角盘上钻有三个等分圆孔，与副轮上六角凹槽上的三个等分的螺丝孔相互配合，通过三条螺栓将主副轮固定起来成为一体。

（2）副轮：内孔是一个与主轮外径基本相同的圆孔。使用副轮时将其套在主轮上。副轮体面上有五条三角皮带槽与窄V皮带相互配合将旋转力传出，使抽油机冲次每分钟达到9次。当抽油机的冲次需要9次/分钟时，将副轮套在主轮上；当抽油机的冲次需要6次/分钟时，将副轮从主轮上摘下，将皮带直接挂在主轮上即可。

三、主要创新技术

（1）结构新颖，它与原来相比多了一个副轮和三条M12的螺栓。

（2）更换皮带轮操作方便，原皮带轮安装需拔轮器、大管钳、大锤等工具。

（3）更换效率高，原来2小时现在15分钟。

（4）节省钢材，6次/分钟和9次/分钟两个皮带轮总重45公斤，一个组合式皮带轮重30公斤，每只可节约钢材15公斤。

四、技术经济指标

抽油机需调整冲次时，尤其是由9次/分钟调为6次/分钟时，用一把250mm扳手一个人即可调整，时间15分钟。

五、应用效益情况

1991年5月为充分检验使用中存在的问题，特选定了原油黏度较高、驴头负荷较大，因停井1个小时再开抽就出现光杆滞后的辛1-3井进行试验获得成功，当该井出现光杆滞后，一个人一把扳手即可实施将副轮摘下使冲次变小，当井1小时抽活后即可将原副轮装上恢复正常生产，受到一线职工的赞扬。胜利油田东辛采油厂组织专家进行鉴定，并决定在50台抽油机应用，通过使用没有出现任何异常现象。油井减少洗井和作业费用，每年为采油厂节约费用约1000万元。该成果1999年获国家实用新型专利授权（图1），1996年东辛采油厂职工技术创新成果一等奖，1997年获胜利油田技术创新成果二等奖。通过现场试验证明组合式皮带轮不但在抽油机上能使用，还可以用于一切利用调整电机皮带轮直径来改变转速的设备。

图1　国家专利证书

抽油井免放空取样阀门

胜利油田分公司　唐守忠

一、项目创新背景

油井原油含水化验资料是采油工日常管理的一项重要工作，通过油样化验分析，可以判断油井生产状况是否正常，掌握油层动态，是技能大师进行单井、区块等地质动态分析的第一手资料。

现场抽油井油样是用样桶在油井采油树的立导管安装的闸门录取，平均每三天录取一次，由于取样闸门连接短节里面采出液是静止不流动的，形成了"死油"。为了保证油样录取的准确性，每次取油样时需要多携带一个排污桶，放掉死油后，再录取油样。耗时长，工作效率低，存在安全环保风险。特别是成立专业化班站后，集中取样，此问题更加突出。

二、结构原理作用

工作原理：利用注射器的原理，柱塞移动，阀门打开，井液流出，柱塞回移阀门关闭（图1）。同时在阀门内腔无油水混合物存留。

三、主要创新技术

（1）柱塞全行程移动在取样位置最内侧取样，保证了每次都是新鲜井液。
（2）二级台阶活塞密封，密封效果好。
（3）进口斜坡设计保证取样的准确性。

四、技术经济指标

（1）台阶与阀门本体配合间隙<0.02mm。
（2）进口位置处于流程立管1/4位置。

五、应用效益情况

目前取样是由专业化资料化验站取样，员工每天到现场集中取样，由于需要携带污油桶，四辆取样车每天录取100个样左右，分为上午与下午录取，影响整体取样效率，如果使用抽油井快速取样装置，不用携带排污桶，仅半天即可录取完油样，工作效率将提高50%。

"抽油井快速取样装置"应用后（图2），可以有效缩短现场取油样耗时，又实现了绿色环保生产，有效提高了工作效率，具有很好的经济效益与推广应用前景。该成果获得油田为民技术创新奖三等奖，并获国家实用新型专利授权（图3、图4）。

图1 成果实物图   图2 现场应用图

图3　获奖证书　　　　　图4　国家专利证书

一种轴流式井口过滤器

江汉油田分公司　洪　河

一、项目创新背景

油田采油过程中的原油底水回注可避免环境污染和减少污水处理成本，同时原油底水进行地层回注也可适配于油层，避免了采用清水进行注水驱油而引起的油层各种危害。

采用原油底水回注处理方式后，其污水中均含有一定数量的"油包砂"悬浮物随着原油底水进入柱塞泵和注水井。由于原油底水管网应用时间延长，管网内部会产生大量的锈渣从管壁上脱落，当原油底水中的"油包砂"和管网中的锈渣进入柱塞泵的泵阀后，会引起柱塞泵阀使用寿命减少以及导致注水井地层吸水能力变差。

为解决上述问题，目前在油田原油底水回注系统中，每一个注水井的柱塞泵进口之前需要安装过滤器，过滤器的滤芯是采用径向式结构设计。由于径向式过滤器的滤芯采用二层管中夹有滤料的方式，设计结构和材质选取存在一定的缺陷，导致过滤器在使用一段时间后，其滤芯被腐蚀锈穿。同时对于径向式过滤器，管道内水压高，导致过滤器出现水流"短路"现象，即过滤器二端流体压差成为一个常数，过滤器的过滤功能失效导致柱塞泵免维修周期变短以及注水井油压上升较快。

二、结构原理作用

轴流式高压过滤器各部件之间的相互关系是：滤芯的内部设计有固定带孔板，固定带孔板的中间开孔穿有致密杆，致密杆的一端穿有活动带孔板，同时，由后致密螺母对其内部的有机纤维材料进行致密，致密杆的另一端由前致密螺母固定带孔板、致密杆之间的连接关系，活动带孔板方便对装入滤芯中的滤料进行压实，致密杆方便拉杆工具伸入外壳内对滤芯进行拖拉。经活动带孔板伸出的致密杆与密封堵盖上的凸台之间设置有压簧，压簧的作用是对滤芯起到一定的顶力作用，凸台能对压簧进行定位。外壳的后端的下延设置有过滤器架台以避免重量大的滤芯在抽出时意外落地伤人事故发生。

在外壳的底部设计有过滤器导轨，以方便滤芯的安装和拆卸，利于将重型的滤芯送到外壳中，同时也极大地方便了壳出水端与芯出水端之间的对中关系。壳出水端、芯出水端都设计成喇叭状（即外窄内宽的圆锥台结构），以方便芯出水端顺利地插入壳出水端，同时防止出水密封圈被剪切损坏。芯筒内设计有定位销，以对活动带孔板进行致密定位。出水管上所连接的储能器，可使柱塞泵对过滤器滤芯里的杂质脉动现象变缓。

三、主要创新技术

（1）一种轴流式井口过滤器中，滤芯包括芯筒及其内部设置的固定带孔板、活动带孔板、致密杆，芯筒的外壁与外壳的内壁之间夹成有壳芯腔，固定带孔板、活动带孔板之间设置滤芯中的滤料，应用时，待处理的水依次经壳进水端、后端腔、活动带孔板、滤料、固定带孔板后进入芯出水端，以进行水的过滤处理，在处理过程中，水一直沿过滤器中的滤料做轴向运动，固定带孔板、活动带孔板的间距即为滤料的厚度，可见，滤料的厚度较大，使得即使柱塞泵往复运动，也不会发生过滤器中的杂质被震动后穿过过滤器进入柱塞泵和注水井地层的情况，此外，还能避免滤料水"短路"现象的出现。

（2）一种轴流式井口过滤器中，芯筒的内壁与固定带孔板、活动带孔板的周边相接触，致密杆的两端分别穿经固定带孔板、活动带孔板而过。在组装时，可通过活动带孔板对滤料进行压实，降低安装滤芯的难度；在拆除时，只需拉动致密杆，就能将滤芯整体拉出，降低拆除滤芯的难度，即使滤芯沾水后重量增大，也很便于拉出。

（3）一种轴流式井口过滤器中，壳芯腔内设置有过滤器导轨，过滤器导轨的底部与外壳的内壁相连接，过滤器导轨的顶部与芯筒的外壁相接触，当滤芯被组装或拆除时，过滤器导轨便于滤芯被塞入或拉出，克服了现有技术中滤芯难以从过滤器壳体中取出的缺点，避免了沾水后滤芯由于自重难以抽出和安装的现象。

（4）一种轴流式井口过滤器中，芯出水端、壳出水端均为外窄内宽的圆锥台结构，芯出水端与壳出水端之间设置有出水密封圈，该种同为圆锥台结构的设计能够防止滤芯在安装过程中将出水密封圈剪坏，从而确保过滤器的过滤效果。

（5）一种轴流式井口过滤器中，芯筒为不锈钢过滤筒结构，与现有设计中采用的普通钢材质相比，能够减缓滤芯被腐蚀的速度，延长滤芯的使用寿命。

四、技术经济指标

工作压力：45MPa；
工作压差：2MPa；
过滤后机杂：≤1mg。

五、应用效益情况

该装置2018年开始研制，2019年在江汉油田、南阳油田等油田应用。目前，该成果已在南阳、江汉、江苏等油田得到推广应用（图1、图2）。2021年获得全国能源化学地质系统优秀职工技术创新成果一等奖（图3），2020年获国家实用新型专利授权（图4）。

图1　现场应用图　　　　　　　　　图2　现场维护图

图3　获奖证书　　　　　　　　图4　国家专利证书

　　　　可调式油井射流掺水装置　　　　

胜利油田分公司　郝洪峰

一、项目创新背景

　　稠油井原油举升至地面后，如果不采取加温降黏措施会导致回压升高无法生产。地面掺水是一种适用于这种稠油井稳定生产的有效工艺。但是在实际应用过程中存在诸多问题，如掺水调整不及时，导致水量过大时会造成部分稠油井掺水倒灌而不出油，水量过小时回压升高起不到降黏作用。另外掺水管线与单井管线连接的位置也对油井生产有影响，距离井口近则取样时易受掺水干扰，导致含水资料偏高；距离井口远则油井回压高，油井生产不稳定。为解决这些问题，2005年前后胜利油田孤东采油厂采油三矿邵国林同志实验了射流掺水的方法，利用油嘴节流形成射流，提高油水混合效果，射流方向与油流进站方向一致，来油方向与射流方向垂直。这一方法仍然需要通过调整掺水闸门来控制水量大小。由于没有设计喉管，再加上掺水管线与单井管线连接的位置在井场外，油井回压高的问题在有些井上解决得并不好。2010年采油一矿寻长征等实验应用了定量掺水的方法，利用陶瓷水嘴限流，水嘴尺寸一定的条件下，流量大小只与来水压力相关，从而无须用闸门进行水量调整。由于水嘴的密封存在缺陷，需进一步改进。另外这一方法没有设计喉管，对稳定提升油井产量作用也不明显。因此规范设计射流水嘴与喉管，开展射流掺水与油井生产的匹配研究是很有必要的。

二、结构原理作用

一是稳定掺水量，减少职工掺水调控操作；二是稳定降低油井井口回压，从而稳定增加油井产量；三是避免掺水倒灌导致的含水大范围变化。利用射吸原理，高压水经水嘴变为高速射流，从而在吸入区形成低压，将油井产油吸入喉管，与掺水混合，形成油为分散相的水包油混合液。混合液进入扩散区后流速减慢压力上升，推动混合液经单井管线进入计量站汇管。由于原油上升到井口已经含气较多，为避免气蚀，采取小的嘴喉面积比，增大嘴喉间距（相对于美国科贝公司、国家供应公司产品及《采油技术手册》提供的计算公式），这样吸入区形成的低压略低于油井正常生产时的回压值，不会进一步增加脱气，但是压差可以帮助油流从井口到达掺水流程，达到控制回压的目的。加大喉管面积也减小了油流通过喉管的阻力。

三、主要创新技术

（1）小直径陶瓷水嘴形成稳定产水量。
（2）小嘴喉面积比形成弱抽吸力，降低回压，同时控制气体析出，控制气蚀危害。
（3）设计的专用扳手方便水嘴喉管更换。

四、技术经济指标

来水压力范围6~15MPa；吸入区压力范围（1.0±0.5）MPa；扩散区压力范围（1.0±0.4）MPa；在来水压力相对稳定时掺水量决定于水嘴截面积，掺水量稳定则吸入区压力稳定，掺水不会向井内倒灌；投入产出比1∶5；设计寿命>5年。

五、应用效益情况

射流掺水工艺适用于稠油三低井，尤其适用于目前掺水后油水混合不好，不能形成稳定的水包油混合液的稠油井。2011~2013年，先后在31-K1314等5口井上安装应用（图1、图2），成本投入15万元，取得了电量下降、产量上升、回压平稳的良好效果，经济效益101万元。减少了调掺水的操作工序，减轻了职工工作压力；降低了油井回压，实现了油水充分混合，消除了冬季管线冻堵的危险；消

图1　现场安装图

除了井口取样掺水倒灌导致的含水不稳现象，提高了资料的准确性。2011年获国家实用新型专利授权（图3）。

图2　现场应用图　　　　　　图3　国家专利证书

螺杆泵油井驱动头防反转装置

胜利油田分公司　怀　文

一、项目创新背景

目前胜利油田现河采油厂草东管理区有螺杆泵井29口，产油量54吨。由于螺杆泵的地面驱动设备没有防反转装置，造成螺杆泵井停井后抽油杆柱反转，抽油杆柱扭断脱扣、油管脱扣等现象。每年因抽油杆断、脱等造成的作业成本在100万元以上。螺杆泵停机后（特别卡泵等过载情况下），杆柱中储存大量的弹性变形能量。停机后该能量可使杆柱瞬时高速反转，转速超过杆柱和地面驱动装置允许的最高转速。

二、结构原理作用

（1）结构原理。研制一种装置（图1），利用螺杆泵停井后反转的动力来驱动装置，输入轴带动防反转飞轮与安装在驱动头上的外抱式刹车摩擦，使光杆缓慢反转。从而降低了螺杆泵井因停井杆柱反转造成的躺井事故发生。

（2）具体实施方式（操作步骤）。将驱动头大皮带轮卸下，安装飞轮到驱动头输入轴上，安装外抱式刹车固定到驱动头本体，调整刹车调节螺丝，安装皮带轮，上紧皮带轮固定螺丝，安装皮带，调节皮带松紧。上好皮带护罩，送电启动螺杆泵试运行，调节反转装置刹车片松紧，正常后即可开井生产。

（3）创新点。防反转装置安装在驱动头输入轴上。螺杆泵油井正常运转时，内部飞轮随着输入轴一起运转。在停机光杆反转时，滚珠卡在飞轮外圈与飞轮内圈的缝隙中，阻止飞轮内圈反转，外抱式刹车毂利用飞轮外圈与刹车片摩擦力作用减速反转；保护设备不因停机高速反转造成的地面设备、井下杆柱损坏。

三、现场应用情况

该装置结构简单，容易制造，维修方便，而且能够缓慢释放反转扭矩，现场即可安装。安装位置位于皮带护罩内部，安全可靠。目前该项目已在胜利油田现河采油厂草东管理区草古1-11-7螺杆泵井上进行现场应用（图2）。

四、经济及社会效益预测

（1）经济效益。管理区共有螺杆泵井29口，每年因反转造成螺杆泵井躺井在5口井左右。如每口油井都安装了该装置，每次作业费用在10万元左右，这样每年可节约作业费50多万元。

（2）社会效益。使用该装置，可以有效避免螺杆泵井发生反转时损坏井下杆柱，节约了作业成本，延长了驱动头的使用寿命；使用该装置减少了工人的工作量，提高了劳动效率。为螺杆泵井生产提供了有力的支持。

（3）该成果被评为山东省设备管理成果二等奖（图3），2018年获国家实用新型专利授权（图4）。

图1 成果实物图

图2 现场应用图

图3 获奖证书

图4 国家专利证书

磁性密码防盗阀门

河南油田分公司 景天豪 高廷彬 李 猛

一、项目创新背景

油田野外生产、施工时外部环境较差，大量的管道、储液罐阀门处于室外，存在被打开的可能，直接影响系统的正常运行，严重者会因误操作阀门引起重大安全事故。为防止不法分子私自打开储油罐放油阀门盗油，员工需加密巡回检查次数，增加了当班职工的工作量且防盗效果较差。原油被盗不仅造成了宝贵石油资源的浪费，而且容易引起污染事故发生，给油田带来极大的经济损失。

二、结构原理作用

磁性密码防盗阀门利用密码及磁极的原理，主要由阀门本体、密码盘外套、磁性密码盘及磁性密码匙四部分组成，其核心部件为磁性密码盘（图1）。

磁性密码防盗阀门用密码盘外套将开关阀门的丝杆保护起来，在其内部安装磁性密码盘。不取出该磁性密码盘，则不能对阀门进行开关操作。取出磁性密码盘操作，需要将磁性密码匙按照正确的位置放入磁性密码盘的凹槽内，在磁极作用下可转动拨盘及锁片；按照设定的三个密码顺时针或逆时针转动，即可取出磁性密码盘。锁定磁性密码盘操作，需要将三个圆锁片的挡槽及锁芯上的定位槽呈一条直线且对准密码盘外套内的锁芯定位销和挡销，即可放入磁性密码盘至密码盘护套内；然后任意转动磁性密码匙、取出磁性密码匙，即完成锁定。磁性密码盘失去磁性密码匙的磁力作用，便不能被转动、不能破解密码打开阀门。

锁定及取出磁性密码盘的操作步骤如下。

（1）调整磁性密码盘下盘开口槽及三个圆锁片开口槽至同一方向。

（2）将磁性密码盘对准刻度线装入密码盘护套。

（3）随机转动磁性密码匙后取出，锁定磁性密码盘。

（4）装入磁性密码匙按设定的密码及顺序转动。

（5）取出磁性密码盘，对阀门进行开关操作。

三、主要创新技术

（1）取出磁性密码匙后无凸出部位，不易拆卸或破坏。

（2）当磁性密码盘锁定后，由于磁性作用不能对锁盘进行转动操作，不能靠多次转动破解密码。

（3）密码及刻度设计在磁性密码匙上，只有拿到该磁性密码匙且知道密码才能打开磁性密码盘。

四、应用效益情况

磁性密码防盗阀门现场应用后（图2），在没有获取钥匙、不破坏阀门的情况下不能打开该阀门。从根本上减少了原油被盗，有效防止了污染事故的发生，减少了青苗补偿费用及污染治理费用，年产生直接经济效益20万元以上。同时避免了当班职工加密巡回检查，降低劳动强度。磁性密码盘及防盗护套可直接应用于对防盗性能要求较高的保险柜上，若增加配套装置可用于油井防盗井口房及防盗门上。该成果被评为全国优秀质量成果奖（图3）。

图1　成果实物图

图2　现场应用图

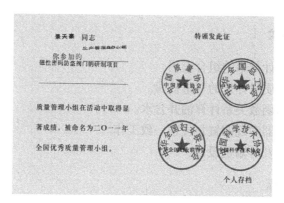

图3　获奖证书

移动式油井产量核验装置

江苏油田分公司　厉昌峰　朱国强

一、项目创新背景

目前油田取消计量间分离器量油，利用井口示功仪采集功图计算产量，反映油井工作状况。现场抽油机井在线计量是通过传感器采集油井载荷与位移数据，应用示功图识别技术来计算油井产油量。这种计算产量的方式对不同性质的油井无法准确应对，油井实际产量存在误差，不能为油井地质动态分析提供精确资料。受井下复杂状况、气体因素等影响，示功图计量油对部分油井存在误差和误判，导致不能判断油井真实工况。为真实反映油井产量，研发了容积和质量双重计量的油井产量核验装置，主要解决油井产量的计量真实性的问题。通过使用移动式油井产量核验装置，对示功图计算油井产量进行核验。达到对连抽带喷井、油管漏失井、间歇出油井、不同油气特性的油井进行产量准确计量的目的。

二、结构原理作用

（1）容积式计量罐，在标准计量罐的顶部设有超声波液位仪，根据液位的变化，实时输出进液体积量，并通过质量电子秤，进行液体质量的计量，体积与质量这两种计量方式可同时进行，将计量误差控制在最小范围。

（2）容积计量罐的加热系统，在罐内加装防爆式电加热棒，利用电能转化为热能的原理，对流体进行加温处理，解决流体体积膨胀与收缩对计量带来的弊端，同时可增加流体的流动性，便于输送。

（3）计量罐液体输出，安装高压齿轮泵、自循环流程和快速切换三通阀。油井产量计量核实完成后，罐内液体加热升温，启动齿轮泵将计量罐内液体反输到油井集油流程。

（4）撬装式液压举升系统，解决装置大范围、长距离移动，动用车辆、设备数量多，工序复杂的难题。

三、主要创新技术

（1）大质量地秤与计量罐的组合应用。

（2）实现了容积和质量计量的双重核验。

（3）体积与质量的函数关系计算油井含水。

（4）液压同步升降器实现四缸长柱塞一致工作。

（5）计量罐内液体及时输送设计。

四、技术经济指标

（1）计量罐体积 $3.78m^3$，满足日产液计量需求。

（2）符合安全、环保要求（防火、防盗）。

（3）容积罐内置电加热棒保温（2组8kW电加热棒）。

（4）防爆齿轮泵输出压力2.5MPa，排量 $5m^3/h$。

（5）安装在线连续含水分析仪。

（6）液位测量采用超声波液位计。

（7）液压升降撬装式，液压缸实现同步升降。

五、应用效益情况

该装置2016年开始研制，2017年6月，在江苏油田采油一厂沙20-16、联7-8、永43

平1、真202等30口油井应用（图1），取得了很好的油井产量核实准确效果。油井产量核实的准确性大幅提高，计量误差下降。该装置能准确检测出油井油管漏失、抽油泵凡尔漏失等现象，已经广泛应用于油田上百口油井。2017年4月获国家实用新型专利授权（图2）；2017年获全国能源化学地质工会创新成果二等奖；2017年获江苏省QC成果一等奖；2018年获江苏油田科技进步课题三等奖（图3）。

图1　现场应用图

图2　国家专利证书

图3　获奖证书

复合变径皮带轮

河南油田分公司　刘桂军　张林山　姜仁军　徐运泽

一、项目创新背景

河南油田采油二厂热采区块抽油机井电动机皮带轮采用五槽常规皮带轮，优点是皮带寿命长，缺点是调参时需将皮带轮用拔轮器整体拔下，部分井需要用加温的方式才能拔下，停抽占产时间长，通常需1~2小时，工人劳动强度大。

二、结构原理作用

复合变径皮带轮采用套筒原理，由整体式改为分体式，由外轮、内轮、挡板和固定螺栓组成，外轮套装在内轮上，内轮为Φ110mm五槽轮，内侧设计有挡板，在挡板上均匀分布着4个定位孔，外侧沿径向开有成180°分布的两个键槽为外轮传递扭矩。内轮轴孔采用与电动机轴配套的锥孔，设计有轴向直通键槽；外轮为Φ180mm五槽轮，内侧设计有4条与内轮挡板定位孔相对应的螺杆，外侧边沿设计与内轮径向键槽相对应的键槽，外轮的内径为Φ110mm；内、外轮表面均车制五槽轮槽（图1）。

使用时，将内轮安装在电动机轴上，安装好直通键，皮带轮外侧加装固定挡板并上紧紧固螺栓固定，单独使用内轮可实现抽油机三次/分钟的冲次生产；当需要调参时，卸下外侧固定挡板，将外轮套装在内轮上，将4条螺栓插入4个定位孔中定位，防止窜动，外侧加装固定挡板并上紧紧固螺栓固定，使用外轮可实现抽油机3次/分钟以上的冲次生产。如需调回3次，取下外轮即可。

三、主要创新技术

（1）改变了现有皮带轮的结构，由整体式改为分体式，采用套装结构。外轮为Φ180mm五槽轮，内轮为Φ110mm五槽轮。

（2）调参方便，省时省力，调参仅需拆装外轮，劳动强度低，耗时少，调参仅需1人用两把活动扳手10分钟即可完成，解决了过去调节冲次采用拔轮器、千斤顶、气割的麻烦。

（3）延长皮带使用寿命，提高油井产量，复合变径皮带轮采用螺杆、键和定位装置将皮带轮固定在电动机轴上，对轮槽扭矩进行改变，增加了摩擦力，减少了皮带断脱的次数。

四、技术经济指标

使用"复合变径皮带轮"调参，从原来五槽常规皮带轮调参需2人1~2小时完成缩短为仅需1人用两把活动扳手10分钟即可完成。

五、应用效益情况

（1）"复合变径皮带轮"的使用（图2），缩短了油井调参的操作时间，降低了劳动强度，提高了工作效率，解决了过去调参采用拔轮器、千斤顶、气割的麻烦。

（2）采用螺杆、键和定位装置将皮带轮固定在电动机轴上，对轮槽扭矩进行改变，增加了摩擦力，减少了皮带断脱的次数。

（3）产生效益93.7万元，增加原油产量1250吨，该成果获2014年河南省百项职工优秀技术创新成果，2017年全国能源化工地质系统优秀职工技术创新成果三等奖（图3）。

图1　成果实物图

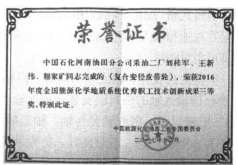

图2　现场应用图　　　　　　　　图3　获奖证书

抽油机减速箱漏油治理系列技术

胜利油田分公司　　孟向明

一、项目创新背景

胜利油田有近2万口油井采用抽油机生产，目前现场在用抽油机存在减速箱输入轴和输出轴渗漏治理难的问题，机油泄漏造成环境污染，泄漏后箱体内机油减少易造成减速箱窜轴、齿轮磨损、配合间隙变大，影响设备的安全平稳运行。

二、结构原理作用

解决减速箱漏油的难题，首先要分析清楚减速箱漏油的根本原因，对症下药才能从根本上解决问题。抽油机减速箱输入轴、输出轴漏油，原因很多，基本有以下三种情况：一是油道堵塞造成润滑不到位，磨损轴或油封，回油道堵塞后润滑油不能流回减速箱，只能流向轴承外侧；二是冲次过慢，机油飞溅不起来造成润滑不到位，然后干磨致使油封磨损；三是磨损加剧了油封磨损造成漏油。

从可视诊断、快速更换油封、填料式油封、轴磨损后的快速修复、铁屑吸附和解决低转速润滑不到位引起的磨损等方面入手研制了减速箱内部可视装置、开口式骨架油封、填料式密封函、组合密封装置、刮油润滑装置等，既能够快速诊断减速箱内部故障，又能够快速解决各类减速箱渗漏机油的问题。

（1）减速箱内部可视装置。该装置由视频图像显示端和采集端组成，数据采集端摄像头可以实现180度转弯，能够清晰观察减速箱内部轴承和齿轮工作情况。

（2）开口式骨架油封。该成果不同于普通骨架油封的是多了一个平滑的切口，把径向拉力弹簧改为了径向张力弹簧，加装了斜口式稳定环，保证油封唇口与轴良好密封。油封损坏时直接更换开口式油封，不用拆卸电机、大皮带轮等即可更换，停井时间减少至原来的1/5以下。

（3）填料式密封函。该成果由端盖、填料函、填料、固定螺栓和压盖组成。使用时直接将其安装在减速箱输入输出轴的密封处，上好固定螺栓，在填料函内加入填料，上好压盖压紧填料即可实现密封。

（4）组合密封装置。该成果由端盖、高精度轴套、"O"形密封圈、顶丝和骨架油封组成。在磨损的输入轴的密封段安装高精度轴套，轴套用顶丝将其固定在轴上，轴套内壁有2个"O"形密封圈，密封轴套与轴。轴套随轴转动，因此，轴套相对于轴是不动的"O"形圈，不存在磨损问题，密封良好。将原轴承端盖油封内腔扩大，内部安装骨架油封，用于轴承端盖的密封，密封变速箱内的润滑油。

（5）刮油润滑装置。该成果采用分体式结构，主要由固定部分、刮油部分和引流部分组成，固定部分的孔是长孔，可以实现刮油部分左右方向10mm的调节余量，刮油部分下方装有强磁铁，对机油中的铁屑吸附，保证润滑良好。

三、主要创新技术

（1）首创性：采用分体式密封结构，优化了密封件，避免传动轴漏油，安装方便、省时省力。

（2）长效性：密封盘根采用耐磨新型材料在保证密封效果的前提下减少摩擦力，延长使用寿命3倍以上。

（3）安全性：做到无须拆卸减速箱其他辅助部件，即可安装使用该装置，能够做到快速安装和延长减速箱轴漏油。减少了操作步骤及操作中的风险，提高了安全性。

四、技术经济指标

（1）更换油封时间减少85%。

（2）密封装置使用寿命延长3年以上。

五、应用效益情况

自2020年9月抽油机减速箱漏油治理系列技术研发成功后，在现河采油厂漏油严重的游梁式抽油机、皮带式抽油机上应用50井次，2022年被确定为油田科技立项技能创新项目后，推广使用517套（图1、图2），能够快速诊断并治理减速箱漏油难题，大大提高了减速箱漏油的治理效率，现场应用效果良好。该系列技术实施后，减速箱寿命延长2倍以上，采油厂年节省减速箱维修费用82.5万元。该成果2020年申请了国家发明专利，2020年获得油田群众性优秀技术创新成果一等奖，2021年被评为胜利油田为民技术创新成果一等奖和全国能源化学地质系统优秀职工技术创新成果二等奖（图3）。

图1　现场应用图

图2 现场应用图   图3 获奖证书

    抽油机防偏转悬绳器

河南油田分公司 孙爱军 赵云春 杨庆安

一、项目创新背景

抽油机毛辫子在悬绳器处断股是毛辫子失效的主要影响因素。断股主要原因是悬绳器前后不水平，毛辫子根部的钢丝绳与悬绳器发生线性接触，引起微动磨损或剪切磨损，使毛辫子发生断股，严重影响了毛辫子的使用寿命。分析原因：悬绳器在工作中受上下两个力的作用，两个力施加在悬绳器上方向相反且重合，悬绳器受力不稳定，当球座与球头配合不好时，使悬绳器发生向前或向后翻转，导致毛辫子与悬绳器接触。另外，安装有光杆旋转装置的井，在悬绳器发生前后偏转时，光杆与悬绳器内孔发生直接接触，光杆旋转过程中表面产生沟槽，缩短了光杆的使用寿命。

原解决方法是在悬绳器下加装扶正管，简单易行，缺点是强制矫正悬绳器的偏转力通过扶正管作用在光杆上，使光杆发生弯曲并造成表面损伤，缩短光杆的使用寿命。毛辫子长度有偏差时，扶正管使光杆发生弯曲。通过技术改进，使悬绳器工作时始终处于前后水平位置，避免毛辫子与悬绳器发生接触，延长毛辫子的使用寿命。

二、结构原理作用

针对问题严重程度，设计两种措施方案。

方案1是将悬绳器绳头位置上移，高于球座受力点一定位置，使两个力在悬绳器上不发生重叠，一定程度上消减悬绳器的偏转现象，同时，悬绳器挂耳阶梯孔结构使绳头居中定位，防脱性好，适用于悬绳器前后偏转不严重的井。

方案2适用于悬绳器前后偏转严重的井：在方案1的基础上，将测试卡盘的球头前后对称分别铣掉一部分，在悬绳器球座前后焊接挡块形成球头轨道，将球头限定在悬绳器轨道内，套装在光杆上球头是稳定的，这样就使悬绳器不能前后偏转，而只能左右运动。测试卡盘的作用是保证悬绳器在任何位置状态下，球头上端面始终水平，保证示功仪顺利卡入测试，因此在保留其关键功能，当吊绳长度有偏差时，在球头作用下悬绳器自动左右纠偏，测试卡盘始终处于水平位置。

悬绳器受到前后偏转作用时，反作用力通过测试卡盘传递并作用到光杆卡子上，悬绳器前后始终保持水平，避免毛辫子的钢丝绳与悬绳器挂耳侧壁接触，也使悬绳器内孔不与光杆发生接触。

三、主要创新技术

（1）悬绳器绳头位置上移，消减或减轻悬绳器前后偏转现象。

（2）悬绳器挂耳阶梯孔结构使绳头居中定位，防脱性好。

（3）悬绳器轨道受水平球头限制，使悬绳器只能左右位置调整，前后位置始终水平。

（4）避免光杆与悬绳器内孔接触后造成光杆表面损伤。

四、技术经济指标

避免毛辫子与悬绳器接触，避免光杆与悬绳器发生接触。

五、应用效益情况

2018年以来，在河南油田采油一厂江河采油管理区114口油井推广应用（图1、图2），使毛辫子断股问题得到根治，大幅提升了毛辫子的使用寿命，年减少毛辫子消耗60副，创效21万元。在全厂推广应用，有较好的推广应用前景。该成果被评为中国石化集团公司QC成果一等奖和全国能源化学地质系统优秀职工技术创新成果三等奖（图3、图4）。

图1　现场安装图

图2　现场应用图

图3　获奖证书

图4　获奖证书

抽油机刹车定位装置

河南油田分公司 孙爱军 赵云春 杨庆安

一、项目创新背景

抽油机刹车制动性是否灵活可靠，关系到操作人员人身安全和设备安全。抽油机长期使用和曾经的缺失，部分抽油机刹车（外抱式）蹄轴孔丝扣存在不同程度的磨损和腐蚀。刹车毂安装时为避免出现自锁，蹄轴不能装得过紧，以保证刹车毂灵活开合，因此，当蹄轴孔丝扣出现问题后，蹄轴与螺孔配合不好，刹车总成下沉，上下间隙不一致，无法调整到规定的间隙标准要求，严重时，上部刹车片与刹车轮接触被磨损。蹄轴孔丝扣损伤，除造成刹车片非正常磨损外，还会出现蹄轴退扣掉落、蹄轴孔座被拉坏、刹车轮被磨损等问题，缩短刹车使用寿命，影响刹车制动性能，存在安全隐患和风险。

二、结构原理作用

抽油机刹车定位装置由支撑板、支撑套、双螺杆蹄轴三部分组成（图1）。支撑板安装在减速箱输入轴轴承端盖上，利用输入轴端盖固定螺栓固定支撑板；支撑套套装在刹车蹄轴限位套上，可实现轴向长度调节和轴向定位，保证刹车毂与刹车轮端面对齐；双螺杆蹄轴固定刹车毂总成，调整轴向间隙。考虑到不同减速箱上轴承端盖与蹄轴孔的距离差异，为保证刹车毂的最佳配合间隙，支撑板、支撑套采用现场焊接的方式。刹车安装后，总成重量和刹车时原蹄轴孔所受的弯曲、剪切应力主要由支撑板承担，而蹄轴孔主要起约束蹄轴轴向运行的作用。

抽油机刹车定位装置适用于蹄轴孔丝扣滑扣、蹄轴与孔配合间隙过大和蹄轴孔座损坏等，安装后能取得较好的效果。对于蹄轴孔丝扣损伤不严重或没有损伤的，只使用双螺杆蹄轴即可，更换刹车毂时不用再拆卸蹄轴，起到扶正蹄轴、防退扣及保护蹄轴孔丝扣的作用。

三、主要创新技术

（1）对刹车蹄轴支撑和定位，使刹车毂配合间隙达到标准要求。

（2）防止刹车毂非工作磨损，延长其使用寿命。

（3）对刹车毂轴向定位，保证刹车毂与刹车轮端面平齐。

（4）不拆卸蹄轴更换刹车毂。

（5）保护刹车蹄轴孔丝扣。

四、技术经济指标

刹车毂与刹车轮最小间隙范围为1.5~2.0mm，适用于外抱式刹车。

五、应用效益情况

2018年以来，在河南油田采油一厂江河采油管理区45口抽油机井推广应用（图2），年创效16.5万元。避免刹车片非正常磨损和刹车蹄轴孔丝扣持续损伤，提高刹车使用寿命，消除了刹车系统存在的安全隐患和风险，设备现场标准化、操作标准化水平得到提升。2020年被评为河南油田技术创新项目一等奖（图3），并获国家实用新型专利授权（图4），在全厂推广应用，有较好的推广应用前景。

图1　成果实物图

图2　现场应用图

图3　获奖证书

图4　国家专利证书

抽油机刹车防盗装置

河南油田分公司　孙爱军　孙小海　张海斌

一、项目创新背景

油田是一所没有院墙的工厂。一段时间，油区抽油机刹车被盗现象非常严重，刹车频繁被盗导致大多数井没有安装刹车，据统计，2011年河南油田采油一厂江河油矿无刹车井249口，占总数91.2%，被盗刹车总成55套，主要是油井作业后刹车未及时回收被盗，造成经济损失8.2万元。现场施工临时安装刹车增加了作业工作量，造成大量人工成本浪费，延长了油井停井时间。有些施工作业采油工图省事不装刹车，增加了工作中不安全因素。

依靠值班工人和护矿队巡回检查起不到防盗效果。为了防止刹车被盗，现场采取的防盗措施如下。

（1）专用工具拆卸：在刹车毂端面焊接护套，将蹄轴内置，蹄轴外端面为六方或五方结构，采用专用套筒装卸。

（2）焊接加固：刹车销螺杆点焊防止被卸；刹车蹄轴直接焊接在刹车毂上，避免蹄轴被卸；在蹄轴顶部加装防护以防止被锯割。

从现场被盗情况来看，专用工具拆卸的防盗方法简单，工具易仿制，无防盗效果；焊接加固使蹄轴无法被卸掉，但不能防止蹄轴被锯割，只是增加了盗割难度，未从根本上解决问题。现有刹车防盗技术均不能满足现场生产需要，问题亟待解决。

二、结构原理作用

抽油机防盗刹车装置具有防卸、防锯割和防切割的性能。不改变刹车主体结构及性能，用渗碳处理的环形钢板薄片代替刹车蹄轴轴套，表面硬度达到HRC58~62，与普通手钢锯条齿硬度基本相当，防止蹄轴锯割和切割。刹车毂固定蹄轴端面焊接有经过渗碳处理的护套，护套均内置5个弹性销钉（为避免护套焊接过程中内置弹簧退火，采用降温焊接方法），卡在蹄轴端面的5个凹槽内，使用特制专用强磁扳手卡进凹槽，且扳手前端的圆环形梯形槽卡进护套底部的环形槽，下压扳手，圆环形梯形槽将5个销钉全部压平，方可转动蹄轴，其他工具即使可卡住螺母也无法转动，能够有效防止刹车毂被盗。蹄轴端面装有磁钉，外端盖板吸合在蹄轴端面，保护蹄轴不被拆卸，使用强磁扳手可取出盖板，扳手反过来即可进行蹄轴的装卸。刹车销调整螺母与蹄轴防盗装置原理相同。刹车销上设计有凹槽结构，对中板上部的凸台卡进凹槽，使刹车销只能在轴向一定范围内移动，防止刹车销抽出。

三、主要创新技术

（1）渗碳处理的钢板薄片代替原刹车蹄轴套，防止蹄轴被锯割和切割。

（2）通过调整薄片数量保证刹车毂与刹车轮对齐，通用性好。

（3）刹车蹄轴护套内置若干个弹性销钉和环形槽结构及蹄轴配合，蹄轴端面强磁钉吸合内置在护套内的盖板，刹车销螺母采用了与蹄轴相同的防护结构。

（4）刹车销和对中板嵌入式滑道结构，使刹车销只能在一定距离内轴向运动，无法被抽出。

（5）特制专用强磁扳手，设计巧妙，仿制难度极大。

四、应用效益情况

2011年5月在采油一厂江河油矿推广应用以来（图1、图2），没有出现一起刹车被盗现象，防盗性能显著，年减少经济损失21万元。防盗刹车装置适用于外部环境恶劣的油田生产现场，具有良好的推广应用价值。产品进入河南油田ERP系统。该成果获全国石油石化系统职工技术创新成果三等奖（图3）和河南油田质量管理一等奖（图4）。

图1　成果实物图

图2　现场应用图

图3　获奖证书

图4　获奖证书

 通用型抽油机刹车蹄轴装置

河南油田分公司　孙爱军　赵云春　杨庆安　杨俊行

一、项目创新背景

游梁式抽油机普遍使用外抱式刹车。减速箱型号不同和生产厂家不同，刹车轮与减速箱蹄轴孔座距离不等，差异较大，刹车轮宽度也有多种规格。因此，蹄轴、蹄轴套需多种规格才能满足要求，实际情况是ERP系统内不同型号刹车总成各只有1种技术标准。蹄轴与蹄轴套的规格尺寸不能满足现场安装要求，表现在：一是刹车轮与减速箱体间距较大时，蹄轴长度不够不能安装到位，蹄轴套也不能对刹车毂轴向定位，导致刹车毂下沉磨损刹车片，刹车寿命短，会造成减速箱体的蹄轴孔座被拉坏，影响刹车可靠性，存在较大的安全隐患；二是刹车蹄轴固定孔螺纹磨损，蹄轴要安装得很紧才能保证不至退扣，实际情况是蹄轴长度不够，安装得过紧会造成刹车自锁，不能灵活开合，影响刹车制动性能；三是刹车轮与减速箱体间距较小时，由于蹄轴轴套长度的限制，刹车毂与刹车轮对不齐，接触面积不够，影响刹车制动性能。

因此，刹车轮与减速箱蹄轴孔座间距不一，刹车轮宽度不一致，采用不同长度蹄轴、蹄轴套的方法解决问题，还涉及蹄轴、蹄轴套长度配合的问题，规格要多种组合才能满足生产需求，现场实施较为困难，通用性差。

二、结构原理作用

通用型抽油机刹车蹄轴装置包括蹄轴、锁紧螺母和内、外定位轴套（图1）。蹄轴结构不变，加长了杆体和螺纹长度，蹄轴一端为外螺纹和锁紧螺母，另一端主体上设置若干个对称的卡槽。内轴套和外轴套安装在蹄轴主体上，轴套上分别设置有对称的销钉及销钉防松螺母。

蹄轴主体安装在蹄轴固定孔座内，上紧锁紧螺母，防止蹄轴退扣松动。内轴套和外轴套套装在蹄轴主体上，对刹车毂进行轴向定位，保证刹车毂端面与减速箱刹车轮端面平齐。通过内、外轴套上的销钉和防松螺母将轴套固定在蹄轴主体上。销钉和防松螺母在内、外轴套上对称设置，顶在蹄轴主体的卡槽内。

克服了原有技术的缺陷，适应多种型号、规格的减速箱，固定刹车总成并防止蹄轴松动退扣。在更换刹车毂时不需要卸掉蹄轴，卸掉外轴套即可进行更换。在安装时对蹄轴螺纹进行涂油防腐，以后不再拆卸蹄轴，保护了蹄轴孔丝扣。

三、主要创新技术

（1）满足现场所有型号、规格的减速箱刹车安装使用需求。
（2）防止蹄轴退扣。
（3）对刹车毂轴向定位，保证刹车毂与刹车轮端面平齐。
（4）不拆卸蹄轴更换刹车毂，简化操作程序，同时保护刹车蹄轴孔丝扣。

四、技术经济指标

适应于不同型号、规格的减速箱，通用性好。

五、应用效益情况

2021年，在河南油田采油一厂全面推广应用（图2），年创效25万元。消除了刹车蹄轴退扣安全隐患，避免蹄轴退扣造成的刹车总成下沉，以及刹车片非正常磨损。项目投入低、易推广。该成果获河南油田技术创新项目一等奖（图3），2022年获国家实用新型专利授权（图4）。

图1 成果实物图

图2 现场应用图

图3 获奖证书

图4 国家专利证书

新型防盗丝堵

胜利油田分公司 唐守忠

一、项目创新背景

日常生产中常常有不法分子卸开油嘴套丝堵，在井口偷盗原油和私接套管气。为此只能将丝堵焊接在油嘴套上，在防盗的同时也不可避免地需要多次焊、割，造成丝堵和油嘴套报废，同时也给生产运行带来很大的工作量，造成生产成本的增加。

为了防止不法分子从油嘴套丝堵处盗油，一般的做法是将丝堵焊死在油嘴套上，尽管如此，不法分子还是将丝堵焊口割开，再次从油嘴套丝堵处盗窃原油。

二、结构原理作用

针对上述问题，技能大师改进了防盗丝堵开卸体形状，用普通工具无法打开；改进开卸体的加工方式，使其无法利用现场器材替代；将丝堵完全潜入油嘴套中，并且加大开卸体截面积,使其承受更大的力矩。确定以上改进方案后,技能大师加工出了新型的防盗丝堵,在有盗油现象的单井进行了现场试验,安装几天后,发现有不法分子企图打开防盗丝堵进行盗油但未能得手(图1)。

三、主要创新技术

(1)将外置式丝堵上卸端头改为内置式。
(2)不规则三爪开启扳手模仿成本高。

四、技术经济指标

45号钢加工开启扳手需增强强度。

五、应用效益情况

该装置制造简单,加工方便且成本低,在采油队极具推广价值,杜绝了不法分子从油嘴套丝堵处盗窃原油以及由此造成的污染,达到了清洁生产的目的。2008年获国家实用新型专利授权(图2)。

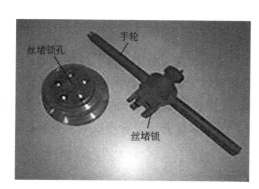

图1 成果实物图

图2 国家专利证书

新型游梁式抽油机驴头销子

胜利油田分公司 唐守忠

一、项目创新背景

采油生产现场,在对游梁式抽油机井进行修井作业时,需要拔出驴头销子、翻转驴头以让出作业空间。拔驴头销子时,操作人员需爬上抽油机机架,用手抓住手柄向内拉动,通过钢丝绳拉动销子退出销槽。由于需要克服的阻力较大(弹簧弹力、柱销与外壳之间的摩擦力等）和操作位置不便，操作起来十分费力，经常出现难以拔出的现象。

二、结构原理作用

弹簧式驴头销子与饮水机水龙头的结构相似，同样是由柱销、弹簧、外壳等组成（图1）。拉下水龙头手柄时，水龙头打开；合上手柄时，水龙头关闭。技能大师根据这一原理设计了一套类似于饮水机水龙头手柄的机械装置，来实现驴头销子的插拔。

针对高空作业存在的安全隐患问题，技能大师利用杠杆原理设计了一套机械装置来加以解决，仿照令克棒的外形设计加工了一套三段式、上扣连接工具，前端加工成"上"形，各段可以通过上卸扣来调节工具的长度，操作人员在地面就可以开关驴头销子。

三、主要创新技术

（1）将登高操作改变为地面操作。

（2）将直线开关转换90°下压操作。

四、技术经济指标

（1）材质采用45号钢，强度高于铸造，符合现场应用标准。

（2）操作杆采用轻量化玻璃钢材质，轻便耐用。

五、应用效益情况

该装置操作方便、省时省力，在油井作业甩驴头过程中发挥了显著效果，避免了操作人员高空作业，提高了操作的安全性，有效缩短了施工操作的时间，降低了操作人员的劳动强度，年创造经济效益112.55万元。该成果获得了中国石油工业质量科技成果三等奖（图2）、山东省设备管理成果二等奖（图3）、国家优秀质量管理成果一等奖，并获国家实用新型专利授权（图4）。

图1 成果实物图

图2 获奖证书

图3 获奖证书

图4 国家专利证书

柱塞泵油润滑装置

胜利油田分公司 王跃辉

一、项目创新背景

目前胜利采油厂增压泵100余台，现场运行的柱塞泵由于其长期处于高温、高压和满负荷运转，极易造成填料、柱塞、组合阀的磨损。每年为了回收污水、更换填料、柱塞要消耗大量的人力物力，设备易损坏，不能正常运转，污水冒罐造成环境污染，基于以上情况，研制长寿命柱塞填料，便于基层队管理的设备，解放人力，降低运行成本。

二、结构原理作用

柱塞泵油润滑装置由齿轮油泵、调节阀、出油管、回油管、空心填料压帽等组成。

工作原理：在柱塞工作过程中，向填料和柱塞之间注入润滑油，注入的润滑油会形成油膜，降低它们之间的润滑摩擦系数，所以柱塞和填料能保持很长的寿命，填料也采用了新型耐磨抗压填料，填料室内不会有一滴水流出，这样就省去了现场污水回收。

三、主要创新技术

增加一套油润滑系统，在柱塞和填料摩擦时不停地注入润滑油。回收的润滑油通过齿轮泵再注入填料和柱塞之间，反复循环，冷却柱塞和填料。主要实现了设备现场不排放污水，实现了设备的低成本运行，减轻员工劳动强度。

四、技术经济指标

（1）齿轮泵排量为每分钟一升。

（2）油箱储量为30升。

五、应用效益情况

该装置应用后（图1、图2），较好地适应了油田回注水水质特点，解决了柱塞泵维修工作量大，填料柱塞不耐用，泵效下降快、能耗高的问题，柱塞泵维修周期延长3倍至5倍，保护了电器设备和人身安全，大大降低职工维修工作量，做到了污水零外排。该成果分获油田群众性技术创新成果一等奖和采油厂质量管理成果二等奖（图3），并获国家实用新型专利授权（图4）。该套装置在胜利采油厂七个管理区推广应用100多套，并在其他采油厂应用，年创经济效益200余万元，也取得了良好的社会效益。

图1　现场应用图　　　　　　　　　　图2　室内应用图

图3　获奖证书　　　　　　　　　　图4　国家专利证书

油田双火源射流燃烧器

胜利油田分公司　赵学功

一、项目创新背景

冬季采油生产管理中，水套炉成为有效降低油井回压的手段，目前水套炉采用简单火管作为燃烧器，存在以下问题：

（1）由于燃烧不充分，没有充分混合氧气使燃烧效率低下，存在水套炉冒黑烟环保不达标、烟筒滴水腐蚀烟筒缩短其使用寿命。

（2）火管容易结焦出现堵塞现象，烟筒易结灰，经常堵塞烟道。

（3）存在燃烧热效率低浪费气源现象，油气混烧火管存在安全隐患，易出现溢火现象引起火灾事故燃烧不充分。

二、结构原理作用

结构：由喷嘴、风门、扩散管、喉管、内外燃烧管组成。

利用喷嘴射流原理在喷嘴处形成负压，天然气和空气充分混合，射流进入喉管，扩散至开有蜂窝状小孔的燃烧管燃烧，风门调节进风使伴生气和空气充分混合，提高燃烧效果。

三、主要创新技术

（1）有效解决烟道堵塞、火管堵塞、烟筒滴水的现象，射流式水套炉燃烧器在使用过程中燃烧更加充分，降低污染，减少冒烟现象。

（2）采用喷嘴射流，能过滤部分轻质成分，燃烧气体二次过滤使燃烧器不结焦，燃烧器本体无须清理，工具具有密封性，确保操作人员不会发生中毒事故。

（3）喷嘴在炉膛外部，炉体内不容易进油，提高安全系数。

四、技术经济指标

可达到节省气源，增加加热效率。喷嘴部分采用射流原理，增加了外部助燃空气的进入，增加加热效率，同等气源条件下可使燃烧热效率提高20%左右。喷嘴同时起到了截流的作用，最大限度地解决了气源不足造成的升温困难问题。

五、应用效益情况

该装置2018年开始研制，2019年10月27日，临盘采油厂召开现场培训会，专家组一致认为该燃烧器能够解决燃气不充分、冒黑烟问题，能够有效减少燃气量，有很高的推广应用价值。2020年确定为临盘采油厂专利技术实施推广项目。目前，已在各个管理区现场推广应用50余套（图1、图2），年创经济效益约25万元，累计创效100多万元。该成果2019年获得为民技术创新奖三等奖（图3），2019年获国家实用新型专利授权（图4），2020年获得局级QC成果一等奖。

图1　现场应用图

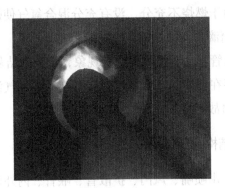

图2　燃烧效果图

图3　获奖证书

图4　国家专利证书

一种组合式单向阀

江汉油田分公司　张义铁

一、项目创新背景

在油田开发生产中，注水井井口单流阀主要采用卧式单流阀，这种单流阀在使用一段时间后，因腐蚀、结垢等原因会失去密封效果。当注水井停井时，在压差作用下地层水会反向涌向井筒，此时单流阀若处于失效状态，地层水就会携带大量地层砂，将注水井注水层位及注水管柱砂埋，使注水井不能正常生产。注水井不能正常生产后必须要进行冲砂、防砂、检管等作业，给注水工作带来严重干扰并造成维护性作业费用的巨大支出（每年因单流阀失效造成作业费用达300多万元），为解决这一生产难题，需对现有结构的单流阀进行分析、改进。

目前老式的卧式单流阀存在的问题如下。

（1）老式的卧式单流阀寿命短，大部分水井单流阀处于失效状态，主要原因是腐蚀、结垢和杂物卡堵。

（2）单流阀维修难度大，一般出现故障只能整体更换，主要原因是维修时间长，阀芯不好取出，阀座无法更换。

二、结构原理作用

新型的高压注水井单向阀结构主要包括（图1）：筒体、内筒、堵头、凡尔球、阀座、挡板。高压注水井单向阀阀体内增加了内筒，球与阀座都安装在内筒上，堵头与内筒采用挂扣连接，通过堵头可将内筒整体提出，当球或阀座密封不严时只需卸开堵头取出内筒即可，后期维护方便，一个采油工即可完成操作。

三、主要创新技术

（1）采用独特的分体组合式设计，配件标准化。
（2）堵头与内筒采用挂扣连接，取换内筒方便。
（3）阀体内采用高性能氟胶"O"形圈径向密封。
（4）阀体内壁采用化学镀铬工艺技术处理，延长寿命。

四、技术经济指标

（1）内筒中的阀座芯及阀座通道为满足注水井日常生产及洗井要求（洗井时排量≥15m³/h），采用Φ56mm凡尔球与阀座配合，提高单向阀单流效果稳定性，同时满足注水井日常生产及洗井要求。

（2）堵头下部与筒体、阀座与内筒、内筒下部与筒体的密封方式上，采用了承高压（30MPa）、耐酸碱腐蚀及高温的氟胶"O"形密封圈，通过"O"形密封圈的径向密封达到密封性能。

（3）阀体内壁采用化学镀铬工艺技术，提高内筒内壁抗腐蚀、结垢及耐磨性，便于内筒取出。

五、应用效益情况

目前已推广应用70余套（图2）。应用过程中，单流阀现场拆装方便，单流阀密封件完好。该成果解决了现有结构的单流阀无法拆卸阀座，维修不便的技术问题，减轻了岗位工人的劳动强度，延长了单流阀的使用寿命，有效降低了注水井维护性作业费用的巨大支出。操作时间由60分钟缩短至10分钟。

经济效益：

（1）降低作业费用：安装高压注水井单向阀的注水井在使用过程中未再因停井造成砂埋，避免了注水井作业检修。较之前减少维护性作业井次2次，降低维护作业费用20万元。

（2）材料费用：普通卧式单流阀一个成本2000元，改造后的单流阀加工一套仅需850元，单个成本减少1150元。

（3）维修费用：单井安装一套井口单流阀人工劳务成本在3000元左右，可将使用周期由2年延长到4年以上，单井年节约维修成本1500元，同时减少停井时间。

社会效益：

目前该成果被评为全国能源化学地质系统优秀职工技术创新成果二等奖（图3），获得了国家实用新型专利授权（图4），仅在江汉油田一个采油厂应用，就可年创效311.5万元，如推广应用到整个石油石化系统，将创造出巨大的经济效益。

图1　成果实物图

图2　现场应用图

图3　获奖证书

图4　国家专利证书

一种膨胀式抽油机驴头销子

江汉油田分公司　张义铁

一、项目创新背景

抽油机是一种长年在野外连续工作的机械设备，由于长时间在交变重负荷的作用下，驴头和游梁销孔容易出现磨损变大，使游梁和驴头在上下移动过程中炮弹销孔相对错位，造成整机振动和驴头受力不均，易导致驴头出现损伤事故，驴头销的这种结构使维护保养工作难度大，并且效果很不理想。造成驴头销的腐蚀、粘连、锈死有以下几个方面的原因：

（1）雨雪天气腐蚀，安装施工和修井作业时驴头销沾上油污未及时清理等原因，使驴头销产生锈蚀，严重的会与驴头定位销孔和游梁定位销孔粘连、锈死。

（2）驴头销与游梁和驴头连接销孔的配合过紧。

（3）驴头销子加工企业为降本增效表面处理不到位。

针对这些问题技能大师目前主要采取以下几个方面的措施：

（1）为了保证销子能够重复使用，只有采用传统的取出方法用大锤从下往上砸，这样造成劳动强度增加，在安全生产上也有一定的隐患，施工效率大幅下降。

（2）用气焊割掉，这种方法属于破坏性的，大幅增加成本，但当驴头销子锈死后，实在无法取出时，被迫采用。

二、结构原理作用

因此，技能大师研制了膨胀式抽油机驴头销子，它由锥体、衬套、垫片、锁紧螺母等组成（图1、图2）。锥体插入衬套内孔，垫片置于衬套下端口，锁紧螺母与锥体下端螺纹连接，拧紧锁紧螺栓时，锥体向衬套内压缩，衬套的膨胀口被撑大，衬套外径随之增大，从而达到与抽油机驴头和游梁的固定耳孔固定紧固。

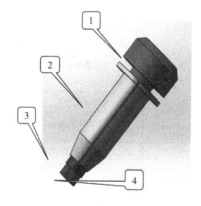

图1　结构示意图　　　　　　图2　成果实物图

1—锥体；2—衬套；3—垫片；4—锁紧螺母

使用时装在游梁与驴头的耳孔内，衬座坐于耳孔上，用锤子向下敲击锥销端部把衬套撑开，通过耳孔锁紧游梁和驴头，使其在工作中不发生相对位移，避免出现咣当、咣当的响声造成整机振动，且可多次膨胀产生位移，不用拆卸。摆驴头时将锁紧螺母卸松，向上锤击锥销锁杆凸台部位，使锥销上移解除衬套的应力，将衬套形体复原，从而可使整个销子轻松取出。

三、主要创新技术

（1）结构简单、退销容易、拆卸方便。

（2）可调整销子与耳孔之间的接触间隙。

（3）适用于游梁式抽油机。

四、技术经济指标

所述衬套钢材：35crmo合金钢（35crmo钢是含有铬和钼的合金钢，属于高强度钢，具有高强度和韧性，淬透性也较好，无明显的回火脆性，调质处理后有较高的疲劳极限和抗多次冲击能力，低温冲击韧性良好）。

五、应用效益情况

（1）改进后的驴头销子的安全使用性能在实验中得到验证，2016年9月27日开始在M4-3-X273井作实验。在长达近两年的运转过程中，未发现异常响声和异常现象发生；至今M4-3-X273井等抽油机运转正常，且经历了两次修井作业施工。作业工反映这种膨胀式驴头销子，使用安全方便，且降低了他们摆驴头的劳动强度。

（2）通过现场应用，改进后的驴头销子有以下两个方面的优势，一是可避免因驴头销子松动所引起的整机振动，减少对抽油机设备的损害及对杆、泵的影响；二是驴头销子取出方便，销子不会锈死在耳孔内，翻转驴头方便，可提高施工效率。

改进后的驴头销子具有结构简单、装卸方便、安全可靠等特点，有较好的推广价值。该成果被评为全国能源化学地质系统优秀职工技术创新成果三等奖（图3），并获国家实用新型专利授权（图4）。

 图3　获奖证书　　　　　　　　 图4　国家专利证书

层流合路器

胜利油田分公司　皇甫自愿

一、项目创新背景

目前，油井生产现场的掺水流程通常是用注水井的回水管线改造的。即在回水管线上加装高压闸门、干式水表总成、水嘴等组成一套简易流程，只能够实现简单的掺水伴输功能。

现掺水流程存在以下问题。

（1）为保证油井管线正常运行，掺水量往往采取保险的办法，即宁大勿小，从而造成部分掺水量的浪费。

（2）油井回压值对掺水量的大小较敏感。两管线相交处，掺水与油井产出液激烈碰撞产生涡旋，形成湍流，极易造成原油乳化，造成油井回压升高，不能真实反映油井回压值。

（3）掺水管线与油井管线连接处为"T"字形接口，这种连接方式会使高压水对油井管线造成强烈冲击，易造成管线穿孔，发生环境污染事故。

二、结构原理作用

层流合路器由五部分组成：工艺水整流段、缩颈分流段、原油整流段、合路整流段、层流段。

其工作原理是：当工艺水经掺水管道进入合路器装置内部，通过工艺水整流段、缩颈分流段、合路整流段，最后经层流段进入管线。原油通过管路进入原油整流段、合路整流段，最后进入层流段进入管线（图1）。

图1　流体力学模拟图

通过模拟图可以看出，当采用的工艺水为温水时，在合路整流段后油水汇合，提升了原油温度，降低了原油黏度，提升了混合输送的效果，相比较普通管路碰头的方式可以在减少水冲击的前提下，提升热交换效率，有利于原油与工艺水的热交换，极大地提高了能源利用率。

三、主要创新技术

（1）运用了流场分析技术进行流体控制，减少掺水用量。
（2）减少了原管汇的紊流现象，降低了油井回压波动区间。
（3）改变原管汇油液汇入方向，减少管线穿孔频次。

四、技术经济指标

层流合路器通过流场控制技术，采用设计好的管路空间尺寸来控制一定范围内的两流体的汇合合路，即主油管路在管内的原油流动性不佳、流量不足时，从掺水管中注入一定流量的工艺水，工艺水以一定的角度辅助推进主油路的原油前进，达到输送主管内原油的目的。掺水过程中，层流合路器可以控制两流体主要采用层流运动来汇合前进。

五、应用效果

该装置2021年研制，7月在YAA3XN72井等安装使用（图2），油井回压波动范围明显降低。油井管线与掺水管线交汇处未发生穿孔。该装置在掺水管汇的连接上具有独特的优点，也是油田目前唯一的相关成果，年创经济效益10万元/井。该成果2022年获得山东省设备管理创新成果一等奖（图3）。

图2　现场应用图　　　　　　　　图3　获奖证书

电机防盗螺栓

河南油田分公司　景天豪　翟晓东　李　猛

一、项目创新背景

抽油机使用环境在野外，边远井电动机被盗现象时有发生，造成直接经济损失，同时影响油井开井时率。

二、结构原理作用

电动机防盗螺栓由防盗护套、T形螺栓、花键螺帽及专用扳手组成（图1）。防盗护套为一个内部带台阶孔的圆筒，大直径孔用来容纳防盗螺帽，小直径孔用来通过T形螺栓。在圆柱形的顶部有1个台阶，安装后能进入电动机支座的条形槽内防止其自身转动。"T"形螺栓将普通螺栓六方头改为"一"字形结构，使其安装后能挡在电动机底座上防止其自由转动。花键螺帽将普通螺帽六方头结构改为五个槽的花键套结构，配上专用扳手，使其不能用普通的工具拆卸。

组装特征：从电动机底座上部将T形螺栓穿入电动机底座孔内，然后将防盗护套从电动机支座下部放入，使台阶进入电动机支座条形槽内。最后将花键螺帽装到防盗螺栓上，用专用扳手拧紧。需拆卸时用专用扳手卸掉花键螺帽，然后取出防盗护套及T形螺栓。

三、主要创新技术

（1）T形螺栓可卡死在电动机底座上不能被转动。

（2）防盗护套台阶可卡死在电动机支座条形槽内，不能被转动。

（3）花键螺帽只能使用专用扳手拆装。

四、技术经济指标

螺栓直径为$\Phi18mm$。

五、应用效益情况

电动机防盗螺栓适用于抽油机井电动机防盗，操作简便可靠，可有效防止抽油机电动机被盗，减少了经济损失，减轻了员工工作压力（图2）。该成果被评为河南油田质量管理成果一等奖（图3），并获国家实用新型专利授权（图4）。

图1 成果实物图

图2 现场应用图

图3 获奖证书

图4 国家专利证书

热采井光杆防撞锥帽

河南油田分公司　景天豪　王　强

一、项目创新背景

热采井原油黏度高造成光杆下行困难，当其下行速度小于抽油机驴头下行速度（光杆滞后）时，会引起抽油机驴头撞击光杆上安装的方卡子，从而引起光杆被撞弯。光杆被撞弯后会造成油井停产，影响单井开井时率；同时需更换光杆，会造成材料费、吊车等车辆费用及人工费用的增加。

二、结构原理作用

防撞锥帽为中空圆台形结构，锥体上部有一个略大于光杆直径的孔用来通过光杆，并对防撞锥帽进行限位和固定；中部为圆台形空心结构，以便减轻重量；下部为圆柱形空心结构，以便使其能完全罩住方卡子，同时与方卡子有较大的接触面积、能可靠地坐在方卡子上（图1）。

操作步骤：将光杆防撞锥帽从光杆最上端套入，使其坐在方卡子上，当发生抽油机井光杆滞后现象时，抽油机驴头先撞击光杆防撞锥帽，从而将光杆及方卡子向正前方推开，不能直接撞击方卡子，避免光杆被撞弯。

安装步骤：停机至下死点→从光杆顶端套入防撞锥帽，使其落至方卡子上→启抽。

三、主要创新技术

（1）结构简单，安装方便。

（2）防撞锥帽上小下大，无须预留安装空间。

（3）防撞锥帽被撞击时将驴头下行的力，分解为一个向下的力及一个向正前方的力，光杆在弹性变形范围内移动，不会被损坏。

四、技术经济指标

防撞锥帽底圆直径为 Φ130mm。

五、应用效益情况

热采井光杆防撞锥帽现场应用后（图2），可有效防止热采井光杆滞后时被抽油机驴头撞弯，适用于易发生抽油机井光杆滞后现象的稠油热采井，年均产生直接经济效益10万元以上，取得了较好的经济效益和社会效益。该成果被评为河南省优秀质量成果奖（图3），并获国家实用新型专利授权（图4）。

图1　成果实物图

图2　现场应用图

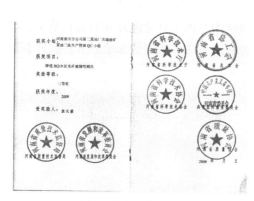

图3　获奖证书

图4　国家专利证书

减速箱防盗堵头及专用拆装工具

河南油田分公司　景天豪

一、项目创新背景

油区外部环境较差，通过抽油机减速箱放油孔堵头盗机油事件时有发生。机油被盗后，若发现不及时易造成减速箱干磨使减速箱报废。

二、结构原理作用

减速箱防盗堵头为带有外螺纹的圆柱体结构，在其外端面上设有沉孔。用于拆卸放油孔堵头的专用拆装工具呈"L"形，其两端设有与放油孔堵头内沉孔配套的锁块。"L"形专用工具的两端结构为两个错开的半圆体，中心部分有内丝扣用小螺栓来安装锁块。锁块为半圆环，外表面纵向上有单向牙咬合防油孔堵头内沉孔；中间部分开有台阶槽以方便小螺栓的安装及锁块的滑动。"L"形专用工具两端结构不同，一端可顺时针转动用来上紧放油孔堵头，另一端可逆时针转动用来卸松防油孔堵头（图1）。

三、主要创新技术

（1）防盗堵头安装后无凸出部位，内孔为圆孔，防盗性能好。

（2）锁块卡牙圆周分布，增加咬紧力，拆装时不易打滑。

（3）"L"形专用拆装工具，一端上紧，另一端拆卸，操作方便。

四、技术经济指标

堵头内孔为 $\Phi20mm$。

五、应用效益情况

减速箱防盗堵头及专用工具，适用于抽油机减速箱润滑油防盗（图2）。由于防盗堵头的外端面与减速箱放油孔端面平齐，必须使用专用工具才能卸开放油孔堵头，因而能够保证减速箱和润滑油不被盗。该成果被评为河南省优秀质量成果奖（图3），并获国家实用新型专利授权（图4）。

图1　成果实物图

图2　现场应用图

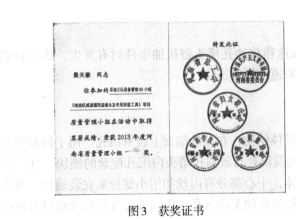

图3　获奖证书

图4　国家专利证书

电机组合式皮带轮

河南油田分公司　景天豪　翟晓东

一、项目创新背景

油井电机更换皮带轮时，由于使用时间长使皮带轮与轴结合过紧，造成皮带轮拔不下来。部分电机出现皮带轮边缘被完全损坏、拔轮器被拉坏也无法将皮带轮拔出的现象，被迫采取电气焊割除或更换电机的办法来解决问题，造成较大的经济损失。另外，皮带轮安装也存在操作不方便、操作时间长、劳动强度大的问题。

二、结构原理作用

电机组合式皮带轮由内锥套、外轮及拉紧螺栓组成。内锥套呈压盖状，为中空圆柱形结构，外锥体有 1:10 圆锥结构；顶端圆盘部分上有两个传递扭矩用的凸台、圆周部分有螺孔用来安装拉紧螺栓；整个内锥套有开口槽，另一边有键槽。外轮内孔同样为 1:10 圆锥结构用来与内锥套配合，外部形状与普通皮带轮相同，平行于轴向有 3~4 个通孔用来安装拉紧螺栓。

操作步骤：使用时先将内锥套套入电机轴，然后将外轮装入内锥套，最后将拉紧螺栓上紧即可使其组合成一个整体。拆取时先卸下拉紧螺栓，用榔头轻敲外轮轮缘，即可将外轮卸下进行更换。

三、主要创新技术

（1）内锥套有开口槽，装入和拆取时省时省力。

（2）拉紧螺栓拉紧后在摩擦力作用下传递扭矩，拉紧螺栓不承受扭矩。

（3）外轮与内锥套的配合为锥度配合，拆取和装入外轮方便快捷。

（4）更换电机皮带轮时，只需更换外轮。

四、技术经济指标

皮带轮最小外径为 180mm。

五、应用效益情况

电机组合式皮带轮安装后能抱死在电机轴上，传递扭矩可靠；结构合理，安装使用方便（图1）。有效解决了更换皮带轮操作不便的生产难题，可替代原电机皮带轮，方便实现油井冲次的调整；减少了皮带轮的损坏，年均产生直接经济效益5万元。该成果被评为中国石油工业质量管理成果二等奖

图1　现场应用图

（图2），并获国家实用新型专利授权（图3）。

图2 获奖证书　　　　　图3 国家专利证书

油井标产不停井泄压装置

河南油田分公司 孙爱军 秦韶辉 孙小海

一、项目创新背景

油井地面集输系统优化后，油井产量在井口用标产车进行标定。标产时需要先停井、倒井口流程进行管线泄压后拆卸防盗取样阀，然后连接管线，开井待生产稳定以后，才能进行计量，标产后又要重复上述工作，恢复油井生产。整个标产用时1.2~1.5个小时，而产量计量时间仅为30分钟，辅助工作时间长，因此，每天只能完成3~4口井标产任务，严重制约了产量资料的录取工作。

在井口标定产量是油井集输系统优化后出现的新的工作方式。井口防盗取样阀内置于护套内，护套端部安装有防盗锁，防盗取样阀最大通径为$\Phi 10mm$，用来录取油样和压力资料，标产时必须将防盗取样阀卸掉，连接管线才能进行标产。由于受阀体结构和外部护套尺寸限制，无法进行直接改进来增大通径尺寸。结合生产现场实际情况，在不影响流程防盗性和资料录取的基础上，研制了"油井标产不停井泄压装置"。

二、结构原理作用

装置设计为大通径开关阀门，设计最小通径$\Phi 25mm$，出口为快速接头。密封阀芯为内置式，带有2道"O"形密封圈密封阀体内腔，阀芯密封垫为嵌入式，与阀座实现阀门密封，解决了原黏接式阀芯失效后无法维修的问题。阀座为活动式，安装在装置底部，便于阀芯取出。设计最小通径与标产连接软管最小通径相同，满足标产时排量需求。装置所有阀件均为活动式，便于维修和更换。标产时无须停井、泄压，标产管线与出口快速接头对接后打开接头开关即可标产，产量误差在标准规定范围内。使用该装置标产提高工作效率，单井标产平均用时为38分钟，辅助用时仅8分钟，每天可完成10~12口井的产量标定任务，保证了资料的及时录取。

三、主要创新技术

（1）标产接头设计为可开关阀门，实现了不停井泄压标产。
（2）满足不停井泄压标产条件下保证了取样阀防盗性能。
（3）密封阀芯由外置式改为内置式，解决了原阀芯通道受限的问题。
（4）阀芯密封垫由黏接式改进为嵌入式，解决了阀芯失效后无法维修的问题。
（5）最小通径与标产车管线接头最小通径相同，满足油井排量需求。

四、技术经济指标

辅助用时控制在10分钟以内，最小通径 $\Phi 25mm$，承压6.0MPa。

五、应用效益情况

2014年在采油一厂江河采油管理区推广应用（图1、图2），全区年减少停井占产90吨，净创效益23.5万元。避免管线放空泄压造成油气损失和环境污染，减轻了工人劳动强度，此技术在河南油田处于先进水平。该成果被评为河南油田质量管理成果二等奖（图3），并获国家实用新型专利授权（图4）。

图1　现场全景

图2　现场应用

图3　获奖证书

图4　国家专利证书

新型防盗减速箱盖板

胜利油田分公司　唐守忠

一、项目创新背景

游梁式抽油机是各油田常用的机械采油装备，要经常对减速箱的润滑油的油质油量进行检查，以确保抽油机的正常运转。目前对抽油机减速箱润滑油的油质油量检查是通过减速箱后侧的观察孔来进行的，油位在两观察孔之间为合格，可从放油孔取润滑油样进行分析。

由于受油区所处环境的影响，抽油机减速箱的观察孔、放油孔和盖板都被焊死，在焊接时减速箱盖板的橡胶垫圈极易被烧坏，导致密封不严，造成盖板漏油，给减速箱的机油检查带来了困难。减速箱盖板由10颗螺栓固定，拆卸螺栓用时长，操作者容易因疲劳而形成安全隐患；检查润滑油时，需要用气割割开被焊接过的盖板，费时费力。

二、结构原理作用

本装置利用弹簧的推力锁舌实现锁紧。通过查机械设计手册得知，钢的最大自锁角为10°。将锁舌设计成10°角，利用弹簧的推力动作，靠弹簧的推力和自锁角实现盖板的锁紧。为了避免盖板与减速箱本体之间渗漏机油，技能大师用中空耐油密封橡胶条进行了密封。由于盖板的固定点减少，安装后易出现上下或左右滑动，技能大师在盖板周围加装了一圈限位挡板（图1）。

三、应用推广效果

使用新型防盗减速箱盖板后（图2），平均检查耗时1分12秒，相比原来普通的减速箱盖板的检查方式耗时25.6分钟而言，新型减速箱盖板快捷方便，减轻了劳动强度，提高了工作效率。该成果被评为胜利油田优秀质量管理小组成果三等奖（图3），山东省设备管理成果二等奖（图4）。

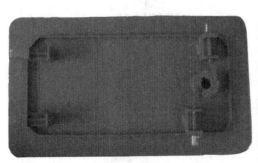

图1　成果实物图

图2　现场应用图

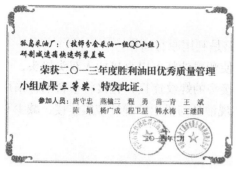

图3　获奖证书　　　　　　　　　　图4　获奖证书

注水泵机组强制润滑油量控制技术

胜利油田分公司　唐守忠

一、项目创新背景

胜利油田孤岛采油厂现运行KGFS350-1080/7注水泵31台，额定功率1600kW，扬程1050m。单台泵日注水量8000m^3，是油田重要的生产设备之一。注水泵和配用电机均采用强制润滑方式，即油润滑是泵将油压送到润滑部位，由于具有压力的油到达润滑部位时能克服旋转零件表面上产生的离心力，因此，给油量比较丰富，润滑效果好。它是保证注水机泵正常运转的必要前提，注水泵利用润滑油将摩擦降低到最低限度；润滑油还可以带走摩擦产生的热量，从而降低摩擦表面的温度，起到冷却作用。油量多会引起跑油现象；油少会引起注水泵轴瓦温度升高，严重时，还会引起机泵黏瓦事故的发生，导致注水泵无法正常运行。岗位职工在运行检查发现其润滑系统存在两项弊端：一是机泵看窗由于受周围空间限制，极其狭窄，根本无法直视看窗。在正常光线下，也要用照明手电，从侧面观察油位，进行估算。二是显示润滑油流动状态的塑料油杯具有储存、显示润滑油液，并用以观察轴瓦油液流动状态的功能。因其是塑料材质，又直接拧在电机轴瓦上盖上，塑料材质与金属的螺纹连接属于刚性连接，又因塑料与金属膨胀系数的不同、塑料材质的高温老化以及机组的运行振动等而时常发生爆裂现象。

二、结构原理作用

该装置经过改制使油杯与机组采用压紧弹性连接，减少应力集中，大大延缓了油杯的使用寿命。

在利用原有油杯的基础上，在机组与油杯之间增加一套连接装置：由固定锁帽、双头接头及"O"形减振密封环三部分组成，使油杯由原来的直接与机体螺纹的刚性连接，变为脱离机体的弹性压紧减振连接（"O"形减振密封环起到密封油液、减少振动、减少热量传导的作用），从而避免了油杯爆裂事故的发生。

三、主要创新技术

（1）为节约成本，不造成浪费，故革新思路是利用原有油杯。

（2）双头接头的尺寸与油杯螺纹处一致，使塑料油杯可以直接插入双头接头，中间增加"O"形减振密封环，利用固定锁帽与双头接头的螺纹连接，直接将塑料油杯采用压紧方式固定，双头接头尾端直接与机组相连，实现油杯与机组的弹性减震连接，减少对塑料油杯的应力集中的目的。

四、应用效益情况

经济效益：

（1）延长油杯的使用寿命。

（2）减少了润滑油的流失。

（3）防止注水泵机组发生抱轴事故。

（4）节约电能。油杯的更换必须停泵，安装了这个保护装置，每减少一次停启机，就减少了机泵的磨损和节约瞬间启动注水泵的电能。

社会效益：节约能源、减少环境污染、降低劳动强度以及保证安全生产。

注水泵机组强制润滑系统实现了单点的精准控制，提高了设备运行效率，杜绝了轴瓦润滑不良现象的发生，保障了油田注水系统的平稳安全运行（图1、图2、图3）。该成果被评为山东省设备管理创新成果二等奖（图4）。

图1　现场应用图（成果一）

图2　现场应用图（成果二）

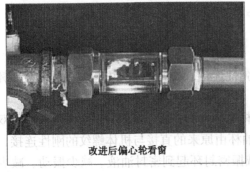

图3　现场应用图（成果三）

图4　获奖证书

一种抽油井井口保温防腐护罩

胜利油田分公司 王秀芳

一、项目创新背景

采油树及井口流程保温是冬季的一项重点工作，保温目的主要是防止管线冻堵、避免回压升高，确保井口流程通畅，保证生产运行。如果无保温措施或保温效果不佳，一是引起管线冻堵，解堵需停井冲管线，消耗大量人力物力，同时增加劳动强度，影响生产时率；二是引起回压升高，增加管线集输能耗，造成油井产量降低，同时增加管线泄漏隐患。总之，井口保温不仅是为了美观，更是保证安全、正常生产的必须工作。

油田目前的井口采油树保温，主要是采用毛毡填充、玻璃丝布缠绕包裹、油漆粉刷等方式。工业用毛毡含有的大量粉尘导致呼吸道、肺部感染等人体损伤，保温效果一般，而且形状差异大，不符合井场标准化的要求；工作人员皮肤接触玻璃丝布后，容易刺激过敏、痛痒；油漆成分主要为苯、甲苯、二甲苯等苯化合物，长期吸入可引发呼吸道受损、哮喘等疾病。这些保温操作烦琐、费时费力、标准化差，而且井口作业必须全部拆除，可重复利用性差，增加了劳动强度及生产成本，并且大多对人体有伤害，不符合安全环保的要求。为解决这一难题，研制了"井口保温防腐护罩"，这样，不但实现了井口保温标准化，具备很好的保温、防腐效果，而且安全环保，装、拆一步完成并可重复利用，对于提升油井的管理水平具有很大的价值和意义。

二、结构原理作用

该装置的主要结构由三部分组成（图1）。

（1）内层为保温层：保温层材质为聚氨酯泡沫。具有低导热系数、低透湿系数、低吸水率的特点，保温效果较好，在-185~120℃范围内均可适用。

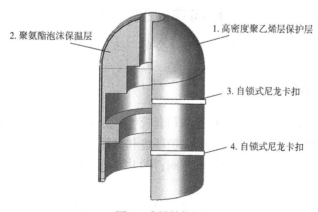

2.聚氨酯泡沫保温层　　1.高密度聚乙烯层保护层

3.自锁式尼龙卡扣

4.自锁式尼龙卡扣

图1　成果结构图

（2）外层为保护层：保护层和保温层形成复合材料结构，保护层根据标准化井口形状制作，能够满足现场井口的标准化水平。

三、主要创新技术

（1）实现了井口保温装、拆一步完成。

（2）适合SL250标准井口。

（3）该装置可重复利用。

（4）保护层具有高硬度、高强度。

（5）与井口贴合严密。

（6）用新型材料，延长使用寿命。

四、技术经济指标

（1）该装置根据采油树结构分成左右两个模块，安装时只需简单拼接模块即可完成，整个过程只需要5分钟，因为改变了填充、包扎、刷漆等传统保温流程，操作时间、劳动强度大大降低。

（2）装置可反复使用，安全环保，成本造价低。

图2 获奖证书

五、应用效益情况

该装置2019年开始研制，2020年在鲁明公司济北采油管理区13口井安装使用，应用效果得到一线员工和领导的高度认可，年创经济效益约3万元，累计创效9万多元。该成果2022年获国家实用新型专利授权，2021年获山东省设备管理创新成果二等奖（图2）；2021年获鲁明公司创新创效成果三等奖。

 换向单流截止阀

胜利油田分公司 王 刚

一、项目创新背景

现场上有很大一部分油水井有套管油和套管气，为了保证油水井正常生产，一般都在井口将油套连接回收套管油、气，从而保护环境和保障油区治安、减少偷盗，这时为了防止液量倒灌，在油套连接管线上安装单流阀；油井在进计量站前也安装单流阀以防止倒井时倒灌影响产量。

目前，单流阀都采用焊接，损坏后不仅影响产量，并且需要在油气密集区动火焊接，存在安全隐患，尤其是井口油套连接，单流阀损坏后可能产生倒灌，影响油井正常测试及洗井等日常工作。

为此，技能大师研制了换向单流截止阀，它可以根据需要换向单流，而且在损坏时可以起到截止阀的作用，不影响日常工作。该阀法兰连接更换维修方便，避免了油气密集区动火，保证了安全，提高了效率。

二、结构原理作用

换向单流截止阀是由手柄、密封部分、阀盖、内置单流阀、阀球、阀体等组成。

采用法兰连接，更换维修方便，利用手柄转动阀球，通过阀杆上的箭头指示方向，可以使阀球90度或180度旋转，可以起到换向单流和截止作用，单流阀在损坏时可以起到截止作用，不影响其他日常工作。

工作原理：将该装置采用法兰连接，使用时将其安装在管道流程上，根据阀杆端头上刻制的流向箭头，转动手柄选择需要的流向即可，当需要关闭流程时，箭头垂直于管路流向即可（图1）。

图1 成果实物图

三、主要创新技术

（1）可以根据需要选择不同的流向，需要时可起到截止作用，具有多功能特点，使用更加灵活方便。

（2）该装置采用法兰连接，更换快捷，提高了工作效率，便于日常作业维护，避免油气区动火，安全可靠。

（3）适用于油田各类油井井口流程、输油管线、计量间流程等部位，推广应用前景广阔。

四、应用效益情况

该装置2016年在永66P5井、永66P7井两口电泵井使用（图2），由于电泵井出砂且液量高，单井管线经常穿孔造成频繁停机，增加了倒井率，利用该阀换向原理配套"油井自循环管线维修法"，停输不停井处理管线穿孔9次，永66P5电泵井2015年倒井2次，2016年初安装换向单流截止阀，全年未出现倒井。

通过现场应用证明其性能安全可靠，能够换向单流，在油田生产现场使用灵活方便，

图2 现场应用图

不仅能代替现有单流阀功能，还能满足特殊流程双向单流的需要；采用法兰连接，维护方便，更换快捷，提高了工作效率，避免了油气密集区动火；单流阀损坏时，能起到截止阀的作用，不影响其他日常工作。

年创经济效益：$200000 \times 2 + 70000 - 10 \times 1000 = 46$（万元）。

"换向单流截止阀"于2017年获东辛采油厂技能人才技术创新成果一等奖（图3），山东省设备管理创新成果三等奖（图4）。

图3 获奖证书

图4 获奖证书

油水分离电加热储罐

江苏油田分公司 袁成武

一、项目创新背景

目前，某厂零散区块多，有边远井约110口，均为单井或多井拉油，综合含水达85%，以上占边远油井总数70%。油井产液进电加热储罐后，加温至50℃左右，拉运至联合站再次升温，分离脱水。污水的多次加热造成了热能的浪费，增加了系统运行负荷。王北井组共有油井5口，产液量45.8t/d，产油3.9t/d，产水41.9t/d，含水91.48%。拉油站有30m³电加热储罐3台，均为20kW电加热器加热，各油井产出液汇入拉油站集中储存，采用罐车拉至欧北联合站集中处理。该区块距欧北集输站6.5公里，运行成本较高。为了提高区块开发经济效益，技能大师利用原拉油站设施进行改造，研制了油水分离电加热储罐。减少电加热器数量，降低拉油站污水加热所需能耗，减少了欧北联合站因再次加热和处理污水的运行能耗。

二、结构原理作用

（1）对高部位电加热储罐进行改造，使其具备油水分离及储油的功能（图1）；储罐内设堰板，将罐分成沉降段和储油段两部分，一段沉降罐沉降段15m^3、储油段15m^3，油井产液进储罐，首先通过波纹板聚集碰撞，后进入油水混合室重力分离，改造将油水界面定于距罐底1350mm处，混合室内油层体积为5.2m^3，王北井组产油3.9t/d，水层体积为4.95m^3，产水41.9 t/d，沉降时间为2.8h。取消20kW电加热器2台，新增8kW电加热2台。

（2）另两座30m^3油箱改造成污水罐，各油井产液流进改造后的30m^3油水分离装置，污水自流进污水罐，取消20kW电加热器4台。

（3）污水通过罐车拉至欧庄注水站回注，脱水原油自流进储油箱，通过罐车拉至欧北站处理。

三、主要创新技术

（1）沉降分离脱水，是利用水重油轻的原理，在原油通过一个特定的装置时，使水下沉，油、水分开。

（2）化学破乳脱水，使乳化状态的油水实行分离。

（3）通过对原油高架罐内部结构进行改造，使其具备油水分离缓冲、原油储存功能，从而实现原油脱水。

（4）不锈钢波纹板聚结填料进行油水的聚结，提高其分离效果。斜板结构的聚结分离填料，利用浅池原理，缩短油水的迁移路程，提高了原油脱水的分离效率。

四、技术经济指标

（1）（改造前月耗电11951kW·h–改造后月耗电5452kW·h）×12个月 × 平均电价0.8元/kW·h=6.24万元。

（2）站库可减少处理污水=1.7×10^4t/a，按污水升温20℃，燃油热值$q_{油}$=41868kJ/kg，欧北站可节约燃油量为：

$$m_{油} = \frac{c_{水}m_{水}\Delta t}{\eta q_{油}} = \frac{4.2\times1.7\times20\times10^{10}}{0.7\times4.1868\times10^7} = 48.61(t/a)$$

即节约欧北联合站加热炉燃油48.61t/a，节省费用25.76万元/a。

（3）节约1.49×$10^4$$m^3$/a污水的水处理费为5.22万元/a（污水处理综合费用取3.5元/m^3）。共计节约费用60.07万元/a。

五、应用效益情况

该装置2013年开始研制，2014年5月6日，在江苏油田采油厂三厂王北拉油站安装使用（图2）。2014年12月8日，江苏油田召开油田质量科技成果发布会，获年度油田质量科技成果二等奖（图3）。专家组一致认为该装置具备油水分离及储油的功能，分离后的污水直接回注，降低污水处理费用，减少系统运行费用，优化现有供热流程，节约系统加热及污水提升泵等电耗，实现了节能降耗的目的。2015年10月该成果获得中国石油化工集团公司QC成果三等奖（图4）。目前油水分离电加热储罐已在张铺、桃园等拉油站点推广应用。年创经济效益约140万元，累计创效800多万元。

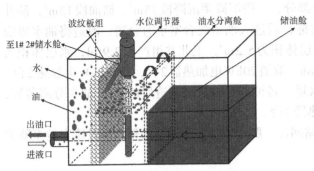

图1 成果结构图（改造后油水分离电加热储罐立体图）

图2 现场应用图

图3 获奖证书

图4 获奖证书

燃气炉安全点火装置

胜利油田分公司 毕新忠 高永辉 彭 涛

一、项目创新背景

油井水套加热炉由于气源压力不稳定（湿气、含水），经常造成炉火熄灭，在操作过程中炉膛内极有可能存在一部分可燃气体，点火过程中易造成爆炸，损坏设备甚至发生伤人事故。

二、结构原理作用

该装置由炉膛气体检测、电子点火、辅助照明等三部分组成（图1）。

使用过程中先确认气源闸门关闭后，将点火棒伸入炉膛内，打开抽气泵，将炉膛内气体抽入燃气检测系统中，若可燃气体达到一定的浓度，则蜂鸣器发出响声，同时切断点火装置的供电电源，此时按动点火按钮，点火棒不会点火，避免了操作过程中误操作而带来的安全隐患。同时该装置还配备了照明功能，方便了夜间巡井照明及照亮炉膛火嘴位置。

三、主要创新技术

（1）采用加长探管可检测炉膛内是否存在可燃气体。

（2）集探测、点火、照明于一体，方便携带及夜间出行。

（3）结构小、重量轻，性能可靠，制作成本低。

四、技术经济指标

当空气中甲烷含量为4.9%~16%时，遇明火会发生爆炸，给现场操作人员带来人身伤害，该装置采用数显检测，检测范围为1%~60%，当检测气体中甲烷含量超过爆炸值时，该装置自动断电保护，可防止误操作导致点火，现场施工人员采取漏气整改措施后，检测正常方可点火，确保人身及设备安全。

五、应用效益情况

（1）该装置自2016年冬季使用以来效果良好，避免了因无法检测炉膛内气体浓度而造成的爆燃现象，从而提高了安全系数（图2）。

（2）将多种功能组合在一起，便于携带。

（3）减少了以往在巡井过程中发现炉火熄灭，再找轻质油等所造成的时间浪费和降低工人劳动强度。

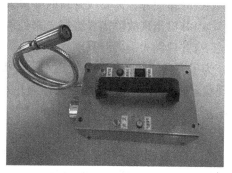

图1 成果实物图

该装置于2017年6月在青岛国际会展中心安全技术成果展上获得较好的评价及多家企业咨询。被评为胜利油田职工优秀创新成果特别奖（图3）。

图2 现场应用图

图3 获奖证书

五种油井井口流程

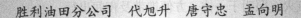

胜利油田分公司　代旭升　唐守忠　孟向明

一、项目创新背景

我国油田开发已几十年，但全国各油田都没有相应制定油井井口流程安装规定和标准，使得油井井口方向不同，长短不一，高低不齐，形状各异。出现问题以后，需要上报安排维修工来维修，影响了油井时率。2010年9月，工作室组织了六个采油厂8位首席技师，用了50多天时间，对东辛、孤岛等六个采油厂127口油井进行了调研，发现了五个方面的问题。

（1）井口流程随意焊制，井口管理不规范。

（2）取样头等安装不标准，资料录取不准确。

（3）开作业井，需要改井口时要多人协作。

（4）井口出现故障需要维修工来处理。

（5）井口动火需要开具动火报告。

为了提高油井的精细化管理水平，提高油井开井时率，降低工人的劳动强度，根据生产现状，研制设计了抽油井等五种油井井口流程。

二、结构原理作用

在采油井都有一段连接采油树和单井集油管线的"管子"，也就是油井井口流程。它是油井井口的重要组成部分之一。它一端与采油树的油嘴套相接，另一端与单井集油管线回压闸门相连。通过它可以录取含水、回压、井口温度等数据以及冲洗、清扫地面管线等。油井上作业时，它可以使采油树与单井集油管线便捷分离。技能大师设计的油井流程分自喷井250型采油树、常规带总闸门热采采油树、不带总闸门热采采油树、常规不带总闸门250型采油树、常规带总闸门250型采油树等五种，囊括了油田目前生产的油井。

三、主要创新技术

（1）由原来的现场焊制变为现场安装，施工时间由3小时减少为1小时，提高了油井时率。

（2）部件可以通用，减少了配件储备和资金占用。出现问题也可由采油班组自行更换。

（3）提高了油井含水、回压、井口温度等生产数据的准确性。

（4）彻底消除了在井口动火的事故隐患。

（5）统一了油井井口安装标准，实现了油井标准化、模块化管理。有利于使用玻璃钢油井井口保温罩，使井口散热率由45％降至5％。

四、技术经济指标

温度计孔管长100mm，安装时要倾斜45°，切口呈45°斜面向下，外露75mm，应与管内流体流向成逆流接触，安装时插入管径1/2处。取样孔开口位置于立管管径中心，安装时插入管径的1/2处，内部切口呈45°斜口，切口朝向来液方向，外露50mm，与DN50mm水平管中心距150mm，取样弯头用配套成型DN15mmPVC管即可。

五、应用效益情况

2011年3月，首先在工作室创新成果实验场两口井分别进行了安装试验，进行了11次改进。8月油田采油工程处专门组织了有关专家进行了审定、定型。根据要求技能大师编写了五种油井井口流程，以及井口防腐、井口保温等共7大条，44小条的安装规定。东辛采油厂批准，首先在东辛采油十队推广应用，之后又在1000多口井安装使用。胜利油田在东辛采油十队，组织召开了胜利油田模块化油井井口流程安装规定推介现场会。会议要求，油田各采油厂新投的油井和上修后的油井，在井口流程安装时要参照该规定执行。目前，已在胜利油田11个采油厂和油公司12000口井上推广应用。以东辛采油厂实施效果为例：井口安装效率提高增产油629吨，创效120万元。一口井井口投资减少300元，创经济效益63.4万元。累计创效约2000万元。

图1　获奖证书

该成果获五项国家实用新型专利，并荣获胜利油田技能人才创新成果一等奖（图1）、东辛采油厂改善经营管理合理化建议一等奖。

 内置式免放空取样装置

胜利油田分公司　杜国栋

一、项目创新背景

在抽油机井井口取油样，是油井日常管理中基本技能操作之一，通过对所取油样的化验分析，获得油井产出液的物性参数，为油井生产动态分析，改进油井的管理措施提供依据。为了提高现场录取油样的准确性，操作人员每次录取油井油样时必须先用排污桶放掉聚集在取样阀门前面连接管短节的死油，出现新鲜井液时才能录取该井的油样。在日常油井的取样过程中，由于油井所处环境在野外，特别是桩西采油厂地处沿海，井距较长，一个采油班组所辖油井距离计量站最远可达2000m，每次录取油样时操作人员必须携带两个样桶，一个是排污桶，另一个是取样桶，当操作人员需要同时录取多口油井的油样时，排污桶很快就会盛满死油，无法继续录取油样，而且收集到的死油回收措施比较烦琐，造成原油产量损失和处理上的成本支出。

二、结构原理作用

油井不放空取样装置由进油口、出油口、密封件、活塞、弹簧、中心杆、外管、密封圈、压盖、快速启动杆组成。

在油井取样阀门位置去掉连接短节，将装置焊接到短节位置，装置工作时转动快速启动杆，启动中心杆，中心杆带动活塞移动，活塞与密封件脱离，井液从进油口进入装置，由于活塞的外径小于外管内径，井液从中间空隙经出油口流出，关闭时，转动快速启动杆，中心杆在弹簧的作用下，使活塞与密封件接触关闭阀门。

三、主要创新技术

（1）零排放取样。

（2）从跟踪含水看，含水化验符合要求。

（3）达到环保要求。

四、技术经济指标

不放空取样装置自加工完成后，应用于桩一生产管理区采油三队实验应用，能够有效防止冬季生产时取样闸门冻堵，并且在取样时无须进行放空操作，减少了环境污染和降低了职工的劳动强度，有效提高了工作效率。

由于不放空取样装置与流程连接在一起，井液的温度容易传导到装置，使装置与井液的温度基本接近，这样就避免了因冬季寒冷造成原设计中的阀门与流程之间的短节中的井液不流动而冻结的现象，这也是该装置设计加工后具有的另一个功能，特别是胜利油田桩西采油厂处于北方寒冷的海洋气候，效果更加明显。

五、应用效益情况

（1）减少冬季全区每年因取样阀门冻结300井次，每次停井时间30min，单井平均日产油6吨，吨油价4580元/吨，吨油成本1780元。

图1　现场应用图

计算过程：

$F_1=（4580-1780）\times 6 \times 300 \times 30/1440=105000$（元）

（2）不放空取样减少排污费用$F_2=5000$元。

（3）该装置能够提高取样准确率，提高化验的准确性，减少输差，节约$F_3=10000$元。

累计经济效益：$F=105000+5000+10000=120000$元

（4）减少职工工作量，提高工作效率。

（5）该装置结构简单、使用方便，具有很好的推广应用前景（图1、图2）。被评为胜利油田技能人才技术创新成果三等奖（图3）。

图2　现场应用图　　　　　　　　　图3　获奖证书

抽油机多功能悬绳器

中原油田分公司　都亚军

一、项目创新背景

目前，现场应用的悬绳器，对日常工作中出现的毛辫子打扭、防冲距调整操作等起不到任何帮助。特别是抽油机出现毛辫子打扭时，易造成光杆弯曲变形、毛辫子跳槽等现象，从而影响抽油机的正常运转。为了防止此类情况发生，让悬绳器的作用发挥到最大，技能大师设计了多功能悬绳器并达到以下两个目的：一是能防止光杆在交变载荷急剧增加或减少时毛辫子出现打扭现象，二是消除调整防冲距操作中的安全隐患并达到精准调整防冲距。

二、结构原理作用

多功能悬绳器由两部分组成（图1）。

（1）壳体部分：连接毛辫子，承受光杆重量，与调整器相连接，两者可具有升高与降低的功能。

（2）调整部分：调整器上部轴承可防止光杆打扭，调整完成后通过锁紧装置进行锁紧，防止调整器松动。

三、主要创新技术

（1）使悬绳器实现了多个功能的融合。

（2）对悬绳器进行了结构性改进，增加了旋转、调节作用。

（3）通过悬绳器对防冲距进行精准调整。

（4）能提高抽油机井产量。

（5）消除了调整防冲距、碰泵过程中方卡子易出现滑扣而夹伤手指的安全隐患。

四、技术经济指标

（1）目前轴承采用最大载荷为150kN的轴承（轴承载荷可根据抽油机载荷进行调整）。

（2）游梁式抽油机为14型时，该悬绳器最大载荷为150kN。

（3）该装置依据标准SY/T 5044—2003游梁式抽油机检验，符合标准要求。

五、应用效益情况

该装置2017年开始研制，2018年在中原油田原采油一厂2口井上安装使用（图2）。目前已推广应用于50多口抽油机井，年创经济效益约100万元。该成果2020年获国家实用新型专利授权（图4），2019年获中原油田职工创新成果挖潜增效类二等奖（图3）。多功能抽油机悬绳器的研制，是结合生产，立足实际，强调应用，特别对调节防冲距安全操作起到了极大地保障作用；并防止了抽油机毛辫子打扭发生设备损坏的情况。该悬绳器具有如下特点：功能多样化、组装简便、快捷、省时、省力；提高工作效率及安全系数，减少了人身伤害因素，节省劳动时间，提高生产时率。

推广应用前景：多功能悬绳器应用后产生较好的经济效益和社会效益，目前机械采油设备主要为游梁式抽油机，该装置具有良好的推广应用前景。

图1 成果实物图

图2 现场应用图

图3 获奖证书

图4 国家专利证书

压力表防冻、防喷装置

中原油田分公司　都亚军

一、项目创新背景

在油田生产的各种工艺流程与设备中，安装着大量的压力表及压力变送器，这些录取压力的仪表，为系统控制提供极其重要的参考数据。但在日常生产中特别是冬季，因温度过低而造成冻堵情况时有发生，致使压力数据不能正常录取影响正常生产。同时压力表或压力变送器接头处发生破裂、损坏，会造成油气水介质从破损处大量泄漏，特别是原油等易燃易爆介质的泄漏，易导致燃爆事故。存在重大安全隐患，同时也给生态环境造成重大的破坏，影响了油田的安全生产。处理事故过程中，也给岗位员工带来了繁重的工作量和人身健康威胁。为此，急需研制一种装置，即能够在压力表零部件或压力变送器接头破损的情况下保护连接部位，实现密封，防止冻堵及泄漏。

二、结构原理作用

压力表防冻、防喷装置分为三部分（图1）。

（1）表连接部分：上部连接压力表、压力变送器，与中间腔体形成一个整体。

（2）中间部分：腔体内活塞上部可加入防冻液或柴油，达到防冻作用。活塞能起到单流阀的作用。

（3）阀门连接部分：上部与腔体相连接，下部与阀门相连接。

三、主要创新技术

（1）实现了表接头防冻目的。

（2）杜绝压力表、压力变送器破裂损坏带来的油气泄漏。

（3）采用滑块自动密封技术。

（4）采用新型密封垫，提升密封效果。

（5）体积小，方便安装。

四、技术经济指标

（1）压力表防冻防喷装置可在16MPa以下压力时使用。

（2）防冻液可根据地域温度采用合适的防冻液或标号合适柴油。

（3）该装置依据标准GB/T 1226—2001压力表接头检验，符合标准要求。

五、应用效益情况

该表接头2019年开始研制，在中原油田文留采油厂进行了安装使用（图2）。应用表明：该装置能有效防止冻堵造成的压力数据不能正常录取的现象，及压力表、压力变送器破裂损坏带来的安全隐患，有效保障压力录取及传送工作顺利进行；同时还能提高压力数据录取的准确率，延长压力表及压力变送器的使用寿命，提升油田管理水平。目前已在中原油田进行了推广应用，年节省材料费用约10万元。该成果2020年获中原油田创新成果安全类二等奖（图3），2022年获国家实用新型专利授权（图4）。

推广应用前景：该装置安装方便、使用安全可靠，在油田行业具有广泛的实用性，推广应用前景广阔。

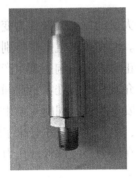

图1　成果实物图

图2　现场应用图

图3　获奖证书

图4　国家专利证书

 一种抽油机毛辫子可调式悬绳器

胜利油田分公司　耿曙光

一、项目创新背景

在采油生产现场，抽油机的驴头通过毛辫子、悬绳器与光杆相连。由于悬绳器不水平，两侧毛辫子受力不均，导致毛辫子易断、铅锤脱落、光杆拉弯，影响油井正常生产。

悬绳器不水平、毛辫子易断的原因：①虽然两根毛辫子长度是固定的，但在制作过程中会出现两根毛辫子长度不相等；②同样单根毛辫子在运转一段时间后会出现两侧不等长的现象；③悬绳器不正、毛辫子打扭，调整毛辫子绳股旋转方向，会造成不等长；④悬绳器加工质量、抽油机安装误差造成毛辫子不等长。

二、结构原理作用

从减轻劳动强度，提高劳动效率入手，制作一种抽油机毛辫子补偿可调式悬绳器调整毛辫子不等长的现象，使其两根毛辫子受力均匀，减少毛辫子断的发生。

技术解决方案是：一种抽油机毛辫子可调式悬绳器包括铅锤和悬绳器本体，毛辫子与铅锤连接。铅锤和毛辫子穿套在调节装置中，将调节装置装入悬绳器本体的铅锤孔中。调节装置的内套筒与外调节套丝扣连接，转动外调节套，即可调节毛辫子的长度。

本装置与现有技术相比，具有以下有益的效果：利用螺纹的自锁性，采用丝扣连接的内套筒和外调节套构成调节装置，使用时两套调节装置配合使用，套在两条毛辫子的铅锤处，调整外调节套和内调节套的距离，使悬绳器呈水平状态，使两条毛辫子受力均匀，避免发生毛辫子断脱、光杆弯曲等各类事故的发生。提高光杆、毛辫子的使用寿命，降低生产成本。

三、主要创新技术

对现有毛辫子不等长的状况，调节方便有效，可轻松调节操作，快捷省力，减轻劳动强度。操作安全简单，提高了劳动效率。本装置制作成本低廉，易于安装，使用方便，具有较好的推广前景。适合油田使用的带有毛辫子的各类抽油机，能够使油井的悬绳器水平，既保护了毛辫子使其受力均匀又延长了光杆的使用寿命，方便现场调整悬绳器水平的操作。

四、应用效益情况

该装置2012年设计加工完成以后，技能大师先后在现河采油厂所辖3个基层队站的50多口井上推广应用（图1、图2），效果明显，调节毛辫子两侧铅锤高度差2cm，悬绳器保持水平。并且易于安装，转轴自动调偏，悬绳器水平与垂直方向符合标准。并产生了明显的经济效益（累计年创造经济效益36.85万元）。

图1　现场安装图　　　　　　图2　现场应用图

该成果2013年3月获国家实用新型专利授权（图3）。2014年12月获油田职工群众性创新活动优秀成果奖（图4）。

图3　国家专利证书　　　　　　　　图4　获奖证书

 抽油机远程自动刹车装置

河南油田分公司　景天豪　孙爱军　翟晓东

一、项目创新背景

2019年河南油田生产指挥系统现场投用，油井可实现远程启停。操作规程规定：油井停抽后必须刹紧刹车、启抽前应先松开刹车，因此油井远程启停后需安排值班人员到现场进行刹车操作，远程启停控制不能发挥应有作用。同时抽油机井远程启、停抽后，值班人员未及时赶赴现场进行刹车操作，抽油机处于无控制状态，存在较大的安全隐患。

二、结构原理作用

（1）机械控制部分。主刹车由蜗轮减速机替代原刹把式刹车座，横向连杆、中间摇臂、纵向连杆、刹车摇臂及刹车毂总成部分结构不变。辅助刹车结构采用"齿轮盘+摇把式"。在原刹车轮外侧增设刹车齿轮盘、带滚轮的刹车毂及摇把。工作原理：正常工作时主刹车由蜗轮减速机驱动，实现抽油机远程自动刹车及自动松刹车。停电时可人工转动蜗轮减速机手柄，实现刹紧刹车及松刹车。辅助刹车采用摇把式手动操作，通过手摇式刹车杆人工驱动正反丝杠及抱箍，使抱箍上的滚轮卡死在齿轮盘上，从而实现抽油机修保作业时双重锁定刹车，确保设备处于制动状态。蜗轮蜗杆机构及正反丝杠自身具有自锁功能，可保证刹车的可靠性。

（2）电路控制部分。电路控制部分由控制柜、行程开关及相关电路组成。控制柜共设置紧刹车、松刹车及远程解锁复位3个按钮，电源及信号线路分别接入油井电控柜及RTU

控制柜。工作原理：主刹车的启停信号优先来自现场启停命令，用于现场紧急情况下的应急处置；其次来自生产指挥系统（PCS系统）远程控制端，通过视频监控系统（DSS系统）人工确认后对油井进行远程启停，抽油机远程自动刹车系统延时30s后执行抽油机启停控制命令，确保抽油机静止后刹车、松开刹车后启动。

抽油机现场启停需先按下远程解锁复位按钮，解除远程控制。停机后按紧刹车按钮可刹紧刹车，按松刹车按钮可松开刹车延时30s后启动。再次按下远程解锁复位按钮可恢复远程控制功能（图1）。

三、主要创新技术

（1）依托已建成的生产指挥系统（PCS），刹车控制信号来自抽油机远程启、停命令。
（2）远程控制状态，能实现主刹车的自动刹车及锁定、自动解锁及松开刹车。
（3）延时刹车及启动，确保有效性和安全性。
（4）断电状态，能够实现主刹车、辅助刹车的手动操作。

四、技术经济指标

抽油机停抽后延时30s刹车，松开刹车后延时30s启动。

五、应用效益情况

经现场验证：抽油机远程自动刹车装置远程控制时，执行停机命令后抽油机停机，延时30s刹紧刹车；执行启动命令后，自动刹车装置启动松开刹车，延时30s抽油机启动。断电后可通过手摇蜗轮减速机手轮，进行手动松、紧刹车操作。主刹车自动及手动操作、辅助刹车手动操作均能刹死刹车，锁定刹车后无溜车现象。

抽油机远程自动刹车装置现场应用后（图2），消除了刹车无法锁定引发的安全生产风险；油井远程启停后无须值班人员到现场操作，降低员工的劳动强度，缓解了人力资源紧张的矛盾。经计算年创效30万元以上，取得了较好的经济效益和社会效益。该成果获得中央企业QC小组成果二等奖（图3）。

图1 成果实物图

图2 现场应用图

图3　获奖证书

掺水水嘴套

河南油田分公司　景天豪　翟晓东　李　猛

一、项目创新背景

油井掺水量的控制，普遍采用调节阀门开启度的办法进行。当班员工工作量大，且易造成掺水系统压力不平稳，严重影响油井正常生产。同时易引起掺水阀门关不严，造成较大的经济损失。

二、结构原理作用

掺水水嘴套由水嘴套、水嘴、堵头组成（图1）。水嘴套主要结构为三通，采用低进高出结构，内部有一个M14的螺孔用来安装水嘴，上部有一个1/2in（1in=2.54cm）内螺纹用来安装堵头。水嘴为中空圆柱体结构，头部有内六方孔用来使用专用扳手拆卸。堵头结构与普通1/2in管螺纹堵头相同，头部有四方台阶使用专用扳手拆卸。工作原理：掺水从低部位进入水嘴套，通过水嘴时产生节流，使一定流量的水通过水嘴向高部位流动。

三、主要创新技术

（1）掺水量通过水嘴节流，流量恒定。
（2）更换水嘴简单方便。

四、技术经济指标

4种规格水嘴直径为Φ2mm、Φ3mm、Φ4mm、Φ5mm。

五、应用效益情况

掺水水嘴套适用于掺水油井的掺水量控制。利用孔眼节流的原理控制掺水量，操作使用简便可靠，可有效防止单井掺水量频繁波动。使用后，调整掺水量时只需更换不同直径的水嘴即可实现，保持了系统压力平稳，减轻了员工劳动强度（图2）。该成果被评为河南油田优秀职工技术创新成果（图3），并获国家实用新型专利授权（图4）。

图1　成果实物图

图2　现场应用图

图3　获奖证书

图4　国家专利证书

 防旷式驴头销子

中原油田分公司　李红星

一、项目创新背景

油田采油生产现场普遍采用游梁式抽油机，在用的抽油机很大部分存在驴头销子旷动现象，长期旷动容易使销子磨细或销子孔损坏，使抽油机震动大，还容易造成驴头开裂等其他设备问题，存在安全隐患；一旦销子孔损坏后就需要更换游梁或驴头，费时费力耗费成本，影响开井时率。为解决这一难题，研制了"防旷式驴头销子"，避免驴头销子旷动，消除了安全隐患，节约维修成本。

二、结构原理作用

本装置由带锥度的销子本体、带内锥度的衬套和紧固螺帽组成（图1）。使用时将与销孔直径一样带内锥度的衬套安装在已旷大的销孔中，再将改进的销子安装在衬套内，用紧固螺帽将销子拉紧时衬套涨开达到与销孔紧密配合防止旷动的目的，这样就能解决驴头旷动现象，并且由于衬套在一定范围内可以不断涨大，可以达到长期防旷的目的。

三、主要创新技术

采用锥度扩张方式可以达到衬套涨开和驴头销孔紧密配合制止旷动的目的，当再次出现旷动现象时，继续紧固螺帽可使衬套外径继续涨大，可以达到长期防旷的目的。

四、技术经济指标

销子本体锥度与衬套内锥度紧密配合，总直径和原销子一致，强度合格。可以快速制止旷动，消除设备安全隐患，降低维修费用。

五、应用效益情况

该成果2010年开始研制，2011年开始在中原油田采油四厂试用（图2），使用后达到制止驴头旷动、减少更换驴头或游梁井次的目的，全厂每年减少更换驴头或游梁16井次以上，年创效20余万元。2012年在各单位进行了推广，2013年获国家实用新型专利（图3），2013年获油田创新成果二等奖（图4）。

使用中发现长期紧固状态的销子存在衬套不能回缩，翻驴头时衬套不易取出的问题，技能大师又对衬套进行了改进，更改为双片衬套，消除了不易取出的问题。

图1　成果实物图　　　　　　　图2　现场应用图

图4 国家专利证书　　　　　　　　图4 获奖证书

 高压增注泵防机油串水保护装置

中原油田分公司　　吕合军

一、项目创新背景

油田注水时，部分注水井因地层注入压力高注不进水，常采用高压增注泵提高注水压力进行升压注水，目前中原油田增压已高达35MPa。增注泵在运行中经常出现因平衡管刺漏，柱塞填料损坏过快，滴漏排水管堵塞，导致运转的柱塞将水带到曲轴箱内使机油串水变质的现象，轻则瓦片损坏或抱死，严重时造成泵报废。不仅增加了成本费用及工作量，还导致增注泵时率降低，注水效率下降，给油田带来巨大损失。

二、结构原理作用

该装置由漏水信号捕捉器、电解点压力表、中间继电器、漏电保护开关四部分组成。

（1）漏水信号捕捉器材料为绝缘性能好的有机玻璃，在有机玻璃一面做集水沟，下部用铜线做成固定的触点，每组两触点间有间隙，当有水流到固定的两触点，两触点形成完整的回路，致使控制系统中的电路得以断开。

（2）为了达到自动控制的目的，将两触点分别与电解点压力表的活动触点（电源共公端）和下限触头接通，继电器J1动作并自锁，其常开触头闭合驱动J3，电动机得电运转。当漏水信号捕捉器两触点短路后，活动触点与下限触头接通，继电器J2动作，其常闭触头断开，切断J1供电，其常开点断开，J3释放，电机停转。

（3）中间继电器一组与12V控制线路相接，两组与常开相接，通电后两组线路闭合，带动漏水信号捕捉器工作，从而达到保护增注泵的目的。

（4）漏电保护开关与漏水信号捕捉器连接，一旦漏水信号捕捉器短路后，就会启动工作，自动切断供电，以保证漏水信号捕捉器无电。

三、主要创新技术

（1）杜绝增注泵因机油串水而造成的烧泵事故。

（2）提高增注泵运行时率。

（3）降低增注泵维修费用。

（4）制作方便、成本低。

四、应用效益情况

自2017年9月高压增注泵防机油串水保护装置研制成功后，该装置在中原油田运行至今，共推广应用了1140台次（图1）。经现场检验有效地解决了增注泵密封件刺漏带来的污染，避免了机油串水问题，解决了增注泵运行时刺漏时无法停运的难题，防止事故进一步扩大，节省工作量，保证了增水驱油的平稳，可以广泛地应用于各种注水增注泵设备，年创经济效益87.92万元，具有很好的推广应用价值。被评为中原油田职工创新成果节能减排类一等奖（图2）。

图1 现场应用图   图2 获奖证书

 注聚泵组合式吸入阀

胜利油田分公司 李洪鑫

一、项目创新背景

3ZJ型注聚泵提泵效时，位于阀腔底部的吸液阀比较难以取出，需要拆下泵头底部挡板，用铜棒向上顶出阀座，费时费力，1套吸排液阀组拆装的时间大约为1个小时。遇到底部挡板与进液汇管连为一体的泵型，拆装工作量进一步加大，拆装时间可达到2小时以上，严重影响了设备运行时率。

二、结构原理作用

以往的提取吸液阀座专用工具，由于行程长、操作空间狭小，在拆卸底部挡板时，拆装时间长、劳动强度大。注聚泵组合式吸入阀由导向套、阀簧、阀芯、阀座等部件组成，一个阀腔内安装有1套吸液阀与一套排液阀。

原理是：研制的组合吸入阀，利用结构与螺纹相互配合连接将阀座、导向套、阀芯、阀簧等部件组合为一体，维修时可以利用专用工具整套提出，提出后再将组合阀解体，检测损坏部件并进行更换。

三、主要创新技术

（1）组合式吸入阀保持了原有工作原理和配合尺寸，对于注聚泵泵效没有不良影响。

（2）通过该组合式结构，可大大提高检阀时的效率与劳动强度，提高了注聚时率。

（3）根据目前在用注聚泵的规格型号，与之相适应的组合阀有多种型号，专用提阀工具则为通用型，各种泵型均可使用。

（4）拆装时，通过专用提阀工具，可快速、省力地将阀组提出，方便下一步的检阀、维修工作。

四、技术经济指标

组合阀根据泵型有65mm、80mm、90mm等型号；组合后阀体高度200mm；专用工具长度780mm。

五、应用效益情况

组合式吸入阀研制成功后，在各注聚站进行了推广使用（图1、图2），降低了劳动强度，提高了维修成功率，易损部位可拆卸和更换，维护费用低。拆检吸液阀的时间大幅降低，达到了目标设定值范围，降低了劳动强度，缩短了停泵时间。维修周期由30天左右延长为45天以上，提高了配件的利用率，降低维修成本，取得较好效果，该成果获得油田设备管理成果二等奖（图3），采油厂技术创新成果二等奖，目前已在管理四区注聚站推广使用百余套，年创经济效益10万元，在油田范围内应用效益更加可观。

图1 现场安装图　　　　　　　图2 现场应用图

图3 获奖证书

稠油井掺水辅助加热装置

胜利油田分公司 苗一青

一、项目创新背景

稠油井管理过程中掺水温度高低非常重要。由于目前掺水的温度在30℃左右，特别是冬季温度更低，这些水掺入稠油井泵下只能起到增加液量作用，达不到降黏效果，如何提高掺水温度一直是现场需要解决的问题。

二、结构原理作用

工作原理：稠油井掺水辅助加热装置由多支管状电加热元件、智能温控系统、筒体等部分组成（图1、图2）。

电热元件采用耐高温、耐腐蚀优质不锈钢无缝管做外壳。在不锈钢无缝管内均匀地分布高温电阻丝，在空隙部分致密地填入导热性能和绝缘性能均良好的结晶氧化镁粉，经压缩工艺成型。这种结构先进、热效率高、发热均匀，当高温电阻丝中有电流通过时，产生的热能通过结晶氧化镁粉向金属管表面扩散，再传递到被加热介质中去，达到加热掺入水的目的。

智能温控系统采用智能数字调节器、调压模块和测温元件组成测量，调节、控制回路。在电加热过程中测温元件将本产品出口温度检测的电信号送至智能数字调节器进行放大并显示测量温度值，同时自动比较温差后将电信号输送到调压模块，调压模块根据电信号自动调节输出电压，通过电压的升降来控制电加热元件的热效率，从而控制出口流体介质的温度。

筒体根据流体热力学原理设计，采用阵列排布，逐层加热，水流方向设计合理、加热均匀、无死角、加热效率高。

稠油井掺水辅助加热装置还设有独立的过热保护装置。一旦流体介质温度超出产品设定的温度范围，智能温控系统将迅速作出反应，自动切断加热电源，电热元件停止加热。当温度下降到设定启动温度后，设备自动开始加热运行。从而避免流体介质因超温引起结焦、变质、碳化,严重时导致电加热元件烧毁,有效延长了产品的使用寿命。

三、主要创新技术

(1)实现对掺水快速升温。
(2)变频调温。
(3)阵列排列,加热均匀。

四、技术经济指标

(1)最大加热流量为$0\sim2m^3/h$。
(2)加热温度为$0\sim55℃$。

五、应用效益情况

GDD23X8安装现场应用时,将泵下掺水加热温度控制在50℃,从井底采至地面后的井液温度由20℃上升到30℃,特别是极寒天气也基本没有影响。被评为胜利油田优秀质量管理成果三等奖(图3)。

(1)经济效益:

GDD23X8井频繁洗井,每井次3000元计算,2020年9~12月频繁洗井5次,仅成本支出1.5万元。

(2)社会效益:

降低了现场操作人员劳动强度,延长了油井免修期。

图1　成果实物图

图2　现场应用图

图3　获奖证书

回水系统防进油装置

中原油田分公司　宋成波

一、项目创新背景

石油开采中回水支干线是注采站的重要系统，承担注水泵、离心泵停泵、放压及水井放压、污水池切水等一系列工作，是使用频繁的一类管线，因回水管线压力低且水质有腐蚀性，为延长管线使用寿命，一般都采用玻璃钢材质管线。

在水井放压过程中、放压前期和后期都有可能带有少量原油，切水时易将油带进回水系统，若回水支线扫线不及时就会造成回水系统油堵，增加扫线费用及清理难度且玻璃钢管线承压低，扫线时易造成管线破裂，原油泄漏。

该装置研制的主要目的是在源头上杜绝回水系统进油，以防原油进入回水系统，造成回水管线堵，同时消除解堵时易造成环境污染的风险。

二、结构原理作用

该装置的主要结构由三部分组成。

（1）一级过滤网部分：利用原油密度小于水而浮于水上的原理，在装置内加装一级滤板，将管线内的大部分原油挡在过滤管内。

（2）二级过滤板部分：在一级滤板过滤后，可能存在一些零星油污通过过滤孔流出，这时二级过滤板就会将零星油污全部挡在两个滤板中间。

（3）收油口部分：在两滤板前端分别安装了两个收油口，定期进行收油，确保原油不堵回水系统。

三、主要创新技术

在注采站回水支线出口处，加装防进油装置，利用原油密度小于水而浮于水上的原理，在装置内加装一级滤板和二级挡板，同时在装置顶端安装放油装置，定期进行收油，以确保回水支线正常运行。

注采站回水系统防进油装置，核心技术是利用原油密度小于水而浮于水上的原理，在直径为159mm管线内加装挡油板，考虑到油多时一部分原油易被水冲走，所以在管线内加装了二次过滤板，以确保回水管线内无原油进入。

四、技术经济指标

注采站回水防进油装置，2020年2月已经开始在文留采油厂文南采油管理二区注采站安装，安装后效果十分明显，由安装前进油率22.5%降低为安装后进油率0.7%。

五、应用效益情况

回水防进油装置，能够有效避免回水支线进油问题发生，解决了目前油田注采站回水系统无法防止进油的难题。

现中原油田每个注采站都在回水支线出口处加装防进油装置（图1）。

装置投入使用后每年可节约特车费、材料费、人工费、青苗费等各项费用236万元左右，材料加工成本约0.3万元，投资回收期6个月。同时环境也得到了有效保护，该装置不仅限于油田行业推广，具有类似性质的管线也可以类同使用。被评为中原油田节能环保成果三等奖（图2）。

图1　现场应用图

图2　获奖证书

抽油机防退扣曲柄销

河南油田分公司　孙爱军　孙小海　张海斌

一、项目创新背景

曲柄销是游梁式抽油机重要部件，也是一个易损件。曲柄销总成在四连杆机构中是最薄弱的一个铰接点，因此，曲柄销故障在整个抽油机故障中占比较高。在工作中，由于曲柄销冕形螺母拧紧力不足、与锥套配合不好、连杆作用力的影响等，会出现曲柄销冕形螺母松动退扣现象，造成曲柄销、锥套和曲柄孔损坏，甚至使销子脱出造成翻机事故。常见的抽油机曲柄销冕形螺母防松措施是盖板防松，退扣后盖板固定螺栓易被拉断，可靠性不高；双螺母防松结构形式只适用于小型抽油机，且在有较大震动的场合工作时不可靠。

据统计，江河油矿采油六队平均每年发生曲柄销故障超过30井次，直接经济损失7万元，以此推算，全厂每年经济损失在80万元。曲柄销冕形螺母退扣是重大设备安全隐患，发生翻机事故经济损失较大，因此，现场急需解决曲柄销冕形螺母退扣问题，消减曲柄销故障及避免设备事故的发生。

二、结构原理作用

曲柄销主体结构不变，只是改变了螺纹部分。螺纹部分设计为正、反旋两段螺纹，即在曲柄销锁紧螺纹的前端增加一段与锁紧螺纹旋向相反的防松螺纹，直径稍小于锁紧螺纹，锁紧螺纹和防松螺纹上分别安装锁紧螺母和防松螺母。锁紧螺母安装紧固后安装防松螺母，锁紧螺母退扣的方向即是防松螺母紧固的方向（图1）。

工作中锁紧螺母出现松动后，在摩擦力的作用下，防松螺母受到了与锁紧螺母转动方向相同的力，退扣的力越大，防松螺母受到的力就越大，由于锁紧螺母和防松螺母螺纹旋向相反，锁紧螺母退扣的力作用在防松螺母上就是紧扣的力，利用防松螺母有效阻止锁紧螺母退扣的作用，增加曲柄销工作的安全性和可靠性。

三、主要创新技术

（1）利用正反旋螺母相互作用原理，阻止锁紧螺母的退扣，可靠性高。

（2）手锤敲击紧固和拆卸防松螺母，便于现场操作。

四、应用效益情况

2011年产品进入河南油田ERP系统，在采油一厂推广应用（图2）。防松效果显著，调查统计，前期应用的70口抽油机井中，没有出现一起曲柄销冕形螺母松动退扣现象，最长使用寿命超过12年，大大降低了抽油机的故障率，减少了维护作业工作量，年创效30万元。防退扣曲柄销具有可靠性好、安全性高的特点，适用于油田所有型号的游梁式抽油机，用来替代目前大量应用的普通曲柄销，具有良好的推广应用前景和社会价值。该成果被评为河南油田优秀技术创新项目（图3）和改善经营管理建议二等奖（图4）。

图1　成果实物图

图2　现场应用图

图3　获奖证书

图4　获奖证书

抽油机调偏悬绳器

河南油田分公司 孙小海 孙爱军

一、项目创新背景

悬绳器前后倾斜导致毛辫子断股失效，寿命很短，增加了大量材料费用；增加了维护工作量，影响了油井的生产时率；毛辫子断股后，如发现或整改不及时，会发生毛辫子断裂，光杆坠落井口现象，损坏抽采设备，并造成原油外泄，污染环境。如进行井口调偏，不仅费时费力，影响采油时率，且井数较多，治理工作量大。

二、主要创新技术

光杆吊卡的吊耳能实现180°旋转，保证钢丝绳与吊耳始终呈一条直线，光标吊卡的旋转吊耳结构为技能大师设计调偏悬绳器带来了启发。将悬绳器挂耳与悬绳器主体分离，挂耳通过 $M50 \times 3$ 的螺纹副安装在主体上，可实现自由旋转，保证挂耳与毛辫子始终呈一条直线，避免悬绳器发生前后倾斜而磨损毛辫子，达到延长毛辫子使用寿命的目的。

三、应用效益情况

该装置结构简单，安装方便，将悬绳器挂耳与主体分离，通过自由旋转的挂耳，达到自动调偏的目的，避免了悬绳器发生前后倾斜而磨损毛辫子，从而有效延长毛辫子的使用寿命。适用于所有因抽油机驴头与井口中心不对中而导致悬绳器发生前后倾斜的抽油机井（图1）。减少了更换毛辫子的频次，降低了工人的劳动强度；提高了设备运行安全系数；减少了停井占产，提高了采油时率。该成果被评为河南油田质量管理成果三等奖（图2），并获国家实用新型专利授权（图3）。

图1 现场应用图

图2 获奖证书

图3 国家专利证书

油套双向导通放空放气阀

河南油田分公司　孙小海　孙爱军

一、项目创新背景

部分油井井口流程因被盗等不完善，造成油井流程维护或加盘根时，在有套压情况下油管内油气无法排入套管（环保生产及录取套压资料不允许放套管气），外排造成原油损失和环境污染；无套压的井油气排入套管，是将皮管插入套管后进行放空，为防止皮管带压后甩出放空阀门不能开大，造成停井放空时间长，影响了采油时率。另外套压高的井，井口安装套管放气阀，通道小且只能单向导通，无法满足生产需求。

二、主要创新技术

将放气放空阀水平安装在套管阀门卡箍头上，胶皮软管两端的活动接头分别连接放气放空阀和掺水放空上，套压高于回压时，通过调节螺杆调节阀球的开启压力，控制合理压差，实现定压放气。对井口管线放空时，转动调节螺杆，螺杆带动弹簧外移，阀球在自身重力作用下与阀座脱离，落入腔内，实现油套连通，油气进入套管（图1）。

三、应用效益情况

实现套管定压放气、油管放空，操作简便，满足生产要求，实现清洁生产，适用于井口流程不完善的井（图2）。该成果被评为河南油田第一采油厂技术革新项目二等奖（图3），河南油田质量管理成果三等奖（图4）。

图1　成果实物图

图2　现场应用图

图3 获奖证书　　　　　　　图4 获奖证书

高低温油井换热装置

胜利油田分公司　唐守忠

一、项目创新背景

在油田生产过程中，部分油井存在井液温度低，特别是油稠与含蜡量高的油井，极易出现因温度低而黏度增高或产出液结蜡，导致油井输油管线回压高的现象，严重时造成油井停产。现场管理中经常采取单井加热炉对油井产出液进行加热，由于稠油井及高含蜡井产气量低，缺乏气源，实施起来比较困难。目前使用的燃煤加热炉需要定期填煤，增大了现场的管理难度，效果不理想，且成本较高。而相邻油井所产的井液温度较高，这些热能只有在计量站与其他单井所产的井液混合后外输时才能被有效利用。如何利用高温油井的能量对低温油井进行加热是需要解决的问题。

二、结构原理作用

技能大师通过对供热公司水暖换热器的工作原理进行研究，认为此项技术改进后可以应用于高低温油井之间的热量交换，从而保证油井的正常生产。具体的实施方案是先通过换热器用高温油井的热能加热其中的介质，再将介质输送到低温油井的井口，同样利用换热器中的介质加热低温油井的井液，从而将高温油井的热能传递给低温油井，保障低温油井的正常生产（图1、图2）。

三、主要创新技术

（1）利用高温井的热量加热低温井原油。

（2）采用交错式换热效率高。

（3）非接触换热不影响油井产液量计量。

（4）可用于单井采出液或掺水加热。

四、技术经济指标

（1）高低温井温差在30℃以上换热效果最理想。

（2）换热距离控制在100m以内。

（3）高温井产液量在50t/d以上，换热效果才能满足要求。

（4）换热介质流量控制在1m³/d。

五、应用效益情况

高低温油井换热装置加工完成后，技能大师在采油管理六区的CDZ33P534与CDZ33N21同一台井组上进行了试验（图3）。试验过程中，技能大师充分利用CDZ33N21高温油井产出62℃井液所携带的热能，对低温油井CDZ33P534产出的27℃井液进行加热，换热效率明显，低温CDZ33P534所产井液温度提高到45℃，回压由0.9MPa降低到0.5MPa，有效地降低了低温油井的回压，提高了油井产量，降低了抽油机悬点的负荷，减少了油井耗电量，延长了设备的使用寿命，降低了设备的故障率，减少了低温油井因处理管线而造成的停井时间，预计可节约卡式炉采购成本10万余元、燃煤成本0.5万元，同时可减轻现场操作人员的劳动强度，减少因燃煤加热而产生的PM$_{2.5}$，具有广泛的应用及推广价值。该成果被评为胜利油田技师协会优秀合理化建议一等奖（图4）。

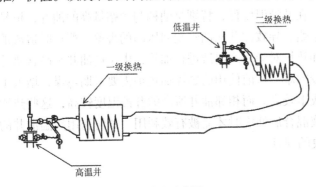

图1 流程示意图

图2 成果实物图

图3 现场应用图

图4 获奖证书

输油管线加热装置

胜利油田分公司 赵爱华

一、项目创新背景

对于低渗高凝区块，由于其含蜡量高、原油性质差、凝固点高，故生产过程中集油管线结蜡严重，产液量低油井的特点，设计加热装置，提高油温，达到降低单井回压的目的。

二、结构原理作用

该加热装置是在原流程的基础上将中心管穿入油管线中，从水套炉铺至井口再到多功能罐，并连接水泵，依靠水套炉循环，使水套炉的热水进入中心管，并通过热传递，把热量传给被伴热的介质。

三、主要创新技术

（1）实现了油井回压的降低。

（2）可各种形式加温，适合全天候工作。

（3）电器设备采用防爆技术。

（4）降低油井故障率，避免躺井，提高开井时率。

（5）减少热洗、加药及作业频次。

（6）保障人身安全，降低劳动强度。

四、技术经济指标

（1）该装置可在低压下正常运行，安全系数高。

（2）装置正常运行时，噪声值为52dB。

（3）该设备依据标准Q/SH1020 2925—2022注采地面管线检验，符合标准要求。

五、应用效益情况

通过对该装置的设计并实施，目前已在6口井应用（图1、图2），平均回压稳定在0.2MPa，平均时率达到98.5%，时率产量提高了1188吨，年综合创效305.88万元。该成果在2020年获胜利油田优秀质量管理成果三等奖（图3）。

图1 现场应用图

图2 电控设备　　　　　　　　　　图3 获奖证书

油井自动憋压测试装置

江苏油田分公司　袁成武

一、项目创新背景

憋压法是抽油机井采油过程中判断井下工况的分析手段，憋压产生的瞬时卸压，可将油管中的软蜡带走，使之不易沉积在管壁上，是采油工油井管理的一项重要工作。憋压、稳压都是人工操作，存在以下问题。

（1）开展轮次少：在操作上有弊端，最少需要两人合作完成，一个人看压力表，一个人进行停机工作。配合不好，停井不及时，会导致压力过高，损坏仪表，严重时还会造成人身伤害。

（2）憋压中难以记录数据，难以形成直观的图表，加上每个人分析能力有差异，导致结论可行度不高。

（3）工况变化难掌握：形成规范的憋压数据较难，历次憋压工况难以对比分析，通过憋压对工况变化难以掌握，影响原油产量。

为了解决以上问题，技能大师研制了油井自动憋压测试装置，结合油田自动化，解决了人工测试存在的安全隐患以及浪费人力问题，智能化程度高，可以准确验证油管、泵是否漏失，出油是否正常。

二、结构原理作用

现场操作人员关闭生产阀门后，压力传感器压力数据通过Zigbee无线通信模块向MCU控制器发送，MCU控制器采集到回压数据后，自动绘制压力曲线，系统处于"憋压区"。压力升到设定压力后，MCU控制器发出停止抽油机指令，抽油机停止工作，MCU控制器继续采集回压数据并继续绘制压力曲线，此时系统处于"稳压区"，稳压时间到设定时间后，回压数据停止采集，MCU控制器将已采集的数据通过TCP/IP通信模块及4G网络发送至数据中心保存。操作人员打开生产阀门，通过触摸屏向MCU控制器发出启机指令，通过Zigbee无线通信向油井控制器CMS发出启机指令，自动开机常开触头JK1闭合，交流接触器KM的线圈和油井控制反馈线圈J1同时得电，受控于油井控制反馈线圈J1的自动开机自保触头吸合自保，交流接触器KM的主触头闭合，使抽油机电机得电启动工作（图1）。

三、主要创新技术

自动憋压系统专用于油井憋压、稳压测试，结合油田生产的实际情况，结合油井自动化，解决了油井人工憋压、稳压测试过程中遇到的问题。装置为便携式结构，操作人员可方便使用。能自动地完成憋压、上、下死点标识、停机、稳压、报警和形成结论一系列工作。提高了生产管理过程中的安全保障和效率。通信采用WSN（实现了数据的采集、处理、存储、分析、传输五种功能）自主组网。

四、技术经济指标

（1）油井信息包括油井名称和当前压力，显示油井油压实时数据。设备地址为该憋压系统的固有地址实时曲线区，憋压和稳压过程中，油井压力的实时数据形成的曲线，直观地反映该过程中压力的变化情况。

（2）基础设置部分包括量程设置和上限设置。憋压上限设置，憋压过程中压力值超过该设定值时，抽油机自动停机，进入稳压阶段。

（3）提供了基于循环冗余校验的数据包完整性检查功能，采用了AES-128加密算法，安全性好。

五、应用效益情况

该装置2017年开始研制，2018年8月，在江苏油田采油二厂天长管理区油井上使用（图2）。在江苏油田2017~2018年度优秀技能创新成果评审中，专家组一致认为该测试装置改变了传统人工憋压操作弊端，与油田信息化高度融合，创新点新颖。被评为创新成果二等奖（图3）。2020年获国家实用新型专利授权（图4）。

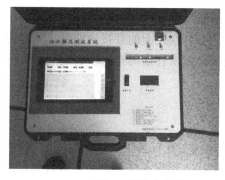 

图1 成果实物图 　　　图2 现场应用图

图3　获奖证书

图4　国家专利证书

注水泵柱塞润滑装置

胜利油田分公司　宋营营

一、项目创新背景

采油生产中，随着油田开发力度的不断加大，高压柱塞泵成为向油层注水的重要设备，得到了广泛应用。胜利油田鲁胜公司鲁源管理区坨28注水站和胜二区注水站分别于2003年、2014年建设完成。至2022年3月底，共转注水井60余口，累计注水$478.8 \times 10^4 \mathrm{m}^3$，对应一线受效油井93口，注水开发对油井高产稳产起着举足轻重的作用。往复式柱塞泵的柱塞快速往复运动对液体加压，不可避免摩擦生热、产生震动，同时受水质影响，长时间运转加剧了配件的磨损，产生漏失。2021年，因注水泵柱塞、盘根等配件磨损导致故障共47次，更换柱塞25根，机油变质更换3.3t，更换维修总耗时262个小时。

二、结构原理作用

该装置由润滑油箱、控制阀、过滤器、油管和滴油嘴等组成。

工作原理：往复式柱塞泵柱塞润滑装置，利用安装在泵上的并排滴油嘴，同时为多个柱塞外端表面滴润滑油，柱塞往复运动时，将润滑油带入柱塞与密封填料之间，降低柱塞与密封填料磨损。

三、主要创新技术

通过均匀布置的滴油嘴向柱塞外露部分滴润滑油，在柱塞上形成一层油膜润滑柱塞，降低柱塞与填料的摩擦系数，减少柱塞与填料的磨损，延长了柱塞、填料密封的寿命，降低了设备的维护成本。

固定方式：润滑油箱底部均匀安装强磁与泵体固定，安装简单、可靠。

集中回收：坨28注水站和胜二区注水站共有3座注水泵房、开泵17台，安装柱塞润滑装置后，油水一起回收至污油池后打入流程。

四、技术经济指标

1. 经济效益

直接经济效益=产生的效益−改造成本，预计实施后年节省材料成本及维修费用31.6万元。

经济效益核算表

年份	维保时间/小时	机油用量/吨	吊车费用/万元	配件费用/万元	机油费用/万元	其他费用/万元	成本改造/万元	合计/万元
2020	262	3.3	1.5	25	1.5	2	0	33.3
2021	24	0.2	0	0	0.2	0.5	0.8	1.7
结果	−238	−3.1	−1.5	−25	−1.3	−1.5	+0.8	31.6

2. 社会效益

（1）柱塞泵润滑装置灵敏可靠、安全性高，减少了因柱塞磨损而产生的维护费用。

（2）1名职工就可轻松完成安装，占用劳动力少，解决当前职工外闯短离等用工改革后的人员紧张问题。

（3）装置使用灵活方便，维护保养方便，使用寿命长。

五、应用效益情况

2021年7月柱塞泵润滑设备在胜二区注水站试用（图1），自加装柱塞泵柱塞润滑装置后，盘根到目前连续工作6个多月未更换。原来柱塞需要半年换一次，目前柱塞磨损及腐蚀降低，通过连续工作仍在观察使用，柱塞处水溢流量几乎为零。

柱塞泵柱塞润滑装置，能使润滑油准确滴在柱塞表面，对柱塞进行有效的润滑，使柱塞和填料密封的使用寿命提高5倍以上，杜绝了高压水窜入曲轴箱造成润滑油变质的现象。并节约了能源，降低了运行成本。该成果荣获胜利油田设备管理成果三等奖（图2），具有很好的推广价值和前景。

图1 现场应用图

图2 获奖证书

自动调偏悬绳器

胜利油田分公司　燕楹三

一、项目创新背景

采油生产中油井光杆断脱事故时常发生，它不仅会导致停井，影响原油产量，还极易造成大面积污染，既浪费了大量人力、物力，又增加了成本支出。通过对近几年光杆断脱事故的调查，技能大师发现这些断脱的光杆是被外力"掰断"的，而不是被"拉断"的。通过对光杆、方卡子、悬绳器三者之间的连接关系进行分析发现：如果光杆不是从悬绳器中心垂直穿过，便会造成方卡子下平面与悬绳器上平面不平行，加载时会导致方卡子四周受力不一致，从而改变方卡子的角度，使方卡子对光杆产生一个弯曲力，这使得光杆在承受拉力的同时又承受弯曲力，从而使其在达到一定极限后发生断裂。

二、结构原理作用

受汽车底盘托臂球头的启发，设计出了可自动调偏悬绳器，它由悬绳器本体、悬绳调节两部分组成。通过旋转螺纹调整高度，调节补偿两端毛辫子不等长问题；通过半球形方卡子调节水平部分，保持方卡子始终处于水平状态（图1、图2）。

三、主要创新技术

（1）通过螺纹调节悬绳器水平。
（2）半球调节光杆居中。
（3）结构简单便于维护。

四、技术经济指标

（1）最大调节范围20mm。
（2）最大水平调节–15°～15°。

五、应用效益情况

自动调偏悬绳器与光杆之间真正实现了一定范围内任意角度的万向连接，光杆"别劲"的现象不再发生。左右毛辫子不等长时无须再爬上驴头调整，既安全又缩短了停井时间，与普通悬绳器相比效果明显。该成果获得油田技师协会年度优秀合理化建议三等奖（图3）。

图1　成果实物图

图2　现场应用图　　　　图3　获奖证书

 油井井口防憋压装置

中原油田分公司　张甲勇

一、项目创新背景

在油田生产中，不法分子从油井井口油套管处偷盗原油、灌装大气包的现象时有发生。为此，技能大师采用各种办法，有效地杜绝了这些偷盗现象的发生。气急败坏的不法分子就经常搞破坏，把油井井口生产闸门或回压闸门偷偷关上，导致井口憋压，法兰垫子刺漏，井口管线穿孔，井下油管、泵憋漏现象的出现。另外目前油田职工的平均年龄都偏大，工作和生活压力较大，在工作中，难免会出现一些失误。例如，在量油时，倒错流程，把同一口井的上下流闸门都关闭，造成憋压，管线穿孔，计量间内法兰垫子刺漏及井口各种刺漏。造成油气泄漏，污染环境，甚至导致着火爆炸、人身伤害等安全事故。针对这种情况，技能大师研制了井口防憋压装置，有效地避免了以上情况的发生。

二、结构原理作用

该装置系统由泄压阀、管线、井口小四通、丝堵、卡箍、卡箍头组成。泄压阀主要由阀体、阀球、阀座、弹簧、定压调节杆组成。当井口压力大于定压时，油气将防憋压装置内阀球顶开，通过管线、套管闸门进入油套环形空间内。当压力低于定压时，阀球依靠弹簧弹力重新坐回阀座上，有效地防止了憋压状况的发生。为了确定井筒生产状况进行憋压时，可将定压调节杆右旋关闭，即可进行正常憋压操作（图1）。

图1　成果实物图

三、主要创新技术

（1）该装置使用调节杆与弹簧、阀球、阀座配合，可在一定范围内对泄压值进行调节。

（2）该装置避免了因操作人员的失误而造成无法挽回的损失，降低了劳动强度。

（3）该工具没有复杂的结构和制作工艺要求，可自行焊接加工，成本低，使用效果好，安全可靠。

（4）该装置有效阻止了不法分子的破坏，减少了损失，特别是环境污染造成的经济损失，避免了安全事故的发生。

四、技术经济指标

（1）根据每口井的回压和管线承压情况，将该装置通过调节杆，调节相应的泄压值，一般高于回压0.2~0.5MPa。

（2）该装置进行耐压试验10MPa，稳压15分钟，未发现影响安全使用的问题。

五、推广应用效果

本成果在中原油田濮城采油厂50余口井中投入使用以来（图2），经数月使用验证，其效果非常明显，安装后的油井没有因各种情况出现油气刺漏，污染环境现象，并且安装非常方便，得到了广大职工的好评。获油田职工创新成果二等奖（图3）。

图2　现场应用图

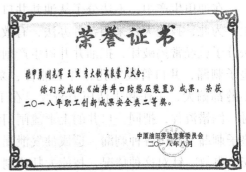

图3　获奖证书

抽油机压杠螺栓的改造

中原油田分公司　张甲勇

一、项目创新背景

抽油机压杠螺栓是将抽油机与水泥基础连接在一起，固定抽油机的专用螺栓。抽油机在运转过程中，由于上下负荷的差异，以及本身运转产生的力，往往将抽油机压杠螺栓拉断，如果不及时发现，其余的螺栓也将很快被拉断，从而导致抽油机翻机等重大事故的发生。压杠螺栓断裂的位置，绝大部分是在螺栓底部，更换压杠螺栓时，先要将旧螺栓取出，还要将安装压杠螺栓预埋件内的杂物、泥土清理干净，才能将螺栓安装进去，并且还要两人配合安装，由于安装位置所限，更换起来比较麻烦。

二、结构原理及作用

工作原理：将抽油机压杠螺栓底部进行改造，由横向连接，改为两侧纵向连接，增加了连接面积，强度大大加强，将压杠螺栓改为两段式，安装时，先将下半段放入基础预埋件内，再将上半段从压杠螺栓孔内放入与下半段通过螺纹连接，上紧螺栓时，螺栓底部加工有止转销，可以不用打备钳就可将螺栓紧固（图1）。

图1　成果实物图

三、主要创新技术

（1）利用废旧光杆和废旧压杠螺栓进行加工改造，节约成本。

（2）安装快捷，提高开井时率，增加产量。

（3）安装方便，不用打备钳，一人便可操作，节约人力物力。

（4）一丝两用，连接在一起可在绝大部分抽油机上使用，分开后，下半部分可以在特殊机型和部位使用。

四、技术经济指标

（1）每加工一套压杠螺栓需要费用约15元。

（2）新进压杠螺栓约55元每条，濮城采油厂每月平均更换约100条，共需5500元。

（3）节约时间，增加开井时率和产量，节约人力物力共约2000元。

（4）在濮城采油厂一年可增加效益（5500−15×100+2000）×12=254000元。

（5）预计产生经济和社会效益40万元。

五、推广应用效果

本成果在中原油田濮城采油厂800余口井中投入使用以来（图2），经数月使用验证，其使用效果非常明显，经加工后的压杠螺栓没有出现断裂现象，并且安装非常方便，得到了广大职工的好评。获油田职工创新成果一等奖（图3）。

图2　现场应用图

图3　获奖证书

抽油机减速箱输出轴堵漏盖板

江汉油田分公司　张义铁

一、项目创新背景

抽油机减速箱输出轴漏油是个"老大难"问题，需要人工不断补给润滑油来维持正常运转，润滑油消耗量大，泄漏严重时还会造成减速箱缺少润滑油而损坏，导致油井长时间停产。同时，润滑油外漏影响设备外观整洁，造成环境污染，加大了岗位工人的清洁工作量。

二、结构原理作用

原输出轴密封方式采用油封和挡圈结构，出现渗漏时现场整改难度极大，针对这种情况设计了两个半圆形压盖，利用连片固定连接，与盘根配合实现可调式密封，达到现场快速堵漏的目的（图1）。

三、应用效益情况

输出轴堵漏盖板已在清河采油厂40多台抽油机减速箱上应用，堵漏效果明显，使用后无漏油现象，保证了抽油机减速箱正常运转，降低了润滑油消耗，减轻了岗位工人的劳动强度，创造直接经济价值30多万元。获江汉石油管理局青工"五小"成果一等奖（图2），2012年获国家实用新型专利授权（图3）。

图1 现场应用图

图2 获奖证书　　　　　　图3 国家专利证书

电动机通用锥套
江汉油田分公司　张义铁

一、项目创新背景

八面河油田目前拥有抽油机1300多台，除了极少部分应用了变频技术外，大部分抽油机还是采取更换电动机皮带轮来调整冲次。而目前所用的电动机型号较多，电动机轴有Φ65mm、Φ69mm、Φ70mm、Φ75mm、Φ85mm、Φ95mm等轴径，同时还有锥轴和直轴两种类型，更换皮带轮安装操作不合理及电动机和皮带轮众多的规格型号使得前线班组调冲次时较为烦琐。

存在的主要问题如下。

（1）抽油机皮带轮与电动机轴是通过键连接的，安装时只能沿着电机轴向平行移动，但安装现场没有可使用的专用工具，主要利用榔头沿着皮带轮与轴的结合边缘进行锤击，迫使皮带轮慢慢移动，如皮带轮与轴配合过紧，就会出现安装困难、皮带轮易损坏等问题。

（2）更换皮带轮时操作人员需携带大量工具。

（3）皮带轮库存量大，管理难度大。

二、结构原理作用

抽油机电动机通用锥套创新原理：是根据现场电动机轴径的大小，设计成外径一致，内径不同的一系列锥套，并在锥套上开双键槽实现多尺寸内径，使不同型号电机匹配同型号皮带轮（图1）。

（1）锥轴套尺寸规格。

根据该采油厂设备科最新的设备档案，并对其进行了整理统计，同时还在采油一队、采油二队、采油三队的电动机存放地点进行了实物测绘，根据应用的电动机轴尺寸规格，确定了七种规格的锥轴套，即Φ60mm直轴套、Φ65mm直轴套、Φ70mm直轴套、Φ75mm直轴套、Φ65mm锥轴套、Φ70mm锥轴套、Φ85mm锥轴套。

（2）直轴锥套外径尺寸结构。

①直轴锥套的外径尺寸，采用了1：16的锥度，这个标准的锥套自锁性较强，而且可以与技能大师目前所使用的皮带轮相配套，加工后就可使用。大端尺寸为Φ98.6mm，小端尺寸为Φ94.9mm，相较于目前所使用的锥套，尺寸偏小，可以更好地加大锥套与皮带轮的接触面积，减少滚键等故障。

②在更换皮带轮工作中，发现除了Φ85mm锥轴电动机以外，其余的尺寸都存在18mm和20mm两种键槽，为了减少锥套的种类，在锥套的结构上设计了双键槽，以增加锥套的通用性。改造后，锥套的种类由12个下降到了7个。

（3）锥轴轴套结构。

由于目前还没有锥轴轴套的应用，通过与我厂机修部专家研讨，确定了锥轴轴套不开槽的思路，设计出了三种锥轴轴套，在安装时配以防脱盖板以增强安全性。

三、应用效益情况

抽油机动力输出装置于2015年6月在江汉油田清河采油厂推广应用（图2），锥套安装后，未发生1起生产安全故障，全厂电动机皮带轮锥套的使用率由10%提高到了91%。

抽油机动力输出装置在2015年研制成功应用后，截至目前已应用了500余套，荣获2015年度局创新成果优秀奖（图3），2016年6月获国家实用新型专利授权（图4）。

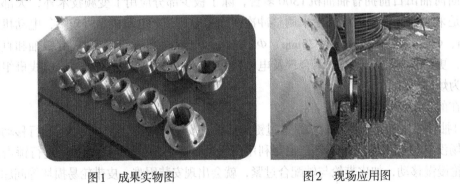

图1　成果实物图　　　　　　　图2　现场应用图

图3 获奖证书

图4 国家专利证书

可调整机械密封

江汉油田分公司 张义铁

一、项目创新背景

清河采油厂集输注水系统多采用离心泵，其盘根密封方式普遍为机械密封，安装精度要求高，漏失时需停泵、拆泵，调整弹簧座来控制动、静环两端面的松紧度，调整难度大。在现场使用过程中部分离心泵机械密封使用寿命短，消耗量大，频繁更换极大地增加了员工的工作量。

二、结构原理作用

在泵的机械密封处安装一个调节装置，由底座和螺纹顶环两部分组成，底座与泵密封函连接，螺纹顶环用于安装限定机械密封静环，通过旋转螺纹顶环，使静环顺着泵轴做轴向运动，调节机械密封动、静环的接触压力，实现最低限度磨损（图1、图2）。

三、应用效益情况

可调整机械密封具有密封效果好、使用寿命长、更换方便等优点。在清河采油厂20余台泵上使用（图3），极大地降低了员工的劳动强度，机械密封的使用寿命提高了30%，节约费用16万元。2010年被评为局青工"五小"成果三等奖（图4），2012年获国家实用新型专利授权（图5）。

图1　成果实物图

图2　成果实物图

图3　现场应用图

图4　获奖证书

图5　国家专利证书

上装式闸门铜套

江汉油田分公司　张义铁

一、项目创新背景

　　油田企业在原油生产过程中大量使用闸阀，特别是计量间的计量排几乎全部都是闸阀，仅该铜套创新者所在采油厂目前在用的Z41H型的闸阀就有10000多个。这种闸阀有一个重要部件——铜套，它是一个旋转运动件，作用是传递扭矩，带动阀杆上下升降，实现闸板打开或关闭。由于在原油生产过程中，很多闸阀需要频繁地开启和关闭阀门，随着使用时间的增加，闸阀铜套容易磨损滑扣，造成阀门无法正常使用。解决铜套实效的办法通常有两种，一是更换新闸门；二是将闸门解体后更换铜套。由于是带压生产流程，这两种方法都需要停产卸压，做大量的拆卸工作，费时费力，影响原油生产。更换新闸门至少需要2个熟练工人花费2小时才能完成，更换铜套则需要将闸阀解体，而且极易造成密封垫损坏，装完后存在泄漏隐患。存在的主要问题：操作烦琐，工作量大。为解决修复闸门操作烦琐问题及减少维护成本和产量损失，技能大师通过改进创新，研制出上装式闸门铜套，不仅可以大大地降低劳动强度，同时又可以减少产量损失，安装操作简便。

二、结构原理作用

新型铜套主要由筒体、分体挡环、固定螺钉三部分组成（图1）。在更换闸门的铜套时，避免了传统的需要将阀门解体的方式，采取了上装式的方法来维修。操作步骤为：先将螺帽与手轮卸下，将筒体从丝杆上部安装，逆时针旋入合适位置后，将分体式挡圈用螺钉紧固在筒体上，装上手轮与螺母，完成维修工作。

三、主要创新技术

（1）改变了传统的维修方式，避免了停井卸压。
（2）结构简单，便于加工。
（3）安装方便，维修工作量小。
（4）性能可靠，投入使用后未发生故障。

四、应用效益情况

目前，该成果在本厂采油一区应用了26个计量站（图2），避免更换闸门105个，同时还避免了因停井造成的产量损失300吨，创造经济价值802500万元。该成果具有很大的应用价值，现只在采油一区进行了小规模的推广应用，今后在我厂大面积应用后将会取得巨大的经济效益。

$105 \times 500 + 2500 \times 300 = 802500$（元）
计算：105个闸门 $\times$ 500元/个 = 52500（元）
300吨原油 $\times$ 2500元/吨 = 750000（元）
社会效益：

（1）上装式闸门铜套，改变了传统的安装方式，使闸门的维修工作变得简单，极大地降低了工人的劳动强度。
（2）避免了停井带来的一系列不稳定因素，利于油井的生产管理。
（3）通过这一改进，增加了职工的创新意识，使大家了解到，一个小点子就能带来巨大的效益，带动了大家解决生产问题的积极性。

获奖情况：2009年获局青工"五小"成果二等奖（图3），2013年获国家实用新型专利授权（图4）。

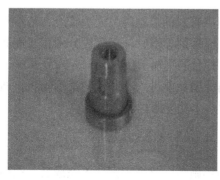

图1　成果实物图　　　　　图2　现场应用图

图3 获奖证书　　　　　　　图4 国家专利证书

一种污油罐回收原油新工艺

河南油田分公司 赵云春 孙爱军 秦韶辉 祁东华 梁栋林

一、项目创新背景

温油脱水井台内的污油罐，其作用是储存从原油里脱出来的油、水混合液体；当罐内的液体达到一定程度的时候，就必须进行回收。之前采用的方法是：把泵车的进口管线伸到罐底，先把污油罐底部的污水抽到罐车里，转运至污水处理井台；再用泵车把污油罐内的原油抽到另一台罐车里，转运至温油井台。整个过程操作效率低，转运成本高，安全环保风险大。现场急需一种新的原油回收工艺来解决这一难题。

二、工艺原理

新工艺共分为三大部分：动力源部分、介质流向部分、接收部分。

动力源部分。先在污油罐的正后方空地上设计安装一台$25m^3/h$的齿轮泵；把本井台污油罐管汇总干线的出口，与$25m^3/h$齿轮泵的进口相连接，再从$25m^3/h$齿轮泵的出口引出一根管线，并在管线的末端安装控制阀门。

介质流向部分。在$25m^3/h$齿轮泵出口引出管线的控制阀门处引管线，与本井台抽油井的单井流程上扫线放空头相连，由于各单井流程的集输、计量管线分别相互连通，因此通过某一单井的集输或计量管线，就能进入本井台的集输干线。

接收部分。通过本井台集输干线，管内介质就能进入本井台的集输阀组。通过集输阀组上的原有工艺流程，介质最终进入温油脱水多功能罐内。

三、工作原理

方案制定完成后，组织维修人员进行现场施工。整个工艺施工完成后，邀请安全、设备、工艺、电气方面的专家，对工艺流程进行检测，各项指标均达到要求。采用锅炉车对整个工艺流程试压5MPa，无跑、冒、滴、漏现象。接下来对工艺系统开车生产，整个过程分为6个步骤（图1）。

（1）打开本井台总集输阀组上进多功能罐的阀门。

（2）打开采油井流程上的集输阀门，关闭计量阀门。

（3）打开齿轮泵的进、出口阀门。

（4）打开污油罐管汇干线总阀门，打开所有污油罐出口阀门。

（5）盘动齿轮泵，齿轮泵无卡阻后，启动齿轮泵。

（6）观察整个回收原油工艺系统运行正常，无跑、冒、滴、漏现象。

四、技术经济指标

（1）解决了回收污油罐内原油需要2名操作人员、2台罐车、1台泵车费时费力的问题，实现安全、高效、低成本回收污油罐内原油的目的。

（2）避免使用泵车、罐车，节约了特种车辆费用。

（3）规避了罐车转运过程中的安全环保风险，减轻了员工的劳动强度。

（4）充分、合理利用原有设备设施，节约了技改投入费用。

（5）结构紧凑，操作方便、省力。

五、效果评价

适用于不同生产条件下，温油脱水井台上回收污油罐内原油，在石油开采行业具有较好的推广前景。获中国石油化工集团有限公司QC成果二等奖（图2）。

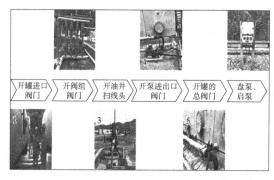

图1 现场应用图　　　　　　　　　图2 获奖证书

一种注水吞吐采油工艺的研制与应用

河南油田分公司　赵云春　孙爱军　祁东华　秦韶辉

一、项目背景

渭北油田区块属于致密油藏，开发难度大，适应注水吞吐采油。注水吞吐采油过程分为注水、焖井和采油三个阶段。注水阶段即人工补充能量阶段，这是注水吞吐过程中最

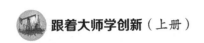

关键的一步，目前渭北油田井口流程只是单纯的注水、采油流程，不具备注水吞吐采油功能。现场急需要一种注水吞吐采油配套流程，来满足注水吞吐采油。

二、技术原理

该方案共分三部分：返出监控部分、控制计量部分、水源部分（图1）。

（一）返出监控部分

（1）工艺原理。

通过设计完善工艺流程，实现焖井完成后返排液的监控。与油管连通并安装压力表，目的是实时监控返出液压力；安装放空装置是因为前期压力高，需要放喷油井的返出液。

（2）技术指标。

①管材直径：$\Phi 60.3mm$；　　　②管材内径：$DN50mm$；

③抗压性 $\geq 100kg/cm^2$；　　　④DN50闸阀适应环境温度（℃）：$-20\sim120$℃；

⑤压力表等级：1.6级；　　　⑥压力表量程：$0\sim15MPa$。

（二）控制计量部分

（1）工艺原理。

通过设计工艺流程，并选购合适的流量计、250型阀门、高压短节等。安装流量计的目的是准确计量吞吐采油前的注水量，实现地质方案上要求的瞬时流量；安装压力表便于监控实时注入压力，流量计、压力表的前后端安装250型阀门，目的是方便调控。

（2）技术指标。

①250型阀门通径：$DN65mm$；　　　②工作压力 $\geq 25MPa$；

③高压短节符合GB/T 9711—2017；　　　④承压 $\geq 25MPa$；

⑤压力表符合GB/T 1226—2017；　　　⑥压力表精度等级：1.6级。

（三）水源部分

（1）工艺原理。

设计工艺流程，解决注水吞吐采油的水源问题。从注水井流程内，通过管线把水源引至吞吐采油的目标油井内，并安装控制阀门和压力表，实现地质方案规定的注水量。

（2）技术指标。

①250型阀门直径：$DN65mm$；　　　②250型阀门工作压力 $\geq 25MPa$；

③钢管符合GB/T 9711—2017；　　　④钢管承压 $\geq 25MPa$；

⑤压力表符合GB/T 1226—2001；　　　⑥压力表精度等级：1.6级。

三、技术经济指标

（1）该项目是在本井台的原采油、注水流程上进行设计优化，并设计安装一些控制和计量装置，实现油井吞吐采油这一目的，同时满足水井注水、油井吞吐采油两不误，方便调控水井、油井的注水量，实现精准注水。

（2）该项目充分、合理地利用了现场已有的部分工艺流程，节约了技改费用，避免了新投建井口增注系统。

（3）解决了渭北油田注水吞吐采油没有专用流程来注水这一难题，实现了安全、高效、低成本注水吞吐采油的目的，现场取得了良好的效果。

四、效果评价

在渭北油田推广应用3井次，成功实现注水吞吐采油，达到预期目标。单井同比月增油4.2吨。实现了安全、高效、低成本注水吞吐采油这一目的。该成果被评为河南石油勘探局技术创新项目一等奖（图2）。在致密油藏的开发行业具有较大的应用前景。

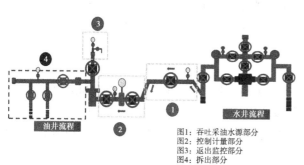

图1：吞吐采油水源部分
图2：控制计量部分
图3：返出监控部分
图4：拆出部分

图1　结构示意图

图2　获奖证书

 # 一种新型抽油机驴头销子

中原油田分公司　张忠乾

一、项目创新背景

在油田开发的今天，机械采油仍然起主导作用，游梁式抽油机在中原油田普遍使用。由于抽油机初期安装后一些部件长时间不活动，也无法保养润滑，特别是驴头销子，在修井作业翻转抽油机驴头时，销子难以活动无法退出，采用油泡、锤击、火焊切割等措施手段，但其还是纹丝不动，甚至造成对驴头销子损坏报废，浪费财力，同时又增加了劳动强度和施工成本。

二、结构原理作用

一种新型抽油机驴头销子主要结构由三部分组成（图1）。

（1）动力部分：驴头销子上端螺栓压油吊环与压油螺栓为一体，将压油螺栓与销子主体以丝扣相连接。安装时，通过螺栓压油吊环吊装驴头销子；在利用润滑油自重润滑的基础上，手动旋进压油螺栓使润滑油进入润滑出油孔。

（2）主体部分：驴头销子主体棱台与销子主体为一体，销子主体上设有润滑出油孔、润滑油通道、驴头销子储油室及防退螺栓。润滑油储存在销子储油室内，压油螺栓施压使润滑油通过润滑出油孔到润滑油通道，后渗透销子主体外弧面。

（3）防脱部分：驴头销子穿入抽油机驴头耳孔后，把防脱垫片从下端穿入，后穿入防脱盘，用防退螺栓拧紧，起到防振防脱的作用。

三、主要创新技术

（1）实现了抽油机驴头销子本体半自动化润滑方式。

（2）驴头销子吊环设计，施工中达到了安全吊运。

（3）驴头销子防退设计，防止了驴头销子退脱现象。

（4）驴头销子防振设计，杜绝了驴头销子频繁损坏的现象。

（5）驴头销子润滑设计，减少自身腐蚀、磨损，延长了使用寿命。

四、技术经济指标

（1）在抽油机正常运转时，驴头销子储油室内的润滑油依靠自重通过润滑出油孔、润滑油通道到达驴头销子外弧面，自动润滑受力面60%~70%。

（2）在抽油机正常运转时，防退螺栓在防脱垫片、防脱盘的作用下，自动顶紧抽油机驴头销子，实现弹性受力。

（3）抽油机驴头销子外弧面实现定期润滑时，对压油螺栓旋进使其室内润滑油受力，促使润滑油通过润滑出油孔、润滑油通道到达驴头销子外弧面强行润滑，自动润滑面由70%提升到90%以上。

五、应用效益情况

新型抽油机驴头销子2013年2月16日开始研制，2013年5月12日，在中原油田濮城采油厂濮2-323、濮5-120、濮3-123等3口井上安装试用（图2）。通过现场试验、使用效果分析，专家组及相关领导一直认为该技术是目前比较适合游梁式抽油机驴头使用的技术成果，有很高的推广应用价值。2014年8月6日实施推广项目，在中原油田1200多口游梁式抽油机井安装使用，累计创效2000多万元。2022年8月荣获中原油田挖潜增效类优秀创新成果三等奖（图3）。该成果2014年8月20日获国家实用新型专利授权。为了提升抽油机驴头销子的使用效果和安全性能，满足各种抽油机设备的生产需求，安全更可靠、结构更合理，在此基础上又发明了"一种新型抽油机驴头销子"，2021年10月22日获国家实用新型专利授权（图4）。

图1　成果实物图

图2　现场应用图

图3　获奖证书

图4　国家专利证书

活接式耐高温高压注汽放喷管汇

胜利油田分公司　张新林　王　刚

一、项目创新背景

陈家庄油田注汽井油套放喷约190井次/年，基本每口井均需要动火焊割（连）放喷管线。造成问题如下：一是维修焊接动火工作量繁重，影响连放喷管线及时性；二是放喷井液温度高，约160℃以上，防刺漏密封性要求，需Φ62mm新管材（60元/m）焊接约3.5m/口，浪费严重，因此研制设计一种耐高温高压、可重复使用、便于拆装的放喷管汇是迫切需要的。

二、结构原理作用

活接式耐高温高压注汽放喷管汇由油嘴套异径短接、高温由壬活动弯头（其轴承采用氟橡胶密封件耐温200℃，耐压25MPa）、厚壁管和干线三通接头（设计有放喷观察阀门）组成。可简单便捷地进行油套阀门与干线的连接放喷，每次使用4~6个高温由壬活动弯头即能满足现场安装要求（图1）。

三、主要创新技术

（1）采用活接的方式连接，避免井口动火的风险。

（2）轴承采用氟橡胶密封件耐温200℃，耐压25MPa。

（3）安装的即时性强，不用等靠动火焊接。

（4）可重复使用，减少了焊接用的管材。

（5）大大缩短了放喷流程的连接时间。

四、技术经济指标

耐压25MPa，耐温200℃，适用于稠油注汽井焖井后放喷使用。

五、应用效益情况

该成果于2020年在河口采油厂管理七区注汽井进行了推广应用5套（图2），应用400余井次，安全便捷地用于注汽井的油套放喷，安装的即时性强，不用等靠动火焊接，减少井口动火的安全风险，降低了职工的劳动强度，提高时效和减少成本，累计综合效益达到了100余万元，实现稠油热采井的提质增效，社会效益显著。装置获得2021年度胜利油田为民技术创新成果三等奖（图3），已在采油厂建立企业标准。

图1　成果实物图

图2　现场应用图

图3　获奖证书

新型锥套式驴头锁紧装置

华东油气分公司　宫　平

一、项目创新背景

目前，游梁式抽油机在采油的过程中，驴头做圆弧上下往复运动，驴头及驴头销在上下死点位置时承受着井内杆柱和液柱的交变载荷运动，对驴头的四个插销承载能力要求很高；如驴头销与筋板配合间隙过大，则会出现松动现象并有锈蚀，长期运转会造成销子磨损、异响、震动、腐蚀、筋板内孔磨损成不规则的椭圆形，驴头销子出现上窜，严重时会出现驴头撕裂等情况。目前部分油田解决此问题的办法是将磨损的驴头销拆下焊接焊点打磨继续使用；也有的油田在驴头销与销孔之间加垫薄铁皮。这些方法只能够暂时缓解驴头的响声和磨损，运行一段时间后或者修井作业后，还是容易产生松动现象，再次发出响声，影响抽油机的安全生产。当驴头销与筋板配合间隙过小锈死时，则需要安排吊车进行拆吊抽油机游梁，不仅延误上井作业时间，增加作业成本，还降低了油井的采油时率，减少油气产量。

二、结构原理作用

该装置的主要结构由插销、衬套、盖板、螺母、并帽组成。

驴头销与衬套设计为锥体，衬套侧壁设有膨胀槽，压盖与筋板相接触，驴头销底部设有外螺纹，通过螺帽收紧压盖，由于反作用力的形成，使驴头销受力单向移动，由于锥度的作用，使衬套进行膨胀，膨胀后的衬套外壁与筋板内壁相接触，从而达到收紧防松的目的；需要拆卸时，卸松螺帽后，由于锥度的作用，使驴头销释放拉力上移，衬套收缩作用，使衬套外壁与筋板内壁释放力，可将驴头销从衬套中取出。

三、主要创新技术

（1）利用现有的一体式驴头插销进行改进、创新。

（2）能有效解决驴头的各种异响、松动、锈蚀、偏磨、震动、上窜等问题。

（3）对于驴头、游梁筋板孔径变大的销孔，也能够有效地解决。

（4）操作简单、拆卸方便、加工工艺简单。

（5）对磨损严重的抽油机无须返厂维修，降低维修成本。

（6）增加了安全运行系数，减少设备事故发生。

四、技术经济指标

在现有的驴头销基础上，将驴头销圆柱体改变为圆锥体插销。

（1）锥度比例为 1:10，插销上部设有凸台，凸台一半为圆形一半为方形；方形卡在驴头筋板中，目的是防止插销在衬套内跟转，起到定位的作用。

（2）底部设有一凸台便于敲击，插销底部设有 M30 外螺纹，可与螺帽、并帽配合使用。

（3）设计通孔内锥式衬套，锥度比例为 1:10，衬套本体的顶部设有两瓣式凸台，便于膨胀后减小销孔与插销的间隙。

（4）插销螺纹上设有一个可拆卸固定盖板，盖板内侧设有二级台阶。

（5）该插销上凸台与该衬套上凸台的间距为 10mm，此间距为调整锁紧空间。

五、应用效益情况

采油厂设备捞油班已在各个采油区块抽油机上运用了该新型驴头插销（图1），降低了故障率和维修率，增加了安全运行系数，效果显著。改进后的第二代锥套式驴头插销能够有效解决常规驴头销子的松动、锈迹、腐蚀、异响、偏磨、上窜、驴头拉歪撕裂等问题，消除了抽油机生产过程中驴头销的安全隐患，降低了维修成本，增加了油井的采油时率，减少油气产量损失。2019年获泰州采油厂技师工作室"小改小革"技术革新、技术推广。2020年获泰州采油厂"五节六小"创新创效劳动竞赛成果二等奖。2020年获国家实用新型专利授权（图2）。

图1　现场应用图　　　　　图2　国家专利证书

减速箱二次密封回流装置

胜利油田分公司　　刘晓明

一、项目创新背景

减速箱是抽油机的关键部件之一，它工作的好坏直接影响抽油机的正常运行。减速箱机油是保证减速器正常运转的关键，它对减速箱齿轮起到清洁、防腐、降温的作用，一旦减速箱渗漏，会缩短齿轮使用寿命，增加生产成本，造成环境污染。减速箱漏油严重时会引起减速箱润滑效果变差，使齿轮啮合面磨损加剧，进而发生咬焊或剥离，导致设备事故。而且漏油对周围环境污染严重，职工治理起来劳动强度较大。

对于渗漏严重的减速箱，需要请专业堵漏公司堵漏。采取的办法是卸开油封外的大端盖，涂抹密封胶，但密封胶保持时间不长，使用一段时间后还会渗漏。治理费用较高且受季节限制，冬季前后都无法施工。

目前，管理区有皮带机减速箱25台，其中12台减速箱漏油，仅减速箱本体漏油的有2台，输入轴漏油的有10台，减速箱输入轴漏油是减速箱漏油的主要原因。针对现场中减速箱输入轴渗漏导致设备润滑失效、污染环境等各类问题，为了实现节约成本、杜绝环境污染、保障设备安全，如何快速高效地实现减速箱堵漏目的势在必行。

二、结构原理作用

研制一种减速箱密封装置，能够解决减速箱输入轴机油渗漏难治理的问题，同时消除抽油机运转过程中因机油渗漏而造成的环境污染。能实现不拆卸端盖、简便快速安装，且后期维护简单。

提出方案：在输入轴上大端盖外，增加一个填料密封装置，靠填加盘根起到二次密封作用。该装置利用减速箱输入轴端盖固定螺丝固定，采用分体式设计，安装后能够起到二次密封作用。密封装置为圆筒形状，对称分开，采用螺栓连接，接触面使用密封胶密封。

装置底端利用减速箱输入轴端盖固定螺丝固定，接触面使用密封胶密封。装置前端密封函体内装好密封填料后，用压盖压紧。渗漏的机油就密封在密封装置和输入轴之间的环形空间内，如渗漏量较大可定期打开底端放空阀将机油放出，确保不产生污染。

三、应用效益情况

1. 应用情况

该装置加工完成后，在XTKD18X011皮带机上安装试用（图1），连续运转1个多月，减速箱无渗漏现象。

该装置现场使用后，可以依托输入轴端盖固定螺丝孔固定，安装方便，一人即可操作完成，不受季节影响，几乎可用于所有输入轴漏油的抽油机，能够有效杜绝减速箱渗漏。

2. 经济效益及社会效益

（1）节约减速箱堵漏治理费用约3.5万元。

（2）节约环境污染治理费用约2万元。

以上合计约5.5万元。

（3）该装置安装简便，后期维护简单。能够杜绝减速箱漏油造成的设备和环境污染，大大减少了职工清理漏油的工作量。该成果被评为胜利油田石油开发中心优秀成果三等奖（图2）。

图1　现场应用图　　　　　　　图2　获奖证书

自动蒸汽、掺水调节阀

胜利油田分公司　　孙文海

一、项目创新背景

目前，西部部分稠油单井集油流程采用井口掺蒸汽流程，用截止阀调整掺汽量。这种调节方式，只能凭感觉调整，不能实现精准调节，一般情况下为保险起见，都宁大勿小，造成掺汽量的浪费，同时造成管道运行温度高，加快了管道腐蚀，影响系统的安全平稳运行。因此，需要研制一种新型阀门以解决上述问题。为解决这一难题，技能大师研制了"自动蒸汽、掺水调节阀"，这样，不但实现了集油管线掺蒸汽量的精确调节，达到了节能减排的目的，而且避免了管线因长期高温而造成的腐蚀，降低了集油管线的回压，增加了原油产量。

二、结构原理作用

该装置的主要结构由三部分组成（图1、图2）。

（1）连接部分：法兰将装置连接到掺蒸汽的管线上，蒸汽通过调节阀的控制，按需供给，节省蒸汽量。

（2）显示部分：24V直流电源供电，液晶显示屏，防雨防晒，调节阀的开度实时显示及后台传输。

（3）控制部分：可以手动控制及自动调节，根据管线回压值反馈的模拟电信号通过智能控制器的计算，输出调节阀的开度信号对阀杆进行调节。安全报警装置，当回压值超过规定值时就会自动发出报警信号到后台，提醒指挥中心人员及时采取措施。

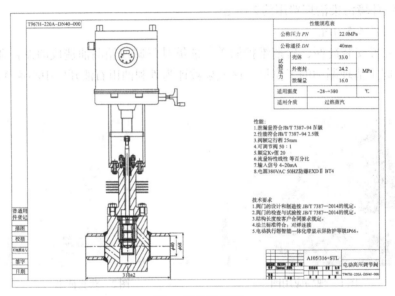

图1 结构示意图

三、主要创新技术

（1）实现掺蒸汽量的自动调节。

（2）阀体具有散热功能。

（3）电器设备采用防爆技术。

（4）采用自动控制技术。

（5）用新型耐高温材料，延长使用寿命。

（6）自动调节，实现了无人值守。

四、技术经济指标

（1）装置耐压力16MPa，装置耐高温350℃。

（2）手动与远程无线传输调节相结合。

（3）调节精度0~3%。

五、应用效益情况

该装置2021年开始研制，2022年5月4日，在胜利油田新春公司管理一区管理2站，排6-P30掺汽管线上试用（图3）。使用期间调节阀的开度在51%左右就可达到设定压力，保障输油管线的正常运行，相对于原来靠手动操作可节省蒸汽量30%。一吨蒸汽大约200元，该井蒸汽的用量为0.5t/h，一天用量为12t，应用该装置可节省蒸汽量3.6t/d。（6月10日~10月10日，历时4个月）创经济效益3.6×200×123=8.8（万元）。该技术是针对油田稠油集油管线回压高、掺蒸汽量智能控制方面的一种较为先进的调节阀自动控制技术，有很高的推广应用价值。该成果获得2021年度河口采油厂"一线生产难题揭榜挂帅"优秀创新成果评审三等奖（图4）。经过改进后该成果获得胜利油田群众性优秀技术创新成果二等奖。

图2 成果实物图

图3 现场应用图

图4 获奖证书

注汽井焖井放压流程

胜利油田分公司 唐守忠

一、项目创新背景

热力采油是利用热能加热油藏，降低原油黏度，提高原油的流动性，将原油从地下采出的一种提高采收率的方法。目前胜利油田采用的热力采油方式以蒸汽吞吐为主，蒸汽吞吐是一种将蒸汽注入生产井中，然后关井一段时间，重新开井生产的稠油热采方法，分为注汽、焖井、开采三个阶段。焖井阶段注入蒸汽热量不断地向地层深处扩散，时间2~7

天，再长则会造成热量损失，影响周期采油量，注汽效果降低。为尽快恢复生产保证注汽效果，须及时放掉焖井压力，在放压过程中需要将注汽井口与单井集油管线用钢管进行焊接，焊接过程需要操作人员多（专业人员焊接），因每口井的流程位置不同，焊接的流程不能重复使用，存在材料浪费、工作量大、工作效率低等问题。

二、结构原理作用

工作室成员针对生产中存在的实际困难，根据注汽过程中在连接注汽管线时使用的热涨补偿器工作原理，进行了充分的现场调查，在外形、结构和功能上进行了集成设计，加工应用了"注汽井焖井放压流程装置"，达到了预期效果。该装置由万向接头、伸缩管、填料密封函组成，配合使用实现了任意方向上的伸缩调节，可快速完成注汽井口与单井集油管线的连接（图1）。

三、主要创新技术

（1）该装置能进行任意方向的旋转，可适应任何井口（位置高度）的连接放压，随意进行调节。

（2）该装置能实现快速、高效连接，并且可重复利用。

（3）该装置经高压安全资质厂家专业制作，安全性高，环保节能。

四、技术经济指标

（1）最大伸长距离2m。

（2）承压最大3MPa。

五、应用效益情况

该装置集成、加工成型后，在胜利油田孤岛采油厂采油管理三区的注汽井上进行了应用（图2），单井连接流程时间由原来的3小时降低到20分钟，专业操作人员由3~4人降低到2人。不需动用焊接工程车和专业人员焊接，有效降低了操作人员的劳动强度，减少了流程连接的成本支出，提高了工作效率，年创经济效益76万元。2018年被孤岛采油厂确定为技能创新推广项目，推广应用了60套，在油田注汽开发过程中具有广泛的推广应用前景。该装置获孤岛采油厂优秀QC成果三等奖（图3），2017获国家实用新型专利授权（图4）。

图1　成果实物图

图2　现场应用图

图3　获奖证书　　　　　　图4　国家专利证书

 # 游梁式抽油机压杠螺栓

胜利油田分公司　蔚贝贝

一、项目创新背景

在油田生产中，广泛应用的是游梁式抽油机，而压杠螺栓是抽油机重要紧固部件，其由上部压紧螺帽、中间双头螺栓和下部扶正块通过螺纹连接组成，压杠螺栓的上部螺栓置于游梁式抽油机压杠螺栓连通孔内，下部扶正块挂在水泥基础预埋件内，起到固定游梁式抽油机的作用。由于游梁式抽油机在运转过程中，每天要做上下往复运动3000~7000次，常规压杠螺栓使用中存在以下缺点：一是螺栓两头均为螺纹，导致拆装压杠螺栓时常出现转动打滑；二是受力点集中在扶正块与螺丝结合处，压杠螺栓底部扶正块与螺丝结合处长期承受上下交变载荷，容易造成螺栓与扶正块结合处断脱；三是现场有的水泥基础的两槽钢不水平，压杠孔与水泥基础的槽钢不垂直，导致压杠螺栓歪斜，偏拉。以上三点都极易造成压杠螺栓断脱。压杠螺栓断脱会造成抽油机整机偏移，工字钢断裂，导致员工劳动强度增加，油井时率降低，生产成本增加。

二、结构原理作用

装置结构：防尘帽、凹凸垫片、螺杆、球头、防转块、底座等（图1）。

（1）压杠螺栓扶正块固定，上部卡槽与球头连接，解决因受力不均匀造成螺丝断脱和抽油机底座预埋件早期损坏的问题。

（2）压杠螺栓连接球头，球头下部设计为长方形防转头，与底部扶正块上的防转槽配合，防止拆装螺栓时转动打滑和断裂情况发生。

（3）球头螺杆，可根据压杠孔位置进行移动，实现自动调偏。

（4）顶部螺杆垫片采用加厚、加大外径的凹凸垫片，压杠歪斜时凸形垫片可调整为平面，设备运转时减缓对压杠螺栓的冲击力。

（5）压杠螺栓整体表面采用兰化处理，提高了其抗拉强度和韧性，同时也提高了抗氧化抗腐蚀的能力。

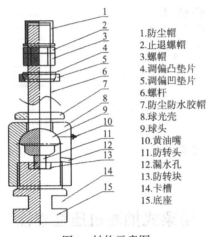

1.防尘帽
2.止退螺帽
3.螺帽
4.调偏凸垫片
5.调偏凹垫片
6.螺杆
7.防尘防水胶帽
8.球光壳
9.球头
10.黄油嘴
11.防转头
12.漏水孔
13.防转块
14.卡槽
15.底座

图1　结构示意图

三、主要创新技术

（1）螺杆底部的固定头解决了拆装螺杆时上下转动打滑。

（2）球头螺杆自动调偏。

（3）螺纹处加装了防尘帽，既防腐、防风沙，还保护了螺纹。

（4）使用范围广，可在8型、10型、12型机中使用。

（5）压杠歪斜时凹凸垫片可调偏，抽油机运转时减缓对压杠的冲击力。

四、应用效益情况

（1）经济效益。

原压杠螺栓月用量24根，通过改进压杠螺栓后月用量降到8根。减少了油井停井时间，节约了生产成本。按目前在用设备1019台，更换2次/年，单井缩短更换停井0.5小时，单井产量3.5方/日，利润2040元/吨，计：$1019/2 \times 0.5/24 \times 3.5 \times 2040 = 7.57$（万元）

装置加工费：0.018万元

效益合计：$7.57 - 0.018 = 7.55$（万元）。

（2）应用情况。

该装置2020年开始研制，2021年8月6日，游梁式抽油机压杠螺栓改进成果后，已在胜利油田河口采油厂采油管理一区垾71-平28、垾南13-侧10等86口井现场应用（图2）。该成果2021年获"一线生产难题揭榜挂帅"活动优秀技术创新成果二等奖（图3）。

图2 现场应用图 图3 获奖证书

潜油电泵井口电缆密封工艺

胜利油田分公司 王佰民

一、项目创新背景

目前,胜利油田河口采油厂电泵井有140口,其中油井128口,日产油539吨,占全厂日产油量的8.2%,电泵井作业施工完成后,电缆密封工艺采用专用电缆密封体将油套环空与外界隔绝防止油气的溢出。

当前工艺存在以下问题:

(1)密封体外部电缆无固定点,导致无铠皮保护的裸露电缆根部在后期地面施工、季风天气出现反复弯折颤动,易出现铅皮护套层、绝缘层损坏,引起相间出现电弧、短路故障,导致机组停机并存在重大用电、火灾等安全隐患。

(2)密封体内部电缆线芯绝缘层损坏需上提管柱解决,线芯出现烧毁严重后不能在原有部位进行二次密封施工,必须上提一根管柱将电缆对接解决该类问题,增加了单井运营成本及停井损失。

(3)电缆线芯的铅皮护套层具有比较柔软易破损的特殊性,在电缆密封过程中因旋紧密封体压帽挤压密封橡胶变形时,易导致铅皮破损出现电缆线芯接地的安全风险。

二、结构原理作用

(1)在原电缆密封体上压帽顶端加装长300mm、直径50mm的电缆保护套管(图1)。

(2)增加与原电缆密封体、井口上法兰接口相同螺纹尺寸、材质的管状短节,长度250mm(图2)。

(3)将电缆密封体密封橡胶部位电缆铅皮剥离120mm,采用潜油电缆专用聚四氟乙烯高膜绝缘胶带进行半覆盖方式缠绕,缠绕直径大于原尺寸1mm即可。

三、主要创新技术

目前,使用原有电缆密封体电泵井占比90%,以不改变原有设备结构、低成本优化、最少停井时长、操作简便为原则进行原有工艺的改进优化。

（1）电缆保护套管可确保带有镀锌铠皮电缆在套管内部，并在保护套管口加装橡胶保护块，有效防止电缆线芯的裸露、弯折、腐蚀。

（2）管状短节的加装是在原电缆密封体处电缆出现破损、短路故障时，只需将加装短节去除，确保密封位置下移合适距离达到施工标准，重新安装原密封体即可在1小时内完成电缆密封施工，防止因长时间停井导致的沉砂卡泵躺井事故。

（3）电缆线芯铅皮的剥离缠绕绝缘胶带工艺，可避免密封橡胶挤压导致铅皮破损而出现相间接地安全隐患。

四、技术经济指标

该优化方案符合国家执行标准GB/T 17389—2013中关于潜油电泵电缆系统应用中的相关技术要求。

五、应用效益情况

在2020年6月19日13:45确定河口采油厂管理一区CDC12-43井因油层解堵工艺造成套压过高，出现电缆密封体处电缆绝缘层损坏发生电缆相间短路停机，井下作业队现场设备摆放、反洗井施工后上提管柱完井开井正常，共用时约36小时，作业费用3.5万元，停产原油损失约1.56万元，共支出5.06万元。

该工艺优化后只需压井后拆掉管状短节再次安装密封体即可，单井经济效益预算为4.98万元，该优化工艺以小改进促进大效益适应现有电泵井推广使用，效益显著，有效确保电缆密封效果，保障电泵井稳定运行（图3）。该装置获河口采油厂优秀技术创新成果三等奖（图4）。

图1　成果实物图

图2　成果实物图

图3　现场应用图

图4　获奖证书

皮带式抽油机防尘罩

胜利油田分公司　张前保

一、项目创新背景

皮带式抽油机在胜利油田临盘采油厂占抽油机总数的1/4，由于该设备长期在野外生产，灰尘及杂质沾在皮带上或通过顶部开口处进入机箱内，导致出现堵塞润滑通道、杂质损坏齿轮设备现象，严重影响皮带式抽油机的使用寿命。皮带式抽油机机身内部润滑部件多，运行时处于封闭状态，巡检时不能及时观察到内部润滑状况。目前，所有设备均无防尘装置。因此，研制一种可以防止灰尘及杂质通过皮带机顶部开口处进入机箱的防护装置是非常有必要的。

二、结构原理作用

该装置由主体密封护罩、固定密封部分、固定卡子组成（图1）。

密封装置对称卡在负荷皮带内外两侧，防护罩用专用卡子固定在皮带机上部。靠近负荷皮带的部位安装防尘毛刷，与皮带机的负荷皮带紧密挤靠在一起，既起到密封作用，又能清理皮带上的脏污，同时不影响负荷皮带上下移动，彻底解决了灰尘及杂质从顶部开口处进入机箱污染润滑油的问题。

三、主要创新技术

（1）材料由铝合金及硬塑料加工而成，整体重量轻，便于安装。

（2）能够起到密封作用。

（3）能够清理皮带上的脏污。

（4）制作简单，加工方便，价格便宜。

四、应用效益情况

该装置2016年开始研制，2016年5月12日，临盘采油厂召开现场会，专家组一致认为该工具起到防尘作用，减少润滑油更换次数，有很高的推广应用价值。目前，已在各个管理区现场推广应用100多套（图2），年创经济效益约5万元，累计创效30多万元。该成果2016年获得采油厂合理化建议及技术改进奖二等奖（图3）。

图1　成果实物图

图2 现场应用图

图3 获奖证书

热采注汽井口法兰（钢圈）补偿式防漏密封垫圈

胜利油田分公司 张新林 王 刚

一、项目创新背景

陈家庄油田的稠油热采井年注汽转周工作量180井次左右，在注汽过程中存在热采注汽井口法兰（钢圈）刺漏的问题，井控安全隐患巨大。一是刺漏时注汽锅炉需要停炉整改注汽井口，严重影响注汽干度及效果；二是整改注汽井口会延长占井周期，造成产量损失；三是由于高温高压，整改紧固井口存在一定的安全风险，对于刺漏严重时（法兰、钢圈破损的），需要洗压井（费用4.5~5.5万元）甚至上作业换井口，造成作业成本的增加。因此结合实际研制热采注汽井口法兰补偿式防漏密封垫圈。

二、结构原理作用

热采注汽井口法兰（钢圈）补偿式防漏密封垫圈采用石墨复合材料制成，耐高温高压，安装在法兰钢圈槽内，与钢圈上下面贴合，把钢圈与法兰钢圈槽的硬密封变成软密封，从而能够在井口法兰安装不平整或钢圈槽及钢圈损坏的情况下仍能起到补偿密封的作用（图1）。

三、主要创新技术

（1）杜绝了注汽井口因钢圈损伤和安装不正问题导致的刺漏。
（2）把原有的钢圈硬密封方式变成了软硬密封结合的方式。
（3）补偿安装不正或钢圈损坏、钢圈槽损坏的余量。
（4）具有耐高温高压的特性。

四、技术经济指标

表1 防漏密封热圈技术指标

材质	耐温/℃	耐压/MPa	外径/mm	内径/mm	高/mm
石墨复合材料	350~1200	25	215	205	4.5

五、应用效益情况

该成果于2018年至今在胜利油田河口采油厂管理七区500余口注汽井进行了推广应用(图2),效果良好。使用热采注汽井口法兰(钢圈)补偿式防漏密封垫圈防止井口刺漏,可减少洗压井整改井口费用累计创效200余万元,消除了井口刺漏的井控安全隐患,同时能够避免注汽停炉对注汽干度及其效果的影响,社会效益显著。成果获得2018年度河口采油厂优秀技能创新成果一等奖(图3)。

图1 成果实物图

图2 现场应用图

图3 获奖证书

可调节油嘴装置

江苏油田分公司 厉昌峰 何 芹 陈思娟

一、项目创新背景

目前油田自喷井、电泵井、采气井、连抽带喷井等在生产过程中为满足不同流量的生产需求,只有通过更换油嘴来实现控制流量的目的。而生产现场使用的油嘴只有单孔油嘴一种类型,因其只有一个固定孔径,需要按流量要求选取指定规格的油嘴孔径相匹配,再采用人工进行现场更换。由于这种油嘴更换操作步骤烦琐,耗时较长,且受材质所限,在高流速、大流量的井液冲刷下极易造成孔径刺大和损坏,导致流量控制不准确。为解决这一难题,技能大师研制了"可调节油嘴装置",不仅实现了不更换油嘴即可精准调控不同流量的目的,同时也提高了开井时率,延长了使用周期。

二、结构原理作用

该装置的主要结构由三部分组成(图1)。

(1)连接部分:调节杆前端公制螺纹与油嘴座相连,丝堵与油嘴腔体采用滑套式内密封管螺纹结构连接,能根据现场情况相对移动,保证两级螺纹连接牢靠。

(2)调节机构:调节螺母带动调节杆做轴向运动,使调节杆前部油嘴本体上的不同直径通孔按需打开或者关闭，并在可视窗口，通过等流量孔径刻度实现精准调控。

（3）密封部分：油嘴腔体与调节螺母之间加设平面推力轴承，用压板锁紧，油嘴腔体与调节杆之间加高定位结构和密封槽，橡胶圈对整体密封进行加固。

三、主要创新技术

（1）在调节流量时，不用切换流程或停井更换油嘴。

（2）具有较强的耐压及抗冲刷能力。

（3）实现窗口可视化功能。

（4）实现多孔径便捷调控功能。

（5）采用多孔计算，调节精准。

（6）用新型材料，延长使用寿命。

（7）装置体积小重量轻，操作方便快捷。

四、技术经济指标

（1）工作压力10MPa，连续使用无渗无漏。

（2）合金钢抗拉强度σ_b（MPa）：$\geqslant 1080$（110）；冲击韧性值α_{kv}（J/cm^2）：$\geqslant 78$（8）。

（3）油嘴腔体内部空腔$\Phi 32 \times 110mm \pm 0.02mm$。

五、应用效益情况

该装置2022年开始研制，2022年7月6日，在江苏油田采油一厂真12-6井等3口电泵井上安装使用（图2）。该成果在2022年12月江苏油田采油一厂科技生产性课题上通过专家组评审获二等奖，一致认为该技术可以推广在自喷井、页岩油井调节生产参数方面的一种较为先进的设备和技术。2023年3月获油田QC质量创新成果一等奖。2020年9月获国家实用新型专利授权（图3）。

图1　成果实物图　　　　图2　现场应用图　　　　图3　国家专利证书

自喷井油嘴套

中原油田分公司　李永利

一、项目创新背景

油嘴套是石油行业生产中的一个必备配件，广泛应用于自喷井、注汽井等，与采油树配套使用，通常安装在井口采油树的出口处，用来控制油压及出油量。

传统的油嘴在生产使用中存在一些缺陷，主要有几个方面。

（1）由于原油嘴套内油嘴离出油管线位置较近，几乎在同一平面上，所以在更换油嘴时很容易使油嘴掉入出油管线内，造成不必要的工作量。

（2）原油嘴套，结构较复杂、加工难度大、笨重。

（3）油嘴一旦堵塞，在更换油嘴时存在油嘴与采油树生产闸门之间的压力无法放压的情况。

二、结构原理作用

该装置的主要结构由八部分组成（图1）。

（1）油嘴套三通：油嘴套本体是油嘴套的主体。

（2）油嘴芯：是油嘴套中非常重要的调参装置，其作用是实现对油层流压的控制。通过调整油嘴孔径来实现对油层的合理开采，调控油层的流压，延长油井自喷期。

（3）油嘴座：连接油嘴芯，其作用是在油嘴套本体上加工内螺纹连接油嘴外螺纹，固定油嘴芯。

（4）油嘴套低压出口：连接油嘴套和集油管线。

（5）密封丝堵：用来打开油嘴套三通前端更换油嘴芯。

（6）防油嘴掉落十字架：主要是用来防止更换油嘴芯子时，油嘴芯子掉落于管线中堵塞管线，影响油井生产。

（7）油嘴套高压进口：连接油嘴套和自喷井。

（8）油嘴套放压装置：更换油嘴芯时，防止油嘴芯砂、蜡堵塞后导致的带压操作，其作用是油嘴芯砂、蜡堵塞后进行放压安全操作。

三、主要创新技术

（1）实现了更换油嘴时无压安全生产。

（2）根据油嘴易堵的特点采用放压装置。

（3）采用防油嘴掉落十字架，防止更换油嘴时油嘴掉落出口管线中。

（4）装置体积小、重量轻、结构简单。

四、技术经济指标

（1）更换油嘴时实现无压操作。

（2）采用防掉十字架，防止更换油嘴时油嘴掉落出口管线中，减少了停井时间。

（3）该装置体积小、重量轻、结构简单，减轻了员工劳动强度。

五、应用效益情况

该油嘴套在中原油田文留采油厂已投入使用，在使用过程中大大提高了安全系数，降低了职工的劳动强度，开井时率效果明显提高。在使用的过程中受到了职工的一致好评。累计创效约105万元。该成果2020年获中原油田安全类创新成果一等奖，2020年获中华全国总工会能源地质优秀职工创新成果二等奖，2020年获濮阳市第三届工业企业职工"五小"成果三等奖，2022年获国家实用新型专利授权（图2）。

图1　成果实物图　　　　图2　国家专利证书

油井产液在线检测装置

江苏油田分公司　林　凌

一、项目创新背景

油井生产过程中，单井的产油量及产气、产水量是重要的生产数据，这些数据给技术部门摸清产量并采取相应对策提供重要依据。

传统油井产出液的含水分析是通过人工取样，化验室分析得出结果。工人在井口取样，送至化验室分析。工序烦琐，人工成本高，效率低，误差大。

随着近几年采油新设备、新工艺的应用力度加大，移动式在线含水分析仪在生产中应用，可以更加直观和快速地了解油井的产液量及含水数据，为油井分析提供重要技术支持。

目前使用的移动式含水分析设备必须串联接入采油井井口和生产流程，达到实时在线检测含水并分析结果。

先进的在线含水分析仪在江苏油田使用率十分低下，仅真武油区可安装使用在线分析仪的油井不足40%，给技能大师摸清油井产量情况带来了困难。经过现场摸排和调研，主要是采油树结构存在三方面的缺陷。

（1）套管闸门相连的油套连通控制闸门多数埋于地下，导致闸门锈蚀且开关不灵活、不方便。

（2）油区有近40%的油井由于各种原因没有在套管闸门一侧安装油套连通装置及控制闸门，其本身是一个无外接口的串联流程，这部分油井油流从油嘴套流出后直接进入回压阀门、集油流程，无法安装移动式分析设备。

（3）每次安装设备时都必须要焊接修改流程，不安全、不经济、也不方便。

为彻底解决这一生产难题，技能大师充分利用油井现有特征设计制作了一体式连通器，确保不对现有采油井井口做改造的情况下能够安装使用移动在线含水分析设备，让这部分油井能够使用单井监测分析设备，进而获取准确数据，给油田生产提供保障。

二、结构原理作用

正常生产油流走向是，油流经过生产阀门进入油嘴，控制油流大小后进入油嘴套，再由油嘴套出口进入回压阀门和集油流程。

技能大师根据油嘴套的特征制作一体式穿管连通器，设备由内穿管、回流三通、密封压盖三部分组成。第六次改进时，加工了油嘴丝堵，达到可同时控制产量的目的，采用铜垫片、密封胶圈确保内穿管和回流三通之间密封合格。

内穿管：一端是内丝扣，与油嘴头外端加工的丝扣连接（连接口采取四氟乙烯材料垫片密封）安装在油嘴口；另一端是快装丝扣与分析仪设备的进口管线可实现连接。

回流三通：安装在油嘴套原密封丝堵位置，另外一端是快装丝扣与分析仪设备的出口管线实现连接。

密封压盖：其作用是隔绝内穿管和回流三通，让油流形成回路，隔绝密封是重中之重。

设备组合安装后主要会有密封压盖和回流三通、密封压盖和内穿管两处连接渗漏隔绝点。针对连通器两处渗漏处，技能大师使用不同的密封思路来起到隔绝作用。

（1）针对密封压盖和回流三通连接端面之间的密封：①回流三通顶端加工平滑并加工0.5mm密封水线槽；②压盖端加工2×1.5mm槽口1个，安装紫铜密封胶圈，压紧后和回流三通起到密封作用。

（2）针对密封压盖和内穿管内壁间的密封压盖内部上端，加工20mm长的细牙，下端加工和内穿管间隙配合的平滑面，在内穿管相应位置加工60mm长细牙丝扣，丝扣尾部设2mm×1.5mm槽口两个，加装密封胶圈，压盖压入内穿管后内壁和密封胶圈压住，起到密封内侧作用。

三、主要创新技术

安装完成后和整个油嘴套形成一体，原油从生产阀门—油嘴—内穿管—含水在线分析仪—回流三通—油嘴套三通出口—回压阀门—集输流程，形成密闭串联系统，可实现该油井的单井产液量和含水等数据的分析（图1）。

四、应用效益情况

（1）使在线含水移动式分析仪在采油井的井口安装率从60%上升到100%。

（2）历经6次改造形成可加装油嘴，使得控制产量和在线分析功能兼顾。

（3）改造后采用紫铜金属垫片加密封垫圈双重密封，有效隔绝回流三通和内穿管，使用过程中压盖密封完好，现场无渗漏现象。

（4）结合移动式分析设备，便于拆卸。

该装置的研制应用不影响油井的正常生产，随接随用，用完即拆，使用便捷，数据精准，为技能大师在第一时间内了解油井生产状态和生产动态变化，并及时采取有针对性的措施提供了便利，具有较大的推广价值，该发明已经获得实用新型专利（图2）。

图1　现场应用图　　　　　图2　国家专利证书

 ## 一种油田采油树用防堵过滤油嘴

华东油气分公司　张　帅

一、项目创新背景

目前很多油田采用注二氧化碳混相驱油等技术，为预防气窜和降低井控风险在抽油机井井口都安装了油嘴套和油嘴，因抽油机井井口盘根经常老化、破碎被带入井中随采出液进入油嘴后堵塞油嘴。由于原油嘴是平面，所以堵塞物会一直保持在油嘴单一孔道上，极易造成油嘴的堵塞，造成油井油压升高，从而影响了油井的正常生产，甚至会导致原油泄漏致使污染事故的发生。目前采用的办法是将油嘴从油嘴套内取出，清理油嘴的孔道和油嘴套内的异物，这需要将油嘴拆下清理，并有很大概率清理不干净而造成二次拆卸清理，大大影响油井生产时率，加大劳动强度。为解决这一难题，技能大师研制了"防堵过滤油嘴"，保证了油嘴的正常工作，特别针对抽油机井油嘴因碎胶皮等异物造成的油嘴堵塞，效果尤其明显，有效保障了油井的正常生产，避免了憋压泄漏造成的环境污染，具有材料损耗低、维护工作频率低、运行时效高的优点。

二、结构原理作用

该油嘴的主要结构由前置型过滤油嘴、油腔和后置油嘴等三部分组成（图1）。

（1）前置型过滤油嘴：形状为半圆面，顶端设置一个孔道，四周均布4个孔道（图2），油孔大小设置比后置油嘴小0.2mm，使原油中的异物小于进油孔道的顺利通过不易堵塞后置油嘴，大于进油孔道的截留在了前端，即使堵塞物堵塞了其中的某一个前置油嘴的进油口，也不影响其他进油口的正常工作。

（2）油腔：前置型过滤油嘴与后置油嘴采用丝扣连接，中间形成中空的油腔。

（3）后置油嘴：后置油嘴为一标准单一孔道的油嘴，中间进油孔与后置油嘴的出油孔在一条轴线上。

三、主要创新技术

（1）降低油嘴的维护频次。

（2）提高了油井生产实率。

（3）半球型曲面不易沉积或吸附异物。

四、技术经济指标

通过在前置型过滤油嘴中间和侧面设置多个进油孔，油孔大小设置比后置油嘴小0.2mm，使原油中的异物小于进油孔道的顺利通过不易堵塞后置油嘴，大于进油孔道的截留在了前端。

五、应用效益情况

该装置于2020年研制设计并与在华东油气分公司草舍油田QK-26井安装试用。试用半年后与普通油嘴油井对比维护频次下降70%以上，随后该油嘴在草舍油田二氧化碳驱区块推广使用，单井年延长生产时间48小时，单井平均增油2吨。该装置于2020年12月获国家实用新型专利授权（图3）。

图1　成果实物图　　　　图2　成果实物图　　　　图3　国家专利证书

翻斗量油分离器在线校验装置

江汉油田分公司　张义铁

一、项目创新背景

目前，翻斗式计量分离器在江汉油田清河采油厂有20余座，每年要对翻斗式计量分离器进行校验计量工作。而翻斗式计量分离器在清河采油厂的校验方式主要依靠生产厂家或专业公司通过计量校验车进行校验计量或者人工自行校验。采用以上方法在校验计量过程中主要存在以下问题：

（1）人工自行校验采用的是称重法校准，需要将计量分离器人孔盖打开，取出翻斗进行灌液校准，耗费人工较多、操作时间长、操作难度大，并且存在安全环保隐患。

（2）采用生产厂家或专业公司计量校验车校验，可控操作成本高，校验操作时间长、效率低，影响翻斗分离器正常计量工作。

二、结构原理作用

翻斗式计量分离器在线校验装置主要包括：装置进口端、装置进口控制阀、过滤器、油嘴套、弯头、2英寸直管段母管前段、标准水表、2英寸直管段母管后段、单流阀、装置出口控制阀、装置出口端（图1）。

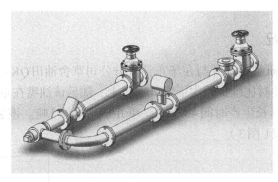

图1　结构示意图

其工作方式为：将翻斗式计量分离器在线校验装置出口端与翻斗式计量油分离器进口端空头串联对接，翻斗式计量分离器在线校验装置进口端与标准介质水源（密度=1g/ml，如站上来水，注意密度换算，水源压力介于干线压力和单井回压之间）串联对接，形成封闭连通流程。再利用密闭液体连通器工作原理：密闭容器内，在同一时间范围流经各级容器的液体体积相等，进行密闭无污染无排放计量校验。标准介质水源通过翻斗式计量分离器在线校验装置进口端经翻斗式计量分离器在线校验装置进口控制阀，通过装置中过滤器进行过滤介质中较大颗粒物，在通过装置中油嘴套进行压力调节，通过装置中弯头，其弯头可根据现场安装位置自由改变装置方向（Z形或U形）利于装置安装，在通过装置中直管段母管前段，流过所述标准水表，进行计量校验，在通过装置中直管段母管后段，直管段母管前后段保证介质水流流速平稳，降低所述标准水表误差，最后通过翻斗式计量分离器在线校验装置出口控制阀及装置出口端，到达翻斗式计量分离器进口端。

三、应用效益情况

该装置结构简单，安装、操作方便。在采油管理一区应用后（图2），每年节约校验成本费近万元。该装置获国家实用新型专利授权（图3）。

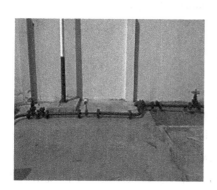

图2 现场应用图

图3 国家专利证书

防倒灌油井多功能油嘴装置

江苏油田分公司 厉昌峰 李潮松 张 峰

一、项目创新背景

在油田自喷油井和电潜泵油井生产过程中，为保证油井按照合理的生产参数开采，井口采油树通常安装油嘴式控制阀，用来控制油压及出油量。传统的油嘴在生产过程中，存在以下问题：一是容易被油井排出的蜡块或杂物堵住，一旦堵塞将导致井口压力快速升高，对生产造成很大威胁；二是调整油嘴尺寸参数时，需要更换油嘴本体；三是当多联结井网中的某油井出现油管漏失时，油嘴高压侧的油压消失，其他油井的原油会通过油嘴倒灌到该油井的井筒内，极大地影响油田生产，造成原油产量损失。

二、结构原理作用

（1）设计防堵塞滤罩网。

（2）设计陶瓷可更换式油嘴芯。

（3）设计防倒流装置。

油嘴左端口有球座，球座中有密封钢球，球座的左侧安装挡球罩。油嘴中插接油嘴芯，油嘴芯右端油嘴芯螺塞，油嘴芯螺塞的右端安装防堵过滤罩（图1、图2）。

三、主要创新技术

（1）实现了立体防堵塞结构。

（2）实现油嘴芯孔径便捷更换。

（3）实现自动密封防倒灌技术。

四、技术经济指标

（1）油嘴芯应用陶瓷材质，端面为外凸2mm台阶结构。

（2）防倒灌阀球直径大于20mm。

（3）防倒灌阀球和球座为高强度钢材质。

五、应用效益情况

该装置2017年开始研制，2018年在江苏油田采油一厂永14平1井、真11井等5口油井安装使用。永X33井为电潜泵井，油井日产液量260吨，含水98%，油嘴孔径13mm，安装前每周清理油嘴，安装后1个月检查一次油嘴；2018年10月油井出现油管漏失，在油嘴单流阀的作用下，没有出现倒灌现象。调整油井参数只需更换不同规格的陶瓷油嘴芯子即可，减少了加工制作费用。该成果2020年9月获国家实用新型专利授权，2021年11月获国家发明专利。2021年获中国石化质量QC成果二等奖。2021年获全国能源化学地质工会职工技术创新成果三等奖。

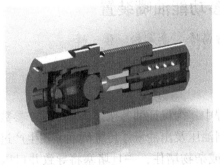
图1　结构示意图

图2　现场应用图

基于机械杂质防堵新型条形防砂油嘴

西北油田分公司　吴登亮　王永亮　岳彩栋

一、项目创新背景

油嘴节流控产、保压是油田常用的一种生产方式，可通过选择不同规格的油嘴实现油井压力与产液的控制，从而确保油井高效、平稳的生产。在实际生产过程中由于地层出砂、原油混合不均匀、机械杂质及盘根碎屑等因素的影响，导致油嘴堵塞频频发生，造成油井停产无法正常生产，并且增加了员工的工作量，严重时极易造成井口油气刺漏及环境污染。

鉴于以上生产难题，研制了"基于机械杂质防堵新型条形防砂油嘴"，可有效避免油嘴堵塞问题，达到油井生产保效目的，而且降低了员工劳动强度，进而避免了原油污染问题。

二、结构原理作用

基于机械杂质防堵新型条形防砂油嘴滤网改变了孔装滤网的结构，条状滤网既达到阻挡杂质的目的，又增大了过滤网面积，基本能通过条状滤网的杂质也能通过油嘴，而且利用条状导流装置实现高压射流下的水力切割，将堵在条带上的杂质、地层砂等异物，利用高压流体作用在条状导流剩余截流面所产生的冲刷力，不断将堵塞物切削、剥离，最终实现杂质的过滤直至破碎分解，达到解堵的目的（图1）。

三、主要创新技术

（1）实现油嘴前端杂物的阻隔。
（2）锥形导向面实现水利破碎，解堵。
（3）确保油井平稳运行生产。
（4）降低油井单井外输管道凝管风险。
（5）规避井控风险、避免原油污染。

四、技术经济指标

基于机械杂质防堵新型条形防砂油嘴有效解决杂物造成油嘴堵塞的问题，既能提高油井生产效率，保证油井产量，也可带来一定的经济、社会效益。

（1）减少频繁拆装油嘴的工作量，减少员工清理油嘴次数，达到降低员工劳动强度的目的。

（2）提高了油井运行效率。由于条状导流防堵油嘴滤网的使用，减少了停井次数和停井时间，提高了采油时率，达到了增油的目的。

（3）减少了井口污染。频繁拆装油嘴，清理油嘴卸压时会产生较多的污油，需进行处理，通过安装条式滤网，减少了污油产生量，降低了治污费用，提高了现场的标准化。

五、应用效益情况

基于机械杂质防堵新型条形防砂油嘴自2017年投用，2022年12月已通过分公司物资装备部门在西北油田分公司推广使用，累计安装623个，投用后有效解决了因杂物造成油嘴堵塞问题，大幅度提升油井运行时率，减少产量损失，年增产400吨，增效1392万元。

该成果2017年获国家实用新型专利授权（图2），2021年获得自治区"五小"引领优秀创新成果，2022年获得西北油田分公司"QC"质量管理小组活动三等奖。

图1　成果实物图　　　　　图2　国家专利证书

加热炉烟筒冷凝水回收装置

胜利油田分公司　李　军

一、项目创新背景

目前油井产出液在储存、外输过程中需要加热炉对其进行加热。特别是在冬季，为保障外输管线内产出液更好的流动，需加大炉火提高火焰温度，加热炉气门的进气量就大幅增加。但在使用加热炉过程中，由于空气中的水汽进入加热炉，随着烟道和烟筒排出过程中，遇冷产生的冷凝水顺着烟筒内壁下落，存集在烟道里，并通过烟道的排污口不间断的滴落在地上，影响加热炉的加热效果，同时造成环境污染和设备设施腐蚀。

二、结构原理作用

该装置的主要结构由保温烟筒、卡炉烟道内烟气降温装置及冷凝水收集装置等三部分组成（图1）。

（1）当烟筒内形成冷凝水，收水槽收集烟筒内壁滑落的冷凝水。冷凝水达到一定高度时，排放装置可将冷凝水通过管线重新流入加热炉内。

（2）设置气体检测孔方便烟尘检测时安装气体检测仪器。

（3）安装冷却水箱，循环水将烟道内上升热气降温，减少冷凝水的产生。

（4）烟筒保温材料选用硅酸铝管，该材料具有环保、耐高温、优良的抗震性及热稳定性的优势，由于硅酸铝管壳耐温高达1000℃，具有良好的化学稳定性、热稳定性、低热导率。

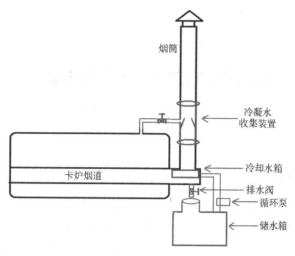

图1 结构示意图

三、主要创新技术

（1）冷凝水回收装置避免加热炉烟筒滴水造成的环境污染。

（2）烟筒内收集的冷凝水，可自动流回加热炉内，实现加热炉不间断加水，减少加热炉的加水次数。

（3）冷却水箱循环水使烟道内蒸汽减少，使炉火充分燃烧，节省用气量。

（4）气体检测孔的作用是烟尘检测时，方便安装气体检测仪器。

四、技术经济指标

以一台加热炉原有铁质材料烟筒更换周期为3年，单次更换费用约2500元，新型材料烟筒更换周期为15年，单次更换费用约6800元，经济效益=现更换周期÷原更换周期×原更换费用−现更换周期×现更换费用=15÷3×2500−1×6800=5700（元/台），单台加热炉一个使用周期的经济效益为5700元。

五、应用效益情况

该装置2021年开始研制，2022年1月15日，加热炉烟筒冷凝水回收装置已在胜利油田滨南采油厂采油管理一区82#计量站、管理八区6#计量站现场投入使用（图2）。进入冬季以来未出现冷凝水落地现象，最大限度地消除了安全环保隐患，大大减轻了职工的劳动强度。该成果2022年获"一线生产难题揭榜挂帅"活动优秀技术创新成果三等奖。

图2 现场应用图

水套炉分气包进、出口工艺流程

中原油田分公司　李永利

一、项目创新背景

随着油田的开发，地层能量降低，导致产量下降，气量不足，采油站水套炉分气包进油，从而使水套炉炉膛进油。油从水套炉火嘴溢出易发生火灾，同时造成水套炉烟筒冒黑烟，严重污染环境。分气包进油清理回收费时费力且清理过程存在安全隐患和环境污染。"水套炉分气包进、出口工艺流程的优化"能够达到：一是减少分气进油次数，降低环境风险，达到安全生产目的；二是降低人力清油、回收过程中的风险，减轻人工作业强度。

二、结构原理作用

该装置的主要结构由三部分组成。

（1）受自喷井油嘴的启发，在分气包进口加装气嘴来实现控制气量，有效避免了分气包进油的现象。

（2）通过对出口和排污口的改造，利用压力差分别将油、水密闭循环到集油汇管和回水系统。

其作用：关闭分气包进口，打开改造流程的入口，用锅炉车将热水从分气包排污口打入，分气包的原油在密度差的作用下会从出口完全进入计量汇管。然后关闭气出口闸门、打开进口闸门和排污口及回水闸门，利用压力差最后将分气包的热水排入回水系统。使用分气包进、出口工艺流程的优化，基本上避免了分气包进油的现象，彻底杜绝了清油外排的现象。

三、主要创新技术

（1）该流程结构简单，易操作。

（2）该流程能够巧妙地利用油、水比重和压差作用将整个清油过程密闭化。

（3）在进口安装气嘴采用定流式供气技术。

四、技术经济指标

该工艺投入少，结构简单，大大减轻了员工收油的劳动强度；避免水套炉进油造成烟筒冒黑烟对环境的污染，杜绝分气包中的油液外排对空气和土壤的污染，社会效益远远大于直接经济效益。

五、应用效益情况

该装置研制成功后，在20多具分气包应用（图1），通过对分气包出口工艺流程的改造，分别将油、水密闭循环到集油汇管和回水系统，有效减少了分气包进油的次数，减少水套炉冒黑烟现象，累计创效200多万元，该成果在油田具有良好的推广前景。该成果2021年获中原油田文留采油厂节能环保技术进步一等奖，2022年获中原油田文留采油厂职工创新成果一等奖，2021年获中原油田优秀创新成果三等奖，2021年获中原油田节能环保技术进步三等奖。

图1 现场应用图

水套炉温控低氮燃烧装置

胜利油田分公司 王学强

一、项目创新背景

作为油井井场中的重要加热设备，水套炉可实现对油井产出液的加热降黏处理。具体的，燃料在燃烧室中燃烧后产生的热能以辐射、对流等传热形式传给水套中的液体（水）；而后，水以及水蒸气进一步将热量传递给油盘管中的油井产出液，最终实现对油井产出液的间接加热。然而在实际运转过程中，现有油井生产现场所使用的水套加热炉其工作温度较难控制。由于油井井场出液量并不规律，加热温度过低会导致燃烧室中燃烧不彻底，从而产生尾气NO_x含量超标、黑烟污染，甚至降黏程度不足等缺点；而加热温度过高则会导致开锅频发，造成水套中水消耗过快，进而引起回压过高，管线堵、穿孔等隐患。因此，亟待本领域技能大师提供一种可有效解决上述使用问题，加温可调可控的水套炉燃烧装置。

二、结构原理作用

该装置的主要结构由三部分组成。

（1）水套炉主体部分：在水套炉主体的燃烧室内安装有盘形燃烧器，盘形燃烧器上连接设置有燃气管线与排烟管线，其中，燃气管线用于向盘形燃烧器供给燃气，在燃气管线上还设置有燃气进气控制阀，该燃气进气控制阀用于控制供给燃气的流量（流速）。

（2）烟气处理部分：在排烟管线上还设置有低氮催化燃烧室，该低氮催化燃烧室用于对排烟管线所排出的烟气进行二次打烟处理，以期降低尾气中NO_x的含量。

（3）控制单元：设有进气口端、出气口端，并通过引火棒与盘形燃烧器相接连。引火棒上安装有火焰电磁控制阀，该火焰电磁控制阀用于控制引火棒的火力大小。

三、主要创新技术

（1）利用温控探头自动监控水套加热炉的温度，控制炉火的大小。

（2）能够保证炉火不灭。

（3）使天然气和空气充分混合，提高燃烧效率，使烟气中的NO_x含量在$50mg/m^3$以下。

四、技术经济指标

（1）NO_x生成量的降低可以通过在火焰区加入烟气来实现：加入的烟气吸热从而降低了燃烧温度，同时加入的烟气降低了氧气分压，这将减弱氮气与氧气生成热力型NO_x的过程，从而减少了NO_x的生成，烟气的加入使得空气流速加快，这将促进空气与天然气的混合，从而减少快速性NO_x的生成。

（2）装置正常运行时，测试结果基本能够达到氮氧化物$<70mg/m^3$标准。

（3）该设备符合氮氧化物气体检测标准要求。

五、应用效益情况

该装置2020年开始研制，2021年11月27日，在胜利油田河口采油厂大北20-26井11月27日~12月9日生产期间，该井间歇出油严重，出现回压升高的情况，需要频繁人工调节炉火。11月29日安装温控装置后（图1），水套炉出口温度运行在40~50℃，回压再未出现异常升高的问题。水套炉出口温度运行在40~50℃，回压从0.8MPa降至0.6MPa。温度控制精准，保证了油井回压不超。该成果2021年获胜利油田群众性优秀技术创新成果二等奖。

图1　现场应用图

 # 新型高压双闸板防喷器

西北油田分公司　吴登亮　王永亮　岳彩栋

一、项目创新背景

随着西北油田开发进入中期，高压注气（氮气）、注水已成为老区上产的主要措施，所有高压注水、注气井在停喷后，改抽油机生产时，采油树顶部必须安装42MPa防喷器，作为重要井控防喷装置（标配），以规避油井井控风险及确保油井正常生产。由于目前在用的42MPa防喷器存在设计缺陷，无法满足油井正常生产，给分公司精细化管理和降本增效形成了很大的阻碍。

（1）光杆密封函体缺陷：盘根与光杆配合不好，不能很好实现密封保护，时常发生井口刺漏事件。

（2）全封总成缺陷：内部为两块橡胶芯配合密封，长期浸泡在盐水和原油中，存在腐蚀的风险，高压密封期间存在井控风险。

为避免油井井控风险，唯有将42MPa防喷器进行改造才能解决现有难题，规避井控风险的同时还能保证油井平稳运行。

二、结构原理作用

新型高压双闸板防喷器壳体、侧门、半封闸板、阀盖、全封闸板等主要承压件采用高强度、高韧性合金钢锻造成型，并经适当热处理。出厂前按GB/T 20174—2019标准进行水压强度试验，保证在工作压力下使用安全可靠。

手动双闸板防喷器半封闸板腔的工作原理是当人工旋转左右锁紧轴时，推动与锁紧轴配合的闸板轴，带动装有橡胶密封件的左右闸板，沿壳体闸板腔分别向井口中心移动，实现封井。当人工反方向旋转左右锁紧轴时，拉动与锁紧轴配合的闸板轴，带动装有橡胶密封件的左右闸板，向离开井口中心方向运动，打开井口。全封闸板腔的工作原理是当工人顺时针旋转手轮时，推动与阀杆配合的闸板，沿通径垂直方向进行直线运动，向井口中心移动，关闭井口。当工人逆时针旋转手轮时，推动与阀杆配合的闸板，沿通径垂直方向进行直线运动，向离开井口中心方向运动，打开井口。

三、主要创新技术

（1）壳体和阀座间装有回复性能高的波形弹簧，提高密封性能。

（2）采用浮动式闸板密封，可减小闸板开关阻力，减少胶芯磨损，延长闸板使用寿命。

（3）更换密封配件，提高耐磨、耐腐蚀性能。

（4）加设润滑轴承油嘴，提高设备耐磨、耐腐蚀性能。

（5）采油新型配件，提高密封性能规避井控风险。

四、技术经济指标

根据目前生产难题和分公司管理目标，技能大师对原有防喷器进行了改造升级，新型高压双闸板防喷器很好地满足了现有需求：

（1）提高井口密封性能，减少井口刺漏污染。

（2）提高设备耐磨、耐腐蚀性能，降低生产成本。

（3）减少配合高压作业串换井口频次，有效控制井控安全和额外生产成本。

（4）确保高压生产期间井控安全。

（5）降低员工劳动强度。

（6）保证油井生产时效，减少产量损失。

图1　现场应用图

五、应用效益情况

新型高压双闸板防喷器于2022年投入使用（图1），已通过分公司物资装备部门在西北油田分公司推广使用，累计安装7井次，共减少井口串换8次，节约成本9.6万元，更换盘根504组，节约成本11万元。

该成果2022年获国家实用新型专利证书，2022年在西北油田分公司采油二厂"优质项目评审"中获得三等奖。

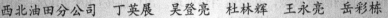

油田计转站集输系统自动分排水工艺

西北油田分公司　丁英展　吴登亮　杜林辉　王永亮　岳彩栋

一、项目创新背景

塔河油田所辖高含水井，进站后容易造成外输泵泵效差，外输液量输送不及时等问题，极大地增加了处理成本，尤其是混合液含水高于37%时，其表现尤为突出。现有解决措施是在站外新增集油器流程，通过人工进行排水，以此来缓解外输压力。

由于现有集油器磁翻板液位计，只能测量内部液位高度，不能精准分辨出油水界面，排水时只能依靠人工定时手动开启排水阀门排水，此操作存在员工工作量大、排水精度低等缺点。因此，创新一种计转站集输系统自动分排水工艺势在必行。

二、结构原理作用

该工艺其工作原理是：通过油水界面液位计把集油器的水位高度传到PLC控制系统，当水位达到设定的高度时，打开电动阀向地罐排水，同时油水分析仪显示含水率的值；当集油器水位低于设定高度或油水分析仪显示含水率低于设定值时，关闭电动阀，停止排水。水位高度和含水率任一条件满足设定值就要关闭电动阀。地罐安装有油水界面液位计，与排水泵联动，当液位高于设定值时，排水泵开启；当液位低于设定值时，排水泵关闭。泵出口设置两个手动阀门，当地罐内含油多时，把回流管线手阀打开，地罐内的油可以打回集油罐，在出水末端设置有螺旋转子流量计，可以精准计量分水量。

该工艺主要由60m³多功能集油器、在线含水检测仪、电动阀、二次储水罐、提升泵、流量计等组成。站内现有玻璃钢储罐及配套一管双用流程，可实现后端输水，无须改造。自动化仪器仪表主要由自动控制触摸屏、无线远传模块、PLC控制系统、电源、控制继电器、外输端子、油水界面液位计等组成。

该工艺可完成油水界面实时显示和自动精准排水。其设计思路是集油器和地罐分别设置油水界面液位计，集油器和地罐之间设置电动阀与油水分析仪，地罐出口设置排污泵。油位、水位、含水率、电动阀、泵等所有信号全部通过PLC控制系统进行采集，一路在就地触摸屏上显示，另一路通过数据线传递至所在计转站中央控制室。

三、主要创新技术

（1）实时监测油水界面。
（2）计时自动排放。
（3）精准测取流体含水数据。
（4）自动识别、判断、分析。
（5）仪器、装置动作连锁。

四、技术经济指标

（1）减少高含水原油车倒量，运输成本会大幅度下降。
（2）减少计转站、联合处理站混合液量，降低系统压力，能耗降低。
（3）计转站、联合处理站系统稳定，减少化学药剂加注量，平稳输油。
（4）高含水井计转站库内就地分脱水和回注，提高注水时效。
（5）直接回注利用，可减少化学药剂对地层的污染，提高油井产能。
（6）降低员工劳动强度，提高了信息自动化管理水平。

五、应用效益情况

该工艺目前已在采油厂所辖6-1站、10-7站等6座计转站推广应用（图1），截至目前累计就地分水回注8.5万 m³ 地层水。减少倒运费、药剂费、电费、天然气等费用650万元。

该成果2022年获国家实用新型专利证书，2022年获得西北油田分公司联合创新工作室优秀成果一等奖，同年获得新疆维吾尔自治区劳模引领性优秀创新成果，该成果目前正在撰写自治区QC成果申报材料。

图1　现场应用图

 柱塞泵滴漏污水回收装置

胜利油田分公司　孙文海

一、项目创新背景

目前，油田上使用柱塞泵主要用于注水和掺水，按照柱塞泵管理规定，泵在运转过程中允许柱塞盘根滴水，起到水润滑的作用。对于没有排水设施的注水泵或是掺水泵，在泵运行时盘根滴漏的水会流到地上，不仅造成环境污染还会导致泵的基础下陷等问题，存在安全隐患。

为解决这一难题，技能大师研制了"柱塞泵滴漏污水回收装置"，不但实现了污水排放治理，而且对回收的污水进行了循环再利用，提高了供水的利用率，实现了绿色清洁生产。

二、结构原理作用

该装置的主要结构由三部分组成。

（1）回收部分：利用泵体与装置的高度差，实现了污水的自动回收（刺漏的污水由高位流向低位）。

（2）存储部分：刺漏的污水进入存储腔，经过沉淀过滤后流入回注腔。

（3）增压回注部分：过滤后的污水通过计量泵增压后进行回注，液位感应控制泵的启停。液位感应报警装置，液位过低或是过高超过规定值时就会自动开启鸣叫，提醒职工采取措施。

三、主要创新技术

（1）实现污水自动回收。

（2）液位感应实现智能控制泵的启停。

（3）回收污水循环利用，避免污染。

（4）电器设备采用防爆技术。

（5）采用自动控制技术。

四、技术经济指标

（1）出口液位低于0.3m时装置自动停止；液位高于1.2m时装置自动调整频率加速运转防止溢流。

（2）装置正常运行时，噪声值为84dB。

（3）通过压力传感器检测的管线压力值，控制器随时调整泵的运转状态，确保回注效率。

五、应用效益情况

该装置2020年开始研制，2021年8月5日，在胜利油田河口采油厂管理六区罗10#站

的两台掺水泵上应用（图1），实现了柱塞泵盘根滴水的自动回收处理，不仅避免污水落地造成的环境污染，而且消除了污水长期渗入地下造成柱塞泵基础下陷的安全隐患。该技术是污水回收再利用方面的一种较为先进的设备和技术，有很高的推广应用价值。该成果获得2022年度河口采油厂"一线生产难题揭榜挂帅"优秀创新成果评审三等奖。

图1　现场应用图

移动清蜡防跳滑轮组合

西北油田分公司　毛谦明

一、项目创新背景

随着塔河油田的发展，油井结蜡逐渐增多，自喷井清蜡成为井口的常规作业，清蜡成本也逐年增加，为了降低成本，采油队对清蜡操作人员进行专业培训，进行自行清蜡，在清蜡的过程中钢丝易跳槽，因此，发明了移动式防跳滑轮清蜡装置。目前塔河清蜡队伍使用的清蜡滑轮采用的是独轮进行操作，由清蜡绞车带动钢丝在独轮槽内进行工作，在起下刮蜡片及加重杆时钢丝容易从槽中跳出。目前，有以下缺点：一是不利于现场操作，容易造成人身伤害，二是滑轮钢丝槽深度有限，容易跳槽，造成井下事故。为此发明了一款安全的防跳槽滑轮。

二、结构原理作用

将原有的移动式滑轮支板加长40cm，并在滑轮顶部安装一个小滑轮，这两处改进，一是加长支板高度，保证在上提刮蜡片时，操作人员能用手提住加重杆，避免提钢丝或刮蜡片造成人身伤害；二是顶部安装小滑轮，预防钢丝在入井后及打蜡时因钢丝松动而引起钢丝跳槽，从而避免了井下事故。

三、主要创新技术

移动清蜡防跳滑轮组合是由滑轮固定环、支板、工作主滑轮、防跳滑轮组成。圆形固定环上部与工作主滑轮之间为支板，支板有两个，分别在主滑轮的两侧，下部由两个螺栓与固定环进行连接，主滑轮上部为防跳滑轮，防跳滑轮由小滑轮、滑轮轴、锁扣组成，分别固定于两个支板之上。

使用时，将滑轮固定环安装在清蜡管上部，先将支板上提处于打开位置，再将小滑轮打开，将钢丝放入主滑轮槽内，关闭小滑轮固定好，将支板处于工作位置，将刮蜡片及加重杆下入井内开始作业。作业完毕后将防跳滑轮打开，将支板打开，提出井内刮蜡片及加重杆，进行检查。

四、技术经济指标

该发明具有较强的适应性和最佳实施效果，可根据实际需要增减非必要技术特征，来满足不同情况的需要。

图1 国家专利证书

五、应用效益情况

（1）解决了老式固定清蜡滑轮操作复杂的问题，并降低了操作工人的工作难度。

（2）改造后每次清蜡可节约时间15分钟，每天可增油0.07吨，每月增油2吨，三个月可增油6吨。每吨油按4000元算，一年可创经济效益9.6万元。

（3）操作安全可靠，避免了井下事故。

该成果2013年获国家实用新型专利授权（图1），2014年获得西北油田改善经营建议三等奖。

第三节 油水井井筒故障排除

 稠油掺水井自动泵下热洗装置

胜利油田分公司 王海军

一、项目创新背景

迄今为止，国内各油田针对稠油井的日常管理，普遍采用地面掺水来减少管道内原油的流动阻力、降低管道回压的模式。掺水量根据油井产液情况由现场工人手动调节。由于掺水经过长距离的传输到达井口时，热量已经损失很多，温度不会很高，故而降黏效果大打折扣。稠油井的原油物性差、杂质多，容易在井筒内壁结蜡、结垢，增加了井筒内原油流动阻力，使抽油机载荷增大，且深井泵泵效过低，所以稠油井采用长冲程、慢冲次来提高泵效。

同时，还需根据油井井筒工作状况不定期进行井下热洗清蜡、地面热循环解堵、除垢作业，成本不菲。因为稠油井原油黏度大，所以负荷较重，对冲次要求较低的生产现场普遍采用变频器控制冲次参数，需要"避峰填谷"变频率运行时，由操作人员到现场手动调节。油田供电实行峰谷电价计费，每天有8小时电价不足0.3元/kW·h，耗电设备"避峰填谷"运行大有可为。

二、结构原理作用

该装置的主要结构由四部分组成（图1）。

（1）逻辑控制部分：由触摸屏、传感器、PLC控制器等组成，其中传感器分为压力变送器、温度变送器两种，根据测量值产生相应的4~20mA模拟量信号，传递给PLC控制器；PLC控制器主要执行信号采集、运算、发出逻辑指令等任务，根据现场测量信号的运算，输出逻辑控制相应执行机构的动作状态；触摸屏作为上位机，将现场需要展示的数据进行组态，配合DTU的情况下可以实现web发布、远程调控等功能。

（2）水路流程部分：由篮式过滤器、电磁阀、流量计、调节阀等组成，其中篮式过滤器起到过滤来水杂质的功能；电磁阀执行PLC控制器的逻辑指令，实现地面、地下水流通道切换的功能；流量计实现实时计量水路流程消耗的水量；调节阀执行PLC控制器的逻辑指令，实现不同开度来控制水量的功能。

（3）电磁加热部分：主要由电磁加热装置组成，根据PLC控制器反馈来的逻辑指令，自动调节电磁加热装置的输出功率，达到控制掺水、热洗温度的功能。

（4）电气控制部分：主要由断路器、开关电源、散热风扇等组成，其中断路器控制整体装置电能的通断；开关电源实现AC220V/DC24V的转换，为PLC控制器、触摸屏、传感器、电磁阀、调节阀等提供工作电源；散热风扇实现装置内部的通风散热，保证装置内部工作环境温度处于合理区间范围内。

三、主要创新技术

（1）思路和方法：利用稠油井现场现有的地面掺水流程，采用以PLC（可编程）控制器为核心的自动控制装置，实现稠油掺水井的自动调节掺水量、自动调节掺水温度、自动"避峰填谷"运行、自动在地面掺水和泵下热洗模式间切换、自动实现上下冲程变频运行等功能。

（2）主要观点：稠油井之所以采用长冲程、慢冲次、地面降黏开采，是因为原油黏稠的物性制约，使用热水周期性对井筒进行热洗，既能延长井下泵、杆、井筒的免修周期，又能降低井筒与地面的原油黏度，还能够相对提高稠油井抽吸参数，从而增加稠油井产量；稠油井在满足深井泵抽吸参数的前提下，用变频器"避峰填谷"运行，必然会节约电费支出，稠油井地面管理提质增效。

（3）解决的问题：规范了稠油掺水井管理模式，实现了稠油掺水井井下、地面管理双向提效；实现了稠油掺水井泵下热洗、地面掺水自动化控制，减少了操作人员的劳动量。

（4）适用范围：稠油井、稠油掺水井。

（5）填补了油田稠油掺水井地面管理无自动"避峰填谷"运行、自动泵下热洗装置的技术空白。

四、应用效益情况

2017年1月至2017年8月，应用于胜利油田孤岛采油厂采油管理二区（图2）。推广应用后，稠油井平均日预期增油1吨，单套装置的研发成本为10万元，吨油成本按照1870元/吨计算，预计单井年创直接经济效益为（1870 × 365/10000）–10 ≈ 58万元。胜利油田孤岛采油厂有稠油低液井300余口，假如其中的100口井适宜应用该装置，则预计年创直接经济效益5800万元。该装置的推

图1　成果实物图

广有利于油田稠油井的提效管理，经济效益好，操作方便，应用前景广阔。2017年获全国能源化学地质系统优秀职工技术创新成果一等奖（图3）。

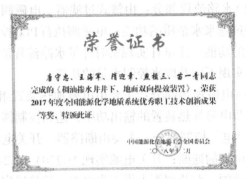

| 图2　现场应用图 | 图3　获奖证书 |

空心光杆防磨连接器

江苏油田分公司　朱　平　厉昌峰　郑　敏

一、项目创新背景

电加热空心杆是开采高含蜡、高黏度、高凝固点原油的一种有效手段，空心杆加热电缆总长1000m（价值12万元），其中850m下入空心杆内孔中，150m按要求规范挂置在井口抽油机前部支架上作为起、下电缆作业时备用。空心杆最上部分俗称空心光杆，空心光杆通过连接器连接拉杆，拉杆与抽油机悬绳器连接。连接器由连接拉杆的上接头、连接空心光杆的下接头及锁紧上、下接头的油壬三部分组成。

电加热油井作业拆卸油壬时，因油壬长久承载及日晒雨淋，丝扣被紧紧咬死，需多人合力操作才能卸松；人工穿、拔井口150m电缆时，需要从油壬和上接头45°弯管内穿、拔，因弯管内径小、弯角大，操作时不但硬磨电缆外皮本体，还需多人合力缓慢穿拔；起、下空心杆内电缆时，电缆（$\Phi 16mm$）与连接器下接头内壁紧贴硬磨，易导致电缆本体损坏，磨损严重时，电缆外皮碎屑掉入空心杆内孔，会堵塞空心杆内径（$\Phi 23mm$），造成电缆下行遇阻，导致油井作业返工。

为此，技能大师设计出了"防磨连接器"，解决了空心杆油井作业时硬磨电缆、作业返工、劳动强度大等难题。

二、结构原理作用

空心光杆防磨连接器的设计共有三个部分，分别是斜槽口式上接头、扶正式下接头和卡箍（图1）。

（1）斜槽口式上接头：上接头侧面开15°斜槽口，将穿管穿拔电缆改为直接进槽摆放电缆，杜绝电缆硬磨。同时上接头下部增加了卡边，便于卡箍将上下接头卡紧。

（2）扶正式下接头：下接头上端面增加4个螺纹孔，同时下接头上部增加卡边，下接头内部设计成可摆放尼龙扶正器的台阶槽。油井起、下电缆时将尼龙扶正器放入下接头台阶槽内，通过扶正器压盖，由四根螺杆固定在下接头上端面上，柔性扶正保护电缆不被磨损；起、下完电缆后，将扶正器拆除，恢复连接器安装模式。

（3）卡箍：将卡箍设计成对称两半，可取下卡箍片直接摆取井口电缆；卡箍本体承载受力，卡箍螺栓只是横向紧固卡箍片，受力小，易拆卸。

三、主要创新技术

（1）将穿管穿拔电缆改为直接进槽摆放电缆，杜绝电缆硬磨。
（2）起、下空心杆电缆，避免电缆与下接头硬磨、作业返工。
（3）由多人合力拆、装，简化为单人拆、装。

四、技术经济指标

（1）防磨连接器金属部分材质使用35CrMo合金钢。
（2）扶正器材质使用尼龙66改性品种，硬度低于电缆外皮。
（3）卡箍与上、下接头配合间隙在0.8mm以内。
（4）防磨连接器安全强度符合油田企业标准，工具在行业内首创。

五、应用效益情况

该装置2013年7月研制成功，并获得国家发明专利（图4），陆续在李堡油田、许庄油田等6口油井试用（图2）。使用空心光杆防磨连接器后，电缆使用周期按照8年计算，每年电缆花去费用1.5万元，原连接器每年花去费用4万元，节约电缆费用每年2.5万元，到2014年7月节约电缆费用15万元。2015年5月获得油田专家认可，并获得江苏油田技能创新成果一等奖，目前已在江苏油田90%电加热空心杆油井（129口）中推广应用，解决了原先劳动强度大、电缆硬磨损坏、作业返工等难题，年创经济效益320万元，累计创效1200多万元，取得了较好的社会效益与经济效益。

该装置2021年获得江苏省优秀质量二级技术成果，2022年获得中石化QC成果二等奖（图3）。

图1　成果实物图

图2　现场应用图

图3　获奖证书　　　　　　　　图4　国家专利证书

径向锚定法取换套技术

江汉油田分公司　张义铁

一、项目创新背景

在油田生产中，由于地方盐业工厂长期抽取地下卤水晒盐造成地面下沉、稠油热采井采用注蒸汽开采的方式使套管伸缩变形等原因，造成油井井口盘根盒距离地面高度过高，超过2m则严重影响操作，井口过高给油水井正常生产和修井作业过程中的安全、井控方面带来非常不利的影响。针对井口过高的情况，以往采用的办法是利用土石垫高井口台、抽油机或作业队加高井口站台的高度，但容易造成操作人员滑倒跌伤，没有从根本上消除油水井生产和修井作业过程中存在的安全和井控隐患。

要彻底消除井口过高带来的各种不利影响，最有效的办法是将井口降低至合适的安全高度。常规降井口方法是通过气焊切割将井口以下一定部位的表层套管及油层套管割断，重新焊接上环形钢板及油层套管接箍的办法来达到降低井口的目的，但由于焊接工艺本身的缺陷，时常会导致后期生产或修井作业过程中出现焊接部位漏失或断脱的现象，同时割焊井口的整个施工过程，井口完全处于失控状态，存在极大的井控安全隐患。而采用大修施工作业更换第一根油层套管降低井口的方法，也存在倒扣取出套管根数不确定，施工作业周期长，施工作业成本高等问题。

二、结构原理作用

该方案设计研制过程中对其使用的三种配套工具进行了设计改进（图1）。

（1）专用套管液压钳。

（2）锚定器。

（3）带插接头的专用钻杆等。

其技术原理是下入带有锚定器的换套管柱，将第二根油层套管从内部锚定，把常规的套管液压钳颠倒过来（即背钳在上、主钳在下）制作成特殊的倒扣专用套管液压钳，用背钳咬住换套管柱中露出的钻杆，主钳咬住第一根油层套管进行倒扣，起出第一根油层套管，下入短套管与井内套管进行对扣上紧，安装好井口，即可实现降井口的目的。

三、主要创新技术

（1）国内首次提出利用锚定器内部锚定套管，套管液压钳倒扣，更换套管的方法来进行降井口。该方法解决了大修倒扣取换套施工过程中存在的各种问题，如：倒出的套管根数不确定；存在找不到"鱼顶"的风险；并且施工过程中井口无控制，存在井控风险等。

（2）研制出了倒扣专用套管液压钳、锚定器、带插接头的专用钻杆等配套工具，实现安全、优质、高效完成降井口施工任务。

（3）在下入的短套管上接0.5m或1m套管短节，后期井口如果继续抬升，需要再次进行降井口时，只需卸掉最上面的一根短节即可，达到快速简便维修的目的。

（4）完善了整套的取换套施工工艺，安全规范。

四、技术经济指标

（1）专用套管液压钳最大扭矩为35kN·m，满足施工需求。

（2）施工周期缩短，减少了产量损失：大修施工周期最少5d，本项目平均施工周期4h（0.17d），按照目前清河采油厂平均单井日产油1.5t/d，原油价格按2200元/吨，计算单井减少原油损失效益：（5-0.17）×1.5×2200=15939（元）≈1.6（万元）。

（3）减少了取换套施工成本：大修取换套施工费用约22万元，本项目由小修队施工，作业费用预计为5.7万元，单井节约作业费用：22-5.7=16.3（万元）。

五、应用效益情况

该技术为国内领先水平，2018年7月径向锚定法取换套技术在3口井试验应用成功（图2），并通过不断的完善，研究制定了施工工艺。目前已完成140口井的降井口施工，取得了突出的经济效益。目前该技术已申报国家专利4项（图3），已获授权3项。该项目技术具备国内领先水平，可有效用于油田开发中的井口换套工作，能有效提升工作效率和降低成本，针对国内油田来说，具有非常好的市场推广价值。2019年获油田职工技术创新成果一等奖（图4）。

图1 成果实物图　　　图2 现场应用图

图4 国家专利证书

图3 获奖证书

抽油机井口防喷装置

西北油田分公司 吴登亮 丁英展 王永亮 岳彩栋

一、项目创新背景

机械开采已成为西北油田主要开采方式，机械开采主要依靠抽油机上下反复运行带动井下泵动作完成油井采油作业。近年来随着油田挖潜力的不断加大，抽油泵越下越深，导致抽油机杆柱载荷越来越大，使得在长期往复抽汲运动过程中，光杆受弯曲应力与光杆卡子处的应力集中交换作用，发生疲劳断裂造成井口失去控制，形成大面积原油污染，给采油厂安全环保及井控工作带来极大的危害，治理成本逐年增加。

鉴于以上生产难题，技能大师研制了"抽油机井口防喷装置"，该装置投入使用后解决光杆断脱后井口失控问题，避免造成井口污染，提高井控管理。

二、结构原理作用

井口防喷装置主要由12部分组成（图1）：树脂密封球、止推球座、弹簧、弹簧拉杆"O"形密封胶卷、弹簧拉杆、弹簧丝堵、紧固螺栓、直角支撑杆、树脂滑动导向轮、半球形密封球座、盘根压盖"O"形密封圈、本体（与原有盘根盒丝扣一致，与之相连）。

当抽油机井光杆发生断脱时，树脂滑动导向轮失去支撑点，使弹簧快速释放张力，带动直角支撑杆及弹簧拉杆沿轴向运动，从而推动止推球座及树脂密封球向前快速弹入泄漏通道，树脂密封球在井内液体压力作用下被迅速顶入半球形密封球座，从而实现断脱后的快速封闭油流通道。

三、主要创新技术

（1）实现紧急情况下井口密封。

（2）机械方式自动密封井口。

（3）确保油井平稳运行生产。

（4）光杆扶正，延长盘根使用时间。

（5）规避井控风险、避免原油污染。

四、技术经济指标

抽油机井口安装防喷装置可实现光杆断脱后快速密封井口，避免造成井口大面积污染和不可预测的井控风险，给安全环保及井控管理带来了很大的提升。

该装置可根据实际需要，调整树脂密封球及其相关参数，即可满足立式长冲程皮带机38mm、42mm光杆的使用，应用前景广泛。

五、应用效益情况

抽油机井口防喷装置于2015年11月投入使用（图2），2016年已通过分公司物资装备部门在西北油田分公司推广使用，已累计推广使用350套，投用后可实现井口异常状态快速封闭，井控风险得到有效控制，实现了井口"零"污染，单井可减少井口污染治理费用16.5万元。

该成果2017年获得国家发明专利证书（图3），2021年获得自治区"五小"引领优秀创新成果。

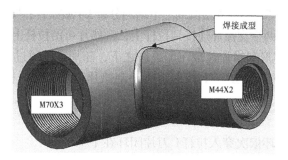

图1 结构示意图

图2 现场应用图

图3 国家专利证书

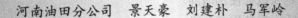

自喷井 6 字形刮蜡片

河南油田分公司　景天豪　刘建朴　马军岭

一、项目创新背景

目前自喷井清蜡主要采用机械清蜡方法。常规刮蜡器在清蜡过程中由于接触面大、下行阻力大造成下行速度缓慢、遇阻，清蜡时间长。常用刮蜡器有以下两种。

（1）筒式刮蜡器。该刮蜡片用丝扣连接在加重杆下端，通过内倒角将油管内壁结蜡刮下，进入圆筒从上部开口挤出。由于该刮蜡器下行阻力大，而受防喷管长度限制使加重杆重量有限，清蜡操作时下行困难；另外起出的刮蜡器内往往堵有蜡块，清蜡效果差。

（2）活动式刮蜡片。该刮蜡片上端打绳结连接清蜡车钢丝，下端使用钢丝打绳结连接加重杆，通过刀片将油管内壁结蜡刮下。由于该刮蜡片必须下端连接加重杆，更换时必须将加重杆及刮蜡片完全从防喷管内退出，去掉原绳结重新打绳结，清蜡操作时间长、工人劳动强度大。

二、结构原理作用

自喷井刮蜡片结构为"6"字形，主体为拉杆，上部为丝扣头及拆卸卡口，下部为锥尖结构，中焊接限位挡环，挡环外沿圆周上下均匀分布 3 个破蜡针；"6"字形刮蜡片上下有矛尖用来破蜡，通过内部两个支撑环连接到拉杆上，刮蜡片可沿拉杆上下移动及转动（图 1）。

工作原理："6"字形刮蜡片连接在加重杆之下，随加重杆通过钢丝下入油管内，下部"0"形结构刮削油管内壁结蜡。上行遇阻时，刮蜡片上部开口结构引发自转，可自行解除遇阻。

组装特征：

（1）将刀片及限位环依次穿入拉杆（刀片闭环在下）。

（2）在合适位置将限位环铆定、焊接牢固。

（3）组装好的刮蜡片应移动及转动灵活，上、下死点位置合适。每套自喷井刮蜡片共 9 只，刀片外径分别为 $\Phi42mm$、$\Phi44mm$、$\Phi46mm$、$\Phi48mm$、$\Phi50mm$、$\Phi52mm$、$\Phi54mm$、$\Phi56mm$、$\Phi58mm$。

具体实施方式：

（1）将刮蜡片连接好加重杆及钢丝，放入防喷管。

（2）将防喷管安装在清蜡闸门上。

（3）下刮蜡片到预定深度。

（4）上起刮蜡片进入防喷盒，泄压后卸防喷管，更换刮蜡片。

（5）重复上述步骤，直至最大直径刮蜡片后结束施工。

三、主要创新技术

（1）刮蜡片上部外螺纹与加重杆下部内螺纹一致，使用丝扣直接连接加重杆，避免打钢丝绳结操作。

（2）6字形结构，减小了上行卡阻概率。

（3）丝扣头与拉杆连接部分为锥形结构，增加了结构强度。

（4）拉杆最下端拉环改进为锥尖，减小了刮蜡片下行阻力。

（5）刀片上小下大，下行刮蜡。

（6）刀片外刃倒角，防止上、下行刮碰油管。

四、技术经济指标

平均单井清蜡操作时间缩短至3h以内。

五、应用效益情况

清蜡刮蜡片现场应用后（图2），缩短了自喷井清蜡操作时间，平均单井清蜡操作时间由5h减少到2.6h，提高了工作效率和采油时率，降低了劳动强度。同时完善了清蜡工艺，杜绝因清蜡工具引起的油管堵塞、自喷井停喷等问题，保证了自喷井正常生产，防止出现停井造成产量损失，年产生直接经济效益10万元以上。2016年获全国能源化学地质系统优秀职工技术创新成果三等奖（图3），2019年获国家实用新型专利授权（图4）。

图1　成果实物图

图2　现场应用图

图3　获奖证书

图4　国家专利证书

多功能油井热水循环洗井装置

胜利油田分公司　代旭升

一、项目创新背景

胜利油田为保证常规稠油井生产正常，通常采用向井内大剂量加药、大量掺水或频繁用泵车洗井等方法。经过几十年的工作经验发现，这类油井单纯加药，大量掺水降黏的效果都不理想，用泵车洗井时还存在容易形成静水柱使洗井水进入油层，对油层污染，洗井后需要长时间排水影响产量等。针对这些问题，技能大师发明了多功能油井热水循环洗井装置，它可以将水温加热到90℃，通过连接管线进入油套管环形空间，热水加热油管外壁和油管内原油至60℃，热水里应外合地将油管内壁上的死油和蜡清除掉，真正起到疏通油管、降低原油黏度、减轻驴头负荷等作用，不会产生静水柱，防止洗井水污染和水敏伤害油层。

二、结构原理作用

该装置的主要结构由以下部分组成（图1）。

（1）储水包，装置的本体，在常压下储存1.5m³水，将装置的部件安装在一起。

（2）高效加热棒，将电能转换成热能。

（3）热电偶，探测水包内的温度将信号传递到控制装置。

（4）释放药桶，使药缓慢均匀混入水中24小时都发挥作用。

（5）溢流阀，当储水包内水位超限时，它会自动将多余的水排出，保证装置工作正常。

图1　成果实物图

（6）表式温度计，观察、记录储水包内水的温度。

（7）磁翻转液位计，观察、记录储水包内水的水位。

（8）智能流量计，连接在进水口，显示瞬时流量，储存用水总量。

（9）进出水闸门。

（10）来水进入装置，加热后的水流出进入油井内。

（11）电器控制装置。

使用时用随车吊将装置运至油井井口，用胶管将水源与装置进口相连，出口胶管插于油井套管内，装置控制柜与380V交流电源相连。将储水包灌满并使水温上升至90℃后，打开供水闸门，热水沿胶管进入油井，加热油管内原油使其黏度下降，并融化油管内壁的死油和蜡，使油管畅通，驴头负荷减小。

三、主要创新技术

（1）移动安装使用方便。使用时用随车吊将装置运至油井井口，用胶管快速相互连接，接通380V交流电源即可使用。

（2）可以将降黏剂慢慢掺入80℃水中，使药均匀混入水中再掺入原油，像给人打吊瓶一样24小时给油井加药。

（3）掺入的水、药混合液温度可达80℃，保证了冬季油井加药管线不冻堵。

（4）解决了低能量油井洗井后需要长时间排水和静水柱造成的油层污染问题。

四、技术经济指标

（1）储水包承受压力常压，储存水量1.5m^3。

（2）加热盘管功率4.5kW，电压380V。

（3）水温80℃时最大流量0.3m^3/h。

五、应用效益情况

2012年10月，第一台样机在胜利油田东辛采油厂三矿营13-P14井试用（图2），该井是一口稠油常规开采井，原油黏度5000mPa·s，含水11%，日加降黏剂10kg，套掺水30m^3。采用装置后，加2.5kg降黏剂，套管内日掺水3m^3，水温80℃，两天后，光杆下行明显顺利，将冲次由0.8次/分钟调为1.6次/分钟，日产油由7吨上升为12吨，日增油5吨。采油厂组织专家进行鉴定，鉴定后又制作4台，通过三个矿一年多的使用，累计使用147井次，累计增油2326.5吨，降低油井洗井成本14.3万元，减少药剂费17万元，累计创效706.2万元。2014年获国家实用新型专利授权（图3），胜利油田技能人才创新成果一等奖，获得东辛采油厂改善经营管理合理化建议一等奖。

图2　现场应用图

图3　国家专利证书

直流高速清蜡绞车

胜利油田分公司　刘祥俊

一、项目创新背景

油田新区块在开发初期及油层改造压裂措施后，油井大多自喷生产，定期人工机械清蜡，是该类油井日常管理工作的一个重点。在自喷井生产过程中，清蜡绞车是确保井筒自喷油流通道畅通，减少因清蜡不及时造成的躺井占产和油井作业维修工作量、降低原油开采成本的关键设备。传统人工清蜡绞车结构简单、功能单一、缺少过载保护、缺失锁止机构、采用人工计数、手摇清蜡，劳动强度大。一项清蜡工作需5~6人配合，清蜡作业影响了劳动效率，延长了工作时间，增加了人工成本，同时影响了油井产量。如果使用测试车清蜡，需要支付费用，即每口井每次4千~5千元；如果购买成品电动绞车需要3.3万元/台，且须配套相应的动力电源。

二、结构原理作用

该装置的主要结构由三部分组成（图1）。

（1）动力部分：包括48V直流电源、直流电机（48VDC、350W、额定转速480r/min）、电源开关、调速手柄、控制器、倒顺开关、电路部分。

（2）传动部分：包括变速箱、离合器、皮带。

（3）绞车部分：包括智能电子计数器、刹车、滚筒、安全锁销、防护板、清蜡钢丝、刮蜡片、铅锤、清蜡爬杆、防喷管、滑轮等。

三、主要创新技术

（1）在现有人工机械清蜡绞车的基础上进行了改进创新，实现了直流、调速、电动驱动清蜡的方式。调速设计可以实现清蜡过程中遇卡时慢起慢下，上下活动钢丝，防止刮蜡片卡死或钢丝拉断；顶钻时可以实现快速上起（控制上起速度大于顶钻速度），防止钢丝打扭、跳槽。解决了成品电动绞车清蜡时无法调速，遇卡和顶钻时必须改为人工手摇控制速度处理遇卡和顶钻的问题。

（2）在现有人工机械清蜡绞车的基础上加装了液晶智能电子计数器，实现了智能电子计数功能，使下入和起出钢丝圈数记录更精确，消除了拉断钢丝的安全隐患，杜绝了清蜡工具掉落井底的事故。

（3）在现有人工机械清蜡绞车的基础上加装了过载保护装置、滚筒锁止机构及PC材质的耐力防护板，进一步提升了操作的安全性。

（4）48V直流供电（亦可用采油站配备的三轮车供电），安装简单，维护方便，安全可靠，特别适合自喷井现场无电源的情况使用，解决了成品电动绞车清蜡时需配套上380V交流电源或发电机的问题。

四、应用效益情况

直流调速清蜡绞车自2017年以来，不断改进优化完善，共制作5台直流调速机械清蜡绞车，投入2万元（利用原人工清蜡绞车改造，充分利用废旧资源），先后在胜利油田纯梁采油厂等15口油井自喷期应用（图2），按购置5台成品电动绞车（3.3万元/台）计算，节约成本支出14.5万元［3.3×5-2=14.5（万元）］，15口油井自喷期累计多产原油1500吨，创效益1500吨×0.235万元/吨=352.5万元，共计创效益352.5+14.5=367（万元）。荣获2016年度全国能源化学地质系统优秀职工技术创新成果三等奖（图3）；2021年获山东省设备管理创新成果一等奖（图4），2017年获国家实用新型专利授权。

图1 成果实物图

图2 现场应用图

图3 获奖证书

图4 获奖证书

底部球座

中原油田分公司 彭经武

一、项目创新背景

目前注水工艺是油田开发的重要措施之一，高压注水过程中，高压水冲刷管壁会产生大量杂质，进而沉积在管柱最底部的工具上，形成沉积段，影响水井施工工艺。产生严重后果如下：

（1）洗井不通，无法进行其他措施，只有起出管柱进行作业。

（2）增加注水压力，伤害地层。

（3）沉降物沉降在洗井开关的球座上，使钢球坐封不严，注水管柱漏失。

底部球座的研制解决了上述反洗井过程中存在的问题，使高压水冲刷管壁产生的大量杂质实现了液固分离，解决了固体堵塞开关的通道。

二、结构原理作用

底部球座由洗井阀、洗井短节、沉降管组成（图1）。洗井短节上部设有沉孔和与其连通的倾斜向上的进液孔，洗井短节本体上设有与洗井阀的阀筒内腔连通的轴向沉降通孔，沉降管底部装有丝堵。

反洗井工作时，高压水进入油套环空，通过洗井沉降短节倾斜向上的进液孔进入沉孔，再通过连接短节的中间通道，顶开凡尔球进入凡尔罩，经其倾斜向上的出液孔进入油管，携带油管及工具内的沉降物到达地面流程中排出。

正注生产时，油管内的高压水使凡尔球落在凡尔球座上，形成密封开关，凡尔球上有凡尔球罩，防止沉降物落在凡尔球上，同时，沉降物通过洗井短节的轴向沉降通孔进入沉降管，沉降管底部装有丝堵，承受高压同时，避免沉降物堆积在凡尔球周围，有效解决洗井阀坐封不严、注水管柱漏失的问题。

三、主要创新技术

（1）设计固体杂质沉降通道，解决固体杂质堵塞球座洗井通道。

（2）采用整体加工，可以承受高压。

（3）使用专用的合金球和座，提高密封性。

（4）用新型材料，延长底部球座使用寿命。

（5）底部球座设计巧妙，便于加工，使用成本低。

四、技术经济指标

（1）底部球座用于水井工艺管柱最底部，是连接油管和油套管环空通道的开关。

（2）技术参数：长度400mm，耐压35MPa，外径90mm，两端连接螺纹2 7/8TBG。

（3）依据标准GB/T 20970—2015井下工具检验，符合标准要求。

五、应用效益情况

底部球座2016年研制，于2019年8月进行测试，2020年2~3月共在3口井上使用（图2），通过工具队测试，确实解决了反洗井开关打开困难，易损坏油管和套管，洗井开关的钢球坐封不严，注水管柱漏失的问题，适用于中原油田注水井找漏、验套等工艺，达到工艺设计的预期。目前，已在中原油田使用，累计创效400万元。该成果获中原油田技能操作创新成果一等奖（图3），2017年获国家实用新型专利授权（图4），国家发明专利

（201610903935.x）已过第2次实审。

图1　成果实物图

图2　现场应用图

图3　获奖证书

图4　国家专利证书

电动混砂撬装置

华东油气分公司　沈　霁

一、项目创新背景

油气田积极推动压裂施工工艺由传统压裂工程车向全电泵压裂转变，实现压裂施工电动化、绿色智能化。电动混砂撬作为电动压裂机组的重要设备之一，其核心技术一直被市场垄断，油气田压裂施工工艺的升级，完全依赖于第三方设备厂商提供的设备和技术服务，技术"卡脖子"问题亟待解决。并且在压裂施工成本中，设备租赁及技术服务费占据较大的比重，并存在上升趋势。为推动工艺升级，打破技术垄断，掌握核心技术，降低压裂成本，项目组决定自主开展电动混砂撬的研制工作，以满足采油厂压裂和压驱工作的需求。

二、结构原理作用

混砂撬装置整体包括电控柜，设置在电控柜中的人机界面触摸屏，PLC控制模块、变频控制系统，两台供液泵将压裂液输送至混砂罐，供液泵出口安装压力变送器、流量计，绞龙从进砂漏斗中将砂输送至混砂罐，混砂罐上安装液位计，内置搅拌机进行混砂，砂泵将混合均匀的携砂液输出，在砂泵出口装有压力变送器、流量变送器。整个装置由PLC控制模块根据现场施工需求排量及砂比自动调控两台供液泵及两台砂泵（图1）。

混砂撬进行工作时，人员根据现场压裂层段需求在人机界面触摸屏上设置混砂罐进液量及砂比。PLC控制模块通过计算，将运行指令下发至供液泵变频控制系统，供液泵按照指令运行频率启动，对应的供液泵出口电动阀自动开启，供液泵将压裂液输送至混砂罐中。PLC控制模块根据智能仪表测得的进液流量及时微调控制供液泵的运行频率，保证进液量稳定在设定值。当混砂罐液位达到2/3处时，根据砂比计算结果，PLC控制模块下发指令至变频控制系统，启动绞龙，绞龙按照运行指令保持一定转速将砂输送至混砂罐中，由混砂罐搅拌机进行搅拌均匀。

混合均匀后形成携砂液，按照砂泵排量＋送砂量＝进液量的逻辑关系，PLC控制模块根据设定排量及砂比，控制砂泵及砂泵对应电动阀的运行，将携砂液输送至后端的低压管汇。同时为保证混砂罐的液位稳定在2/3处的误差范围内，PLC控制模块根据混砂罐液位及砂泵流量及时微调控制砂泵的运行频率。

整个工作流程，只需要人员按照现场施工情况调整设置进液量及砂比，由PLC控制模块自动进行计算控制设备进行工作，实现全自动控制。

三、主要创新技术

（1）通过结构化、集成化的撬体设计，合理优化设备位置及流程走向，实现"小体积大功能"目标。

（2）自主研发控制系统算法，实现液面、混砂、排出三个关键环节的精准控制。

（3）设置简单明了的人机交互界面，实现一键启动，远程调控。

（4）研究机泵特性，在实现关键技术指标的前提下，降低装置能耗。

四、技术经济指标

额定排量达到20m³/min，额定砂量达到4m³/min，额定压力达到0.5MPa，整撬功率控制在370kW以内，装置运行时混砂罐内液位平稳，不溢罐、不抽空，砂液配比准确，砂罐不沉砂，排出压力保持稳定。

五、应用效益情况

2020年研制的第一代电动混砂撬装置在临汾煤层气压裂施工现场应用（图2），成功完成两段压裂施工。2021年，根据泰州采油厂现场压裂及压驱施工需求，在第一代电动混砂撬的基础上进行优化升级，增加加药装置，并完成现场加砂压驱作业。该装置2021年获国家实用新型专利授权（图3），2021年获华东石油局"五节六小"劳动竞赛一等奖，2022年申报华东油气分公司工程先导项目获评优秀，泰州采油厂科技项目获三等奖（图4）。

图1　成果实物图

图2　现场应用图

图3　国家专利证书

图4　获奖证书

一种油井查蜡管柱

江汉油田分公司　洪　河

一、项目创新背景

油井井筒内的原油由底部上升至地面的过程中存在着温度梯度、压力梯度，原油中的石蜡组分会随着原油温度的下降、压力下降后的原油脱气程度增加，导致原油里的石蜡组分出现结晶，随着时间的延长，结晶体的增加，原油油管与油管内的抽油杆之间会产生大量的蜡结晶体而形成蜡块，当蜡块增大严重时会堵死油管且将油管内部的抽油杆抱死，造成油井蜡卡后上作业，增加生产成本。平时对油井管理时，一般油井运行一段时间后，需要对油井最上部的光杆进行上提30~40cm，在上提这一段距离的过程中，根据光杆负荷的大小与平时负荷大小之比来判断油井结蜡情况，从而决定油井是否需要进行热洗清蜡工作。上提光杆30~40cm需要将抽油负荷卸载在油井盘根盒上，然后登高至抽油机井光杆最上端，用榔头打下最上端的卡瓦桶，再将卡瓦桶下移30~40cm后坐死在光杆之上，然后将功图仪插入悬绳器后启动抽油机来记录载荷大小。完毕后，再将光杆最上端卡瓦桶打下，然后上移30~40cm坐死在光杆之上。

操作过程中需要人员登高对光杆最上端的卡瓦桶进行重复卸松、上紧操作，并且每次操作时都需要对卡瓦桶原位置进行记录，费时的同时登高作业打榔头、卡瓦桶下落过程、光杆负荷重复转移过程等均易出现危险性，操作人员由于登高作业重心不稳，手抓光杆的概率较高，安全风险高。

二、结构原理作用

它包括一个筒体，筒体上开有轴向的开口，开口宽度大于抽油机光杆的直径，筒体的上下两端各设有用于将筒体固定在光杆上的紧固部件。紧固部件的形式可以有很多，只要能够避免筒体蹦出即可，本实施例中，紧固部件包括旋转台和焊台，旋转台和焊台均为开有开口的环形部件，所开的开口宽度均大于抽油机光杆的直径；焊台与筒体的端部固定连接，旋转台包括一截直径大于焊台外径的旋转部件和一截直径小于焊台内径的连接部件，旋转部件和连接部件固定连接，连接部件插入焊台内，且连接部件末端设有卡环，卡环嵌在焊台内。筒体侧向还可设有手柄。根据查蜡的需要，通常需要将光杆提高30~40cm，因此将查蜡管柱的整体高度设定为30~40cm。

装配时，先将旋转部件和连接部件连接，再整体插入嵌有卡环的焊台中，然后将卡环与连接固件点焊固定，最后将焊台与筒体焊接固定（图1）。

三、主要创新技术

采取一种通过对光杆最上端的卡瓦桶与悬绳器之间的30cm距离插入"楔子"的方案，避免人员对光杆最上端的卡瓦桶重复进行卸载操作和重复登高作业。

四、技术经济指标

本装置整个长度分别有350mm、450mm两种规格，该产品在纵向最大设计应力载荷受力为65吨。

五、应用效益情况

查蜡管柱使用过程非常简单，手提查蜡管柱的手柄，将筒体侧面开口槽对准光杆，插入光杆上端卡瓦桶与悬绳器之间的30cm距离之中，旋转查蜡管柱上、下端U形自锁装置180度，将查蜡管柱锁死在光杆上即可免去对光杆最上端的卡瓦桶进行下放和上移的操作步骤。

对使用查蜡管柱与非使用查蜡管柱这两种方式，在多台抽油机井进行上提光杆30cm查蜡做耗时对比试验可以看出，使用查蜡管柱方式进行油井查蜡，其查蜡时效提高377%。

查蜡管柱有益效果如下。

（1）通过在查蜡时将本查蜡管柱设置在卡瓦桶与悬绳器之间，避免查蜡过程中对光杆最上端的卡瓦桶进行反复拆卸，避免操作人员登高作业，且减少了查蜡操作步骤，缩短查蜡操作过程的时间，同时可减少操作人员手抓好光杆的概率。

（2）通过采用旋转台结构，防止操作过程中筒体意外蹦出伤人，最大限度地确保操作人员的人身安全。

（3）筒体侧向设置手柄方便提拿。

该装置2010年开始研制，2010年在江汉油田、长庆油田等地应用（图2）。目前，该成果已在长庆、江汉、江苏等油田得到推广应用。截至目前，该成果已经生产出489余件。该成果2013年获国家实用新型专利授权（图3），2011年获得海峡两岸职工创新成果金奖，2014年获湖北省第四届职工技术创新成果二等奖（图4）。

图1　结构示意图

图2　现场应用图

图3　获奖证书

图4　国家专利证书

光杆强制润滑装置

胜利油田分公司　王秀芳

一、项目创新背景

目前多使用游梁式抽油设备进行采油，在生产过程中，抽油井的井下抽油杆与光杆连接，光杆与抽油设备连接。但由于部分油井含腐蚀性物质，在油井生产过程中，腐蚀物质与光杆直接接触，使用一段时间后，由于腐蚀作用光杆出现麻窝，甚至出现沟槽，造成盘根压不住，漏失严重，出现黑井口和环境污染的现象；同时井口盘根盒内装有的盘根起密封作用，防止井口刺漏，一旦光杆腐蚀，盘根紧固难度就会增加，光杆上下运行过程中与盘根长期摩擦，两者之间没有液体润滑降温，接触面摩擦力增大，出现"干磨"的现象，导致盘根磨损严重，密封性变差，井口刺漏现象频发，需频繁更换盘根，腐蚀严重后只能更换光杆来解决问题。

频繁更换盘根，增加员工劳动强度，重复性工作量大；频繁更换光杆，增加了材料成本支出，长时间停井造成油井产量的损失，同时停井影响油井时率，特殊井停井时间长将会给正常生产带来安全隐患，甚至出现躺井事故。

为解决这一难题，技能大师研制了光杆强制润滑装置，可延长盘根和光杆的使用寿命，减少材料成本，提高员工的工作效率和安全系数，降低工作强度，提升油井时率，提高油井产量和油井现场的基础管理水平。

二、结构原理作用

该装置的主要结构由两部分组成。

（1）上下变接头：下变接头坐于盘根盒上，上变接头阻止润滑脂被污染。

（2）连接部分：中间直管连接。在直管内放置润滑剂。

三、主要创新技术

（1）实现了光杆强制润滑。

（2）根据季节变化，调整润滑脂。

（3）减少更换光杆的次数。

（4）减少盘根更换的次数。

（5）装置体积小便于使用。

（6）装置材料易购，成本低。

四、技术经济指标

（1）光杆上下往复运动时，该装置内润滑脂均匀分布在光杆表面上，有效地阻止腐蚀物质与光杆接触。

（2）装置内润滑脂根据季节的不同有所不同。

五、应用效益情况

2017年8月至今，该装置在胜利油田鲁明公司推广应用62套，克服了光杆腐蚀严重、光杆与盘根之间磨损造成井口密封效果差的缺点，无须停井即可操作，光杆在上下往复运行过程中得到强制润滑，形成保护膜，防止腐蚀物质与光杆直接接触，同时增加光杆与盘根之间的润滑，安全环保，可大幅减少更换光杆和盘根的频次，节省材料费，同时减少停井时间，年创经济效益5.2万元。获得第五届全国设备管理与技术创新成果二等奖（图1），鲁明公司妙法实招绝活暨创新创效成果三等奖，2022年获国家实用新型专利授权（图2）。

图1 获奖证书

图2 国家专利证书

 注水井远程调控洗井装置

胜利油田分公司 程卫星

一、项目创新背景

油田投入开发以后，随着开采时间的增长，油层压力就会不断下降，油井产量大大减少。为了保持或提高油层压力，实现油田高产稳产，必须对油田进行注水。注水井洗井是注采生产日常管理中的一项重要工作。其目的是把注水井井底、井筒以及注水层渗流表面腐蚀物、杂质等沉淀物冲洗出来，达到井底和井筒清洁，来确保注水井完成生产配注。

目前注水井洗井方式和操作存在缺陷，造成注水井洗井有效率偏低，统计2016年全厂洗井有效率为56.1%，主要存在洗井后吸水能力下降和砂（聚）堵管柱的现象。因此，有必要针对洗井方式进行研究，研制一种远程调控洗井装置，建立一套适应于现场洗井的操作方法，以提高洗井效果和管理水平。

二、结构原理作用

针对以上问题研制了注水井远程调控洗井装置（图1）。其主要工作方式：注水井洗

图1　成果实物图

井操作时，将远程调控洗井装置拖动至注水井井口合适位置，将注水井洗井出口与装置进口连接，将盘管架上的高压洗井管线出口与油井管线连接，安装视频监控设备，接通电源。生产指挥中心按照洗井方案要求，用SCADA系统远程调节注水井洗井进、出口排量，按照三个阶段连续洗井。生产指挥中心通过生产指挥平台可实时监测调节、洗井排量和压力，通过视频全过程监控现场的工作状况，实现现场无人值守。

三、主要创新技术

（1）自动化、信息化程度高，实现了与油田生产指挥平台接轨，可远程调控、监测注水井洗井进出口排量和压力变化的目的。

（2）实现洗井全过程管控，保证三个洗井阶段的连续性调节。

（3）采用视频监控，实现洗井过程无人值守，降低了员工的劳动强度。

（4）轮式撬装平台设计，安装方便便于移动。

四、应用效益情况

通过此装置的应用，有效提高了注水井洗井有效率，有效提高了注水井的注水效果和水驱油能力，年间接增油500吨，吨油效益2150元，年效益为2150×500=107.5万元/年；年节省作业井次5次，单井作业费用10万元，节省作业费用50万元；设计应用3套，合计成本21万元。

年创效益合计为：107.5+50-21=136.5（万元）。

该装置自动化、信息化程度高，能够远程调控和监测注水井洗井进、出口水量和压力，能够通过视频实时监控现场的工作情况，实现现场无人值守，解决了不能连续洗井和达不到洗井要求的问题，提高洗井质量，降低劳动强度。具有很好的推广应用前景，从2018年3月至今，胜利油田已经推广应用3套注水井远程调控洗井装置（图2），2020年获全国设备管理与技术创新成果二等奖（图3）。

图2　现场应用图

图3　获奖证书

螺杆泵井人工提放杆柱装置

胜利油田分公司　张延辉

一、项目创新背景

鲁胜公司共有螺杆泵井230口，采油螺杆泵是一种高效、节能的采油设备。目前普遍使用的是直驱螺杆泵，它将先进的无级调速驱动系统与螺杆泵完美结合，使油井运行更安全、智能，把螺杆泵采油工艺技术提高到一个新水平。螺杆泵在运转过程中，光杆与盘根盒密封填料磨损及井液腐蚀，会产生摩擦阻力和高温，经常发生泄漏，需要经常更换盘根。为了不发生泄漏，盘根压得很紧，与光杆摩擦产生大量的热，使光杆产生机械疲劳，如果长时间运行会降低光杆的金属强度，再加上井液对光杆的腐蚀，将会在不确定的时间导致光杆损坏断脱不能正常运行，影响油井生产且造成环境污染。

作业完井后螺杆泵调整防冲距时，因上提距离过小；螺杆泵长时间运转后，由于抽油杆柱弹性加上深井重负荷双重影响，抽油杆会出现拉伸现象。运转过程中这些因素会导致螺杆泵转子底部磨损十字架，转子底部与十字架接触容易发生卡泵造成抽油杆断脱；长时间"带病"运转，致使地面驱动装置扭矩增加，降低油井系统效率影响泵效；为避免光杆与盘根盒接触部位长时间磨损而发生断脱，现场需要定期上提防冲距，抽油机井在调整防冲距时可用抽油机进行提放操作，而螺杆泵井在洗井、调整防冲距时现场操作人员需要使用吊车进行上提光杆。由于螺杆泵井多，提放光杆使用吊车频次高，按每半年调整一次，年使用吊车200余井次。

二、结构原理作用

针对螺杆泵井使用吊车提放光杆的问题，设计人工提放杆柱装置。主要由空心液压举升装置、与光杆直径匹配的卡子、负荷座、防倒转专用工具四部分组成（图1）。使用时在光杆合适位置打上卡子，利用举升装置来提升杆柱，达到人工提升光杆的目的。负荷座：驱动头方卡子不是平面，为增加举升装置底座与方卡子受力面积，根据方卡子和举升装置形状设计负荷座。

工作原理：螺杆泵井提放杆柱时，在盘根盒上方装好卸载卡子与光杆防倒转装置，依次卸下驱动头上方的扭矩卡子和光杆接箍，将举升装置套入光杆，上方装好光杆接箍。液压举升装置为双作用，配有两个标准接头，双作用使用液压能，将顶出的活塞杆重新吸进缸体，油缸回缩时需要的压力为顶升时的一半，该种双作用举升装置复位速度快，操作安全可靠。

三、主要创新技术

螺杆泵井人工提放杆柱装置携带方便、安装快捷。能够消除使用吊车提放光杆而产生的安全隐患，避免发生人身伤害事故，确保操作人员的安全性，具有较高的推广前景。经过现场应用该产品有以下优点：

（1）该装置技术成熟，运行稳定可靠，成本低。

（2）安装方便，只需两名操作工人即可完成。

（3）结构简单，维护保养方便，使用寿命长。

四、应用效益情况

1. 经济效益

（1）影响产量：节省停井时间487小时，平均含水94%；由此计算影响产量93吨，经济效益93×3000=27.9（万元）。

（2）作业费用：年平均作业捞杆15次，每次捞杆作业费用3万元，共计45万元。

（3）成本改造：螺杆泵人工调节防冲距装置每套3000元，研制10套，共计3万元。

（4）直接经济效益＝产生的效益－改造成本。实施后年节省费用69.9万元。

2. 社会效益

（1）螺杆泵人工提放杆柱装置，减少螺杆泵井频繁使用吊车提放光杆、作业捞杆工作量。

（2）螺杆泵人工提放杆柱装置，节省雇用吊车的费用。

（3）安全环保，提高油井采油时率。

3. 应用情况

2021年6月螺杆泵井人工提放杆柱装置在鲁胜公司井上进行了试验（图2），2名员工即可完成抽油杆柱的提放工作，未使用该工具前需要提前做吊车计划，使用抽油杆吊卡完成杆柱的提放，施工周期长、费用高、操作复杂。试验证明该装置结构简单、安装快捷，能够在特殊情况下降低人工劳动强度，提高生产现场操作安全性，降低成本，提高油井生产时率。该成果获山东省设备管理创新成果二等奖（图3）。

图1　成果实物图　　图2　现场应用图　　图3　获奖证书

自动泄压式凡尔抽子

胜利油田分公司 代旭升

一、项目创新背景

油田开发后期有些油井每天只有少量油产出并举升到一定高度,采用其他采油技术无效或成本较高的情况下,一般只好采用提捞法采油也就是四次采油技术,主要方法是采用井内下抽子抽吸。但下抽子时会因不注意将其下至液面以下较深时,套管内液柱重量及摩擦阻力就会增大,抽子上提负荷超过60kN时,就会造成抽子提不动而卡死井内,硬拔易将钢丝绳拔断,使抽子落入井内造成十多万元的损失。为了防止抽子卡死井内事故的发生,技能大师设计了自动泄压式凡尔抽子,当抽子下得过深时,上提抽子负荷大于60kN,泄油孔就会自动打开并将抽子上部的液体通过泄油孔泄入井内,使抽子上部液柱高度降低重量减少,上提抽子负荷小于50kN时泄油孔就会自动关闭,抽子顺利将油抽出地面。防止抽子下得过深提不动而卡死井内或硬拔抽子将钢丝绳拔断事故的发生。

二、结构原理作用

自动泄压式凡尔抽子主要有:上接头。它与绳帽相配合,使抽子与钢丝绳相连。出油孔。当抽子下入井内液面时,抽子以下的液体通过出油孔转移到抽子以上。泄油孔。使抽子以上的负荷减小。进油孔。当抽子下入井内液面时,抽子以下的液体通过进油孔和出油孔转移到抽子以上。下接头。与配重器连接保证抽子顺利下入井内。油井需抽吸时,抽子沿着油层套管下入井内,当抽子误下入液面600m以下时,抽子以上液柱重量达60kN,此时上提抽子在液柱重量作用下,凡尔总承向下移动,弹簧被压缩,泄油孔打开,抽子以上的液体泄入井内,随着抽子不断上提和液体不断泄入井内,抽子以上液柱重量减轻至50kN时,在弹簧的作用下凡尔总承向上移动,将泄油孔关闭,在密封胶筒和套管内壁紧密配合下慢慢上提抽子将油抽出地面(图1)。

三、主要创新技术

(1)当抽子下得过深上提负荷大于50kN时,凡尔压缩弹簧下移自动打开卸油孔,将超重的液体泄入井内,抽子以上负荷小于50kN时泄油孔就会自动关闭,抽子顺利将油抽出地面。

(2)完善了从一次采油到四次采油全过程的采油工艺技术,进一步完善了捞油工艺技术,采用提捞法采油。

四、技术经济指标

当抽子误下入液面600m以下时，抽子以上液柱重量达60kN，泄油孔会自动打开，抽子以上的液体泄入井内，抽子以上液柱重量减轻至50kN时，泄油孔会自动关闭，上提抽子将油抽出地面，防止了钢丝绳拉断事故发生。

五、应用效益情况

2004年11月，首先在胜利油田东辛采油厂辛133-16井、133-6井两口井进行了试验，虽没成功但积累了很多经验。2004年12月4日，技能大师在胜利油田东辛采油二矿的丰112井进行了捞油试验，顺利地捞出原油4吨；又在辛42-X7井等六口井进行了捞油试验（图2），到年底累计捞油110吨。2005年在胜利油田东辛采油厂推广应用，目前已累计捞油383井次，1660吨，获经济效益300万元。该技术已在江汉油田清河采油厂、胜利油田滨南采油厂推广应用。

该成果获东辛采油厂技术创新成果一等奖，胜利油田技能创新成果优秀奖（图3），2006年获国家实用新型专利授权（图4）。

图1　成果实物图

图2　现场应用图

图3　获奖证书

图4　国家专利证书

一种采油井机械刮蜡器

胜利油田分公司　孙渊平

一、项目创新背景

油井结蜡是原油生产中存在的普遍问题。油井结蜡一方面影响流体举升的过流断面，增加了流动阻力；另一方面影响抽油设备正常工作。因此，防蜡和清蜡是含蜡原油开采中需要解决的重要问题。目前胜利油田临盘采油厂有187个开发单元，其中，有20个开发单元含蜡量大于20%，520口油井因为结蜡需要定期进行加药、热洗，占总井数的27.8%。热洗、加药为目前常规清防蜡工艺技术，常规清防蜡措施存在工作量大、频繁、有效期短、污染环境的问题；其他清防蜡技术不但有使用的局限性，而且还存在有效期短的问题。

为了解决常规清防蜡工作量大、不环保的问题，胜利油田临盘采油厂自主研制了全方位长井段机械刮蜡器，该刮蜡器能够在整个结蜡井段内自动刮蜡不留死角。

二、结构原理作用

结蜡过程包括析蜡、蜡晶长大、沉积三个阶段，将结蜡过程控制在任一阶段都可达到防蜡目的。将该刮蜡器安装在抽油杆上，其随着抽油杆上下运动，油管壁的蜡就会不断被清除下来，随着油流带出井口，"抽油不止，刮蜡不已"，真正达到持续清蜡的目的。

为了使刮蜡器适宜长期在高矿化度、高温、偏磨的环境中循环往复地工作，筛选了改性超强尼龙66材料作为主材料，通过加入玻璃纤维，增强材料的耐磨性能。

为了保证刮蜡块在抽油杆上附着力强、不易脱落，并在整个结蜡井筒内无缝隙刮蜡，采用注塑热固的加工工艺，以小于抽油机冲程的间距，将超强尼龙材料制成的刮蜡器热固在普通抽油杆上。

刮蜡器呈圆柱体状，外围设有3个螺旋斜槽，斜槽作为油疏通道，可以减少液流阻力。为了便于起下作业，刮蜡片两端端面设有45°倒角，刮蜡片的螺旋角是80°，使刮蜡片上端面与下端面的投影线接合，做到360°全面刮蜡。

刮蜡器设有中心孔，通过注塑的方式与抽油杆相连，其外径小于所用油管的内径4mm，使之与油管的接触面积更大，清蜡更彻底。刮蜡器长150mm，便于刮蜡器在抽油杆上有足够的附着力（图1）。

三、主要创新技术

（1）研发了适用于不同油套管尺寸的系列刮蜡器，优选了刮蜡器材料，形成了三种配套工艺管柱。刮蜡器刮蜡有效率100%，刮蜡块脱落故障率0%。

（2）研发了2项关键配套技术：井口防喷、防磕碰导向装置和刮蜡块液压去除装置。

（3）获得2项国家专利，编制局标一项。

（4）现场实施117井次，实施前后对比井口回压平均下降0.12MPa，最大电流平均下降0.81A，最大负荷平均下降2.93kN，热洗周期延长80d以上。

四、技术经济指标

（1）刮蜡器在井使用寿命3年以上。

（2）耐温：-20~120℃。

（3）最大外径48mm、58mm、68mm分别适用于内径为51mm、62mm、76mm的油管。

（4）洛氏硬度：M85~M114。

（5）压缩强度：60~90MPa。

（6）冲击强度：3.5~4.8kJ/m²。

五、应用效益情况

该机械刮蜡器实现了全结蜡井段机械实时在线清蜡，360°刮蜡无死角。该技术可以替代目前的热洗、加药措施，现场实施117井次（图2），主要运用在胜利油田临盘、鲁明、东胜、桩西等单位存在加药、热洗困难的结蜡抽油井，直接降本增效1611.4万元，填补了结蜡井段机械实时在线清蜡技术在国内外的技术空白，该技术目前已通过科技处组织的新技术推广项目的验收。该工具在2012年获国家实用新型专利授权（图3），2016年获局级科技进步三等奖（图4）。

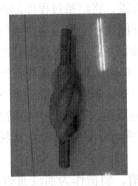

图1　成果实物图

图2　现场应用图

图3　获奖证书

图4　国家专利证书

清洁安全型空心杆掺水装置

胜利油田分公司　王　刚

一、项目创新背景

陈家庄油田的空心杆泵上掺水井约350口，其掺水三通在应用中主要存在如下问题：一是掺水三通上设计的针形开关阀可能锈死、腐蚀关不严，开关费劲，打杆解堵等操作（特别是随着高干、氮气增能、二氧化碳降黏等气体注入的增多）存在憋压刺漏、污染、井控等隐患；二是掺水三通距离地面高、开关不便、存在登高操作安全隐患；三是掺水三通安装在悬绳器以上0.5~1.0m处，造成空心光杆外露井口过多，特别是冬季停掺水后容易造成死油凝结杆堵（近掺水三通处空心光杆温度-4℃，近光杆密封器处10℃），打杆解堵成功率低；四是三通与驴头接触位置别光杆产生横向剪切力，易造成空心光杆断裂，导致环境污染；五是快速接头芯子坏导致掺水不通造成躺井。

二、结构原理作用

清洁安全型空心杆掺水装置主要由高压三通（充分计算了抗拉强度，其下接头连接空心光杆，上接头连接实心杆短节，安装在悬绳器和盘根盒之间）、高压防腐球阀（耐压21MPa）、变向双公弯头（变向冲下，降低与地面距离，并防止掺水软管别劲折断）、（去芯子）快速接头和Φ28mm实心杆短节（1m长，悬绳器挂卡在其上）及其Φ28mm光杆卡子构成（图1）。

三、主要创新技术

（1）革命性的改变空心光杆悬挂结构，掺水装置安装在悬绳器和盘根盒之间，下死点空心光杆基本置于井口内有利于（停掺水作业时）提高保温效果，距离地面近，避免登高操作。

（2）掺水三通接箍当防脱卡子，实心杆短节悬挂结构防空心光杆断喷污染（确保清洁生产）且保掺水不停（冬季防干线冻堵），可即时直接更换实心杆短节，时效性强，不再需要等靠吊车换光杆（光杆密封器等），避免产生成本费用，保开井时效。

（3）高压球阀防锈蚀开关好用，防止空心杆返水刺漏安全污染和井控隐患。

（4）快速接头去芯子避免地面软管堵塞，去管理节点化，容易放压，避免快速接头憋压时拆卸可能造成刺漏污染和伤人。

（5）游梁机掺水三通旁通设置在内侧（抽油机一侧），避免掺水软管绕前与毛辫子磨损，实心杆短节悬挂结构设计避免了掺水三通与驴头折断光杆隐患。

四、技术经济指标

装置整体及其高压防腐球阀耐压21MPa。

五、应用效益情况

清洁安全型空心杆掺水装置已推广应用近300口井（图2），从根本上解决了现用掺水三通存在安全、井控、环保污染风险以及掺水地面堵躺井去节点管理等问题，应用效果良好，年直接经济效益约77.7万元。该装置通过了采油厂组织的项目验收组的技术、安全评定，符合油田"践行绿企，清洁（安全）生产"的要求，属于清洁生产技术范畴，社会效益显著，在各油田具有普遍的推广应用价值。该成果获得2020年胜利油田群众性优秀技术创新成果三等奖（图3）。

图1　成果实物图　　图2　现场应用图　　　　图3　获奖证书

油井自循环洗井远程控制装置

江苏油田分公司　陆登峰

一、项目创新背景

油井自循环洗井是继常规洗井和蒸汽洗井后又一新型洗井方式，它通过对油井的自产液进行加热到一定的温度，再从油套环空入井，循环加热达到对油井的清防蜡效果。洗井过程中需要有人现场不断调试温度、查看压力、了解功图载荷变化等情况，这严重影响了洗井的效果以及增加了操作人员的负担。因此需要研究出一套可靠、高效的远程控制技术。

二、结构原理作用

采用PLC（Programmable Logic Controller）控制器实现数据的远程传输、记录、调整，并依托华为云的大数据功能，自行编辑相应的用户程序，满足自循环洗井的自动化要求。可在现场、手机端和电脑端实现同步操作，延时率低（图1）。

三、主要创新技术

（1）筛选新型清防蜡药剂。

（2）增加功率控制单元。

（3）增加防干烧装置。

（4）增加热媒油液位检测装置。

（5）采用自动/手动控制技术。

（6）PLC控制模块化设计。

（7）采用远程控制，实现无人值守。

（8）装置体积小便于移动。

（9）采用主动式可燃气体报警装置，连接光学报警。

（10）增加带压加药装置。

（11）更换新式数显温度、压力传感装置。

四、技术经济指标

（1）缩短含水恢复周期3天/井。

（2）温度上升时间小于1小时。

（3）PLC参数调整处置小于3秒/次。

（4）洗井周期有效期延长至30天以上。

五、应用效益情况

该装置自2019年开始研制，2021年进行重大改进，2022年在江苏油田采油一厂、采油二厂各班站全面推广使用（图2）。采油一厂经过300多井次的摸索和实践，均取得了较好的效果。2022年减少了常规、蒸汽洗井的工作量，降低洗井费用50多万元，减少影响产量800多吨，并解决了常规洗井液对地层的污染问题。此外该装置的应用降低了工人的工作强度，减少了车辆运输费用等。累计节省各项费用300多万元，取得了较好的经济效益。该成果2019年获江苏油田分公司采油一厂生产性课题二等奖，2020年获江苏油田分公司采油一厂创新创效大赛三等奖，2021年获江苏油田QC成果三等奖。

图1 成果实物图 图2 现场应用图

移动式油井热洗计量装置

华东油气分公司　沈霁

一、项目创新背景

随着油水井精细化管理不断提升，通过在线实时巡检，综合分析油井功图、电参、载荷数据，实现故障井预警机制，对于油井载荷增加、用电增加，及时安排热洗作业，避免躺井事件发生，由于生产调度需要时间，同时又受现场地理条件的影响，部分油井洗井作业困难，从而错过洗井最佳"窗口期"，油井预警机制无法充分发挥作用，因洗井不及时导致油井故障时有发生。

基于以上背景，设计制造一种移动式油井热洗装置，在水网密布地区，热洗车辆上井困难时作为替代手段，及时对结蜡井进行热洗，保障油井生产，兼具油井计量功能，在热洗同时能够对油井产量进行标定，同时降低热洗费用。

二、结构原理作用

移动式油井热洗计量装置主要分为三大部分：热洗部分、计量部分以及反洗部分（图1）。

（1）热洗部分：加热装置进口连接油井取样口，出口连接油井套管，加热装置内装有3组8kW电加热棒，通过现场配电柜取电实现油井产出液循环加热，形成产出液不断升温后在油管与油套环空之间循环，达到热洗清蜡的目的。

（2）计量部分：在加热装置进出口安装温压传感器，通过多功能电表采集加热功率，在自动循环洗井时，通过热交换计算公式，在一定功率条件下，流体热交换的温度差与质量呈线性关系，通过PLC控制模块计算出油井产液量，同时安装触摸屏，用以设定参数，显示进口温度、压力、油井产液量等参数。

（3）反洗部分：安装40L容积水罐及隔膜泵，洗井结束后，将水罐中清水加温后，从热洗装置出口进行反洗，将加热器及软管中油井产液反洗至油井中，避免现场产生落地油污，以方便下次使用。

三、主要创新技术

装置将自动温度控制算法和产量计量算法编程写入PLC，根据实际参数设置来实现自动热洗和计量控制。装置可采集进出口压力、温度，具有自动、手动两种控制模式，同时具有热洗、计量和自清洗功能。

四、技术经济指标

（1）设计小巧，整机质量约900kg，机动性强。

（2）PLC程序控制，精准控制加热温度。

（3）平均计量误差在5%以内。

（4）较传统热洗车单井减少施工费用0.5万元。

五、应用效益情况

目前共计制造移动式热洗计量装置5台（图2），现场应用效果良好，年创造经济效益200余万元。由于设备消耗使用少量电力即可达到热洗效果，在华东油气分公司草舍、金湖、海安、帅垛区块制定移动热洗计划表，每月定期对含蜡井进行热洗，有效保障了油井生产。该装置于2019年获国家实用新型专利授权（图3）。

图1 成果实物图

图2 现场应用图

图3 国家专利证书

 # 抽油机井光杆断脱井喷失控封井装置

华东油气分公司 祁连军

一、项目创新背景

目前华东油气分公司多区块油田都属二次或三次开发，利用注水或注二氧化碳技术驱油，部分受效采油井井筒压力高于5MPa以上，有些采油井安装放喷油嘴控制压力与排量生产，因此，井控安全措施须进一步完善。现有光杆防喷器只能和光杆配合才能完成封井，抽油机井口封井装置就是在光杆断脱落井后，原有光杆防喷器无法封井发生井喷失控时，能迅速封堵光杆密封盒或关闭井口的一种装置。

二、结构原理作用

该装置主要分为两种装置（图1、图2）。

装置一：将旋塞阀制作成 $2^7/_8$ 平式双公短节，内径 36mm（根据光杆直径确定旋塞阀的通径），长度不超过 200mm，直接与光杆密封盒、普通光杆防喷器 SFZ6.5-21 组装在采油井的井口，在光杆落井后，直接关闭旋塞封井器，实现井喷失控的防喷处置。

装置二：将旋塞阀制作成两端内螺纹，一端制作成牙底 $M68 \times 3$ 三角内螺纹快速接头，当光杆断脱落井发生油井井喷时，卸下防喷盒压帽，打开旋塞封井器，在不憋压情况下迅速将旋塞封井器安装在光杆防喷盒上，关闭旋塞封井器，安装针形阀和压力表，录取油压，完成井喷封堵。

图1　成果实物图

图2　现场应用图

图3　国家专利证书

三、主要创新技术

（1）在光杆断脱落井后，原有光杆防喷器无法封井发生井喷失控时，能迅速封堵光杆密封盒或关闭井口。

（2）避免井喷失控时原油、污水、二氧化碳、有毒有害气体大量外泄，造成农田、水体或大气等环境污染。

（3）节约发生井喷失控时无法封井所产生的各项费用。

四、应用效益情况

（1）减少人身伤害和经济损失。

（2）减少农田、水体或大气等环境污染。

（3）降低封井处理的劳务、材料、车辆等费用。

该成果 2021 年获国家实用新型专利授权（图3）。

抽油杆防偏磨旋转器

江汉油田分公司　张义铁

一、项目创新背景

抽油机油井在生产过程中，由于大井斜、高冲次、高含水等多种因素的影响，造成抽油机井管杆间的偏磨十分严重，长期的单向偏磨导致油管漏失或抽油杆断脱频繁，从而缩短了油井免修期，增加了作业成本。其中，井身轨迹复杂、高含水油井管杆偏磨较为突出，由于油井管杆偏磨的普遍存在，其直接后果就是因抽油杆断脱、油管漏失造成的维护作业频次较高，维护作业成本难以控制。

目前，江汉油田推广使用的油管旋转器，在很大程度上延长了油井免修期，降低了油井维护作业频次。但是，油管旋转器只是缓解了油管的偏磨，将油管的单向偏磨变成了均匀的周向偏磨，而抽油杆的偏磨却没有得到较好的治理，因此，防偏磨抽油杆旋转器的推广与应用具有较大的可行性。

二、结构原理作用

抽油杆防偏磨旋转器是一种操作便捷的防偏磨装置，主要由推力轴承、轴承座、轴承导向筒、防倒转销、推力罩、旋转卡子，以及专用工具等组成（图1、图2）。

图1　成果实物图　　　　　　　图2　现场应用图

其原理是把抽油杆旋转器安装在抽油机的悬绳器上块上，使整个抽油机悬点载荷落在防偏磨旋转器上。在使用时把抽油机停在下死点，卸松防倒转销，用专用工具转动光杆就带动了井下的抽油杆柱转动。转动完毕后，将防倒转销上紧后，松开抽油机刹车后再启抽。此项操作简单，操作时间为5分钟以内。

为了使抽油杆柱偏磨均匀，把防偏磨旋转器分成四等份，每份都有相应的月份，每月定期旋转一次，每次旋转3¼圈，周而复始。

三、应用效益情况

防偏磨抽油杆旋转器具有安装简单、操作方便、不易损坏等优点，通过定期旋转抽油杆还可防止抽油杆柱退扣。在使用转动油管时，理论上油管与抽油杆的摩擦力会使抽油杆柱脱扣，防偏磨抽油杆旋转器定期旋转就解决了抽油杆脱扣难题。该成果2017年获国家实用新型专利授权（图3）。

图3　国家专利证书

不锈钢内衬防腐空心杆

胜利油田分公司　王　刚

一、项目创新背景

胜利油田河口采油厂陈家庄油田的空心杆泵上掺水井约320口，因为水质腐蚀性，空心杆断井年均85口左右，严重影响了陈家庄油田的稳产基础。杆断主要表现为：一是2019年以前空心杆多为摩擦焊处断；二是将摩擦焊改为墩粗空心杆后，今年开始出现墩粗空心杆本体断；说明水质腐蚀仍是空心杆断的主要因素，不腐蚀摩擦焊处，也会对杆本体内腐蚀。

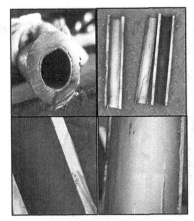

图1　成果实物图

二、结构原理作用

不锈钢内衬防腐空心杆从加工工艺上回避摩擦焊（应力集中点易腐蚀断）和墩粗（内腐蚀本体）工艺，使用不锈钢钢管对空心杆进行内衬防腐。将0.8mm厚的不锈钢钢管通过穿插镶嵌、打压膨胀（高压塑性变形去应力防内衬不牢固）、翻边、端口焊接及挑扣等不同的几道工序衬入空心杆内壁（图1）。

表1　不锈钢内衬与钢管对比

项目	不锈钢内衬（316）	普通钢管（20#）
材质	18Cr-12Ni-2.5Mo	低碳钢
特点	耐腐蚀性和高温强度特别好	耐腐蚀性差
屈服强度 $\sigma_{0.2}$/MPa	$\geqslant 310$	$\geqslant 245$
抗拉强度 σ_{b}/MPa	$\geqslant 620$	$\geqslant 410$
伸长率 δ_{5}/%	$\geqslant 30$	$\geqslant 25$
热膨胀系数（20~100℃条件下）	16.0×10^{6}	10.07×10^{6}
摩擦系数（同等材料之间）μ	0.05~0.1	0.15

将不锈钢内衬放入油中加热，温度控制在80~100℃，持续96个小时，不锈钢内衬没有变形。

三、主要创新技术

使用不锈钢钢管对空心杆进行内衬防腐，避免空心杆掺水使其内壁腐蚀造成杆断。

四、技术经济指标

不锈钢内衬防腐空心杆符合DN36mm空心抽油杆的技术指标，内通径22mm。

五、应用效益情况

自2020年9月截至目前，共计更新不锈钢内衬空心杆114口（图2），无一口杆断，实现了规模化应用，年经济效益1000万元以上，为长寿命工程夯实稳产基础，在油田具有普遍的推广应用价值。该成果获得2021年胜利油田河口采油厂群众性优秀技术创新成果三等奖（图3）。

图2　现场应用图

图3　获奖证书

第四节　注采设备维保工具用具

 玻璃棒式温度计弹簧式护罩

江汉油田分公司　洪　河

一、项目创新背景

玻璃棒式温度计在工业生产领域中广泛安装使用，通常做法是在所走的管线或容器上开一个孔，然后向下焊一倾斜45°的沉管，把温度计插入金属管内来完成测温。但在使用操作过程中，经常出现以下几个问题。

（1）由于玻璃棒温度计的脆性高，特别是接触金属套管底部的温度计储液部分很薄，易受冲击而损坏。

（2）在使用过程中常发生不小心把玻璃棒温度计碰断而很难取出。

（3）由于温度计与温度计插孔壁之间有空隙，使得空隙之间有冷热空气对流，使温度计测出的温度与实际温度产生误差。

（4）温度计与孔壁之间的间隙易进杂物。玻璃管温度计护套因技术结构复杂，制作程序较多，极少在工业领域中使用。

二、结构原理作用

该装置的技术方案为：护罩是由一根弹簧丝或钢丝绕制而成，绕制后的弹簧主要分为反V字形防杂物密闭弹簧、中上部正V字形密闭弹簧、正V字形支撑弹簧、反V字形缓冲弹簧4个部位（图1）。当温度计置入护罩中时，上述4个部位位于温度计的外部，将温度计与外界相对隔开（图2）。

三、主要创新技术

（1）该装置解决了百年工业化以来玻璃棒温度计无有效防护措施的问题。

（2）使用一根细钢丝绕制而成。

（3）解决了玻璃棒温度计脆性高，特别是接触金属套管底部的温度计储液部分很薄，易受冲击而损坏的问题。

（4）解决了在使用过程中玻璃棒温度计碰断而很难取出难题。

（5）解决了温度计与温度计插孔壁之间有空隙，使得空隙之间有冷热空气对流，使得温度计测出的温度与实际温度产生误差的问题。

四、技术经济指标

本装置整个长度分别有以下几个规格：350mm、450mm、500mm。

五、应用效益情况

该装置2006年开始研制，2007年在江汉油田、长庆油田等地应用。目前，该成果已在长庆、江汉、江苏等油田得到推广应用，同时该成果还在冶金等部门得到应用。截至目前，该成果已经生产出3万余件。该成果2010年获湖北省第二届职工技术创新成果三等奖，2010年获得第三届全国职工优秀技术创新成果优秀奖（图3），2011年获得海峡两岸职工创新成果金奖，2008年获国家实用新型专利授权（图4）。

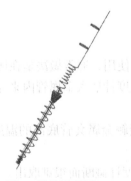

图1　结构示意图

图2　结构示意图

图 3　获奖证书　　　　　　　图 4　国家专利证书

　　　　专用测压短节　　　　

河南油田分公司　　景天豪

一、项目创新背景

目前注水井测压时一般采用将压力计装入偏心配水器的方法。其弊端主要有两点：一是一个偏心配水器只能安装一支压力计，若出现故障只能重新进行测试；二是偏心配水器及压力计均不能做记号，井下管柱起出时压力计容易弄混，不知道压力计对应哪一个层。生产现场需要一种专用测压短节解决该问题。

二、结构原理作用

专用测压短节上端设计为2寸半平式油管内螺纹，下端设计为2寸半平式油管外螺纹，用来连接测压管柱。内部设计1个偏孔保证水流通过，2个测压偏孔用来安装压力计，2偏孔与压力计对应位置设计有扇形进液孔，保证地层压力可传递至压力计；外部设计有1~3个开口槽用来区分不同层段的专用测压短节（图1）。

专用测压短节内2个偏孔可安装2支压力计，一用一备，"二保一"保证了测压一次成功率。在专用测压短节外设计1~3个开口槽，下井时分别对应不同的测压层，工具最大外径与油管接箍相同，使组配好的测压管柱能顺利通过造斜段，可应用于大斜度定向井和水平井测压。

三、主要创新技术

（1）专用测压短节内可安装2支压力计，一用一备，提高了测压一次成功率。

（2）专用测压短节外设计1~3个开口槽，下井时分别对应不同的测压层。

（3）完善了测压工艺，可应用于大斜度定向井和水平井测压。

四、技术经济指标

2个偏孔直径Φ20.5mm。

五、应用效益情况

油水井测压前，在每根专用测压短节内安装2支压力计，然后按编号将其下入井内测压，起出后按编号取出压力计，读取测压数据。水井测压专用短节现场应用后（图2），年均减少油水井测压返工井2井次，年减少作业费用12万元，取得了较好的经济效益和社会效益。该成果2015年获评为全国优秀质量管理小组（图3），并获国家实用新型专利授权（图4）。

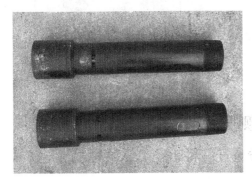

图1　成果实物图

图2　现场应用图

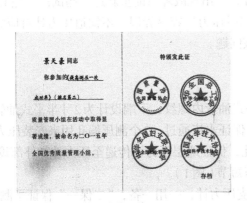

图3　获奖证书

图4　国家专利证书

一种利用抽油机动力的加药装置

胜利油田分公司　孙建勇

一、项目创新背景

油井在采油生产过程中，由于油稠、结蜡、腐蚀等因素的影响，会导致油井不能正常生产，需要向井筒内加入不同的药剂，不同药剂需要加入的量不同，加入方式也不同。目前加药方式分为人工加药和电动加药机加药。人工加药无法避免套管气逸散到大气中造成污染，同时增加职工的劳动强度；加药机加药成本高，其中还有后期的维护费用和使用时消耗的电量。该成果的主要特点是模拟加药机加药的同时，改变动力来源，利用抽油机运行时的游梁上下摆动作为加药装置的动力，节约电能，加工成本远低于电动加药机的成本；同时继承了加药机加药的优点，可以带压加药，防止套管气逸散到大气中造成污染，达到环保要求，同时可以降低职工劳动强度，减少人工成本。

二、结构原理作用

该装置的主要结构由三部分组成（图1）。

（1）动力端：主要包括撞击头、复位弹簧、密封装置、活塞、快速接头等部分。将抽油机游梁的上下摆动转化为加药装置的动力来源。

（2）加药端：主要包括药箱、单流阀、柱塞、复位弹簧、密封装置、快速接头等组成部分。主要起到盛装药剂并利用动力端传递的动力通过单流阀模拟泵的工作原理，将药剂打入油井套管中。

（3）连接装置：即高压软管，内置液压油，连接动力端和加药端，将动力端的动力传递到加药端。

在游梁的中轴承位置安装底座，用来安装动力端部分，在井口安装加药端部分，两端通过高压管线连接，这样在抽油机下行到近下死点位置时利用游梁的底平面动力端部分的撞击头，使动力端的活塞部分下移挤压液压油，通过液压油液压推动加药端部分的活塞下行，挤压药剂，迫使与套管连接的单流阀打开，最终将药剂挤入套管内；当抽油机上行时，加药端部分的活塞在顶部弹簧的作用下复位上移，单流阀也同时关闭套管和加药装置的通道，加药端部分的活塞复位的过程中，高压管机油回流，在顶部动力端部分的复位弹簧作用下，动力端活塞复位，同时机油回流填充活塞让出的空间。药剂箱内的药剂靠位差的重力作用进入机械加药装置的腔室内，完成了一次加药过程，如此反复完成了自动连续加药的全过程。

三、主要创新技术

（1）实现了带压加药、自动加药功能。

（2）根据油井启停井变化自动启停。

（3）避开了将装置应用于井口密封器附近，降低安全风险。

（4）通过配合调整抽油机平衡，实现了低耗电甚至零耗电的目标。

四、技术经济指标

经现场测试，该装置在套压4MPa以下均可正常使用。

五、应用效益情况

该装置2019年开始研制，2020年在胜利油田滨南采油厂BNB128井等2口井上安装使用（图2）。通过节约电动加药机费用和后期的电费、维护费用等，每台装置年创经济效益约3万元，目前现场已使用22台，累计创效90余万元。该成果于2020年获得胜利油田群众性优秀技术创新成果二等奖、全国能源化学地质系统优秀职工技术创新成果三等奖（图3），2021年获得胜利油田为民技术创新成果奖银奖，2021年获国家实用新型专利授权（图4）。

图1　成果实物图

图2　现场应用图

图3　获奖证书

图4　国家专利证书

 # 抽油机井电动机拔轮器

河南油田分公司　翟晓东

一、项目创新背景

采油井在生产过程中，由于油层的供液能力和抽油泵工况是不断变化的，尤其在稠油开发区块上随着蒸汽吞吐周期的变化，以及根据上产和作业开井需要经常调整抽油机的冲次。调整冲次最常用、最经济的方式是更换电动机皮带轮。由于皮带轮和电动机轴采用过盈配合，在拆装过程中，必须对皮带轮施以较大的力才能将皮带轮从电动机轴上取下和装上。在拔轮过程中，通常使用拔轮器，卡抓只能卡在皮带轮的轮缘上，接触面积较少，容易导致轮缘破损。在安装皮带轮时，使用大锤锤击皮带轮，易造成轮缘损坏，大大缩短了皮带的使用寿命。

二、结构原理作用

对现有的液压拉马拔轮器进行改进：将原液压式拉马的三爪去掉，改为由专用的受力盘，改变受力位置，增大受力面积，保护皮带轮边缘部分。原理及组成：液压式拉马拔轮器由专用受力盘、3条拉杆、三爪受力盘及液压拉马组成。专用受力盘设计有开口槽用来卡在电动机轴上，圆周分布有3个圆孔用来安装拉杆，拉杆一端有圆形盖帽，另一端有螺纹，用来承受拉力，三爪受力盘中设计有矩形螺纹用来安装在液压拉马上，三爪结构设计有条形孔。使用时先将受力盘及三个拉杆安装在电动机轴上，安装液压拉马及三爪受力盘，拧紧螺帽，然后旋转液压拉马顶紧到电动机轴端面，使用手柄打压，直至卸掉皮带轮（图1）。

图1 现场应用图

三、主要创新技术

（1）增大拔皮带轮受力面积，由三点受力变为面受力。
（2）拔轮器轮盘阶梯状设计，适应采油现场不同型号的皮带轮使用。
（3）拉马轮盘和拔轮器轮盘设计条形孔，以适应采油现场不同型号的皮带轮。

四、技术经济指标

适合直径120~240mm范围内皮带轮更换。

五、应用效益情况

利用改进后的抽油机电动机拔轮器，在河南油田采油二厂累计实施推广368井次，减少皮带轮损坏90井次，减少抽油机皮带使用230条，年节约成本12.6万元。

采用该改进型抽油机电动机拔轮器，使拆卸电机皮带轮真正实现无损伤，极大地降低风险隐患，工具成本低，使用寿命长。该工具在生产中投入使用后，操作人员劳动强度大大降低，提高劳动效率，创造了较大的经济效益和社会效益，推广潜力很大。该成果获2020年度全国能源化学地质系统优秀职工技术创新成果三等奖（图2），2021年河南石油勘

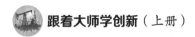

探局技术创新项目三等奖（图3）。

图2　获奖证书　　　　　　　　　　　图3　获奖证书

抽油机液压系列调参工具

胜利油田分公司　张春来　刘洪田

一、项目创新背景

在抽油机井生产中调平衡、调冲次是保证油井正常运行的常规操作。但是传统的操作方法存在危险性高、劳动强度大、效率低等问题，多次发生安全事故。随着近年来安全生产重视程度的提高，单纯从管理角度提高对操作的要求，一定程度上影响了操作实用性，为了从根本上解决这些问题，开展了液压式抽油机调参工具的研制。

（1）抽油机调平衡。

在抽油机调参维护操作中，不安全因素最高的就是调平衡操作，包括平衡块螺丝的上卸操作和平衡块的移动。平衡块固定螺母直径为4~6cm，长时间野外运行后锈蚀现象普遍。传统的操作方法是将曲柄停至近水平位置，一人用固定扳手卡住螺母，另一人用大锤敲击手柄，而移动平衡块时，一人用撬杠撬平衡块的底部，另有1~2人晃动平衡块，慢慢平移。

（2）抽油机调冲次（更换皮带轮）。

作业完井后一般都要进行抽油机冲次调节，也就是更换皮带轮，虽然拔皮带轮的专用工具现有多种，但是基本上属于机械传动，也就是通过手动旋转丝杠作为动力，比如现在应用较广泛的圆盘式拔轮器，虽然有部分改进，但是依然操作烦琐，实用性较差。装皮带轮则一直采取大锤砸的方式。

传统操作存在如下问题。

（1）不安全因素多，人身伤害事故频繁发生。

（2）劳动强度大。

（3）工作效率低。

（4）对设备损坏严重。

二、结构原理作用

该装置的主要结构由液压源、液压棘轮扳手、液压平衡块移动工具、液压拔轮器、液压装轮器五部分组成。

（1）平衡块螺栓液压工具。

结构原理：该工具主要由液压源和棘轮扳手两部分构成。液压源在地面放置，通过手柄给传动液加压作为动力；棘轮扳手由液压缸、柱塞、万向接头、安全插头、扳手手柄、扳手壳体、活动销子、棘轮扳手组成。采用双作用液压缸和棘轮机构，实现了在不能完成360度回转的情况下的大扭矩上卸扣工作，通过液压调节开关，可以完成顺时针、逆时针加力上卸，通过压力指示可以直观地看到液压压力，换算后可以得到扭矩的确切数据。

（2）平衡块移动专用工具。

结构原理：本工具主要由液压油缸和固定底座组成（图1）。具体可分为底座、液压柱塞支撑座、支撑板、扶正器、液压柱塞、螺母、T形螺栓、安全插头八部分。

（3）拔轮器。

工作原理：液压拔轮器主要由三爪拉马和液压油缸两部分组成（图2）。具体可分为安全插头、拔轮器拉杆固定座、调节螺母、液压缸、液压柱塞、拔轮器拉杆、固定座、拉杆连接片、拉杆调节孔八部分。仍然利用传统的三爪式方式，但是使拉杆着力点拐角更长，着力点作用在皮带轮本体而不是轮槽上，液压油缸顶在电机轴上，加压时拉马加力外移可以将皮带轮卸下。

图1　现场应用图

（4）装轮器。

结构原理：该工具由电机轴、支撑杆、皮带轮、前板、挡帽、顶筒、支杆、顶筒挡板、千斤顶、后板组成。皮带轮安装在电机轴上，支撑杆前端螺纹旋拧在电机轴的尾端上，挡帽安装在支撑杆的后端，挡帽有前板，前板套装在支撑杆上，支杆前端与前板焊接，支杆后端与后板焊接，前板外套装顶筒，顶筒的后端焊接顶筒挡板，支杆穿过顶筒挡板，顶筒挡板与后板之间安装千斤顶。

三、主要创新技术

（1）安全系数大大提高。该工具在生产中应用，可以避免职工高空作业，安全性大大提高，缩短操作时间，大大提高作业效率。

（2）实现上卸螺母的扭矩定量化。通过液压调节开关，可以完成顺时针、逆时针加力上卸，通过压力指示可以直观地看到液压压力，实现了上卸螺母的科学定量，避免了原来靠听声音主观判断的随意性。

（3）减轻劳动强度。使用本工具，只需两个人操作，其中一人监护，另一人加压操作即可，大大减轻了工人的劳动强度。

四、应用效益情况

该系列工具的研制成功，解决了长期困扰基层站低效率的生产难题，有效杜绝了操作过程中的安全风险，减轻了工人的劳动强度，提升了开井时率，该成果获全国优秀质量管理小组成果、中石化技术创新成果特别奖（图3），获国家专利授权2项（图4、图5），在胜利油田胜利采油厂、纯梁采油厂等推广应用30多套，年创经济效益51.8万元，产生良好的社会效益。

图2　现场应用图

图3　获奖证书

图4　国家专利证书

图5　国家专利证书

 # 计量站配水流程起升装置

河南油田分公司　赵云春

一、项目创新背景

计量站配水流程上的水表定期更换、送检和阀门维修、更换是采油工日常工作之一。水表或阀门采用卡箍或法兰与流程连接，依靠钢圈密封，必须将流程抬起一定高度才能取、装水表和阀门。现场使用的方法是撬杠撬等方法抬起流程，操作不方便，劳动强度大，平均用时62min，在操作中还易出现工具损坏卡箍钢圈槽、撬杠打滑或人员滑倒等不安全因素。

二、结构原理作用

流程起升装置由举升装置、伸缩顶杆和连接装置三大部分组成（图1）。

举升装置由方形底板，焊接在底板中心的升降螺杆和与螺杆配合的带手柄的升降螺母组成，在手柄升降螺母的上方安装推力轴承，轴承上面是连接装置和连接套，连接套上面安装长度不等的若干连接杆，连接杆上面安装伸缩式顶杆，由固定桶和顶升螺杆组成，固定桶最上端设计有40mm长的内螺纹，把其内螺纹对称面各铣除1/4的螺纹，在相应的铣出螺纹的面上设计有固定销钉，在固定桶内是顶升螺杆，顶升螺杆与固定桶内的内螺纹配合固定，并用固定销锁死，顶升螺杆最上部设计"U"形卡子。按顺序组装完起升装置后，根据流程高度选取合适长度的连接杆，调整顶升螺杆到合适位置，旋转90°后"U"形卡子与被顶升的流程管线充分接触，转动带手柄的升降螺母产生顶升力，达到顶升流程的目的。

三、主要创新技术

该流程起升装置在使用时，底板摆放平稳后，将带手柄的升降螺母调节到最低位置，推力轴承顺着升降螺杆安装在带手柄的螺母上面，将连接套装在升降螺杆上，并与推力轴承接触。再根据现场流程高度选用相应长度的连接杆，连接杆的上部通过内螺纹与固定桶最下部的外螺纹配合连接，调节顶升螺杆到合适位置。当"U"形卡子与被顶升流程充分接触后，旋转顶升螺杆与固定桶上部的内螺纹配合，固定顶升螺杆，旋转固定销钉锁死顶升螺杆，转动带手柄的升降螺母，通过螺母的向上移动，产生向上的顶升力，达到顶升流程的目的（图2）。

四、技术经济指标

（1）更换阀门或水表时，1人可独立完成操作，无须使用撬杠撬起流程，平均操作用时22min，缩短操作时间40min，工效提高近3倍。

（2）适用于不同流程高度更换水表或阀门，现场适应性好。

（3）连接套与举升装置之间安装推力轴承，操作更省力。

（4）顶升螺杆采用扁形螺杆，快速定位到合适高度。

（5）伸缩式顶杆的螺母对称面各铣除1/4螺纹，快速伸缩顶杆。

（6）操作过程中自动校正顶杆与流程管线的垂直度，消除因转动升降螺母手柄造成座板跟着一起转，避免操作过程中损伤管线。

五、应用效益情况

现场应用表明，该流程起升装置适用于不同流程高度的卡箍或法兰连接的阀门和水表的维护保养工作，具有操作简便、快捷省力的显著特点。该成果2017年获全国能源化学地质系统优秀职工技术创新成果三等奖（图3），2019年获国家实用新型专利授权（图4）。

图1　成果实物图

图2　现场应用图

图3　获奖证书

图4　国家专利证书

一种抽油杆打捞筒

江汉油田分公司　张义铁

一、项目创新背景

针对目前抽油杆打捞工具在打捞过程中，容易出现遇到落物不易进入筒内，遇到高黏度原油充满井筒时打捞工具易阻及在内衬油管使用中打捞工具不匹配，造成打捞费时费力、打捞成功率低，影响油井采油时率及打捞失效导致作业增加油井单井维修作业成本等问题。研制出一种带引鞋和能够引流的多尺寸抽油杆打捞筒工具。

二、结构原理作用

（1）针对现有的打捞工具遇到落物不易进筒的问题，在原打捞筒的前端鱼顶入口增加一个可引导光杆或抽油杆鱼顶进入打捞筒内的引鞋，光杆、抽油杆鱼顶紧靠管内壁时，打捞工具下放遇鱼顶后，顺时针旋转打捞工具即可引导鱼顶进入打捞筒体内。

（2）针对原打捞筒在油管柱中井液为稠油、含水较低、含气量较大时打捞工具易阻的问题，在打捞筒体尾端增加与进口相连的排液引流孔，在原油充溢的井筒内减小下入工具阻力和起出工具时产生的吸力，打捞筒遇抽油杆鱼顶进入打捞筒内，打捞筒内气液从排气引流孔排挤出，抽油杆鱼顶能顺利进入打捞筒本体内。

（3）同时改进抽油杆打捞工具外径，成套设计适用于不同类型的油管，解决不同油管与打捞工具不匹配的问题（图1）。

三、主要创新技术

（1）改变原有单一的打捞筒型号为多种型号，以适应油井使用的各种不同直径的生产管柱。

（2）在原有的打捞筒的前端增加鱼顶导入口即引鞋，打捞时鱼顶通过引鞋导入打捞筒内。

（3）在原有的打捞筒的后端接箍头上增加排气孔，稠油或含气量较高的油井减小起下打捞筒的阻力和吸力。

四、技术经济指标

抽油杆打捞筒应用后，打捞时间由以前的3小时缩短至2小时，打捞筒下井顺畅、阻力小，鱼顶能够很好地进入打捞筒内，打捞效果较好。

五、应用效益情况

截至目前该成果在打捞的12口油井中均顺利完成打捞工作（图2）。打捞成功率高，避免打捞失效造成的油井作业，同时减少停井时间合计12小时，以打捞的12口油井计算创造经济效益达72万元。该成果在江汉油田范围内大量推广应用后，将能创造更多的经济效益。该成果2018年获全国能源化学地质系统优秀职工技术创新成果三等奖（图3），2017年获国家实用新型专利授权（图4）。

图1 成果实物图

图2 现场应用图

图3　获奖证书　　　　　　　　图4　国家专利证书

皮带机平衡铁加取装置

胜利油田分公司　隋爱妮

一、项目创新背景

胜利油田油气生产现场中有皮带式抽油机7000余台，抽油机的平衡率直接影响到系统效率的高低，为保证抽油设备耗能最低，生产现场需要根据油井产量、载荷等变化及时调整平衡率。皮带式抽油机调平衡是通过调整配重箱中平衡铁的数量来实现的。以胜利油田河口采油厂管理四区为例，据统计注采站2021年共调整皮带机平衡重213口井，平均每两天就需要调整1口井。

目前，加取皮带机平衡铁采用人工协作搬运方式。因皮带机配重箱入口狭窄，箱体内腔周边空间受限，平衡铁本身较重（700型单块重量约20kg），导致人工增减平衡铁的操作劳动强度大、效率低，多片无缝隙叠压导致取放困难。同时由于站立高位导致操作过程中存在登高作业风险，以及人工取放平衡铁时存在夹伤手的安全隐患。因此，研制了皮带式抽油机平衡调整装置。

二、结构原理作用

皮带机平衡调整装置分为立柱、机械臂和机械手三部分，采用可分离式结构（图1）。

将立柱竖直安装在作业车后端或放置地面，将机械臂及末端机械手安装好，使机械臂调至距井口合适位置，该装置机械臂的作业半径可达2.5m，可以满足各种型号皮带式抽油机的需求。

末端机械手工作原理：手持手柄将机械爪前段对准平衡箱开口位置对最上一层平衡铁直推，在支撑爪作用下将平衡铁外侧一边翘起。继续前推过程中，机械手下爪伸入平衡铁下部，下压操作手柄，在推杆作用下，机械手上爪前移并压紧平衡铁，将操作手柄转

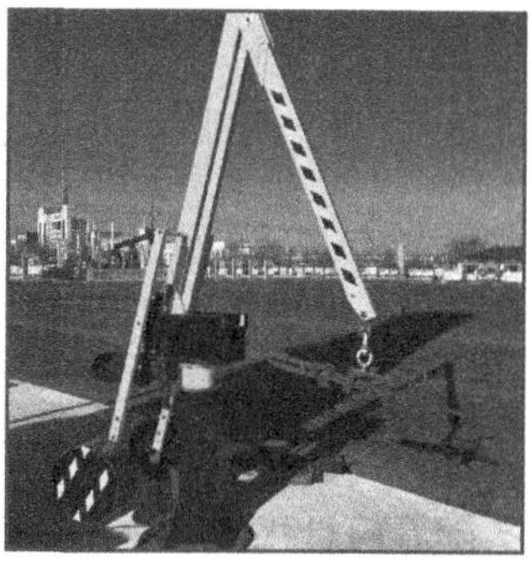

图1　成果实物图

动90°锁紧，转动把手使机械手倾斜，最大可达90°。拉动把手将夹持平衡铁的机械爪从平衡箱取出，将平衡铁放置在指定位置后，将操作手柄反向转动90°并上抬。此时，在弹簧作用下，推杆及上手爪复位，松开平衡铁，完成取下平衡铁工作（图2）。

添加平衡铁过程与上述操作相反。

三、主要创新技术

（1）该装置采用可分离式结构，立柱可以平放，机械臂及末端机械手可以分离放置，拆装便捷。

（2）末端机械手操作手柄的夹紧力达到80N，作业半径可达2.5m。

（3）末端机械手操作手柄可正反向转动90°，夹取平衡铁翻转自如。

（4）上、下手爪夹紧部分的尺寸不超过配重箱开口尺寸，确保平衡铁取放顺畅。

四、技术经济指标

（1）机械手尺寸99.4cm×30cm×21cm，总重量20kg。

（2）钳口的加持力可达到80N。

五、应用效益情况

目前，该平衡铁加取装置在胜利油田河口采油厂试用，并顺利完成皮带式抽油机平衡铁的加取，从而实现平衡的调整。以油井义73-X20为例计算：日产油5吨，人工搬运调整平衡重需要2小时，采用该装置可将工作效率提升50%，提高了开井时率。

按照吨油成本2340元计算，节约原油费用=平均日油÷24小时×节约时间×吨油成本=5÷24×2×50%×2340=487（元）。

每年管理四区更换180口井，总效益=油井数×单井效益=180×487=87660（元）。

采用该装置调整平衡重操作安全可靠、方便快捷，能够有效取代传统人工取放平衡铁的作业模式，大大降低了作业人员的劳动强度及作业人员数量，并有效避免了操作过程中存在的安全风险，提高作业效率，实现安全生产。该装置获2021年度河口采油厂优秀职工创新成果一等奖（图3）。

图2　成果实物图

荣誉证书
HONORARY CREDENTIAL

隋爱妮、刘国玲、曹婷、孙文海、王作民同志

所申报的《皮带机平衡铁加取装置》被评为河口采油厂2021年度优秀技能人才创新成果采油专业一等奖，特发此证，以资鼓励。

河口采油厂
二〇二一年十二月

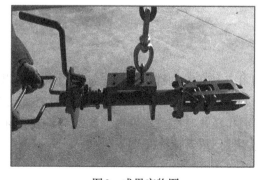

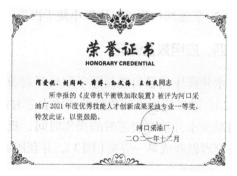

图3　获奖证书

一种用于油田生产的水表芯子取出装置

胜利油田分公司　周家祥

一、项目创新背景

随着信息化高压流量自控仪替代普通流量计以来，高压流量自控仪每月需定期拆卸清洗，现场拆卸表芯因各种原因造成取芯困难，停井时间过长影响开井时率。现场在高压流量自控仪芯子的维护过程中，拔出芯子操作没有专用工具，普遍采用千斤顶配合大锤的方式取出自控仪芯子。首先，配水间流程属于高压，且流程布置比较密集，操作过程中存在一定安全隐患。其次，在大锤敲击过程中会产生剧烈震动，高压流量自控仪属于精密电子仪器，这种操作有损坏设备的风险。而且，这种方法费时费力，每次拔出芯子的时间根据设备的难易程度在1~2小时。

针对该问题，也有部分职工发明一些成果、工具进行拆卸芯子，但因为加工成本高，使用携带不方便等，在生产现场推广程度不高，因此现场需要一种低成本、便于操作的高压流量自控仪芯子取出工具进行推广使用。为解决这一难题，技能大师研制了水井高压流量自控仪芯子取出器，仅用200元左右制作出该工具，小巧轻便，便于携带，有效提高了工作效率，降低了劳动强度，提升了水井开井时率。

二、结构原理作用

该装置利用螺纹正反扣的工作原理，拔出装置的下部设有和自控仪芯子配套的螺纹，安装完成后，支撑座与自控仪芯子底座接触，转动承力螺母，拔出装置将芯子拔出。

首先按照操作规范取下流量自控仪表头，将水井高压流量自控仪芯子取出器本体下部螺纹与流量自控仪芯子连接，将装置在流量自控仪底座固定牢固后，拧动承力螺母，将流量自控仪表芯从底座中拔出（图1）。

三、主要创新技术

（1）实现了低成本、易使用的目标，便于推广。
（2）装置结构简单，体积小便于携带。

四、应用效益情况

水井高压流量自控仪芯子取出器自2021年7月在胜利油田滨南采油厂投入使用以来（图2）。通过应用该装置降低清洗表芯时的设备损坏概率，节约了设备维修和更换成本；同时减少水井清洗表芯时的操作时间，提高水井开井时率。该装置于2022年获得山东省设备管理创新成果一等奖（图3），并获国家实用新型专利授权（图4）。

图1　成果实物图　　　　图2　现场应用图

图3　获奖证书　　　　图4　国家专利证书

 闸门防盗报警筒

江汉油田分公司　张义铁

一、项目创新背景

油田生产一般都是远离城市，地处偏远，生活、工作条件都十分艰苦，随着油价的上涨，治安环境也不断恶化，不法分子对油田的物资与石油的偷盗与破坏现象越来越多。

在油田开发过程中，油井分布面积大，距离远，由于生产工艺与条件的限制，不少油井采用的是罐车拉油的方式，也就是生产出来的油先临时储存在野外的高架罐中，再用罐车拉到联合站集中处理。这个环节中，临时存油的高架罐往往成为不法分子关注的重点对象，而油井多，24小时不间断生产，传统的人工巡检工作量大，无法兼顾所有设备、设施，达不到监控防盗的目的，1个采油厂每年仅原油损失及设备破坏造成的损失就高达数百万元。面对如此巨大的经济损失，采取了加大人工巡检力度，对重要部位进行加固等措施，但由于工作量巨大，操作不便等各方面因素，都没有起到较好的效果。因此，迫切需要一种结构简单、成本低廉的防盗报警装置来保证原油及设备的安全。

二、结构原理作用

闸门是工艺流程上的一个重要部件，用以切断与倒换流程。我们的拉油罐也是采用的闸门进行放油操作，因此对于闸门的防护就比较重要了，传统的闸门防护措施都是加焊防护罩和使用明锁。这些防护手段对于操作频繁的闸门来说，十分不便，防护性能也不好。

针对这种情况，技能大师研制了闸门防盗报警筒。其原理是设计了能将闸门全封闭式的防护筒，在筒式结构上安装了电子遥控锁、感应探头和无线报警器，可有效对闸门进行防护，既防止盗油破坏分子对闸门的控制，又方便生产操作对流程的切换与关闭。

该装置主要由筒体、遥控电子锁和无线报警器三部分组成（图1）。设计一个分体式的防护筒，筒盖与筒体为花键式配合，用专用吸盘进行旋转操作，用以打开筒盖，在筒体上

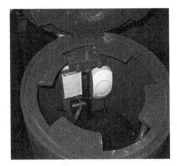

图1　成果实物图

安装遥控电子锁与无线震动报警器。一旦不法分子对出油管线或闸门进行破坏，报警装置即刻响应报警，提醒值班人员采取措施。

三、主要创新技术

（1）全封闭式设计，防破坏能力强。

（2）防盗筒结构设计新颖，使用专用工具开关，牢固可靠。

（3）采取了外置动力电源，设置了专用电源接口，无电源无法打开，进一步增强了防盗性能。

（4）遥控开关与无线报警部分，设计成了模块，便于更换与维修。

（5）无线报警探头可采用手机信号与无线信号两种模式，对于野外边远井站适应范围更广，可实现远程监控。

四、应用效益情况

此项成果在江汉油田清河采油厂应用后，效果很好，取得了采油队的一致好评。该装置可靠性高，见效明显，同时具有维修方便，成本低等特点，十分便于在偏远及人员不足的井站推广使用。

该成果在2012年研制成功并应用后（图2），先后利用此项成果抓获不法分子9人，缴获被盗原油100吨，创造经济价值400多万元。该成果先后获得清河采油厂青工"五小"成果一等奖，江汉石油管理局青工"五小"成果一等奖，2014年获湖北省技术创新成果二等奖（图3），并于2012年10月申请了国家发明专利，2014年3月审批通过，获国家发明专利证书授权（图4）。

图2　现场应用图

图3 获奖证书

图4 国家专利证书

 光杆转动装置

河南油田分公司 景天豪

一、项目创新背景

油井在生产过程中，常因打捞对扣等原因需转动光杆。目前无配套的专用工具，一般使用管钳在井口转动光杆。该项操作存在极大的安全隐患，当扭矩较大时管钳一旦脱手会快速反转引起伤亡事故。

二、结构原理作用

光杆转动装置由开口手轮、牙块（卡瓦片）、开口压盖组成。开口手轮与普通阀门的手轮结构相同，轮辐处设计开口，使其从光杆侧面套入光杆；中心筒下部与光杆直径相同，上部结构为两个错开的半圆槽用来放置卡瓦片，顶部有外丝扣用来安装压盖；卡瓦片为空心半圆柱，内表面纵上有单向牙用来咬合光杆，其内孔与外圆柱为偏心结构；压盖为圆柱形，设计开口，使其从光杆侧面套入光杆，一端空心且有内丝扣，可安装在手轮上；开口手轮中心筒上部2个错开的半圆孔，安放偏心结构卡瓦片后形成的中心孔，仍然保持在加力手轮中心筒的中心位置（图1）。

操作步骤：使用时先将光杆转动装置开口槽对准光杆推入，使光杆居中，坐在盘根盒上，然后向两个错开的半圆槽内放入卡瓦片。转动开口手轮使卡瓦片向压紧方向转动，从而使其带动光杆转动。当扭矩过大时一旦操作人员脱手，卡瓦片可向偏心方向移动，从而使卡瓦片松开，不会引起该装置反转。

三、主要创新技术

（1）松开开口手轮后卡瓦片自动松开，装置不会反转。

（2）卡瓦片卡牙圆周分布，增加装置咬紧力，装置不易打滑。

（3）使用压盖限位，防止卡瓦片脱出。

（4）使用手轮转动光杆，反转后不会产生人员伤亡事故。

四、技术经济指标

4种型号卡瓦片内径分别为$\Phi25mm$、$\Phi28mm$、$\Phi36mm$、$\Phi42mm$。

五、应用效益情况

光杆转动装置现场应用后（图2），可有效消除在油井井口转动光杆操作中存在的安全隐患，杜绝由此引起的人身伤亡事故。适用于抽油机井光杆对扣及打捞抽油杆操作，使用简便可靠，具有较好的推广价值。被评为中国质量协会石油分会二等奖（图3），2011年获国家实用新型专利授权（图4）。

图1　成果实物图

图2　现场应用图

图3　获奖证书

图4　国家专利证书

抽油机调平衡装置及配套工具

河南油田分公司 孙爱军

一、项目创新背景

在游梁式抽油机没有操作平台或操作平台无护栏时，调平衡时操作人员站在曲柄或减速箱上进行操作，即使站在平台上操作也无法钩挂安全带，存在较大的安全风险，岗位员工在岗位危害辨识中辨识出该风险，但没有有效的方法解决。依据油田可持续发展要求，安全生产管理标准越来越高，明确要求调平衡时操作人员必须站在可供操作并带有护栏的平台上进行操作，并钩挂安全带，现场绝大部分抽油机不能满足这个要求。

二、结构原理作用

装置由三角支撑架、手扳葫芦和吊环吊带组成，根据平衡块质量对固定装置尺寸和强度进行设计。三角支撑架固定座依据曲柄T形槽（固定螺栓槽）深度设计，以适应在不同深度T形槽的曲柄上安装，根据平衡块工艺孔位置确定长度。支撑架的固定装置接合部采用肋板加固，并在支撑架上设计了加强筋。对装置最外侧吊点进行结构受力分析，最大平衡块重量18kN，按照高于安全系数2倍计算，设计最大承重40kN。根据最大平衡块重量，按2倍安全系数选用手扳葫芦和吊环、吊带。

三角支撑架插装在曲柄T形槽顶部，顶丝可微调支撑架使其水平并固定。手扳葫芦钩挂在三角支撑架的吊环内，下部吊钩与穿装在平衡块工艺孔内的吊带连接。手扳葫芦开关置于空挡位置，调整倒链松紧，根据调整方向，再将开关扳到上提或下放位置，扳动手扳葫芦的手柄进行平衡调整。

配套工具安全带钩挂装置由底座、主杆和伸缩杆组成。底座通过螺纹连接固定在减速箱箱盖固定螺栓上；主杆带有两组安全带挂耳，插入底座后销钉锁紧；伸缩杆带有一组安全带挂耳，安装在主杆内，通过销钉连接和固定，根据操作高度调整伸缩杆伸缩长度或不安装使用伸缩杆；根据高度选择安全带钩挂位置，高挂低用。

三、主要创新技术

（1）操作人员站在地面操作，消减了调平衡作业中的安全风险。
（2）调平衡站位安全，操作放心，降低劳动强度，提高工作效率。
（3）安全带悬挂装置解决了其他部位操作的高空作业安全需求。
（4）安全带悬挂装置在减速箱周围均可安装，适应性好，安装方便，随用随装。

四、技术经济指标

调平衡装置设计承载40kN，安全带钩挂装置每组挂耳设计承载250kg，可供2人同时使用，挂耳最低1.2m，最高2.2m。

五、应用效益情况

2020年现场推广应用（图1、图2），年自行调整平衡60井次，节约维修费用、劳务费用14.5万元。该装置的应用消减了安全风险，让员工放心操作，提高了工作效率，适用于游梁式抽油机调平衡作业。被评为中国石油化工集团有限公司QC成果二等奖（图3），2022年获国家实用新型专利授权（图4）。

图1　现场应用图

图2　现场应用图

图3　获奖证书

图4　国家专利证书

抽油机皮带"四点一线"校正仪

河南油田分公司　赵云春

一、项目创新背景

抽油机电机皮带轮的最外侧边槽经过加厚处理，是防止在更换皮带轮的过程中，砸坏电机轮的最外侧边槽。由于抽油机大皮带轮和电机小皮带轮，两轮最外侧边槽存在厚度差，传统的"四点一线"对正方法存在偏差。现场应用最多的就是"目测法"，而"目测法",又存在偏差。凭个人经验和感觉,存在较大的误差,导致抽油机皮带在工作中不在一条直线上,皮带两侧边缘受力不均匀,皮带一侧磨损严重,缩短皮带使用寿命。

二、结构原理作用

(1)"四点一线"校正仪由上测量装置、下测量装置、拉线固定座、红色尼龙拉线四部分组成。上测量装置有连接筒和固定座,连接筒上有刻度尺和导线移动槽,固定座内镶嵌有强磁块,下测量装置结构与上测量装置相同,拉线固定座内镶嵌有强磁块,红色尼龙拉线上端有拉环。

(2)上测量装置,是由与抽油机大皮带轮上部连接的连接桶和与该连接桶相配套的固定座和刻度尺组成。其中,刻度尺镶嵌在连接桶上,与刻度尺偏转45°方向的连接桶上对称开有导线槽,连接桶内腔与导线槽是测量时移动拉线的通道;与连接桶焊接有固定座,固定座内镶嵌有强磁块,通过强磁块的磁力把连接桶固定在大皮带轮上部外侧边。

(3)下测量装置的安装方法、结构组成与上测量装置相同。利用强磁块固定在大皮带轮下部外侧边,上、下测量装置固定后,把带有拉环的红色尼龙拉线穿过上、下测量装置导线槽。

(4)拉线固定座部分,是由强磁块与磁块固定座组成。通过强磁块把尼龙拉线下端固定在电机皮带轮外侧(图1)。

三、主要创新技术

"四点一线"校正仪在使用时,可先将上测量装置固定在大皮带轮上部的外侧,下测量装置固定在大皮带轮下部的外侧,再将红色尼龙拉线穿过上、下测量装置的导线槽,把拉线的另一端通过拉线固定座固定在电机皮带轮外侧。

利用钢卷尺测量出大皮带轮和电机皮带轮最外侧边的厚度,计算出两皮带轮最外侧边的厚度差,调整红色尼龙拉线的拉环,使红色尼龙拉线对准上测量装置的刻度尺相应的刻度上,松开电机滑轨螺丝,调整电机滑轨位置,红色尼龙拉线在下测量装置的导线槽内随着电机移动,当红色尼龙拉线在下测量装置的刻度尺上数值与上测量装置刻度值相同时,滑轨调整到位,上紧滑轨螺丝,抽油机皮带"四点一线"精准校正完成。

四、技术经济指标

(1)应用强磁固定"四点一线"校正仪,解决了测量仪的固定问题,安装简单快捷,结构紧凑,携带方便。

(2)上、下测量装置安装有刻度尺,解决了抽油机、电机两皮带轮侧边的厚度不一致,无法对皮带"四点一线"精确测量的问题。

五、应用效益情况

该装置具有操作方法简便、准确度高的显著特点,提高了采油时率,降低了皮带消耗量。活动期内节约皮带费用11.2万元。该皮带校正仪适用于不同型号的游梁式抽油机在更换皮带时的"四点一线"校正工作（图2）。被评为全国能源化学地质系统优秀职工技术创新成果三等奖（图3），2020年获国家实用新型专利授权（图4）。

图1　成果实物图

图2　现场应用图

图3　获奖证书

图4　国家专利证书

 空掺井高压胶管悬挂装置

胜利油田分公司　张春来　刘彦昌

一、项目创新背景

随着油田开发技术的不断进步，稠油油藏在胜利油田得到了很好的开发。目前胜利油田胜利采油厂的稠油井主要采用空心抽油杆掺水伴热降低原油黏度进行开发，因此需要将地面来的热水通过高压胶管连接空心抽油杆，才能保证地面热水通过空心抽油杆进入井下与原油混合。高压胶管目前主要通过铁丝捆扎或简单地固定悬挂在抽油机上，随着抽油井的上下往复运动不断摩擦，经常会出现：一是铁丝将高压胶管的橡胶保护层和胶管内部钢丝磨坏，造成胶管损坏和爆裂，而造成安全事故；二是随使用时间延长造成铁丝磨断，也会造成安全事故。因此根据现场需求，需要研制一种操作简单，拆装方便，悬挂效果好的胶管保护悬挂装置。

二、结构原理作用

该装置由挂钩、挂钩锁链、销轴、胶管盖板、导向滑轮、弧形挂体、胶管底座、胶管锁紧螺栓八部分组成（图1）。

首先将悬挂装置固定在抽油机合适的位置，并进行锁紧，再将高压胶管穿入悬挂装置，由导向滑轮引导确定需要悬挂的位置，确定悬挂位置后，用胶管锁紧螺栓将悬挂装置两端的高压胶管进行锁紧，保证高压胶管固定在抽油机合适位置，从而避免高压胶管由于摩擦造成破损或爆裂而造成安全事故。

三、主要创新技术

（1）延长悬挂长度，有效防止高压胶管磨损。

（2）两点式固定悬挂，保证悬挂牢固程度并降低弯折程度。

（3）挂钩锁链有效防止挂钩滑脱，杜绝安全事故，优势明显。

四、技术经济指标

悬挂装置长度500mm，适用于直径26~28mm的高压胶管，中间导向滑轮直径60mm，两端安装26~28mm高压胶管卡子，挂钩安装锁链。

五、应用效益情况

空掺井高压胶管悬挂装置的推广应用（图2），避免了高压胶管由于摩擦造成破损或爆裂而造成安全事故，提高了油井时率时效。该成果分别获得山东省QC成果（图3），并获国家实用新型专利授权（图4），目前已在胜利采油厂各管理区推广应用30多套，年创经济效益50万元，并取得了良好的社会效益。

图1 成果实物图

图2 现场应用图

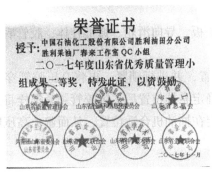

图3　获奖证书

图4　国家专利证书

一种压力平衡油井自动加药装置

胜利油田分公司　程卫星

一、项目创新背景

在稠油井生产管理中，需要从套管阀门向井筒内加降黏剂或者脱硫剂，来确保油井正常安全生产，目前在用的加药装置及方式存在以下缺点。

（1）人工灌注加药需放套压，不符合环保要求，加药剂量无计量，加药无连续性，加药效果差、所需人员多、工作量大。

（2）电动加药泵设备价格高，安装数量少，不能满足生产需求。设备故障率高，维修成本高，设备需外接电源增加运行成本，存在安全用电风险。

（3）自制简易加药装置药箱容积小，需反复添加药剂，工作量大，加药剂量无计量，加药效果差。

二、结构原理作用

油井无动力加药装置主要由加药管部分、调节计量部分、储药箱三大部分组成（图1）。加药管部分由$\Phi139mm \times 2m$的钢管及其他附件制作而成，容积为23升，一般油井每天的加药量约为10~20升，可以满足1~2天的加药量。调节计量部分由微量调节阀、滴位流量计和其他附件组成，微量调节阀有精确的刻度，调节准确、方便。滴位流量计设计有观察视窗，根据油井的加药量计算出每分钟的药剂滴量，通过调节微量调节阀和秒表，即可准确地将加药量调节到合适范围。储药箱设计容积200升，一箱药剂能用10~20天左右，解决了频繁加药的问题。

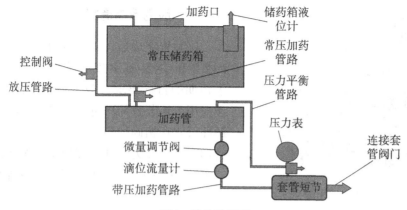

图1　结构示意图

其工作原理是储药箱安装在加药管以上位置，加药管水平安装于井口套管阀门上部0.8m位置，加药管底部药剂出口连接微量调节阀和滴位流量计。通过管路与油井套管阀门短节连接，加药管上部与套管短节设计有压力平衡管路，加药时保持加药管与套管压力平衡，药剂在液位高度差的作用下靠自重进入套管环形空间达到降黏或除硫的作用。当加药管需补充药剂时，关闭加药管与套管阀门的控制阀，打开加药管与储药箱的放空阀，将加药管内的压力通过储药箱的过滤装置放空。打开储药箱底部与加药管连接的加药阀门进行药剂补充，药剂补充结束后，恢复正常加药流程进行加药工作。

三、主要创新技术

（1）该装置在压力平衡下采用液位差进行井内加药，解决了原来油井套管压力高造成加不进药剂的问题。

（2）该装置无须动力即可加药，解决了原来电动加药泵耗电高、故障率高、维修成本高，存在用电安全风险的问题。

（3）该装置采用微量调节阀和可视滴位流量计，加药量调节简单方便、精确，解决了原来人工灌注法药剂用量多、无计量、不连续、效果差的问题。

（4）该装置可实现10~20天的连续加药，解决了原来加药频繁、劳动强度大的问题。

四、技术经济指标

（1）油井无动力加药装置单套成本0.4万元。

F1=0.4×12=4.8（万元）

（2）减少加药泵采购12台，单价2.8万元/台，节省成本33.6万元。

F2=2.8×12=33.6（万元）

（3）12口油井安装应用该装置替代原电加热降黏。电加热生产日均耗电500kW·h/井，折合电费350元/（日·井）；降黏剂生产日均用量15升/井，费用150元/（日·井），平均每井年生产按300天计算，则年节约成本72万元。

F3=（350-150）×300×12÷10000=72（万元）

合计经济效益：F4=F2+F3-F1=100.8（万元）。

图2　现场应用图

五、应用效益情况

该装置完成后，于2020年3月分别在C335-P12井和GN2-28井安装试验应用（图2），达到了预期的目标要求，截至目前已在12口油井安装应用，该装置简单可靠、安装方便，无须动力源即可实现精确加药，适用于油田范围内油井套管加药。被评为胜利油田为民技术创新优秀成果一等奖（图3），2022年获国家实用新型专利授权（图4）。

图3　获奖证书

图4　国家专利证书

 抽油机刹车锁紧装置

中原油田分公司　都亚军

一、项目创新背景

目前，油田现场采用的抽油机大部分是游梁式抽油机，其刹车装置一般采用：内抱式和外抱式两种刹车装置，两种刹车装置均是由操作人员拉动连接的手刹使抽油机停止运转，在抽油机检修、更换皮带、作业等情况下都需要停机，刹车装置使用频率高。刹车装置长时间使用后，锁块会出现变形、磨损及断裂等情况，导致锁块不能卡在锁定槽内，使抽油机刹车失灵或刹车固定不牢固等，容易"溜车"，造成安全事故。为了解决上述问题，研制了抽油机刹车锁紧装置，该装置可有效达到阻止刹车把松动，防止刹车把位移，保证抽油机刹车牢靠，提高刹车系统的安全稳定性，避免发生人身伤害事故。

二、结构原理作用

抽油机刹车锁紧装置包括两部分（图1）。

（1）固定部分：固定部分下部有前后两个固定齿，可与刹车把底座圆弧齿进行紧密连接，达到牢固固定作用。

（2）顶紧部分：通过旋转顶杆调节长短把刹车把进行顶紧，防止刹车把松动。

三、主要创新技术

（1）为抽油机提供了一种防止刹车把松动装置。

（2）运用齿条啮合技术使刹车把锁紧装置更牢固。

（3）顶杆采用螺旋技术。

（4）装置结构简单、实用性强。

四、技术经济指标

（1）该装置最大顶力为50kN。

（2）装置可在刹车把0°~60°夹角内安装使用。

（3）该装置依据标准GB/T 29021—2012石油天然气工业游梁式抽油机检验，符合标准要求。

五、应用效益情况

该装置2020年开始研制，在中原油田文留采油厂和文东采油厂进行了安装试用（图2）。目前，已在中原油田的1000多口油井安装使用，有效杜绝了刹车出现溜车造成的安全隐患，为保障油田安全生产做出了巨大贡献，其社会效益无法估算。该成果2022年获国家实用新型专利授权（图3），2022年获得中原油田职工优秀创新成果一等奖（图4），2022年获全国能源化学地质工会优秀职工技术创新成果三等奖。

推广应用前景：该装置具有结构简单、操作方便、实用性强、安全系数高等特点，具有良好的推广应用前景。

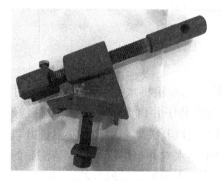

图1　成果实物图　　　　　图2　现场应用图

图3　国家专利证书　　　　　　　　　图4　获奖证书

一种油井井口清洗与污油回收装置

胜利油田分公司　杜国栋

一、项目创新背景

目前，采油井井口出现漏油或上作业后，造成井口污染，需要人工进行擦洗，传统的方法是用棉纱蘸轻质油等油质品擦井口，而使用挥发性溶剂擦井口具有安全隐患，目前使用原油清洗剂清洗，成本较高、效率低，经调研还没有别的可行清洗技术，给油井管理造成了不便。水域出现原油污染后，传统的方法是用围油栏、芦苇等将原油赶到集中的地区再进行回收，费时费力，因此，决定研制一种油井井口清洗污油回收装置，达到井口清洗彻底，污油不落地，同时可对水域原油污染能够自动回收的目的。

二、结构原理作用

该装置主要利用两轮拖拽式底盘为载体，主要以汽油发电机为动力源，便于野外使用。同时还配有井口污油回收盘接取井口污油污水，利用遥控齿轮泵将污油污水回收到污油回收箱中（图1）。

三、主要创新技术

使用时首先在控制箱启动发电机，打开热水箱将水加热到70℃，同时打开蒸汽发生器，待压力上升到0.5MPa。将污油回收盘安装于井口大四通下方，连接好各管线，用蒸汽热水两用喷枪对井口进行清洗。首先打开蒸汽开关，利用高温蒸汽使井口原油融化，然后打开热水开关，热水泵自启动，蒸汽携带热水对井口进行清洗，清洗后的油水混合物流入井口污油回收盘，遥控污油回收泵启动将油水抽回污油回收箱，经试验平均每口井用水约10L。实现污油不落地，减少二次污染。该装置还可实现水域浮油回收，水域污染时，将污油回收盘反扣于水面，启动遥控污油回收泵就可将水面浮油抽回污油回收箱。该装置结构简单，操作方便，减少环境污染，极大地降低了员工的劳动强度。

四、技术经济指标

电路集成控制箱便于操作，加热水箱可加热到70℃以上，并配有可调压离心热水泵，可对热水输出压力进行调控，冲洗井口。配有蒸汽发生器，恒定压力0.5MPa，可产生110℃蒸汽，对不易冲洗的稠油加热。

五、应用效益情况

该装置自2016年5月研制成功后在桩西采油厂100口油井上应用（图2），解决了目前油井的井口污染清洁及污油回收难等问题，保证了井口污油不落地；并能够完成水域的浮油清理和回收等工作。具有结构简单，操作方便，减少环境污染，极大地降低了员工的劳动强度，年综合经济效益16万元。2017年获胜利油田为民技术创新成果二等奖（图3）；2018年获国家实用新型专利授权（图4）。

图1　成果实物图

图2　现场应用图

图3　获奖证书

图4　国家专利证书

链条式堵漏器

江汉油田分公司　冯　俊

一、项目创新背景

油田管道一般采用钢管埋在地下或放置在地面，油井产出的油液，尤其是盐水成分对管道内壁有很大腐蚀性，达到使用年限后，管道会经常发生穿孔现象，泄漏的油液对环境污染很大，也会给油田造成一定的经济损失。

目前解决的方法是用卡子堵漏，每副卡子的尺寸是固定的，不能通用在其他尺寸的管道上，使用局限性较大。由于管道弯管处的液流冲击力度比较大，也是较容易发生穿孔的地方，而且在管道的弯管处堵漏特别困难。为解决这一难题，研制了"链条式堵漏器"。

二、结构原理作用

管道堵漏装置，设置有链条连接固定结构、漏点封堵板、螺杆旋转驱动并固定结构、弧形卡子本体结构。弧形卡子本体结构两端设置有链条固定端和适用于不同管径的活动链条固定端；弧形卡子本体结构的中心处为螺杆旋转驱动并固定结构，螺杆旋转驱动并固定结构与漏点封堵板相连接，该螺杆旋转驱动固定结构用于驱动漏点封堵板移动，以堵住管道漏点并起到固定的作用（图1）。

三、主要创新技术

（1）适用于弯管处堵漏。

（2）一副卡子可用于不同管径。

（3）操作简便，堵漏效率高。

四、应用效益情况

（1）技术效益：解决弯管处不能打卡子和对不同管径的堵漏局限性（图1），缩短堵漏时间，提高堵漏效率，降低因穿孔造成的停产损失，减少因穿孔对环境的污染。

（2）经济效益：有效解决了弯管处无法打卡子的问题，节省抢修作业中车辆、人工等方面的费用。

（3）被评为江汉油田职工创新创效大赛三等奖（图2）。

图1　现场应用图

图2　获奖证书

便携式井口防盗丝堵

胜利油田分公司　高树峰

一、项目创新背景

在目前生产管理中，油区内不法分子盗油盗气现象比较严重，不法分子利用各种手段在采油树套管阀门处盗取天然气，直接影响石油企业的生产秩序，造成巨大经济损失，同时也给油井的日常维护管理工作增加了不少工作量，而且由于硫化氢等气体的泄漏，也会导致人员中毒和污染环境等重大事故。因此研制一种能够防止井口盗气装置非常有必要。

二、结构原理作用

油井套管阀门防盗装置包括丝堵和卡箍头，其中：卡箍头的内腔设有锁槽，丝堵中设有拆装棱，卡箍头与丝堵螺纹连接；防盗盖板中装有防盗锁芯，防盗盖板中的防盗锁芯能够卡入卡箍头中的锁槽，防盗盖板安装在卡箍头内，且位于丝堵的上方；卡箍头的连接端与套管阀门焊接（图1）。

三、主要创新技术

（1）装置结构简单，但设有多个防盗机关，至少设有两个不同锁舌的防盗锁芯。

（2）卡箍头上端面标记了操作者能够识别的标志或符号配合记忆，由于防盗锁芯的旋转方向不同，使盗窃分子无法打开。

（3）丝堵内腔中设有拆装棱，该拆装棱是非常规棱形柱，丝堵的强度高，抗破坏性好。

（4）操作扳手的结构根据丝堵中拆装棱的棱形柱或防盗锁芯内方套筒中棱形内腔的实际形状自制，不易仿制，保密性好。

四、技术经济指标

（1）能够杜绝不法分子盗取油气现象的发生，维护了油田生产秩序，保护了国家资源，减少了环境污染。

（2）降低了因不法分子盗取油气引起的安全隐患。

五、应用效益情况

该装置2020年开始研制，2020年10月29日，胜利油田临盘采油厂召开评价会，专家组一致认为该工具能够有效防止盗气现象的发生，有很高推广应用价值。2020年确定为临盘采油厂专利技术实施推广项目。目前，已在采油管理七区现场推广应用50口井，年创经济效益约5万元人民币，累计创效10多万元（图2）。该成果2021年获国家实用新型专利授权，2021年获油田群众性优秀技术创新成果三等奖（图3）。

图1　成果实物图

图2　现场应用图　　　　　　　　　图3　获奖证书

高架摄像头除尘装置

江汉油田分公司　洪　河

一、项目创新背景

各个油田为检查野外油气井工作情况，采用安装高架摄像头装置来替代操作人员到油气井现场，对油气井进行巡检工作。通过终端控制室远程信息传输系统，对所管理的油气井进行全天候视频监控。油气井安装的高架摄像头的高度均在10m以上的电线杆上，电线杆上安装有光源对油气井井场进行夜间照明。由于摄像头旁有光源存在，吸引了大量的虫子和蜘蛛，蜘蛛结网导致许多死虫挡住摄像头视角，视频画面极不清晰，直接影响视频监控效果。因此，夏季每隔一段时间就需要人工登高或手拿长杆对摄像头进行清理。由于高架摄像头数量大、分布位置散，导致上述两种清理方法效率较低，且高温环境下持续登高作业存在着极大的安全风险。高架摄像头由于其具有自转功能，且视角长期处于一个方向，即抽油机井井场方向，其背后方向不需要进行监控。因此，可以利用高架摄像头具有的360°自转功能，在高架摄像头不需要进行监控的背后方向安装一个毛刷，利用高架摄像头自转功能，对高架摄像头的镜头进行清理的操作。

二、结构原理作用

该装置的主要结构由两部分组成（图1）。

（1）毛刷。

（2）毛刷支架。

图1　成果实物图

在摄像头上安装毛刷装置，通过中控室的终端遥控转动摄像头，替代原来操作人员驱车到井场登高作业清洁摄像头的操作。同时还可以利用中控室进行程序设置，对高架摄像头设定合理的时间节点进行转动，从而达到高架摄像头定时、定点清理工作，避免高架摄像头镜头长期积累的灰尘难以清理。这种针对高架摄像头除尘装置后台批量管理的思路是确保该装置顺利、高效运行的一种后台管理模式。

三、主要创新技术

（1）利用日常人洗脸动作原理：使用一个毛刷当作毛巾，将摄像头球机镜头当作人脸，利用球机转动当作人的双手。

（2）利用PCS系统后台定制程序，使得成千上万的球机在某个时间段自动转动，实现人工除尘的目的。

四、技术经济指标

（1）毛刷采用尼龙66原料制作。

（2）毛刷支架采用304不锈钢，固定螺丝同样采用304不锈钢。

（3）PCS系统在后台设置所有摄像头在某个时间段自动运行。

五、应用效益情况

该装置2016年开始研制，2017年在全厂得到推广应用（图2）。油田野外高架摄像头除尘装置提高了工作效率，也提高了PCS软件对所管理的油气井设备运行状况、场所人员动态进行全天候AI智能分析的能力和视频监控质量。这种易操作、易管理、效果好的高架摄像头除尘装置一经使用就取得良好的效果，为企业每年的维护清洁工作节约了大量的人力与物力。被评为江汉油田创新工作室优秀成果一等奖（图3）。

图2　现场应用图　　　　　　　　图3　获奖证书

齿轮扳手

中原油田分公司　　吕合军

一、项目创新背景

目前注水井拆装大法兰螺丝时基本上都是使用传统的呆扳手，操作时，用大锤敲击呆扳手，或在呆扳手上套上加力管，对井口螺丝进行转动拆装。这种方法费时、费力，有时需要至少3~4人轮换操作才能完成。注水井法兰因螺丝上不紧，导致法兰处渗漏的现象比较普遍，特别是在作业完井后的初期，这种现象更加突出。为此，要经常性停井返工整改。整改完成后随着注水压力的上升，过段时间渗漏现象可能又会出现，给注水井的管理带来很大困难，严重地影响着水井的正常注水。同时在操作过程中也存在着很多安全隐患：大锤脱手伤人、挤手、加力杆滑脱跌倒造成伤人等。综上所述，法兰渗漏的根本原因是法兰螺丝没有上紧，出现安全事故主要是因为紧固螺丝过程中操作不当。

二、结构原理作用

根据杠杆省力的原理，利用齿轮传动机构，设计一套齿轮扳手（图1）。该工具主要包括手柄和齿轮机构，齿轮机构包括机架、主动齿轮和从动齿轮，主动齿轮与从动齿轮直径

图1　成果实物图

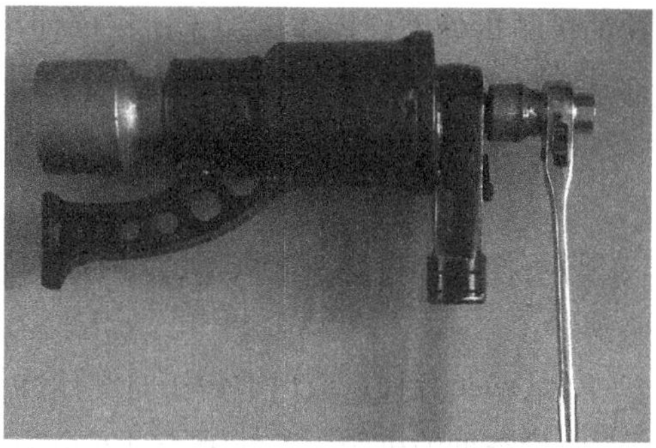

和齿厚等相关参数，根据现场实际所需扭矩的大小，按一定的传动比进行设计。使用时用手柄转动主动齿轮，主动齿轮带动从动齿轮，从动齿轮带动套筒头，通过套筒头拧动螺丝，从而实现拆装井口螺栓省时、省力的目的。

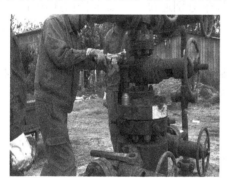

三、主要创新技术

（1）体积小、重量轻、结构紧凑。

（2）传递功率大、承载能力高，最大扭矩9800N·m。

（3）齿轮为行星三级变速齿轮，减速比1∶110（1公斤的力约可产生110公斤效果）。

四、应用效益情况

该工具可减少井口的渗漏和减轻工人劳动强度（也可用于增注泵螺丝的拆卸）。目前该工具已在我厂200多口井中得到了应用（图2），单井每次减少人员用工2~3人，创经济效益20万多元，其潜在的经济效益很难估量，比如可减少因渗漏造成的环境污染，因此该工具具有良好的推广价值。被评为中原油田技能操作创新成果二等奖（图3）。

图2　现场应用图

技能操作创新成果证书

证书编号：技协2020-0203

吕合军同志：

您主持（参与）的　井口螺栓快速拆卸工具　项目，被审定为中原油田2019-2020年度技能操作创新成果二等奖。

特发此证，以资鼓励。

项目组成员：王振方　谭立波　吕合军　彭拴武　王　雨
韩钢军　赵海生　孙文生　王世军　张　平

2020年[illegible]月29日

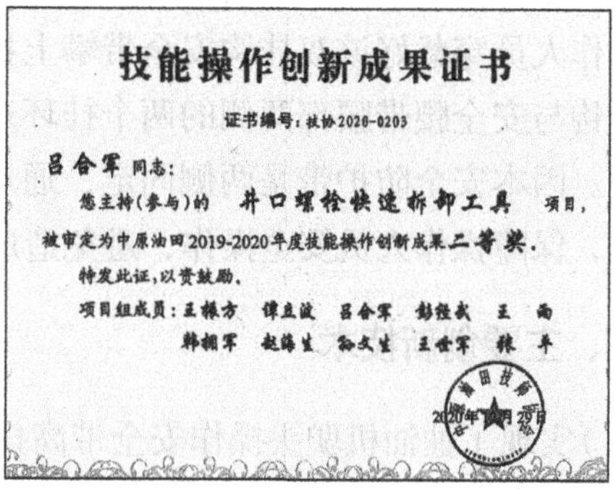

图3　获奖证书

抽油机驴头操作安全防护带

江苏油田分公司　厉昌峰

一、项目创新背景

游梁式抽油机维修保养是采油生产日常工作内容，在油田生产现场，抽油机驴头处维修操作的工作内容主要有：更换抽油机毛辫子、检查驴头销子、保养驴头顶丝、驴头清洁防腐，作业修井时拆、装驴头销子等。安全带只能挂在游梁吊装钩上（低挂高用：这是一种不规范的系挂方法，当坠落发生时，实际冲击的距离会加大，人和绳都要受到较大的冲击负荷）。一直以来在游梁式抽油机驴头上没有合适的悬挂点，尤其是井场取消修井架后，在抽油机驴头处维修操作更是无法正确使用安全带（高挂低用）。原因：目前使用的安全带都是全身式安全带，受力点在后背处，抽油机上的悬挂点均低于安全带受力点。遇到刮风、下雨、下雪的恶劣天气，如果在驴头上操作时不正确佩戴安全带，将存在极大的安全隐患。

（1）更换抽油机驴头毛辫子时拉力绳未系好突然滑脱，高空操作者，因突然卸力会造成坠落。

（2）从驴头悬挂盘取出毛辫子时突然卸力也会造成站立不稳，发生坠落。

（3）检查抽油机驴头下部销子时安全带不能有效的防护。

（4）修井作业拆卸驴头销子时没有安全保护措施，操作人员不好用力，拆卸困难。

（5）修井结束后，安装"下驴头销子"时没有安全保护措施，操作人员不敢用力，驴头销子安装不到位，在抽油机生产运行中造成驴头销孔磨损，引起驴头与游梁位移的故障。

二、结构原理作用

抽油机驴头操作安全防护带包括：气垫护腰带，气垫护腰带分别连接两个可调节式腿环，气垫护腰带的两侧分别固定一个挂环；还包括两条可调节式挂带，可调节式挂带的两端分别固定连接一个安全挂钩，每条可调节式挂带分别通过一个安全挂钩连接在一个挂环上。操作人员穿戴好该双挂钩安全带攀上抽油机驴头处后，将两条可调节式挂带一端通过安全挂钩与安全腰带腰部两侧的两个挂环连接，另一端通过安全挂钩挂在抽油机驴头顶部吊装孔。因本安全防护带是两侧固定，通过可调节式挂带将操作人员牢靠地保护在抽油机驴头上，保障操作人员安全操作，避免造成坠落事故的发生（图1）。

三、主要创新技术

（1）实现了抽油机驴头操作安全带高挂低用的安全规范。

（2）安全带连接的固定点由背后移到两侧。

（3）安全带增加气垫护腰设置。

（4）能将操作人员相对固定在抽油机驴头。

（5）安全保护性能由坠落后保护变为不坠落保护。

四、应用效益情况

抽油机驴头操作安全防护带在江苏油田采油一厂基层单位使用后（图2），佩戴操作者反映：气垫护腰使用舒适，防护带固定牢靠，不但能做到前后保护，还能实现左右固定防护。维修人员在抽油机驴头上操作时，可以放心用力，保障了职工的人身安全，提高了工作效率，并作为推广项目实施。2009年获江苏油田职工创新成果二等奖（图3）。2011年获国家实用新型专利授权（图4）。

图1 成果实物图

图2 现场应用图

图3 获奖证书

图4 国家专利证书

曲柄销轴承润滑脂刮抹器

中原油田分公司 李永利

一、项目创新背景

目前，游梁式抽油机的曲柄和曲柄连杆处都是以滚动轴承的方式配合，端部有一个轴承凹型护盖，护盖上有黄油嘴，保养时用黄油枪把黄油注入护盖里，给轴承润滑，确保轴承正常运转。但每次注入的黄油都会被滚珠挤至护盖中，使黄油静止在护盖及轴端，进不到轴承滚珠中，使滚珠之间干磨，缩短轴承的使用寿命，严重时造成抽油机发生机械事故。

二、结构原理作用

该装置由圆形压板、刮板、刮板头和胶套组成。其特征为圆形压板通过螺栓上在曲柄销轴上，刮板焊接在圆形压板上与护盖内壁自动配合，刮板的外径略小于护盖内径，刮板为一端厚一端薄，刮板头伸出曲柄销轴，刮板头端部与滚珠同宽，刮板头端部套有橡胶套，橡胶套与滚珠接触。

当黄油被注入后，储存在圆形压板与护盖之间，圆形压板上刮板头胶套与护盖发生位移，圆形压板与护盖之间的黄油不停地被刮板头上的胶套刮抹至滚珠上。

该装置具有结构简单，原理可靠，保证了对轴承的润滑，避免了轴承干磨引起抽油机机械事故的发生。

三、主要创新技术

（1）实现了曲柄销轴承内的黄油利用自身运转自动刮抹润滑。

（2）采用刮板渐厚作用自动将黄油收集控制。

（3）刮板头端部套有橡胶套，胶套采用特殊橡胶使之与滚珠接触，安全有效保护滚珠，提高润滑效果。

（4）装置体积小，设计巧妙。

（5）延长了曲柄销轴承润滑周期和使用寿命。

四、技术经济指标

（1）做一个长与曲柄销内挡板直径相等的，宽30mm的钢板，并在钢板上钻两个中心与内挡板两固定螺栓中心相等、直径$\Phi18$的螺栓孔，使之与曲柄销轴相连接。

（2）刮板采用首端厚度与刮板头等厚，末端渐厚为首端的1.5倍。

（3）在钢板表面以30°角，焊接一段比曲柄销子盖板内径稍小，长度约10cm的镰刀状刮板头。

（4）刮板头伸出内挡板外沿3cm，要求其既能充分将盖板上润滑脂刮下，又不能刮碰任何机械部位。

五、应用效益情况

抽油机曲柄销润滑脂刮抹器研制成功后在四十多口抽油机井上应用后（图1），在打开销子盖板后，发现以往润滑效果较差的轴承滚珠上，都均匀地涂抹上了一层润滑脂，且滚珠个个齐全完好，整个曲柄销子润滑良好，见到了明显效果。该装置累计创效20多万元，具有很高推广应用价值。2016年获中原油田职工创新成果管理类三等奖，2022年获国家实用新型专利授权（图2）。

图1　现场应用图　　　　图2　国家专利证书

电动机皮带轮拔出器

胜利油田分公司 孟向明

一、项目创新背景

油井在生产过程中，经常性地需要进行冲次的调整，以使抽油井工况处在合理的状态。这就需要经常性地拆卸电机皮带轮，通过更换不同轮径的电机皮带轮达到抽油设备参数的目的。现场用的电机拔轮器，采用的是三爪分离式结构，操作程序复杂，需要至少三人操作，容易将拔轮器卡爪拔断，另外由于皮带轮和拔出工具是点接触，还易造成皮带轮和拔出工具卡爪的损坏，损坏后易发生拔轮器坠落伤人等事故。

二、结构原理作用

本装置主要由固定部分和活动部分两大部分组成，其中固定部分包括U形盘、支架、手柄、安全链；活动部分由液压缸、液压泵、顶丝和快装短接、限位插板组成，液压缸与顶丝可以实现快速切换。

现提供一种新型的双动力电动机皮带轮拔出器，两套动力装置切换非常方便，可根据现场情况确定采用哪种动力装置，它采用U形开口盘式整体结构，解决了原有的拔轮器现场安装操作复杂、易坠落伤人的难题，在现场使用安全可靠，方便快捷。

本装置主要由顶丝、顶丝支架和液压装置三部分组成，顶丝支架的底端连接固定托盘，托盘上设有U形插入槽，其槽底圆心与顶丝同心。改变了原拔轮器与皮带轮连接的点接触方式，改为面接触方式，增大了接触面积，使拔轮器与皮带轮之间的连接变得牢固可靠，方便易行。在安装时，先安装顶丝支架，顶丝通过顶丝座和U形挡板实现与顶丝支架的连接，这样不仅减轻了安装时的整体重量，方便操作，而且通过U形挡板实现了两套动力之间的方便切换。结构合理，坚固耐用。

三、主要创新技术

（1）该装置把原拔轮器的三爪分体式结构整合为盘式分体式结构，设计了手柄，结构设计合理，方便搬运携带。

（2）设计了安全链，消除了原拔轮器容易损坏皮带轮造成坠落伤人的缺点。

（3）只保留U形盘的受力部分，重量更轻，安装使用方便。

（4）顶丝末端加装了面积较大的敲击盘，砸坏后可以更换，坚固耐用，安全可靠。

（5）拔轮器有两套动力系统，且能实现快速切换，使拆卸皮带轮更加方便快捷，省时省力，降低了工人的劳动强度，减少了停井时间，提高了采油时率。

四、技术经济指标

（1）电机轴径：75mm以下。

（2）皮带轮直径：100~270mm。

（3）皮带轮厚度：240mm以下。

（4）电机壳体与皮带轮之间最小间隙：20mm。

（5）液压式最大拉力：100kN。

（6）机械式最大拉力：350kN。

（7）液压系统最高工作压力：63MPa。

五、应用效益情况

该装置2012年开始进行集成优化，2015年被评为胜利油田技能创新集成优化推广奖，2015年底开始在全油田推广应用200套（图1），3次被胜利油田确定为职业技能竞赛操作项目专用工具，年创造经济效益234万元。被评为胜利油田技能创新成果集成优化推广奖（图2），2016年获国家实用新型专利授权（图3）。

图1　现场应用图

图2　获奖证书

图3　国家专利证书

推进式取凡尔座工具的研制应用

胜利油田分公司 隋红臣

一、项目创新背景

目前的注水泵在更换凡尔座时，必须用提子伸入，对扣后，用撞筒来回撞击，利用撞击的力量将凡尔座取出。劳动强度大，延长了修泵时间，并且在使用撞击筒时，撞击声音大，产生噪声伤害，污水到处飞溅，尤其冬季，操作者身上喷溅上污水，苦不堪言，撞击筒还经常撞到操作者的手，发生人身伤害。

二、结构原理作用

（1）首先，加工加长对扣螺杆，一个厚度5mm的防护板，一个加厚推进螺母。将对扣螺杆、防护板、加厚推进螺母组合在一起。对扣螺杆中间装有防护板，既可以护手，也可以阻挡卸出凡尔座时，污水喷到操作人员身上，护板后装有加厚推进螺母。

（2）研制伸缩式两头可用快速棘轮扳手。该扳手由加力伸缩管、双面棘轮头组成。使用先用对扣丝杆对扣凡尔座，再装上护板和推进螺母，最后用快速棘轮扳手上紧推进螺母，一步一步将凡尔座取出。通过研制新型工具，解决了更换凡尔座难、噪声大、容易碰伤手指的问题。同时，也加快了修泵时间（图1）。

图1 成果实物图

三、主要创新技术

（1）安全可靠，便于现场使用。
（2）简单轻便，一名女工可操作。
（3）可靠保障，实现安全环保。
（4）静音操作，消除噪声。

四、技术经济指标

（1）加长对扣螺杆保证了工作行程在其范围里。
（2）防护板有效阻止了污水飞溅。
（3）加厚推进螺母解决了噪声，无声推进。
（4）伸缩式快速棘轮扳手快速省力。

五、应用效益情况

该成果研制成功后在各注水站推广使用（图2），取得了良好的效果，彻底解决更换凡尔座噪声大、时间长、污水飞溅、容易伤手指的情况。减少了修泵时间，提高了注水效率。该成果2020年获胜利油田群众性优秀技术创新成果三等奖（图3）。

图2　现场应用图　　　　　　　　　　　图3　获奖证书

稳流配水高压流量自控仪芯体取出器

胜利油田分公司　刘祥俊　史敬东

一、项目创新背景

针对稳流配水高压流量自控仪芯体的拆卸、取出过程中，由于空间狭小，存在工具安装不便，用不上力的现象，卸除周边螺栓费时、费力，强行取出时还会造成芯体的损坏，导致成本支出的增加。还存在现场取出过程中违章操作，采用高压水往外顶的方法，存在极大的安全隐患。为此设计了稳流配水高压流量自控仪芯体取出器。

实物图片如下。

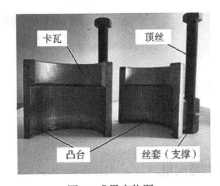

图1　成果实物图　　　　　　　　图2　现场应用图

二、结构原理作用

该装置主要由卡瓦、快速锁紧装置（或锁紧螺栓）、顶丝、凸台、丝套等组成（图1）。使用时，将分瓣卡瓦的凸台卡入阀芯凹槽内，上紧锁紧装置（或上紧锁紧螺栓），交替上紧顶丝，卡瓦抓牢阀芯，在顶丝的作用力下，使阀芯松动之后将其拔出。该装置可用于油田注水站柱塞泵、配水间注水井设施维修。

三、主要创新技术

（1）改变以往用起子撬、工具砸、违章使用高压水等芯体取出方法。使用方便，易于操作，安全有效地解决了芯体在检、维、修、换作业中出现的难取出问题。

（2）降低了职工的劳动强度，有效提高了工作的效率。

（3）消减了现场操作中存在的安全隐患，提高了操作的安全系数。

（4）杜绝了芯体因取出方式不当而损坏的问题，提高了芯体循环利用程度，降低了成本的支出。

（5）确保了准确调配计量，保证了油田正常注水，有利于安全环保清洁生产，达到了提质增效的目的。

四、应用效益情况

该装置2019年研制完成，在胜利油田纯梁采油厂高青采油管理区各站共下发8套、正理庄采油管理区下发2套、大芦湖采油管理区2套、梁北采油管理区2套、纯西采油管理区2套、纯东采油管理区2套、梁南采油管理区2套，用于注水井干式水表芯子和高压流量自控仪芯体取出工作，大大节省了操作时间，降低了劳动强度，得到了一线职工的一致好评（图2、图3）。2019年获得第五届油田为民技术创新奖一等奖；纯梁采油厂第九届技能人才技术创新成果金奖（图4）。

图3　现场应用图　　　　　　　图4　获奖证书

新型游梁式抽油机井井口防偏装置

胜利油田分公司　唐守忠

一、项目创新背景

在油田日常生产过程中，游梁式抽油机井口偏磨现象随处可见，当井口偏磨严重时，井口光杆密封器中格兰与光杆摩擦造成盘根密封不严，轻者频繁更换盘根，增加工人的劳动强度，严重者井口刺漏造成污染和停井，影响油井产量，给生产带来损失。这种情况的出现除了设备安装质量的影响外，还因为井口管线在安装过程中没有考虑焊接管线充压后的应力变化。过去遇到这种情况，一是用地锚拉正，二是使用调偏井口。第一种方法只能单向调整，第二种方法只是表面上的调偏，不能使井下杆柱在油管中居中运行，因此，目前井口偏磨问题的处理方法效果较差。

二、结构原理作用

该装置是利用三角形稳定性的原理设计，由支撑头、支撑杆组成。支撑头内径与井口三通外径一致，安装在井口三通连接盘根盒卡箍头下方，四个支撑杆均布在井口大法兰上，与大法兰固定螺栓一同上紧，利用紧固卡箍头压紧支撑头。井口在使用过程中无论其往哪个方向倾斜都受到两根支撑杆形成的三角形支撑（图1）。

三、主要创新技术

（1）有效地解决了因井口倾斜造成的光杆与盘根盒中心不对中问题。

（2）360°解决井口倾斜。

（3）正反扣调节，调节范围大。

四、技术经济指标

（1）正反扣接箍调节，丝扣调节范围大。

（2）丝扣采用细丝，强度大。

（3）材质均使用45#钢，满足现场要求。

五、应用效益情况

抽油井上使用后，消除了井口因其各部件在安装过程中对井口产生的倾斜应力，有效地延长了井口密封盘根的使用寿命，由平均一个月更换一次，延长到半年更换一次，极大地减轻了操作人员的劳动强度，产生了明显的经济效益，有很好的应用前景（图2）。该工具获得胜利油田职工群众性创新活动优秀成果奖（图3），并获国家实用新型专利授权（图4）。

图1　成果实物图　　　　　　　图2　现场应用图

图3　获奖证书　　　　　　　　图4　国家专利证书

全自动加药装置

胜利油田分公司　王民山　彭　文

一、项目创新背景

目前胜利油田临盘采油厂已经进入高含水开采期，综合含水在80%以上，加之地层水矿化度和氯离子含量偏高，油井套管、油管、抽油杆及其他抽油设施的腐蚀也日趋严重，大大缩短了油管及抽油杆的使用寿命。因腐蚀造成的躺井占总躺井数的比例越来越大，严重影响了油井的正常生产。据统计临盘采油四矿2007年开井326口，共作业208井次，其中因腐蚀直接和间接造成的作业井有127口，占总维护井数的61%。以前，针对腐蚀问题都是采用人工井口加药的方法来缓解。但是目前使用人工加药的方式，存在工作量大，药液混合不均匀等问题，同时受外界因素影响太多（如天气、人员素质等），从而使加药效果较差。同时，为了稀释药剂需加入自来水，这就造成了水的二次污染。为了解决以上问题，研制成功了取水式油井自动加药装置，实现了与油井同步生产，能够自动连续加药，在保证加药质量的同时，大大降低了采油单位的管理难度，最大限度地发挥了药剂的作用，延长了油井的免修期。

二、结构原理作用

利用含水油井在管线中产出的混合液，分离出具有一定压力和温度的不含油污的水。在进井过程中与溶剂泵排出的药液充分混合后注入油井油套环形空间，流到井下泵口处，与地层产出液混合进入泵筒，在井下管柱和地面集输管线中持续发挥药剂的作用。

该装置主要由自动取水器、防盗贮存箱、加药控制系统等部分组成（图1、图2）。

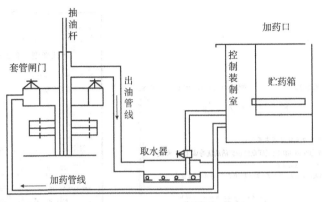

图1　结构示意图

三、主要创新技术

（1）实现了与油井联动，定时、定量加药，减轻了工人劳动强度。

（2）利用油井自身产出水稀释和携带药剂，避免外来水造成油层污染。

（3）加药箱具有可靠的防盗、防破坏功能，并能利用井温换热保温，适用于野外环境，特别是冬季管理。

（4）利用控制器控制加药量，药量准确、方便管理、适用范围广。

（5）可根据现场情况，投加各种溶于水的液体药剂，高压泵加压，适用范围广。

四、应用效益情况

（1）延长作业周期：以胜利油田临盘采油厂符合对比条件的79口井为例，安装前三年的平均作业周期为233天，安装后作业周期平均延长了256天，延长了一倍的寿命，每次作业费用为5~8万，每口井每年最少可节约作业费用5万元。

（2）本装置自2000年试制成功，至今已衍生出多种型号的自动加药装置，据不完全统计，仅胜利油田约有3000台各种型号的自动加药装置正在运行，并推广至新疆、河南等多个油田（图3）。

（3）减轻了加药工人劳动强度，提高了加药效果。被评为胜利油田科技进步二等奖（图4），并获国家实用新型专利授权（图5）。

图2　成果实物图

图3　现场应用图

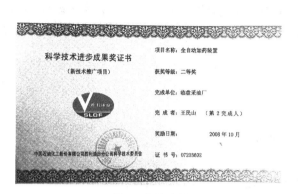

图4　获奖成果

图5　国家专利证书

抽油机毛辫子保养装置

 江苏油田分公司　袁成武

一、项目创新背景

目前在各大油田对石油进行开发时，采油井多数是采用游梁式抽油机进行开采原油的。游梁式抽油机运转的主要特点是靠一个柔性配件，即毛辫子把抽油机的驴头、光杆、抽油杆连起来。毛辫子在抽油机井生产过程中承担着光杆上全部的载荷，生产中毛辫子有起刺、断股现象，同部位断三丝的钢绳就需要现场更换。检查时发现很多钢绳粗细不均匀，细的地方说明钢绳内的麻芯断，应及时更换，因麻芯断脱，各股钢丝硬磨，用不了多长时间，就可能拉断钢绳造成事故。为解决以上问题，应当加机油润滑毛辫子或外部抹黄油润滑。抽油机保养规程中规定，每季度应保养一次，设备管理中也把绳辫子的保养作为一项重要考核内容。原先技能大师给毛辫子加油均采用停机，手工给毛辫子加机油，每次保养需要停机30分钟，费时、费力。由于毛辫子所处部位在抽油机最前端，需要爬上6m以上高空作业，用梯子不好固定，不方便涂、抹。爬上驴头用机油壶加注，易造成滴、抹不均，浪费润滑油，污染环境，且高空作业危险性增加，为了解决此问题，研发了一种抽油机毛辫子保养装置。

二、结构原理作用

该装置的结构由三部分组成（图1）。

（1）连接部分：用4m长的6in（1in=2.54cm）薄铁管和1.5m长的4in薄铁管配合，中间加可松卸的固定销钉作杆（加上人体高度可达到保养毛辫子的高度），将一根1in的塑料软管一端与气筒相连，一端与最前端的蓄油罐相连，作传递动力的连线。

（2）动力部分：利用气筒只出气不吸气原理，作为动力。

（3）蓄油罐：所述蓄油罐顶部设有加油口，上部设有进气口，下部焊接在薄铁管上，蓄油罐底部铰接有滚轮支架，滚轮支架中部铰接有滚轮调节支架，滚轮支架的自由端安装有能贴合毛辫子的滚轮，支架上还固定有毛刷。出油管位于滚轮的正上方，设有油嘴，油嘴出口对准抽油机毛辫子。

三、主要创新技术

（1）实现了不停机保养绳辫。

（2）涂抹均匀，减少环境污染，降低成本。

（3）一人可以独立操作。

（4）装置可收缩，携带方便（总重3.3kg，收缩后全长2.1m）。

（5）减少作业时危险性。

四、技术经济指标

（1）从加油口向蓄油罐注满机油，在常压下情况下油嘴处于关闭状态、无机油流出，当从进气口输入压缩空气时，蓄油罐压力升高，油嘴打开，机油喷出。

（2）保养毛辫子时滚轮靠上绳辫，根据腐蚀程度控制打气动作，可控制油嘴喷油量。

（3）滚轮沿毛辫子贴合上下滚动，将机油沿绳辫进行喷涂，再经毛刷在毛辫子上均匀涂抹、防止机油下滴。

（4）减少每井次保养时间30分钟。

五、应用效益情况

该装置2013年开始研制，2014年2月，在江苏油田采油三厂58口油井上使用（图2），避免了每季度因保养毛辫子停机造成产油量损失4.5t。2015年5月8日，在江苏油田"创新增效战寒冬"技能创新成果评审中，专家组一致认为该装置投入少，效益好，可以在油井上广泛使用，被评为江苏油田技能创新成果二等奖（图3）。2014年获国家实用新型专利授权（图4）。该成果如果稍加改造，还可以对毛辫子进行清洗，也可以对抽油机高部位刷漆防腐。

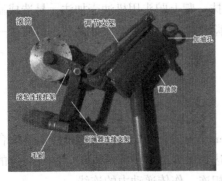

图1　成果实物图

图2　现场应用图

图3 获奖证书　　　　图4 国家专利证书

新型抽油机液压调偏装置

胜利油田分公司　　闫德刚

一、项目创新背景

在采油井日常维护管理中，光杆与井口不居中造成的抽油机移机调偏是一项比较大的工作量。现阶段抽油机移机调偏，是将液压千斤顶倾斜去顶抽油机底座工字钢，但是在操作过程中存在着重大安全隐患。

（1）液压千斤顶倾斜使用时，千斤顶底座与抽油机水泥基础接触面小，咬不住水泥基础，极易造成打滑伤人。

（2）千斤顶倾斜使用改变了受力方向，易造成液压缸与底座连接位置爆裂伤人。

（3）在使用过程中，随着抽油机的移动，千斤顶角度倾斜过大会造成千斤顶失效。

二、结构原理作用

为了安全有效地完成抽油机调偏工作，消除这项操作过程中存在的安全隐患，研制了"抽油机液压调偏装置"。该液压调偏装置由改进型自动回位液压缸、齿形防滑底座、销轴座、销轴、自封式快速接头、高压软管、手动液压泵、防滑顶头构成；销轴座焊接在齿形防滑底座上，液压缸通过销轴与销轴座链接，手动液压泵通过高压软管与液压缸连接，形成一套完整的液压调偏装置。

三、主要创新技术

使用时压动手动液压泵，液压缸顶部的防滑顶头顶在抽油机工字钢内部直角处，当抽油机移动，液压缸与工字钢受力角度发生变化时，液压缸通过销轴同时转动一定角度，始终保持受力方向作用于齿形防滑底座，齿形防滑底座设有防滑齿，与抽油机水泥基础紧密咬合，防止打滑。

四、技术经济指标

（1）液压泵压力7MPa，液压缸额定顶升重量30T。

（2）轴式分体液压调偏装置液压缸顶部的防滑顶头与工字钢内部形状吻合。

（3）转轴式分体液压调偏装置受力角度可随抽油机的移动发生变化，受力方向始终作用于齿形防滑底座。

（4）采用自封式快速接头连接，避免液压油泄漏。

（5）自动回位液压缸，操作完成后打开手动泵泄压阀后，千斤柱塞自动回位，减少操作时间。

（6）分体式结构，使用时操作人员可以避开危险范围，确保人员安全操作。

五、应用效益情况

该装置2018年研制，使用后抽油机井口对中调偏停井时间由2小时缩短至40分钟，提高了油井时率，解决了调偏过程中的不安全因素。被公司确定为重点孵化推广项目，累计推广应用100余套（图1），年创经济效益50余万元，2018年获国家实用新型专利授权，2019年获得胜利油田第五届为民技术创新奖二等奖（图2）。

图1　现场应用图　　　　　图2　获奖证书

油井带压加药装置

江苏油田分公司　杨　莲

一、项目创新背景

油田开采过程中，常出现采油井井下管柱、集输管线的腐蚀和结垢，影响原油流动，造成采油井生产不正常、井口回压高。为解决这些问题，需要定期、定量在井口套管阀门处向井下注入清蜡剂、防腐剂、防垢药剂等化学药剂来延长油井检泵周期，确保油井正常生产。目前，技能大师油田的井口加药一般采用敞口式人工投加，尤其是高套压井需要先进行套管泄压，单井加药时间长，劳动强度大，操作人员直接接触天然气和药剂，天然气中的硫化氢是有毒气体，化学药剂中存在着大量的有毒物质，如清蜡剂中的主要成分苯是致癌物质，长期接触对造血系统有损坏，引起慢性中毒，危害员工健康。为解决这一难题，技能大师研制了"油井带压加药装置"，这样，不但实现了天然气的零排放，达到了节能减排的目的，而且能够保障员工身体健康，提高工作效率。

二、结构原理作用

该装置由进液系统、存储系统、排液系统三部分组成（图1）。

（1）进液系统：进出口采用高压软管和快速接头，将药剂桶内的"T"形槽虹吸管与压力药剂罐相接。利用氮气为动力，驱动药剂由药剂桶进入药剂罐，完成第一次药剂密闭输送。

（2）存储系统：有$\Phi500mm \times 850mm$、设计压力2.5MPa，容积$0.12m^3$的压力加药罐作为药剂中转站进行储存、计量和转移。

（3）排液系统：进出口采用高压软管、快速接头和套管气液接头，压力加药罐借助气平衡原理，把油井套管气引入药剂罐内，当罐内压力与套管内压力平衡时，通过自身重力，快速将药剂加入套管内。

三、主要创新技术

首次把气驱技术与油井加药结合起来，提高了油田自动化管理水平，推动了"绿色油田"的发展；加药过程中不需要套管排出天然气再加药，有利于保护环境，节约了成本；现场采用氮气作为驱动能量，杜绝了外接高压电源造成的安全隐患，为油井安全运行提供了保障。

四、技术经济指标

（1）压力罐：外形尺寸$\Phi500mm \times 850mm$；设计压力2.5MPa，耐压3.0MPa，容器净重90kg，容积$0.12m^3$，HG5型玻璃板式液位计工作压力2.5MPa。

（2）氮气瓶：容积8L，充装压力15MPa。

（3）氮气驱替管线直径$\Phi12mm$，长度5m，快速接头：$DN12$两组，进液管线直径$\Phi40mm$，长度3m，快速接头：$DN40$两组，套管气驱替管线直径$\Phi15mm$，长度3m，快速接头：$DN15$两组，出液管线：直径$\Phi50mm$，长度3m，快速接头：$DN50$两组，工作压力均>3.0MPa。

（4）本装置在制作过程中经过质量检验，符合《固定式压力容器安全技术监察规程》TSG 21—2016，其设计图样，相应技术标准符合要求。

五、应用效益情况

该装置2019年初开始研制，2019年4月19日，在江苏油田采油一厂选取富83-4、花24-15等4口不同加药类型的井进行现场投加试验，投加总用时均<20分钟，除去装置最后泄压释放极少量天然气以外，井口未发生套管气排放。装置2019年5月正式在采油一厂范围内652口油井进行了应用（图2），年回收套管气$1808 \times 10^4 m^3$，减少躺井12口，累计

创效达4579.20万元。该成果2021年获得油田科技进步三等奖（图3），同年获得集团公司QC成果一等奖和国家发明专利授权（图4）。评审专家组一致认为该技术在油井带压力加药方面是一种较为先进实用的设备和技术，有很高推广应用价值。

图1　成果实物图

图2　现场应用图

图3　获奖证书

图4　国家专利证书

抽油机平衡块固定螺丝敲击扳手的施力装置

胜利油田分公司　张前保

一、项目创新背景

平衡块固定螺丝安装时较为紧固，长期在野外裸露导致生锈，拆卸时需要用大锤进行砸击。操作人员现场无合适站立位置，抡大锤用不上力，经常出现打空、打滑的现象，拆卸螺丝非常困难，易发生安全事故。拆卸两个固定螺丝用时60分钟左右，严重影响油井时率。为了解决这一难题，需要研制一种可以降低劳动强度，确保操作人员安全、高效、快速拆卸平衡块固定螺丝的工具，从而提高油井生产时率。

二、结构原理作用

该装置主要由上锁紧装置、下锁紧装置组成，配套使用千斤顶（图1）。使用两个专用扳手，并在扳手尾部焊有防滑块，防止拉紧装置打滑。设计可以调节扳手角度的支撑块，确保固定扳手的角度任意调节。

将两个专用扳手分别安装在平衡块上、下两个固定螺母上，在支撑扳手上安装支撑块，将上、下锁紧装置套挂住专用扳手，用千斤顶加压，拆卸工具反向作用力上、下位移，专用扳手间距缩小，使平衡块螺丝松动。

三、主要创新技术

（1）改变过去用大锤砸击的拆卸方式，采用连杆机构进行拉动，省时、省力，安全高效，缩短停井时间，提高油井生产时率。

（2）解决拆卸螺丝时间过长，导致油井停井时间长的问题，每口井可减少停井时间50分钟，有效提高油井生产时率。

（3）通用性强，可在任何抽油机型号的平衡块上使用。

四、技术经济指标

（1）拆卸时间由60分钟缩短到10分钟，提高油井生产时率。
（2）减少操作隐患，安全性高。

五、应用效益情况

该装置2020年开始研制，2020年8月25日，临盘采油厂召开工具现场应用推介会，专家组一致认为该工具达到拆卸平衡块固定螺母的作用，有很高推广应用价值。2021年确定为临盘采油厂专利技术实施推广项目。目前，已在临盘采油厂现场推广应用800多次（图2），年创经济效益约12万元人民币，累计创效25万多元。该成果2021年获国家实用新型专利授权（图3），2021年获得胜利油田设备管理成果一等奖（图4），2021年获得采油厂为民创新成果奖三等奖。

图1　成果实物图

图2　现场应用图

图3　获奖证书　　　　　　　　　图4　国家专利图

抽油机自锁卸载器

中原油田分公司　张忠乾

一、项目创新背景

在油田开发过程中，抽油机维修维保、油井测试等工作中经常会用到卸载器。老式卸载器缺少安全防护功能，卸载操作时易飞出伤人，存有安全隐患，严重时会酿成安全事故。既浪费财力物力，又增加了员工的劳动强度。为了解决上述问题，研制了抽油机自锁卸载器，结构紧凑，操作简便，安全可靠，省时省力，保障了人身安全，使抽油机和光杆免受损坏。

二、结构原理作用

抽油机自锁卸载器主要结构由三部分组成（图1）。

（1）主体部分：卸载器主体焊接在主体底座上，轴承固定在卸载器主体的上中端，把手与轴承为一体。

（2）防护部分：安全外套套在卸载器主体上面，以轴旋转上下滑动，螺母旋在安全外套外面。

（3）弹性部分：拉簧连接垫片上有孔，拉簧一端穿在拉簧连接垫片的孔内，另一端固定在拉簧固定架上；用拉簧作为牵引动力端，自由伸缩，起到安全锁定外套的作用。

抽油机井光杆下行过程中，自锁卸载器外套会在井下负荷的作用下自动旋转卸载，封死光杆出口，拧紧螺栓锁死安全外套，施工安全，停止抽油机完成卸载，断电，进行抽油机维修维保或油井测试工作。完成工作任务后，松刹车，光杆上行吃负荷，自锁卸载器外套会自动沿原方向向上旋转移动，光杆出口恢复至原位，取下自锁卸载器，送电，启动抽油机正常运行（图2）。

三、主要创新技术

（1）抽油机自锁卸载器设计，实现了抽油机卸载自动化模式。

（2）抽油机自锁卸载器设计，在维修维保、测试工作中达到了安全卸载。

（3）抽油机自锁卸载器外套设计，预防了光杆飞出、伤人事故。

（4）抽油机自锁卸载器拉簧设计，实现了卸载器光杆出口自动复位功能。

（5）抽油机自锁卸载器外套固定螺栓设计，增加了锁死外套保险功能。

（6）抽油机自锁卸载器稳板设计，增加了稳定性，杜绝了晃动，提高了操作安全性。

四、技术经济指标

（1）在抽油机维修维保、油井测试施工时零伤害。

（2）在抽油机维修维保、油井测试卸载时，自动封闭光杆出口。

（3）抽油机驴头吃负荷时，自动打开安全护套。

（4）卸载操作安全性大幅度提升。

五、应用效益情况

该装置自2006年3月26日开始研制。2009年3月20日起，在中原油田濮城采油厂濮2-123、濮3-160、濮2-523等30多口井上试验、试用、使用。通过现场使用分析效果，专家组及相关领导一致认为该技术是目前比较适合抽油机维修维保时使用的技术成果，有很高的推广应用价值。该成果于2006年10月31日荣获职工经济技术创新成果三等奖。2007年荣获职工经济技术创新成果四等奖。2009年9月25日实施推广项目，在中原油田全面推广，累计创效500多万元。成果于2009年9月16日获国家实用新型专利授权。为了提升自锁卸载器的使用效果和安全性能，满足生产需求、安全更可靠、结构更合理，在此基础上又发明了"自动卸载器"。并于2014年4月9日授权国家实用新型专利，2017年8月获中原油田职工创新成果安全类三等奖（图3）。

图1 成果实物图

图2 现场应用图

图3 获奖证书

电动机液压调节装置

胜利油田分公司　张春来

一、项目创新背景

胜利油田胜利采油厂采油二矿现有电动机320台游梁式抽油机，油田持续开采40多年，抽油机电动机调节依然采用螺纹顶丝。移动时需要一人用撬杠转动顶丝，每转动4次，顶丝才能旋进一圈，存在操作速度慢，停井时间长，防盗效果差，原油产量损失大的问题且易造成人身伤害。为消除员工施工过程中的安全隐患，实现电动机移动安全、高效，杜绝安全事件发生。因此，需要研制一种电动机液压调节装置，满足油田安全生产的需求。

二、结构原理作用

电动机液压调节装置主要由液压千斤顶、底座、支撑板、手柄、防盗锁紧装置五部分组成（图1）。

工作原理：在移动电动机时，如果将电动机向前移动，就把支撑座顶在电动机后部滑轨底部挡板上；如果将电动机向后移动，就把支撑座顶在电动机前部滑轨底部挡板上。手压手柄向液压千斤顶内压液压油，推动活塞和活塞杆，活塞杆向前或向后移动电动机，达到调节抽油机皮带松紧或更换皮带的目的。电动机移动到合适位置后，防盗锁紧装置固定电动机（图2）。

三、主要创新技术

（1）由原先的人工转动丝杠改为液压调节，大大提升了调节速度，同时由于受力截面增大，避免了调节过程中丝杠被顶弯的现象。

（2）采用专用固定螺栓固定电动机，在调节过程中专用固定螺栓作为受力部件推动电动机移动，待电动机位置合适后使用专用六棱扳手上紧固定螺栓，达到固定电动机的目的，从而提高了电动机调节移动速度。

（3）由使用撬杠转动顶丝移动电动机变为使用液压机构移动电动机，安全可靠性大大提高，避免了因为工具打滑而引起操作人员受伤。

（4）固定螺栓采用内六棱上扣固定方式，与原有的固定方式相比更具防盗性。

四、技术经济指标

电动机液压调节装置长度400mm，宽度300mm，高度180mm，工作压力0~5MPa，一次移动距离200mm。

五、应用效益情况

电动机液压调节装置具有操作简单、应用方便、停井时间短、劳动强度低、防盗性能好、安全系数高等特点。通过现场实验和应用，单井平均停井时间由之前的24.5分钟降至目前的8.9分钟，在提高油井生产时率方面取得了明显的效果，具有很好的推广应用前景。该成果获油田设备管理成果二等奖并获国家实用新型专利授权（图3、图4）。目前，已推广应用30多套，年创经济效益10多万元。

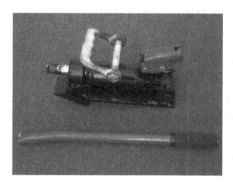

图1　成果实物图

图2　现场应用图

图3　获奖证书

图4　国家专利证书

 阀门闸板取出器

河南油田分公司　赵云春

一、项目创新背景

采油工艺流程上的阀门由于长期受到流体介质的侵蚀，阀体内部腐蚀严重，闸板和丝杆受损后，它们之间的连接部位配合不好，导致切换流程过程中闸板与丝杆脱开，造成管线内介质无法流动，整个系统无法正常生产。目前，生产现场解决的办法是拆开阀门本体，用撬杠撬出闸板，将闸板与丝杠重新配合好后，再装入阀体内。整个操作过程，存在耗时长，效率低，影响采油时率，还经常出现撬杠打滑挤伤手指等不安全因素。生产现场急需一种阀门闸板取出器，将脱落的闸板快速取出来，以便修复闸门，提高采油时率，节约成本，消除安全隐患。

二、结构原理作用

为了安全、高效的取出阀体内的闸板，通过对阀门本体的结构及可受力点进行了分析和研究，制定出阀门闸板取出器的设计方案。

该装置由支撑部分、动力部分、打捞部分构成（图1）。支撑部分：由一个横向主支撑杆和两个垂直方向的副支撑杆构成，两个副支撑杆的一端分别与主支撑杆采用滑套连接、另一端分别焊有U形卡子。动力部分：采用螺纹副的配合产生动力，螺母上均布焊有三根转动手柄，螺母与主支撑杆连接处安装推力轴承，以便减小摩擦力，丝杆从主支撑杆穿过。打捞部分：由动力部分的丝杆和不同尺寸的打捞爪组成，动力部分丝杆的下端设计有卡槽，分别与不同尺寸的打捞爪组合，以便打捞不同型号的闸板（图2）。

三、主要创新技术

与现有技术相比，本装置利用机械力垂直提出闸板，采用滚动轴承减小摩擦力，操作省力，适用所有闸板式阀门闸板脱落后取出闸板的维护作业。

使用时将阀门闸板取出器的打捞钩挂在脱落的闸板挂钩上，再把支撑部分的两个副支撑杆的滑套插入主支撑杆上，两个副支撑杆的U形管卡在阀体的外侧，转动动力部分的螺母手柄，螺杆相对于螺母向上运动，从而带动脱落的闸板向上运行，直到闸板从阀体轨道内脱出，取出闸板完成。

四、技术经济指标

（1）完成了阀门闸板取出器的研制及现场应用，研制的阀门闸板取出器，在生产现场应用中，避免了用撬杠撬闸板，降低了安全风险。

（2）现场应用后，维护阀门平均用时21分钟，取出闸板平均用时5分钟，大大提高了采油时率，现场取得了良好效果。

（3）阀门闸板取出器适用于不同型号的闸阀，适应性好、结构简单、稳定可靠。编制了《阀门闸板取出器使用说明书》，对《维护保养阀门操作规程》进行了修订，便于推广应用。

五、应用效果情况

阀门闸板取出器在不同型号的闸阀上使用，安全、高效地取出脱落的闸板，从根本上解决了维护保养阀门过程中存在的工作效率低、劳动强度大、操作不安全的问题，提高了注水时率和采油时率，取得了良好的经济效益和社会效益。该成果获勘探局工会创新项目二等奖并获国家实用新型专利授权（图3、图4）。

图1 成果实物图

图2 现场应用图

图3 获奖证书

图4 国家专利证书

 管线维修焊接调整器

胜利油田分公司 赵心典

一、项目创新背景

单井及外输管线由于使用年限久，腐蚀严重，经常发生破损现象，为尽快恢复生产，需要及时更换管线。目前，在施工中由于管线错位，操作空间狭窄，造成人工调整对口难，效率低，人为因素大，同心度难以准确控制，劳动强度大的问题，影响油井正常生产。针对这一难题，攻关团队研制了"管线维修焊接调整器"。

二、结构原理作用

该装置的主要结构由本体、调节螺杆、固定爪、锁扣、微调螺栓五部分组成（图1）。

工作原理：在焊接施工中，由于管线受力大，使两管线焊口不易对接，焊接难度大。

使用调整器对接时，本体通过调节螺杆夹紧管线，固定爪迅速固定两对接管线，锁扣自动锁紧调整器，然后通过固定爪上的三个微调螺栓微调管线焊口位置，使两对接管线快速对接，省时省力，提高了工作效率成（图2）。

三、主要创新技术

（1）操作简单，省时省力。
（2）降低劳动强度，提高劳动效率。
（3）缩短维修时间，提高开井时率。
（4）技术含量高，实用性强。

四、技术经济指标

解决了在焊接施工中，由于管线受力大，使两管线焊口不易对接，焊接难度大的问题。使用管线维修焊接调整器对接时，本体通过调节螺杆夹紧管线，固定爪迅速固定两对接管线，锁扣自动锁紧调整器，然后通过固定爪上的三个微调螺栓微调管线焊口位置，使两对接管线快速对接，省时省力，提高了劳动效率。

图1　成果实物图

五、应用效益情况

管线维修焊接调整器于2021年3月开始研制。2021年12月进行现场应用。目前，已在胜利油田纯梁采油厂综合维修队等5个单位应用，使用效果良好，技术含量高，省时省力，降低了劳动强度，具有很高的推广价值，年创效50多万元。该成果2021年荣获纯梁采油厂第十届技能人才技术创新成果金奖；2021年荣获胜利油田第六届为民技术创新奖三等奖（图3）。

图2　现场应用图

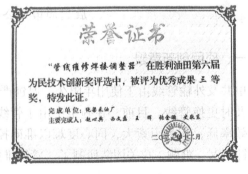

图3　获奖证书

皮带式抽油机平衡块移动装置

胜利油田分公司　张延辉

一、项目创新背景

皮带式抽油机作为一种结构简单、维护方便的采油设备，适用于长冲程、低冲次的稠油井开发，有利于提升三抽设备效率、延长油井寿命，已经成为胜利油田乃至全国各油田开采的主力生产设备。该抽油机在调平衡拆装平衡块时，操作人员需在爬梯上作业，站立面积狭小，在传递、添加平衡块时存在失足跌落、磕碰挤压等人身伤害风险。如安装平衡块，该抽油机平衡块为板材，在现场取出时，由于受设备空间小，平衡块之间吸合力大，特别是润滑油落在表面后吸合力会更大，加取非常困难，增加了操作人员的劳动强度，延长了劳动时间，并且容易发生挤伤手指事故。

二、结构原理作用

该平衡块移动装置主要由手柄、吸放机构、保护机构和强磁吸板组成（图1）。操作时将平衡块移动工具与平衡块接触，由于强磁作用将平衡块牢牢吸附，上提手柄将平衡块安装到位后下压手柄释放平衡块（图2）。

三、主要创新技术

（1）该装置的吸放机构，通过凸轮、吸放顶轴和弹簧配合，完成强磁吸板与平衡块的连接和释放，提升平衡块的吸附取出和释放脱离速度，实现对于平衡块的快速移动。

（2）通过保护机构的限位杆和限位滑槽相互配合，限制凸轮位移行程，避免平衡块位移过程中掉落，诱发危险。

（3）手柄与强磁吸板通过吸放机构转动连接，无须刻意避让障碍物，平衡块受力即可相对于手柄转动，提升了平衡块位移过程中的便利性。

皮带式抽油机平衡块移动装置，仅需2人操作，避免了高处作业时平衡块滑脱的不安全操作行为。应用该装置后，抽油机调平衡由以往的平均耗时40分钟下降到现在20分钟，更加安全高效地完成调平衡操作，不但节约操作时间、减少了占产时间、提高了工作效率，也极大降低了操作人员劳动强度、确保了安全操作。

四、技术经济指标

（1）杜绝违章，确保了安全操作。

（2）节约操作时间，减少占产时间，提高油井采油时率。

（3）减轻了员工的劳动强度。

五、应用效益情况

皮带式抽油机平衡块移动装置的研制、使用，防止了操作人员高空坠落与机械伤害风险，安全系数明显提高，降低了调平衡操作的劳动强度，得到了基层员工和领导的一致好评，大幅减少停井时间，提高油井采油时率挽回产量损失。根据生产指挥中心调度日志数据统计，本单位每年调平衡约90井次，平均节约时间20分钟/井次，减少产量损失286吨/年，获创造经济效益42.9万元，具有较好的推广前景。该成果获油田为民技术创新奖并获国家实用新型专利授权（图3、图4）。

图1　成果实物图

图2　现场应用图

图3　获奖证书

图4　国家专利证书

 # 皮带式抽油机井口调偏装置

胜利油田分公司　张延辉

一、项目创新背景

目前，皮带式抽油机已经广泛应用于油田现场，该抽油机具有长冲程、慢冲次、安全性能高的优点。生产中当油井上作业、捞杆、对扣等施工时需要把抽油机向后移位，方便井口操作，施工完成后再将抽油机向前移动复位，复位后正常挂载荷开井，这样在前后移位过程中，抽油机会发生左右横向偏移，使光杆不对中，引起光杆偏磨，导致生产时盘根寿命缩短引起井口刺漏，增加了取加盘根时的难度，大大增加职工的劳动强度和时间。

二、结构原理作用

该装置利用拱形卡子作为固定，将顶移工具本体的下部设计成为对半的高强度拱形卡子，利用固定螺母紧固在吊点上，以顶丝和液压杆两种方式为动力，实现皮带式抽油机的横向移动进行对中（图1）。

三、主要创新技术

皮带式抽油机井口调偏装置，利用拱形卡子作为固定，将顶移工具本体的下部设计成为对半的高强度拱形卡子，通过固定螺母紧固在吊点上，以顶丝和液压杆两种方式作为动力，实现皮带式抽油机的横向移动进行对中。

四、技术经济指标

（1）节约盘根、光杆维护保养及环境污染等费用，每年可节约5万余元。

（2）减少设备损坏更换设备导致的产量损失约20吨，共计增加产量效益6万元，减去成本费用，年创经济效益10万元。

五、应用效益情况

皮带式抽油机井口调偏装置的研制成功，可以实现皮带式抽油机的横向移动，进行井口对中，保证光杆对中生产，解决了光杆偏磨，职工取加盘根难度大等生产难题。该成果获油田为民技术创新奖三等奖（图2）。

图1　现场应用图

图2　获奖证书

无动力井口连续加药装置

胜利油田分公司　张春来

一、项目创新背景

油稠结蜡井光杆承受负荷大、拉伸强度大，时常发生蜡卡光杆等现象造成杆断、杆卡而导致洗井和作业频次增加。不但影响了产量，而且大大消耗了作业成本。针对这一情况，近几年技能大师开始采取了人工定期加药的方法实施降黏、防蜡，单井平均日产液量由加药前10.2吨到加药后12.9吨。但人工井口加药的方法存在加药量流入井筒时间不均衡，单井日产液量波动较大，在3~15吨之间；加药周期的末期仍会出现油稠结蜡而导致杆卡、杆断。胜利油田胜利采油厂采油二矿定期加药的油稠结蜡井杆卡杆断频率为16井次/年，较大程度地影响着采油队经营管理水平的进一步提升。

二、结构原理作用

无动力井口连续加药装置主要包括罐体、呼吸管平衡系统、连续加药量控制系统，罐体上部设计加药孔和放空阀（图1）。

针对油井套管中存在套管气，易造成罐体内药液加入受阻或无法加入的问题，在加药罐体内设计呼吸管平衡装置，即利用同心双管原理，分别设计了药液加入通道和套管气排出通道，用胶皮管线将罐体底部与井口套管闸门处相连，形成呼吸管平衡系统。呼吸管平衡系统的原理就是通过胶皮管线连接到井口套管闸门处，靠呼吸管平衡油套环形空间与罐体容器内压力，确保加液顺畅（图2）。

三、主要创新技术

该装置是先将一个加药罐装在井口上方，罐体下部与套管相连，在加药罐体内设计呼吸管平衡装置，将套管气引入药罐上部，使药液上下液面气压相等，利用药液的高度差和自身重量产生的压力，使药液顺利流入套管内，从而达到定时、定量自动加药目的。

（1）在罐体上部设计加药孔和放空阀。

（2）在加药罐体内设计呼吸管平衡装置，即利用同心双管原理，分别设计了药液加入通道和套管气排出通道，用胶皮管线将罐体底部与井口套管闸门处相连，形成呼吸管平衡系统。

（3）设计有0.5mm、0.7mm、1.0mm三种直径的水嘴，满足不同加药量需求，并安装DN15或DN20的控制阀，便于更换水嘴时切断液流通道。

（4）底部增设支撑架，根据井口的高低设计不同高度的支撑架。

四、技术经济指标

无动力井口连续加药装置的罐体尺寸为直径450mm，高度700mm。同时为了随时监控药剂量，设计高度为500mm的液位观察窗。根据稠油井对药量的需求，在出液孔处加工了0.5mm、0.7mm、1.0mm三种直径的水嘴控制加药量。

五、应用效益情况

井口连续加药装置在胜利采油厂的抽油井上应用，截至目前累计增油500吨，平均单井月节约药量为193kg，年创经济效益145万元。该成果于2015年获胜利油田绿色低碳节能减排成果三等奖，并获国家实用新型专利授权（图3、图4）。无动力井口连续加药装置的推广应用，能够延长油井免修期，降低洗井、捞杆及作业频次，方便油井生产管理。同时，该装置还可应用于其他结蜡、结垢油井的加药管理中，也能起到延长免修期作用。随着该成果的推广应用，必将带来更好的社会效益。

图1 成果实物图

图2 现场应用图

图3 获奖证书

图4 国家专利证书

 油井日常维护器具

江苏油田分公司 朱 平

一、项目创新背景

取油样、换压力表、换皮带、加盘根是采油工日常的基本工作，采用传统操作器具，存在工作效率低、安全环保性能差等问题。例如：含气量高的油井取油样时，油滴易飞溅、气体易被人体吸入；换压力表时，表内余压不能泄尽或控制阀内漏或表坏，判断失误，有安全隐患；换抽油机皮带时，需两人用撬杠来回移动电机，费时费力；油井盘根因光杆不居中、盘根变形，会导致密封效果差、漏油等。

鉴于此，技能大师研制了油井日常维护器具"四件套"，解决了以上难题。

二、结构原理作用

该器具主要有四个部分组成（图1、图2）。

（1）防溅式取样筒盖：由出气管，进油孔、进油挡板等组成。油样由进油孔进入筒内，向下喷溅至进油挡板上，油滴在重力作用下落入筒底，气体向上运动由出气管排出。

（2）泄压孔式压力表接头：在原有压力表接头相关位置钻开一个泄压孔。校验压力表指针落零步骤为：关闭表控制闸门——在泄压孔背面将压力表按照拆卸的方向转动2~3圈，压力瞬时由泄压孔泄尽——检查压力表落零——校验完毕——反向旋转2~3圈恢复原状。

（3）移动电动机用异型垫块：型号有30mm、60mm、90mm三种，不同型号异型垫块的相互组合，连成一体，放置在滑轨槽内，当作撬杠的受力点，撬杠在顶丝座或顶丝座挡板的作用下，将电动机移动到合适位置更换皮带。

（4）光杆扶正密封装置：由光杆扶正器、薄形垫片、衬套组成。其中光杆扶正器放置于盘根盒最底部，起到柔性扶正光杆及避免最下层盘根损坏的作用；光杆扶正器的上部填压盘根，盘根的上部放置薄垫片，薄垫片减缓铁质隔栏对盘根的挤压、变形；衬套放置于铁格兰与光杆的环形空间内，起到导向盘根盒压帽旋紧作用。

三、主要创新技术

（1）油井取样时，避免油滴飞溅、人体吸入气体。

（2）能够快速、明确判断压力表是否落零，消除潜在的安全隐患。

（3）更换皮带由两人变为一人，且单次减少停机时间16分钟。

（4）优化盘根密封组合、柔性扶正光杆，密封周期达12个月以上。

四、技术经济指标

（1）取样筒盖出气管倾斜一定角度便于油滴回落样筒内。

（2）泄压孔高于表接头内螺纹底部5mm，孔径2.2mm。

（3）异型垫块材质使用45#调质钢，垫块组合间隙在1mm。

（4）光杆扶正密封装置材质使用尼龙66改性品种，具有一定硬度、耐磨性强，逆时针方向切割安装。

（5）器具"四件套"安全强度符合油田企业标准，在行业内首创，实用性强。

五、应用效益情况

油井日常维护器具"四件套"于2016年6月陆续在江苏油田真武、永安、联盟庄等油田进行了应用，降低了采油工日常巡检、维护工作强度，提高了人均劳效和安全环保性能，缩短单井次维护时间，减少维护成本。2018年1月起在江苏油田采油一厂进行全面推广应用，年创直接经济效益72.1万元，目前已累计创效420万元，取得较好的社会效益。

该成果于2021年12月获得江苏油田青年创新创效成果银奖（图3），并获得朱平油井维护"四件套"操作法技术证书。其中防溅式取样筒盖，移动采油电机用异型垫块，抽油机光杆的扶正密封装置分别于2016年、2017年、2018年获国家实用新型专利授权（图4）。

图1　成果实物图

图2　现场应用图

图3　获奖证书

图4　国家专利证书

可敲击式平衡块调节工具

河南油田分公司　刘桂军

一、项目创新背景

目前，油井调整平衡率通过调整平衡块的位置实现，使用摇把、套筒扳手、呆扳手等工具完成，存在以下问题。

（1）移动平衡块耗时长，平均50min，尤其是锈蚀或较重的平衡块移动困难，费时费力，甚至出现摇把摇断的情况，部分平衡块需要用撬杠移动，给平衡率调整带来难度。

（2）工具换向不方便，需要取出摇把再装入。

（3）摇把无法绕过连杆阻挡。

（4）工具多，携带不便，易丢失。

二、结构原理作用

可敲击式平衡块调节工具包括敲击呆扳手、调节头、固定螺母（图1）。其中，敲击呆扳手的内六棱套筒头套装在调节头的调节六棱柱上，在调节头的外侧伸出的螺杆上通过螺纹连接有固定螺母。

将敲击式平衡块调节工具套装在调节头的调节六棱柱上，安装好固定螺母，将组合的工具用于调整平衡块。当需要调节平衡块时可组合使用；当需要调整平衡块螺母和牙块螺栓时，可只使用敲击呆扳手，手柄可拆除也可安装使用（图2）。

三、主要创新技术

（1）实现敲击呆扳手移动平衡块。如果平衡块较轻，直接摇动组合工具就可调整；如果平衡块较重，可用锤子轻轻敲击呆扳手尾部，使平衡块移动，省时省力。

（2）实现了快速换向。调节呆扳手的内六方套筒头可在调节六棱柱、螺杆上轴向移动，将内六方套筒头置于调节六棱柱上，上紧固定螺母，可敲击手柄移动平衡块，松开固定螺母，将内六方套筒头移至螺杆上，可实现手柄快速换向，达到快速调节的目的。

（3）通用性好。卸下敲击呆扳手可单独使用，对平衡块牙块螺母和紧固螺母进行紧固和拆卸，实现了通用性。

（4）采用组合式结构，工具少，携带方便，不易丢失。

四、技术经济指标

平衡块调整时间由平均50min/次降为22.8min/次。

五、应用效益情况

可敲击式平衡块调节工具在油井上应用，缩短了平衡块调整时间。该工具换向简便、通过性好、组合性好、携带方便、不易丢失，可有效降低劳动强度提高操作安全系数和工作效率，取得了明显的效果，年创效益15.163万元。2019年获国家实用新型专利授权（图3）；2020年获河南油田QC成果二等奖（图4）；2021年获河南石油勘探局有限公司技术创新项目二等奖。

图1　成果实物图

图2　现场应用图

图3　国家专利证书

图4　获奖证书

抽油机曲柄销子衬套取出器

胜利油田分公司　唐守忠

一、项目创新背景

曲柄销子衬套是曲柄销子总成中重要的紧固和保护零件，是游梁式抽油机维持正常运转的基本保证，现场管理中曲柄销子常出现各种安全隐患。为了消除隐患，必须及时进行更换。由于设备长期处在野外工作，常会出现锈蚀等现象，给曲柄销子的取出带来困难。

二、结构原理作用

该工具主要由衬套顶杆、衬套挡板、丝杆、推力轴承和旋臂五部分组成（图1、图2）。

三、主要创新技术

为了解决更换曲柄销子耗时过长这一难题，制作了抽油机曲柄销子衬套取出器，解决了更换曲柄销子取衬套耗时长的生产难题。

特点：该工具结构简单，使用方便，适用于各种抽油机井，能够在曲柄内外两侧使用，有效缩短了更换曲柄销子耗时，提高了采油时率，同时也满足了安全操作的要求。

四、应用效益情况

（1）2013年有12口井因调整冲程停井时间长造成砂卡躺井，应用抽油机曲柄销子衬套取出器可节约作业费21.8万元。

（2）12口井作业占用时间10天，影响产量48吨，按油价为2000元/吨计算，可实现经济效益为：$48 \times 2000 / 10000 = 9.6$（万元）。

操作时间平均减少22.6分钟，按2011年的数据计算，可减少停井时间113.2分钟，多产原油2吨，创造经济效益为：$2 \times 0.2 = 0.4$（万元）。

工具成本为420元/套。

综合经济效益为：$21.8 + 9.6 + 0.4 - 0.042 = 31.76$（万元）。

目前，已在胜利油田孤岛采油厂孤一管理区的8个基层站推广使用，取得了较好的效果。使用该工具后，大大提高了工作效率，提高了采油时率，建议在全孤岛采油厂范围内推广使用。该成果获油田优秀QC小组成果一等奖，并获国家实用新型专利授权（图3、图4）。

图1　成果实物图　　　　　　　　　　图2　现场应用图

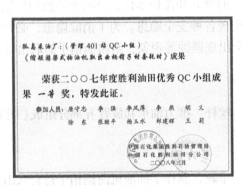 

图3　获奖证书　　　　　　　　　　图4　国家专利证书

 # 抽油机调平衡工具

江汉油田分公司　　张义铁

一、项目创新背景

江汉油田清河采油厂有油井1300口，每年开展抽油机调平衡工作量大，平衡块质量大不易移动，固定螺丝因锈蚀严重不易拆卸，传统的操作方式效率低，劳动强度大，安全风险大。

二、结构原理作用

调平衡工具包括螺旋千斤顶、固定支架、专用斜铁、专用扳手四部分（图1）。在操作时，专用扳手与千斤顶、固定支架配合使用，平稳卸掉平衡块固定螺丝，固定支架固定在曲柄上的T形槽内，专用斜铁楔入平衡块下，与螺旋千斤顶配合使用，将平衡块移到所需要的位置（图2）。

三、应用效益情况

抽油机调平衡工具有结构简单、操作可靠、适用性强等优点，解决了原有工具操作不方便效率低、固定螺丝难以卸掉、高空作业安全风险大等问题，降低了员工的劳动强度，缩短了维修停井时间。应用该工具可有效缩短调平衡时间，年创效10万元。该成果获局青工"五小"成果一等奖，并获国家实用新型专利授权（图3、图4）。

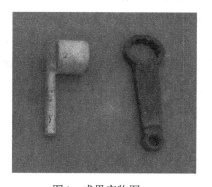

图1　成果实物图

图2　现场应用图

图3　获奖证书

图4　国家专利证书

抽油机简易卸载工具

胜利油田分公司　唐守忠

一、项目创新背景

在抽油机井的许多维护操作中，如调冲程、驴头对中、换毛辫子等，都需要卸掉驴头负荷。因此，抽油机的卸载是抽油机日常管理工作的重要工序之一。在现场操作中，在井口安装方卡子进行卸载的方式不仅费时费力，而且容易对光杆造成损伤，加大对盘根的磨损、造成井口污染和材料耗费。卸载频繁的井光杆损伤严重，通常需要更换光杆，停井时间过长又容易导致砂卡躺井。

二、结构原理作用

将一根直径73mm、长0.5m的钢管割开一道宽度略大于光杆直径的槽，形成一个圆弧形套筒，再加工2个与套筒相配套的套箍、割开同样大小的槽、套在套筒的两端（图1）。进行卸载时，把套箍和套筒的开口方向调到一致，套在光杆上，下端坐到盘根盒上，然后旋转两端套箍上的手柄180°至相反位置。这样工具的两端便形成了两个整圆，确保在卸载时不会脱落（使用时需要两个同样形状、长度较短的套筒和一个连接箍，可起到加长调节的作用），当悬绳器落到工具上端时即可实现卸载（图2）。

三、主要创新技术

（1）省略了原来需要安装卸载方卡子的工作。

（2）保护了光杆。

（3）可多种组合形式。

四、技术经济指标

（1）可根据现场悬绳器距离井口位置合理组合装置长度。

（2）45#钢材质满足需要。

（3）整体圆形包围设计符合安全要求。

五、应用效益情况

该装置经过现场应用，卸载时间明显缩短。由于光杆本体不受任何外力影响，避免了光杆损坏，有效地解决了传统卸载方式存在的问题，延长了光杆使用寿命。该成果获国家实用新型专利授权并获得优秀专利奖（图3）。

图1　成果实物图

图2　现场应用图

图3　国家专利证书

安全带攀爬保护绳

胜利油田分公司　张前保

一、项目创新背景

在各种高空作业过程中，为防止人员掉落摔伤，要求操作人员必须穿戴安全带。但操作人员在上、下攀爬过程中，安全带处于闲置中，起不到保护作用。因此，需要设计一种攀登防掉落安全保护绳，从而提高操作人员攀爬过程中的安全系数。

二、结构原理作用

（1）保护绳：由长2.5m，直径10.5mm的攀岩绳制作而成，两端采用车缝式加工成环状，单绳破断拉力2800公斤。

（2）挂钩：攀岩专用挂钩，和手固定在一起，挂住梯子，纵向破断拉力2400公斤，横向破断拉力700公斤。

（3）易松开挂钩固定装置：用松紧带加工而成，穿在手腕和手套上，起到固定挂钩的作用，在操作人员掉落时，易松脱。

该保护绳是安装在原有安全带的主挂环上，绳头安装有挂钩，挂钩在松紧装置的作用下，与手紧密结合在一起。挂钩摘、挂较为方便，能够实现"手到钩到"的目的。攀爬时挂钩和手同时抓住梯子，在攀爬过程中，始终有一只手和挂钩是与梯子连接在一起。当操作人员不慎掉落时，至少有一个挂钩能够起到保险作用，确保攀爬人员不会发生摔伤事故（图1、图2）。

三、主要创新技术

（1）在原有安全带的基础上加装的革新部件总重量不到300克，体积小，重量轻（2个挂钩90克，2.5m绳子180克）。

（2）保护绳从安全带背后的主挂环沿手臂到手部，操作人员攀爬时不受任何影响。

（3）操作人员到达工作位置后，安全绳可以从手套上轻松摘下，不用时可挂在胸前挂环处。在防坠落安全绳长度范围内，如工作位置有安全悬挂装置，在不影响操作的情况下，也可将攀爬挂钩挂在安全悬挂装置上，起到多重保护作用。

（4）挂钩采用了闭合式开口，确保了挂钩不会轻易脱落。

四、技术经济指标

（1）确保操作人员在高空作业时，上、下攀爬过程中不会发生掉落事故。

（2）弥补了安全带使用中的一项安全漏洞，填补了国内外登高作业安全带处于闲置状态、预防隐患的一项空白。

五、应用效益情况

该装置2017年开始研制。2017年9月25日，胜利油田临盘采油厂召开现场会，专家组一致认为该工具能够保证操作人员攀爬过程中的安全，有很高推广应用价值。目前，已在临盘采油厂现场推广应用3000多次，年创经济效益约10万元，累计创效50多万元。该成果2018年获得胜利油田合理化建议一等奖，2017年获得临盘采油厂技能人才技术创新成果一等奖（图3）。

图1　成果实物图

图2　现场应用图

图3　获奖证书

二级减速器皮带轮衬套拆卸装置

胜利油田分公司　张前保

一、项目创新背景

胜利油田临盘采油厂在用二级减速器1000多台，根据油井生产参数需要，随时要进行更换二级减速器皮带轮，调整冲次。由于皮带轮和衬套安装过紧，长期在野外运行，拆卸皮带轮时，依靠衬套本身自带的拨轮螺丝，不能将皮带轮拆下，给生产带来极大困难。

二、结构原理作用

该装置由三部分组成（图1）。

（1）双向U形叉子：四个叉头能够向上、下同时移动，衬套周围受力均匀。

（2）U形分体结构：可拆卸横担，既是加力点，又能拆卸，使工具实现分体组装。

（3）加力部分：使用千斤顶作为加力工具，顶推力远超大锤砸击力量。

将工具上叉头向上移动，上下叉头开口大于衬套外径，将叉头插入衬套与皮带轮之间的空隙内，安装千斤顶，加压，上叉头在千斤顶和横担的反作用力下，向下移动，下叉头在千斤顶和横担的顶推下向上移动，衬套在四个叉头均匀挤入下，受力向外移动，达到拆卸目的（图2）。拆卸速度快，省时、省力，安全高效。

三、主要创新技术

（1）采用双向U形叉子，让衬套四周均匀受力，防止发生崩裂现象。

（2）衬套在皮带轮外侧，可直接安装。

（3）衬套在皮带轮内侧，可采用分体式组装，不受皮带轮大小影响。

（4）采用千斤顶作为加力工具，不用人工抢大锤，防止打滑及不好用力等现象。

四、技术经济指标

（1）操作时间由60分钟缩短到5分钟左右，省时、省力。

（2）拆卸衬套成功率100%。

（3）皮带轮、衬套完好率100%。

（4）操作安全性100%。

五、应用效益情况

该装置2021年开始研制。2021年9月23日，临盘采油厂召开现场论证会，专家组一致认为该工具达到拆卸二级减速器皮带轮的目的，有很高的推广应用价值。2021年确定为临盘采油厂专利技术实施推广项目。目前，已在临盘采油厂现场推广应用300多次，年创经济效益5万元，累计创效10多万元。2021年获得胜利油田合理化建议三等奖，并获国家实用新型专利授权（图3、图4）。

图1　成果实物图

图2　现场应用图

图3　国家专利证书

图4　获奖证书

 硫化氢气体取样装置

胜利油田分公司　张前保

一、项目创新背景

油井中含有不同浓度的硫化氢气体，为了掌握原油中硫化氢气体含量，要定期在油井原油伴生气中采集硫化氢气体，进行气样分析。生产现场中，没有专用工具从原油伴生气中取气样。因此，操作人员都是从计量站内的分离器或采油井口的套管闸门处采集气样。当操作人员在井口套管处采集气样时，需要佩戴正压式空气呼吸器。由于井口套管连接水套炉气管线，操作时要先拆卸套管卡箍头，摘掉加热供气管线，重新连接取气样的软管，再进行取气样操作。取气样后，再安装加热供气管线。工序复杂，劳动强度大，效率低，取出的气样不符合油田化验标准，操作过程中易发生泄漏，造成硫化氢中毒事故。为保证采集数据准确，保护操作人员不受伤害，不污染环境为前提，研究制作一种"密闭式硫化氢气体取样装置"。

二、结构原理作用

该装置由手柄、丝杠、柱塞、油封、上压盖、筒体、下压盖、出气孔组成（图1）。

工作原理有取气接头，能够与采油井口或计量站生产管线中的各种闸门连接。采油井取气样时，能够安装在井口压力表闸门或取样闸门处，打开闸门，气液进入本装置，实现了从原油伴生气中取样的目的（图2）。取气样结束后，还能将多余的气液推回生产管线内，做到取样数据准确、密闭取样，不仅环保而且达到了安全操作的要求，保障了操作人员的人身安全。操作过程简单，丝杠中刻有刻度，能够显示柱塞的移动情况，使操作者预判气体的排出时间，有效降低了工人的劳动强度，具有显著的使用效果和应用价值。

三、主要创新技术

（1）能够在输油管线中取出气样，保证取样资料的准确性，符合油田取样标准。

（2）工具具有密封性，确保操作人员不会发生中毒事故。

（3）通过柱塞将多余的气液输送回管线，无废液排出，达到环保要求。

（4）在任何井口、管线都能使用，具有通用性。

（5）制作简单，加工方便。

（6）体积小、重量轻。

（7）操作方便、快捷。

四、技术经济指标

（1）减少取气样烦琐的操作施工。

（2）取气样由2人操作，减少到1人操作。

（3）安全性达到100%。

五、应用效益情况

该装置2017年开始研制。2018年7月27日，胜利油田临盘采油厂召开现场培训会，专家组一致认为该工具达到油田取样标准，有很高推广应用价值。2018年确定为临盘采油厂专利技术实施推广项目。目前，已在临盘采油厂现场推广应用2000多次，年创经济效益20万元，累计创效80多万元。该成果2018年获得胜利油田合理化建议一等奖，2019年获国家实用新型专利授权（图3），2020年获得临盘采油厂合理化建议及技术革新奖一等奖（图4）。

图1　成果实物图

图2　现场应用图

图3　国家专利证书

图4　获奖证书

 新型油井取大样装置

胜利油田分公司　刘　庆　张春来

一、项目创新背景

在油田采油行业中，对原油进行取大样化验是掌握原油物性，分析油井生产动态的重要手段，也是采油工的日常工作，更是决策层和管理层做出指令的重要数据之一。因此取全取准大样是十分重要的工作环节。随着油田的后期开发，井液中含有大量的游离水，由于现在环保要求的严格，污水决不能外排，而用大型的设备把污水打回流程内又不现实。为保证油井取大样污水零外排，故设计采用：油水分离桶+直流电源+小型直流高压水泵的思路。

二、结构原理作用

该装置的主要结构由三部分组成（图1、图2）。

（1）油水分离桶主要由桶身、搅拌器、支架和进液口、出液口、出油口等组成。它把井液进行分离，使污水沉降在分离桶的下部，原油漂浮在分离桶的上部。

（2）直流电源是由采油班站普遍配备的电动三轮车的48V直流电池来提供，利用这个移动电源即节省了成本，又避免了用井场的高压电而带来的安全隐患。

（3）48V直流高压水泵是由专业厂家定做的，具有体积小、重量轻、压力高、排量大等优点。它主要是把取大样产生的大量污水，通过井口备用取样闸门打回流程内，实现污水零外排取大样。

三、主要创新技术

（1）实现了油井取大样的污水零排放。

（2）充分利用采油班站普遍配备的电动三轮车，既是移动电源，又是运输工具，一人就可轻松完成取大样工作，节省人力、物力、财力。

（3）避免了用井场高压电带来的安全隐患。

（4）该装置体积小，重量轻，拆装便捷，收纳方便。

四、技术经济指标

（1）适用范围：抽油机、电潜泵、螺杆泵等有标准采油树的井口。

（2）装置重量：高压水泵10kg；油水分离桶5kg。

（3）装置尺寸：高压水泵40cm×25cm×25cm；油水分离桶直径40mm×高度60cm。

五、应用效益情况

该取样装置的研制应用降低了员工的劳动强度，现在取大样时，需要连接好管线和电动三轮车的48V直流电源，一人轻松完成工作。杜绝了外排污水造成的环境污染和处理费用，同时减少了对员工可能造成的身体危害，年创经济效益9万元。该成果获2022年度胜利采油厂群众性优秀技术创新成果二等奖（图3），正在申请国家专利，目前已在采油厂推广应用。

图1　成果实物图

图2　现场应用图

图3　获奖证书

齿轮摇柄式除锈器

胜利油田分公司　隋红臣

一、项目创新背景

在采油、集输现场闸门的丝杆、阀杆铁锈不好处理，这是个老难题，用棉纱擦、砂纸打、用钢丝刷磨都不能很好解决除锈难的问题，并且搞得现场乌烟瘴气，还浪费大量原材料，费力费工费时。针对除锈难这个问题，研制了齿轮摇柄式除锈器，这项创新成果很好地解决了除锈难的问题。

二、结构原理作用

齿轮摇柄式除锈器由四部分组成（图1）。
（1）三爪除锈头。
（2）齿轮动力装置。
（3）除锈行程支架。
（4）手柄。

它通过齿轮传递动力，经过行程支架，到除锈三爪头。因为摇柄带动齿轮可正反旋转，达到了对丝杆或螺杆上的铁锈进行清除的目的。除锈装置三爪头可以根据不同闸门丝杆调整大小，对不同直径丝杆进行清理除锈，利用此除锈器，可以使很多丝杆、螺杆，经过除锈再重新使用，节约成本（图2）。

三、主要创新技术

（1）齿轮动力可正反旋转。
（2）除锈三爪头清理更干净。
（3）重量轻，操作方便。
（4）体积小，便于携带。

四、技术经济指标

图1　成果实物图

（1）三爪除锈头可以根据丝杆尺寸大小，随意调节。
（2）齿轮动力装置可以正反旋转，进退自如。
（3）除锈行程支架保证丝杆清理在合适行程里活动自如。

五、应用效益情况

齿轮摇柄式除锈器于2020年研制成功后，在各注采站、集输站库进行推广使用，受到了一线职工的好评。该工具重量轻，操作简单，使用成本低，便于携带，一名普通女工便可独立操作使用。该工具可以在全胜利油田进行推广使用。该成果2020年获河口采油厂优秀技术人才创新成果评比一等奖（图3）。

图2　现场应用图　　　　　　　　　　　　图3　获奖证书

抽油机井掺水软管防护装置

胜利油田分公司　　隋爱妮

一、项目创新背景

稠油井生产多采用空心杆掺水工艺，掺水软管受野外环境影响易出现老化、渗漏等现象造成现场大面积环境污染。更换过程施工步骤烦琐、劳动强度大、登高作业车租赁费用高、停产时间长，造成较大经济损失。

二、结构原理作用（图1、图2）

（1）镀锌钢管的定型。施工时在镀锌套管顶部加工半圆形折弯，镀锌套管垂直段通过焊接在抽油机侧面固定板上支撑，垂直段底端旋转把手可以水平方向旋转180°，便于后期检泵作业。

（2）软管固定方式。空心杆上部安装横向撑杆，可加大软管与光杆距离，确保大风天气避免刷蹭井口部件。

（3）地面输水管网标准化。地面输水管线采用镀锌钢管，价格低廉，无须软管更换施工，减少停井时长，标准化铺设，精细化管理。

（4）保温方式。地面管线和镀锌套管外壁加装保温层，减少热量流失。

（5）施工方式。维护人员只需站在地面将掺水软管由钢管底端入口穿入，由出口穿出后与光杆掺水接头连接，无须登高作业，施工安全便捷。

三、主要创新技术

（1）降低因掺水软管磨损、老化造成的故障频次，保证油井持续正常掺水实现稳产。

（2）避免人员更换掺水软管登高产生的安全隐患。

（3）便于油井生产和作业模式的切换。

（4）地面输水管线采用镀锌钢管标准化铺设有效提升现场精细化管理水平。

四、技术经济指标

（1）掺水软管外径为38mm，软管前端钢制配件为100mm，因此优选内径84mm镀锌套管。

（2）镀锌管垂直段底端旋转把手可以水平方向旋转180°，便于后期检泵作业。

五、应用效益情况

该装置安装于胜利油田河口采油厂沾4-P48井，其原有方式以单井3年一个维护周期需更换软管1次，停井时间约2小时，平均产油量约0.2吨/小时，原油损失=2×0.2×2200=880（元/井），软管单价2000元，升降车费用1000元/井次。

使用新式软管固定装置软管使用周期大于9年，停井时间约0.5小时，平均产油量约0.2吨/小时，原油损失=0.5×0.2×2200=220（元/井），可节约2次更换软管费用，只需一次升降车费用1000元。应用后创造经济效益3220元。

该方案的实施可降低人员登高更换软管带来的安全风险，也为现场人员更换软管提供了更便捷的方式，符合井场标准化管理要求，有效降低更换软管频率，保证油井掺水的正常运行，该方案推广性强，适应性广。2022年获得河口采油厂优秀创新成果三等奖（图3）。

图1　成果实物图

图2　现场应用图

图3　获奖证书

井口标定计量车连接装置

胜利油田分公司　张前保

一、项目创新背景

由于井口标定计量车的进、出口管线无法直接安装在井口流程上，在油井井口连接量油车时，每次操作都需要破坏保温层，将回压闸门的上法兰卸开，上翻立导管，清除旧垫子，再在进、出口处加上新垫片，连接进、出口管线，标产工作完成后，还要恢复原流程。每次连接设备都需要2个人配合，拆装多条法兰螺栓，耗时60分钟左右，操作工作量大，劳动强度高，严重降低油井生产时率。为了解决这一难题，研制了"量油车计量分流装置"。采油树井口管线分2寸（1寸=2.54cm）和2寸半两种，技能大师设计了不同直径密封圈，可应用在不同直径的井口管线上。

二、结构原理作用

该装置由挡板螺母、密封筒、出油孔、连接台阶、密封隔台、密封件、轴承、出液接头、防转卡方、拉紧螺母、回液接头、中心管、外管、挡板等组成（图1）。

本装置安装在采油树井口丝堵处。使用时关闭生产阀门和回压阀门，放空后卸下丝堵，将井口标定计量车连接装置安装牢固，旋转拉紧螺母，使中心管外移，通过挡板压缩密封筒，密封中心管与出油管线环空。液体从中心管进入标定计量车进口管线，计量后的液体从标定计量车出口管线进入分流装置环空，从而进入外输管线（图2）。该装置节约生产成本，减少环境污染，降低了工人的劳动强度，具有显著的使用效果和较高的应用价值。

三、主要创新技术

（1）使用该工具不用拆卸井口流程，减少施工安全隐患。

（2）减少管线原油外泄，提高环保质量。

（3）工具安装、使用简单，减少工人劳动强度，提高工作效率。

四、技术经济指标

（1）改变井口标定计量车与井口的连接方式，不用拆卸井口流程，安装方便快捷，降低劳动强度，提高工作效率。

（2）解决停井时间长的问题，每口井可减少停井时间1小时，有效提高油井生产时率。

（3）适应性强，可在2寸或2寸半的井口管线上使用。

五、应用效益情况

该装置2018年开始研制。2018年11月8日，胜利油田临盘采油厂召开现场会，专家组一致认为该工具达到计量分流效果，有很高推广应用价值。2019年确定为临盘采油厂专利技术实施推广项目。目前，已在临盘采油厂现场推广应用900多次，年创经济效益约15万元人民币，累计创效60多万元。该成果2018年获得胜利油田合理化建议一等奖，2019年获得临盘采油厂为民技术创新奖二等奖（图3），2020年获国家实用新型专利授权（图4），同年获全国能源化学地质系统优秀职工技术创新成果三等奖。

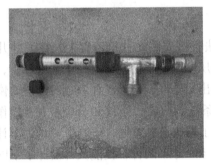

图1　成果实物图

图2　现场应用图

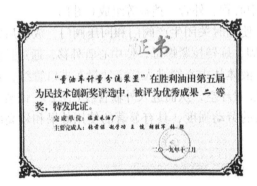

图3　获奖证书

图4　国家专利证书

流量自控仪维修配套工具

胜利油田分公司　赵学功

一、项目创新背景

目前，生产现场在用的大部分自控仪已经超过厂家保修期，它的日常维护和后期管理工作将是管理区工作的重点和难点。其维修频次高，平均每井每月维修一次，目前没有相应维修、保养自控仪的配套工具。

（1）维修时间长，影响注水时率和注水效果。

（2）操作不当，易损坏自控仪配件，增加维修成本。

（3）使用工具类别多，散落不集中，准备工具费时费力。

二、结构原理作用（图1）

（1）导流笼取出工具：解决导流笼取出困难的问题。

（2）导流笼除垢工具：解决污垢清理困难且清除不干净的问题。

（3）自控仪阀套取出器：解决自控仪稳流器阀杆、阀套取出困难的问题。

（4）使用维修工具箱：定制工具箱，配备其他维修工具，解决工具繁多、不集中的问题。

三、主要创新技术

（1）使用革新配套工具，杜绝操作过程中的安全隐患，避免野蛮操作造成的设备损坏，提高了安全操作系数，达到清洁生产。

（2）使用"流量自控仪"维修配套工具，合计16种工具装箱，工具齐全携带方便。解决了使用工具类别多，散落不集中，准备工具、用具耗时长的问题。

四、技术经济指标

（1）覆盖面广，实用性强。胜利油田临盘采油厂各管理区已经全面覆盖安装"流量自控仪"设备，目前研制的工具基本满足流量自控仪90%的维修需求。

（2）提高劳动效率，缩短维修时间。由原来每个单项维修操作时间90分钟，缩短到40分钟，提高注水时率。

五、应用效益情况

该装置2020年开始研制。2021年8月12日，胜利油田临盘采油厂召开现场培训会，专家组一致认为该配套工具能够解决导流笼磁钢芯子难取出，导流笼清理除垢无配套工具，阀套、阀杆取出困难，维修工具繁多、不集中的问题，有很高的推广应用价值。2020年确定为临盘采油厂立项实施推广项目。目前，已在临盘采油厂现场推广应用60余套，年创经济效益35万元，累计创效100多万元。该成果2021年获得临盘采油厂为民技术创新奖成果奖二等奖（图2）。

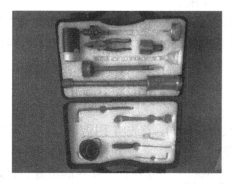

图1　成果实物图

图2 获奖证书

毛辫子吊装绞车

胜利油田分公司　张学木

一、项目创新背景

在油田采油过程中，毛辫子固定在抽油机的驴头上，是一种连接驴头和抽油杆的柔性连接件，是抽油机的重要组成部分。它既要承受井筒内全部杆柱的重力，还要克服与驴头之间的摩擦力。经过多次的往复运动、摩擦及雨水的侵蚀等多种原因，抽油机毛辫子经常损坏，需要维修或更换抽油机毛辫子。更换毛辫子时，需要将毛辫子提升到抽油机驴头上并加以固定。目前，没有专用提升毛辫子的工具，操作人员站在驴头上，手工将毛辫子一端提升到十多米高的驴头上，并将毛辫子一端固定在毛辫子固定卡内，然后采用同样的方法，将另一根毛辫子提升到驴头上并固定好。抽油机驴头高，位置狭小，操作人员站稳脚都很困难。在高空提拉毛辫子并将其固定好就更困难了。这种操作方法主要存在以下问题：

（1）高空操作空间小。抽油机驴头停在下死点，距离地面约5~8m，由于游梁的端面狭窄，只允许一个人站立，因此，操作者的空间非常受限。

（2）提拉毛辫子困难。靠一个人的力量把毛辫子从地面拉至5~8m的高空十分困难，而且新的毛辫子上有许多的铅油，十分湿滑，不利提拉。

（3）安装悬挂盘困难。由于抽油机井口高低不一，安装悬挂盘时一般需要两人共同向上举，才能将毛辫子放入悬挂盘中，踩在井口上举起50斤重的悬挂盘，不容易掌握平衡，很容易出现挤伤现象。

二、结构原理作用

该工具由永磁起重吸盘和手摇葫芦绞盘组成（图1）。首先将手摇葫芦绞盘固定到加工好的铁板上，然后将铁板再固定到永磁起重吸盘上。

当发现抽油机毛辫子出现断股现象时，停抽将驴头停在近下死点的位置，打好方卡子，开抽利用惯性摘掉负荷，操作工人带好工具，沿抽油机支架上的攀爬梯，攀爬到中轴游梁位置，沿游梁攀爬到驴头位置，将永磁起重吸盘放置在驴头上，搬动永磁起重吸盘上的扳机，在磁力的作用下，工具牢牢吸附到驴头上，搬动手摇葫芦绞盘，使手摇葫芦绞盘上的钢丝在重力作用下，下垂到地面，地面操作人员将毛辫绳固定到手摇葫芦绞盘上的挂钩上，驴头上面的操作者通过来回搬动手摇葫芦绞盘上的快脱棘轮扳手，就能将毛辫子提升到驴头位置。

三、主要创新技术

（1）通过转动永磁起重吸盘上的扳机，产生磁力使工具吸附到驴头上，简单方便，牢固性强。

（2）工具制作简单，携带方便。

（3）通过来回扳动手摇葫芦绞盘上的快脱棘轮扳手，就能将毛辫子提升到驴头上，降低了工人劳动强度。

（4）防止发生操作工人因用力过猛，高空坠落事故。

（5）通过卡头卡住旧毛辫子，使用棘轮扳手来回转动卡头，就能将卡住的旧毛辫子取出。

四、技术经济指标

该工具吸附到驴头上后，使用快速棘轮扳手来后转动手摇葫芦绞盘，就可将毛辫子拉拽到驴头上。使用该工具可以有效降低工人劳动强度，防止操作工人由于在更换驴头毛辫子过程中，用力过猛导致坠落事故，提高了操作的安全性，降低了劳动强度，深受现场职工好评。

五、应用效益情况

该工具在胜利油田河口采油厂推广使用后深受好评，2018年获得河口采油厂优秀职工技术创新成果三等奖（图2）。

图1　成果实物图

图2　获奖证书

皮带式抽油机基础下沉举升器

胜利油田分公司　张前保

一、项目创新背景

皮带式抽油机因其长冲程、慢冲次适应油井中后期开采，从而受到油田各采油厂的青睐。通过长时间的使用运转，发现井口端都不同程度地出现因负荷重而发生基础下沉的情况，造成垂直角度倾斜而出现井口光杆与密封器不对中偏磨或拉伤光杆，严重影响密封等情况。针对这一难题，目前最直接的做法是动用20吨以上吊车将皮带式抽油机与基础吊高，然后重新垫高土石灰基础，然后再将基础与皮带式抽油机复位。整个过程需要在大型吊车和多人配合下进行，耗时4小时左右。它的弊端：一是费用高，需动用大型吊车配合。二是对天气、道路要求高，风雨天与泥泞路面都不适合此种操作。三是时间长，多人操作4小时左右，对油井产量影响较大。四是爬高吊挂皮带式抽油机，往返四次，有一定的操作风险。

二、结构原理作用

该工具由顶推矩形部分、底座支撑部分、顶丝、千斤顶组成。

安装在皮带机一侧的吊环上，通过千斤顶加力，底座支撑，将顶推矩形向上顶起，顶推矩形挂在吊环上，带动整个基础上升，使底座悬空，为底座下面加高基础让出空间，便于填土石灰，完成基础加高的工作（图1）。

三、主要创新技术

（1）结构简单、易安装。
（2）采用千斤顶加力，节省作业成本。
（3）利用顶推矩形部分、底座支撑部分的反向作用力实现举升。
（4）不用受天气与道路泥泞的影响，操作方便、安全、快捷。

四、技术经济指标

（1）不用吊车，达到举升效果。
（2）操作安全性100%。

五、应用效益情况

该装置2014年开始研制。2015年5月17日，胜利油田临盘采油厂召开现场会，专家一致认为该工具能够实现不用吊车完成基础抬高工作，有很高推广应用价值。目前，已在临盘采油厂现场推广应用300多井次，年创经济效益5万元，累计创效40多万元。该成果2015年获得采油厂技能人才技术创新成果一等奖（图2）。

图1　现场应用图

图2　获奖证书

 ## 新型调整抽油机曲柄平衡组合工具

江汉油田分公司　张义铁

一、项目创新背景

平衡率是衡量抽油机井系统效率的重要指标，根据抽油机井生产动态变化调整抽油机井曲柄平衡，提高抽油机井平衡率，降低能耗、延长电动机和传动皮带的使用寿命，是抽油机井日常生产管理非常重要的措施手段。传统的人力、敲击扳手、大榔头拆卸平衡块固定螺母和多人撬杠配合移动平衡块的调平衡方式，由于操作工位局限、伸展受限，存在着操作难度、劳动强度、安全风险都非常大的问题。而清河油区受环境、气候的影响，螺母易锈蚀，松扣难度就更大了，螺栓常锈死在孔内，撬动平衡块难度也极大。为提高调平衡的可操作性，减轻操作者的劳动强度，降低安全风险。先后采用了机械千斤顶法，吊车移动法等方式移动平衡块，但是操作工位受限，操作难度大和安全风险大的问题仍然存在，且增加了成本支出。

二、结构原理作用

该方式是通过地面操控液压扳手松动平衡块固定螺母，再用平衡块起动装置把平衡块固定螺栓松动和抬起平衡块，安装好平衡块移动装置将平衡块移动到指定位置（图1）。齿轮牵引法调平衡方式主要有三个创新点。

（1）创新应用了液压扳手，其主要由电动液压站、中空钻头、高压软管、呆扳手、移动电源等五部分组成，功能作用是松动和紧固平衡块固定螺母。

（2）设计制作了平衡块起动装置，其主要由特制千斤顶（10T）、活塞加压杆、Z形构件等组成，功能作用是起动平衡块，松动锈死在固定孔内的螺栓。

（3）通过分析前几种平衡块移动方式存在的问题，研制了新型平衡块移动装置，主要由齿轮、转轴、轴座、棘轮扳手等四部分组成。该工具可推动前移平衡块，也可拖动后移平衡块。

三、应用效益情况

新型调整抽油机曲柄平衡组合工具在江汉油田清河采油厂应用了110多口井，取得了良好的节电效果，年创效30多万元。有效地解决了调平衡过程中存在的操作不便、强度大、安全风险高的问题，实现了调平衡工作的安全、高效，并降低了员工的劳动强度。该成果获油田技师优秀创新成果一等奖（图2）。

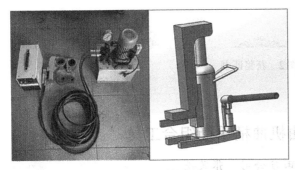

图1　成果实物图　　　　　　　　图2　获奖证书

游梁式抽油机毛辫子自动提升装置

中国石化胜利油田　张春来

一、项目创新背景

游梁式抽油机是油井开发的主要设备，而毛辫子作为抽油机连接驴头和光杆的柔性连接件，承载着井下杆柱重量、交变载荷、惯性载荷等力学变化。同时，抽油机工作在野外，运行环境恶劣，毛辫子经常受磨损、腐蚀、超载、不对中等因素影响产生断股、拉断现象。因此，更换毛辫子已成为抽油机维护保养的例行工作。更换毛辫子时操作位置距离地面6~8m，长期以来主要采用人工操作的方法，至少需要3人协作，操作时间长、劳动强度大，存在工具滑脱、高空坠落等安全隐患。因此，围绕缩短更换毛辫子操作时间、降低劳动强度、提高操作安全性等问题，技能大师展开技术攻关，研制游梁式抽油机毛辫子自动提升装置，实现"安全、规范、提质、增效"的目标。

二、结构原理作用

抽油机毛辫子自动提升装置主要由毛辫子折弯工具、驴头支撑滑轮、电动绞车固定座三部分组成（图1）。

毛辫子折弯工具包括：正反牙丝杠、滑动螺母、焊接钢管、U形槽、蝶形固定杆、毛辫子、锁紧螺母、固定螺母、连接螺栓、转动杆。

驴头支撑滑轮包括：支撑杆、安全环、锁链、支撑杆固定座、螺栓、滑轮固定座、转动滑轮。

电动绞车固定座包括：正反牙丝杠、滑动螺母、电动绞车、绞盘固定座、绞盘固定座卡簧、固定螺杆、工字钢卡槽，抽油机游梁、支架、驴头，绞车用钢丝绳、抽油机底座工字钢、挂钩等。

工作原理：首先将毛辫子从中间位置折弯，分别置于折弯工具两端U形槽中，并用蝶形固定杆固定，旋转手柄使正反牙丝杠带动滑动螺母及两端U形槽相向运动，实现毛辫子折弯至预定直径，用铁丝进行固定；再将驴头支撑滑轮固定于抽油机驴头顶端；最后将电动绞车及底座固定于抽油机一侧工字钢上并锁定，使绞车吊钩及钢丝绳穿过驴头顶端转动滑轮，电源连接电动三轮车电源（48V）。使用遥控器操作电动绞车将已折弯成形的毛辫子自动提升至抽油机驴头顶端，毛辫子两侧分别卡入悬挂盘卡槽中，从而完成更换抽油机毛辫子（图2）。

三、主要创新技术

（1）使用U形槽卡住毛辫子，转动正反牙丝杠相向运动，实现毛辫子在地面折弯。

（2）通过驴头支撑滑轮减少了提升过程中的摩擦阻力。

（3）底座采用正反牙丝杠固定，实现底座快速拆装。

（4）电源采用电动车48V直流电源，避免接高压电的安全隐患。

（5）采用遥控电动绞车，实现抽油机毛辫子自动提升。

四、技术经济指标

（1）适用于直径26~30mm的抽油机毛辫子。

（2）正反牙丝杠直径有20mm和24mm两种，长度500mm。

（3）电源采用48V直流电源。

（4）提升重量小于100kg。

五、应用效益情况

毛辫子自动提升装置采用遥控电动绞车，将已经折弯成形的毛辫子自动提升至抽油机驴头顶端，毛辫子两侧分别卡入悬挂盘卡槽中，固定即可。该装置设计先进，结构简单，携带方便，实用性强，提升效果好。解决更换抽油机毛辫子人工高强度提升，地面多人配合折弯、工具滑脱及高空坠落等不安全问题，进一步缩短抽油机毛辫子更换时间，提高抽油机井生产时率，达到国内同类装置的领先水平。该成果于2022年分获胜利油田胜利采油厂质量管理小组成果和群众性技术创新成果一等奖、三等奖（图3），正在申请国家专利，目前已在采油管理三区推广应用，年创经济效益15万元。

| 图1 成果实物图 | 图2 现场应用图 | 图3 获奖证书 |

抽油机井通用快速顶丝

胜利油田分公司 王进峰

一、项目创新背景

油田广泛应用的抽油机为游梁式抽油机和皮带式抽油机，目前使用的电机顶丝在设计上存在许多缺陷，主要表现如下。

（1）游梁式抽油机电动机导轨与皮带式抽油机电动机导轨不兼容，导致两种抽油机的电动机顶丝无法通用。

（2）受限于游梁式抽油机底座上的挡板数量和电动机顶丝长度，因此经常需要使用垫铁，这种做法非常不方便。

（3）皮带式抽油机滑轨上没有挡槽，这会导致顶丝无法得到固定或者固定不够牢固，使得顶丝在涨紧皮带的过程中前端很容易跑偏，导致电动机顶丝前端偏离电机底座。

（4）现有的电动机顶丝需要使用小撬杠来调节，这使得调整速度缓慢且容易造成滑脱的危险。

（5）在涨紧皮带时，使用不方便，更换皮带的过程非常耗时，这对油井的产量和正常的生产产生了不良影响。

二、结构原理作用

该装置的主要结构由三部分组成（图1）。

（1）手柄部分：顶丝手柄采用棘轮扳手，其一端为开口，另一端为棘轮，当需要扭力较大时使用开口端，当需要快速转动螺母时使用棘轮端。

（2）顶丝部分：顶丝部分由底座、支撑座、压帽、丝杠、钢球、顶杆、轴套等部分组成。在使用过程中因为前部顶杆是不跟随丝杠旋转的，所以使用钢球用以减少丝杠与顶杆之间滑动摩擦阻力。

（3）配套端头：因为游梁式抽油机和皮带式抽油机电动机安装结构不同，顶进位置不同，所以需要不同的配套端头。

第一次使用时，先将电动机同侧的两颗固定螺母卸掉，安装好配套端头，将固定螺母带上几扣。将2套顶丝固定在同侧，使用棘轮扳手将电动机前移，换好皮带后，再将电动机向相反方向移动，最后微调四点一线，紧固4条电动机固定螺丝即可。为方便下次更换皮带，配套端头可不拆卸，只拆卸顶丝本体即可。

三、主要创新技术

（1）结构简单，携带方便，通用性强，能同时适用于游梁式抽油机和皮带式抽油机。

（2）使用该装置可在最短时间内完成抽油机电动机皮带更换，减少停井时间，降低产量损失。

（3）成本低廉，操作灵活，大幅降低职工劳动强度，保障职工的安全，减少事故的发生。

（4）省去了使用大撬杠撬动电动机的操作，直接使用此工具，通过松紧顶丝，在一个位置就可以来回移动电动机，省时省力。

四、技术经济指标

经测算，游梁式抽油机更换皮带平均时间可缩短7.5分钟，皮带式抽油机更换皮带平均时间可缩短10.5分钟。

五、应用效益情况

按照采油管理区平均每月更换游梁机皮带74.3井次，更换皮带式抽油机皮带45井次计算，管理区每年可增加效益：

$$[（15.7/1440）×20×12+（17/1440）×45×12]×4.6×4300=17.79（万元）$$

该成果获国家实用新型专利授权（图2）。

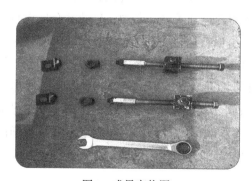

图1 成果实物图

图2 国家专利证书

一种同台油井自压式加药装置

胜利油田分公司　赵署生

一、项目创新背景

在油井生产过程中，井筒中会出现结蜡、乳化现象。由此造成负荷增加，产量下降，管线内油流阻力增加导致回压上升，影响油井正常生产。为了防止或延缓井筒内原油乳化、结蜡等现象的发生，就要定期、定量向油井内加入破乳剂、清防蜡剂等药剂来缓解这一现象，以保障油井的正常生产。传统的放套管气加药的方法都采取开启套管，天然气直接排入大气的方式，随着国家对环保要求越来越严格，严禁套管气外排，此方法已被禁用。目前，无论是单井还是同台油井都是采用加药机或加药车带压加药。但加药机每台2万元以上，价格昂贵，无法实现每口油井都配备，没配备的油井加药无法完成；还需要用电作为动力带动加药泵工作，又增加了用电成本，加药机故障率较高造成管理困难。使用加药车需配备专用加药车和专业司机，既增加了车辆、油料损耗也增加了人工成本，雨雪天气进不去井场无法实现全天候加药，使油井加药周期延长，机械、井筒故障率增加。为解决这一难题，研制了"一种同台油井自压式加药装置"，这样，不但实现了加药时天然气的零排放，达到了节能减排的目的，而且还减少了因使用加药机或加药车所带来的电力、油料、人工成本等投入。

二、结构原理作用

该装置的主要结构由两部分组成（图1）。

（1）连接部分：有进出口连接头、高压软管，将两口采油井套管相连接。

（2）罐体部分：由罐体、进气阀、排液阀、液位计、进口快速接头、出口快速接头、底座、压力表、压力表控制阀、弹簧安全阀、加药控制阀、漏斗、放空阀等组成。

（3）工作原理：假设同台油井共有6口油井，分别为1号、2号、3号、4号、5号、6号油井，同台井中所有油井套连通都进同一集油管线，因此同台油井套压基本相同。需给2号油井进行加药时。首先将1号油井油套连通关闭，提高1号油井套压0.1~0.2MPa。进口快速接头与1号油井套管阀门连接，出口快速接头与2号油井套管阀门连接；将规定数量的药剂通过漏斗倒入罐体进行精确计量，加入水进行稀释；开2号油井套管阀门、排液阀，开1号油井套管阀门、进气阀，1号油井套管气通过进口快速接头、高压软管、进气阀进入罐体内，将罐体内药剂通过排液阀、高压软管、出口快速接头进入2号油井油套环形空间。加药完成，关闭1、2号油井套管阀门，打开放空阀放空，将排污桶内残液倒入指定地点。重复以上操作就可实现同台全部油井的加药（图2）。

三、主要创新技术

（1）杜绝了加药过程中对空排放套管气，防止了对环境的污染和对操作人员的人身伤害。

（2）该装置可以实现密闭加药，无须借助电力、机械等外力，由相邻油井套管气提供能量。

（3）减少了因使用加药机或加药车所带来的电力、油料、人工成本投入。

（4）结构简单，使用方便，可实现全天候多口井连续加药。

（5）确保加药数量准确，杜绝药剂浪费，节约成本。

（6）装置体积小，便于移动。

四、应用效益情况

该装置2020年开始研制。2021年10月25日，在胜利油田滨南采油厂利567井组、利853一号台、利853二号台等3个井组上安装使用。目前，已在滨南采油厂采油管理八区的8个井组安装使用，年创经济效益8万元，累计创效16万元。该成果2022年获国家实用新型专利授权（图3）。

图1　成果实物图

图2　现场应用图

图3　国家专利证书

井口对中检测仪

胜利油田分公司　郝洪峰

一、项目创新背景

在抽油机安装过程中，尽管操作人员也进行反复的测量，但是由于土基础施工精度不够，抽油机水泥基础加工粗糙、抽油机底座磕碰变形以及吊装过程动态测量误差大等因素影响，抽油机安装会存在偏差。因此，采油班站在抽油机就位后必须及时进行抽油机安装质量验收。采油工教科书上验收抽油机对中的方法是吊坠法，由于该方法需要攀爬抽油机驴头并且受风的影响，操作不便，实际工作中应用不多。现场上普遍采用直接观察或直尺测量光杆与盘根盒、光杆与悬绳器间隙的方法，大致判断井口对中，没有精确数据，难以对抽油机对中率调节提供清晰持续的指示。而抽油机对中率不检验，投入生产后因不对中会导致加盘根困难、井口易漏油等问题，这种情况下再停井调整、校机不但增加成本还影响产量。作业过程中游动滑车不对中井口会导致井下工具困难，工具螺纹连接困难，增加能耗，甚至井下工具顶游动滑车造成事故。作业井调节游动滑车对中井口的方法是调节井架绷绳的长短并通过直尺检测。游动滑车靠近井口才能读数，但是游动滑车离开井口10m左右时的偏差值才真实反映所吊起的井下工具与井口偏差。因此，有必要改进抽油机及作业游动滑车对中检测方法。

二、结构原理作用

井口对中检测仪由靶标、光杆卡规、激光器、筒帽、套筒、底座（卡箍头）等部分组成（图1）。分为底座组合和光杆卡规组合两种应用形式。利用激光的集聚性替代线绳与吊坠，利用带同心圆刻度的靶标替代直尺，提示偏差距离及方位。在厂家调节激光与激光器共轴的基础上，对激光器进行检验确认，必要时进行微调确认共轴。在加工光杆卡规、筒帽、套筒、底座等配件时利用螺纹连接保证组装件内腔体共轴。利用筒帽上的调节机构保证激光器与内腔体共轴。利用了强磁环的磁力，保证光杆卡规、靶标吸附于检测体表面。作业过程中检测时先将水平尺放置在井口三通卡箍头或防喷闸门上端面上，确认井口是否垂直，确认合格后将底座组合对齐放置在井口三通卡箍头或放喷闸门上，靶标吸附于游动滑车下部中间，打开激光器开关，游动滑车提升10m，观察激光光斑在靶标板或靶标副板的位置，调节绷绳使靶标副板中心与光斑距离在允许范围内。未完井抽油机就位检测时，先将水平尺放置在井口三通卡箍头或防喷闸门上端面上，确认井口是否垂直，确认合格后将底座组合对齐放置在井口三通卡箍头或防喷闸门上，靶标吸附于悬绳器下端面，打开激光器开关，观察激光光斑在靶标板或靶标副板的位置，调节抽油机使靶标副板中心与光斑距离在允许范围内。生产过程中检测时，先将水平尺放置在井口盘根盒上确认井口是否垂直，确认合格后将靶标（不含靶标副板）吸附于悬绳器下端面，光杆卡规组合吸附于井口盘根盒上，打开激光器开关，沿光杆转动光杆卡规组合观察激光光斑在靶标板的位置，停在最大距离处，调节抽油机使光斑在允许距离范围内。在作业过程中底座组合检验游动滑车与井口是否共轴及偏离方位距离，在抽油机安装后检测悬点与井口是否共轴及偏离方位与距离，在抽油井生产过程中光杆卡规组合检验悬点与井口是否共轴及偏离方位与距离。在调节过程中提供清晰指示，提高调节效率和质量（图2）。

三、主要创新技术

（1）激光同轴多重校准。
（2）两种型号满足井口有光杆和无光杆检测。
（3）持续指示测调共用。

四、技术经济指标

底座组合整体质量：4.2kg；

光杆卡规组合整体质量：1kg；

套筒内螺纹：M28；

高度：220mm；

最大直径：Φ120mm；

靶标测量直径：Φ80mm；

设计寿命：>3年。

五、应用效益情况

井口对中检测仪研制成功后先后在180口抽油井应用，发现井口不对中井15口，报机动进行了调整。5口作业井上得到应用，调节了绷绳。降低工作难度，提高了采油时率，减少井口漏失，降低生产成本。阶段综合效益18.11万元。该成果获山东省设备管理创新成果一等奖（图3），并获国家发明专利授权（图4）。

图1 成果实物图

图2 现场应用图

图3 获奖证书

图4 国家专利证书

一种抽油机负荷卸载器

胜利油田分公司　王民山

一、项目创新背景

目前，在抽油机井采油过程中，有许多工作需要卸载抽油机的负荷，如更换传感器、毛辫子、悬绳器以及进行调防冲距、碰泵等。原来进行抽油机悬点载荷卸载操作的主要工具只有一副方卡子。其使用方法和过程是：按标准操作将抽油机停在接近下死点位置，刹紧刹车，戴绝缘手套拉闸断电；然后在井口盘根盒上卡好方卡子，再松刹车，戴绝缘手套合闸送电；利用惯性启动抽油机，运转到下死点位置停机，刹紧刹车，戴绝缘手套拉闸断电，抽油机悬点载荷的卸载操作完成，可进行下步操作。完成前面的工作后，松刹车，载荷重新转移到抽油机悬点上，卸掉井口的方卡子，锉净光杆上的毛刺，再松刹车，戴绝缘手套合闸送电，启动抽油机，恢复生产。现有的方法和设备，卸一次负荷，需要进行两次停机拉闸断电，两次戴绝缘手套合闸送电，启动抽油机，两次刹死刹车和一次锉净光杆毛刺。这就造成采油工频繁地在光杆上打卡子，不但损伤了光杆，同时增加了采油工的工作量和工作危险性。为了解决以上问题，研制一种采油井抽油机负荷卸载器，有效解决上述存在的问题。

二、结构原理作用

该装置为U形开口设计，主要由液压举升机构、U形上托板、U形下底板、防脱锁块等组成（图1）。

抽油机负荷卸载操作时，只要按停止按钮，将抽油机停在下死点位置，刹死刹车，戴绝缘手套拉闸断电。然后将本卸载器卡在井口盘根盒上，使光杆同时卡入上托板开口和下底板开口中，在上托板的上方卡好方卡子，同时操作两套手动液压泵打压举升。待光杆上行卸掉负荷后在合适的位置停下，即可进行下步的操作。操作完毕后，松刹车，载荷重新转移到抽油机悬点上，取下本卸载器，卸掉方卡子，戴绝缘手套合闸送电，启动抽油机，恢复正常生产（图2）。

三、主要创新技术

（1）一体化设计，使用方便。

（2）实现了一次停机卸载的目的，提高效率60%。

（3）减少了一次启停机，消除了安全隐患。

四、技术经济指标

该装置适用于所有有杆泵采油机械上卸负载用。

五、应用效益情况

该装置已在胜利油田临盘采油厂推广50套。经多年现场试验改进，目前已定型推广，装置最大负载20吨、最大行程120mm。2019年临盘采油厂推广50台，并由四化维修队伍推广到胜利油田多个采油厂。

（1）直接经济效益。

减少停井占产：如本井需要更换传感器、毛辫子、悬绳器以及进行碰泵、调防冲距等各种要卸载的操作，此类工作每项每次减少停井时间按10分钟计算，全厂有2300口井，每天按5%的井计算、效益如下：

$10 \times 2300 \times 5\% \times 365/1440 \times 1500 \times 2=87$（万元/年）（日产2吨、吨油成本1500元，吨油价格3000元，综合成本1500元）。

该装置的使用仅临盘采油厂年创经济效益87万元。

（2）社会效益：减轻了工人劳动强度，提高安全性。

该成果获采油厂为民技术创新成果二等奖，并获国家专利授权，专利号IL201020605093.8（图4）。

图1　成果实物图

图2　现场应用图

图3　获奖证书

图4　国家专利证书

一种用于油气管道焊接的管道封堵装置

中原油田分公司 马 亮

一、项目创新背景

集油、气及水管线在运行时，由于诸多原因需要更换，为在更换时的安全考虑，需置换原集输管线内的介质，待管线内没有压力及易燃易爆物，排空置换后，再动火更换。可在实际运行时，由于以下原因导致无法置换彻底：

（1）两端阀门因闸板槽内有异物，无法彻底切断。

（2）管线距离较远、起伏较多或管径较大，无法有效彻底置换。

在以往的工作中，通常采用硬质胶泥堵塞捣实的方法，虽然可以勉强予以操作，但焊接人员承受较大的风险，且在焊接完工后，胶泥无法取净，对于计量站管理来讲，易出现：

（1）集油管线堵塞，造成回压高，降低了生产压差。

（2）对于计量站内流量计前的滤网，增加了堵塞的可能性。

这些问题不但增加工作量及成本消耗，还降低了需更换管线的在用时率。如何能够在无法有效地置换时，最大可能地实现在低压泄漏的情况下，安全高效地更换管线，缩短停井时间这一问题就摆在了我们面前。

结合已有思路，根据管线内壁是整圆的特性，技能大师经多次试验，决定设计一种用于油气管道焊接的管道封堵装置。

二、结构原理作用

该装置的主要结构由底板、旋紧压板、空心连接螺栓（接箍，与外排管线连接，将油气引至安全位置）及受挤压膨胀物四部分组成（图1）。

底板、旋紧压板为直径须略小于连头管线内径1.5~2mm，厚度8~10mm的圆形钢板，与在线管线为间隙配合密封方式。底板、旋紧压板间充填有受挤压膨胀物填料，底板中心位置焊接有外丝扣的空心连接螺栓，通过旋紧压板上的调节螺母沿着空心连接螺杆的外丝扣将旋紧压板与底板旋合，使受挤压膨胀物与管道内壁充分结合后形成密封，以达到管道封堵的效果。

三、主要创新技术

（1）实现在线管线更换安全操作，提高了工作效率。

（2）提高焊接质量，避免卡箍头、法兰连接的应力隐患。

（3）结构简单，操作安全、迅速、易掌握，不借助辅助工具。

四、技术经济指标

该装置密封性能好，能够快速有效地隔离油、水、气等物质，保证了操作人员的安全，杜绝了环境污染，且结构简单，易于现场操作。

五、应用效益情况

该装置2018年开始研制。2018年6月15日，在中原油田采油一厂采油管理五区209-33井更换集油管线时进行了现场使用。2020年11月22日，中原油田地面抢维中心一大队在文留采油厂进行了应用鉴定并召开现场会，专家组一致认为该技术适用的管径范围可以为Φ60mm至Φ100mm的管道，余压0.3MPa以下，所能封堵的介质可以为可燃气体、原油、水等。该管道封堵装置的适用范围广，使用效率高，有很高的推广应用价值。目前，已在中原油田广泛应用，年创效170万元。该成果2019年获得中原油田职工创新成果安全类一等奖；2020年获得中原油田职工创新成果挖潜增效类二等奖（图2）；2019年获国家实用新型专利授权（图3）。

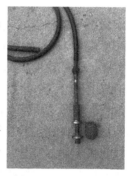

图1　成果实物图

图2　获奖证书

图3　国家专利证书

抽油机连杆角度扩缩器

胜利油田分公司　郝洪峰

一、项目创新背景

胜利油田孤东采油厂目前在用的抽油机大部分为游梁式抽油机，使用年限长，最长的可达20多年，老化严重。由于长年在野外运转，抽油机各连接部位生锈现象严重，特别是在连杆和横船的连接处，由于位置较高，保养不到位，加之受风吹日晒的影响，活动不灵活。特别是在更换曲柄销子时，连杆向内或向外移动都非常吃力，增加了施工难度，大大延长了维修时间。借鉴连杆防脱器原理，开展攻关，研制专用工具，实现连杆向内或向外自由移动，对减轻劳动强度，缩短维修时间，提高采油时率都是非常有意义的。

二、结构原理作用

抽油机连杆角度扩缩器由主架杆、加强筋、主架端头、正反丝杠、内卡瓦、外卡瓦、U形螺栓组成（图1）。利用了正反丝杠螺纹传动原理，实现工具的伸长和缩短；正反丝杠与U形螺栓形成铰连接实现了连杆角度扩缩。工具主体采用三根高强度的合金钢杆制作，圆周上对称分布，有利于结构稳定，防止撑开连杆时轴向弯曲变形；加强筋对成分布在工具中间位置，保证了操作时不变形；内外卡瓦牙形采取上下反向设计，防止工具沿连杆轴向移动；正反丝杠尾部的长圆孔保证工具在撑开连杆时，U形螺栓不会受压变形；内卡瓦背面的弧形槽与正反丝杠的弧形尾端配合，保证两连杆不平行时，工具正常工作。U形螺栓的变径设计，保证内外卡瓦在卡紧连杆的同时，正反丝杠的自由动作。抽油机连杆角度扩缩器在更换曲柄销子时，用于撑开和拉紧连杆，方便于曲柄销子的拆装，也使连杆扣环的安装更加便捷（图2）。

三、主要创新技术

（1）双向卡瓦锁紧连杆。
（2）卡瓦弧形槽变角度支撑。
（3）主体三脚架减轻重量提高强度。
（4）辅助曲柄销拆卸。
（5）辅助曲柄销安装。

四、技术经济指标

在更换曲柄销子时，水平安装在两连杆之间，用于撑开和拉紧连杆，方便曲柄销子的拆装，也使连杆扣环的安装更加便捷，省时省力，降低操作危险性。节约操作时间1小时以上。长度1.5~2.2m，推力5kN，拉力15kN。

五、应用效益情况

尽管目前调冲程的情况比过去少了，但是随着设备的老化，更换曲柄销子的工作会有所增加，每年应用不少于15次，年经济效益15万元。该工具的应用，降低了工人劳动强度和操作时间，消除了连杆扩缩操作危险。该成果获油田技师协会优秀合理化建议二等奖（图3），并获得实用新型专利授权（图4）。

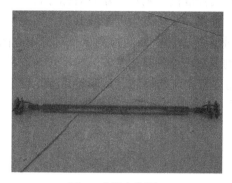

图1　成果实物图

图2　现场应用图

图3　获奖证书

图4　国家专利证书

 # 抽油机皮带安装校准仪

胜利油田分公司　郝洪峰

一、项目创新背景

抽油机皮带安装时，如果主、从动轮两轴不平行或槽不冲齐，就认为不"四点一线"。当皮带与皮带轮夹角大于20°时就会造成皮带过早磨损。经验判断是现场上验证"四点一线"的主要方法，受职工技能水平和工作经验的影响，往往存在一定误差。因此，皮带安装时，校准"四点一线"很有必要。

二、结构原理作用

抽油机皮带安装校准仪可以检测主、从动轮是否"四点一线"，判断电动机安装精度并指示电动机的调整方向与距离。利用了激光的集聚性，检测主、从动轴是否平行，主、从动轮轮槽是否冲齐。通过加工，保证皮带安装校准仪检测爪，左右对称分布。通过加工组装使皮带安装校准仪筒体中心线与联动开关轴线、激光发生器轴线共轴，与对称中心面共面。皮带安装校准仪筒体通过螺纹与检测座连接，调整使两检测爪及对称中心面平行，偏心限位圈锁死，则皮带安装校准仪满足检测要求。检测时皮带安装校准仪与皮带轮形成"工"形接触。激光束与主动轮轴垂直，盘动皮带光斑始终照在从动轮目标轮顶上，则激光束与从动轮轴也垂直，被认为"四点一线"。光斑偏离目标轮顶则被认为"不四点一线"（图1、图2）。

三、主要创新技术

（1）利用激光特性代替线绳，光斑投在从动轮目标轮顶上，即为四点一线。
（2）异形底座满足与不同直径主动轮配合。
（3）联动开关实现校准仪与主动轮配合开启。

四、技术经济指标

抽油机皮带安装校准仪长90mm，宽为65mm，高130mm，重量0.46kg。2m处激光光斑直径小于2mm且小于从动轮轮顶宽度。投入产出比1∶20，使用寿命>5年。

五、应用效益情况

抽油机皮带安装校准仪于2012年10月在现场进行实验应用，目前已在胜利油田孤东采油厂6个注采管理站450余口抽油井上得到推广应用，第二代、第四代各10套，并为其他单位提供了技术服务。抽油机皮带安装校准仪的研制应用使"四点一线"这一重要指标定义更清晰，由经验管理上升到了标准化、规范化管理；降低了工人劳动强度，降低了能耗，节约了材料成本，减少了产量损失。阶段经济效益122万元。该成果获得山东省设备管理创新成果一等奖（图3），获得1项发明专利和1项实用新型专利授权（图4）。

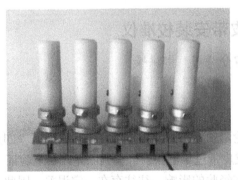 

图1　成果实物图　　　　　　　　　图2　现场应用图

图3　获奖证书　　　　　　　　图4　国家专利证书

　　举升式表芯提取器　　

胜利油田分公司　吴　斌

一、项目创新背景

在油田开发生产中，拆卸高压流量自控仪是一项水井常规工作。传统的拆卸方法是人工拆卸拔表芯疏通等工作，通常采用使用榔头从下面往上敲击或使用撬杠往上撬或用丝杆顶等方法来拆卸，存在拆卸困难、劳动强度大、安全风险高等问题。为了解决上述问题，胜利油田滨南采油厂吴斌工作室创新团队研发了"举升式表芯提取器"。

二、创新点

该工具主要由手压泵、回缩式空心顶、拉杆、固定压盘、圆形固定座、对扣丝帽、垫圈等部分组成（图1）。

创新点是：将人工使用"大锤敲击"或用丝杆顶，变为液压空心顶的上下运动，由原来的"点动力敲卸"改变方式为"液压上提"，增强了抗拉强度，提高了取出表芯的完好度，使高压自控仪表芯更加容易从表座中取出。有效降低了职工劳动强度，提高了工作效率，避免了因传统大锤敲击导致表芯变形取不出来或损坏表芯等问题，提高了注水时率（图2）。

三、推广应用效果

该工具经过2次改进定型，已在胜利油田150多口水井上推广应用。创经济效益21.4万元，取得了良好的效果。

（1）该成果于2022年获得山东省设备管理创新成果奖。

（2）该成果获国家实用新型专利授权。

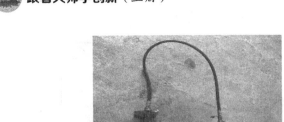

图1　成果实物图　　　　　　　图2　现场应用图

图3　获奖证书　　　　　　　　图4　国家专利证书

油井套管油回收装置

胜利油田分公司　吴凯胜

一、项目创新背景

胜利油田桩西采油厂管辖区域有部分油井液面在井口，例如桩3-3、桩3-X52、桩202-16、桩205-P11、桩205-P8等油井定期要进行套放工作，给技能大师的管理工作增加了难度，造成额外的工作量和运营车辆成本的增加。

二、结构原理作用

鉴于以上背景，设计加工一台增压啮合泵在胜利油田桩西采油厂桩3-X52安装实验，把液面在井口的套管油完全打进流程里去，实现"清洁""高效"生产。有部分油井套管里油气混合，气量较大，并且油井流程回压高，甚至达到1.5MPa以上。通过查阅资料和分析，认为用啮合齿轮泵是较为合适的，此泵既能打油打气，自吸能力强，排量适中并且增压效果较为适合技能大师油井流程压力偏高的情况。利用时控开关配合交流接触器和热继电器来达到对泵的控制。对啮合增压泵进行设计优化，按照套管原油的油量来设定启停时间，并在此基础上又设计安装了一套温度传感器，防止泵抽空空转温度升高而烧泵头，造成不必要的电能浪费和损耗，同时减少人员现场监控，自动运行（图1、图2）。

三、主要创新技术

胜利油田桩西采油厂以桩3-X52为例，通过油井套管安装的三通接头的压力表显示和取样阀门的通径，不断摸索出油井套管油一次能打进流程多少吨油，几天液面能够上到井口。然后再手动调节时控开关的启停时间段，更好的控制增压泵运行。通过4次现场试验，每天自动启泵160分钟左右，达到套管油完全被抽取的效果。从套管打进流程的原油也会提高油井的产量。

四、技术经济指标

（1）避免操作人员的安全隐患，提高工作效率。

（2）通过此装置能够有效地输出套管油进流程，增加了油井的产量。

（3）减少油井套管油定期进行套放的运营车辆使用。

五、应用效益情况

目前在套管油较多的桩3-X52、桩205-P11和桩202-XN40三口油井安装的这个增压啮合泵，运行正常并取得了预期的效果。该成果于2020年获得胜利油田群众性优秀技术创新成果三等奖（图3）和桩西采油厂职工优秀技术创新成果二等奖。

图1　成果实物图

图2　现场应用图

图3　获奖证书

不停井管线对接装置

河南油田分公司　翟晓东

一、项目创新背景

新投产的单井管线与干线碰头对接时需要关停干线，放空后才能施工，使正常生产油井被迫停抽，造成油井生产时率下降，影响油井产量。管线碰头施工从停井放空到管线连接、油井开抽共需要5小时左右。如不关停干线流程，则需要在每口单井井口连接罐车生产，造成生产成本增加。若能做到不停井碰头对接就可以避免停井带来的减产损失，还可以极大减轻职工劳动强度。

二、结构原理作用

该装置由带密封的法兰、轴、活动横梁、推力轴承、弹簧、丝杠、定位轴套和手轮、调节螺母、手轮和固定螺栓、钻头等十部分组成（图1）。使用时将该装置组装好，在要碰头对接位置的管线外壁上焊接一个与管线直径相匹配的法兰连接阀门，阀门开到底。将该装置通过法兰连接到该阀门上，上紧法兰螺栓，使钻头部位接触管线外壁。调整定位轴套、弹簧、拉紧丝杆和活动压板的位置，力度松紧合适，上紧调节螺母，转动手轮，直至钻开管线外壁。取下时卸掉拉杆上调节螺母，卸松定位轴套，上提活动轴，当限位挡板到达法兰盘，轴不能上提时，关闭阀门。拆除法兰螺栓，取出该装置。将新井管线通过法兰连接到该阀门法兰上即可实现不停产管线碰头对接（图2）。

三、主要创新技术

（1）不停止管道的输送作业。
（2）全密封、无渗漏、无污染。
（3）操作简单，使用方便。

四、技术经济指标

适合直径DN65mm以下管线的开孔作业。

五、应用效益情况

采用不停井管线对接装置对管线进行对接，年实施推广80井次，减少停井635井次，减少停井时间3175小时，年创经济效益79.4万元。该成果获勘探局有限公司工会委员会技术创新项目二等奖（图3）。

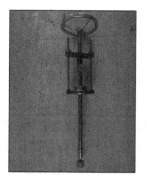

图1　成果实物图

图2　现场应用图

图3　获奖证书

 稠油井电加热电缆保护装置

胜利油田分公司　康超勇

一、项目创新背景

胜利油田现河采油厂乐安管理区草古20区块、草古1区块、草古101区块，均为稠油区块，采取稠油热采工艺，为了保证油井正常生产，采用电加热辅助生产，使用该生产方式必须采用空心杆电加热配套工艺。即将电加热电缆通过空心光杆、空心抽油杆，下至井内。通过地面控制装置调节运行电流，从而控制加热温度，降低原油黏度，保证油井正常生产。使用电加热辅助生产工艺就必须将电加热电缆通过空心光杆引入，通过空心抽油杆使加热电缆到达空心杆柱末端。目前情况是电加热电缆通过光杆末端的进入点为电加热电缆防护薄弱点，经常由于光杆下行慢出现电缆被毛辫绳悬挂器砸坏、砸断，以及在长期生产运行中发生折断、磨损等现象导致电加热电缆损坏，不能正常加热，影响油井正常生产，损坏抽油设备。为解决这一难题，研制了"稠油井电加热电缆保护装置"，该装置能够对光杆末端的电加热电缆提供可靠的保护，避免了因油稠光杆缓下造成电加热电缆的损坏，从而保证油井正常生产，提高了开井时率，增加了原油产量。

二、结构原理作用

该保护装置是有上、下工作面、固定端部分、电缆顶紧端部分，三部分组成（图1）。采用钢管焊接切割而成。固定部分将保护装置紧固在光杆末端。电缆顶紧部分可以使电加热电缆的火线、零线可靠的顶紧固定。上、下工作面通过6条紧固螺栓紧固成一个整体，从而将其中的电加热电缆很好的封闭保护起来（图2）。

三、主要创新技术

（1）采用封闭保护原理，使用上、下两片结合封闭起来对电加热电缆进行保护。

（2）采用弯曲设计，弯曲角度100°~120°，能够使电缆顺利地引入空心光杆内，防止电缆在上下运行时的折断。同时具有防止雨水进入空心杆内作用。

（3）固定端开槽，使电加热电缆零线顺利引入保护装置内，对零线起到保护作用。

（4）保护装置顶端具有顶紧装置，能够顶紧电加热电缆的火线、零线。在光杆上下往复运动时电缆固定牢固，不产生摩擦和折、弯现象，避免了磨损和疲劳损伤。

（5）装置易于拆卸可重复利用。

使用时，将电加热电缆的火线通过保护装置引入光杆，零线引入后从固定端开槽的部位与光杆上的接线端连接。固定各部位螺栓，使电加热保护装置形成一个整体，从而达到保护电加热电缆的目的（火线、零线全部在保护装置内受到很好的保护）。该装置还可以有效的消除电加热电缆电流对载荷传感器传输信号的影响。避免功率干扰失真现象出现。

四、应用效益情况

该装置2012年开始研制。2012年12月，在胜利油田现河采油厂草20-平89井等5口井上安装使用，使用效果良好。2013年5月起陆续在乐安管理区80口稠油井上推广使用取得了良好的效果。年创经济效益10万元，累计创效100多万元。该成果2012年获得胜利油田技师协会优秀合理化建议三等奖（图3）；2020年8月获国家实用新型专利授权（图4）。

图1　成果实物图

图2　现场应用图

图3　获奖证书

图4　国家专利证书

防盗取样阀及丝堵

胜利油田分公司 张春来 丛 峰

一、项目创新背景

近年来一些不法分子为了一己之利，对采油队的生产设施进行了肆无忌惮的破坏，锯割井口管线流程、打开套管闸门、井口取样闸门放油盗气等现象日益频繁，不仅造成大面积污染，而且给采油队增加了整改处理的工作量，破坏了采油队正常生产秩序。从年度生产情况看，平均每年井口被破坏60井次，直接经济损失22万元，虽然技能大师相应采取了加密巡检次数，及时发现处理问题的方法来减少损失，但由于采油队所管油井点多面广，还是不能达到主动控制和源头预防的要求。因此为了预防和控制破坏行为的发生，顺利完成采油队综合治理指标，降低油气损失和成本投入，围绕研制防盗取样阀及丝堵进行攻关，以减少井口被盗和污染事件，提高油井生产时率。

二、结构原理作用

该装置主要由防盗取样阀及防盗丝堵两大部分组成（图1、图2）。
（1）防盗取样阀：包括阀体、阀芯、密封胶圈、密封垫圈、专用扳手等。
（2）防盗丝堵：包括丝堵本体、排气孔、封孔螺杆、专用扳手等。

工作原理：油井正常生产时，使用专用工具关闭异径通道可保证油井生产需要。当油井取样或测试时使用专用工具开启，同时满足井口闸门生产和测试需求，又有很好的防盗效果，避免了井口被盗事件的发生。

三、主要创新技术

防盗取样阀门创新技术如下。
（1）开启装置由外置手轮改为内置结构，杜绝了手轮的任意开关。
（2）取样闸门材质为45＃钢，整体设计，内部结构简单，不易损坏。
（3）取样口设计在侧面，取样时可以实现井液流向向下，避免井液喷溅。
（4）须用专用工具进行取样，具有一定的防盗性能。
（5）连接方式仍为丝扣连接，不需另外改造取样流程。
（6）外壁未设受力面，安装时使用管钳，避免了被扳手类工具轻易卸下。
防盗丝堵创新技术如下。
（1）开启装置由外置方棱改为内置结构，杜绝了丝堵被轻易卸下。
（2）防盗油气丝堵材质为45＃钢，整体设计，不易损坏。
（3）须用专用工具进行装卸，具有一定的防盗性能。
（4）连接方式为丝扣（管螺纹）连接，不需改变与卡箍的连接方式。
（5）异径通道保证油井生产时排气的需要，在安装时如仍有盗气现象，可用螺杆将通道堵死生产一段时间后根据情况决定是否打开，选择性较强。

（6）液面在井口的井，安装时可直接用螺杆将异径通道堵死，使其作为死堵使用。

（7）作为死堵使用时，还可安装在井口采油树油嘴套处，防止不法分子从油嘴套处盗油。

四、技术经济指标

（1）防盗阀内径16mm，异形外径30mm，阀芯直径16mm，出液孔直径10mm、方棱形专用开启扳手，额定工作压力2.0MPa。

（2）防盗丝堵直径62mm，异径通孔14mm，封堵螺杆直径14mm，方棱形专用开启扳手，额定工作压力5.0MPa。

五、应用效益情况

从现场使用情况来看，在安装了新型防盗取样闸阀门及生产防盗丝堵后，井口破坏的现象得到了有效的遏制，减轻了人防劳动强度，提高了油井时率。该装置操作简单、应用方便、安装停井时间短、防盗性能好、安全系数高等特点。该成果已获中石化和胜利油田优秀QC成果三等奖、一等奖（图3），并获国家实用新型专利授权（图4）。目前已推广应用200多套，年创经济效益60多万元。

图1　成果实物图

图2　现场应用图

图3　获奖证书

图4　国家专利证书

药剂罐自动加药上水装置

胜利油田分公司　孙文海

一、项目创新背景

目前集中拉油点在拉油前会对存储的原油进行油水分离，具体措施是向原油中加药剂从而达到油水分离的目的。现场通过药剂泵将配好的药剂混合液加入储油罐中，药剂混合液在药剂罐中需要药剂和水按比例配比组成混合液。职工用药剂提子将母液抽入桶中，再提着盛满药剂的桶登上一米多高的平台，把药剂母液倒入药剂罐中加水进行配比。药剂具有毒性和腐蚀性，抽药剂母液时操作人员需要穿戴很厚的防护服，操作起来非常不方便，提着药剂桶爬操作台存在不安全因素。加入药剂量无法计量造成药剂的浪费。

二、结构原理作用

该装置的主要结构由三部分组成（图1、图2）。

（1）时间定时器：通过容积法及药剂泵的排量换算出每分钟母液药剂泵的排量，用时间定时器来控制母液加药泵的开启时间，实现精准加药，避免了药剂的浪费。

（2）非接触液位传感器：非接触液位传感器感应药剂罐中药剂的液位高度，通过设定液位上下限，准确判断药剂泵的启停。

（3）电磁阀：接收传感器的信号，通过控制器来控制电磁阀的开关。

三、主要创新技术

（1）通过计算掌握了额定时间泵运行时通过的药剂量。

（2）实现了泵的自动加药及自动加水。

（3）实现了精准加药加水。

四、技术经济指标

（1）母液罐磁翻转两格容积为20kg药剂的量。

（2）混合液罐高位100cm停泵电磁阀关闭，低位20cm母液罐加药泵及电磁阀自动开启。

（3）符合药剂泵使用规范。

五、应用效益情况

该装置2019年开始研制。2020年5月，在胜利油田河口采油厂管理六区注采602站罗12号站的药剂泵上安装应用。应用该成果避免了人工加药，彻底解放人力，实现与自动化接轨。实现定时定量精准加药，混合液脱水效果好，避免了药剂的浪费，节约了药剂成本。河口采油厂药剂泵的使用率比较高，该装置的应用大大解放劳动力，具有广泛的推广应用前景。该成果获得2020年度河口采油厂优秀技能人才技术创新成果采油专业一等奖（图3）。

图1　成果实物图

图2　现场应用图

图3　获奖证书

盗油卡子整改器

胜利油田分公司　陈庆卫

一、项目创新背景

油田油气输送管道随着使用时间的延长，会产生自然穿孔或破裂，同时被盗油分子打孔盗油也是油田生产中常遇到的问题。使国家财产受到损失，环境遭到污染。针对这类问题，油田各单位常采用打卡子、放空补焊、打护管等手段。这些施工要么耗时费力、要么停井停产影响产量，而且打卡子容易被不法分子卸松盗油，还不抗压。打护管后，冬季处理管线存在较大的安全隐患。

二、结构原理作用

（1）结构原理。

针对盗油卡子漏点比较规则的问题，首先通过盗油卡子整改器与盗油闸门连接，然后将木杆通过整改器和盗油闸门对漏点进行堵漏。通过放空闸门进行验证，堵漏成功后，然后进行补焊，进行堵漏。堵孔附件与顶杆是分体设计，减小了堵孔附件尺寸，减少材料浪费。

（2）具体实施方式。

①未采用堵漏器时的操作方式。以往常用处理盗油卡子的方法，在操作中存在这样或那样的问题。首先冒喷堵眼是最为常用的手段。这种操作需要2~3个人默契配合，冒喷操作，原油外泄造成污染，不符合清洁生产要求，而且施工时有安全隐患。

②应用盗油卡子整改器后操作方式。盗油卡子堵漏器可根据盗油闸门的尺寸，选择合适的变径接头和木杆，先将木杆放在本体中顶杆的下方，将变径接头与盗油卡子上的球阀连接；然后锤击顶杆，将木杆从卡子中砸入盗油孔。封堵盗油孔后，通过放空闸门放空验证，验证堵漏成功后，将整改器和盗油卡子卸掉，最后使用电焊将堵漏附件焊接在管线的盗油孔上。

（3）创新点。盗油卡子堵漏器采用分体式设计，根据盗油闸门的尺寸，更换接头进行堵漏。同时，安装操作方便、堵漏程序简单快速，可不停井不停输进行作业，操作安全可靠。

三、现场应用情况

本整改器与现有技术相比较具有以下优点。

（1）安装操作方便、堵漏程序简单快速，可不停井停产作业。

（2）适用范围广，可根据盗油闸门尺寸，更换接头进行堵漏。

（3）结构简单，加工方便，操作安全可靠。

四、经济及社会效益预测

该装置成品后，先后在胜利油田现河采油厂郝西站外输、史127–1站外输、史127–16站外输及部分单井进行了28次针对盗油卡子堵眼操作。没有因处理盗油卡子停井，没有造成原油外喷污染。减少了原油产量的损失和环境污染的面积。

经济效益方面：此装置使用后，单井处理时间由原来的2~3小时，减少到15~25分钟，外输处理时间由原来的6~8小时，也减少到15~25分钟。由于破坏次数、穿孔次数和污染面积的大小不定，故减少的原油损失不可估量。该成果获山东省设备管理创新成果奖（图3），并获国家实用新型专利授权（图4）。

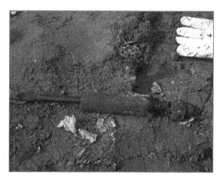

图1　成果实物图

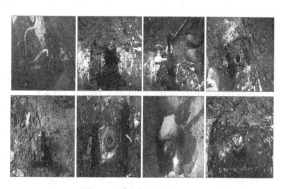

图2　现场应用图

图3　获奖证书　　　　　　　　　　　图4　国家专利证书

车载带压加药装置

胜利油田分公司　孙建勇

一、项目创新背景

目前，油井在采油生产过程中，由于油稠、含蜡、腐蚀等因素的影响，会导致油井不能正常生产，所以就要向井筒内加入不同类型的药剂。目前，现场应用的加药装置各式各样的都有，都是固定安装在井口，因加药泵成本太高，不能大面积推广。现在还有大部分油井采用人工加药的方式，尽管油井都安装有油套连通装置，但套气只能放到油井的回压值，造成油井在加药过程中需要放掉套管气加药，这样既会造成套管气排入大气污染环境，又对操作人员健康造成威胁，同时还存在严重的安全隐患，而且加药量也控制困难。现研制的这种车载带压加药装置，既节约了使用固定加药装置的成本支出，又解决了人工加药套气外排的问题，实现了灵活机动的移动式带压加药。

二、结构原理作用

车载带压加药装置主要包括控制系统、加药泵、药箱、高压软管、快速接头等部件组成，由成品部件组装加工而成（图1、图2）。

通过控制系统，该装置利用加药泵将药箱中的药剂加入加药点，在带压加药的同时可以对各项参数严格把控，工人可对各项数据有着实时全面翔实了解，极大地方便了油田工人对其生产的管理和控制，不仅提高了生产效率，降低了工人的劳动强度同时还节约能源，具有简练、节约、节能、科学、高效、人性化的优点。

三、主要创新技术

（1）使用电动加药泵的同时摆脱了对外部接电的限制。

（2）成品撬块组合，装置质量符合专业化安全测试。

（3）一机多用，节约成本。

（4）装置体积小便于移动。

四、技术经济指标

（1）加药装置的加药量及加药压力，可根据油井需要，选取合适的计量泵。流量从0.5L/h到20L/h，压力从0.1MPa到6MPa。

（2）计量泵的计量精度可高达±1%。

五、应用效益情况

该装置2021年开始研制，采用的是购买部件进行加工组装的技术路线，车载带压加药装置自2021年9月在胜利油田滨南采油厂投入使用以来，先后在滨南采油厂BNB8C8等26处加药点使用。该成果通过替代电动加药机，一机多用，节约加药机成本，耗电量低，年创经济效益72万元。同时该成果不依赖外部接电，使用过程中更加灵活，使用方便，易于推广。2004年获国家实用新型专利授权，2022年获得山东省设备管理创新成果二等奖（图3）。

图1 成果实物图

图2 现场应用图

图3 获奖证书

轨道式法兰盘错位对中装置

胜利油田分公司　贾鲁斌

一、项目创新背景

目前，现场管道工程大多都是采用法兰连接方式，在法兰连接、拆装的过程中，由于安装焊接应力的不同、钢材材质自身微变、重量、外部环境温度、压力以及地基沉降等多种原因，易造成两个法兰盘错位错孔。传统复位方法是采用撬杠、倒链甚至用气焊进行切割、焊接等。但这些方法操作时存在容易伤人、安全系数低，复位不准确，校对困难等问题，效果不理想，因此，研制了轨道式法兰盘错位对中装置。

该装置主要应用于管道施工的法兰盘连接方面，在油气储运、给排水工程等涉及管道连接、现场管道施工的领域应用范围广，结构合理，原理可靠，降低了操作人员劳动强度，提高了工作效率。

二、结构原理作用

该装置主要由半圆形轨道、调节式固定销、定位螺丝、顶丝支架、顶丝、顶丝座、锁紧螺丝七部分组成（图1）。

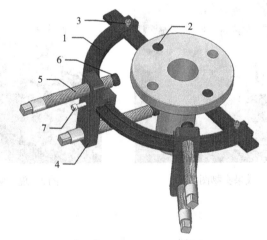

图1　结构示意图

1—半圆形轨道；2—调节式固定销；3—定位螺丝；4—顶丝支架；5—顶丝；6—顶丝座；7—锁紧螺丝

该装置通过固定销安装在法兰盘两个螺栓孔之间，呈180°角分布（图2）。顶丝座可以沿着圆形轨道滑动。操作方式如下（图3）。

（1）根据两法兰错位位置把该装置通过调节固定销安装在两螺栓孔之间，可选择安装在上法兰盘或下法兰盘。

（2）把顶丝滑动到最大错边量曲线法线的位置，上紧锁紧螺丝，防止顶丝座移位。

（3）用棘轮扳手上紧下边顶丝，起到支撑扶正作用。

（4）紧固上边顶丝，调整法兰盘错边量，同时借助另一组顶丝可实现两个方向的调整，使两法兰对中，螺栓孔对正，穿入两条连接螺栓定位。

（5）最后卸松各个顶丝及锁紧螺丝，下移取下装置。装入法兰垫片和另两条连接螺栓，实现两法兰盘的密封连接。

三、主要创新技术

（1）该装置采取半圆形轨道设计，设计新颖，可实现法兰盘360°无死角错位调偏，校正准确到位。

（2）调节固定销可以调节尺寸，通用性更强，能够实现采油现场各种规格型号管道的法兰纠偏，解决了适用类型少、限制多的难题。

（3）顶丝丝杆防滑设计，顶丝座采用网纹设计，防止跑偏，力矩更大，固定性更强。

（4）顶丝座采取嵌套方式进入顶丝丝杆中，当顶丝座与法兰盘相接触时，再转动顶丝，顶丝座只会向前压紧法兰盘而不会跟随顶丝转动。

四、技术经济指标

（1）半圆形轨道采用45#钢加工而成，半径220mm，能够适应大部分法兰盘直径。

（2）顶丝支架由2个M18螺纹组成，与轨道中心距分别为40mm和60mm，以适应不同的法兰盘厚度。

（3）调节固定销设置有三组不同的直径，分别为$\Phi18mm$、$\Phi20mm$、$\Phi22mm$，配套安装在M14螺纹孔内，以配合相应法兰盘安装孔大小。

五、应用效益情况

该装置2020年研制。2020年5月，在胜利油田现河采油厂试验应用。装置灵活好用、设计新颖、操作方便、校对准确，得到了现场广大干部与施工人员的好评。10月份经过专家组评审，一致认为该装置应用效果良好，有很好的推广应用前景。2020年在胜利油田鲁明公司推广应用了8套，累计创造经济效益50多万元。2020年获现河采油厂基层技术创新成果二等奖；2022年获山东省设备管理创新成果二等奖。

图2　成果实物图

图3　现场应用图

二级减速器轴与轴承拆装工具

胜利油田分公司　张前保

一、项目创新背景

二级减速器安装在电动机与皮带之间，用于调整油井生产参数。胜利油田临盘采油厂80%以上的抽油机都安装了二级减速器。由于二级减速器长期野外运行，受设备、工作环境影响，轴与轴承持续运转出现磨损，导致设备无法正常工作，更换二级减速器的轴与轴承已成为采油工日常工作之一。采油厂每年更换轴150多个，轴承400多个，增加了职工劳动强度，影响油井生产时率。研制一种能够快速拆卸、安装轴与轴承的装置，降低劳动强度，不损坏轴与轴承，减少成本损失，是非常有必要的。

二、结构原理作用

该装置由五大部分组成。电动液压千斤顶、可调节支架、扶正接头和轴承顶推套、固定底座及卡盘（图1、图2）。

（1）电动液压千斤顶。

采用电动液压千斤顶作为顶推工具，有效降低了操作人员劳动强度，并显著提高了维修工作效率。

（2）可调节支架。

本装置中设有固定支架和活动支架，活动支架能够做向上大于90°的翻转，为在工作台上操作让出操作空间，两边的固定拉杆和活动拉杆的宽度能满足不同型号的二级减速器拆卸和安装，具有通用性。

（3）扶正接头和轴承顶推套。

在不同部件的拆装过程中，使用轴承扶正接头和轴承顶推套，确保轴和轴承移动时处于水平方向，使轴承从输出轴上顺利脱出和装入。

（4）360°可移动转盘。

二级减速器在工作台上转向方便，本装置设有减速器移动座和转盘，在操作过程中，安装在转盘上面的二级减速器，不用通过搬动来调整拆卸和安装方向，使用方便，进一步降低劳动强度。

（5）固定底座及卡盘。

本装置具有拆卸和安装两个功能。拆卸时，通过固定底座将二级减速器输出轴和轴承同时从减速器中顶出拆下，通过卡盘能将轴承从输出轴上拆下。安装时，既能单独将轴承装入减速器中，也能将另一个轴承和输出轴同时安装到减速器中。

三、主要创新技术

（1）将大锤砸击改为千斤顶液压顶推拆卸和安装轴与轴承。

（2）省时、省力，降低劳动强度，提高工作效率。

（3）避免设备损坏，节约生产成本。

四、技术经济指标

（1）拆卸和安装成功率为100%。

（2）维修更换轴与轴承由2人操作，减少到1人操作。

（3）安全性达到100%。

五、应用效益情况

该装置2022年开始研制。2022年6月8日，胜利油田临盘采油厂生产技术管理部相关专家到现场检查使用效果，专家组一致认为该工具达到拆卸和安装二级减速器轴与轴承的目的，有很高推广应用价值。2022年确定为临盘采油厂专利技术实施推广项目。目前，已在临盘采油厂现场推广应用80多次，年创经济效益19万元，累计创效20多万元。该成果正在申报国家实用新型专利授权。

图1　成果实物图　　　　　　　　　　　图2　现场应用图

游梁式抽油机调平衡块组合工具

胜利油田分公司　　郝洪峰

一、项目创新背景

现场上曲柄平衡调整工作，通常需要采油工站在抽油机曲柄或减速箱上进行相关操作，属于登高作业，采油作业时会普遍感到恐惧。通过调查分析发现曲柄平衡调整过程中存在五个困难环节，一是卸松平衡块固定螺栓时的击打平衡块扳手阶段；二是拆卸平衡块固定锁块阶段；三是移动平衡块阶段；四是紧固平衡块固定螺栓时的击打平衡块扳手阶段；五是紧固平衡块固定锁块阶段。这五个环节需要采油工发力操作工具，其中紧卸平衡块固定螺栓需要用大锤击打平衡块扳手，存在击打腿部、跌落磕碰等人身伤害风险；装卸平衡块固定锁块需要两把扳手配合完成，存在磕碰、挤压等人身伤害风险；移动平衡块存在磕碰、挤压等人身伤害或设备跌落风险。如曲柄平衡调整过程中配备操作台或机动吊篮会明显改善采油工的工作条件，但是会明显增加生产成本。平衡块扳手紧卸工具的敲击棒、限位器、举升器都存在缺陷，需要进一步改进才能推广应用。平衡块移动工具改进明显节省了采油工体力，降低了移动平衡块难度，但是不解决拆卸平衡块固定锁块的难题，就不能避免部分采油工的习惯性违章操作，因此需要解决这些问题。

二、结构原理作用

游梁式抽油机调平衡块组合工具由棒式敲击工具、防坠扳手、组合锁块、多功能扳手组成。

棒式敲击工具的工作原理：操作者站在抽油机旁挥动棒式敲击工具击打防坠扳手，敲击管与防坠扳手手柄垂直接触，实现了冲击动能可靠传递，扳手以平衡块固定螺栓为圆心转动。

防坠扳手工作原理：紧卸固定螺母时将防坠扳手平面与平衡块接触使用；紧卸锁紧螺母时反转扳手，支撑筒与弧形垫块的存在保证了扳手与螺母端面始终处于平行状态，确保紧卸锁紧螺母时没有分力；防坠扳手使用过程中弹力绳始终绕过平衡块分别挂在防坠扳手的牵引环和手柄尾端通孔。保证极端情况下，防坠扳手脱出螺母也不会坠落，确保地面操作者的安全。弹力绳安装时应避免出现在迎击面上。

组合锁块工作原理：在固定平衡块时阶梯轴穿过齿轮与平衡块锁块孔，先将锁片与阶梯轴粗端通过固定螺栓紧密连接在一起，然后另一侧通过螺母与阶梯轴上的螺纹配合实现组合锁块与平衡块连接，锁片齿与曲柄齿条配合，实现平衡块止动功能。阶梯轴粗端与齿轮阶梯六方孔底存在间隙，野外环境下此间隙可以避免阶梯轴、齿轮与平衡块生锈卡在一起，以减小移动平衡块时阶梯轴、齿轮与平衡块间的摩擦阻力；在移动平衡块时曲柄停在接近水平位置，只拆掉锁片与锁片固定螺栓，卸松平衡块固定螺栓，用多功能扳手转动阶梯轴细端，阶梯轴粗端的六棱台与齿轮阶梯六方孔配合，就可以带动齿轮在曲柄齿条上转动，进而带动平衡块移动。

多功能扳手工作原理：组合锁块的锁片与阶梯轴粗端通过固定螺栓连接或拆下时，手握多功能扳手手柄1/3位置，用多功能扳手矩形扳口转动固定螺栓即可；螺母与阶梯轴上的螺纹配合紧卸时，手握多功能扳手手柄1/2位置，用多功能扳手六角形扳口转动螺母即可；移动平衡块时，手握多功能扳手手柄尾部，用多功能扳手矩形扳口转动阶梯轴四棱部分，多功能扳手逆时针转动90°，后撤手柄阶梯轴四棱部分进入六角形扳口，顺时针转动90°，前推手柄阶梯轴四棱部分进入矩形扳口，如此循环直至将平衡块调整到位。紧卸卡箍螺栓、抽油机压杠螺栓时，手握多功能扳手手柄尾部，用多功能扳手六角形扳口转动螺母即可。

三、主要创新技术

（1）棒式敲击工具。PA610型由棒头固定螺帽、棒头垫片、敲击管、橡胶筒、上端棒体、下端棒体、棒体连接套等组成。碳纤维型棒式敲击工具去除了敲击管内的橡胶筒，敲击筒与棒体过渡配合。在地面敲击平衡块扳手。

（2）防坠平衡块扳手。由扳手主体、扶正筒、弧形垫块组成，正反两用，紧卸平衡块固定螺母和锁紧螺母。

（3）组合锁块。由锁片、锁片固定螺栓、齿轮、阶梯轴、固定螺母、补偿筒、垫片等组成。实现平衡块锁止与移动。

（4）多功能扳手。由手柄、扳头、六棱扳口、矩形扳口等组成，与组合锁块的固定螺栓、阶梯轴、固定螺母配合使用，还可用于卡箍、压杠、顶丝等其他M24螺栓。

四、技术经济指标

适用条件：平衡块锁块孔径≥Φ28mm，平衡块固定螺母高度<3.5cm，平衡块质量<1.5t。

工具尺寸：敲击棒长度2.4/3.0m，多功能扳手长度1.2m，防坠扳手长度0.4m，组合锁块长度0.26m。

适用机型：≤12型游梁式抽油机。

验收优良率：100%。

劳动生产率提高：50%。

工具使用寿命：>3年。

阶段投入产出比：1：4.6，年度投入产出比：1：10。

五、应用效益情况

已推广应用258只组合锁块，110把多功能扳手，50把防坠扳手，25套棒式敲击工具，调平衡788井次，多功能扳手频繁用于紧固抽油机压杠、卡箍螺栓。阶段创经济效益246万元。取得3项实用新型专利授权，获山东省设备管理创新成果二等奖。

高架球头摄像机外罩遥控擦洗装置

胜利油田分公司 侯卫山

一、项目创新背景

目前，在油田生产中随着信息化技术的应用，高架自动高清摄像头在油井生产中大量使用，摄像头为现场监控管理提供了方便，但是长期室外使用，摄像头镜面会受灰尘污染，尤其是桩西采油厂油区紧邻海边，镜面长期受含盐度较高的海风蒸汽等影响，会形成一层小盐颗粒，造成视频监控模糊不清。因设备距地面距离较高（8~9m）给清洗工作带来了不便，以往采用登高车、吊车等方式清洗，存在一定的安全隐患及成本浪费。根据以上问题技能大师决定研制一种监控摄像头镜面清洗装置，该装置必须具有可擦拭摄像头外罩镜面尘土以及顽固的泥土小盐颗粒等的能力，并且可克服摄像头位置高等问题。

二、结构原理作用

该装置主要由举升杆、主体部分和辅助配件三大部分组成，主体部分由低速高扭矩12V电机驱动的旋转海绵刷，直流两路遥控开关、12V充电锂电池、喷水系统（微型水泵、微型水箱）等组成。杆体部分为8.0m的碳纤维伸缩杆。辅助配件由遥控器、充电器、注射器、辅助定位架等组成（图1）。

使用时首先用注射器给水箱注入清洗液30mL，再打开电源开关。主体部分下端连接丝扣头与杆体部分的杆头旋转丝扣连接。组装完成后将伸缩杆一节一节伸出并锁死，防止杆节下滑收回，直到主体部分接近摄像头，双手托杆举起，利用辅助稳定瞄准部分的定位架卡住镜面两侧的凹槽，防止风大杆头摆动无法瞄准镜头（图2）。

三、主要创新技术

（1）重量轻，携带、使用方便。

（2）喷水系统对顽固污物清洗效果明显。

（3）现场试验5~6级风正常使用不影响操作，工作稳定。

（4）工作状态遥控控制，操作方便。

（5）避免使用吊车等作业设备，降低成本，减少安全风险。

四、经济效益

传统的清理摄像头镜面操作，以使用采油举升车为例每次需要费用300元计算。到目前应用600余次，则节约费用18万元。

该装置结构简单，制作费用为500元，可以重复应用。综合经济效益为18−0.05=17.95万元。

五、应用效益情况

（1）经查询，目前没有此类摄像头镜面清理专用工具，填补了油田此项技术空白。

图1　成果实物图

（2）该装置的设计完全代替了传统的摄像头镜面清理的方式，改登高操作为地面操作，实现了安全本质化。

（3）视频监控在社会上应用越来越多，胜利油田桩西采油厂视频监控摄像头安装应用1000余台，胜利油田应用20000余台，该装置具有广泛的推广应用价值。

该成果获国家实用新型专利授权（图3）。

图2　现场应用图

图3　国家专利证书

抽油机驴头侧转装置

中原油田分公司　杨　斌

一、项目创新背景

抽油机井在作业施工前需要进行摆驴头。但由于各种原因造成在侧转驴头时非常费力，需要比较多的人力才能将驴头侧转过来。目前，由于各单位人员较少，组织人手侧转驴头困难，在侧转不过来时往往需要安装队进行吊装，既影响了作业进度，又产生了额外的费用。

二、结构原理作用

抽油机插销式驴头转动装置主要是结合驴头销子的结构，利用了顶丝的原理，设计了一个符合驴头外部结构的特殊框架，使驴头销子孔板上片正好插入一个上粗下细、下部直径与驴头销子尺寸一致、下部长度与孔板上片厚度一致的呈台阶状的定位销，侧面与支架相连。在支架另一端连接一个水平位置的顶丝，顶丝位于孔板下片的侧面，在转动顶丝时顶住销子孔板下片，而销子孔板的上片在定位销的固定下相对支架静止，因此孔板上下两片受到两个相反的力，最终在顶丝的顶力下将驴头顶开，之后由于侧转驴头的阻力大大减小，可以用较少的人员将驴头拉拽开（图1、图2）。

三、主要创新技术

（1）利用顶丝原理将人力转换为工具的顶力。
（2）装置体积小便于操作。
（3）能够节省大量人力。

四、技术经济指标

（1）本工具设计顶力为100kN，当超过额定顶力时会导致工具的损坏。

（2）本工具两件为一套，使用时要将两件同时安装在驴头销子孔板内。

五、应用效益情况

该装置2020年开始研制。2021年8月，获中原油田劳动竞赛挖潜增效三等奖；2022年11月，获中原油田技师协会创新成果三等奖。目前，已在濮东采油厂全面推广使用，在30余口抽油机井的驴头侧转施工中使用，效果显著，创效50余万元。2021年10月获国家实用新型专利授权（图3）。

图1　成果实物图　　　　图2　现场应用图　　　　图3　国家专利证书

油水井防盗卡箍

胜利油田分公司　张春来

一、项目创新背景

近年来一些不法分子为了一己之利，对采油队的生产设施进行破坏，盗割套管闸门、井口现象日益频繁，不仅造成经济损失和大面积污染，而且给采油队增加了整改处理的工作量，破坏了正常生产秩序。为解决这一难题，研制了"油水井防盗卡箍"，实现了油水井井口流程、闸门的零丢失，杜绝井口闸门丢失造成的油井污染事件，提高了油水井开井时率，减少了原油产量损失。

二、结构原理作用

油水井防盗卡箍主要由带护罩的卡箍片、防盗螺栓、专用套筒扳手及手柄四部分组成（图1）。

该防盗卡箍分为带凸台和凹孔的两片，安装时首先将带凸台一片卡箍插入带凹孔中，实现闭合，有效防止了紧固螺栓中部裸露情况。再是将暴露的螺帽通过沉孔实现了有效防护，同时将螺帽设计成防盗螺帽，上卸螺栓时需用专用工具进行开启，从而实现了油水井卡箍的有效防盗（图2）。

三、主要创新技术

（1）防盗卡箍材质为45#钢，整体设计，结构简单，不易损坏。

（2）卡箍两侧裸露的螺杆由护罩进行了保护，有效防止了不法分子的锯割。

（3）防盗卡箍螺栓螺母采用"圆柱花键式"，防止普通扳手的任意开关。

（4）由于卡箍两翼加厚使螺母缩进沉孔中，防止螺母暴露于卡箍外面，具有很好的防盗性能。

（5）开启工具为螺母配套的圆柱花键式套筒扳手，具有较好的防盗性。

（6）直径与原卡箍一致，可适用于所有油水井，应用广泛。

四、技术经济指标

卡箍卡置最大直径为120mm，与普通卡箍的卡置直径完全一致，螺栓为M24，均为45#钢，额定工作压力为25MPa。

五、应用效益情况

新型防盗卡箍的应用，提高了全队的防盗效果，减轻了职工的劳动强度，有效提高了油井的生产时率，以解决生产中的实际难题。该防盗卡箍可广泛应用于油田油水井高压管汇、闸门、流程的连接，具有连接方便、安全可靠、适应强等特点。该装置获胜利油田胜利采油厂优秀职工技术创新成果，并获国家实用新型专利授权（图3），目前已推广应用120多套。

图1　成果实物图

图2　现场应用图

图3　国家专利证书

一种圆柱体打捞工具

江汉油田分公司　洪　河

一、项目创新背景

目前，玻璃柱温度计在工业生产领域中广泛安装使用，通常做法是在所走的管线或容器上开一个孔，然后向下焊一倾斜45℃沉管，把温度计插入金属管内来完成测温。但在使用操作过程中，可能出现意外将玻璃柱温度计碰断而落入金属管内难以取出。如果不取出再插入一支玻璃柱温度计就会造成原有的断节与新插入的玻璃柱温度计在金属测温套管内底部形成双排排列在套管底部无法取出，使金属测温套管报废。

二、结构原理作用

采用一种弹性材料的并具有一定几何形状的条状物体，将其按螺旋方式绕制成一个具有一定锥度的弹簧螺旋体，并在绕制成弹簧螺旋体的顶部形成直线体，在直线体顶端留有旋转手柄（图1）。弹簧螺旋体底部直径大于被打捞的圆柱体的直径，弹簧螺旋体顶部直径小于被打捞的圆柱体的直径。使用时将弹簧螺旋体底部朝向被打捞的圆柱体，在下放弹簧螺旋体的同时，旋转弹簧螺旋体顶端的直线体上部的旋转手柄，当被打捞的圆柱体进入弹簧螺旋体的等同直径部位后，弹簧螺旋体即被打捞的圆柱体抱紧，当弹簧螺旋体抱紧圆柱体后即可上提打捞工具，打捞工具即可夹住被打捞的圆柱体一同提出孔洞（图2）。

三、主要创新技术

该工具结构简单，制作成本低，由于打捞工具的弹簧螺旋体具有一定的锥度，可极其方便地将被打捞的圆柱体紧紧抱住并从孔洞中提出，特别适合玻璃管温度计断入金属测温套内的断节的打捞。

该成果的思路主要是采用铁丝绕成的锥形弹簧的喇叭口对玻璃管温度计断节进行环抱，从而将玻璃管温度计断节紧固在锥形弹簧的喇叭口上，利用手柄和连接丝将玻璃管温度计断节从金属测温套管内取出。

四、技术经济指标

本装置整体长度有以下两个规格：450mm、500mm。

五、应用效益情况

该装置2009年开始研制。2010年在江汉油田、长庆油田等单位应用。目前，该成果已在长庆、江汉、江苏等油田得到推广应用，同时还在冶金等部门得到应用。截至目前，已经生产出1.1万余件。2010年获国家实用新型专利授权（图3）。

图1　成果实物图　　　　　　　　图2　现场应用图　　　　　　　图3　国家专利证书

高压干式水表取出装置
胜利油田分公司　唐守忠

一、项目创新背景

在注水开发的油田中，高压水表是计量油田配注量完成情况的主要仪表，受注水水质及工作时间的影响，水表的工作状态会发生改变，影响计量的准确性，需要进行保养、维护及定期的校验等工作。在安装时，由于水表钢体与水表总成之间配合间隙小，当有铁锈等杂质进入两者之间的间隙，且出现水表取不出来的情况时，只能通过手锤的锤击或用撬杠将水表取出来。以此方法取高压水表，极易对水表造成损伤，影响高压水表的使用寿命。

二、结构原理作用

依据拔轮器的原理，研制了取水表专用工具（图1）。该工具有内外两个倒U形拔爪，由丝杠连接，内倒U形拔爪抓住高压水表钢体的环状槽，外倒U形拔爪支撑在水表总成的上平面，通过旋转丝杠将内倒U形拔爪和水表一同提起，其工作过程中受力平稳，不损伤水表，能有效减轻劳动强度，提高劳动效率（图2、图3）。

三、主要创新技术

（1）防止因泄压不彻底造成水表顶出出现伤害事故。

（2）螺杆提升省力，避免了因锈蚀无法取出水表芯子。

四、技术经济指标

水表拔爪增加强度处理，且与磁钢槽配合间隙小于0.1mm。

五、应用效益情况

该工具实际应用后，没有发生因取水表困难而损坏水表的现象；减少了高压水表的维护、保养时间，增加了原油产量。该工具加工成本低、结构简单、使用方便，可有效保护水表，特别是避免了锤击对电子水表磁感应部分的伤害，延长了高压水表的使用寿命，具有较好的应用前景。该成果获国家实用新型专利授权（图4）。

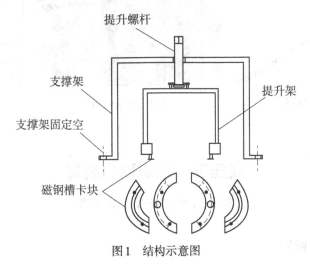

图1　结构示意图

图2　成果实物图

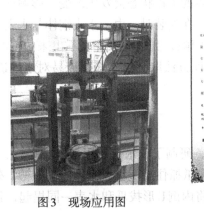

图3　现场应用图

图4　国家专利证书

 一种电磁流量计拆卸安装装置

胜利油田分公司　王永刚

一、项目创新背景

胜利油田现有多个区块处于水驱采油阶段，电磁流量计作为一种重要的注水量计量方式，应用越来越广泛，上海一诺水表表芯有叶轮和磁感应两种，因掺水、注水水质目前正处于不断改进中，使得表芯叶轮、感应探头糊上杂质，造成水表读数失真。按规定3个月水表清洗一次，在产生读数不准确时，随时标定，一诺电磁流量计水表每月标定数量在160台左右。原来拆卸水表需要靠撬杠将外法兰盘分离，配合敲击进行水表表体的拆卸及安装。

现有技术中，油田电磁流量计的拆装主要工具有撬杠、管钳等，但目前拆卸安装过程存在诸多弊端。

（1）拆装时发生水表向一侧扭动：由于水表在初期安装时受地面条件等因素的影响，多数靠焊接完成水表与流程管线的连接，来水管线、水表本体、出水管线三者不在一条直线，故造成拆卸及安装过程发生水表向一侧扭动，使水表卡在进出口管线中，导致水表拆装非常困难，造成拆装费时费力的问题，从而导致注水时率下降，最终影响原油产量。

（2）易造成事故：由于来水管线、水表本体、出水管线三者不在一条直线，必须依靠人力强制拆卸安装，配合不当易造成撬杠等滑脱，造成安全事故的发生，造成操作时人员伤害。

针对上述问题，提出一种设计合理且有效改善上述弊端的电磁流量计拆卸安装装置。

二、结构原理作用

改进后的结构由带孔圆形卡箍、不带孔圆形卡箍、加力丝杠、夹紧螺杆、螺母等组成。加力丝杠穿过带孔圆形卡箍作用于不带孔圆形卡箍，实现水表与进出口管线的分离（图1）。

该装置的原理是通过将2对圆形卡箍固定在电磁流量计的外法兰盘上，用改进的夹紧螺杆、螺母将卡箍牢牢固定在法兰盘上，用2条加力丝杠穿过圆形卡箍的圆孔作用于另一对圆形卡箍上，将水表本体与管线对称分离，提高了水表拆装的安全性，提高了工作效率，最大限度保障操作人员的人身安全。依据使用方便且易于操作的原则，设计一种适用于所有电磁流量计型号的带螺纹丝杠，其工作原理是通过两侧丝杠的螺母对称调节，实现防偏功能，将流量计与管线本体对称分离（图2）。

三、主要创新技术

（1）提高了水表拆装的安全性。
（2）提高了工作效率。
（3）使用方便且易于操作。
（4）提高注水计量的准确性。

四、技术经济指标

该装置满足了生产需求，在现场见到良好的效果，具有如下优点。
（1）对称分离：由于该一体化装置两边加力杠同时加力，防止操作时发生侧向扭动。
（2）省时省力：该装置只需2人较短时间内配合完成操作，提高了注水时率，从而提高原油产量。

（3）使用范围大：所有电磁流量计均可使用该拆装安装装置，短时间内可轻松完成。

（4）高效：携带方便可拆卸，减少劳动时间，降低工作劳动强度，提高工作效率，节约了成本。

五、应用效益情况

2014年1~12月在胜利油田桩西采油管理一区采油七队更换、维修、送标的电磁流量计100台上抽取52台使用了该装置，拆装过程的侧向扭动致流量计受卡现象已消失，效果十分显著，该电磁流量计拆卸安装装置从设计到完成，单套成本500元，2014年全管理区共推广应用4套，成本费用为：$F_1=500 \times 4=2000$（元）。每年更换、清洗、标定电磁流量计拆卸安装280井次（水井、掺水井），每次因放空、拆装需停注5小时/井次，本装置可1小时完成拆装，提高注水时率，提高注水单元开发效果，进而

图1　成果实物图

提高原油产量，按单井平均水驱受效日产油1吨，吨油价4580元/吨，吨油成本1780元计算：$F_2=(4580-1780) \times 1 \times 280 \times (5-1)/24=130666$（元）。

电磁流量计拆卸安装装置减少放空排污费用 $F_3=8000$元。

综合经济效益 $F=130666+8000-2000=13.67$（万元）。

该电磁流量计拆卸安装装置自2014年推广应用以来，既保证了拆装工作优质高效，又提高了注水时率，效益显著。该成果获国家实用新型专利授权（图3）。

图2　现场应用图

图3　国家专利证书

一种抽油机井连续带压加药装置

江苏油田分公司 冯铁勇

一、项目创新背景

目前油井加药方式常用的是人工加药方式，是周期性定量向油套环空加化学药剂，由于大部分井动液面较低，所加药剂在很短时间内被采出，无法保证加药有效期。目前，市场上虽然有电动连续加药装置，但价格较昂贵、体积较大，严重影响油井其他方面操作和施工，增加了油井管理难度。对此，研制了一种经济、实用的连续带压加药装置，并在现场试验应用。现场试验结果表明：该装置具有操作简单、安全可靠、成本低、不影响其他操作等特点，特别适用于边远井、油品差及加药周期短的油井，加药效果可提高约30%，药剂成本可节约60%。

二、结构原理作用

该装置的主要结构由三部分组成。

（1）主传动部分：由抽油机曲柄带入动力，经输入杆、主传动轴、传动片与传动杆带动柱塞运动，将抽油机曲柄的旋转运动转化为柱塞的直线往复运动。

（2）进排液部分：由进排液阀组成，将加药罐内药剂，加压泵入油井的套管内。

（3）限定位部分：主要支撑泵头与柱塞等部分，确定柱塞行程，达到精准计量并将药剂泵入井内。

三、主要创新技术

本装置利用曲柄旋转作为输入动力，经过传动机构带动柱塞泵往复运动，向井内连续带压定量加药。

（1）利用抽油机自身动力，不增加抽油机负荷。

（2）体积小，不影响其他操作与施工。

（3）不用电动输入动力，安全可靠。

（4）流量调节方便，操作简单，易维护。

（5）成本低，加工简单。

四、技术经济指标

调节流量方式有三种。

（1）更换柱塞直径。

（2）调节柱塞行程。

（3）调整输入杆长度等方式。

五、应用效益情况

该装置2013年开始研制。2014年4月，在江苏油田采油二厂闵40-13等3口井上安装使用测试。2014年12月，江苏油田专家组一致认为该技术是目前比较实用且能满足现场连续带压加药要求的装置，有很高推广应用价值。2015年确定为江苏油田实施推广项目。2016年由江苏油田工程研究院与扬州诚创石油机械有限公司合作开发，产品名称为机械动力加药装置。在闵桥、天长等油田的20多口油井安装使用，单井年创效70553元，累计创效500万多元。该成果获油田青年创新创效成果一等奖（图1），2015年获国家实用新型专利授权（图2）。

图1　成果获奖证书

图2　国家专利证书

立式高压自动加药泵

江汉油田分公司　张义铁

一、项目创新背景

在油田开发中，原油黏度高会造成油井生产困难，一方面导致地面管线回压高，穿孔频繁，安全环保压力大；另一方面因举升负荷大，掺水量大，能耗大大增加，油井生产管理成本高，整体开采效益低。为了保证油井管线设备的安全，降低生产成本，通常需要向油井套管内投加降黏剂来降低黏度，使原油保持较好的流动性。

目前所使用的加药方法都是间断性地向套管内加入药剂，药剂在1000多米套管中流动时会挥发损失药量，挂壁现象也会导致药剂损失，需要加入更大剂量的药剂，造成浪费。同时由于混合不充分，加药效果也达不到预期。

二、结构原理作用

该装置的主要结构包括泵体、进液阀体与排液阀体。泵体上端螺纹连接密封填料体，用以密封柱塞，柱塞在抽油机光杆行程与弹簧的作用下作往复运动。柱塞一个行程中，进、排液阀完成一次吸液与排液过程。柱塞上端螺纹连接调节螺母，可以调整柱塞行程，实现计量加药。进液阀体在泵体最下端，另接螺纹三通，连接固定管与加药箱出口。出液阀设在上端，通过斜直出液管配合可有效排除泵内空气，使泵的性能更加可靠，减少气体对泵的影响。

三、主要创新技术

（1）无须另接电源，依靠光杆行程与弹簧获取动力，清洁环保。
（2）采用柱塞泵的原理，可产生较高的压力。
（3）可计量加药，通过调节柱塞行程实现定量加药。
（4）结构小巧、简单，安装操作方便，适用于任何形式的游梁式抽油机采油树。

四、技术经济指标

立式高压自动加药泵在生产现场应用并经过6次改进后，技术已经成熟，符合现场使用要求，见到了较好的加药效果。该成果技术可靠，设计思路新颖，应用机械原理，不用外接电源，安全性高。

五、应用效益情况

在江汉油田清河采油厂应用后，性能稳定，效果良好。该装置改变了传统的加药方式，将药品直接用泵带压密闭打入井口单井集油管线内，使其与管线中的井液充分混合，提高药效，减少了药品浪费。该装置的应用可有效降低油井井口回压，减少管线压力过高导致原油泄漏造成的环境污染。2013年以来，该成果分别在江汉油田清河采油厂的采油管理一区、采油管理三区和采油管理五区推广应用。经现场应用和效果跟踪，累计增油400多吨，减少扫线作业费用57万元，累计创效168万元。该成果自2013年研制成功并应用后，获得清河采油厂青工"五小"成果一等奖；2014年获国家发明专利授权（图1）；2017年获全国能源化学地质系统优秀职工技术创新成果一等奖（图2）。

图1 国家专利证书

图2 获奖证书

一种轻便型手动压接钳

胜利油田分公司　王佰民

一、项目创新背景

目前胜利油田河口采油厂所用电缆多为25、35、50平方毫米铝芯电缆，电缆与变压器、配电柜、电机连接使用的多是铜铝复合端子和开口式铜端子。

端子与电缆连接使用的是液压式压接钳，操作时须携带工具箱，内部装有牙块、固定销，重量达10公斤，施工时每次压接端子都需要拔插固定销，摇动液压杆达到所需压力才可以进行压接，压接后先泄压才能进行下一个端子的压接。

液压式压接钳存在如下问题。

（1）操作步骤烦琐、耗时长、整体较重、携带不便。

（2）需精细维护保养，保养不及时会出现整体锈蚀、密封圈老化、液压柱塞卡死等故障后报废。

（3）配套牙口丢失、功能不全，无法正常使用，现场人员只能采用铁锤敲击接线端子的办法操作，连接之后接线端子易虚接，给油井和注水泵的运行增加用电安全隐患。

二、结构原理作用

该压接钳钳头采用优质铬钒钢锻造，没有液压组件不易老化损坏（图1）；硬度达到HRC62标准，钳头与臂杆之间采用三联臂设计，前端牙口采用三种不同规格半椭圆孔槽，可适用常规接线端子压接要求（图2）。

三、主要创新技术

（1）针对常用规格电缆（$25mm^2$、$35mm^2$、$50mm^2$、$75mm^2$）、两种接线端子（管状端子、开口式铜端子）的连接，借鉴钢丝剪钳结构原理，设计一种专用压接钳，该压接钳体积小、重量轻、携带方便、经久耐用、无须精细保养、价格低廉。

（2）该压接钳为自主研发，重量仅为1.5公斤，整体尺寸为长500mm×80mm，体积小巧、携带轻便。前端牙口采用三种不同规格半椭圆孔槽，可适用常规接线端子压接要求。该压接钳咬合力最大可达10000N·m，满足使用要求。

（3）该压接钳钳头采用优质铬钒钢锻造，没有液压组件不易老化损坏。硬度达到HRC62标准，钳头与臂杆之间采用三联臂设计，使用方便省力，臂杆端部套有塑胶手柄，人体工程学设计，握持舒适防滑耐磨。

四、技术经济指标

液压式压接钳成本1550元，精细保养使用7年后内部胶囊就会老化泄漏液压油无法使用。手动压接钳成本930元，无须专门保养使用15年，没有老化易损件。

使用1套15年2周期经济效益：（1550元×2周期）-（930元×1周期）=2170元。

因没有使用合适的压接钳，致使接线端子虚接打火，损坏配电柜及电机概率为5‰/年计算，全厂约2200口井：2200口井×5‰×26500元=29.2万元/年。

经济效益：每年可减少控制柜因端子连接故障损失约29.2万元。

五、应用效益情况

（1）应用现场及推广范围：

目前，该压接钳有2套应用于电泵项目组现场高部位电热杆井及电泵井电缆的连接，已使用五年以上。

（2）应用效果：

使用方法简单，携带轻便，压接效果符合《GB/T 14315—2008电力电缆导体用压接型铜、铝接线端子和连接管》要求。

该轻便型手动压接钳在油井电路维护工作中效率高、维护少、易携带。电力维护、检修人员通过使用该压接钳后回应效果极好，该压接钳易于推广使用，社会效益明显。该成果获采油厂优秀技能人才创新成果电工专业一等奖（图3）。

图1 成果实物图

图2 现场应用图

图3 获奖证书

第五节 油井套管气回收节能降耗

 移动式套管气回收装置

胜利油田分公司 代旭升

一、项目创新背景

目前，全国各油田有上万口油井采用机械采油的方式进行生产，这也是油田在结束弹性开发的初期阶段后，当地层能量不足以满足油井自喷生产要求之后的必然选择。机械采油一般采用深井泵，产出液中天然气含量的多少，直接影响泵效的高低，进而影响油井产量，因此长期以来，我国各油田机械采油油井，都采取套管开启，天然气直接排入大气的措施生产，以降低套管憋压对泵效和油井产量的影响。但是，上万口油井套管天然气的排放，不但造成天然气资源的大量浪费，而且，大量的主要成分为甲烷、乙烷的天然气排入空气，对大气环境造成了污染，对人体健康造成了伤害。为解决这一难题，研制了"移动式套管气回收装置"，这样，不但实现了天然气的零排放，达到了节能减排的目的，而且提高了泵效，增加了原油产量。

二、结构原理作用

该装置的主要结构由三部分组成（图1、图2）。

（1）连接部分：有进出口连接头，将采油井口与套管气回收装置相接。一次油气分离器，将套管冒出的天然气所携带的水和轻质油进行分离。

（2）计量部分：有智能旋涡流量计，测量天然气压缩机每天、每时和累积通过的天然气量。

（3）增压部分：二次油气分离器的作用是使天然气再度分离，提高天然气的纯度。天然气压缩机，TYJ-0.18/1-16、TYJ-0.35/1-16、TYJ-0.7/1-16三种型号的天然气压缩机，其作用是将油井套管冒出天然气吸入泵内进行压缩，使天然气的压力由天然气压缩机进口的0.1MPa上升至1.6MPa。安全报警装置，当天然气压缩机进出口压力超过规定值时就会自动开启鸣叫卸压，提醒人们采取措施。

三、主要创新技术

（1）实现了油井小气量的回收。

（2）根据油井套管压力变化自动启停。

（3）风冷式冷却，适合全天候工作。

（4）电器设备采用防爆技术。

（5）采用自动控制技术。

（6）用新型材料，延长使用寿命。

（7）采用防盗技术，实现了无人值守。

（8）装置体积小便于移动。

四、技术经济指标

（1）进口压力增至0.09MPa时，装置自动启动；压力升至1.59MPa时，自动停机，停止增压；压力低于0.09MPa时，装置自动停机。

（2）装置正常运行时，噪声值为84dB。

（3）该设备依据标准Q/SDC-552—2004油井套管气回收装置检验，符合标准要求。

五、应用效益情况

该装置2000年开始研制。2003年5月6日，在胜利油田东辛采油厂辛50-X14井等3

口井上安装使用。2003年7月8日，胜利石油管理局召开现场会，专家组一致认为该技术是目前国内外在套管气回收方面的一种较为先进的设备和技术，有很高推广应用价值。2004年确定为胜利石油管理局10项岗位工人专利技术实施推广项目。目前，已在胜利、长庆、新疆等油田的1000多口油井安装使用，年创经济效益约2000万元人民币，累计创效2亿多元。该成果2004年获国家实用新型专利授权（图3），2007年获得山东省第二届职工优秀技术创新奖一等奖，2008年被中华全国总工会评为优秀节能减排合理化建议奖。2009年获中国石化技能创新成果特别奖，2009年获国家科学技术进步二等奖（图4）。之后成功研制出能满足各种油井生产条件，性能更优、结构更合理的"便携式油井套管气回收装置"，2014年获国家实用新型专利授权。

图1 成果实物图

图2 现场应用图

图3 国家专利证书

图4 获奖证书

 撬装式气液分离装置

河南油田分公司 景天豪

一、项目创新背景

目前，国内多数油田进入开发中后期，油井注氮或二氧化碳等作为提高单井产量及采收率的重要措施，应用越来越广泛。油井注氮或二氧化碳后在放喷或开抽初期，气体瞬时排量大，存在超压运行风险；同时可能产生段塞、液击等现象，影响集输系统安全运行。另外，氮气或二氧化碳进入生产系统，会严重影响天然气纯度，造成分离后的天然气无法正常使用。

为了避免上述不利后果，目前采取的应对措施是在井口将油井采出液排放到罐车内进行放空生产。单井需占用 1~2 台罐车，生产时间约 2~10 天，给特车队排班运行造成较大的困难，部分时段影响油井热洗及井下作业施工。同时，人工倒罐作业劳动强度大，且造成油井不能连续生产，影响生产时率。据统计，河南油田采油二厂油井注氮或二氧化碳后采取罐车井口放空生产，年均 100~200 井次、支出特车费用 50~100 万元。现场急需一种专用气液分离装置，来改进现有的罐车放空生产方式。

二、结构原理作用

撬装式气液分离装置主要由拖车底盘，筒体可调仰角转轴及液压升降装置，法兰连接式一级分离器，旋风式二级分离器，旋流除砂器，浮球阀、安全阀及进出口控制阀，高压连接软管等部分组成（图1）。

油气混合物从进口阀进入分离器内部旋流器，气液通过离心分离原理分离。气体从分离器顶部排出，进入旋风分离器；脱水后从浮球阀2顶部的排气阀排出。气体从旋风分离器上部进入环形空间后沿螺旋形流道向下运动，在离心力及重力作用下，液珠碰撞管壁及螺旋形挡板被捕集，沉入底部；气体从中心管开孔处进入中心管，从顶部排出。

若进口全部为液相，则分离器内浮球阀1会保持关闭状态。憋压至压力高于回压时，液体从排液阀排出；此时，分离器等同于一段承压管线。若进口全部为气相，则分离器内浮球阀1会保持打开状态。气体通过旋风分离器及排气阀持续排出；此时，分离器憋不起压，等同于一段放空管线。若进口为混相，则分离器内浮球阀1等同于气体排量控制阀。液位到达高限，浮球阀1关闭，排液阀排液。气量超限，压迫液面下降，气体从浮球阀1排出。

顶部设计安全阀，防止超压运行；排液口安装单液阀，可防止倒灌。若单流阀失效，分离器内压力会很快上升至与回压一致，随后转入正常生产状态。排气通过双浮球阀控制，可保证液相不外排；当旋风分离器内存水过多时，水进入浮球阀筒体，液位升高后浮球阀2关闭停止排气，油气均从排液口排出。

三、主要创新技术

（1）实现连续、带压、高效分离，气液固三相分离。
（2）拖车式底盘、手动液压竖起及放下，保证运输安全及分离效果。
（3）液相脱气与气相脱水二级分离，保证排气口气相不含液。
（4）浮球阀及气动阀双重控制，保证排气口不出液。
（5）法兰连接式筒体设计，检维修方便。

四、技术经济指标

设计压力 4MPa，处理液量 30m³/d，处理气量 50000m³/d。

五、应用效益情况

撬装式气液分离装置现场应用后（图2），从根本上解决了油井超压运行风险，年均节约特车费用70万元以上，取得了较好的经济效益和社会效益。适用于采油井井口气液分离，项目推广应用前景广阔。该成果获2020年度全国能源化学地质系统优秀职工技术创新成果三等奖（图3），2022年获国家实用型专利授权（图4）。

图1　成果实物图

图2　现场应用图

图3　获奖证书

图4　国家专利证书

免排水套管气分离装置

胜利油田公司　贾鲁斌

一、项目创新背景

油田油井在生产过程中，需要通过各种加热设备加温产出液达到正常输送的目的。现场常用的加热设备一般用套管内产出的伴生气作为燃料，套管气从井口套管阀门通过管线输送到加热设备的过程中，水合物和凝析油一直是制约套管气合理利用的疑难问题，水合物导致气管线堵塞，凝析油进入燃烧器会造成设备损坏，严重影响各种加热设备的正常运行，造成油井不能正常生产，产生重大经济损失。针对以上问题，研制了一种套管伴生气气液分离装置，经过大量现场试验分析改进和推广应用，取得了良好的效果。

二、结构原理作用

该装置主要由本体、卡箍头、分离挡板、过滤网、固体吸附颗粒、调节阀、压力表七部分组成。

工作原理：通过卡箍头竖直安装在采油树井口套管阀门上，把套管阀门全部打开，通过调节阀调节出气量的多少。气体进入装置后，在分离挡板的作用下，气体不断改变流向和速度，在重力沉降、离心分离、碰撞分离、温差效应等分离原理作用下，气体中的液体就会不断析出，凝聚成液滴在重力作用下沿着倾斜分离挡板流下，气体上升产生的携带力不足以把液滴带入气管线，产生的液体最终通过进气口回流到套管内。

三、主要创新技术

（1）该装置能够有效对套管伴生气进行气液分离，分离的液体重新回流到油套环形空间内。

（2）七级分离挡板和顶部固体吸附颗粒吸附水分，使气液分离更加彻底。

（3）该装置安装方便快捷，运行稳定可靠。

四、技术经济指标

（1）该装置本体由$DN80$mm钢管制作而成，高度800mm，外径89mm，壁厚4.5mm。

（2）本体内部焊接有七级倾斜的分离挡板，倾角为30°，分离挡板的底部开有直径15mm的圆孔，作为套管气流经的通道。

（3）本体下部焊接$DN80$mm弯头和卡箍头，与油井套管阀门卡箍头相配套。

五、应用效益情况

该装置2017年开始研制。2017年6月，在胜利油田现河采油厂C13-P86等3口井上试验使用。经过专家组评审，一致认为该装置实用效果好，安装方便快捷，有很高的推广应用价值。2018年以来在胜利油田累计推广应用260多套，年创经济效益60多万元，累计创效200多万元。2018年获得胜利油田现河采油厂基层技术创新成果一等奖；2021年获得山东省设备管理创新成果一等奖、胜利油田为民技术创新奖三等奖（图3）；2020年获国家实用新型专利授权（图4）。

图1　成果实物图

图2　现场应用图

图3　获奖证书　　　　　图4　国家专利证书

抽油机无功功率谐波补偿装置

胜利油田分公司　　高子欣

一、项目创新背景

目前，油田抽油机大多为三相异步电动机，属于感性负载，需要消耗大量无功功率。在实际生产中，电机容量往往远远大于实际工作中所需要的容量，低负载运行导致抽油机进线端功率因数偏低。近年来，油田中增加使用变频控制、直流母联控制柜等新控制方式，引入大量电力电子设备，这些设备会在电力系统中产生谐波。为了解决以上生产难题，研制了"抽油机无功功率谐波补偿装置"，解决抽油机谐波与无功功率过大的难题。通过APF谐波跟踪补偿和TCC无功跟踪补偿两部分，实现跟踪补偿功能。

二、结构原理作用

基于油井数字化智控的节能补偿技术由APF有源滤波谐波无功跟踪补偿和TCC无功补偿两种技术（改进的TSC技术）组成，APF通过母线电压和电网电压差值产生补偿电流实现跟踪补偿功能；TCC通过反向并联晶闸管通断组合改变变压器变比，进而改变二次绕阻产生附加电势，调节发出的无功功率（图1）。

由于油井工况不同，无功功率波动的大小不同，治理方法也不同，以5kvar作为分界线，划分为无功功率波动较大和较小两种情况。根据波动范围大小和同一变压器下改造情况不同，制定了不同的最佳补偿方式。无功功率波动较小情况下使用电容补偿（TCC），无功功率波动较大情况下使用基于电容补偿（TCC）与有源滤波器（APF）组合的综合动态跟踪补偿（图2）。

三、主要创新技术

通过APF谐波跟踪补偿和TCC无功跟踪补偿两部分，实现综合动态跟踪补偿功能。

采用RTU作为装置控制器，开发利用RTU闲置端口，控制TCC与APF进行补偿。采用RTU作为控制器，可以就地利用现有控制柜改造，减少井场控制柜数量，利用现有控制柜中电器元件，改造方便，节省成本。

四、技术经济指标

补偿后的抽油机谐波始终保持在10%左右，功率因数始终保持在0.9以上，符合标准要求。

五、应用效益情况

该装置2021年开始研制。应用后，油井无功率谐波补偿装置可使油井功率因数达到0.9以上，征收的功率电费为平均每日−0.28755元。每年直接创效11125.2元。目前在胜利油田东辛采油厂推广应用6套（图3），年节约电费6.7万元。该成果获得胜利油田设备管理成果一等奖，2022年获国家实用新型专利授权（图4）。

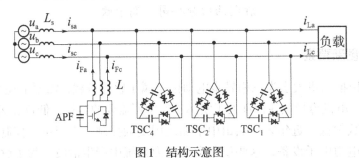

图1　结构示意图

图2　成果实物图

图3　现场应用图

图4　国家专利证书

油井生产稳压装置

胜利油田分公司 王 刚

一、项目创新背景

油田抽油井生产管理中，套压（套管气）的大小对油井的生产影响较大，地层能量较高且有自喷能力的井，应控制套压，利用气体能量举油；对于没有自喷能力但气油比又较高的井，可控制套管气使动液面稳定，使气体进入活塞以上再分离，提高泵效；对于气量少液面深的井，可以适当放套管气，以提高沉没度。在日常生产管理中，现场职工很难控制好套压的大小，从而影响正常生产，甚至无控制放压，容易造成激动出砂躺井，针对这个问题，研制了油井生产稳压装置，可以自动调节套压使套压稳定在需要的合理数值上。并通过油套连通可实现套管气的回收，保护环境。

二、结构原理作用

油井生产稳压装置是由油嘴套、调压阀、防盗丝堵、调压杆、调节扳手等组成。该装置不需更改原有井口流程，安装维护方便，调压准确耐用，具有防盗功能；稳定油井生产的同时回收套管气和保护环境。

工作原理：该装置安装在油井井口套管闸门一侧，根据本井的产能、沉没度合理制定排气压力，并校准排气阀。使用时将调压阀安装在套管闸门油嘴套内，用偏心锥体式防盗丝堵代替原普通丝堵，防盗丝堵上装有调压杆，用调压扳手调节调压杆，压缩或释放调压阀弹簧，利用另一侧套管闸门上的压力表来核对压力值，即可获得调压阀开启压力值，从而获得稳定的套压。

三、主要创新技术

（1）该装置能够定量自动控制油井套压，减少气体对油井生产的影响。
（2）通过油套连通可实现套管气的回收，保护环境。
（3）具有防盗功能，减少破坏。
（4）使用维护方便，降低职工劳动强度，适用于各类油井，推广应用前景广阔。

四、应用效益情况

2014年至2015年在胜利油田东辛采油厂盐家采油管理区YJN227-1HF、-3HF、-9HF实验应用3口抽油井。技能大师摸索油井套压大小对液量的影响，确定液量较高时的套压值，利用定压阀定压控制套管压力。经试验该装置可以起到定压排放的作用，且操作简单快捷，达到了设计要求，通过数据统计对比，3口油井与前期相比累计增油264吨。按当时胜利原油价格2350元/吨，采油厂吨油成本1597.75元/吨，该装置成本1000元/套，经济效益如下：

264 ×（2350-1597.75）-1000 × 3 ≈ 19.5（万元）。

通过现场应用证明其性能安全可靠，不需更改原有井口流程，安装维护方便，能够定量自动控制油井套压，减少气体对油井生产的影响；通过油套连通可以实现套管气的回收，保护环境；分体式设计，安装无须动火，操作快捷，偏心锥体式防盗丝堵具有防盗功能，能够降低职工劳动强度，达到了设计要求。该成果获得山东省设备管理创新成果三等奖、采油厂技能人才技术创新成果一等奖（图3）。

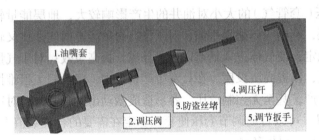

图1　结构示意图　　　　　　　　　图2　成果实物图

图3　获奖证书

第六节　油井光杆密封器

 弹簧压紧式盘根盒

河南油田分公司　景天豪

一、项目创新背景

抽油机井口盘根盒一般采用胶皮盘根密封。由于不出液、高含水井润滑状况差造成胶皮盘根磨损严重，若更换、紧固不及时，会造成井口漏油，引起环境污染事故。为了保证密封性，压盖对胶皮盘根的压紧状态为：过紧—正常—过松。其造成的弊端是前期胶皮盘根过度磨损，后期密封性变差引起井口漏油。胶皮盘根使用寿命及紧固周期短，油井维护工作量大，生产成本高，生产时率降低。紧固盘根操作不及时易产生井口漏油现象，存在环保风险。

二、结构原理作用

弹簧压紧式盘根盒利用黄油润滑及弹簧压紧的原理进行设计，主要由盘根盒座、支撑体、单流阀及堵头、倒V形格兰、弹簧及弹簧座、压盖等部分组成（图1）。与普通盘根盒相比，增设了储油腔及弹簧压紧装置。储油腔设计在中部，两侧有单流阀及堵头用来加注黄油，上下有胶皮盘根用来密封储油腔。弹簧压紧装置设计在盘根盒压盖和格兰之间，依靠弹簧的压紧力对胶皮盘根进行压紧。

弹簧压紧式盘根盒的支撑体内外均有储油空间，可以通过单流阀加注黄油对光杆与盘根进行润滑。支撑体上下安装倒V形胶皮盘根，以增加密封性。对格兰上部内孔通过车削增大内径，然后增设压紧弹簧持续对胶皮盘根施加压力，可使井口在较长时间内保持密封状态。具体的操作步骤：①拆除原盘根盒；②安装盘根盒座；③安装胶皮盘根及支撑体；④安装格兰及弹簧；⑤安装盘根盒压盖；⑥通过单流阀加注黄油。

三、主要创新技术

（1）黄油润滑减轻了胶皮盘根的磨损。
（2）胶皮盘根填料仓内加装专用支撑体，实现了储存黄油功能。
（3）支撑体、格兰、胶皮盘根均设计为倒V形，提高了密封性能。
（4）盘根材料选用丁腈橡胶，增加了耐磨性。
（5）采用弹簧自动压紧，压紧力持续稳定。

四、技术经济指标

胶皮盘根使用寿命大于30天。

五、应用效益情况

弹簧压紧式盘根盒现场应用后（图2），有效解决了紧固盘根周期及盘根更换周期短的生产难题，节约了材料费用。可替代普通盘根盒，压紧弹簧持续对胶皮盘根施加压紧力，可长时间内保持密封状态，减少了当班职工工作量，降低了劳动强度；减少井口漏油现象的发生，消除了环保风险。年产生直接经济效益20万元以上，项目推广应用前景广阔。该成果获技术创新项目一等奖（图3）；并获国家实用新型专利授权（图4）。

图1 成果实物图

图2 现场应用图

图3　获奖证书

图4　国家专利证书

 防偏磨光杆密封盘根盒

河南油田分公司　孙爱军

一、项目创新背景

河南油田采油一厂油井地面集输系统优化后，井口配套采用整体式防盗流程，光杆密封盘根盒使用的是带有二级密封的防盗盘根盒，没有防偏功能，在光杆与井口不对中的井应用出现以下问题：盘根易发生泄漏，不符合HSE生产要求；光杆偏磨盘根，加盘根频繁，生产管理难度大；在盘根磨损后，导致光杆与盘根盒格兰发生接触，造成光杆表面损伤，缩短了光杆使用寿命，也加快盘根磨损；加盘根困难，停井时间长。现有的防偏盘根盒没有二级密封和防盗功能，不能满足现场需求。

需要采取有效措施，在保留光杆密封盘根盒防盗功能和二级密封的基础上，增加盘根盒调偏功能，并解决盘根磨损后，光杆与格兰接触偏磨的问题，提高光杆与盘根使用寿命。

二、结构原理作用

防偏磨光杆密封盘根盒由调偏装置、二级密封、盘根盒、内衬格兰组成（图1）。

调偏装置包括调偏短接、活动阀座、下体、压环和压盖。调偏短接下端为球体，活动球座上端面有凹下的球面，球面有密封器槽安装密封圈，密封调偏短接的球体。球座下端面上设有密封器槽，安装密封圈。下体两端分别为外螺纹和内螺纹，内腔为上大下小的T形台阶圆通孔，T形台阶顶面与活动球座下端面密封。压环为圆环结构，下端面有倒角，用于压紧球体和适应球体角度的变化。压盖内腔母螺纹与下体的内螺纹连接，手柄调整压盖松紧。

调偏装置可安装在盘根盒上部或下部，调整光杆在盘根盒内居中时，转动手柄稍松开压盖，调偏短接在光杆作用下带动活动球座水平径向移动，同时，与调偏短接连接的盘根盒可向任一方向偏转一定角度，根据光杆位置矫正盘根盒，使光杆在盘根盒内居中，然后上紧压盖。在调节的过程中，调偏短接径向位置和角度均可调整，调整范围大，保证光杆在密封器内居中。

二级密封可安装在调偏装置上部或下部，在更换盘根时密封光杆。

内衬式格兰由格兰主体、尼龙内衬和开口销钉组成。尼龙内衬是一定厚度的两个半弧，安装在格兰主体内，通过开口销钉将内衬固定在格兰内腔。光杆与格兰发生接触后，由于光杆的硬度远高于格兰中尼龙内衬的硬度，不会在光杆表面产生毛刺，避免光杆表面损伤。尼龙内衬材料为耐磨改性尼龙，具有较好的耐磨性。尼龙内衬长时间使用被磨损后需更换时，卸松销钉即可取出更换。

三、主要创新技术

（1）调偏装置安装在盘根盒下部，不影响盘根盒原功能。

（2）松开调偏装置压盖，盘根盒即可向任意方向调整角度，最大调整范围 ±12°，径向调偏距离 10mm，保证光杆在盘根盒内居中。

（3）格兰内腔为耐磨改性尼龙内衬，避免光杆在与格兰接触后表面受损伤。

（4）两半组合式内衬，卸松销钉即取出更换，维护方便。

四、技术经济指标

轴向最大调整范围角度 ±12°，径向调整距离 10mm。

五、应用效益情况

2015年以来，在河南油田江河采油管理区32口油井推广应用（图2），提高了盘根和光杆的使用寿命，年创效16万元。减轻了井口泄漏，实现环保生产，提升了油井现场标准化水平，减少了油井维护工作量。该成果获油田质量管理成果一等奖（图3）；并获国家实用新型专利授权（图4）。

图1 成果实物图

图2 现场应用图

图3　获奖证书　　　　　　　　　图4　国家专利证书

抽油井口光杆双防装置

胜利油田分公司　郝洪峰

一、项目创新背景

胜利油田孤东采油厂采油管理三区Ng上5^4-6^1层系有55口抽油井正处于注聚开发阶段，随着采出聚合物浓度的升高，井口漏失也日趋严重。2016年3月份现场统计在采油工每天维护清理的情况下，干净的井口只有9口，轻微漏失光杆带油的有12口，漏失比较严重井口流程有油污的21口，严重漏失造成落地油污染的13口。统计盘根平均有效期15天，严重漏失井2~3天就失效，依靠强力拧紧盘根止漏，不但增加了员工的工作量还造成了材料、电费成本的过多消耗。注聚区油井现有盘根盒对漏出的污油污水靠重力经引流管进入污油桶，在冬季易堵，造成环境污染。抽油井光杆在生产过程中会受到井液腐蚀、盘根磨损等多种因素影响，出现腐蚀坑、槽现象，特别是驴头接近上死点时在井口三通出口以上到盘根之间的位置，可视为"刀尖角容腔"，由于涡流存在，腐蚀尤为严重，导致井口漏失。这类情况增加了采油工更换盘根及清污的工作量，也增加了生产成本，因此有必要解决这些问题。

二、结构原理作用

光杆防腐护套组合的作用是占用"刀尖角容腔"从而消减涡流，使光杆不再受涡流冲击腐蚀、涡流空泡腐蚀影响，大幅减缓光杆腐蚀速度。光杆防腐护套组合套在光杆上，受到磁吸力、光杆的往复摩擦力、井液的浮力，上冲程时这三个力均向上，远远大于本身重力，受胶皮闸门盘根密封段隔板阻挡，占据三通出口以上涡流区位置。在下冲程光杆的摩擦力与光杆防腐护套组合主体自身重力方向相同，与磁吸力、井液的浮力方向相反，极端情况下光杆防腐护套组合主体下行也会受支撑环阻挡，继续占据三通出口以上涡流区位置。从而保护光杆通过这一区域时不再受涡流影响，大幅减缓光杆腐蚀速度。

强排二级盘根盒调节一级盘根松紧并挤压通过一级盘根溢出的污油污水，通过排污管进入污油瓶，从而避免污油污水聚集失控井口外溢污染环境。强排二级盘根盒主壳体上有把手，下冲程时顺时针旋转可以拧紧一级盘根，控制井口漏失。上冲程时用耙形专用扳手顺时针转动花槽头二级盘根压帽，从而拧紧二级盘根。因光杆腐蚀或一级盘根过松，少量通过一级盘根的污油污水附着在光杆上被二级盘根阻挡，下冲程受到二级盘根函挤压通过导流洞、排污管进入污油瓶，从而避免井口污染。

三、主要创新技术

（1）随动二级盘根刮除光杆上附着的油水。

（2）导油环与二级盘根函倾斜接触，推动刮除的油水集纳。

（3）光杆护套占据井口三通涡流区，减轻光杆腐蚀。

（4）加厚钢圈为光杆护套占位提供条件。

（5）加宽卡箍为加厚钢圈密封提供条件。

四、技术经济指标

钢套最大外径Φ56.5mm，最小外径Φ53mm，长度141mm，内径Φ45mm；护套外径Φ45mm，长度130mm，最大内径Φ32mm，最小内径Φ28mm，工作温度−55~120℃；强磁环外径Φ53mm，内径Φ33.5mm，厚度5mm，工作温度80℃；强排二级盘根盒主体外径Φ78mm，高度180mm，最大内径Φ68mm，最小内径Φ32mm，承载100kN；二级盘根外径Φ45mm，长度40mm，最大内径Φ32mm，最小内径Φ28mm，工作温度−55~120℃。投入产出比1∶12，设计使用寿命>5年。

五、应用效益情况

一是新更换光杆同步安装光杆护套组合，对保护光杆，延长腐蚀周期，减少盘根损耗作用大；光杆出现腐蚀坑、槽后安装光杆护套组合，对清洁生产帮助不大。二是光杆护套组合与强排二级盘根盒同步安装，既能防止井口漏失又能防止光杆过快腐蚀，减少盘根损耗，见聚抽油井应优先安装。三是对于光杆腐蚀不严重的抽油井可以只安装强排二级盘根盒，既节约成本又减少工作量。四是强排二级盘根盒对稠油井井口拉丝污染防治效果好。截至2022年下半年加工安装超过146套，阶段经济效益超过270万元。获得2项实用新型专利授权（图2），获全国能源化学地质工会系统优秀职工创新成果二等奖。

图1 现场应用图

图2　国家专利证书

间歇出油井盘根润滑装置

胜利油田分公司　孙建勇

一、项目创新背景

一些地层条件较差，沉没度低，油层供液能力较差的油井，在一天24小时连续生产时会出现间歇出油的现象。当油井生产中不出油时，光杆与盘根长时间摩擦缺少原油的润滑导致温度偏高，出现"烧盘根"的现象。盘根烧坏后，井口密封不严，集油管线内的油、水返至井口，造成井口跑油。污油不仅给日常巡检带来许多额外工作，还会带来安全环保风险。此类油井一般采取的方法是员工要勤检查井口盘根的工作状况，出现渗漏情况时要及时紧固盘根，缩短盘根使用周期。这些方法只是被动地解决问题，不能长久地根治抽油机井口跑油问题，如果检查不及时便会出现井口跑油现象。鉴于此类问题设计"间歇出油井盘根润滑装置"，当间歇出油井不出油时，间歇出油井盘根润滑装置能够给光杆降温和润滑，保证密封盘根正常工作，通过使用该装置达到提高油井开井时率，提高油井产量和清洁生产的目的。

二、结构原理作用

间歇出油井盘根润滑装置由黄油腔本体、油嘴、格兰、弹簧、垫片、压帽、盘根组成（图1）。黄油腔本体长250mm，底部有$\Phi32mm \times 10mm$通孔，$\Phi8mm \times 5mm$通孔，内腔直径与油井盘根外径相等，内腔内安装格兰，顶部有外螺纹和压帽、弹簧。"间歇出油井盘根润滑装置"安装在井口盘根盒上部，底部与盘根盒压帽进行焊接，先将一盘根加入黄油腔本体底部，然后加入适量黄油，放下垫片、弹簧、格兰，最后再上紧压帽即可使用。"间歇出油井盘根润滑装置"工作时依靠压帽、弹簧、格兰挤压盘根压实黄油，黄油损耗后弹簧自动下压垫片，使黄油充分与光杆接触，24小时内对光杆起到了润滑和冷却作用，保证盘根的正常工作。

三、主要创新技术

（1）实现了黄油的自动补充功能。

（2）保证了无人操作前提下24小时维护功能。

（3）装置体积小、成本低、便于推广。

四、应用效益情况

间歇出油井盘根润滑装置于2018年开始研究，采用的是原材料上安装辅助装置的技术路线。自2018年6月在胜利油田滨南采油厂投入使用以来（图2），先后在滨南采油厂BNB649X76等125口油井安装使用。通过节约盘根更换量、减少更换盘根的停井时间，年创经济效益近50万元，累计创效180余万元。2018年获胜利油田优秀质量管理小组成果一等奖、全国能源化学地质系统优秀职工技术创新成果三等奖（图3），并获国家实用新型专利授权（图4）。

图1　成果实物图

图2　现场应用图

图3　获奖证书

图4　国家专利证书

新型抽油光杆密封装置

江苏油田分公司　朱　平　郑　敏　孙　健　王顺和

一、项目创新背景

抽油井光杆密封装置是油井井口的重要部位，在油井生产中起着重要的作用，它的好坏决定了油井抽油光杆的光洁度，油井是否能够清洁无污化生产。目前抽油井光杆密封装置在生产中主要出现以下几方面的问题：光杆与密封盒内铁质隔栏硬磨；光杆不对中与密封盒内装置发生偏磨；油井高含水时导致光杆腐蚀；盘根单边受力导致损坏（光杆不对中导致）；盘根干磨导致损坏等。以上问题的出现会导致油井盘根密封周期短，维护成本高，且对环境有一定的污染；特别是空心光杆壁厚较薄，硬磨会导致安全隐患。

鉴于此，技能大师设计了抽油光杆密封盒与密封盒内部装置，两者结合使用，加之正确维护操作方法，可以很好解决以上问题。

二、结构原理作用

该装置的主要结构由两部分组成。

（1）抽油光杆密封盒：将单层盘根盒设计成双盘根盒；且在双层盘根盒中间位置设计成一定容量的润滑油腔，装润滑油孔，储润滑油100mL左右；在双盘根盒的压帽位置安装手柄。

（2）密封盒内部装置：设计上、下导向隔栏及挡圈，其中导向隔栏采用尼龙材质制成，内表面加工两道回油槽，上部设计成台阶面，起到导向作用，按照逆时针方向切割成20°左右两道斜口，便于安装；挡圈采用调质钢制成，内部安装上、下导向隔栏；挡圈、导向隔栏在压帽的作用下，共同起到填压盘根，扶正光杆的作用。设计尼龙扶正器，其中扶正器内表面加工两道回油槽，按照逆时针方向切割成20°左右两道斜口，放入盘根盒最下方柔性扶正光杆。

三、主要创新技术

（1）盘根盒双层密封效果好于单层密封。

（2）定期加注润滑油，可以延缓光杆的腐蚀，保证光杆的光洁度，可以避免光杆在油井不出液时与盘根干磨。

（3）柔性扶正光杆，延长盘根使用周期。

（4）通过盘根盒手柄可以调整盘根的松紧度，操作简便。

四、技术经济指标

（1）双密封盒、挡圈材质使用45#调质钢。

（2）密封盒内部装置使用尼龙改性品种，具有一定硬度、耐磨性强，采用逆时针方向切割安装。

（3）密封盒内部装置与光杆外径、密封盒内径间隙在0.5mm以内。

（4）润滑油孔具有止回功能，结构牢固。

（5）该装置安全强度符合油田企业标准，在行业内首创，具有较好的社会效益与经济效益。

五、应用效益情况

新型抽油光杆密封装置研制成功后，于2012年4月分别在李堡、许浅、瓦庄、联盟庄等油田电加热油井、普通油井中进行了应用，其简便性、润滑性、扶正性、耐磨性、耐腐性、密封性、周期性等显著增强，无原油泄漏现象，无润滑油泄漏现象，密封盒内部装置使用更换周期达12个月以上。到2013年4月，在62口油井节约盘根、环境保护、设备损坏、维护作业等方面，年节约成本、创效62万元，目前已累计创效480万元。

该装置于2010年、2012年分别获得了国家两项实用新型专利授权（图3）。其中，《新型电加热油井光杆密封装置的研制》于2010年获得江苏石油勘探局QC成果一等奖、石油质协二等奖（图4），《新型抽油光杆密封盒的研制》获得2011年厂经济技术创新成果一等奖，《新型抽油光杆密封装置的研制》获得2012年厂第三届高技能人才创新成果技术交流一等奖。

图1　成果实物图

图2　现场应用图

图3　国家专利证书

图4　获奖证书

多功能井口盘根装卸工具

胜利油田分公司　郝洪峰

一、项目创新背景

井口盘根装卸是采油工的经常性工作，用管钳顶托盘根盒压盖和格兰的操作方法已出现多起伤人事故，属于不安全操作；用绳钩吊起盘根盒压盖和格兰的操作，需要将抽油机停在接近下死点，对于出砂井而言易造成砂卡泵故障。由于存在工效低、劳动强度大、操作不安全等问题，不少人开展了盘根装卸工具的研究，期望解决这些问题，但是制作出的专用工具，或者功能简单，或者携带不便实用性差，目前现场上使用最多的还是管钳、绳钩、扳手、平口螺丝刀等几样工具。因此有必要研制多功能井口盘根装卸工具提高工效、降低工人劳动强度、提高工作安全性。

二、结构原理作用

工具分拆时将"Z"形套筒扳手从双臂扶正杆上取下，一手握开口筒状单侧紧固光杆卡子，一手拿"Z"形套筒扳手，卸松开口筒状单侧紧固光杆卡子上的方头长圆柱紧定螺钉，就可以将开口筒状单侧紧固光杆卡子与工具主体分离。

关胶皮闸门操作时，两手握"Z"形套筒扳手，一手顺时针旋转，一手逆时针旋转，实现了双手同时操作开关胶皮闸门，根据光杆偏离情况，快速转动一侧"Z"形套筒扳手实现光杆居中。

盘根盒压盖和格兰在光杆上固定操作。由于目前井口盘根盒均焊接了操作把手，无须携带管钳，转动操作把手卸松盘根盒压盖；右手将盘根盒压盖和格兰向上托起，左手将开口筒状单侧紧固光杆卡子套在光杆顶拖住盘根盒压盖和格兰，右手拿"Z"形套筒扳手转动开口筒状单侧紧固光杆卡子上的方头长圆柱紧定螺钉，就可以将开口筒状单侧紧固光杆卡子牢牢固定在光杆上，实现盘根盒压帽和格兰在光杆上固定。

装卸盘根时，手握双臂扶正杆逆时针向下加力转动螺旋启刀，使刀口吃入盘根切口后，继续逆时针转动工具就能实现起出盘根的功能，依次操作将所有盘根取出。新盘根涂抹黄油后套在光杆上，反向使用工具主体，转动下压开口筒体将盘根压入盘根盒内，依次操作将所有盘根加入。

反向操作完成更换盘根后，将开口筒体插入开口筒状单侧紧固光杆卡子，用"Z"形套筒扳手拧紧方头长圆柱紧定螺钉，"Z"形套筒扳手分别插入双臂扶正杆实现工具组合。

三、主要创新技术

（1）螺旋起刀提高取盘根速度。
（2）双"Z"形套筒扳手提高胶皮闸门开关速度。
（3）开口筒体提高盘根安装速度。

（4）多功能卡子实现工具底座和光杆上固定功能。

（5）双臂支撑杆提高了工具使用稳定性。

四、技术经济指标

工具整体质量3kg，长度360mm，高度260mm；允许光杆直径$\Phi 28\sim32$mm，允许盘根盒内径55mm；螺旋起刀最大吃入深度120mm，开口筒体压入最大深度110mm；投入产出比1∶10；设计使用寿命5年。

五、应用效益情况

该工具研制成功后经过了两代改进。累计加工超过了150只，在胜利油田孤东、河口、石开等单位应用（图1）。开关胶皮闸门最快只需不到5秒钟，平均比用活动扳手提高10倍；与平口螺丝刀相比能够更轻松地将盘根起出，速度提高2倍；添加盘根与过去的方法相比速度提高1倍。该成果获得胜利油田技能人才创新成果一等奖（图2），取得两项实用新型专利授权（图3）。

图1 现场应用图　　　　　图2 获奖证书

图3 国家专利证书

新型填充式密封装置

胜利油田分公司　杜国栋

一、项目创新背景

抽油机在运转过程中，光杆与井口密封函内的盘根只有随时保持密封，才能不污染井口。传统光杆密封器盘根更换流程：传统的井口盘根密封到使用寿命周期时，需进行更换新的密封盘根。其缺点是：首先停产放压，取出旧密封盘根才能更换新密封盘根，操作过程存在安全风险，特别是受输送介质性质和环境的影响，部分密封更换频繁，严重制约了油井正常生产。

二、结构原理作用

该装置主要由专用注料工具、井口密封函、密封填料等三大部分组成（图1）。专用注料工具的作用是将密封填料注入密封函中。井口密封函能保障填料注入且不流失。密封填料在密封函内与光杆紧密接触形成动态密封。

三、主要创新技术

（1）改变了传统的密封理念。用非成型填料代替了成型的密封盘根，改停产更换盘根为不停产直接填充密封填料，避免了停产造成的油井故障。将取出、加入的烦琐操作改为简单的旋转注入操作，消除操作过程中的风险隐患。

（2）该密封填料可持续应用无须更换。采用废旧皮带、盘根作为密封填料，实现了废料利用，符合油田清洁生产需求。

（3）颗粒状的密封材料在密封函内随光杆运行自动找正，消除偏磨、振动造成的漏油；对高含水井的光杆自动形成润滑保护膜，减少了光杆的腐蚀，提高了密封效果。

（4）研制专用废旧皮带、盘根粉碎机，为该密封技术的推广应用提供了填料保障。

（5）填补了机械密封领域的技术空白。彻底改变更换密封盘根需取出旧的加入新的这一环节。密封盘根磨损时，只需添加即可。

四、技术经济指标

最大外径/mm	高度/mm	整体耐压/MPa	储能弹簧最大载荷/N	注胶口连接螺纹	
90	270	20	2730	ZG1/2 in内扣	
最大外径/mm	长度/mm	整体耐压/MPa	注料口直径/mm	注料口连接螺纹	
54	290	15	15	ZG1/2 in外扣	
最大粒径/mm	最小粒径/mm	材料			混合比
5	3	盘根或皮带	黄油	石墨	5∶1∶0.5

五、应用效益情况

在胜利油田桩西、孤岛、东辛、纯梁、现河、鲁明等单位推广应用100井次（图2），实现了不停产加注密封填料，提升了密封效果，在不停井的状态下，1人即可完成密封填料的填充操作。改2~3人的停产更换盘根为1人不停产加注填充密封填料，提高了采油时率、工作效率，消除操作过程的安全隐患，效果明显。经计算，年创经济效益15.29万元，该技术一次改进多年应用，计算3年可创效益105.87万元。2019年获胜利油田第五届为民技术创新奖优秀成果一等奖（图3）；2021年获国家发明专利授权（图4）。

图1　成果实物图

图2　现场应用图

图3　获奖证书

图4　国家专利证书

光杆双级密封器

中原油田分公司　董殿泽

一、项目创新背景

在日常生产过程中，现有的常规盘根盒在稠油井、间出井常出现盘根密封效果不好漏油的现象，井口漏油造成环境污染及安全隐患，给现场工作造成一定的困难，增加了职工的工作量。为此，研制出了"双密封、防盗、润滑三位一体光杆双级密封器"。

二、结构原理作用

通过分析普通盘根盒密封不严的问题，在普通盘根盒的基础上进行以下的改进：由单级密封改为双级密封；加装润滑油腔；加装锁紧装置。双密封、防盗、润滑盘根盒构成：主体部分为一级密封体、二级密封体；内部配件为盘根压套（带黄油腔）、压帽、二级盘根底座、压帽（图1）。

在安装过程中，先将盘根加入一级密封腔内，压上盘根压套，在黄油腔内加满黄油，用压帽上紧后，放上二级盘根底座，将二级密封体安装一级密封体上面上紧，将二级盘根盒内加入盘根，上紧压帽，开抽调整盘根松紧度，用内六棱扳手上紧上下锁紧螺栓。

三、主要创新技术

（1）由传统的单级密封改为双级密封，延长了盘根使用寿命，在下次加盘根时可直接带压加二级盘根，省略了放压程序，缩短了停井时间。

（2）在中间安装有黄油腔，可有效降低光杆摩擦发热，解决了间出井、稠油井盘根有效期短的问题。

（3）加装了锁紧螺栓，增加了防盗功能。

四、技术经济指标

抽油机井光杆双级密封器的研制，降低了采油工日常生产工作量，消除了生产过程中存在的安全隐患，提高了油井开井时率，延长了光杆使用寿命，有效节约了生产成本。

五、应用效益情况

该装置2013年研制成功。2014年2月6日在中原油田濮东采油厂石家采油区39-27-30井等3口井上现场使用（图2），密封效果较好，盘根寿命延长3倍以上。2016年4月10日，中原油田濮东采油厂专家组一致认为该技术在油田范围内是一种较为先进的工艺和技术，有很高推广应用价值，在中原油田组织的发布会上获油田创新成果一等奖（图3），已在各采油厂50多口油井现场使用，年创经济效益约100万元，累计创效500万元。该成果获国家实用新型专利授权（图4）。

图1　成果实物图　　　　　　　　　　图2　现场应用图

图3 获奖证书

图4 国家专利证书

抽油机井盘根快加装置

中原油田分公司 杨 斌

一、项目创新背景

加盘根操作是采油工日常维护保养工作中的一项常规工作，为了保证盘根的耐磨和密封性，经常在盘根盒内加入皮带作为填料。但加皮带填料时往往会出现难以塞入盘根盒，使用手锤敲击填料，又容易敲击到光杆和盘根盒上，造成光杆、盘根盒损坏甚至出现砸手的现象。并且敲击填料费时、费劲，遇到难加的甚至需要半个小时以上才能加好盘根，费时费力，劳动强度大，停井时间长。

二、结构原理作用

该装置的主要结构由两部分组成。

（1）定位内衬套：由上部分的定位卡子和下部分的内衬套管组成。定位卡子主要作用是将本工具固定在抽油机井光杆上的合适位置，保证本套工具在使用过程中不发生位移，确保操作能够正常进行；内衬套管主要作用是罩在光杆外部保护光杆，在本套工具使用过程中不会对光杆产生磨损。

（2）旋转外套筒：主要是由一长一短两片管件组成，在较长的一片的下端连接这一个带有斜切面的半圆压头，在使用时可以将皮带填料下压进入盘根盒内；较短的一片下端留有一定的空间，作为皮带填料的入口，能保证在加盘根过程中皮带填料不间断的进入。

三、主要创新技术

（1）改变了普通加盘根的方式，由使用工具敲击改变为旋转。

（2）采用了螺纹传递动力，降低了施工过程中的劳动强度。

四、技术经济指标

在使用本工具时，旋转把手时力量要适中，不得在把手上加装加力杠，以免损坏工具和盘根。

五、应用效益情况

本工具在2020开始研制。2021年开始在中原油田濮东采油厂石家采油管理区试用（图1）。2021年8月，被中原油田劳动竞赛委员会评为挖潜增效一等奖，并在2022年局技师协会举办的现场难题会诊活动中获得推广。目前，已在濮东全厂推开使用，员工反映效果显著，加盘根操作时间由以前30分钟一口井缩短至目前10分钟左右一口井，2022年获国家实用新型专利授权（图2）。

图1　现场应用图　　　　　　　图2　国家专利证书

 快速更换盘根光杆密封器

胜利油田分公司　张春来

一、项目创新背景

抽油机是油田生产的主要提升设备，光杆密封器是油井井口主要密封配件，由于抽油机要带动光杆上下往复运动，因此会造成盘根磨损而失去密封性，更换密封器盘根成为采油队日常维护生产的主要工作，目前油井光杆密封器有20多种，但始终有两个问题未解决。一是更换井口盘根时需要将盘根一个一个取出；二是最后2个盘根取出更是困难，将起子掰弯、掰断是经常的事。造成停井时间长，一般更换一次盘根需要40分钟，多则一个小时，原油损失0.2~0.5吨/井次，劳动效率低。所以，从提高开井时率和工作效率方面考虑，需要研制一种能够快速更换盘根光杆密封器。

二、结构原理作用

该密封器主要由分瓣式专用盘根盒、压帽、隔栏、盘根及盘根盒本体等组成（组1）。

工作原理：首先将分瓣式专用盘根盒放入盘根盒本体中，再将所需油井盘根加入分瓣式盘根盒中，需要更换盘根时，将分瓣式专用盘根盒起出，打开分瓣盒，全部盘根即可一次全部起出。

三、主要创新技术

（1）由以往的逐个起取盘根变为整体起取，操作时间明显降低。

（2）杜绝了用起子撬取过程中的划伤事故。

（3）底部采用专用密封盘根，延长使用寿命。

（4）体积小，操作简单，便于管理。

四、技术经济指标

（1）分瓣式专用盘根盒外径65mm、内径55mm、长123mm。

（2）隔栏外径54mm、内径33mm，材质45#钢；适用于直径32mm光杆油井。

（3）压力级别：中压（0.5~5MPa）。

五、应用效益情况

使用快速更换盘根光杆密封器后，平均停井操作时间由之前36.3分钟减少为18.5分钟，产量损失由0.46吨/井次降低为0.26吨/井次，年创效20万元。该成果2014年获山东省设备管理成果一等奖（图2），并获国家实用新型专利授权（图3）。成果的推广应用杜绝了使用起子打滑造成的扎伤手事件，降低了操作风险；减少了井口污染，做到了清洁生产，提高了工作效率，目前已在胜利油田胜利采油厂应用30多套。

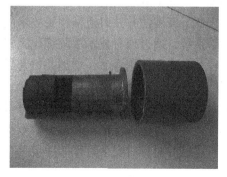

图1 成果实物图

图2 获奖证书　　　　　　　　　图3 国家专利证书

油井井口盘根自动润滑及泄漏报警装置

胜利油田分公司　隋爱妮

一、项目创新背景

目前，油井井口主要通过盘根光杆密封，在抽油机井生产过程中，由于光杆与盘根直接接触，二者相互作用产生摩擦，导致盘根和光杆受损，井口密封不严，从而出现油、气、水泄漏的现象。同时，由于部分井存在高含水、结蜡、出砂等特点，还会使光杆与盘根之间缺少润滑，加剧二者的磨损，导致油井井口泄漏频率增加，不仅造成大气、土壤等环境污染，加大环境污染治理难度，还会因井口密封失效而导致油井停产。近年来，随着国家对环保工作的重视，集团公司、胜利油田积极推行清洁绿色生产，在四化运行模式下，现有采油井口密封技术已无法满足油田环保形势要求，井场信息化视频监控无法在夜间清晰观察、判断油井井口密封情况，导致井口泄漏问题不能及时发现，及时治理，从而造成环境污染甚至事故发生。

基于此，开展油井井口泄漏预警技术的研究，结合井场信息化程度构建油井井口泄漏动态预警系统，通过现有技术手段优化完善油井井口泄漏治理尤为重要。该技术不仅能够延长光杆和盘根的使用寿命，增加井口密封，使泄漏频率大幅下降，缓解油气井口泄漏对环境污染的压力，强化杜绝"跑、冒、滴、漏"现象。同时，该技术对井口泄漏的预警还能够有效减少有毒有害物质逸散、井喷等事故的发生，提高风险管控水平，为下一步构建井场作业各环节语音安全提示系统，有效提升操作人员安全意识，更好实现全过程安全监管奠定了基础，对日后安全管理的进步具有长远意义。

二、结构原理作用

（1）预警密封器的设计与开发：三级式新型盘根压盖，一级盘根密封，二级润滑腔内加注润滑油，起到抽油杆表面润滑作用同时增加了抽油杆与盘根胶套之间的密封度。三级腔实时监测压力及漏失量的变化（图1）。

（2）压力及漏失量传感器配置及测控参数的确定：根据承压腔的承压范围，设计变化量的对比参数，通过计算选择最合理的预警参考值。

（3）刹车执行机构动力总成设计与开发：运用现有的刹车结构采用标准的力矩检测器件，标定检测出刹车制动所需的力矩范围，设计计算力矩输出执行总成，根据现场安装连接环境，开发总体机械结构。

（4）动力马达驱动器调配及测控模块开发：根据刹车制动力矩范围，设计换算动力马达驱动配参，并开发用于电流控制转为力矩计算的测控模块。

（5）专用逻辑控制设计与控制板硬件开发：基于抽油机远程控制联锁逻辑、刹车驱动、动力总成控制及刹车测控数据的计算需求，整合抽油机各种工况下的启停机刹车控制需求，设计应用于抽油运行姿态的自动检测链路，并根据不同抽油机电气控制系统的控制方式，完成自动联锁控制。

（6）网络通信远程与本地控制接口对接应用开发：针对现有的油井远程控制通信方式，依据标准的通信协议，开发通信协议，方便与各种方式的远程预警系统对接。

（7）油气井口泄漏预警技术的运行、完善及推广。

三、主要创新技术

（1）通过盘根和光杆的持续润滑，解决稠油、高含水带来的高摩擦问题。

（2）解决因高温造成的盘根刺漏问题，大幅提高盘根使用寿命。

（3）通过上下两级盘根设计，实现泄漏数据检测与预警功能。

（4）不改变更换盘根的标准操作规程。

（5）利用原仪表与原四化系统无缝兼容。

四、技术经济指标

（1）井口密封器泄漏压力达到0.01MPa触发预警信号，泄漏液在测压室不会外溢。

（2）压力控制在0~10MPa，确保预警后测压腔能承受高压而不刺漏。

（3）预设压力值0.2~0.5MPa，为逻辑控制系统提供数据参考。

（4）二级密封预警值达到1MPa时触发上限值，指挥中心远程停机。并远程刹车。

（5）刹车行程范围控制在0~150mm，保证了刹车的有效拉紧和松开。

（6）刹车拉力范围可监测0~5kN的力，为逻辑控制系统提供数据参考，可在手动与自动两种状态下均可实现定位刹、定点刹。

（7）盘根刺漏停井更换频率：高含水井及间开井≥三个月，结蜡及出砂井≥六个月，稠油热采井≥六个月。

（8）每口井平均停机占产时间由原来的28小时/年降至2.4小时/年。

五、应用效益情况

该装置使盘根使用周期延长，维护成本降低，生产效率提升。光杆通过自润滑腔实现实时保养润滑，减少光杆与盘根之间的磨损，井口装置通过自紧固和耐磨盘根增加密封性，使得井口泄漏频率大幅降低，使用寿命延长，减少了更换成本。每口井平均停机占产时间由原来的28小时/年降至2.4小时/年，在一定程度上提高了采油效率（图2）。自预警及自控制系统的构建，节省人力物力，环境污染得到改善。在泄漏压力预警实时监控、盘根泄漏及时预警和泄漏后及时控制治理的系统下，装置通过系统控制井口盘根治理泄漏情况，节约了人工成本，在生产过程中即使出现井口泄漏也能够做到及时发现，及时治理，一定程度上缓解了油、气、水泄漏对大气、土壤造成的污染，避免泄漏事件事故的发生，推动清洁生产持续发展。

自动盘根盒　小型压力传感器　信号电缆　温压变送器

图1　结构示意图

图2　现场应用图

更换盘根用光杆扶正装置

河南油田分公司　刘桂军　王运锋　张　青

一、项目创新背景

稠油井在吞吐生产过程中，每次注汽都会造成光杆与井口偏斜的情况，造成井口漏失、盘根磨损严重，在更换盘根时，盘根取出和加入困难，造成油井停井时间长、操作难度大、工作效率低。而且在更换盘根时，极易造成打滑，损伤手部，存在着安全隐患。

二、结构原理作用

更换盘根用光杆扶正装置由扶正头和手柄组成（图1），扶正头包括内圆弧面和外圆弧面，更换盘根用光杆扶正装置通过将扶正头放置在光杆与盘根盒最窄位置，通过内、外圆弧面，强行将光杆推至盘根盒中间，达到扶正的作用。加盘根时，先将盘根的切口对准扶正头，下盘加入并旋转，然后加入上盘，全部加入后调整切口位置错开。

三、主要创新技术

（1）实现快速扶正。在光杆与盘根盒最窄位置扶正，确保了光杆居中。
（2）内外圆弧面根据现场盘根盒尺寸加工，契合度高，杜绝滑脱。

四、技术经济指标

光杆与井口偏斜的井更换盘根耗时由120min/次缩短为20min/次。

五、应用效益情况

该项成果加工简单、使用方便，在油井上应用，提高了工作效率和减少安全隐患（图2）。在现场使用，可有效将光杆扶于正中位置，使更换盘根更加轻松、方便，尤其对于斜直井，可大大提高工作效率、降低劳动强度、减少安全隐患，可产生效益21.835万元/年。该项成果获河南石油勘探局有限公司技术创新项目三等奖（图3）。

图1 成果实物图

图2 现场应用图

图3 获奖证书

油井光杆对中微调装置

胜利油田分公司 唐守忠

一、项目创新背景

目前，油田使用的游梁式、皮带式抽油机在更换光杆密封器过程中经常出现光杆与密封器中心不对中的现象，更换密封盘根时费时费力。通过现场调查，抽油机井光杆与密封器中心不对中的现象普遍存在，这种现象与抽油机安装不合格、井口流程倾斜以及钻井施工质量差都有关系。

二、结构原理作用

抽油机井光杆与盘根盒对中微调工具可以实现快速更换井口光杆密封盘根、解决因井口倾斜造成的光杆中心不居中的现象。该装置由支撑座、支撑架、扶正环、调节器组成（图1）。通过装置上的调节器360°对光杆与盘根盒进行微调，调至光杆与盘根盒对中，盘根便可以顺利加入盘根盒空腔。

三、主要创新技术

（1）将原来人为推光杆对中改变为机械对中，对中更可靠。

（2）可360°旋转适应不同井况。

（3）利用光杆密封器外径可适应不同的尺寸。

（4）采用橡胶衬套保护光杆。

四、技术经济指标

（1）材质采用45#钢焊接加工。

（2）加工工艺符合安全标准。

五、应用效益情况

该装置目前已在采油厂多口油井进行了试验（图2），取得了较好的效果，减轻了操作人员的劳动强度，提高了采油时率。该成果被评为油田技术协会优秀合理化建设二等奖（图3）；并获国家实用新型专利授权（图4）。

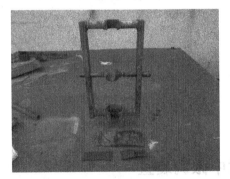

图1　成果实物图

图2　现场应用图

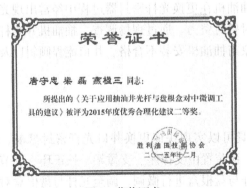

图3　获奖证书

图4　国家专利证书

一种井口防偏磨装置

中原油田分公司　许克新

一、项目创新背景

目前，油田采油生产过程中，抽油机井主要通过盘根盒实现井口光杆处的自动密封。当光杆在盘根盒中产生偏斜时，会加速盘根磨损，增加工人更换盘根的频率和难度；更严重的，井口刺漏，光杆磨损，会缩短修井周期，增加作业费用，大大影响产量和成本。

二、结构原理作用

该装置的主要结构由压盖接头、压盖螺栓、三爪卡盘、扳手、扶正装置、防护罩六部分组成（图1）。其中：压盖接头通过压盖螺栓固定在三爪卡盘底部；三爪卡盘的各个卡爪上各固定有一个扶正装置；扶正装置由扶正轮、销钉、支架组成，扶正轮通过销钉安装在支架上；护罩扣在三爪卡盘上，其设有拆卸槽，方便装卸；压盖接头通过所述压盖螺栓固定在所述三爪卡盘底部，压盖接头中心设有光杆孔，下部设有与盘根盒配合的内螺纹；所述三爪卡盘为自动定心卡盘，可通过配套的扳手旋转卡盘上的锥齿轮，同步调整三个卡爪到合适位置后自锁。

使用方法：将原井口盘根盒压帽拆下，通过压盖接头下部的内螺纹把该井口防偏磨装置安装在盘根盒上方。光杆从装置中心穿过。使用扳手旋转卡盘上的锥齿轮，来调整三个扶正装置的径向位置，使扶正轮轮面贴紧抽油机光杆后自锁，这样光杆与盘根盒即可保持同心，避免偏磨。

三、主要创新技术

该防偏磨装置适用各种尺寸的盘根盒及光杆，适用性强，调整方便，稳定可靠。

四、技术经济指标

（1）井口横向居中可调偏距离5mm。
（2）井口纵向居中可调偏距离5mm。
符合标准要求。

五、应用效益情况

该装置2016年开始研制。2017年3月18日，在中原油田濮东采油厂桥口Q29-1井、Q29-13井、Q29-11井等22口井上安装使用（图2），累计创效100多万元。该成果2019年获国家实用新型专利授权（图3）。

图1　成果实物图　　　　　图2　现场应用图　　　　　图3　国家专利证书

 抽油机井口密封盒冷却器

江苏油田分公司　沈　剑

一、项目创新背景

目前，全国各油田有上万口油井采用机械采油（有杆）的方式进行生产，井口与抽油杆之间需要井口密封盒。井口密封盒主要由填料盒、填料、填料压盖组成。密封盒的密封原理是：将填料加入填料盒与光杆表面所形成的环形空间，形成光杆表面、填料、填料盒三者之间密封。通过观察发现存在以下情况：

（1）当油井间歇出油，或油井故障、油井气锁等原因造成井口不出液，摩擦产生的热量会使光杆温度升高，密封填料（橡胶产品）受热老化失去密封性，使油井井口密封盒产生漏失。

（2）随着油井含水的上升以及油井加药、酸洗等措施导致产出液成分复杂，光杆缺少油膜保护，油井的产出液易造成光杆腐蚀。

（3）盘根盒刺漏不符合清洁生产的要求，易造成环境污染，存在一定安全隐患。频繁更换井口密封填料，降低了油井的开井时率、影响原油产量，也造成生产成本增加和劳动强度增大。

为解决这一难题，研制了"抽油机井口密封盒冷却器"，这样，不但能提高劳动效率，还能降低劳动强度，缩短停机时间增加了原油产量。

二、结构原理作用

该装置的主要结构由四部分组成（图1）。

（1）冷却液储存腔：在冷却器和光杆的空隙中加注冷却液（燃点高、有一定黏度、润滑性好、挥发性差），光杆下行时；发热后的光杆在密封盒外浸泡在液体中，以降低光杆温度，由于冷却液仍有一定的润滑作用、使光杆与密封填料的摩擦系数降低。光杆上行时；冷却液黏附在光杆上，露出储存腔与空气进行热交换，降低冷却液的温度。

（2）排污管：由于冷却器和盘根盒相连接，长期露天使用，有灰尘、树叶等杂物，不好清洗，在冷却器底部增加一个排污阀方便进行清洗排污。

（3）溢流管：防止雨天有雨水进入，液面上涨，造成冷却器上部漫油造成井口卫生，在排污阀进口管线上增加一个溢流管，溢流管的出口和排污阀的出口连接。当冷却器的液面高于溢流管时，上涨的液面通过溢流管线溢出。

（4）破虹吸口：溢流时防止产生虹吸现象，虹吸会将把冷却器内的冷却液漏光，因此在溢流管线的上部加装一个破虹吸管，防止溢流时产生虹吸现象。

三、主要创新技术

（1）冷却液储存腔壁有一定的强度、可以支撑井下抽油杆柱的重量、不影响油井的其他操作。

（2）冷却液具有燃点高、有一定黏度、润滑性好、挥发性差（技能大师选用的是减速箱更换的废机油）。

（3）冷却液黏附在光杆上，随光杆上行与空气进行热交换，使得储存腔内的冷却液温度不会升高。

（4）雨水天气，随着储存腔内的液面升高，当液面高于溢流口高度时，雨水可以从储存腔底部通过溢流管自行排出。

四、技术经济指标

（1）光杆下行时：由于井口密封填料的作用，黏附在光杆上的冷却液不断地在储存腔聚集，导致冷却液在储存腔内的液面上涨，发热后的光杆在密封盒外浸泡在冷却液中，以降低光杆温度，由于冷却液仍有一定的润滑作用、使光杆与密封填料的摩擦系数降低。

（2）光杆上行时：冷却液黏附在光杆上，随着光杆上行，露出储存腔与空气进行热交换，降低冷却液的温度，冷却液在储存腔内的液面下降。

五、应用效益情况

该装置2000年开始研制。2000年3月，在江苏油田采油二厂黄珏生产班站黄55（气油比较高）、黄88-4（偏磨严重）、黄88平3（含水99%、33t/d）等3口井上安装使用、使用效果很好（图2），通过后期跟踪井口密封填料的更换周期较原来延长一倍以上，单井创效200元/年。同时进行国家实用新型专利申报，于2020年12月获国家知识产权局授权（图3）。

2021年3月在厂技术革新经验交流现场会上，专家组一致认为该技术是目前防井口密封器干磨的一种成本低、技术较为先进的设备，有很高推广应用价值。

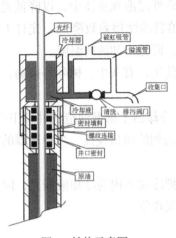

图1　结构示意图　　　图2　现场应用图　　　图3　国家专利证书

抽油机井井口自动密封装置

胜利油田分公司　罗胜壬

一、项目创新背景

更换油井井口密封盘根是油井日常维护的基本工作，目前所采用的井口密封装置在更换密封盘根时需要关闭井口胶皮闸门以切断井底压力才能进行下一步操作，以防止井内压力泄漏发生污染事故。日常维护作业中由于操作不当和保养工作的不到位胶皮闸门失效、关闭不及时等问题时有发生，给日常的维护工作造成很多麻烦。抽油机井在更换井口密封操作时的二次密封方式有多种方式，目前技能大师多采用的是井口双胶皮闸门密封、二级盘根密封、原盘根密封等方式，由于以上方式中存在的种种弊端使得在更换盘根作业时常常发生油气泄漏、密封不严、二级盘根磨损严重等问题。

二、结构原理作用

该装置主要由压帽、格兰、光杆、填料盒外筒、密封盘根、压杆、隔板、上盘根、下盘根、扶正格兰、推力弹簧、密封装置本体等组成。

该装置在安装过程使填料密封盒保持原有设置，其中设有压帽、格兰、填料盒外筒和密封盘根，填料盒外筒的两端分别设有外螺纹和内螺纹，格兰和密封盘根安装在填料盒外筒内，填料盒外筒的上端与压帽螺纹连接、下端与密封装置本体螺纹连接。该装置对原井口光杆密封的原机械结构无任何破坏和改变，仅在密封盘根下方的密封装置本体内安装了自动密封机构。自动密封机构中的推力弹簧安装在密封装置本体内腔的最底部，随着密封盘根的磨损，在井底压力和推力弹簧的上顶作用下，扶正格兰顶着下盘根和上盘根上移，使位于填料盒外筒中的密封盘根压实，对从中通过的光杆实现自动密封，无须工作人员通过调整压帽的方式使其中的密封盘根压实密封，实现了井口光杆密封装置在工作状态中的自动调整。

当密封盘根磨损殆尽、需要人工添加密封盘根时，由于隔板的外径大于密封装置本体上部外螺纹形成的大径，隔板正好卡在填料盒外筒下部内螺纹上部的隔板止推槽中。在人工更换盘根作业卸松压帽时，在卸松2~3扣时，扶正格兰在井底压力和推力弹簧的推动作用下上移，使下盘根和上盘根形成密封面与光杆紧密结合达到完全密封的目的。然后卸下压帽依次取出隔兰及旧的密封盘根，加入新的密封盘根并放入隔兰装上压帽，上紧压帽使内部的密封盘根下压，从而推动压杆下行使下盘根与上盘根脱离并解除密封，使推力弹簧重新进入伺机状态。

三、主要创新技术

该装置没有改变原井口光杆密封装置机械结构的情况下，能够应用多种型号的井口光杆密封装置，达到了自动密封和人工加盘根无须关闭胶皮闸门的使用效果，特别是在盘根磨损殆尽和光杆发生断脱过程中能实现井口的防喷保护，有效降低了生产成本及机采设备维护过程中的工作量和管理人员的劳动强度。

四、技术经济指标

（1）形状公差应符合GB 1184—2000的要求。
（2）装配后，端面的接触斑点和侧隙符合GB 10095和GB 11365的规定。
（3）调质处理，28~32HRC。
（4）安装误差<5mm。
（5）启动行程4mm，反应时间0.2~0.4sec。
（6）启动行程3.8mm　　　　　　　　参考值：（4±1）mm。
（7）推力弹簧偏移量0.76mm　　　　　参考值：3mm。
（8）坐封反应时间0.28sec　　　　　　参考值：0.4sec。
（9）安装误差5mm　　　　　　　　　参考值：±5mm。
（10）安装时间12.2min　　　　　　　参考值：（15±3）min。

五、应用效益情况

此抽油机井井口自动密封装置的使用改善了工人劳动条件，降低了劳动强度；大大缩短了更换一次盘根的操作时间，即使没有经过专业培训的职工也能轻松完成，而且有效地避免了机械损伤事故发生；消除了以往操作的安全隐患，符合QHSSE要求；从装置的安装到操作只需1人就可独立实施完成；安装便捷，适用性强，可广泛应用于各类型抽油机井（图1）。

自2021年5月"抽油机井井口自动密封装置"研发使用至今，有效解决了二次密封耗时长、人员多、劳动强度大等问题。有效避免了人工、污染、产量等造成的直接经济损失共计二十余万元，该装置的研发使用得到了一线职工的一致认可，为更好地使该装置得到有效推广技能大师编写了"抽油机井井口自动密封装置"标准化操作手册，并且在2021

年山东省质量管理成果评比中该装置获得了山东省优秀质量管理成果一等奖，同时获国家实用新型专利授权（图2）。

图1　现场应用图

图2　国家专利证书

一种采油井井口密封盒填料加装工具

胜利油田分公司　侯卫华

一、项目创新背景

抽油机井口加盘根存在以下安全问题：一是盘根盒压帽是用铁丝绑在悬绳器上，极易掉落导致操作工人受伤。二是加注时使用手锤敲击易造成光杆、盘根盒丝扣损伤，还易造成操作工人手受伤。三是用小榔头敲击平口起子下压盘根，使填料受力面积少，易导致损伤，影响密封效果，减少使用寿命。四是由于废旧皮带硬度、宽度均大于标准填料，加填时难度大，操作费时费力，时间长约30分钟。研制一种能够快速填加盘根的工具是非常有必要的。

二、结构原理作用

（1）胶皮闸门开关专用工具。用于快速开关胶皮闸门。

（2）盘根盒压帽固定工具。通过U形卡子结构，将整个装置固定在盘根盒丝扣下方。

（3）丝扣保护套。安装在盘根盒压帽固定工具上方，包住盘根盒丝扣，防止丝扣损伤。

（4）旋转支架。用于压紧盘根，同时可以360°旋转。

（5）盘根压制杆。为下压盘根压舌增加力臂（图1）。

三、主要创新技术

（1）确保操作人员的安全性。利用盘根盒压帽固定工具，将盘根盒压帽卡在光杆上，避免发生掉落事故。

（2）确保填料的完整性。将过去的敲、砸改为按压方式填加填料，增加密封效果、延长使用寿命。

（3）确保设备的安全性。避免使用榔头砸击时，对光杆、盘根盒丝扣造成损伤。

（4）提高工作效率及油井生产时率。工具加工简单、制作方便、省时省力，比正常加盘根节省20分钟左右。

四、技术经济指标

（1）降低劳动强度，加盘根由2人操作，减少到1人操作。

（2）井口加注密封填料安全、高效、耗时少，提高劳动效率70%。

五、应用效益情况

该装置2017年开始研制。2017年10月26日，胜利油田临盘采油厂召开评价会，专家组一致认为该工具能够有效加装盘根，省时省力，有很高推广应用价值。2017年确定为胜利油田临盘采油厂专利技术实施推广项目。目前，已在各个管理区现场推广应用5000多次，年创经济效益10万元，累计创效50多万元。该成果2018年获国家实用新型专利授权（图3），2021年获得采油厂QC成果奖一等奖（图4）。

图1 成果实物图

图2 现场应用图

图3 国家专利证书

图4 获奖证书

一种棘轮抽油机盘根辅助装置

胜利油田分公司　毛光明

一、项目创新背景

抽油机井取加盘根的操作步骤是首先停井、关胶皮闸门，然后卸掉压帽取盘根，使用平口起子、小榔头、铳子等工具加盘根，然后上紧压帽、开井，使用时间约30分钟。在一定程度上影响了抽油机井的开井时率，对原油产量造成了一定损失，可见降低抽油机井加盘根时间也是创新创效的措施。因此为了快速加好盘根，技能大师研制出"与题目一致"，真正意义上地解决抽油机井加盘时间过长的问题。

二、结构原理作用

该装置主要由上钢圈、下钢圈、齿条、压舌、锁栓、导向围框、棘轮、棘爪、压架、拨块、压杆组成（图1）。

钢圈架在盘根盒底座上方，在压舌下加入盘根，在具体实施过程中，使用光杆卡子也就是方卡子为上钢圈提供支撑力，棘爪装配有扭簧，使棘爪的锁齿与齿条实时配合卡接。棘轮转动且相对于齿条下行时，棘轮同时拨动了棘爪的解锁齿，使整个棘轮驱动机构整体带动压舌下行，移动一个齿后，棘爪受自身扭簧力锁齿重新与齿条锁住，即棘轮下行一个齿，棘爪跟随下行一个齿。这样不间断下压棘轮齿轮带动压舌足渐下行，下压盘根皮带至盘根盒内。在下压过程中为了方便省力，采用加长压杆方便操作。连续不间断通过压杆的杠杆作用快速压下盘根，再整体绕抽油杆或光杆旋转一定度数，换一个角度后继续下压压杆，最后通过围绕盘根盒上方的抽油杆快速加好盘根。

三、主要创新技术

（1）实现了油井加盘根快速高效。

（2）节约人力和成本。

（3）防止以前砸伤手指的情况，不用摘手套适合全天候工作。

（4）采用棘轮扳手省力。

（5）环保更安全。

（6）用新型工具压实盘根，延长使用寿命。

（7）装置体积小便于移动。

四、技术经济指标

棘轮抽油机盘根辅助装置成本低，现场应用快速高效，较以前加盘根时率提高了百分之三十左右，特别是在冬季也不用徒手操作，给职工带来了方便。重量只有8kg，方便携带和操作，并且不会给油井现场带来污染，极大提高了油井时率。

五、应用效益情况

该装置2020年开始研制。目前，在胜利油田鲁明公司推广应用10套（图2），每年可产生经济效益6万余元。2021年获得鲁明公司创新创效成果一等奖，同年获国家实用新型专利授权（图3）。

图1　成果实物图　　　　图2　现场应用图　　　　图3　国家专利证书

 油井井口盘根调整装置

胜利油田分公司　韩荣华

一、项目创新背景

油田实施信息化建设以来，油水井诸多工作都实现了信息化、智能化。但调整盘根松紧度始终依靠人工完成，如巡检不及时或调整不到位，出现"跑、冒、滴、漏"现象，造成环境污染，而且造成油气资源浪费，影响三标管理水平，清理污染工作量大。

二、结构原理作用

该装置的主要结构由三部分组成（图1）。

（1）AI智能巡检可视化平台：通过井场视频监控捕捉井口盘根盒画面，每10s采集1个画面，并与前一个画面进行比对，如与之前的画面有差异，即认定盘根盒处有油气泄漏，系统弹出该井号并发出报警。

（2）信息化控制模块：由控制单元、远程传输单元、远程控制模块、时间继电器等组成。视频管控岗告知注采管控岗该井盘根泄漏，在SDCDA系统查找该井号，通过远程驱动盘根调整装置。

（3）调整装置：由220V驱动电机、减速器、电机支架、传动机构组成。该装置自动调整盘根紧盘根5s，使盘根盒压帽旋转1/25圈，自动停止（或定期调整）。若仍然漏油，重复操作，直至不漏油为止。岗位员工无须赶到现场，避免造成环境污染。

三、主要创新技术

（1）定期调整盘根松紧度，确保不漏油。

（2）发现漏油，远程启动该装置，实现自动调整，无须岗位员工现场处理。

（3）一次调整范围小，避免调整过大，盘根过紧，光杆发烫，造成井口漏油，影响系统效率指标。

（4）减少员工日常工作量。

（5）避免环境污染，减少清理污染工作量。

（6）减速电机外壳全封闭，防爆性能高。

（7）齿轮采用侧开式啮合，不影响更换盘根密封圈。

（8）拆装快速，不影响修井作业，不影响盘根盒处卸负荷。

四、技术经济指标

（1）AI智能巡检平台信息捕捉灵敏度高，捕捉频次高，确保发现及时。

（2）减速电机电源类型为交流电，负载能力强，符合标准要求。

（3）减速比大，通过减速器与齿轮两级减速，启动1次盘根盒旋转1/25圈，模拟人工紧盘根盒的动作，符合标准要求。

五、应用效益情况

该装置2021年开始研制。2022年2月26日，在胜利油田纯梁采油厂正13-101井等3口油井安装使用（图2）。2022年5月17日，纯梁采油厂召开现场会，专家组一致认为该装置是目前国内一种较为先进的设备和技术，有很高推广应用价值。目前已在16口油井安装使用，年创经济效益4.8万元。该成果2022年获得纯梁采油厂技术创新成果一等奖，2022年采油厂合理化建议一等奖。

图1　成果实物图

图2 现场应用图

 抽油机光杆断脱防喷装置

胜利油田分公司 赵琢萍

一、项目创新背景

抽油机光杆工作时需要在光杆密封器内上下往复运动，光杆密封器与光杆之间形成滑动密封。当光杆出现意外断脱时，井内的油液喷涌而出，严重时会出现井喷事故无法控制，不仅存在较大的安全隐患，同时对环境造成严重污染。因此，需要研制一种装配简单、适用性强、密封性好的抽油机光杆断脱防喷装置。

二、结构原理作用

该装置的主要结构由上筒体和下筒体两部分组成。

正常工作时，光杆在上下筒体内的通道中做往复运动，密封球在支撑弹簧的作用下与光杆进行点接触，密封球采用GB9Cr18Mo、Φ32mm的钢球材质，其硬度低于光杆硬度，有效避免了密封球对光杆产生磨损问题；当光杆断后落入井内时，支撑弹簧将密封球推入上筒体腔内，向上涌出的油液将密封球向上推入密封套中将光杆通道封堵，实现密封光杆断脱时及时封堵防喷的功能。

三、主要创新技术

（1）光杆断脱后，能够实现自动快速密封光杆通道进行紧密封堵，防止油液喷溅。

（2）在不改变设备本体的基础上进行改进，适应现阶段通用型盘根盒的加装。

（3）现场维护简单、配件更换便捷。

四、技术经济指标

（1）密封球选用材质为GB9Cr18Mo、Φ32mm的钢球，耐磨损不易生锈，其硬度低于光杆硬度。

（2）密封球可360°任意旋转，偏移角度大，杜绝偏磨。

（3）喇叭形开口密封套便于引导密封球顺利进入内腔，与内壁贴合，实现密封。

（4）上下筒体为螺纹连接，下筒体呈变径结构，变径处有承托盘根的台阶面，能够有效压实盘根。

（5）适用于不同形状或不同尺寸的各种盘根，适用性广。

（6）支撑弹簧设有定位柱避免支撑弹簧分支管内部受力倾斜，产生扭转变形。

五、应用效益情况

该装置的使用可有效避免光杆断落入井内时，井内及流程管线内产出液的喷出导致井场的设备及环境污染事故，极大降低了现场员工处理污染的劳动强度，保障了油井的绿色能源生产；适用于油田多类型防喷盒的更换，适用性广、推广性强（图1）。2022年获胜利油田河口采油厂优秀技术创新成果二等奖（图2）。

图1 现场应用图

图2 获奖证书

自润滑式光杆密封器

胜利油田分公司 岳明东

一、项目创新背景

目前，稠油在油气资源中占有很大的比重，而主要的开采方式为热力采油，即蒸汽吞吐模式开发。稠油热采井生产多轮次后，转抽初期排水期延长（5~10天），井口含水高，关停电加热情况下，井口温度仍高达100℃，井口盘根盒（井口密封器）密封时间短，需频繁更换盘根，严重影响采油时率，特别是套坏出砂井，增大躺井风险。

目前，现场使用的光杆密封器，在超稠油井产生较大工作量，因此，决定研制一种耐高温超稠油自润滑式光杆密封器。

二、结构原理作用

耐高温超稠油自润滑式光杆密封器主要为四大部分，盘根密封部分、圆盘空腔润滑油部分、防喷密封部分、万向球头调偏部分（图1）。

（1）上部盘根盒内加三个盘根起密封作用，并与圆盘空腔润滑油装置连接，圆盘空腔润滑油装置上装有加油孔、放油孔、压力变送器接头。

（2）中部万向调球头偏部分，由"O"形密封圈、万向调偏器组成。调偏部分采用万向球头机构与密封件相结合的方式，自动调偏范围0°~15°（圆周360°）。

（3）下部防喷密封部分为双梯形胶皮闸门、调节丝杠组成。内部自上而下依次为活瓣式隔栏压垫、"O"形耐高温盘根。

三、主要创新技术

（1）首次采用了双梯形密封装置，节省了更换盘根倒放空时间，提高了采油时率。

（2）将圆形格兰改为活瓣分体式，42型光杆上端有个加粗接头，提高光杆的拉力。采用活瓣分体式格兰与光杆之间间隙更合理，增强了密封性。

（3）采用的润滑油是经过调制处理，既耐高温又不溶于水，能在光杆上形成润滑膜，减少光杆与盘根的摩擦和原油对光杆的附着性，保证光杆的清洁度。

四、应用效益情况

目前在胜利油田河口采油厂CDC12-P36、CDCN911-P9井安装使用（图2），平均更换盘根周期由7天延长到90天，应用效果良好，解决了生产中的实际问题，确保了油井安全运行，大大提高了油田现场管理水平。具有广泛的推广价值，适应于所有稠油井，减少环境污染，提高了环保质量。该成果获2022年胜利油田河口采油厂优秀技能人才技术创新成果三等奖（图3）。

图1　成果实物图　　　　图2　现场应用图　　　　图3　获奖证书

一种油井蓄能式井口盘根盒

胜利油田分公司　张守秀

一、项目创新背景

胜利油田东辛采油厂辛一管理区目前开油井390口，其中抽油机井330口，占油井总数的84.6%。抽油机是油田原油生产的主要设备，而油井盘根盒是密封油井产出液与光杆，保证油井正常生产的井口配件。抽油机在运行过程中，油井盘根盒密封的严密程度直接关系到油井的清洁生产，而盘根盒压帽是决定橡胶盘根严密性的关键部件。正常生产井一般3~5天紧固一次盘根盒，但由于井液对光杆的腐蚀及盘根耐磨程度不够等原因，造成盘根盒与盘根之间密封间隙过大，原油污染井口，严重时污染环境，降低开井时率，影响油井产量。

二、结构原理作用

该装置的主要结构由五部分组成（图1）。

（1）蓄能盘根盒本体：主要用于放置、存储盘根。

（2）盘根压帽：包括内部盘根压帽和外部盘根盒压帽，目的是让蓄能弹簧刚刚穿过；露出的盘根压帽上平面靠近内圈的位置车制一道圆环，目的是放置蓄能弹簧，让弹簧有一个稳定的基础。

（3）蓄能弹簧：选择合适压强、长度的弹簧。选择合适的盘根盒压帽扭矩，让盘根能长时间保持不渗不漏。

（4）弹簧压帽：用于固定弹簧、调节螺栓，保证结构的稳定性。

（5）弹簧调节螺栓：用于调节弹簧压强。

三、主要创新技术

（1）实现了井口盘根的精确防漏。根据每口井的设备情况调节不同压强。在保证井口不漏的情况下降低电机能耗。

（2）减少的油井的加盘根频次，延长每次盘根的使用寿命。

（3）减少因井口渗漏造成的污染，降低员工工作量。

（4）结构简单，使用方便，推广性强。

四、技术经济指标

（1）经济效益。

该装置成本200元/套，6口井减少停机次数10次，每次停井半小时，年减少产量损失21吨，减少青苗赔偿费6万元，合计年创经济效益=21×2000+60000-200×6=10.08（万元）。

（2）社会效益。

减少了原油污染对环境的影响，并降低了一线员工的劳动强度，提高了油井时率。

五、应用效益情况

油井蓄能式井口盘根盒在胜利油田DX采油厂DXX161X27等6口井上应用（图2），一般15天左右紧固一次盘根盒，有效杜绝了井液对光杆的腐蚀及盘根耐磨程度不够等原因造成的环境污染延长了更换周期，受到一线员工的一致好评。在实施过程中，应班组建议，在盘根盒上加了一对手柄，班组人员可以双手压紧盘根，减轻了劳动强度。该成果获采油厂分工会年度优秀合理化建议二等奖（图3）；并获国家实用新型专利授权（图4）。

图1 成果实物图

图2 现场应用图

图3 获奖证书

图4 国家专利证书

油井井口防漏油装置

胜利油田分公司 孙文海

一、项目创新背景

稠油开采需要热水循环或电加热才能顺利将油产出，由于温度高盘根受热产生变形，井口密封器密封效果变差，造成井口污染，不利于清洁生产，一定程度上加大了职工劳动强度，影响开井时率。日常生产过程中还有部分油井井口盘根，一到雨雪天气井口就发生光杆劳油现象。因此，研制了油井井口防漏油装置。

二、结构原理作用

该装置的主要结构由六部分组成（图1）。

（1）强磁底座：装置底部加装6个强磁铁，装置底部与井口盘根盒紧密结合，固定牢靠。

（2）螺纹内座：底座与外壳通过底座内丝扣连接，连接后中间会产生环空腔室用于添加黄油及润滑脂。

（3）黄油腔室：黄油腔内的黄油对光杆进行不间断润滑保养。

（4）盘根槽：盘根槽内可根据油井的光杆的型号选择配套盘根（此装置适合现有的所有光杆）。

（5）内丝外壳：外壳与底座通过丝扣连接将装置连成一体。

（6）黄油嘴：用于为装置添加润滑脂。

三、主要创新技术

（1）黄油腔内的黄油对光杆进行不间断润滑保养。

（2）线切割技术使装置内座穿过光杆安装在盘根盒上。切口宽度42mm，适合油田所有型号的光杆安装。

（3）装置通过强磁与井口盘根盒连接，固定牢靠、安装方便。

四、技术经济指标

（1）黄油腔内的黄油对光杆进行不间断润滑保养，光杆使用寿命与原先相比延长了3~4倍，盘根的使用寿命与原先相比延长了5~6倍。

（2）油井的开井时率提高了10%。

（3）减少了井口渗漏频次，避免了环境污染。

图1　成果实物图

五、应用效益情况

该装置2020年开始研制，2020年11月，在胜利油田河口采油厂管理六区注采601站罗653-X2和罗321-1井、注采602站罗17-X22井安装试用（图2），效果良好，有效防止了油井出水期井口刺水，黏油井黏油拉丝，电热杆井井口漏油的现象。2021年该装置经过河口采油厂专家论证后被定为全厂推广项目，加工53套在河口采油厂八个管理区推广应用，年创经济效益54万元。获2020年胜利油田河口采油厂群众性优秀技术创新成果三等奖（图3）。

图2　现场应用图　　　　　　　　图3　获奖证书

采油井井口密封盒盘根快速加入装置

胜利油田分公司　王　彪

一、项目创新背景

更换采油树井口密封盒中的填料是采油工的日常工作之一，用密封胶圈作为填料时，由于密封胶圈的抗磨损性能差，加装填料的周期短。经过实践，发现用旧皮带作为密封填料能够延长加填料的周期，不仅节约生产成本，而且提高密封效果。加填料或加盘根最常使用的工具就是起子和手锤。由于皮带硬度较高，必须用手锤敲击平口起子，才能将皮带加入井口密封盒中。上述工具的缺点是工作效率低、容易伤手，使用不当砸伤光杆，费时、费力，存在不安全因素。为此，制作一个专用的加盘根工具非常有必要。

二、结构原理作用

（1）本装置结构简单、加工成本低，使用方便，无须锤子敲砸，不会伤及员工的手部及身体，也不会击伤光杆，并能够快速向井口密封盒中加入填料。

（2）通过盘根挤压杆向下挤压，加入密封盒中的填料紧实，有效提高了密封盒与光杆之间的密封效果。

（3）本装置结构稳定，易于操作，通过杠杆下压原理就可快速完成更换密封填料的工作。

（4）本装置中左右的工字形卡座的弧形槽抱住光杆，很好地起到了固定作用。

（5）盘根挤压杆能够将废旧皮带通过盘根压头压实在密封盒中。废旧皮带压入一段后，转动装有移位手槽内的卡座，就能够将废旧皮带环绕到井口密封盒内壁与光杆之间的空隙中，再通过盘根挤压杆压入。

（6）由于盘根挤压杆与加力杆之间是通过接销活动连接，其受力点可调节，能够安全轻松地完成向密封盒中加入填料，大大降低了工人的劳动强度，提高了工作效率。同时减少了停井时间，提高了开井时率（图1）。

三、主要创新技术

（1）加力杆长度可调节，不用锤子砸击，在固定支撑杆的支撑下可上下按压，省时省力。

（2）同时为了保护光杆，还在两个卡座的弧形槽中加装了4个滚柱，方便本装置在加盘根过程中顺滑地围绕光杆转动、调整挤压盘根的位置。

四、技术经济指标

（1）每次更换盘根的时间，用时5分钟左右，较以前填加方式节省20多分钟。

（2）操作过程中，盘根无损坏，工作安全性达到100%。

五、应用效益情况

该装置2021年开始研制，2021年9月23日，胜利油田临盘采油厂召开评价会，专家组一致认为该工具能够实现皮带式盘根快速填加的作用，有很高推广应用价值。2022年确定为临盘采油厂专利技术实施推广项目。目前，已在采油管理七区现场推广应用200口井（图2），年创经济效益约8万元，累计创效12余万元。

图1　成果实物图　　　　　　　　图2　现场应用图

不压井更换光杆装置

西北油田分公司　毛谦明

一、项目创新背景

随着油田的开发，随着油田的发展，抽油机井设备的老化，因光杆的腐蚀、载荷及工作环境的影响，发生光杆断脱的事故也是频繁发生。及时更换光杆保证生产正常生产，杜绝井控事故的发生是采油厂的重点工作之一。西北油田采油一厂目前有抽油机井500多口，根据光杆的管理制度，每年应更换的光杆在200口井左右。目前塔河油田更换光杆，都是采用的先压井，后泄压、再观察的操作流程方法，存在着压井时间长，压井液量大，观察时间长等特点，造成每更换一口井光杆时间在7小时左右。更换完毕启抽后排液时间在72小时以上，严重影响生产时效，同时存在一定的安全隐患。压井对于敏感性地层有可能产生污染，造成不可弥补的损失。为此，特研制一种不用压井进行更换光杆的装置。

二、结构原理作用

工具：本体外径84mm，内径65mm，本体长500mm，总长750mm。

应用范围：抽油机井口21MPa手动防喷器或42MPa手动防喷器。

功能：具备井下与井口压力的切换密封能力，及井口操作穿换泄压功能。

组合：需与抽油机井口手动防喷器配套应用。

具体构造：利用井口手动防喷器的半封功能，研制一种可连接在手动防喷器上的密封泄压工具。该工具由两部分组成，一是密封抽油杆的类似以前胶皮阀门，可以针对不同的抽油杆对密封件进行更换，二是泄压筒，使得光杆接箍可以进入其中，泄压筒的中部安装泄压考克和压力表，在其上部用盘根进行密封。

三、主要创新技术

（1）工作筒：加工一个长度为500mm，外径76mm，内径为65mm的工作筒，在其上部加工一个与光杆密封的填料盒，密封盘根与现场的尺寸一致，在操作过程中可达到7MPa以下压力的密封。

（2）胶皮阀门：加工一个类似闸板防喷器的座椅，起到高压密封的胶皮闸板阀门，其尺寸：外径84mm，内径65mm，高度260mm，胶皮闸板密封尺寸为25mm的抽油杆。

（3）变径短接：因胶皮阀门下端丝扣是与21MPa手动防喷器直接相连，因此不能与42MPa手动防喷器相连，为此特加工能与胶皮阀门和42MPa手动防喷器相连的变径短接，这样就可以针对不同类型的抽油机井口都能适用不压井更换光杆装置。

四、技术经济指标

改造前：按照每次更换光杆需压井来计算；每次压井需要盐水100m³左右，压井及观察时间为7小时计算；每口井排液时间按照48小时计算，则每口井完全恢复更换光杆前的生产状态是：泄压及更换光杆操作时间为2小时，排液加压井时间为48+5=53小时。

改造后：不需要压井，只需要顺利操作此设备，每口井需要泄压及操作时间即可，实际操作3小时完成。

五、应用效益情况

每口单井产油量按照5t/d计算，则：每小时产油5÷24=0.2（t），则每口井影响产油（72+7）×0.2=15.8（t）。

按照2017年国际油价每桶60美元计算，则每吨油是2646元，每口井压井作业费用平均为3500元计算，则每口井节省费用15.8×0.26+0.35=4.45（万元）。该设备2018年在西北油田大面积推广（图1），截至2021年底，西北油田采油一厂、二厂、三厂推广使用该设备。调查采油一厂2018~2022年日报统计使用"不压井更换光杆装置"累计更换720口井，采油一厂实际增效720×4.45=3204（万元）。该成果2017年获得西北油田改善经验管理建议二等奖；2022年获得中石化技能创新成果二等奖；2022年获国家实用新型专利授权（图2）。

图1　现场应用图

图2　国家专利证书

第七节　信息化设备设施维护工具用具

 载荷位移传感器保护装置

河南油田分公司　翟晓东

一、项目创新背景

抽油机载荷位移传感器是数字化油田的主要数据提取装置，使用时安装于抽油机的悬绳器上，光杆从其中穿过，抽油机载荷位移传感器的顶部与光杆上所固定的光杆卡子接触，底部与悬绳器接触，被夹在悬绳器与光杆卡子之间。正常工作状态下，在抽油泵的上冲程，抽油机的驴头通过悬绳器上提抽油杆，抽油机载荷位移传感器自然被夹紧，与悬绳器和光杆卡子紧密接触；在抽油泵的下冲程，抽油机的驴头下俯，悬绳器随之下降，光杆在自身重力的作用下同步下降，从而保持光杆卡子与抽油机载荷位移传感器之间的接触。

然而，在遇到部分油井因油稠或结蜡等因素影响，抽油杆下行滞后时，由于悬绳器与光杆的运动不同步，可能会出现这样一种情况，即光杆尚处于下冲程，而悬绳器已经开始随驴头上升。此种情况下，将会出现悬绳器撞击载荷位移传感器，或者光杆卡子撞击载荷位移传感器的现象。而载荷位移传感器本身强度有限，在经受撞击的情况下，远程传输部分和探头极易发生损坏，并且其本身价格较高，修复周期较长，若经常损坏，不仅设备成本高，而且会影响采油信息的采集。

二、结构原理作用

该装置由底板、顶板、纵横弹簧、立杆等部件组成。正常工作时将载荷仪安装在装置底座内，向后拉动销杆，上压板受力杆挡在销杆前端，使销杆不能自动回位，井下负荷通过上压板作用在载荷仪上。

当发生光杆滞后或下不去时，方卡子从上压板上脱离，在纵向弹簧的作用下，将上压板顶开一定距离，同时，销杆在横向弹簧作用下发生位移，支撑在上压板受力杆下方，使载荷仪与上压板之间有一定间隙；当方卡子再次下落时，负荷作用在上压板上，保护载荷仪不受损坏。

三、主要创新技术

（1）发生光杆滞后或下不去时，立即起到保护作用。
（2）拉环设计，方便恢复。

四、技术经济指标

设计承载能力200kN。

五、应用效益情况

载荷位移传感器保护装置现场应用后（图1、图2），从根本上解决了由于光杆滞后或下不去造成传感器损坏的问题，年均减少传感器损坏400台次，减少材料费支出80万元，取得了较好的经济效益和社会效益。适用于各种型号抽油机井，推广应用前景广阔。该成果获油田分公司质量管理成果一等奖及局工会技术创新项目二等奖（图3）。

图1　现场安装图　　　　　　　　　　图2　现场使用图

图3　获奖证书

抽油机井声音异常报警装置

江苏油田分公司　厉昌峰

一、项目创新背景

江苏油田分公司采油一厂从2017年12月采用生产信息化系统，实现站库、井场的实时视频监控，以及各类电讯参数的远程传输。生产信息化的应用后，撤销了采油夜班巡查岗，不仅大幅降低了用工人数和劳动强度，还加快了油井开井及时率。信息化建设虽然提高了工作效率，但是它没有覆盖音频对讲部分，只能由中控室向井场单向喊话，井场设备运转声音无法传回，致使传统抽油机巡回检查中的"听、看、测、摸、闻"五字法中首当其冲的"听"无法通过现有的信息化设备来远程实现。通过对一年的设备故障统计，所有的抽油机故障中有72.48%是通过声音进行辨别，给设备运转带来很大安全隐患。针对抽油设备运行声音采集的缺失问题，利用江苏油田信息化系统中的已有功能进行升级，新增了油井现场音频采集、音频检测、声音突变检测等网络服务，实现对异常声音提供准确的分析定位，形成了全方位油井设备运行状态的抽油设备异常声音报警技术。

二、结构原理作用

该装置的主要由四部分组成。

（1）声音采集器：将声音采集器安装在抽油机游梁底部，声音采集覆盖全面。

（2）音频处理模块：能够实现对低频杂音过滤，通过设备故障声域比对，设置56~96db为采集区间。

（3）建立传输通道：采用有线传输的方式连接，安全稳定地传输信号至井场音箱系统，再通过现有光纤传输到中控室。

（4）自主开发出音频超阈报警软件，实现对采集到的异常声音发出报警。通过C++计算机语言编程，将软件与自动化系统相链接。同时对采集到的音频阈值进行设置，若超过设置的阈值上限就会迅速自动找出异响声音油井的IP地址（每口油井视频监控摄像头都有一个专用的IP地址），并在中控室传出"XX油井声音异常"的报警提示音，做到故障油井精准定位。

三、主要创新技术

（1）实现了油井现场声音采集。

（2）实现对低频杂音过滤。

（3）利用现有声音传输通道实现声音传输至中控室。

（4）自主开发出音频超阈报警软件。

（5）实现声音异常油井精准定位。

四、技术经济指标

（1）声音采集器电源电压24V，无安全隐患。

（2）音频处理模块设置56~96db为采集区间。

（3）采集到的声音经滤波处理后，确定为异常声音后进行报警。

五、应用效益情况

该装置2019年开始研制，2020年在江苏油田采油一厂永38井等6口油井安装使用（图1）。抽油机井声音异常报警装置的研制，是积极向数字信息化理念靠拢，采用"传""报""动"三级数字化板块联动，即一级联动"传"，二级联动"报"，三级联动"动"。弥补了DSS声音不能传到中控室的不足，实现了及时发现故障及时采取措施，大大节约了用工人数和劳动强度，为实现数字化油田、智能化油田起到强有力的助推作用。2021年获中国石化质量QC成果二等奖（图2）；2021年获全国能源化学地质工会职工技术创新成果三等奖。

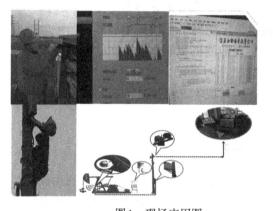
图1　现场应用图

图2　获奖证书

抽油机运行监测系统

胜利油田分公司　王　刚

一、项目创新背景

随着中国石化胜利油田产业升级和向世界一流能源企业迈进，特别是生产现场自动化水平的提升和物联网科技的发展，油井生产动态实现了24小时实时监测，极大地提高了油井动态分析和现场管理水平。

但是对于生产主力设备——抽油机未实现监控，抽油机驴头上行时承载着来自油井液柱、杆柱和摩擦力等重达近百千牛的负荷，下行时也要几十千牛，因此，抽油机运行时产生交变载荷较大，左右曲柄销会承载着巨大的扭力，使曲柄销会出现裂痕，由于曲柄销装在曲柄内，曲柄挡着视线无法看到裂痕，抽油机运转一段时间就会断裂，出现抽油机翻机。抽油机长期在野外不分昼夜工作，经受着风雨雪的腐蚀、热胀冷缩恶劣工作环境，使抽油机的各部轴承会产生磨损、断裂、松动，各连接部位固定、连接、拉紧螺丝也会产生松动、断裂、磨损等故障，抽油机柔性连接部件同样会产生磨损、断裂等故障，高速旋转的电机会产生固定螺丝松动、内部摩擦损坏等故障。

为了实现对抽油机的实时监控，设计了抽油机运行动态监测系统，通过振动、角度、应力传感器对抽油机重要部位进行24小时监测，借助四化网络上传至指挥中心，实时监控抽油机的运行状态和各部位工作状况，补位油田四化建设。

二、结构原理作用

通过在抽油机支架中轴承、横梁尾轴承、左右曲柄销、变速箱、电机、悬绳器等重点部位安装传感器，监测目标产生的振动、角度和应力变化，收集抽油机各重要部位监测数值的变化，通过信号处理模块和发射模块，采集抽油机运行时各项监测数据，并对其进行分析处理，传送至监控中心的处理软件中，形成各项数值和曲线，根据抽油机各部位实际运行状态设定振幅、应力警戒值，超出阈限值报警，方便监控、预警和运行状况分析（图1）。

图1　结构示意图

通过数字化网络在指挥中心形成监控数值和曲线，实现抽油机智能化自动实时监控，及时发现事故隐患及时处理，减少运维人员及工作量，降低生产运行成本，提高抽油机的运行效率和经济效益。

三、主要创新技术

（1）在一些的大的集输泵站，有利用振动传感器监测电动机运行的，对于大型抽油设备——抽油机的运行动态监测，国内外均没有相应的技术，填补在采油设备领域的国内国外技术空白。

（2）该系统实现了对抽油机的运行动态实时监控，首先，可以及时发现抽油机各部件的运行的隐患，及时进行处置排除故障，避免造成更大的损失和人员伤害。

（3）可以减少员工的劳动强度和生产中落实故障的安全隐患，有极大的推广前景。

四、应用效益情况

该装置2018年胜利油田东辛采油厂辛一管理区12型抽油机辛37X30安装试验（图2），2019年初，通过局、厂四化网络授权，在辛一管理区控制室进行了服务器和软件配置，实现了辛一管理区对DXX37X30井测点数据的实时监测和历史数据在线查询。

2019年6月，在DXX139NX6井安装试验，实现了对抽油机运行状况的监测，在辛三管理区生产指挥中心可以通过四化网络实时监控测点数据，实现了实时监测预警和历史数据在线查询。

解决了当前油田四化井场上安装视频探头,只能远距离观看,不能近距离和直接监测抽油机出现的事故苗头,实现了24小时智能实时监测,通过报警阈限值,能及时进行预警,方便监控、预警和分析,及时发现事故隐患及时处理,减少运维人员及工作量,降低生产运行成本,提高抽油机的运行效率和经济效益。该成果获石油和化工行业设备管理与技术创新成果二等奖(图3)。

图2　现场应用图　　　　　　　　　　　图3　获奖证书

　智能掺水控制装置　

胜利油田分公司　皇甫自愿

一、项目创新背景

目前现场使用的掺水流程存在以下几个问题:①掺水量的调节需要人员到达现场后,根据油井回压的大小去调节,所调节的掺水量数值只符合当时回压或掺水压力下的井况,一旦压力改变,所调整的掺水量就不符合油井的井况,所以通常都会对掺水量调节的大一些,增加其适用油井井况的范围,造成一部分掺水量的浪费。②从油井回压波动发出报警到基层班站人员到达掺水流程现场通常需要20分钟左右,在极端天气下,时间可能会延长到40分钟左右,调节时间的延长会造成油井井况更加恶劣,往往需要通过泵车等冲洗管线的方式进行应急处理。③掺水量的调节还是靠人来实现,当油井井况多变时,就需要人员不断地去现场调节掺水量,增加了班站人员的劳动强度。

二、结构原理作用

智能掺水控制装置主要以自动化控制逻辑为基础,辅以温度、压力等数据,实现精准掺水;通过PLC控制,电子调节阀联动,实现智能化掺水管理,以最优的掺水量实现油井回压的稳定;对智能掺水控制装置建立组态控制图,通过电脑屏幕直观地对智能掺水控制系统的运行情况进行了解、生成日报表等掺水数据,为以后科学、合理地管理好油井提供数据支撑。

该装置主要有以下三部分组成。

（1）自动化控制逻辑：整个智能掺水控制装置的核心就是自动化控制逻辑，其编写的是否合理，是实现智能控制的关键。该控制装置的目的就是用合理的掺水量保证油井回压的稳定，因此在编写过程中，紧紧抓住油井回压这一重要参数，通过设置不同区间来实现其功能。

（2）电路控制部分：电路控制部分仅要为PLC及电子调节阀提供电源，还要为数据的远传提供网络支持。因此设计在油井四化控制柜的旁边加装一台专用控制柜，从而实现24V电源的供给与网络数据的传输。

（3）自动调节部分：该部分由电子调节阀、高压流量计、有线压力变送器组成，通过PLC下达指令完成自动调节。

三、主要创新技术

（1）通过自动化控制逻辑，实现了回压与掺水量的自动匹配。

（2）利用电子调节阀实现了油井回压与掺水量的联动。

（3）在1~2秒内就可以完成对掺水量的自动调节。

（4）实现了掺水量调节的无人操作。

（5）降低了班站人员的劳动强度，提高了掺水量调节的时效性。

四、技术经济指标

（1）当油井回压超过预定上限时，PLC下达指令调大掺水量。

（2）当油井回压处于预定合理区间时，PLC维持现有水量。

（3）当油井回压长期处于警戒压力时，PLC发出报警，提示人工介入。

五、应用效益情况

该装置2021年初开始研制，2021年底投入生产使用（图1），通过近2年的实验数据分析得出，能够实现自动调整，在油井掺水管理上首次实现了数智化管理，填补了该类生产现场的空白。目前已在多口掺水油井上使用，年创效20万元/井。2022年获得山东省设备管理创新成果一等奖（图2）。

图1 现场应用图

图2 获奖证书

信息化仪表太阳能充电装置

胜利油田分公司 王秀芳

一、项目创新背景

目前，油气田开发过程中，数据采集、传输是很重要的基础工作，需要大量的信息化仪表和传感器。温度压力变送器、无线载荷传感器、无线角位移传感器是现场抽油机井信息化仪表最基本的配件，其供电都是应用2节3.6V锂电池，平均一年更换一次，电池更换时必须停井，降低了油井开井时率，影响了原油产量，同时电池回收难度较大，极易造成环境污染；角位移传感器更换电池需要登高，存在安全隐患，同时成本较高、工作量大，由于电池频繁更换，造成传感器不能做到绝对密封，进湿气造成电器腐蚀损坏的故障率，增加了安全生产管理难度。为了解决以上问题，研制了"信息化仪表太阳能供电装置"。不但有利于仪表的整体密封，同时减少了经常更换锂电池所引起的安全环保隐患，减轻了劳动强度，提高了油井运行时率。

二、结构原理作用

该装置的主要结构由三部分组成。

（1）外部保护部分：有玻璃钢保护、铝合金外框、磁吸底座等，保护固定该装置。

（2）太阳能光伏板：利用太阳能光伏板收集太阳能。

（3）转换储存部分：太阳能通过线路板，转换为电能储存至超级电容，将储存在超级电容中的电能传输给设备，达到充电的目的。

三、主要创新技术

（1）实现了太阳能的利用。

（2）使用超级电容储电，延长使用寿命。

（3）太阳能发电，超级电容储电，适合全天候工作。

（4）设备采用防爆技术。

（5）装置体积小便于安装。

四、技术经济指标

（1）经检测太阳能板阴天三小时的发电量为 $0.136 \times 3 = 0.408$ 瓦时，足够一天使用。

（2）采用超级电容作储能装置，超级电容具有寿命长（充放电万次以上），温度范围宽（ $-40 \sim 70$ ℃ ），同时无衰减。

五、应用效益情况

该装置2020年研制成功，先后在胜利油田鲁明公司济北、商河、临邑采油管理区推广应用了33台（图1），解决了信息化设备使用锂电池供电，更换频率高，材料费支出大，降低油井运行时率，登高作业，存在安全隐患，旧电池回收难度较大，造成环境污的问题，有很高推广应用价值。获得2021年石油和化工行业设备管理与技术创新成果二等奖，山东省设备管理创新成果二等奖，鲁明公司创新创效成果二等奖（图2），2021年获国家实用新型专利授权（图3）。

图1 现场应用图

图2 获奖证书　　　　　　图3 国家专利证书

 抽油机设备监控运行预警系统

胜利油田分公司　　赵学功

一、项目创新背景

目前已安装的信息化采集设备可实现对设备的看、测、闻，但不具备听和摸的功能。异常运行状态发生前，无法实现对设备故障预警，当人员紧张巡检不及时导致设备事故发生，严重影响管理区的安全生产运行。

二、结构原理作用

为解决设备故障前无预警这一状况，可利用信息化手段来监测抽油机设备运行状态，实现远程实时监控，达到设备出现故障前提前预警。

振动传感器、声音传感器、速度传感器、位移传感器采集的信号转化为4~20mA标准电流信号，接入油井控制柜的RTU中的模拟量输入模块中，然后转储到生产指挥中心PCS系统上实现实时监控，将采集的数据以曲线的形式在PCS平台展示，并根据每口井的基础数据，设定上限监控阈值，实现报警功能，监控室可根据抽油设备运转的实际情况修改其报警阈值，通过组合预警模型完成实时监控、预警功能。

三、主要创新技术

预警模型的建立：安装设备前，检查抽油机各部件运行情况，通过维修保养等手段，使抽油机处于正常运行状态。抽油机运行时预先采集正常振动频率、运转声音、两连杆标准距离、抽油机皮带轮转速。采集时间为24小时，将该数据存储每井一档，作为运行基础数据。

四、技术经济指标

（1）声音或震动报警：当监控系统检测到这种不同于正常运行的信号并持续10分钟，目的是过滤掉偶然因素，如抽油机附近有人为或环境因素干扰，造成震动或声音异常。频次不低于每分钟一次将出现报警。

（2）转速量低于预设转速阈值时，产生报警提示，则判断出现皮带打滑、负荷过大、泵卡或蜡卡的问题。

（3）声音和震动同时报警：出现声音与振动同时出现异常产生耦合超出上限阈值，将推送报警至生产指挥中心且1分钟后发送停机信号。

（4）两连杆位移距离超过预警值时产生报警，未及时处理时则停机。

五、应用效益情况

该装置2021年开始研制，2022年确定为胜利油田临盘采油厂立项试验项目（图1）。2022年1月27日，安装于培训学校训练场地模拟井进行验证，验证成功后具备以下效果：抽油设备运转监控系统适用于胜利油田所有在用的抽油机设备，实现设备故障提前预警、控制故障扩大等功能，配合日常设备检查维护，可极大降低设备机械事故的发生概率，具备成本和功耗低、体积小、安装简便的特点，具有数据传输可靠、自动分析、判断准确等优点。该成果2021年获得油田为民技术创新奖二等奖（图2），2022年获国家实用新型专利授权（图3）。

图1　现场应用图

图2　获奖证书　　　　　　　　　　图3　国家专利证书

功图传感器保护装置

胜利油田分公司　张延辉

一、项目创新背景

随着油田持续开发，四化在油田的应用已是必不可少的，胜利油田鲁胜公司抽油机油井已实现功图远传系统全覆盖，功图远传系统优点多、实用性强，该系统的应用不仅改变了油井的计量方式，从传统的计量站人工计量转变为功图在线计量，减轻了劳动强度，提高了计量的准确性与及时性，解放了更多的人力资源，并能及时发现油井生产过程中出现的问题，比如停井、杆断、泵漏等地面及井下故障，有效提高油井生产的时效时率，为油田的开发建设保驾护航。但是实际生产过程中，有些油井由于油稠、结蜡、砂卡等原因会出现抽油杆柱下行时滞后，从而使悬绳器与方卡子脱开发生卸载现象。如果出现卸载，会发生上行过程中悬绳器重新加载负荷时对井口功图传感器发生撞击，从而出现损坏传感器现象。

二、结构原理作用

该装置主要有U形保护罩、滑动垫块、固定限位螺丝等组成（图1），利用功图传感器与方卡子之间为固定点，设计一个保护装置，安装在传感器与方卡子之间，抽油机下冲程当光杆下行发生滞后现象时，保护装置两侧的滑动垫块就会在重力作用下自动下落，当上冲程时悬绳器上行碰到滑动垫块时，推动垫块沿垂直方向上移，自动垫在保护装置本体下面，从而避免了上冲程悬绳器重新加载负荷时对传感器的撞击，达到保护功图传感器的目的。

三、主要创新技术

该装置安装在光杆卡子与悬绳器之间，传感器套入其中，正常工作时，方卡子与传感器顶面接触，传感器的载荷数据能够正常传输。一旦出现光杆缓下现象，保护罩的重力滑动垫块就会在重力的作用下落入方卡子与传感器之间，方卡子与悬绳器再次撞击时就会与重力滑动垫块接触，传感器完全在保护罩内，从而起到保护作用。具有体积小、安装方便，滑块重力自动保护，简单可靠等优点。

四、技术经济指标

光杆出现缓下时，滑动垫块第一时间靠重力下滑，支撑方卡子完成保护；本体承冲击力200kN以上，可靠性高；成本低、易加工。

五、应用效益情况

该装置研制成功后，2020年5月在现场开始应用，结构简单，成本低，安装使用方便，能够有效地防止功图传感器的损坏，具有较高的使用价值。可以保证及时地采集油井第一手资料，掌握油井生产动态一台功图传感器的价格一般5000元以上，每防止一台功图示功仪损坏最少就能节约成本4000元，可适用于各类往复式抽油泵的油井，效益可观，具有很好的推广前景。

六、应用效益情况

2020年5月至11月在现场应用（图2），为了不影响油井的开井时率，在油井停抽施工时共对5口井进行了安装应用，从实施效果看，5口油井没有一口井出现损坏现象。该成果获局工会群众性优秀技术创新成果三等奖（图3）；并获国家实用新型专利授权（图4）。

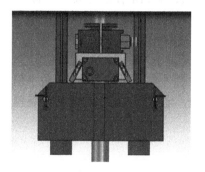

图1 结构示意图

图2 现场应用图

图3 获奖证书

图4 国家专利证书

抽油机井示功仪外挂式充电包装置

江苏油田分公司　徐晓泉

一、项目创新背景

目前油田信息化生产PCS数据系统中，功图数据采集功能对油井的实时动态分析至关重要。现场由于示功仪低电或无电导致的功图采集乱码或无法正常采集功图数据的现象时有发生，以往采取的办法是将低电量或无电的示功仪由悬绳器上取下后室内充电，不仅耗时耗力，且在充电时段，油井生产处于无示功图数据监测状态；针对此问题研制的示功仪外挂式充电包装置，不仅实现示功仪工作状态下的直接充电功能，而且有效提升信息化数据采集率及油井生产分析的及时率。

二、结构原理作用

该装置主要由四部分组成（图1）。

（1）储能电芯：组合而成的电芯既可满足充电容量的需求，又保留了一部分余量，有效延长储能电芯的寿命。

（2）4.2V锂电池充放电模块：有自动调控模块，能满足在高温天气下的稳定充电需求。电量显示屏可随时监测充、放电情况，充电时在示功仪电池进入浮充状态后，如充电电流小于0.05A时该模块自动关闭输出，放电效率达到87%。

（3）示功仪充电模块：模块稳定性高，高温环境下发热量小、工作稳定。

（4）防水阻燃外壳及接头：改性ABS防水阻燃外壳，同时配套9芯防水航空插头与示功仪充电口相连，并且加设锁紧旋钮，连接牢固，辅以橡胶防水垫片提升装置防水性能。

三、主要创新技术

（1）实现了示功仪在线充电功能。

（2）自动调控，实现高温环境安全工作。

（3）实现充、放电量可视化功能。

（4）创新示功仪维护操作法。

（5）采用锁紧功能，连接牢靠。

（6）装置体积小，质量轻，挂取方便。

（7）采用新型材料，具有防水防爆功能，安全可靠。

四、技术经济指标

（1）工作人员现场进行悬挂充电，充电指示灯转红灯，充电电压（4.1±0.05）V、充电电流稳定在0.5A；充电结束后充电指示灯转绿灯，示功仪充满电的时间在16~24h之间。

（2）锂电池储能电芯电压4.2V、电量24000mAh，锂电池保护板充电保护截止电压4.2V、放电保护截止电压3.2V，同时具有短路及过流保护功能。

（3）完成示功仪充电后充电包自身补充充电时间在8~10小时，充电包由4灯LED显示储能电芯电量。

五、应用效益情况

该装置2020年开始研制，2020年7月17日在江苏油田采油一厂沙埝采油班站沙7-21井安装使用（图2）。2020年11月获江苏油田采油一厂创新创效大赛二等奖，同年被列为采油厂级推广项目，在全厂生产班站投用32台，使用1000多井次，累计创效30余万元。2022年获油田QC质量创新成果二等奖（图3）。

图1　成果实物图

图2　现场应用图

图3　获奖证书

新型压力表接头

江汉油田分公司　刘正国

一、项目创新背景

随着社会的发展、科技的进步，很多的企业都实现了信息化，江汉油田坪北经理部也在逐步推进信息化建设，但是在信息化建设中还存在一些不足，一些信息化配套没有及时跟上，给生产造成一些困难。信息化实施后，压力的录取由普通压力表变为压力变送器，录取方式也由人工抄表变为自动上传数据，解放了劳动力。但是在生产中遇到清理传压通道、更换阀门、整改渗漏及表接头内冬季放压等日常维护工作时，需要专业电工先拆卸压力变送器上的电源线及信号线，才能进行整改，整改完后再由电工接线，程序烦琐，而且操作不便，增加了人工成本。为此，技能大师设计了"一种新型压力表接头"，不再需要电工到现场拆接线，简化了工作程序，减少了人工成本，提高了工作效率。

二、结构原理作用

该装置的主要结构由三部分组成（图1）。

（1）双丝扣短节：双丝扣短节采用不锈钢材质，中部六方结构，下部丝扣头为正旋扣带锥度便于密封，上部丝扣为反旋直扣，顶部有环形半圆槽放置密封圈用，中心7mm通孔，增加壁厚能耐高压。

（2）"O"形橡胶圈："O"形密封圈采用氯丁橡胶材料，具有很好的耐油、耐盐、耐酸碱的作用。

（3）六方接箍：六方接箍采用外六方，内上扣为正扣，配合压力变送器丝扣头。内下扣为反扣配合双丝扣短节。内中腰部有8mm的环形深槽，可防止上丝扣进扣数不均而影响密封效果。中部有内外贯通孔，方便泄压用。

三、主要创新技术

（1）采用节箍正反扣，拆装方便，不再需要专业电工到场拆接线，简化工作程序，提高工作效率。

（2）设计有放压孔，冬季室外放压简单方便。

（3）对环境空间的要求不高。

（4）压力表的朝向可根据要求确定。

（5）采用不锈钢材质，耐腐蚀。

（6）双丝扣短节中部7mm贯通孔，能耐高压力。

（7）六方接箍采用外六方方便工具紧松，内中腰部有8mm的环形深槽，可防止上丝扣进扣数不均而影响密封效果。

（8）双丝扣短节顶部开有1.5mm的环形槽，便于"O"形橡胶圈密封，提高密封性能，降低漏失概率。

四、应用效益情况

经实验可适用于低压、中压、高压及各种腐蚀介质的压力的录取。

五、应用效益情况

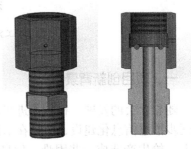

图1　结构示意图

装置在2020年开始设计，2021下半年投入现场验证，2022年在江汉油田坪北经理部开始全面推广应用，目前已推广应用500多套（图2），减轻了工人的劳动强度，减少了环境污染，减少了人工成本，每年可节省成本20多万元。2023年获江汉油田坪北经理部职工创新创效成果二等奖；2023年获国家实用新型专利授权（图3）。

图2　现场应用图

图3　国家专利证书

游梁式抽油机角位移辅助装置

胜利油田分公司　苗一青

一、项目创新背景

游梁式抽油机角位移安装在游梁中轴承位置，主要用来与井口方卡子位置的载荷仪配合，形成完整的油井深井泵示功图，从而分析深井泵与地层工作状态。

当角位移损坏或电量不足时，无法形成示功图，相关人员就无法及时地分析油井的生产状况。因此需要现场管理人员停井登高进行更换角位移或电池，不但增加了工作量，而且登高增加了安全风险。

二、结构原理作用

工作原理：利用平行四边形对应两边长度相等、旋转角度相同的原理，从中轴承向游梁尾部量取一定的长度固定，长度与已经加工好的转动杆长度一致，量取从中轴承到转动轴长度，从而确定传动钢丝绳长度，形成一个平行四边形，当游梁摆动一定角度，对应边安装角位移摆动同样角度。

三、主要创新技术

（1）将登高操作降低为地面操作。

（2）将需要操作证施工简化为一般施工。

（3）统一传动杆长度，加工简单。

四、技术经济指标

钢丝绳直径$\Phi2mm$，否则有风阻。

五、应用效益情况

游梁式抽油机角位移辅助装置（图1），实现操作人员在地面即可更换角位移或电池，减少操作时间，操作耗时由13min缩短到5.3min，效率提高了59%（图2）。该成果获采油厂年度优秀QC成果三等奖（图3）。

（1）经济效益：减少了停井时间，预计可创经济效益1万元。

（2）社会效益：提高工作效率，避免了高空作业风险。

图1　成果实物图

图2　现场应用图

图3　获奖证书

油井载荷传感器保护装置

胜利油田分公司　隋爱妮

一、项目创新背景

在不同区块的开发过程中油稠、结蜡以及出砂等因素一直影响开发水平，在实际生产中抽油机井也会因这些因素导致抽油杆柱下行出现滞后。当出现光杆缓下时悬绳器与方卡子会脱开，管柱负荷被卸载，上行过程中悬绳器由于重新加载负荷而对载荷传感器发生剧烈撞击，从而导致传感器故障甚至损坏。目前现场生产过程中没有专门的传感器保护装置，因此研制载荷传感器保护装置。

二、结构原理作用

油井载荷传感器保护装置主要由U形护板、横向挡板、U形减震器、滑动垫块等四部分组成（图1、图2）。该装置以传感器与方卡子之间为固定点，安装在传感器与方卡子之间。抽油机下冲程中，当光杆下行发生滞后现象时，保护装置里的U形减震器将会弹开，使保护罩与传感器产生一个间隙，保护装置两侧的滑动垫块就会在重力作用下自动下落；上冲程，悬绳器上行碰到滑动垫块时，推动垫块沿垂直方向上移，自动垫在保护装置本体下面，传感器上行遇到U形减震器后使其速度减缓，从而避免了上冲程悬绳器重新加载负荷时对传感器的撞击，达到保护载荷传感器的目的。

图1　结构示意图

三、主要创新技术

（1）U形减震器能够有效地防止突发情况对载荷传感器的损坏。

（2）装置制作简单，成本低，安装使用方便。

四、应用效益情况

该装置在现场试验阶段（图3），有效避免了油井载荷传感器损坏3次，若按照载荷传感器价格7000元/个的价格计算创造经济效益2.1万元；具有经济效益的同时该装置提高了PCS平台数据采集的齐全率和准确率，为油田开发工作提供更可靠的资料。减少了停井更换载荷传感器的次数，提高了油井的综合开井时率，降低了工人的劳动强度，具有较高的使用价值和推广前景。2019年获河口采油厂优秀职工技术创新成果奖二等奖（图4）。

图2 成果实物图

图3 现场应用图

图4 获奖证书

角位移太阳能设备供电装置

胜利油田分公司 隋爱妮

一、项目创新背景

按照油田整体工作的部署，井口无线四化设备广泛应用于油井生产现场，包括无线载荷传感器、无线角位移等。这些无线设备的供电都是采用3.6V不可充电的一次性锂电池。随着时间的推移，早期投产的设备因电量不足开始影响正常工作。换电池成了运维站的主要工作之一，废旧电池会对环境造成污染，同时，抽油机角位移更换电池时需高空作业，不仅停机时间长，还存在高空作业安全隐患。为此，设计制作了抽油机游梁角度传感器供电装置。

二、结构原理作用

该设备由太阳能主板、后支架盖板、锂电池（10000毫安）、电源线、防水胶条等五部分组成。

（1）太阳能主板：通过后盖板边缘四角的固定螺栓将太阳能板固定在支架上。

（2）后支架盖板：通过U形夹板与支撑杆连接固定太阳能主板。

（3）锂电池（10000毫安）：锂电池固定在支架背面的防水盒内。

（4）电源线：太阳能板后面的电源线一端连接锂电池，提供电能充电，另一端连接到角位移，给其供电。

（5）防水胶条：安装完成后电池板边缘压上防水胶条，接线口封胶。

太阳能板通过向阳倾斜支架固定，增加了向阳面积，保证发电效能，太阳能板发电后通过导线传递给防水电池盒内的锂电池，从而储存电能持续给角位移供电。

三、主要创新技术

（1）向阳倾斜固定支架，增大了向阳面积，保证发电效果。

（2）用太阳能取代普通电池，改变了供电方式，可持续供电。

（3）强力胶或磁铁固定，安装拆除方便。

四、技术经济指标

（1）10000毫安大容量带保护板锂电池。

（2）减少废旧电池污染，符合绿色企业创建理念。

五、应用效益情况

该装置于2019年5月研制使用后，在BAE11-611、BAE37-1井场安装使用（图1），并由高级技师进行现场协商指导，7个月来运转良好。通过太阳能转化电量，保证了设备充足供电，四化数据采集正常，提高了油井示功图采集齐全率。安装四化太阳能设备后，减少了登高更换电池频次和更换电池造成的密封不严、仪器设备受损风险，提高了油井的开井时率。2019年论文刊登在《工程技术》期刊上发表；并获国家实用新型专利授权（图2）；2020年获得胜利油田设备管理成果二等奖（图3）。

图1　现场应用图

图2　国家专利证书

图3　获奖证书

四化设备远程故障诊断处理系统

胜利油田分公司　杜向和

一、项目创新背景

目前，随着油田信息化建设的推进，部分泵站已实现无人值守，当油井或泵站发生通信中断15分钟PCS报警通信中断，这时监控室无法判断是设备供电故障还是设备通信故障，只能通知注采站人员去现场重新合闸。在合闸无效时，再由监控室协调专业人员处理事故。流程节点烦琐，导致停井停泵时间长，影响设备正常生产运行。

二、结构原理作用

该装置的组成如下（图1）。

（1）现场通过485协议对多功能电表、变频器数据，进行实时采集，并通过4G网络回传数据。

（2）内置后备高容量自动充电锂电池，可在设备掉电的情况下保持电表等设备持续运行4~8小时。

（3）DI点可采集电压信号和开关量信号，可采集现场接触器触点，中间继电器状态，设备电压信号，判断油井及其各种设备的运行状态。具备继电器输出控制功能，可实现设备的远程启停操作。

（4）通过接入中间继电器辅助触点实现网桥、RTU、变频器的远程复位功能。在急停按钮和接触器中间增加线路，保护控制柜误打本地状态下的启停操作。

（5）多种报警方式，具备历史数据查询下载功能。自带百度地图，可快速定位故障设备位置。支持DI于DO RS485联动功能，可在现场设备发生严重故障时自动控制，避免事故扩大。

三、主要创新技术

该系统实现四化网络设备失效情况下的数据监控采集功能，在正常电路发生故障时依然可以独立运行一段时间，方便远程判断问题减少处置时间。并在控制柜处在本地状态时，可以进行油井启停、调参操作，可远程解决网桥死机，RTU死机，变频器故障复位等问题。

四、应用效益情况

该装置2020年开始研制，2021年8月6日，在胜利油田河口采油厂采油管理一区义50泵站投入使用（图2），安装调试后该系统方便远程判断问题缩短处置时间，大幅度减少职工四化运维的劳动强度。2022年获"一线生产难题揭榜挂帅"活动优秀技术创新成果三等奖。

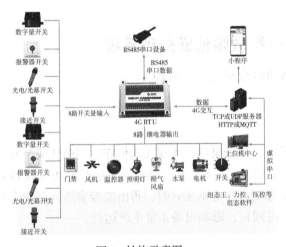

图1 结构示意图

图2 现场应用图

游梁式抽油机角位移维护工具

胜利油田分公司 闫德刚

一、项目创新背景

角位移作为RTU组成架构中的重要设备，负责抽油机数据采集，将光杆位移转换为数字信号发送至RTU，数据通过RTU上传生产指挥系统平台，通过分析生成载荷功图，并根据计算软件计算出单井产量。角位移通过仪器自带的磁铁吸附安装在游梁式抽油机游梁与支架交接处，其电池使用寿命在通信状况良好，功图采集周期大于1次/小时的状况下为2~3年，如功图采集周期缩短为1次/30分钟，其电池使用寿命只有1年左右。

以胜利油田临邑采油管理区为例，管理区现开井182口，其中使用角位移的游梁式抽油机136口，功图采集周期为1次/30分钟，电池使用寿命为1年左右。现六区角位移电池已接近使用寿命，已陆续开始更换。136口井更换一次角位移电池需攀登抽油机136次，平均每次需停井30分钟，加上平时的故障维修、攀登、停井次数可达到200多次，停井时间超过100小时。且生产现场更换角位移时，需要运维人员攀登抽油机至游梁处进行操作，存在极大的不安全因素，主要表现如下。

（1）部分抽油机无操作平台。

（2）攀登抽油机属高空作业，安全风险大。

（3）抽油机游梁处无合适的安全带悬挂点。

二、结构原理作用

角位移维护工具分为两部分，一部分安装在角位移上，一部分安装在标准零克棒上。使用时通过零克棒使工具两部分对接，实现角位移的摘取、更换安装（图1、图2）。

（1）该工具结构简单，各项指标符合要求，在更换电池或维修时由运维人员将底座部分安装在角位移上，再由现场施工人员安装在抽油机游梁上，整体安装牢固，不存在掉落地面的可能。

（2）更换电池过程无登高等特殊作业，杜绝安全风险。

（3）通过零克棒可将角位移安装于正确位置。

（4）该工具从制作到使用无废料产生，无环境污染问题存在。

三、主要创新技术

该工具采用分体结构，一部分利用角位移端盖螺栓安装在角位移端面上，不破坏角位移整体结构。基座设有导向槽，有利于螺栓远距离对接。

可拆卸锁紧装置安装在零克棒"丁"字头上，通过锁紧螺栓锁紧，安装方便、紧固。连接杆采用柔性万向杆，有利于工具在多种角度下对接，实现角位移的摘取、安装。

四、技术经济指标

（1）该工具主体部分采用尼龙材质，具有良好的抗腐蚀性及切削加工性，价格便宜。

（2）该工具连接部分采用不锈钢丝缠绕的柔性杆，实现工具多角度远距离对接。

（3）主体导向孔角度45°；对接螺纹M12；零克棒锁紧螺纹M24。

（4）减少更换角位移停井时间，由过去的停井30分钟缩短至5分钟。

五、应用效益情况

该成果2019年开始研制，已加工制作150套，在胜利油田鲁明公司临邑采油管理区及临盘采油厂推广应用，解决了更换游梁式抽油机角位移需登高作业问题，消除登高作业中存在的不安全因素。提高了工作效率，降低了安全风险，减轻了工人的劳动强度，解决了现场的实际问题，具有良好的经济效益及社会效益。2022年获国家实用新型专利授权。

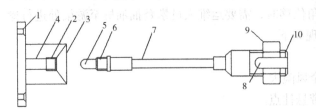

图1　结构示意图

图2　成果实物图

载荷传感器拆装、保护、预警一体化装置

胜利油田分公司　张前保

一、项目创新背景

油井正常生产时，由于载荷传感器出现故障，需要进行拆装、维修。特别是稠油井，一旦光杆下行缓慢，抽油机往复运行速度大于光杆下行速度，悬绳器与方卡子反复撞击，导致载荷传感器损坏。虽然有视频监控和功图预警，但是监控人员在电子巡检时需要逐一查看，功图发出时间间隔30分钟，两者都不能及时发现光杆下不去的情况。因此，研制一种拆卸载荷传感器不用在井口打卡子卸载，并能够防止卸载荷传感器不受撞击而损坏的装置是非常有必要的。

二、结构原理作用

（1）载荷传感器拆卸、安装部分。杆柱重量坐在装置中的承压板上，承压板两侧设计有顶丝，通过正转顶丝将杆柱载荷顶起，拆卸载荷传感器，反转顶丝将杆柱载荷放下，实现井口不打卡子进行载荷传感器的拆装工作。

（2）载荷传感器保护部分。抽油机运转时，受地层出砂、原油黏度、含蜡等因素的影响，会出现光杆下行缓慢的现象。载荷传感器在抽油机的往复运动下，不断受到撞击导致损坏。载荷传感器保护装置起到防护作用，减少设备损坏，降低生产成本。

（3）油井出现故障后，及时预警。在保护装置上同时安装无线遥控设备，当设备发生故障后，遥控开关被触发，并发出指令给继电器，使抽油机停止运转，同时生产指挥中心收到报警信息（图1）。

三、主要创新技术

（1）缩短载荷传感器维修、更换操作时间，降低劳动强度，由过去2人操作，减少到1人操作。

（2）承压点能够与平板接触，传递资料准确。

（3）提高油井开井时率，减少停井占产。

（4）防止载荷传感器损坏，节约生产成本。

（5）能够及时停井、预警，避免事故发生，节省作业费用。

四、技术经济指标

（1）维护时间由30分钟降为5分钟。

（2）年节约维护费及购置费用10万元左右。

（3）传感器故障报警准确率100%。

五、应用效益情况

该装置2022年开始研制，2022年12月8日，胜利油田临盘采油厂生产技术管理部相关专家到现场检查使用效果，专家组一致认为该装置达到拆卸和安装载荷传感器、保护载荷传感器不受撞击而损坏，能够及时停井、预警、节约生产成本的目的，有很高推广应用价值。2022年确定为临盘采油厂专利技术实施推广项目（图2）。目前，已在各个管理区现场推广应用76口井，年创经济效益约12万元，累计创效20多万元。该成果正在申报国家发明专利。

图1　成果实物图

图2　现场应用图

基于信息化的抽油机曲柄销松动报警器

江汉油田分公司 张义铁

一、项目创新背景

长期野外运行的游梁式抽油机曲柄销承受着较大拉力，如果冕形螺母发生退扣松动未及时发现很可能导致销轴损坏，严重时会造成翻机事故。目前，信息化系统里视频观察有死角，对抽油机"关键部件"曲柄销等部位的监控预警存在不足，还是沿用标记画线员工巡检的做法。

游梁式抽油机曲柄销主要受三种力作用。

（1）连杆对其产生的拉力。

（2）冕形螺母对其产生的预紧力。

（3）销轴与衬套配合产生的压力。

冕形螺母松动预紧力减小，导致销轴与衬套配合压力减小造成曲柄销松动，为此，冕形螺母松动监控显得尤为重要。

二、结构原理作用

针对游梁式抽油机"关键部位"曲柄销开展攻关（图1）。选取现有的井场信息化设备进行改造后，再用现有信息化系统软件平台预留端口接入和设置预警。装置行程开关连接杆与冕形螺母接触，螺母松动向左（或向右）旋转时，会压迫连杆使开关闭合，装置自动发送一个开关量信号至RTU接收进入PCS平台，指挥中心发出报警提示。曲柄销松动监控装置应用，减轻了岗位员巡检工作。曲柄销子轻微松动能及时报警，减少设备经济损失、提高了抽油机的运行时率。如能大量推广应用，可以充分发挥信息化作用。

三、应用效益情况

抽油机曲柄销松动报警器在江汉油田分公司采油管理一区安装应用后，可通过生产指挥中心接收重点部位的预警信号，有效减少了岗位员工巡检工作量，实现了对重点部位监控的全覆盖。该成果获局工会职工创新创效大赛三等奖（图2）。

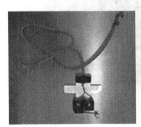 

图1 成果实物图

图2 获奖证书

第八节 油井电器设施设备

 抽油机星－三角智能转换节能控制柜

河南油田分公司 刘桂军

一、项目创新背景

河南油田采油二厂是以砂岩地层为主的稠油油田，油井负荷变化大，常伴有出砂等情况，加剧了负荷的变化幅度。为了适应这种工况要求，油井配备功率为15kW或18.5kW电动机，但在生产中存在以下问题。

（1）电动机功率与油井负荷变化不匹配。

电动机有三角形和星形接线法，两种接线法的电流、电压、启动力矩和适用情况不同，但油井电动机多采用单一的三角形接线法，虽然保证了高负荷的安全生产，但在低负荷运行时，不能随油井负荷变化进行匹配，造成"大马拉小车"现象。

（2）电动机功率利用率、功率因数低。

抽油机在选配电动机功率时，由于抽油机启动特性及抽油机多变工况的要求，均留有一定的功率余量，为此大部分抽油机的负载率在20%~30%之间，电动机功率利用率平均15%，其运行功率因数只有0.2左右，功率利用率和功率因数低。

二、结构原理作用

"抽油机星－三角智能转换节能控制柜"由柜体、控制面板和内部组件组成。控制面板由单相电流表、电动机保护器显示屏、电压表、手动/自动旋钮、手动启动按钮、手动停止按钮、手动启动指示灯、手动停止指示灯、自动启动按钮、自动停止按钮、自动启动指示灯、自动停止指示灯等组成；监控保护单元由停机断电报警旋钮、蜂鸣器组成。柜体内部组件包括电动机保护器主机、空气开关、电流互感器、总交流接触器、三角形接法交流接触器、Y形接法交流接触器、时间继电器和线组（图1）。

抽油机星－三角智能转换节能控制柜在抽油机正常启动和运行时采用电流和转矩较小的Y形接法，既保证平稳启动又减小启动电流对电网的冲击；当油井负荷增大时，电流互感器检测到电流增加，传递给单相电流表，通过时间继电器判断是持续增大还是偶然增大，如果是持续增大，反馈给单相电流表并发出信号，Y形接法交流接触器断开，三角形接法交流接触器吸合，三角接法回路工作，实现智能转换，保证油井在负荷较重的情况下正常运转。当负荷超过额定电流时，电动机保护器自动切断电源报警，保护电动机；当负荷变小时，重新转换到Y形接法。

三、主要创新技术

（1）实现了Y形和三角形接法的智能转换。根据油井电流的变化，实现智能转换，保证油井在负荷较重的情况下正常运转。

（2）通过电器设备实现了超电流自动保护。

（3）具有两种转换工作模式：自动转换和手动转换。

四、技术经济指标

"抽油机星-三角智能转换节能控制柜"单井平均电流由三角形接法时的22.63A降为Y形接法时的7.83A，下降了14.8A，降低65.40%。平均功率因数由0.26提高到0.87，电机综合节能率提高了43.08%。

五、应用效益情况

"抽油机星-三角智能转换节能控制柜"能根据油井负荷智能切换成Y形或三角形接线法，保证了电动机和油井负荷的匹配和正常运行；降低了电流，提高了功率因数，产生效益353.04万元。2020年获国家实用新型专利；2020年河南石油勘探局有限公司科技进步三等奖；2016年河南省QC成果二等奖；2016年河南油田QC成果三等奖；2021年全国能源化工地质系统优秀职工技术创新成果一等奖（图3）。

图1　成果实物图　　　　　　　　　图2　现场应用图

图3　获奖证书

抽油机安全语音警示装置

中原油田分公司 沙宇武

一、项目创新背景

在国内各油田企业生产过程中抽油机触电事故、机械伤害事故往往是由于操作人员操作时思想疏忽、麻痹大意以及违反安全操作规程造成的。为了时刻提醒操作人员安全操作，目前各油田抽油机设备都有安全警示标志，例如："旋转危险""高压危险""小心触电""当心碰头"等，基本上都是平面和静态的，很容易被忽视，安全警示效果不明显，特别是大风、雨雪等恶劣天气时不安全行为更是突出。因此，研制了抽油机安全语音警示装置。

二、结构原理作用

该装置的主要结构组成是在抽油机配电柜上安装语音警示系统模块，模块分为两个部分（图1）。一个是抽油机配电柜漏电报警，另一部分是通过提前在语音模块中输入安全警示语音。可以在启、停抽油机等各种操作时，语音提示安全警示语，提示安全规范操作，从而提高人员的安全系数，防止触电和机械伤害。

安全语音警示装置是由漏电触发装置线路、微动开关触发线路、门磁开关触发线路、语音模块和控制电路等组成。漏电触发线路是在密闭的盒子内设有光敏电阻、氖管、光敏电阻接光敏感应开关，氖管一头串联阻值 $500k\Omega \sim 1M\Omega$ 的电阻对地连接，另一头连接在配电柜壳体上，光敏感应开关连接12V直流电源。当配电控制柜外壳漏电，氖管发光，带动光敏感应开关控制器动作，语音模块线路闭合带动报警器提示漏电故障。控制电路接配电柜上36V电源，通过转换器转成语音模块可用的12V直流电源，在配电柜开、关按钮上连接两个微动控制开关，一个门磁开关控制器，用来触发相对应的语音，控制警示装置的语音状态。语音模块分别接电源、触发线路和扬声器。语音模块中录入有各段语音，通过不同的触发方式，发出相对应的语音。触发方式可以设置为闭合播放一次、闭合循环播放、断开播放一次、断开循环播放，当多个触点符合条件，只检测靠前的触点。当操作人员进入工作现场通过红外线扫描装置时，安全语音装置提示"你已进入高压配电区域，请穿戴好劳保用品"；当配电控制柜漏电时，安全语音装置会提示"该配电柜漏电，请勿靠近，立即整改"；当打开配电控制柜门的时候，门磁感应开关闭合提示"启、停抽油机，请戴好绝缘手套防止触电"，"不停机、不作业"。按下停止按钮时，微动开关一起动作触发语音模块，语音提示"请切断电源，拉紧刹车，打好死刹"，"登高请系好安全带，规范操作，注意安全"，切断抽油机电源后语音停止。当合上电源时激活安全语音装置，语音提示"注意清理抽油机周围障碍物""侧身启抽"等注意事项。按下启动按钮后语音提示"检查抽油机运转是否正常"，关控制柜门时语音提示"收拾完工用具，注意安全"后，安全语音警示装置进入休眠状态。

三、主要创新技术

（1）漏电感应装置：漏电感应装置是由氖管发光线路、语音模块和控制电路等组成。在配电柜上装一个密闭的盒子，里面连接一个光敏感应开关，一个氖管，串联阻值1MΩ的碳实心电阻，再串联一根1m的电缆，形成对地电容（可根据高低压控制柜更换不同的电阻）。当控制柜外壳漏电，氖管发光，带动光敏感应开关动作，语音模块线路闭合带动语音装置提示"抽油机漏电请注意"。

（2）安全语音警示装置是通过提前在语音模块中输入安全警示语音，可以在启停抽油机时语音提示安全警示语，安全规范操作。

四、应用效益情况

该装置抽油机安全语音警示装置在中原油田采油三厂投入运行10余口井以来（图2），经过一年多的使用，达到了设计要求和目的，装置运行正常，提高了安全系数，尽可能地减少触电和机械伤害，起到了很好的安全警示和监督辅助作用，可以广泛地应用于抽油机及各种设备的配电控制柜，有很大的应用前景和推广价值。通过安全语音提示，穿戴好劳保用品，提醒正确操作，可以防止漏电伤人、送错电、不安全、不规范的操作，从而避免了触电事故和机械事故。2013年获中原油田工会优秀创新成果一等奖；2014年获全国石油石化系统职工技术成果三等奖（图3）。

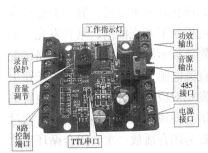

图1　结构示意图

图2　现场应用图

图3　获奖证书

电加热井智控节能配电柜

胜利油田分公司　王佰民

一、项目创新背景

胜利油田河口采油厂稠油井中因井位偏远、油藏稀疏、超稠油、降黏管网不足等因素，采用空心杆固定功率电加热方式运行，正常运行油井17口，间歇运行3口；加热功率在55~80kW，单井日耗电约1750kW·h。运行电加热稠油井日产原油79.5吨，日耗电约30000kW·h，日耗电费约2.3万元。

现阶段存在以下问题：

（1）部分油井使用固定功率加热温度，因季节气温变化，无法根据油井实时状况进行调节，导致加热效果未在合理区间，加热功率超标或不足。

（2）工频柜无法与PCS网络平台互联，不能及时掌握单井电加热各项电参数据及远程控制功能。

（3）工频柜使用年限多在5年以上，故障率高，影响电加热效果，易出现抽油机卡杆、电机过载等故障，存在用电安全隐患。

因此，设计一种可智能化实时调节功率、电参数据功能联网、性能稳定的电加热井智控节能配电柜，是非常有必要的。

二、结构原理作用

该装置由软件智控和硬件执行两大系统组成。

软件智控系统主要包括两部分：数据采集系统、数据分析系统。

数据采集系统依据现有油井网络，采集单井电流、电压、回压、出液温度、悬点载荷、示功图等实时数据并传送至数据分析系统。数据分析系统根据单井出液黏度、地面管线长度、季节等因素结合采集系统相关数据确定运行方案。

硬件执行系统：

（1）由经济运行模块PLC、智能监控模块RTU、智能电表组成。

（2）调功器额定电压为660V，电流可在0~200A之间无级调节，配备485通信接口可与PLC连接，根据智能控制系统进行智能调节加热功率以达到节能的目的。

（3）配电柜使用1.5mm钢板冷轧成形，表面静电喷涂绝缘漆，具有国标IP54防护等级，有效确保在电气环境中安全使用，采用上方弱电、下方强电分隔布局，保证人员操作安全及设备运行稳定。

（4）内控变压器是将单相电压转换至配电柜所需控制电压，该变压器初级线圈为350~650V多级输入，次级为固定220V电压输出，便于应用在不同电压等级的油井。

三、主要创新技术

（1）该配电柜经济运行模块PLC与油井RTU设备互联，读取抽油机实时电流、示功图、油压、油温等参数，并将数据传输给智能控制系统，系统取得相关数据后制定该井运行模式自动调节加热功率。

（2）智能调节循环模式节电率可达20%~30%。

（3）配电柜调功器采用液晶屏显示，人机界面操作简单。

（4）具有过压、过流、过温保护功能，适用性强。

四、应用效益情况

智控节能配电柜于2020年7月份在胜利油田河口采油厂罗32-1井安装使用，油井经济运行模块PLC与油井RTU设备互联后读取抽油机实时电流、示功图、油压、油温等参数，系统取得相关实时数据后，由专业人员根据单井井况设定电加热功率上下限值，通过硬件执行系统对加热功率智能化调节，有效减少用电功耗和减轻人员劳动强度，保证油井在经济运行模式下生产，节能效果显著，节电率可达10%~20%。目前已安全稳定运行5个月，投入使用后单井日用电由原来最高1800度/天，减少为现在的1260度/天，日节约用电540度，每口电加热井预计年节约费用15.8万元。该智控节能配电柜的使用既保证了稠油井的正常运行，又可智能化地对稠油井参数综合分析，合理调节电加热系统输出功率，达到了降本增效目的。2020年获全国能源化学地质系统优秀职工技术创新成果三等奖；胜利油田群众性优秀技术创新成果二等奖；河口采油厂群众性优秀技术创新成果一等奖（图3）。

图1　成果实物图

图2　现场应用图

图3　获奖证书

油井掺水远程调控装置

江汉油田分公司　刘建华

一、项目创新背景

江汉油田江汉油区产出水总矿化度在20×10^4mg/L左右，属于高矿化度油藏。原油在生产举升过程中，井筒周围、油管等部位的盐出现结晶从而影响抽油管柱排液，增加油井负荷，随着温度降低，盐晶体体积增大逐渐产生沉积，会导致盐堵。实践证明，连续均匀地往套管掺水，稀释氯离子浓度防止盐结晶是目前油井解盐的主要方式，效果良好。

传统的人工管理掺水模式，主要采取定时巡检、通过秒表计算水表转速、手动调节机械水表前端的小阀门来控制掺水量，受设备因素和人工因素的影响，掺水不准的现象经常发生，掺水不准导致油井维护作业井次增多的情况时有发生。

二、结构原理作用

利用现有的油气生产信息化软件系统，结合掺水自控硬件系统改造，实现掺水实时调控。整个系统分为四层，自控掺水数据经过数据采集RTU上传和下置，数据采集RTU、数据服务器可以与监控中心进行交互，完成掺水的自动化控制。前端通过整合控制器、流量传感器、电磁控制阀等自动化仪器，通过人机界面实时显示。员工可以在前端通过人机界面进行水量、报警阈值等参数的手动调节，后端技能大师也可以根据信息化软件系统进行数据实时监控以及调节。常开电磁阀能够保证在停电或电动阀开启故障时，掺水做到不间断。加装过滤器，滤除掺水水源中杂质，提高掺水合格率（图1）。

三、主要创新技术

（1）改变了江汉油田手动掺水调节的方式，借助信息化、自动化技术实现了掺水的实时调控，降低了员工工作量。

（2）加装过滤器，减少了以往无过滤设备造成的掺水质量差频繁清洗水表及管线的问题，提高掺水合格率。

（3）改变传统的人工抄录水表底数，实现数据自动采集，实时监控。

（4）增设常开电磁阀，保证在停电或电动阀开启故障时，掺水不间断。

（5）针对油田多数油井掺水量小，优化设计脉冲式掺水方式控制水量，实现了油井小排量均匀掺水的工艺要求。

四、技术经济指标

（1）应用自动掺水装置的油井掺水合格率达到94.8%，氯离子含量保持稳定，有效控制油井结盐。

（2）使用机械水表，员工每天要调节排量2次以上，现在是直接在SCADA系统上设置日掺水量，员工劳动强度大幅降低。

（3）掺水合格率由安装前的78.1%升至94.9%。

（4）提升了油井的精准化管理水平。

五、应用效益情况

全厂共有472口油井需要掺水解盐，目前已在江汉油田江汉采油厂安装使用242台，取得了较好的效果（图2）。

（1）未安装掺水远程调控装置的油井按每口油井一天检查、调整掺水10分钟/次，每天2次计算：

年需要工时=20分钟 × 242台 × 365天=29443工时；

年需要工作日=29443/8=3680工作日；

需要员工人数=3680工作日/250天=15人；

节约人工费用：15人×18万元/年=270万。

（2）与未安装远程调掺装置的油井相比，采油时率提高了0.2%，油井免修期增加约30天，平均泵效提高了1.6%，油井作业频次下降0.04（次/口·年）。年节约作业费用约150万元。

2020年获国家实用新型专利授权（图3）；2021年获得江汉油田技师优秀创新成果一等奖（图4）；2022年获全国能源化工地质系统评为优秀职工技术创新三等奖。

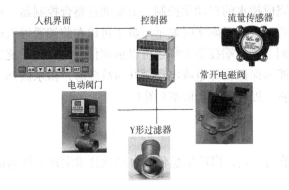

图1　结构示意图　　　　　　　　图2　现场应用图

图3　国家专利证书　　　　　　　图4　获奖证书

 电力线杆防鸟筑巢装置

胜利油田分公司　张春来

一、项目创新背景

近几年来由于鸟类在配电线路杆塔上栖息、建巢等因素造成的线路停电事故呈逐年上升趋势，尽管安装了旋转式防鸟罩，但防鸟效果不理想。根据胜利油田胜利采油厂生产管理办公室的统计，每年采油厂配电线路共发生晃电9条次，停井211口，造成的产量损失高达97.6吨，影响经济效益34.2万元。且鸟巢去除后不久，鸟类又会重新建巢，造成停电事件屡有发生，给采油厂原油产量造成重大损失，严重影响了经济效益。因此，有必要研发一种永久性防鸟装置，杜绝鸟类在杆塔上栖息、建巢，保障电力线路运行正常运行，进一步提高油井开井时率，减少产量损失，最大限度地提高采油厂经济效益。

二、结构原理作用

电力线路杆塔防鸟装置主要由固定部分、圆弧形罩体、横向易折体等组成（图1）。

该装置主要是通过固定部分将其安装在杆塔顶部的电力线支撑架上，可根据电力线支撑架的长度来调整横向易折体，保证罩体与支撑架长度一致。该装置的顶面为圆弧形，侧面为光滑的表面，罩体为鸟类恐惧的橘红色，从而杜绝了鸟类在电力线路支撑架上搭建鸟巢，造成线路停电的危害。

三、主要创新技术

该装置主要是通过固定部分将其安装在杆塔顶部的电力线支撑架上，可根据电力线路支撑架的长度来调整横向易折体，保证罩体与横向支撑架长度一致。

（1）顶面为圆弧形，侧面为光滑的表面。

（2）罩体为鸟类恐惧的橘红色。

（3）免维护，寿命长，设计寿命10年。

四、技术经济指标

该装置长度圆弧罩有效长度500mm，底板长度600mm，可根据实际线杆支撑架长度进行缩减；装置宽度300mm，前后共4个伸缩固定支架，可根据实际线杆支撑架宽度进行调整安装。

五、应用效益情况

该装置于2014年研制成功，经采油厂安全专家评审合格，有效预防了鸟类在线路杆塔横向支撑栖息、建巢，避免了鸟巢造成的线路打火、短路等停电事故，提高了油井开井时率，减少了油井停井造成的产量损失（图2）。该装置具有结构简单、成本低、安装方便、免维护、防护效果好等特点，最大限度地提高油井开井时率，减少产量损失，提高了经济效益。该成果获胜利油田合理化建议一等奖（图3）；获国家实用新型专利授权（图4），目前已在胜利油田胜利采油厂20条线路上推广应用，产生了良好的经济、社会效益，因此该防鸟装置具有广阔的应用前景。

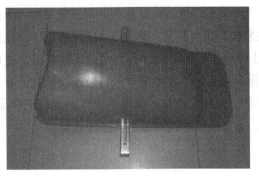

图1　成果实物图

图2　现场应用图

图3　获奖证书

图4　国家专利证书

 游梁式抽油机毛辫子断股保护器

胜利油田分公司　唐守忠

一、项目创新背景

目前油井毛辫子在使用过程中由于老化、锈蚀等原因使两端受力不均匀，极易发生断股、断脱现象。毛辫子断股、断脱后，电机带动抽油机继续运转，容易造成光杆损伤弯曲，严重时导致光杆断脱，引起井喷，影响正常生产，是急需解决的生产难题。

二、结构原理作用

受连杆防脱器原理启发，利用无线电发射装置和抽油机控制柜电路原理，以弱电控制强电，将毛辫子和抽油机结合在一起形成闭合回路，通过接通和断开来控制回路（通过小功率变压器将360V电压降为12V）。毛辫子断股后，回路断开，实现抽油机自动停止运转，有效保护抽油设备。

三、主要创新技术

（1）毛辫子断股后能及时停机。
（2）使用弱点控制强电。
（3）无线传感现场设备少。

四、技术经济指标

（1）12V控制电路安全系数高。
（2）断股后毛辫子增长2mm以上感应器动作。

五、应用效益情况

该装置投入使用后，毛辫子断股时能实现自动停机，大大降低因毛辫子断股造成的安全隐患，杜绝了因毛辫子断股导致的光杆损伤，有效降低了因毛辫子断股引起的躺井作业，在延长油井免修期的同时减少了作业费用（图1）。该成果获胜利油田技师协会优秀合理化建议三等奖（图2），获国家实用新型专利授权（图3）。

图1　现场应用图

图2　获奖证书

图3　国家专利证书

自力式转动防鸟占位器

胜利油田分公司　贾鲁斌

一、项目创新背景

随着国家绿色发展理念不断贯彻落实，环境保护得到高度重视，公民爱鸟护鸟意识不断增强，鸟类生存空间得到很大改善，鸟类在输电线路杆塔上筑巢也日渐增多，给各种输配电线路的安全运行带来了很大的威胁。尤其在鸟类集群、筑巢的高峰期，鸟类在输配电线路横担上筑巢、活动、排便引起的电力系统断路器跳闸事故不断增加，给输配电线路造成了极大危害，鸟害问题已经成为威胁电网安全运行的一个难题，减少直至根除鸟害造成的影响刻不容缓。为此研制了自力式防鸟占位器，解决了现有防鸟技术中存在的缺点，具有驱鸟效果好、成本低、原理可靠、不会对操作人员和鸟类造成伤害的优点。

二、结构原理作用

防鸟占位器主要有转筒、转轴、固定支架三部分组成（图1、图2）。

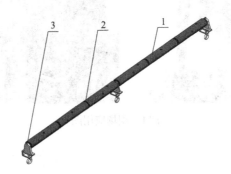

图1　自力式转动防鸟占位器结构示意图
1—转筒；2—转轴；3—固定支架

（1）转筒上设置的排水孔为直径8mm的圆孔，在转筒圆周径向上呈60°角均匀分布，在圆周轴向上等距离排列。下雨进入水分的转筒无论处于任何方位，转筒内的水分都会及时有效地排出，避免由于水分影响造成转筒的老化和损坏。

（2）转轴为不锈钢材料加工而成，具有耐锈蚀、强度大、光洁度高的优点，在野外自然环境下，对风吹、日晒、雨淋具有很好的适应性，能够消除锈蚀、老化对装置的影响，从而延长使用寿命。

（3）固定支架采用U形卡子结构设计，具有固定牢靠、安装方便、使用寿命长的优点。占位器通过U形卡子固定螺栓牢固地安装在横担上。横担的宽度为50mm，转筒的直径占据横担容许鸟类停留的空间，杜绝了鸟类在横担上停留，防鸟效果好。

三、主要创新技术

（1）借助转筒在轴上的转动，使转筒成为一个转动的不稳定结构，并且转筒直径大于大多数鸟类爪子的抓握直径，鸟类无法抓牢转筒，也无法站立在转动的转筒上，使鸟类不能依附停靠。

（2）转筒为红色PVC材料加工而成，具有耐老化和绝缘性好的优点，鸟类害怕红色或鲜艳的颜色，采用红色能够起到驱鸟的作用。且通过在主体的内外壁设置有阻燃涂层，提升了装置的阻燃阻火效果，增强了装置使用时的安全性能。

（3）可根据各种线路杆塔装置容易做巢部位的形状和尺寸加工相应长度和直径的占位器组合，适用性强。

四、技术经济指标

（1）转筒直径40mm，排水孔直径8mm，单个长度195mm，采用红色PVC材料加工而成。

（2）转轴为直径20mm不锈钢管，长度1000mm。

（3）固定支架采用U形卡子制作，U形卡子开口高度20mm，M6紧固螺栓底部设置吊环，便于使用零克棒和工具紧固。

五、应用效益情况

该装置2021年开始研制，5月份在胜利油田鲁明公司唐东输电线路上安装试验10套。2021年9月，鲁明公司组织专家进行评审，专家组一致认为该装置结构简单，原理可靠，有很高推广应用价值，获得2021年度鲁明公司创新创效成果一等奖。2022年加工100套在胜利油田鲁明公司唐103、唐西等输电线路上推广使用（图3），取得了良好的应用效果，年创经济效益100多万元，2022年获全国设备与技术创新成果二等奖。2021年获鲁明公司创新创效成果一等奖（图4）。

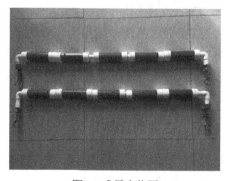

图2　成果实物图

图3　现场应用图

图4　获奖证书

新型电泵井地面电缆接线盒

胜利油田分公司　王佰民

一、项目创新背景

电泵井接线盒是潜油电泵生产系统中的重要电气设备，负责电泵井地面与井下电缆的对接，以及释放井下电缆内部孔隙窜出的油层可燃气体，避免气体进入控制柜引起爆炸事故。现阶段油田陆采电泵井使用的接线盒均为铁质材料加工，采用平开门设计，电缆进出位置在接线盒两侧，进线孔径为 $\Phi35mm$，电缆线芯为 $\Phi12mm$，$23mm$ 的孔隙用于排放油层可燃气。

存在以下问题。

（1）平开门设计易进雨雪，防水效果不足。

（2）整体高度偏低，易水淹。

（3）电缆穿入方式易造成电缆护套层损坏、接线端子松动。

（4）电缆孔径大，易进雨雪、灰尘、小型生物，引起故障。

（5）铁质材料使用周期短，易锈蚀损坏。

二、结构原理作用

以安全、简便、耐用为主要创新思路。整体材质为不锈钢加工而成，主要分为上端盖、对接部件、下支架三部分，上端盖采用盖帽式设计有效避免雨雪；对接部分采用下部进入方式，并由电缆密封器将电芯孔隙密封，减少灰尘、雨雪进入；不锈钢下支架保障了装置的长寿命。

三、主要创新技术

（1）采用盖帽式结构。

（2）整体高度 1.2~1.8m。

（3）电缆采用底部穿入方式，并采用电缆密封体固定电缆。

（4）电缆固定使用一把六棱扳手即可完成所有螺栓的紧固。

（5）采用不锈钢盒体，野外环境适应性好，延长使用寿命。

（6）内部采用6kV高压绝缘子，接线端子与外壳距离100mm。

（7）下边沿留有气体流通缝隙。

四、应用效益情况

（1）盖帽式结构可避免雨雪、灰尘、动物进入柜体内部引起电路故障。

（2）内部接线端子采用直列竖向固定方式，六棱扳手即可完成安装，维护便捷。

（3）不锈钢材质的使用避免铁质材料的锈蚀，长期使用灵活、美观，设计寿命20年经济效益明显。

（4）接线端子与外壳间距及相关配件符合《国家标准GB 7251》执行标准，电缆由接线盒底部进入连接，使用专用电缆密封器填补空隙保护电缆，保障油井运行时率。

经济效益：

原有接线盒使用3年门轴出现锈死无法旋转，5年左右整体锈蚀、部件老化需更换，新型接线盒不锈钢材质可确保使用周期不少于20年，以一个周期的经济效益计算如下：

经济效益=原接线盒单价×4−新型接线盒单价=750×4−1800=1200（元/周期）

胜利油田河口采油厂现有电泵井150口，周期内可减少接线盒费用支出=单井效益×150口井=18万元。以更换单井接线盒导致停井时长约3小时计算：

近5年造成原油经济损失=［（停井数×停井时长）/24］×平均日油×原油价格=9.125天×5.6吨×2100元=10.7万元。

5年总效益预计=减少支出效益/4+5年原油经济损失=18/4+10.7=15.2（万元），平均每年效益预计约3万元。

社会效益：

目前，该新型接线盒胜利油田在河口采油厂管理五区义126-8井试用后，经过雨雪、大风等恶劣环境运行稳定，现场安装简便、安全性能高，消除了原有接线盒老化存在的安全隐患，使用效果良好（图1）。该接线盒具有安全、便捷、环保、寿命长的优点，可在陆地油田电泵井推广使用，长期经济与社会效益显著。该成果获采油厂年度优秀技能人才创新成果采油专业一等奖（图2）。

图1 现场应用图　　　　　　　　　　图2 获奖证书

单井库存数据远传系统

胜利油田分公司　孙文海

一、项目创新背景

目前，偏远单井及新投井采用多功能罐拉油的方式进行原油的输送。多功能罐的库存数据是靠旋转式液位计进行空高的测量，不能直接传输罐内液位库存。为了落实油井的产量资料，职工需要每天早晚到现场落实库存数据，给职工带来了较大的工作量，造成车辆费用的浪费。

二、结构原理作用

该装置的主要结构由三部分组成。

（1）表盘部分：绝缘材料加工的表盘，有效隔绝仪表内弱电对多功能罐内油气的影响。

（2）显示部分：数码液晶显示，可以直观地掌握多功能罐内油液的库存数值。

（3）编码部分：角度传感器采集指针偏转角度后传送给编码器，编码器通过计算将角度转换成数值。

三、主要创新技术

（1）实现了数据资料的实时传输。

（2）库存数据突变时及时报警。

（3）设备采用防爆技术。

（4）采用自动控制技术。

（5）采用防盗技术，实现了无人值守。

（6）装置体积小便于安装。

四、技术经济指标

（1）供电电压DC3.6V（安全电压）。

（2）绝缘材质加工，防爆等级符合安装要求。

（3）数据传输RS485/4~20mA。

五、应用效益情况

该装置2020年开始研制，2021年7月，在胜利油田河口采油厂管理六区注采602站的罗X363等井上安装使用（图1），经过3个月的数据资料对比，达到了设计要求，采集数值准确率达到99%，误差0.1。2021年10月在管理六区注采601站的10口单井上安装应用。减少职工现场落实库存数据的次数，降低了职工的工作量，节省了职工跑现场的车辆费用，年创经济效益约20万元人民币。2021年获采油厂职工创新成果一等奖（图2）；2021年获全国能源化学地质工会优秀创新成果二等奖。

| 图1　现场应用图 | 图2　获奖证书 |

新型潜油电泵控制柜

胜利油田分公司　王佰民

一、项目创新背景

电泵井控制柜是潜油电泵生产系统中的重要电气设备，负责电泵机组的启停控制及参数调整，将滩海地区电泵控制柜放置在高2m的防潮架上，加盖重约5吨的水泥房防止雨雪侵蚀，导致上方重下方轻，在极端天气存在安全隐患，2019年"利奇马"台风导致胜利油田河口采油厂管理一区4口电泵井水泥房坍塌、墙体脱落等安全事故。

铁质控制柜因滩海油区空气含盐量较大，对柜体腐蚀严重造成门体关闭不严，容易引起电气故障及电泵机组停机，影响生产。随着油井四化运行的普及，原有工频柜需外加装四化设备，因四化设备质量、标准不一、人为安装方式等原因导致控制柜烧毁已有8台，四化配件烧毁引起故障停井次数达47次，导致躺井作业出现3口，给采油厂造成重大经济损失。

二、结构原理作用

（1）采用不锈钢柜体。

（2）采用内外门设计，外门隔绝内外环境，内门安装控制按键、显示屏等器件。

（3）内部高压接线部位布局在柜体后方（图1）。

三、主要创新技术

（1）采用不锈钢柜体，野外环境适应性好，延长了控制柜使用寿命。

（2）采用内外门设计，外门隔绝内外环境，内门安装控制按键、显示屏等器件。

（3）内部高压接线部位布局在柜体后方，采用强电与弱电前后隔离方案，保障人员检修电路时，避免触碰高压线路。

（4）采用8mm防滑钢板作为底板，32mm镀锌钢管加工高约1.2m护栏的控制柜装配平台，有效保障控制柜与人员安全。

（5）将高标准四化设备按国标施工安装，提高设备的稳定性。

四、技术经济指标

（1）该采集配电柜额定电压交流2500V，额定电流200A。

（2）采用强弱电上下分层设计，上方仓内包含智能电表、RTU、接线排等附件，下方仓内包含高压断路开关、高压保险、电压互感器、控制变压器。

（3）电流互感器安装在原有电泵控制柜内部，可实现不停机对信息采集柜内配件的更换和维修，保障了油井的正常生产。

新型控制柜不锈钢材质的使用避免锈蚀，长期使用灵活、美观，设计寿命20年，经济效益明显。相关配件符合国家标准GB 7251规范，输入输出电缆由柜体底部进入，并使用专用电缆密封器填补空隙，避免雨雪、海水、灰尘、动物进入柜体内部引起故障；新型配电柜内部线路采用原有电泵控制柜线路连接方式，便于维护人员检修操作。四化设备配件出现故障时无须停井，断开独立的小型断路器即可进行更换作业，保障了油井运行时率。

五、应用效益情况

目前该新型控制柜已在胜利油田河口采油厂管理一区CDC126-9-G7、CDC126-96、CDC126-76、CDC126-56四口井应用，配电柜运行稳定，使用效果良好（图2）。该成果获采油厂年度技能人才优秀合理化建设采油专业二等奖（图3）。

图1　成果实物图

新型控制柜、装配平台

图2　现场应用图

图3　获奖证书

电热杆电缆故障诊断报警器

胜利油田分公司　隋爱妮

一、项目创新背景

电热杆工艺是利用加热电缆和空心抽油杆形成回路，通以交流电，利用内集肤效应在空心杆内壁产生热能，对油管内原油进行加热，改善油管内原油的流动性，从而有效地开采高凝、高黏、高含蜡的原油。电热杆加热由特种变压器、控制柜、空心杆、加热电缆四部分组成。电热杆电缆故障具有隐蔽性大的特点，出现故障后，电热杆一般还能继续运行，不易发现，直至变压器温度过高导致烧毁、控制柜断路器或接触器烧毁等故障造成的停井，甚至杆卡躺井后，才能被发现，造成生产被动，产量损失。针对该问题设计研制了"电热杆电缆故障诊断报警器"。

二、结构原理作用

电热杆电缆故障报警器，基于基尔霍夫电流定律，测量电热杆的零序电流值，无故障生产时，零序电流值为零；当故障后，电流不平衡，零序电流值不为零，数据传输给智能监测仪，控制报警继电器动作，进行报警，必要时自动停止电热杆加热。

针对技术关键指标，优选了电流互感器、智能监测仪和分励脱扣断路器。报警器设计两级报警，一级报警：警示灯报警。当零序电流达到5安培时，警示灯闪烁，提醒采油人员进行加密检查。二级报警：声光报警。当零序电流达到10安培时，声光报警启动，声压可达120分贝，同时断路器动作，切断电热杆运行电路，通知专业人员现场处理。

三、主要创新技术

（1）可以实时监测电加热系统运行。

（2）一级光报警既能保证油井可以运行，又能及时发现初始故障，通知管理人员加强巡护。

（3）二级声、光同时报警，并迅速切断加热电路，避免故障升级，通知专业人员现场处理。

四、应用效益情况

2017年10月至今，电热杆电缆故障诊断报警器在胜利油田河口采油厂渤南、大北等油田现场安装使用（图1）。使用后，及早发现隐患3井次，排查故障点2处，避免了电缆故障引起变压器及控制柜的损坏，保证电热杆井的正常生产。其中的典型井例：采油管理四区单井BAE177井自2017年9月投产，采用电热杆工艺，2018年11月将电热杆电缆故障诊断报警器现场安装使用，2019年9月该井电热杆电缆故障诊断报警器报警，管理人员通知专业人员在第一时间赶赴现场，经检测确定为因地面加热电缆绝缘层老化造成的电缆损坏，及时更换后确保了该井正常生产，避免了因电缆故障发现不及时造成的一系列损失。2018年获河口采油厂优秀技能人才技术创新成果采油专业一等奖（图2）。

图1 现场应用图   图2 获奖证书

憋压曲线测绘仪

胜利油田分公司　刘晓明

一、项目创新背景

由于原油中含有砂、蜡、水、气及腐蚀性物质，泵内压力可高达10MPa以上，且需要连续不断工作，所以油管及抽油杆故障在所难免。有些故障能通过载荷、示功图可以准确判断，但是出现油管、抽油泵漏失等故障则需要进一步诊断，现场采取油管内憋压稳压验证漏失状况。

现有的油井憋压压力测量没有记录装置，只能靠肉眼观察压力表，手工记录压力变化。冲次较快的油井，很难准确记录压力的变化，从而无法准确判断深井泵的工作状况，对保障生产有严重影响。

目前胜利油田石油开发中心有限公司胜海采油管理区开井126口，因生产波动、作业开井等原因，年累计憋压井次高达60余次。人工记录压力变化，存在记录点数有限，数据记录精度受人员的操作水平和责任心等因素影响，数据质量难以保证、曲线不能及时测绘，致使诊断的准确性和及时性不强，不能真实反映抽油机和螺杆泵的工况，对井下故障不能及时判断，油井检修时间滞后。

二、结构原理作用

研制憋压曲线测绘装置，实现便携、容易拆卸、憋压控制自动化、压力自动采集与记录、减少操作人员数量等功能，直接连至表接头处，利用压力与时间的变化关系，自动绘制出憋压曲线，实时传输存储，更加准确地测绘压力变化。

该装置由压力传感器、液晶显示屏、存储器、转换器、USB串口、数传压力表、稳压电路、开关电源等组成（图1），通过地面油井憋压，连续检测压力点的变化，形成憋压曲线。

三、应用效益情况

（1）应用情况。

2022年9月底制作完成并试用，已绘制5口井的憋压曲线，根据憋压曲线和功图能迅速判断出井下故障原因。结合该井同期功图，进而准确分析判断井下故障和出液情况，解决了单一功图法判断油井泵况不精准的问题。

该装置现场应用后实现了便携、容易拆卸，憋压控制自动化，压力自动采集与记录，同时减少了操作人员数量；平均每口井能提前半天或一天判断出井下故障，节约停井时间，减少产量损失（图2）。

（2）经济效益及社会效益。

经济效益：

胜油管理区因生产波动、作业开井等原因，年累计憋压井次达到60余次，应用憋压曲线测绘仪，三分之一油井憋压能提前至少半天判断出油井故障，单井日均产量3t，节约产量：60×1/3×1.5=30（t）；年创经济效益：30×2350=7.05（万元）。

社会效益：

①该装置方便携带，拆装方便，压力采集自动化。

②应用该装置可减轻操作工人劳动强度，保障操作工人的人身安全，有效提高了油井开井时率。

③憋压曲线绘制完成后，结合该井同期功图，进而准确分析判断油井井下故障，解决了单一功图法判断油井泵况不精准的问题，提高了油井上作业维修的进度。

④可在各管理区进行推广应用，具有可观的经济效益和社会效益。

图1 成果实物图

⑤该成果获职工技能创新论坛及第二届信息化创新成果二等奖（图3）。

图2 现场应用图

图3 获奖证书

油井远程复位装置

胜利油田河分公司 孙文海

一、项目创新背景

随着油井四化设施的配备，不仅实现了油井的数据采集和远程调控，而且视频监控有效地遏制了盗油现象的发生。因此盗油分子会采取各种非法手段对视频监控系统进行破坏。视频监控破坏是将监控杆采集箱空开断电。当监控杆上的开关被拉闸断电后，通常需要专业人员登高进行合闸，最快需要2~5小时才能恢复，影响了该时段的数据传输，制约了对油井生产现场的管控。油井控制柜RTU通常因为网络堵塞等原因造成死机，油井数据中断，无法传输，一般由注采站人员到现场重合RTU空气开关，对RTU进行重启后，数据传输才能恢复。针对这些情况，研制了油井远程复位装置。通过手机APP将远程空开复位重启，使数据恢复，保障设备数据传输的连续性、稳定性。

二、结构原理作用

该装置的主要结构由两部分组成（图1）。

（1）远程控制开关：将RTU控制电路的空开更换为远程开关。当油井控制柜RTU因网堵塞等原因造成死机，油井数据中断，无法传输，这时技能大师可以通过手机APP将远程空开复位重启，使数据恢复。

（2）手机APP：运用手机APP与远程开关进行匹配，起到远程操控的作用。

三、主要创新技术

（1）实现了油井电源的远程开关。

（2）通过手机实现了油井的远程控制。

（3）采用自动监测控制技术。

（4）装置体积小便于安装。

四、技术经济指标

（1）断电后自动推送断开信号。

（2）装置正常运行时，不影响其他设备的信号传输。

（3）符合国家电器设备标准要求。

五、应用效益情况

该装置2019年开始研制，2019年11月，在胜利油田河口采油厂管理六区注采604站沾38-P10井上进行了试用（图2）。试用两个月，试用期间信号和传输稳定，满足要求。确保油井数据传输的连续性，减少了人工和车辆的劳务费用支出。减少了直接作业环节的同时，避免了高处作业的安全风险。2019年获河口采油厂优秀职工技术创新成果三等奖（图3）；2020年获得胜利油田设备成果三等奖。

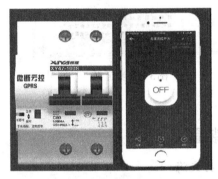

图1 成果实物图

图2 现场应用图

图3 获奖证书

基于敏捷生产的智能掺稀

西北油田分公司　杜林辉　吴登亮　成　鹏　王永亮　岳彩栋

一、项目创新背景

西北油田塔河采油二厂油藏埋深5300~6600m，原油密度主要为大于$1.03g/cm^3$的稠油，黏度大于$1×10^5mPa·s$（50℃），需配合掺稀降黏开采。目前采油二厂管理一区稠油地面采油主要特点如下。

（1）含水波动。自2013年至2020年平均含水从25.31%上升到49.68%，含水波动导致油井乳化或掺稀不匹配，2020年含水波动导致油井异常占比21.5%。

（2）出液不均。自2013年开始实施注气三采（目前开井240口，其中带水生产井216口，注气井102口），油气水三相液在井筒内混相流动，三相液波动已成为现场油井管理的主要难点，2020年注气井导致油井异常占比26.8%。

鉴于以上制约增储上产和成本控制的难题，急需对超深层稠油地面采油异常管控进行智能分析和智能管控，最大限度降低产量损失，节约稀油，创造效益。

二、结构原理作用

"基于油井敏捷生产的智能掺稀开发应用"总体思路，主要分为宏观分类管控、智能诊断处置及数据分析应用三个模块，将油井分为三大类管控。异常井进行二次逻辑分析诊断，给出异常类型，智能加掺稀，提示人工处置方法，好转井自动分级优化掺稀等功能。

（1）通过各类型油井趋势性变化的分析诊断模块，以更好地指导油藏开发、油井生产动态管理。

（2）通过一套油井生产动态分析方法，与数据库连接，建立分析诊断逻辑，用于判断各类型油井生产动态变化，可大幅度减轻技能大师排查分析工作量，减少油井异常，实现掺稀自动优化，可实时调节稀油量，无须人工干预。

智能井口调参系统主要由触摸屏、PLC控制柜、流量计自动控制仪、配套进出口阀门及工艺管线组成（图1）。PLC控制柜触摸屏内预先写入机抽井、自喷井、电泵井等3种逻辑关系，可根据井的模式不同人工进行选择设置。

三、主要创新技术

（1）油井生产数据实时采集。
（2）自动分析生产数据，并做出异常类型诊断。
（3）自动控制流量计进行掺稀量调整。
（4）异常解除后自动控制流量计恢复。

四、技术经济指标

（1）在三种自选模式状态下，PLC控制柜可将井口参数变化自动分析、自动识别，并能发出指令实现掺稀流量计掺稀量自动调整，对优化掺稀，节约稀油用量，起到了关键作用。

（2）PLC控制柜可将井口参数变化自动分析、自动预警，能及时发现油井异常并提示业务人员及时调整，降低异常处置成本，提高油井生产时效。

五、应用效益情况

该装置于2021年3月在西北油田塔河采油厂TH12190井投入使用，实现"一机一控"（图2）。至今未出现异常，油井生产平稳，抽油机运行电流58~59A，油井回压0.71MPa，日掺稀量由20m³下降至12m³，日节省稀油8m³，单井年实现经济效益650万元。

2021年9月20日在采油管理区TK612井港西掺稀阀组投入使用，实现"一机多控"，即1台微电脑PLC柜，可以控制数台流量计，实现TK654、TK659、TK662三口单井的智能掺稀，截至目前运行良好。日节约稀油12方，三口井年实现创效750万元。

2021年获国家发明专利授权书，目前等待专利证书阶段，2021年获西北油田分公司联合创新工作室优秀成果一等奖，同年获得新疆维吾尔自治区劳模引领性优秀创新成果。

自喷井 掺稀流量控制自动化工艺图

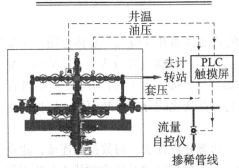

图1　结构示意图

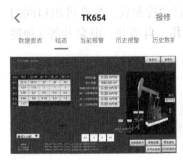

图2　现场应用图

新型测冲次装置

胜利油田分公司 刘 锋

一、项目创新背景

胜利油田石油开发中心胜海采油管理区目前共有游梁式抽油机71口，其中使用无线一体化载荷传感器测量功图井44口，无线载荷传感器+无线角位移传感器组合测量功图井27口。

虽然无线一体化载荷传感器现在十分普及，但由于胜海管理区油稠，负荷重，冲次低，低于0.8次/分一体化载荷仪无法实现冲次测量。

无线角位移传感器安装在游梁上，维护时需要停机、登高。既影响开井时率，又有登高风险。5级以上大风、下雨等恶劣天气无法维修时，不能掌握油井生产动态，影响信息化考核指标。管理区每年维修、调试角位移约87次，停井造成的产量损失约15t。

二、结构原理作用

无线角位移传感器的工作原理：角位移传感器跟随游梁摆动，记录每次游梁运行到下死点的间隔时间，这个间隔时间，就是油井的运行周期，即冲次；同时角位移可以记录游梁的摆动角度，角度×游梁半径=弧长=冲程，通过计算得到冲程。

如果能用另外一种设备测量出油井的冲程周期，并且能够降低安装位置，避免停机、登高，就可以代替目前的角位移传感器。

工作原理：根据死点开关传感器的运行原理，将探头安装在游梁机支架底部，在曲柄上安装1块磁钢，磁钢随着曲柄一起转动。当磁铁经过探头时，探头产生1个开关量信号，发送给死点开关传感器，死点开关传感器记录每个开关量的间隔时间，就是该井的运行周期即冲次。

首先使用4分管和6分管制作一个简易支架，焊接在游梁机支架上，用于安装探头。支架长度可调，以便调整探头与磁钢的距离。将无线死点开关传感器的本体安装在抽油机支架的底部，使用磁铁吸附，方便拆装。使用拉线位移传感器配合载荷传感器、死点开关传感器进行标定，做出示功图（图1）。

三、应用效益情况

经济效益：

管理区年配置、调试角位移约87次，因停井造成的产量损失约15t，每件角位移改动需要费用1600元，共投入=0.16×12=1.92（万元）。

经济效益=15×0.235−1.92=1.605（万元）。

社会效益：

该项目主要解决了角位移维修、调试时需要停井，登高作业的问题，减少油井停井造成的产量损失，消除了因登高作业、靠近旋转部位产生的风险，提高运行时效（图2）。该成果获职工技能创新论坛及第二届信息化创新成果二等奖（图3）。

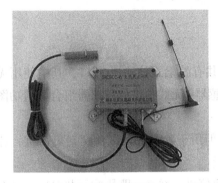

图1　成果实物图

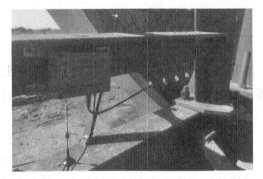

图2　现场应用图

图3　获奖证书

油井智能控制柜

华东油气分公司　沈霁

一、项目创新背景

华东油气分公司大部分油田属于低渗透油田，其渗透率低、单井产能低，抽油机的举升能力与地层供液能力无法实现有效匹配，导致泵效低；抽油机电动机的额定功率远大于正常运转功率，导致"大马拉小车"、能耗高，机采系统效率低，从而增加了采油成本。

针对以上问题，研制油井智能控制柜，形成集油井实时数据采集，远程启停控制、变频调节冲次等功能于一体的智能控制装置，实现油田信息化提升，降低劳动强度，提升管理效率。

二、结构原理作用

油井智能控制柜组成部件有：变频器、交流接触器、电流互感器、RTU、多功能电表、PLC、继电器。其核心元件包括：

（1）变频器：选用高性能矢量变频器用于异步电机和永磁同步电机的矢量控制，实现高性能、高精度的电机驱动控制。变频器通过MODBUS通信方式与RTU模块相连，实现上位机对变频器的控制。

（2）RTU：作为整台控制柜的核心控制模块，用来监视和测量安装在远程现场的传感器和设备，负责对现场信号、工业设备的监测和控制。

（3）PLC：通过编程语言对CPU模块进行定制化编程，可以实现对继电器的开关控制，同时根据控制需求变化实现对程序的离线修改。

三、主要创新技术

（1）油井智能控制柜的核心部分为"RTU+PLC"采集控制系统。首先满足信息化建设要求，采用RTU作为数据采集终端，通过无线ZigBee和有线RS485通信协议对井场压力、温度、示功图、电参等单点数据进行集成，上传至PCS系统完成最终展示，通过SCADA系统实现远程启停机、调参。

（2）在此基础上，结合现场生产需要，利用PLC作为现场扩展功能控制端，将自动加药、电加热远程控制、盘根皮带自动调节、流程保温远程控制等多项自主创新技术扩展集成。

（3）最终实现现场生产数据实时自动采集和远程上传，并在PCS系统集成展示，在SCADA系统完成远程操控，将原有人工现场操作模式改为远程线上操控模式。

四、技术经济指标

（1）装置可实现油井压力、温度、示功图、电参等生产数据实时采集传输。

（2）可实现电机远程和本地控制功能，电机过载、缺相、短路等自动报警保护功能。

（3）实现抽油机远程启停机、在线实时调参。

五、应用效益情况

该装置从2016年开始研制，至今已在华东油气分公司范围内推广应用605套（图1），累计创效3400余万元。经中国石化油田企业能源检测中心鉴定平均节电率达23.66%，平均泵效由49.1%提升至53.4%，机采系统效率由26.8%提升至31.7%。通过实时数据采集，利用多参数组合分析，形成油井异常预警报警机制，通过及时调整加药、洗井、调参等方式，年平均减少躺井20余井次，减少一线操作、巡检人员40人。

油井智能控制柜为推进油田信息化建设奠定了基础，实现生产管理模式变革，达到"集中指挥、快速反应"的一级管理模式，为油公司体制机制改革提供了重要保障。2016年通过中国质量认证中心认证（证书编号：2016010301861726），同年获国家实用新型专利授权（图2）；2022年获中国石化技能人才创新成果一等奖。

图1　现场应用图　　　　　　　图2　国家专利证书

第九节　油水井综合应用设备

车载多功能抽油机工作平台

胜利油田分公司　唐守忠

一、项目创新背景

胜利油田是我国重要的石油工业基地，石油年产量占全国总产量的五分之一，有两万多台重达20吨的抽油机，分布在山东省境内3396平方千米的土地上工作着，每台抽油机都悬挂着10多吨重的抽油设备，周而复始地将埋藏在地下3千到7千米深的石油抽出地面。为了保证抽油机能每时每刻正常运转、高效工作，每月都要登上抽油机进行紧固、调整、润滑、更换等工作，每年需要维保6万多台次抽油机。因此，存在以下问题：高空操作无平台，工人易跌落；工人劳动强度大，工作效率低；需要操作人员多，生产成本高。为彻底解决这些问题，2015年2月开展车载多功能抽油机工作平台研制工作。

二、结构原理作用

车载多功能抽油机工作平台，用于抽油机维护保养、维修过程中的登高作业。平台技术设计加装的高、低位安全操作平台，配套液压、气动助力系统，集成专用维护作业工具用具，能够满足抽油设备维护保养的工作需求；通过优化控制系统、改进车载工具、拓展车载仪器，安装气瓶升降篮等专利产品，有效控制了高空作业风险，降低劳动强度，增强复杂问题处置能力；实现人机一体化操作，不断完善人机结合采油操作内容，提高现场适应性，提升抽油机维护保养工作效率；依据HSE要求，编制人机一体化采油操作规程，及平台设备自身"三规程一预案"，确保安全操作，规范运行使用（图1）。

三、主要创新技术

（1）实现了半高空操作平台。

（2）实现了平移操作平台。

（3）自带动力提供液压与气动压力。

四、技术经济指标

（1）最大举升高度8m，举升重量5t。

（2）最大平移距离4m。

（3）最大液压30t。

（4）最大气动压力30t。

五、应用效益情况

经济效益：平台设备在胜利油田范围内推广应用10套（图2），年辅助开展各种型号抽油机维护保养等各类高空施工操作5500次，抽油机维护保养工作效率提高42%；消除了高空操作隐患风险，降低了劳动强度，促进设备管理水平的提升，年创经济效益300万元。

社会效益：平台设备运行平稳、安全可靠，符合油田本质化安全管理要求，集传统采油操作融合先进机械化技术，工作效率大幅提高，适合在采油现场推广应用。油田专业化改革后，平台设备划归工程维修中心统一管理，通过市场化运行，进一步降低新型管理区采油设备维护保养工作总量，促进采油管理区价值创造及人力资源优化工作开展。

该成果获中石化科技进步三等奖（图3），并获实用新型专利授权（图4）。

图1 成果实物图

图2 现场应用图

图3 获奖证书

图4 国家专利证书

自动除草机

胜利油田分公司　孙文海

一、项目创新背景

随着采油井场标准化管理的实施，井场三标成为采油工的一项日常工作。从春季开始到冬季来临，井场内的杂草严重影响井场三标的进度，由于杂草生长速度快、生命力顽强，尤其到了夏天气温升高，职工除草的工作难度和强度增大，如何达到三标井场，减少职工除草的工作时间和劳动强度，成为大多数职工关心的问题。为解决这一难题，研制的"自动除草机"通过应用，将人力资源从简单的除草工作中解放出来，大大降低了职工的劳动强度，加快了井场三标的进程。

二、结构原理作用

该装置的主要结构由三部分组成（图1）。

（1）动力部分：动力电瓶（48V）提供直流电源。

（2）除草部分：前置打草电机打掉较高的杂草，车架底部旋转刀头在电机的高速带动下，做旋转运动切掉地面上的杂草。

（3）控制部分：机器内部带有发射器，遥控器接收信号后控制除草机的前进后退、速度的增减及机器的运动方向。

三、主要创新技术

（1）实现了除草的机械化。

（2）使用过程操作简单，安全实用。

（3）以电带油，节能降噪，零排放无污染。

（4）采用自动控制技术。

（5）装置体积小，运行灵活。

四、技术经济指标

（1）承重100kg，电源48V铅酸电池，除草高度0~20cm可调。充满电除草面积1000m²，无线遥控距离20m。

（2）装置正常运行时，噪声值小于65dB。

（3）设备依据电动除草机JB/TI 1405—2013标准检验，符合要求。

五、应用效益情况

该装置2019年开始研制，2020年4月，在胜利油田河口采油厂使用。2020年6月在胜利油田"一线生产难题揭榜挂帅"活动中成功揭榜，得到油田专家的认可，局工会资助研发资金。2021年5月新一代"自动除草机"研发完成，加工11台，在河口采油厂八个管理区应用，年创经济效益约144万元人民币，累计创效288万元。2019年获河口采油厂优秀职工技术创新成果二等奖；2020年获胜利油田群众性优秀技术创新成果二等奖；2020年获全国能源化学地质系统优秀职工技术创新成果三等奖（图2）。

图1　成果实物图

图2　获奖证书

　在线含水检测密闭型卸油口　

江苏油田分公司　林凌

一、项目创新背景

我国各油田针对偏远区块或者单井都使用油罐车运输的方式，其优点是初期投入少、见效快，缺点是采用敞口卸油方式，卸油过程中原油与大气接触，油气蒸腾、油花飞溅，员工操作环境极为恶劣。江苏油田油井分布具有"碎、散"的特点，油罐车运输方式占总液量的1/3以上。真六卸油台日卸油40车次左右，卸油液量1100吨左右，能够安全、环保、高效的卸油是卸油工最迫切的期望。

敞口卸油存在问题如下。

（1）安全环保隐患。

①敞口卸油过程，油水飞溅、伴生气挥发，挥发的油气对大气环境存在一定影响。②取样化验时员工徒手在油管口接取油样，近距离接触挥发喷溅的油气，对员工身体健康形成隐患。③静电接地远离卸油口，操作不便，生产中有忘记安装静电接地器现象，存在发

生火灾的安全隐患。

（2）工作强度大劳动效率低。

①每天取样操作四十多次，劳动强度较大。②油花飞溅造成场地污染，擦拭工作量繁重。③气温低时黏度增加，流速变慢，冬季时常发生卸油效率低下导致车辆积压，井上原油胀库造成生产被动。

（3）计量准确度不高。

①油罐车内油水比例靠人工目测预估，没有标准，计量误差大。②取样时人工预估时间分三次操作完成，样品误差大。③人工化验油品含水率存在误差。

二、结构原理作用

（1）外观体现密闭性：研制成一个方形密闭箱体，螺丝固定原敞口卸油槽上方。箱体前方设置固定式快装卸油软管，卸油时可快速连接，密闭无泄漏。

（2）加热系统：在箱体上加装蒸汽加温流程，加热管线沿密闭箱体右侧进入箱体内加热盘管后从右侧出来经疏水阀从卸油口回罐。

（3）多功能一体化设计，箱体后部为含水分析仪一次仪表，顶部安装静电释放装置和抽拉式观察孔，设3m高的排气管，排气管出口安装有阻火器和呼吸阀。

（4）装置的内部构造分前后两部分，中间由板式过滤网隔开，前半部是加热盘管，加热、沉淀后的原油经过板式过滤器进入DN100的管式油流通道。

（5）通道中心是含水分析仪的探头，油流经过通道流入罐内时，实时含水数据就被测量出来，在箱体外的一次仪表和值班室内的二次仪表都能显示实时含水，为分产计量提供了可靠数据（图1）。

三、主要创新技术

（1）环保性：方形密闭体替代了敞口卸油，加上带有呼吸阀的排气管，卸油过程处于全密闭输送，操作环境得到极大改善。

（2）安全性：排气管出口设置了阻火器，静电释放装置设置在箱口，随手操作，快捷简便，安全隐患得到消除。

（3）效率提升：流动的原油在箱口内温升，流动性加强，卸油效率提高。

（4）含水自动化在线监测，取样准确性的难题得到解决。

四、技术经济指标

（1）操作环境改善：卸油操作全过程密闭进行，有效杜绝油气挥发，原敞口卸油操作区域伴生气含量达3%，采取新型卸油口后，现场测得数据伴生气含量为零。

（2）劳动效率大幅提升：采取自动化在线含水监测后，节约两名化验工，卸油岗操作员工由双岗变为单岗，劳动强度也大大降低，班组共节约岗位工人6名。

（3）卸油效率提高：单车卸油时间由33分钟缩短到15分钟。

（4）含水准确性提升：含水误差率由33.6%减小到1.5%。

五、应用效益情况

密闭型卸油口使用快速接口与油罐车连接，避免了油气外溢，保护了环境和员工的身体健康。安装含水分析仪规避了人工取样存在的误差，所有单位原油都经同一种仪表计量，避免了人为因素影响，为各单位分产提供了可靠的依据（图2）。2017年获江苏油田采油一厂高技能人才成果一等奖；2018年授权江苏油田创新成果一等奖（图3）；2018年获国家实用新型专利授权（图4）。装置已经在江苏油田各卸油站推广使用，具有全行业推广价值。

图1　成果实物图

图2　现场应用图

图3　获奖证书

图4　国家专利证书

 污水罐车多功能回收装置

江汉油田分公司　李军强　冯　刚　郭江涛　舒　亮　张明园

一、项目创新背景

随着油田的后期开采，油井含水日益上升，三相分离器脱水增多，站点脱油污水无法及时有效注入地层，需要污水罐车及时拉走；作业现场排出的污水、污油也需要及时处理。在处理过程中会遇到以下三个问题：

（1）采油站的污油、污水通过泵打入罐车过程中，"水龙带"出口无法有效固定，容易造成因泵压力过大而使污油、污水甩出，污染罐车和工作场地。

（2）污油池里的污油含杂质过多，一方面造成外交油不达标，另一方面作业现场回收的污水在排放时，容易造成提升泵进口堵。

（3）污水罐车的液位主要靠人工监测，操作人员在回收过程中增加上、下车次数，费时费力，遇到污油池硫化氢超标或异常天气时易造成安全事故。

二、结构原理作用

该装置结构包括：罐口卡腿、罐口卡板、手轮、出口接头、弯头、液位探针、液位报警器、过滤装置、收油泵出口接口。

（1）固定部分：利用罐口卡腿和罐口卡板配合，通过螺栓进行调整、紧固，便于安装在污水罐车罐口，使用手轮锁紧起到固定作用。

（2）过滤部分：过滤器装置与收油泵出口接头连接，内部过滤网起到过滤作用。

（3）报警部分：通过安装在罐口卡板上2支液位探针探测罐内液位高度，当液面到达设定高度后触发报警器报警，提醒岗位员工采取措施，防止冒罐。

三、主要创新技术

（1）采用铝合金材料，重量轻。

（2）体积小，上、下罐车方便，不易生锈。

（3）使用时间长，安装简单，罐口上紧手轮就能起到固定作用。

（4）内部安装可拆卸活动式过滤网，能有效防止杂质进入设备，起到过滤作用。

（5）报警装置外部采用防爆材料，自带24V充电装置，使用安全。

四、技术经济指标

（1）该装置安装方便，避免了罐车动火，符合安全标准。

（2）过滤装置采用滤网清理，提升了外交油质量标准。

（3）报警装置采用防爆材料，符合安全要求。

五、应用效益情况

目前，该装置已在江汉油田荆州采油厂5个站点推广应用（图1），达到了污水罐车液位实时报警及时准确以及污油外交油质量提升的效果。应用以来大大减轻了员工的劳动强度，提高了工作效率，污油回收外交油质量大幅提升，年创效5万元。也大大降低了污水罐液位满罐溢流等风险，避免了安全环保事故的发生。2019年获国家实用新型专利授权（图2）；2020年获荆州采油厂创新创效成果一等奖；2021年获江汉油田第二届"工匠杯"创新创效成果二等奖（图3）；2022年获全国能源地质化学优秀创新成果三等奖。

图1　现场应用图

图2　国家专利证书

图3　获奖证书

油田井场除草设备

江汉油田分公司　张义铁

一、项目创新背景

油田生产井场茂盛的杂草，会影响日常的巡检工作和作业施工。枯草季节存在较大的火灾隐患，给井场设备设施带来较大的安全风险。为确保井场巡检路线和作业施工时井场无杂草，消除火灾隐患，降低安全风险，清除杂草是每年季节性必须干的工作。

由于除草季节时间跨度长，特别是杂草生长季节，一个除草季里要经数次除草工作才能保证井场无杂草。目前，井场除草工作是用手持式打草机来除草，工作效率低，劳动强度大，再加上井场面积大、井场数量多工作量大的问题。井场除草工作成为常态化工作，数次的连续循环人工除草，需要消耗较多的人工成本。为此，针对以上情况研制了一种油田井场除草设备。

二、结构原理作用

除草设备是以油田常用拖拉机为基础进行改进增加构件而成，主要有悬挂机构、液压升降机构、动力传输系统、高度调节机构、圆柱刀架、甩刀、保护外壳等部件（图1）。工作原理是把拖拉机动力通过传输系统中的换向机构、皮带传动机构和变速箱等，将高速旋转的动力传递给圆柱刀架，带动刀架上多螺旋排列的甩刀高速运动，从而在一定高度将杂草粉碎清除。井场地面环境复杂，根据每个井场情况要求，可通过高度调节机构来调整清除杂草时的离地高度。液压升降机构的作用是实现除草设备工作状态的下放动作，非工作状态和拖拉机行驶状态除草设备的升起作用（图2）。

三、应用效益情况

该设备具有除草效率高，除草效果好的优点，有效减轻了岗位员工的劳动强度。该成果获油田"工匠杯"职工创新创效大赛三等奖（图3）。

图1 成果实物图

图2 现场应用图

图3 获奖证书

测调电缆保养润滑装置

胜利油田分公司 张春来

一、项目创新背景

油田注水井测调一体化技术是使用电缆下井传输数据，电缆外层包裹2层钢丝，由于下井接触的是高矿化度污水，具有强烈的腐蚀性。测调完成后污水在钢丝缝隙中的残留和保养不及时等因素，造成钢丝腐蚀严重，电缆寿命大大缩短，使用周期仅为2~3个月。一盘电缆费用高达2.98万元，一年需要更换4盘电缆，不仅造成了成本的浪费而且增加了员工更换电缆的劳动强度。因此，加强一体化电缆的保养，延长电缆使用寿命至6个月以上，达到节约生产成本、降低劳动强度、提高测调及时率的目的。

二、结构原理作用

电缆保养润滑装置由气路、电缆、盘根盒、放水孔、吹气箱、定滑轮、动滑轮、放油孔、润滑油箱、外壳等十部分组成（图1）。

工作原理：汽车储气瓶中具有一定压力的气体，通过气路输送至吹气口，通过圆形吹气管从三个方向对携带污水的钢丝电缆进行吹气，在气压的作用下，将钢丝缝隙中的残留水滴清除至污水收集箱，收集后经排污管排出，有效清除钢丝电缆表面高矿化度污水。不含污水的钢丝电缆在经过滑轮组时，由于动滑轮的作用使电缆改变方向，经过盛有润滑油的储油箱，采用"浸油"方式，保证钢丝电缆表面均匀涂抹一层润滑油，在经过盘根盒时，由于盘根的作用使多余的润滑油被阻挡，并回流至储油箱，完成整个保养润滑过程。

三、主要创新技术

（1）电缆保养润滑装置是将清除表面污水与电缆保养润滑同步进行，电缆首先经过吹气箱中的圆形吹气管，在气压的作用下将电缆缝隙中的污水清除掉，然后再进入润滑油箱。

（2）当动滑轮置于低点时，动滑轮有1/3~1/2"浸没"于润滑油中，保证了电缆从润滑油中通过，完成了钢丝电缆表面均匀涂油的过程。当电缆经过盘根盒时，由于盘根的作用使多余的润滑油被阻挡，并回流至储油箱，保证了清洁生产。

（3）采用电缆保养润滑一体化装置后，电缆的保养效率得到大幅度提升。

四、技术经济指标

主要设计参数：气压0.8MPa、圆形吹气管直径50mm、间隔1200mm吹气口3个、2.5L污水箱及排污管，Φ200mm动滑轮1个，Φ60mm定滑轮2个，1.6L油箱和盘根盒。

（1）高矿化度污水清除装置试验：试验压力1.0MPa，工作压力0.5~0.8MPa；气压1.0MPa时气路、喷气嘴等工作正常。日常工作压力为0.5~0.8MPa，通过试验完全可以安全正常工作。

（2）电缆保养润滑装置试验：试验速度100m/min，工作速度80m/min。在100m/min的速度运动时，滑轮组、浸油正常，无卡阻现象。日常工作速度80m/min，完全可以安全正常工作。

五、应用效益情况

测调电缆保养润滑装置通过在水井上测试应用（图2），污水清理、保养润滑均达到预期效果，电缆的寿命进一步得到延长。电缆的更换周期由3个月延长至6个月，已在胜利油田胜利采油厂推广应用，年创经济效益28万元。2015年获山东省设备管理成果二等奖（图3），并获国家实用新型专利授权（图4）。该装置在减少电缆材料成本的同时，降低了频繁更换电缆而产生的工作量，提高了工作效率，产生巨大的社会效益。

图1　成果实物图

图2　现场应用图

图3　获奖证书

图4　国家专利证书

单井自动拉油系统

江苏油田分公司　袁成武

一、项目创新背景

全国各油田都有零、散区块，由于油井产能低，相对于站库较远油井，未实现管网集输，多采用单井电加热罐生产，用罐车进行拉运。江苏油田采油二厂天长采油生产班站，横跨苏、皖二省1市3县8个乡镇，现有103个单井拉油罐，67个拉油点。拉油点分散，现场工作需人工定时量取罐位、不定时开、关电加热棒加热产液倒运，因加热棒能耗高，人工开、关电加热随意性大，电加热开启后不能实时掌握温度变化。为减少上罐量油、降低高耗能电加热棒用电量、减少大量人力从事简单重复工作。技能大师研发了一种无人值守单井拉油装置。结合油田信息化，采用全自动化系统监控软件，可以完成装车作业全部自动控制。

二、结构原理作用

该装置的主要结构由两部分组成（图1）。

（1）硬件部分

A.应用管理层由服务器与各用户操作站组成，满足不同角色的需求。

B.网络层利用现有油田内网，是沟通现场与应用管理层的桥梁。

C.现场控制层由平板电脑、可编程控制器、采集仪表、电控阀门、二维码读码器等组成，实现数据采集及控制。

（2）软件部分

A.应用层软件开发：主要开发网页服务、数据库服务、报表服务、报警服务等功能，实现用户访问和应用。

B.现场控制层软件开发：主要开发可编程控制器运行程序、平板电脑组态等底层交互程序，实现数据采集、启停控制。

三、主要创新技术

（1）拉油罐液位监测，具有高、低液位声光报警（实现联锁保护动作：低液位停止装油泵、停止加热器）。

（2）拉油罐温度、压力实时监测。

（3）拉油罐出口阀门远程开关及状态反馈。

（4）电加热装置远程启停功能。

（5）按计划批量装车功能，并录取装车数据。

（6）装油鹤管安装防溢出装置。

（7）历史数据查询。

（8）操作权限设定。

（9）装车区域实时视频、入侵防御及语音对讲功能。

四、技术经济指标

（1）电加热启停实现远程控制，可依据液位合理调整运行时间。经试验表明，原油温度45℃时可正常拉油（初始温度取25℃），缩短加热时间；进一步试验表明，显示温度为38℃时，通过储油罐打内循环，也可将原油温度提升至45℃，从而缩短加热时间。

（2）用电量分析：改造前用电3600kW·h，改造后用电1920kW·h，节电1680kW·h，节电率46.7%。预计每年可节电约40000kW·h，折算费用4万元（按照1元/kW·h）。

（3）减少职工工作量，节省用工费用。按拉油点平均每个拉油周期（两天）耗时约6.5小时，计算预计年可节省工时1200小时。

五、应用效益情况

该装置2018年开始研制，2019年5月6日在江苏油田采油二厂使用（图2）。该技术利用二厂信息化平台，结合前沿计算机系统技术，使拉油过程自动化、智能化，在安全的基础上，减少人员无效劳动，利用科学技术手段，使管理更加精细化，提高经济效益，有很高推广应用价值。2019年7月油田视频新闻网进行了专题采访，目前已在采油二厂桥X17、西16等5口油井上安装使用，年创经济效益约50万元，累计创效160多万元。2020年此成果获4项国家实用新型专利授权（图3）。

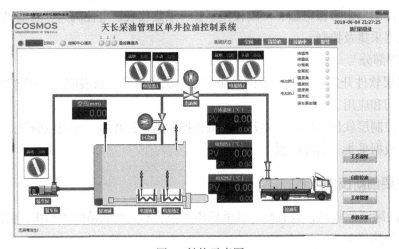

图1　结构示意图

图2　现场应用图

图3　国家专利证书

作业废液回收装置

华东油气分公司 沈霁

一、项目创新背景

在日常生产过程中，由于修井作业、流程改造、管线穿孔等原因会产生较多作业废液，尤其在修井作业过程中，产生的作业废液数量最多。

目前，对作业废液的回收处置方式大致分为两种。一种是采用人工收集，后期运送至废液处理站进行回收处理，处理过程中不但会需要大量的蛇皮袋、塑料薄膜等收集物资，人员劳动强度大，同时存在一定的环保风险（蛇皮袋收集的废液堆积在井场，随着气温的升高，极易融化，污染井场，若发现不及时，一旦流入井场周围的农田、河道等，会造成更加严重的环保事故）；另外一种是在施工现场安放废液回收罐，将作业废液收集至回收罐，待作业结束后，通过锅炉车对回收罐内的废液进行加热保温，再利用泵车将废液输送进生产流程或者罐车，回收作业施工成本高、效率低。

研制一种装置回收处理作业废液，通过对作业废液进行加热，融化后的原油经现场多级过滤，用螺杆泵再输送至生产流程。解决了传统废液回收方式效率低、成本高、劳动强度大、存在环保风险的问题。

二、结构原理作用

装置主体结构由举升装置、保温箱、废液仓、集油仓、清水仓、三重过滤网、加热层、打油泵等组成（图1、图2）。装置加热层充满导热油，通过电加热棒加温，导热油内部循环，能够达到快速加热的效果。将现场作业废液收集至废液仓后，经升温加热后，启动电动推杆举升废液仓，将废液倾倒入集油仓，等待输送。为过滤作业废液中的杂质，在废液仓出口，集油仓上方以及打油泵进口三处安置过滤网，可达到三重过滤的效果。设置清水仓，可对输油管线进行扫线，保证输油管线畅通。

三、主要创新技术

（1）加热方式为"电加热棒+导热油"，加热速度快。

（2）设置电动推杆举升废液仓，提升回收效率。

（3）三重过滤系统，能充分过滤杂质。

（4）具有扫线功能，可对输油管线进行扫线，保证管线畅通。

四、技术经济指标

单次平均可回收作业废液1.2吨，减少蛇皮袋使用约50个，减少油泥沙产生量0.2吨，保障作业现场绿色环保，实现经济效益5000余元。

五、应用效益情况

装置研制完成后首先在华东油气分公司草舍班站侧陶4D现场应用（图3），取得良好应用效果，化油速度、回收效率均达到预期。后期陆续完成3口作业井的废液回收处置工作。该装置已获国家实用新型专利授权（图4）。

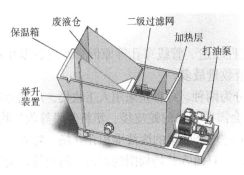

图1 结构示意图

图2 成果实物图

图3 现场应用图

图4 国家专利证书

化验容器清洗装置的研制

胜利油田分公司 隋爱妮

一、项目创新背景

离心机是目前管理区化验室进行原油含水测定的主要设备，利用离心法进行原油的含水测定一次性操作批量大、节能环保、安全系数高，大大提高了工作效率。但现场存在化验试管清洗量大、破损率高、清洗不彻底等问题。为此，研制了化验容器清洗装置。

二、结构原理作用

该装置的主要结构由三部分组成（图1）。

（1）蒸汽智能面板：设有电源开关键、启动键、档位键（冷水、热水、蒸汽）、复位键、暂停键等。

（2）上下移动控制系统：倒置在清洗盘上的试管在一定间距内进行上下运移，利用蒸汽喷嘴对试管内壁的污油进行彻底清洗。

（3）旋转定位控制系统：将蒸汽喷嘴根据清洗盘"十字"固定，其中一组同时具有清水喷淋功能。当一组清洗完成后，清洗盘通过旋转将下一组试管转至热水喷淋处进行依次冲洗。如此反复，试管即可清洗干净。

把需要清洗的离心机试管口向下套在清洗盘的试管孔内，试管内污油在蒸汽作用下顺着试管壁流出，落在清洗盘的排污管内，通过排油口流入内部污水箱内。在清洗过程中，有的油在蒸汽作用下还不能达到预期效果的，可以通过旋转定位控制系统将试管旋转至热水喷淋处，利用蒸汽与热水的交替清洗从而完成彻底清洁试管的目的。

三、主要创新技术

（1）整套装置采用一体化设计，利用自动化控制，实现无人看管，解放劳动力。

（2）可根据清洗部件的不同，合理选用冷水、热水、蒸汽功能。蒸汽方式较省水，产生废液少温度可达120℃。

（3）试管在清洗过程中不会因为碰撞而导致破损，整个清洗过程采用水为介质，仅蒸汽便可达到97%的清洁度，通过加装的热水喷淋功能，对于顽固油渍或是杂质可以利用蒸汽与热水交替清洗完成彻底冲洗效果。

（4）试管清洗盘可上下移动，达到彻底清洗效果。

（5）清洗过程中产生的污液少且通过排油管流入污水箱内，实现安全环保的清洗回收。

四、技术经济指标

（1）装置尺寸结构：长50cm、宽35cm、高100cm。

（2）外部结构：蒸汽智能面板、可视上盖、自锁万向轮、自动进水口。

（3）内部结构：多功能蒸汽发生器、蒸汽喷头、上下移动控制系统、旋转定位控制系统、储水箱、污水箱。

（4）工作参数：额定电压200V、额定功率3200W、额定电流14.5A。

（5）出口温度：温度在100~120℃之间。

五、应用效益情况

该装置研制完成后，在胜利油田河口采油厂化验室至今已安全稳定运行一年多，现场应用效果良好（图2），试管的破损率由之前的5%降到0，全年创造经济效益21.8万元。目前已在河口采油厂14个化验室进行推广使用，一年预计节约费用达到305万元。该装置操作便捷、安全可靠，有效降低了化验人员的劳动强度，避免了操作过程中的安全隐患，实现了清洗回收的安全环保。获2020年度采油厂群众性优秀技术创新成果二等奖；2020年度胜利油田群众性优秀技术创新成果三等奖；2021年获全国设备成果二等奖；全国设备"金点子"成果二等奖（图3）。

图1 成果实物图

图2 现场应用图

图3 获奖证书

 液压自动控制药剂桶搬运装置

胜利油田分公司 唐守忠

一、项目创新背景

油田各采油管理区现场使用的药剂桶重量均为200kg，且为圆形，基层班组运送药剂桶的车型主要是长城皮卡车、拖拉机和电动三轮车。搬运药剂时，需搬运到0.7m高的车斗上，以便拉到井场进行加药工作，需要3~4人操作。装卸过程中，存在配合不当，出现扭伤、砸伤手指等风险。随着新型管理区的推进发展和人力资源的不断优化，在岗人员数量减少，尤其在应对突发事件和夜间值班力量不足的情况下，更加凸显出药剂桶的搬运、装卸车难的问题。

二、结构原理作用

液压自动控制药剂桶搬运装置采用液压作为动力,主要由举升部分、动力部分、移动部分三部分组成(图1、图2)。举升部分双轨道升降组合固定,能够举升200kg药剂桶且举升高度在1.2m左右;动力部分利用按键启动式直流电机,通过动力源和电机控制举升装置的升降,动力充足,启动平稳,控制精确;移动部分L形车架加四轮式车轮,能够将药剂桶简单快捷地移动至指定地点。性能稳定,实现单人操作。

三、主要创新技术

(1)举升加旋转,达到了既能举升又能倾倒药剂。

(2)直流电源便于野外施工。

(3)液压锁紧保证安全可靠。

四、技术经济指标

最大举升重量300kg;最大举升高度1.3m;最大倾向角度−180°。

五、应用效益情况

应用液压自动控制药剂桶搬运装置,员工利用按钮实现自动举升并操作举升车将药剂桶运送至指定地点,取代原始的人工搬运,实现减少用工数量和劳动强度的目标。适应油田现场各种形状的药剂桶、油桶搬运,提高了安全系数和劳动效率。胜利油田孤岛采油厂加工制作了10套在十个采油管理区推广应用,得到了员工的认可(图3)。

该装置具有操作简单、结构合理、安全性高、便于操作等优点;节省操作用时,符合信息化油田建设需求;降低了人工成本和员工的劳动强度,具有良好的应用市场和推广价值,年创经济效益24万元。获2020年度山东省优秀质量管理小组成果二等奖(图4)。经安全部门审核符合安全要求,编制了《液压自动控制药剂桶搬运车检查保养流程》和《液压自动控制药剂桶搬运车操作规程》。

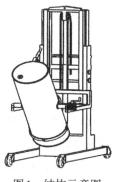

图1 结构示意图

图2 成果实物图

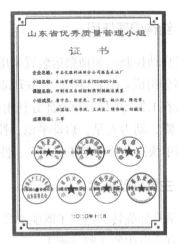

图3　现场应用图　　　　　　　　　图4　获奖证书

抽油机井抢喷装置

　　胜利油田分公司　张春来　　

一、项目创新背景

胜利油田的胜坨油田虽然经过50多年的开发，但受多种因素影响，如：高压注水、注汽、热采等新工艺逐渐增多，同时井下及地面设备、工具长时间使用腐蚀严重，不可预见的突发因素明显增多，随时都有可能发生井喷事故。因此，有必要实施生产全过程井控管理，严防井喷失控事故。生产井一旦发生井喷失控事故，将毁坏采油井生产设备，破坏油气资源，污染环境，危及人身安全。因此，把预防生产井井喷技术作为井控管理重点工作，研制生产井系列井控抢喷装置，确保采油厂生产运行安全、平稳。以实现生产井井喷事故的有效控制为目标，研制生产井井口抢喷装置，达到对生产井溢流、井喷事件的有效控制，杜绝井喷失控事件的发生，保证油井安全生产和人身安全。

二、结构原理作用

抽油机井抢喷装置主要由固定板、支撑板、弧形卡箍、锁紧螺栓、套筒、导管、调整丝杠、摇把、卡箍头、伸缩管、调整手柄等组成（图1）。

工作原理：首先将弧形卡箍固定在大四通上法兰盖与总闸门下卡箍之间，再将需要更换的新闸门装在抢喷器上，卸下套管四通上原有的旧闸门，将抢喷器旋转90°与套管四通成一条直线，上紧弧形卡箍螺栓，调整抢喷器的上下、前后距离，对正套管四通卡箍头装上新闸门，按要求进行紧固。

三、主要创新技术

（1）该抢喷器通过圆弧形卡箍，固定在大四通上法兰盖与总闸门下卡箍之间。

（2）选用弧形卡箍实现抢喷装置与井口的快速连接和360°旋转，避免了生产井螺栓无法拆卸和操作空间受限的隐患。

（3）采用M24通用螺栓，使弧形卡箍和闸门卡箍螺栓统一尺寸，避免了螺栓的多样性。

（4）选用M24规格的快速紧固棘轮扳手，减少了现场携带工具的多样性，操作更为快捷。

（5）通过摇把实现抢喷装置的径向移动，便于套管闸门的推进安装。

（6）通过调整手柄实现抢喷装置的上下移动，便于套管闸门与四通卡箍头的对正。

（7）该抢喷装置采用弧形卡箍，实现了与井口的快速安装，大幅度降低员工劳动强度、缩短安装时间、提高操作安全性，为生产井抢喷争取了时间。

四、技术经济指标

（1）直径Φ95弧形卡箍。

（2）M24×500固定螺栓。

（3）闸门类型250–350型。

（4）抢喷器压力等级25MPa。

五、应用效益情况

抽油机井抢喷装置的研制应用（图2），有效解决了生产井井口受限空间无法安装抢喷工具的难题，实现了生产井抢喷的全覆盖，杜绝了井喷失控事故的发生。有效降低员工的劳动强度，缩短操作时间，提高生产效率，为有效预防井喷事故争取了时间，制止井喷事故的发生。避免井喷造成的重大经济损失和人员伤害，具有显著的经济效益和社会效益，属于国内领先水平。该成果于2017年获得山东省设备管理成果一等奖和采油厂专业技术课题三等奖（图3），目前已在胜利油田胜利采油厂推广应用。

图1　成果实物图

图2　现场应用图

图3　获奖证书

安全放空回收装置的研制与应用

胜利油田分公司　王　刚

一、项目创新背景

在油田的生产过程中，油井工艺流程改造、输油管线老化腐蚀穿孔、输油泵设备维护保养，计量间闸门设备维修等工作，都需要进行管线放空泄压。放空泄压操作是采油工日常的一项工作，目前的放空操作是通过计量间倒放空流程，将集油管线内的油气混合物靠自压排至计量间后的排污罐，达到管线泄压的目的，从而进行各类施工作业。这种放空工艺会使管线内油气外排造成油气损失和环境污染，而且靠自压放空时间长，影响施工效率，同时工艺管线中的油气排不干净，在进行流程焊接作业时，与空气混合达到一定浓度，会引发着火，甚至是爆炸，存在严重的安全隐患。并且需要定期用泵罐车将排污罐内的排污液抽出，由集油泵站打回到生产流程中，浪费人力、物力。

为解决以上问题，技能大师设计了安全放空回收装置，该装置可以快速抽空泄压，缩短了放空时间，保障了施工效率和安全，在回收油气资源的同时保护了环境。

二、结构原理作用

安全放空回收装置是由进口阀门、电动机、联轴器、三相混输单螺杆泵、出口阀门、旁通阀门、变频控制柜、负压表等部分组成（图1）。

三相混输泵排量设定为$5m^3/h$，可根据流程的长度、管线的直径、工艺的复杂情况由变频控制柜合理控制排量的大小，由负压表可以判断管线抽空的程度。

工作原理：将安全放空回收装置的进、出口和计量间流程的两个空头相连接，需要放空时，将需放空的目标管线倒入回收装置进口，回收装置通过混输泵将管线或设备内的油气混合物进行抽空（由变频柜控制排量，由负压表压力判断排空情况），放空装置的出口倒入生产外输干线中，将从管线或设备内抽取的油气混合物打回生产外输干线中。

回收装置使自压放空变为抽吸式主动放空，起到快速抽空，泄压的作用，和计量间阀组配合可灵活应用于各种放空作业中，对油、气、水进行回收减少了油气损失避免了环境污染，在维修施工时间缩短的同时保障了安全作业。

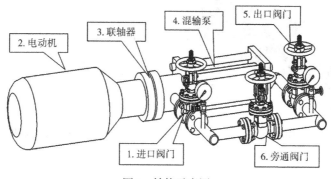

图1　结构示意图

三、主要创新技术

（1）该装置安全可靠，计量站放空不再外排，流程完全密闭节约每次放空外排所损失的油气水（原油和天然气），保护了环境。

（2）由于泵的抽吸作用大大减少了放空的时间，提高了事故处理的效率，从生产、成本、人工、时效等方面都收到了良好的效果。

（3）该装置使用三相混输泵，对油气水均适用。

（4）适用于油田的油井、计量间、集输管网、集油泵站等需要泄压放空的地方推广前景广阔。

四、应用效益情况

2014年该装置在胜利油田东辛采油厂永66-12岗试用，2014年6月8日永66-12岗永68X13井需更换井口盘根，由于盘根盒二级密封失效需倒放空才能更换盘根，停井放空时间由原来的4~5个小时降为1小时。

经过现场使用，该装置具有以下优点。

（1）对集油干线、单井管线快速泄压，并将油、气、水进行回收，重新输回干线，使后续施工安全快捷，提高了事故处理效率。

（2）有效避免原来油气水外排造成的环境污染和油气损失，减少了施工中的安全隐患。

（3）可以快速抽空泄压，减少施工时间，保障油井生产时率，提高劳动效率。

通过现场应用证明其性能安全可靠（图2），可以对集油干线、单井管线快速泄压，减少放空的时间，使后续施工安全快捷，提高了事故处理效率，减少了施工中的安全隐患；能将油、气、水进行回收，重新输回干线，计量站放空不再外排，保护了环境。该装置试验成功后，2015年在东辛采油厂永安管理区永66-12站、永3-24使用至今，平均年放空统计46次，平均每次施工减少用时2小时，年创经济效益8.1万元，累创经济效益40.5万元。该成果获山东省设备管理创新成果一等奖（图3）。

图2 现场应用图

图3 获奖证书

多功能罐应急逃生装置

胜利油田分公司 高子欣

一、项目创新背景

胜利油田目前管理着2万多口油井，其中有2800口左右的油井由于地处偏远、管网限制，采用多功能罐存储、罐车拉油的形式，这种方式需要职工攀爬到高度3.6m左右的平台进行流程切换操作实现罐车装油。平台没有逃生装置，职工在遇到紧急情况时不能第一时间快速逃生；爬梯采用直上直下的形式，职工攀爬费时费力；在恶劣天气比如雨雪天气中，爬梯易滑，攀爬过程中存在安全隐患。研制的多功能罐应急逃生装置实现一梯两用，提升攀爬速度，提高工作效率，在紧急情况下保障职工人身安全。

二、结构原理作用

多功能罐应急逃生装置采用新型复合材料，以玻璃纤维和环氧树脂复合成形，强度为钢的1.5倍，密度为钢的1/4，不腐蚀，耐老化。该装置主要由以下几部分组成（图1）。

（1）操作平台：实现爬梯与拉油罐的连接。

（2）可调节支撑：根据实际情况，调节梯子高度，适应不同场地。

（3）护栏：职工攀爬过程中起到保护作用。

（4）踏板：踏板中部便于职工由上滑下，踏板两侧采用防滑材料，雨雪天气确保安全，解决了防滑与滑动的矛盾。

（5）传动机构：能够实现踏板翻转。

三、主要创新技术

（1）多功能罐应急逃生装置由复合材料爬梯、平台以及丝杠转轴等组成，利用丝杠转轴改变扶梯踏板的角度，可以实现爬梯与滑梯的自由转换，押运员可以采取爬梯的方式攀爬到拉油罐上，将爬梯利用丝杠转轴切换为滑梯形式，随时准备应对突发情况。

（2）相对于单井拉油罐的直梯，应急逃生梯设计为45°倾斜角度，两侧安装扶手，便于押运员上下攀爬，提高职工上下攀爬的安全性。

四、技术经济指标

通过使用传统扶梯和应急逃生梯，押运员上、下拉油罐的速度提升了30%左右，符合标准要求。

五、应用效益情况

该装置2021年开始研制，2021年底，在胜利油田东辛采油厂永10X4B井上安装使用。通过旋转丝杠带动丝杠套上下活动实现踏板翻转，可实现正常作业时当爬梯使用，紧急情况时当滑梯使用，实现一梯两用，提升了攀爬速度，提高了工作效率，降低了安全风险。其踏板、主梁、护栏等部件为复合材料，强度高、重量轻、耐腐蚀，阻燃性能好，施工安装方便。2022年获得山东省设备管理成果一等奖（图2）。

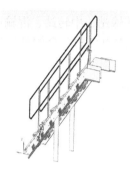

图1　结构示意图　　　　　　　　图2　获奖证书

天然气压缩机手自一体排液装置

胜利油田分公司　　毛群祥

一、项目创新背景

胜利油田鲁胜公司坨7采油站生产油井75口，日产液量1500t/d，气量2500m³/d，甲烷含量81%~89%。该站配备2台往复式天然气压缩机，额定排量3000m³/d，主要用于油井伴生气的压缩外输。经统计2019年运行至今，更换维修压缩机6次，其中3次连杆断裂故障，更换变质机油1.5t，维修费用高达15万元。技能大师依次从机组设计、制造、安装、操作、环境及其他共6个环节，按照逐一排除的方法分析并最终找出故障原因：压缩机气缸内发现大量烃类液体，因此气缸内出现"液击"现象是连杆断裂、机油变质的主要原因。原油在生产过程中伴随着天然气的生成，伴生天然气中含有水、烃类和微小固体杂质等，压缩机前端滤网无法完全处理天然气中的水和烃类，而烃类中的重组分烷烃在压力、温度变化的情况下，相态也会发生变化，所以天然气中会存在水、重组分烃类液滴，这些液体不及时排除压缩机会随着压缩机机组工作进入气缸，在高速运动的活塞接近终点位置时，液体未及时从排气阀全部泄出，液体的相对不可压缩性，使活塞运动受阻，瞬间产生急剧冲击载荷而发生"液击"。"液击"发生时，气缸内受力件所承受动应力会增大

5~10倍，甚至几十倍，破坏力极大，瞬间导致机组内部部件破碎，发生故障。

二、结构原理作用

排液装置主要包括主管路、支管、过滤器，减压阀、同心大小头以及集液收集桶，主管路的一端连接分离器，另一端连接沉集液收集桶，浮球，支管路上设有手动截止阀。

工作原理：在进口前端过滤器、分离器、压缩机排污阀处安装接至排液装置入口，与低压压缩机组压缩的伴生气混合后，进入排液装置，经过气液分离后的气体再进入中压压缩机组，起到气液的分离作用，同时在排液装置的底部安装截止阀，使分离水及重组分集中回收。

三、主要创新技术

（1）结构简单、可靠，生产成本和使用成本低，易为集输站、中转站、混输站所接受。

（2）体积小、重量轻，安装方便、使用简单，只需将进出口与配套阀件连接上即可投入使用，工程造价低。

（3）使用成本低，只需对产品按说明作简单的维护操作。

（4）该装置浮油和沉渣相对集中，便于收集和清理，可形成高效率、集中化废物收集条件。

四、技术经济指标

坨7采油站自2022年6月份安装压缩机手自一体排液装置后，有效避免压缩机出现"液击"现象，减少压缩机故障频率，为机组稳定运行提供安全保障，同时为保证输送合格气源提供解决方案。

经济效益：

（1）影响产量：节省停机时间487小时，由此计算出影响气量 $4.1 \times 10^4 m^3$，损失费用 $41000 \times 1.3 = 5.3$ 万元。导致混输泵泵效差影响原油150t，损失费用 $150 \times 3000 = 45$ 万元，累计产量损失费用50.3万元。

（2）维修费用：2019~2021年更换维修压缩机6次其中3次连杆断裂故障，更换变质机油1.5t，更换维修费用15万元。

（3）成本改造：压缩机手自一体排液装置2000元/套。

（4）直接经济效益=产生的效益−改造成本=产量费用+维修费用−改造成本=5.3+45+15−0.2=65.1（万元）。

五、应用效益情况

2021年7月天然气压缩机手自一体排液装置在胜利油田鲁胜公司坨7采油站进行了试验，2名员工即可完成安装，未使用前压缩机频繁发生故障停机，维保人员进行拆机更换配件恢复运行（图1）。通过现场流程优化和安装自动排液装置，使用效果显著，解决了天然气压缩机前端液体不能及时排出影响正常运行的难题。试验证明该装置安装简单、快捷，能够有效排除压缩机前端伴生气中重烃及液体，降低了压缩机故障率及维修成本，提高油井生产时率，具有较高的推广前景。该成果获油田设备管理成果二等奖（图2）。

图1 现场应用图 图2 获奖证书

电动直流除草装置

胜利油田分公司 张 强

一、项目创新背景

在油田开发中，注采井站井场杂草是影响班站三标管理水平高低的一个重要因素。随着新型采油管理区建设的逐步推进，各采油厂结合实际生产情况，采取"合岗、并岗、撤岗、分片管理"的专业化生产方式，通过外闯、业务承揽创效等进行人员优化，注采站人员进一步减少，工作量增大，治理井场杂草已成为困扰一线采油工的一个难题。且随着绿色企业的建设对采油现场"三标"管理及井场规格化提出了更高的要求。以前的人工锄草、打药（易造成环境、土壤、水源污染）已不能适应当前的形势。

二、结构原理作用

直流电动锄草装置主要由直流无刷电机、刀片、控制器、48V电瓶、辅助轮、调速手柄、电源开关、巡航按键、深度调节杆等组成（图1）。

图1 成果实物图

三、主要创新技术

该装置由电瓶给直流电机供电，电机旋转，带动电机周围均匀分布的6片刀片向前滚动旋转进行锄草，在两个辅助轮的作用下，操作者扶着调速手柄随直流电动锄草装置前进，通过调速手柄控制前进速度，通过巡航按键，实现一键巡航定速，操作方便。根据现场要求，通过深度调节杆可以调节锄草深度，真正做到斩草除根，彻底清除杂草。节省了人力，降低了劳动强度，进一步提高了安全性和工作效率。

四、技术经济指标

（1）直流48V电源供电，绿色环保，避免了汽油发动机作动力时的污染和噪声，效率较人工除草提高8~10倍。

（2）采取手扶式手柄更方便，清除无死角，避免了大型锄草设备清不到边角的问题。

（3）单刀片长60cm，采用锰钢制作更锋利，适应用井场有杂物及不平的井场锄草。

（4）深度调节杆可以调节锄草深度，真正做到斩草除根，彻底清除杂草。

（5）锄草后，不需要再打药，杜绝了井场打药对环境、土壤、水源的污染，适应绿色企业建设。

五、应用效益情况

该装置2020年开始研制，经过3次大的改进定型，于2020年6月30日在胜利油田纯梁采油厂使用（图2），用于清除井场杂草，经过现场使用，比人工锄草提高效率8~10倍，取得了良好的效果，达到了预期的目的，年创经济效益约8万元，累计创效20多万元。该成果2020年获胜利油田优秀群众性创新成果三等奖（图3）。

图2　现场应用图　　　　　　　　　　图3　获奖证书

油气生产场所多功能防护报警装置

胜利油田分公司　　隋爱妮

一、项目创新背景

目前，石油化工企业生产油气场所存在有毒有害气体，人员现场施工检修过程中需佩戴气体检测仪进入危险区域，该类型检测仪仅具备气体监测报警功能，突发严重事故时，只有现场人员了解所处环境有毒有害气体具体数值，发现异常可及时撤离，如出现不能及时撤离出现人员中毒休克无法呼救意外时，远端指挥人员无法获知现场人员活动情况、位置和实时气体相关数据，给营救带来了重大安全隐患和时间延迟，造成重大经济损失。

为此，研制一种具有气体监测报警、人员实时定位及倾倒报警、远程数据实时传输的一体式单人智能安全防护报警装置，便于生产指挥人员及时了解现场人员实时状况、施工场所有毒有害气体相关数据，能在最短时间内采取应急措施。

二、结构原理作用

该套装置主要由智能型安全帽和多种气体检测仪组成（图1）。

（1）智能型安全帽：具备多重报警方式，远程可通过4G网络接收现场视频实时数据并远传生产指挥中心，并具有定位、人员跌倒、高电压报警等功能。

（2）多种气体检测仪：该装置可以检测多种气体，采用泵吸式方法检测精度高，支持定位、数据传输及平台数据查看报警功能，具有防爆、防摔、防水、防尘功能，可适应油田油气环境下的井场、站库、炼厂等危险区域的使用。

三、主要创新技术

智能型安全帽功能特点如下（图1）。

（1）静默报警：当人员长时间在一个地方不动时，帽子和后台都会报警。

（2）跌落报警：人员跌落或受到猛烈撞击，后台会提示收到报警。

（3）具有音视频组呼等功能。

（4）电子围栏：管理站可创建多个电子围栏对佩戴安全帽人员禁止外出或者入内，便于管理、提高安全性。

（5）SOS救援：内置SOS救援系统，方便人员遇到危险时能得到及时救援。

（6）登高预警：内置高度监测芯片，实时感应离地高度作出相应的预警功能。

（7）脱帽报警：人员若未佩戴安全帽，人员和后台都会收到报警提示。

（8）人员定位：支持北斗、GPS实时定位，方便管理人员调配及时处理事件。

（9）轨迹回放：管理端可查看每位作业人员某个时间段的运行轨迹，记录人员作业路径，追溯作业历史进程。

（10）生命体征：近红外光电脉搏血氧传感器实时检测施工人员的心率和血氧饱和度。

（11）近电感应：内置电压感应芯片，支持220V、10kV、35kV、110kV、220kV近电预警。

多气体检测仪如下。

（1）采样泵流量6档可调，适用于不同的检测环境。

（2）声、光、振、显四种报警方式，支持TWA、STEL报警功能。

（3）支持跌倒报警：采样泵故障会自动报警与提示。

（4）实时检测环境当中的温湿度。

（5）支持气体浓度实时数据显示与实时曲线显示模式切换。

（6）多种数据存储方式，报警存储、定时存储、手动存储；支持外部TF存储卡存储方式。

（7）支持GPS定位功能；支持4G数据传输，支持云平台数据查看功能。

（8）大容量（4000mAh）可充电锂电池，使用时间长。

四、技术经济指标

（1）报警装置可以检测1~6种气体，采用泵吸式方法检测。

（2）外壳采用高强度塑料及防滑橡胶，具有防爆、防滑、防摔、防水、防尘功能，可适应油田油气环境下的井场、站库、炼厂等危险区域的使用。

（3）具备声、光、振、显多重报警方式，可通过4G网络接收现场实时数据，超过设定值可在现场和生产指挥中心同时报警，便于指挥中心及时了解现场人员、气体相关数据，做出相对应的处置方案。

（4）报警装置具有人员定位、跌倒报警功能，生产指挥人员可通过监控平台定位人员位置进行管理，出现意外跌倒后超过设定时间值，通过数据网络发送报警信号，进行后续应急处置。

（5）仪器具有数据存储功能，可通过数据线或者手机APP查看存储数据。

（6）采用4000毫安大容量锂电池，保证仪器运行时长。

五、应用效益情况

该套装置使用简单易操作，已推广使用12井次（图2、图3），多种功能现场使用得到胜利油田河口采油厂安全部门认可，有效保护现场人员自身安全，降低环境作业风险，提高了施工现场与管理平台运行效率，避免了复杂环境下数据盲区导致的措施延误损失，满足高标准、规范化管理需求。获2022年河口采油厂"一线生产难题揭榜挂帅"优秀创新成果二等奖（图4）。

图1　结构示意图

图2　成果实物图

图3　现场应用图

图4　获奖证书

螺旋混配取样器的设计及应用

西北油田分公司　毛谦明　鲁　卫　邸　亮

一、项目创新背景

目前在塔河油田油套同时生产的油井取样主要有两种方式，一种是在平管上直接取样，存在的问题是，既不符合规范取样要求又由于油管含水高（90%以上），套管含水低（10%以下），油套产液在管线中分层，不能均匀混合，化验含水的样品代表性差，原油化验含水值波动大，不能反映油井真实含水和含水变化趋势。另一种是同时取样，目前所有油套合采井采取分别从油管、套管同时取混合样，具体操作为油、套取样考克开启度保持一致，按相同冲次的时间取样，此取样方法标准化程度低，操作复杂，不易准确把握。

为此，研制螺旋混配取样器，在不改变现有井口的基础上，在井口的直管段内加装螺旋组片与锥形装置，组合成一个能充分混合井口气液的取样装置。使用方便、易于加工、取材方便、适用现有井口操作。

二、结构原理作用

该取样器利用油管截取长度50cm，内部用厚度2mm钢条折成3组120°螺旋体，安装正反两部分，接口处错开120°，在螺旋部分前端安装一个长度10cm锥形装置，出口端为0.16cm，锥形装置出口3cm处安装取样考克，现场安装位置在直管段（图1）。

该混配器是利用流体自身的动力使液体在螺旋体的作用下产生切割旋转等运动，在锥形出口处产生油气流态为发散状喷射出，从而使流体得到均匀细化的混配效果。

该装置就是使油、套管产出气液在平管中通过混配器中的三组螺旋段实现第一流道和缩径的第二流道两级混合。将三组螺旋片装置正反安装，在流体通过螺旋片的导流作用下，使流体左右正反向旋转，不断改变流动混合液方向，不仅将中心流体推向周边，而且将周边流体推向中心，从而造成良好的径向混合效果。取样位置在距缩颈出口端3cm处，经过锥形装置的缩径，在锥形装置出口处产生油、气、水混合流体流态为发散状喷射出，从而使流体得到均匀细化达到良好的混配效果，避免油气水产生分层现象，实现完全混合。

三、主要创新技术

（1）采用两级混合，能使油气水更加充分均匀混配。

（2）该混配器型号尺寸能更加适应塔河油田油井井口。

（3）安装方便、承压级别高。

四、技术经济指标

使用混配取样器所取混合液的含水值较稳定。与油管、套管等时取样后混合的取样方式所得含水值相比，采用混配取样器取样所得含水值较为稳定且能反映油井真实含水情况，能够反映出油井含水变化趋势。

对于黏度>3000mPa·s的油井，现场无堵塞及回压高的现象发生，证明该取样器使用范围更广。

五、应用效益情况

按照取样井口含水波动较大井，每口井取样3次/天，每次1人，每井3车/次，井口安装螺旋混配取样器则单井每天可少去取1~2次样，按50口井计算可得出采油一厂每年可节约1车1人，可节约资金16万元。

该成果2010年获得西北油田科技进步三等奖，2009年获国家实用新型专利授权（图2）。

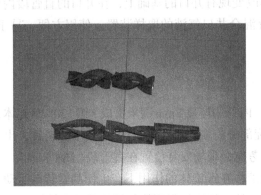

图1　成果实物图　　　　　　　　　图2　国家专利证书

第十节　油水井综合应用工具用具

便携式管件焊接对口器

胜利油田分公司　胡东胜

一、项目创新背景

配水间和计量房流程改造时，经常会提前大量预制流程的异径管件，如卡箍头、法兰、弯头等。过去一直采用直角尺加目测的方法，但是这种方法预制速度慢，而且预制好的卡箍和法兰都存在人为误差，达不到横平竖直的流程安装要求，因此，研制便携式管件焊接对口器很有必要。

二、结构原理作用

便携式管件焊接对口器包括底座、立板、扶正静板、扶正动板，传动柄等组成（图1）。流程改造时，预制异径管件为确保对口同心，底座面板与立板，两扶正板均呈90°直角，保证卡箍头、法兰等异径管件和管道的垂直度；在地面倾斜的情况下，保持法兰、卡箍头等异径管件的稳定，扶正动板与传动摇柄配合实现与扶正静板间0~90mm距离任意调节，从而使Φ90mm以下不同直径的管道与卡箍头、法兰等异径管件可靠对接。

三、主要创新技术

底座面板与立板呈直角，以保证卡箍头、法兰与直管段可靠对口。梯形分布的支脚，有利于对口焊接过程中，对口器与管件的稳定性。

四、技术经济指标

对口器高550mm，质量10kg，可夹持Φ90mm以下管件，投入产出比1：10，设计寿命8年。

五、应用效益情况

2014年1~11月，胜利油田孤东采油厂采用该对口器在49-1#、54#、52#、42#、41-1#配水间及七区中、七区西油井流程46井次，水井流程40井次（图2）。提高了焊口质量，保证每个预制件的垂直度，施工标准高，无变形无返工。缩短了施工时间，在保证质量的前提下，安装速度提高1倍，实现阶段经济效益5.4万元。该成果获油田职工群众性创新活动成果优秀奖（图3），并获国家实用新型专利授权（图4）。

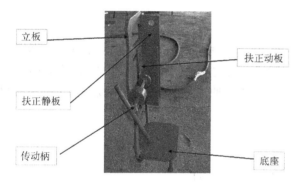

立板
扶正动板
扶正静板
传动柄
底座

图1　成果实物图

图2　现场应用图

图3　获奖证书

图4　国家专利证书

输油管道护皮焊接拉紧器

胜利油田分公司　张海防

一、项目创新背景

在管道维修中最多的施工是打护皮，俗称穿"裤子"，是一种将大一级或者大两级的管线通过焊接的方式，将腐蚀部位包裹起来的维修方法，在对口的过程中，会出现较大的月牙缝隙，有时需要很大的力量拖拽将两块护皮合拢，目前主要采用机械拖拽钢丝绳拉紧护皮和焊制螺杆拉紧两种方式，存在以下问题。

（1）使用吊车或者挖掘机拖拽钢丝绳拉紧护皮焊接操作时，机械操作速度不易控制，存在钢丝绳断脱风险，而且设备台班费用高，增加了维修成本。

（2）焊制螺杆拉紧操作，不仅操作烦琐，工作量大，而且螺栓不易对接，拉紧后护皮焊缝不均匀，费时费力，影响焊接质量。

二、结构原理作用

焊接拉紧器主要由棘轮、加力杆、钢丝卷筒、连接筋板、底座、挂钩、钢丝绳等部分组成，在管道与管道护皮焊修时，拉紧器搁置在护皮上，钢丝绳缠绕护皮钢板外圆周围，挂钩与拉紧器连接，通过手压杠杆转动棘轮，不断收紧使护皮焊口对接，便于钢板接口焊接。

三、主要创新技术

（1）利用杠杆、棘轮的原理，达到了省时省力的目的。

（2）钢丝绳环绕护皮，受力均匀，更加精准易于焊缝对接。

（3）拉紧器体积小，重量适中，1人可以搬动，便于携带。

四、技术经济指标

1. 经济效益

2021年应用护皮拉紧器施工117次，替代以前吊车拖拽方法，节约吊车台班费用10余万元。

2. 社会效益

（1）提高了现场管道护皮焊接安全操作能力。

（2）拉紧器便于携带，操作便捷，提高了工作效率。

（3）在油田管道焊接施工现场具有推广应用价值。

五、应用效益情况

2020年4月护皮拉紧器应用于胜利油田河口采油厂输油干线管道护皮焊接现场，替代了原有吊车、挖掘机或者焊制螺杆拉紧护皮对焊的操作方法，成为近两年管道护皮焊接施工必备的专用工具（图1）。该成果获采油厂优秀技能人才创新成果集输专业一等奖（图2）。

图1　现场应用图

图2　获奖证书

 ## 气焊工多功能专用工具

胜利油田分公司　张　勇

一、项目创新背景

在油田生产过程中，电气焊维修是一项必不可少的工序。维修的时间长短直接影响油井的运行时率。如何减少维修工在维修时的时间消耗，是一直困扰团队的一个难题。小组成员通过对现场电气焊操作的分析，确定了如何缩短气焊工安装设备和维修工具耗时，为本次的攻关难题。

气焊工在现场施工中安装设备及维修工具时，经常会出现以下情况：①气焊工在施工中使用的工具有12种，影响施工时间的有6种。②气焊工使用的工具经常被其他施工人员借用，进行其他操作。③气焊工的部分工具在使用中由于存放不当容易丢失或造成人员伤害。④气焊工存放通针的方式容易丢失及扎伤人员的安全隐患。

二、结构原理作用

（1）根据维修工现场使用的情况，设计了四种最常用的开口尺寸。

（2）设计特殊的开口尺寸，避免被挪为他用。

（3）集合乙炔专用工具，避免丢失。

（4）增加通针存放的装置，避免人员伤害。

（5）增加一个强磁固定点，可以把该工具固定在任何铁器上面，避免丢失。

（6）根据人体力学及使用习惯，确定了工具的尺寸及形状（图1）。

三、主要创新技术

（1）便于气焊工在安装和维修时的操作。

（2）便于操作人员管理工具，避免工具过多，查找不方便。

（3）避免工具被挪为他用，造成工具损坏和丢失。

（4）便于维修工固定工具，避免丢失。

（5）便于通针的存放，避免人员携带通针时，发生被通针扎伤的情况。

（6）简化操作和维修程序，加快了操作和维修过程，缩短了现场维修时间。

四、技术经济指标

（1）该扳手长260mm，宽40mm，尺寸大小合适，便于职工携带。

（2）根据维修工现场使用的情况，设计了四种最常用的开口尺寸，分别为28mm、20mm、18mm、15mm。

（3）28mm开口设置角度为135°，便于拆卸过程中施力。

（4）安装有外径17mm的套筒扳手。

五、应用效益情况

该装置2019年开始研制。依照吨油价格2340元/吨计算，维修工每减少10分钟的维修时间，按照320口油井计算，年创造效益10178元。该装置大大降低了气焊工的劳动强度，加快了维修施工的速度（图2）。由于采用了特殊尺寸，避免了工具被挪为他用，减少了材料损耗，更便于气焊工管理工具，避免造成人身伤害。该成果已获国家实用新型专利授权（图3），2020年被胜利油田河口采油厂列为推广项目，加工制作100件在全厂推广应用。

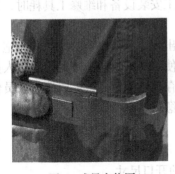

图1　成果实物图　　　　图2　现场应用图　　　　图3　国家专利证书

跟着大师学创新
（下 册）

代旭升　杜国栋　唐守忠　孟向明　张义铁　**编著**

中国石化出版社

·北京·

图书在版编目（CIP）数据

跟着大师学创新 / 代旭升等编著 . —北京：中国石化
出版社，2023.11（2024.3 重印）
ISBN 978-7-5114-7355-4

Ⅰ.①跟…　Ⅱ.①代…　Ⅲ.①石油开采－技术革新
Ⅳ.① TE35

中国国家版本馆 CIP 数据核字（2023）第 223025 号

中国石化出版社出版发行

地址：北京市东城区安定门外大街 58 号
邮编：100011　电话：(010)57512500
发行部电话：(010)57512575
http://www.sinopec-press.com
E-mail：press@sinopec.com
北京鑫益晖印刷有限公司印刷
全国各地新华书店经销
*
787 毫米 ×1092 毫米 16 开本 45.5 印张 12 彩插 1064 千字
2023 年 11 月第 1 版　2024 年 3 月第 2 次印刷
定价：225.00 元

张春荣　中共党员，集输特级技师，原中国石化集团公司技能大师，她传承敬业精业、精益求精的工匠精神，自主完成技术革新成果 76 项，其中 1 项获国家发明专利授权，20 项获国家实用新型专利授权，5 项获国家优秀 QC 管理成果一等奖，"春荣创新 QC 小组"被命名为全国优秀质量管理小组，累计创效 6000 余万元。先后获评全国五一劳动奖章、全国三八红旗手、齐鲁首席技师、山东省劳动模范、山东省富民兴鲁劳动奖章、齐鲁金牌职工、齐鲁大工匠、中石化技术能手，创新实施了"点题、破题、汇题"岗位练兵三步法，参与编写的 2 部专业书籍作为职工培训教材在集团公司推广应用。修订的 23 项行业标准，被应用到集输站库"四化"建设中，享受国务院政府特殊津贴。

邓远平　中共党员、西南油气分公司采气特级技师、中国石化集团公司技能大师、国家级技能大师工作室带头人。立足岗位扎根采气一线 37 年，先后完成获奖技术创新成果 113 项，其中获得国家专利授权 36 项，局级以上奖励成果 77 项，提出合理化建议 207 条，提出技改措施 157 项。累积降本增效 1.5 亿多万元。曾获评全国五一劳动奖章、四川省首届工匠、四川省技能人才培育先进个人、四川省第十一批有突出贡献的优秀专家等。积极搞好传技带徒工作，为西南油气分公司培育出大批优秀采气技能人才，成为采气领域一面旗帜，为保障国家能源安全发展做出了积极贡献。

毕新忠 中共党员，胜利油田集输工特级技师、中国石化集团公司技能大师。扎根集输一线37年，先后完成获奖技术成果130项，获得国家专利授权42项，提出增效措施216条，累计降本增效3000多万元；他的培养工作为国家集输领域注入了新鲜血液，培养出的优秀技能人才在集输领域展现出了卓越的能力，成为集输领域新一代领军人物，为保障国家能源安全做出了积极贡献。曾获评中国石化名匠、中国石化集团公司技术能手、中国石化劳动模范、中国石化优秀共产党员、全国石油石化系统创新先进人物、泰山产业技能领军人才、山东省首席技师、山东省富民兴鲁劳动奖章等，享受国务院政府特殊津贴。

李志明 中共党员、胜利油田采气工特级技师、中国石化集团公司技能大师。立足岗位、扎根一线25年，集智聚力、锐意攻关先后完成获奖技术成果130项，其中获得国家专利授权60项，提出合理化建议110余条，查找安全隐患389项，累计降本增效6800多万元；被聘任为中国劳动关系学院产业工人教育研究中心特约研究员、中国设备工程石化行业专家、东营职业学院产业教授、日照工匠学院工创导师、胜利名师，培养出大批优秀技能人才，成为采气领域新一代领军人物，为保障国家能源安全做出了积极贡献。曾获评中国石化劳动模范、中国石化技术能手、中国石化优秀共产党员、山东省五一劳动奖章等，享受国务院政府特殊津贴。

　　贾学志　胜利油田电焊工特级技师，中国石化集团公司技能大师，省级技能大师创新工作室带头人。他把焊接工作当成毕生的事业，不断推进自动化焊接的人工智能化替代，先后完成技术创新成果 150 余项，45 项获国家实用新型专利授权，67 项获省部级以上奖励，创新成果累计创效增效 4700 余万元；累计带徒 85 人次，20 名徒弟晋升为高级技师、技师，3 人在中国技能大赛中获奖，3 人被授予中石化技术能手，35 人次分别在省、市和胜利油田职业技能竞赛中获奖。曾获评中石化劳动模范、山东省齐鲁首席技师、山东省突出贡献技师、山东省富民兴鲁劳动奖章、山东省创新能手、中石化技术能手、胜利油田技能大奖等。

　　程　强　男，汉族，大专学历，中共党员，胜利油田特级技师。胜利油田技能大师，参加工作 30 年来，在海上油水井故障判断与处理、油气水系统应急处置、注采设备设施维护、海洋采油工操作规程编制等工作中做出了积极贡献，攻克了海上温压变自主维修等技术难题。完成获奖创新成果 92 项，编写了《海洋采油工试题库》《海洋采油工综合技能提升培训教材》等 6 本专业书籍，总结了潜油电泵控制柜模拟故障诊断技术、海上温压变故障检测与诊断等 3 项绝招绝活。获评中国石化集团公司技术能手、齐鲁首席技师、胜利工匠、胜利名师等，荣立油田三等功 1 次。领衔的海油创客工作室被评为"山东省劳模和工匠人才创新工作室"。

刘同玲　中共党员，胜利油田分公司集输工特级技师、胜利油田集输工技能大师。扎根一线28年，先后完成获奖技术成果110项，获得国家专利授权36项，提出增效措施106条，累计降本增效2000多万元；参与编写专业技术书籍及教材12本，参与修订胜利油田集输工操作规程2项，总结绝招绝活3项；带徒72人，其中24人分别在国家、集团公司、油田职业技能竞赛中获奖，22人晋升技师、高级技师；个人先后获评中国石化集团公司技术能手、山东省五一劳动奖章、齐鲁首席技师、胜利油田劳动模范、胜利油田优秀共产党员、胜利"十佳"女工、胜利工匠、胜利油田为民技术创新银奖，荣立油田二等功、三等功等。

隋迎章　中共党员、胜利油田集输工特级技师、胜利油田分公司首席技师、河口区创新创业领军人才。他扎根生产一线34年，先后编著职工培训教材6部，参与编制企业标准10项，提出应用合理化建议100余条，完成技术成果105项，获得国家专利授权30项，累计为企业降本增效5000多万元；他创新应用"群师众徒＋隋师随弟"师带徒模式，培养出了国家级竞赛铜奖、中石化竞赛金奖等一批优秀技能人才，为油气集输行业安全高效运行做出了积极贡献。曾获评齐鲁首席技师、胜利工匠、中国设备管理创新杰出人物等，用精益求精的工匠精神和实际行动诠释了"产业工人的石油梦"。

序

适值中国石化成立40年之际，捧读《跟着大师学创新》书稿，每页纸都是厚重的，每项成果都是沉甸甸的，其中透出干事创业、勇往直前的磅礴力量：感动于石油石化人攻坚克难的锐气，一项项创新成果叠加起创新发展的新高度；欣喜于石油石化人的创新情结、战斗情怀，这是我们厚植发展根基的底蕴底气所在；庆幸于我们赶上了一个伟大的时代，才有了施展才华、创新创造的舞台——这都成为加快打造世界领先企业、全力为美好生活加油的强大动力。

创新是一个民族进步的灵魂，是一个国家兴旺发达的不竭动力，也是中华民族最深沉的民族禀赋。融入中国式现代化新境界新格局，涉及组织创新、技术创新、管理创新、战略创新等的企业创新，已成为决定企业发展方向、发展规模、发展速度的关键要素，成为引领企业可持续高质量发展的重要力量。

中国石化作为国有重要骨干能源企业，担负着重要的政治责任、经济责任和社会责任，历来高度重视科学技术创新。中国石化走过40年激情岁月，辉煌成就史就是一部创新发展史。自1983年成立以来，中国石化坚持把创新贯穿于公司生产经营的全过程，大力推进观念、体制、机制、管理、技术、产品、服务等方面的创新，引领了市场发展，打造了行业标杆，成就了卓越品质，逐步成长为治理规范、管理高效、文化先进，市场化程度高、国际化经营能力强，拥有世界一流技术、人才和品牌的先进企业。

当前，中国石化进入历史性跨越的新发展阶段，担负着保障能源资源等重要产业链供应链的安全稳定、促进人与自然的和谐共生、加快绿色低碳循环发展、全面满足人民对美好生活向往的时代重任。如何高效推动实现高端化、集约化、数字化、绿色化发展，迫切需要创新驱动的加持。令人心潮澎湃的是，中国石化厚植创新沃土、营造创新氛围，坚定不移实施创新驱动发展战略，深化科技体制机制改革，强化关键核心技术攻关，加快提升原创技术需求牵引、源头供给、资源配置、转化应用能力，推动科技创新驶入快车道、实现大跃升。

本书汇集了中国石化上游板块8家油田企业的621项创新成果，很好地体现了价值导向、以人为本，具有很强的实用性和可操作性，可以说是石油石化矿场破题攻关的百科全书。研学一项项创新成果，犹如一颗颗耀眼的珍珠铺陈开来，串起了石油石化人创新发展的心路历程，串起了中国石化40年创新不辍、奋斗不止的足迹，眼前浮现的是大师和工匠们刻苦攻关的身影，其中凝结着辛勤的付出、闪耀着智慧的光芒，仿佛听到"有条件要上，没有条件创造条件也要上"的呐喊，亦仿佛看到石化员工"为祖国加油，为民族争气"的执着与豪迈。衷心希望本书能引发广大石油石化人的广泛思考，有所启迪、有所借鉴、有所感悟，推动用创新办法寻求化解矛盾的"钥匙"，用创新思路获取攻坚克难的"良方"，用创新举措打开实现突破的"锦囊"，激发锐意创新的勇气、敢为人先的锐气、蓬勃向上的朝气，真正形成"处处是创新之地，个个是创新之人"的生动局面。

唯创新者进，唯创新者强，唯创新者胜。现代企业的竞争已越来越依赖科学技术，强化技术创新已成为现代企业发展的一股新潮流。跟着大师学创新，学的不是具体的成果本身，而是创新的意识、思维、境界和格局，自觉融入时代洪流，用发展的眼光、宏阔的思维和创新的担当解决发展中出现的新情况、新问题，以创新不辍突破一批影响产业高质量发展的关键核心技术和"卡脖子"技术，增强自主创新能力，培育产业发展新动能，支撑引领产业高质量发展，让创新在发展全局中始终居于核心地位。

抓创新就是抓发展，谋创新就是谋未来。创新是实现中国式现代化、推进民族复兴伟业的动力源泉。企业是实现创新驱动发展战略落地见效的关键主体，是促进科技与经济结合的关键纽带，而增强自主创新能力是一项长期而艰巨的任务，让我们坚定创新自信，勇攀科技高峰，加快打造原创技术策源地，奋力实现高水平科技自立自强，为"打造世界领先洁净能源化工公司"不懈奋斗，为建设创新型国家和世界科技强国作出新的更大贡献。

高凤林

下 册 目 录

第二章 海洋采油

第一节 海上平台注采输维护保养 ·················· 511

  海上潜油电泵电缆连接装置 ·················· 511

  可调式多参数油嘴装置 ·················· 512

  油井采出液回注装置 ·················· 514

  电泵电缆热熔锡装置 ·················· 515

  新型电缆识别仪 ·················· 517

  新型海缆光纤熔接装置 ·················· 519

  海上平台新型防腐螺栓 ·················· 520

  可拆式电泵电缆接头支架 ·················· 521

  输油管道智能巡检系统 ·················· 523

  低碳燃烧器 ·················· 525

第二节 海上平台注采输故障检测处理 ·················· 526

  平台流程电磁解堵装置 ·················· 526

  平台仪表短节防冻装置 ·················· 527

  潜油电泵控制柜模拟故障诊断装置 ·················· 529

  直流电阻法电缆故障测试仪 ·················· 530

  智能电伴热带监测装置 ·················· 532

第三节 海上平台注采工具、用具 ·················· 534

  钢丝绳注油清洁保养装置 ·················· 534

  便携式快速注油装置 ·················· 535

  新型平台甲板除锈装置 ·················· 537

  球形摄像机清洁装置 ·················· 538

  海上平台桩腿渔网清理装置 ·················· 540

  多功能平台设备清洗装置 ·················· 541

  海上平台靠船排除冰工具 ·················· 543

第四节 海上平台注采仪器、仪表 ·················· 544

  防爆感温探测器检测装置 ·················· 544

  火焰探测器检测装置 ·················· 546

便携式智能仪表检修校验装置 ·· 547

可燃气体探测仪故障检修装置 ·· 549

海上平台自控仿真平台 ·· 550

第三章 集输注水

第一节 集输注水工艺流程设施 ·· 552

旋流式自清洗两相过滤器 ··· 552

沉降罐浮动出油装置 ··· 553

除油罐密闭隔氧浮动收油装置 ·· 555

撬装式密闭卸油装置 ··· 556

双向闸阀 ··· 557

储罐安全阀液压油回收装置 ··· 559

磁控式阻水排气装置 ··· 560

多功能罐智能装油装置 ··· 561

空压机缓冲罐放空改造 ··· 563

原油稳定压缩机快装过滤器 ··· 564

新型卸油装置 ··· 565

油井产出液在线计量连接装置 ·· 566

环保型全密闭自动化计量卸油口 ·· 568

第二节 集输注水动力热力设备 ·· 570

柱塞泵高效运行系列配套装置 ·· 570

注水泵系列管理节点的优化改进 ·· 572

柱塞式注水泵盘根刺漏预警保护装置 ··· 573

分体式防刺漏防腐蚀柱塞泵花盘 ·· 575

注聚泵填料式拉杆密封装置 ··· 576

柱塞泵故障语音提示装置 ··· 577

便捷式柱塞泵盘泵装置 ··· 579

第三节 采气井故障检测处理 ··· 580

柱塞泵智能多元化能效优化装置 ·· 580

高压柱塞泵曲轴箱水汽自动收集装置 ··· 582

新型机泵联轴器 ·· 583

注水泵站远程诊断装置 ··· 585

柱塞泵中间杆挡水防漏油密封装置 ··· 586

新型拼叉式电动机端盖 ··· 587

第四节 工具、用具及辅件 ··· 588

变径防火帽接头 ·· 588

沉降罐清沙孔门缓开工具 ··· 589

地下阀门开启工具 ································ 590

防爆快速取样器 ································ 592

高压离心注水泵拆卸盘根工具 ··················· 593

棘轮式阀门开关装置 ···························· 594

角位移传感器无线激活装置 ······················ 595

取样量油一体器 ································ 596

燃气炉安全点火装置 ···························· 597

消防水枪固定装置 ······························ 598

卸油口灭火装置 ································ 600

新式分水器看窗 ································ 601

油、气罐区移动式消防装置 ······················ 602

储罐液压安全阀阻火器辅助保养支架 ·············· 604

新型紫外光固化封堵材料 ························ 606

液压式闸板取出装置 ···························· 607

一种带压换管式取样器 ·························· 608

一种柱塞泵盘泵专用工具 ························ 609

一种柱塞泵骨架油封安装工具 ··················· 611

一种柱塞泵盘根盒取出工具 ······················ 612

油罐快速量油装置 ······························ 614

油水界面安全测量装置 ·························· 615

油水界面测量仪 ································ 616

原油储罐固定式量油装置 ························ 617

原油储罐分布式自动计量盘库装置 ·············· 618

原油化验可调式支架 ···························· 620

车载式洗井装置 ································ 621

多功能仪表盛装集油一体器 ······················ 623

改进静电接地报警装置 ·························· 624

离心式玻璃烧瓶摇样清洗一体机 ·················· 626

配电室降温节能装置 ···························· 627

污油回收装置 ································ 628

油田专用摄像头镜面清理装置 ··················· 629

柱塞泵盘根快速加取工具 ························ 630

一种大型柱塞泵盘泵装置 ························ 632

注水泵盘泵工具 ································ 633

油田高压注水泵盘动装置 ························ 635

一种蝶阀开关工具 ······························ 637

一种柱塞式高压往复泵拔阀座专用工具 ············ 638

一种消防托架装置 ······· 639

第四章　陆上采气

第一节　采气井设备设施 ······· 642

引流式火管 ······· 642

撬装式天然气稳压装置 ······· 644

自动化智能采气撬块装置 ······· 645

一种用于检修作业的呼吸供给系统 ······· 647

一种用于采输气场站工艺区阀门齿轮箱的防雨罩 ······· 649

新型节流器 ······· 651

提升安全阀拆装效率装置 ······· 653

固定式节流阀压盖取出工具 ······· 654

放喷防爆筒 ······· 656

一种新型疏水阀喷嘴 ······· 657

适用于低温蒸馏工艺的阻垢装置 ······· 659

第二节　采气自动化设备设施 ······· 660

油气井防盗箱气体浓度检测报警装置 ······· 660

油井解盐掺水装置 ······· 662

放喷池遥控点火装置 ······· 663

煤层气自动洗井装置 ······· 665

气田压裂用配液加注装置 ······· 667

一种撬装式自动加药泡排装置 ······· 668

适用于方井积液安全高效的排水系统 ······· 670

一种可液压截断阀远程干预关断装置 ······· 672

一种适用于中江气田气井排液的柱塞工具 ······· 674

第三节　采气井故障检测处理 ······· 676

油气井温压一体变送器转接头 ······· 676

气井大四通顶丝堵漏装置 ······· 678

采油树刺漏抱箍 ······· 680

附录　创新成果发明人统计表 ······· 682

后记 ······· 700

第二章 海洋采油

第一节 海上平台注采输维护保养

 海上潜油电泵电缆连接装置

胜利油田分公司 姜松竹

一、项目创新背景

在海上平台潜油电泵电缆连接操作过程中，由于气象原因所导致的湿度过大，无法满足《电泵井电缆连接操作技术规范》中对湿度的要求，为确保施工井电泵的完井质量，需停工待气象转好、湿度降低后才能施工，使完井期限存在较大的不确定性，在等待气象转好期间，为满足井控要求需要定时定量向井筒内灌液，大量施工液体进入地层，首先不利于油层保护，其次试抽排液量增加，这种做法在增大工作量的同时也延迟了油井产能恢复，急需改进。为解决这一难题，研制的"海上潜油电泵电缆连接装置"，解决了海上因气象湿度过大电缆无法连接的问题，提升了电泵电缆接头连接质量，缩短了电泵井的完井时间，具有很好的使用效果。

二、结构原理作用

（1）操作箱体：与外界空气隔离，采用高透明的亚克力材料制作而成，具有抗冲击性能强，透明度好，透光性强，视觉清洗的优点。

（2）操作手套口：两条操作手套口分别位于操作箱体的两侧，便于两人同时操作，与箱体内腔连通，是柔性管状体，人体手臂可通过套口进行操作。是两条柔性管状体，人体手臂可通过手套口进行操作，实现360°全方位连接的操作过程。

（3）空气干燥器：用来干燥箱体中的水分，降低空气湿度。

（4）空气湿度计：用来测量箱体内的空气湿度，作为是否满足连接电缆接头的依据。

（5）电缆进出口：位于操作箱体的两端和底部，作为电缆进出的通道。

（6）密封软挡布：位于电缆进出口位置和操作箱体的底部，密封电缆进出口，防止潮湿空气进入箱体。

（7）电缆支架：用于支撑操作箱体和固定电泵电缆（图1）。

三、主要创新技术

（1）使用新型材料，抗冲击性能强，透明度好，透光性强。

图1　成果实物图

（2）实现360°全方位连接的操作过程。

（3）实现空间内保持恒定的湿度。

（4）结构设计新颖独特，合理利用每一寸空间，实用性强。

四、技术经济指标

（1）该装置在现场应用时，湿度能恒定在70%以下。

（2）保证高湿度环境下潜油电泵井电缆的连接质量，缩短施工周期。

五、应用效益情况

该装置2021年1月开始研制，2021年9月，在胜利油田海洋采油厂CB6F等3口井进行电缆的连接应用，截至目前，已在海洋采油厂9口潜油电泵井中应用（图2），创经济效益约28.81万元人民币，展示了该成果的广泛应用性，可满足潜油电泵电缆连接的中间接头；该装置降低了空气湿度带来的影响，提高了电缆的连接质量，缩短了施工井的完井期限。该成果在山东省设备管理创新成果中荣获二等奖（图3）。

图2　现场应用图

图3　获奖证书

可调式多参数油嘴装置

胜利油田分公司　程　强

一、项目创新背景

目前，海上油田正常生产的电泵井需要根据地层供液状况、生产需要等因素确定一个合理的生产压差，需要安装油嘴来实现控制产液量、产气量等。采油厂管辖的潜油电泵井，使用油嘴生产油井占比100%。油嘴，装于采油树油嘴套内，通过更换不同孔径的油嘴来控制油气的产量。埕岛油田海上部分油井需要频繁更换油嘴。现有油嘴，易发生刺漏，不能满足海上油田生产需要，无法在低成本条件下降低职工劳动强度。

2018年开始，采油厂成立油井管理项目组，逐步探索油井快速调参技术。通过对油井生产实际进行分析研究，成功研发了可调式多参数油嘴装置，在油嘴上设置2mm、4mm、6mm、8mm四个通径调节出油孔，设计一个加长的调节杆，伸出丝堵外通过手轮调节；增加油嘴阀瓣、密封压帽、活塞、调节杆、转环装置、波形弹簧、弹簧压板等，利用挡位调节。

二、结构原理作用

可调式多参数油嘴装置的主要技术原理是利用调节杆上的唯一出油槽，分别油嘴本体上四个不同孔径的油嘴进行对应，通过外部手轮进行旋转，使出油槽与一个油嘴对应，实现快速调节油井生产参数的目的（图1）。

图1　成果实物图

三、主要创新技术

（1）在油嘴上设置不同孔径的四个通径螺纹式出油孔，利用销钉紧固方法封堵三个出油孔，开放一个制度进行油气生产。

（2）利用抗腐蚀、高硬度的材质减少更换油嘴的频率。

（3）实现了不放空更换油嘴，可将操作时间由20min缩减至1min以内。

四、技术经济指标

该成果是经过现场不断试验，不断改进后的第二代可调式多参数油嘴装置，装置使用方便、操作简单、安全可靠，非常适用于电泵井生产方式的生产参数调节工作。

五、应用效益情况

本装置2018年1月开始研制，2018年9月在CB25G平台安装应用（图2）。项目的应用实施使更换电泵井调参操作由原来的3人操作减至1人，有效实现了降低职工劳动强度、节约人工成本、优化人力资源配置、职工操作安全得到更有效保障的目标，职工反馈良好，进一步提高了平台人力、安全管理水平，创造了良好的社会效益。

每个可调式多参数油嘴装置能够代替4个原油嘴，原油嘴及油嘴套成本均价为5544.92元，可调式多参数油嘴装置成本为4320.62元，节约成本1242.30元，目前在胜利油田海洋采油厂应用油井152口，实际创造直接经济效益18.9万元。2019年获全国能源化学地质系统优秀职工技术创新成果一等奖（图3）。

图2　现场应用图

图3　获奖证书

油井采出液回注装置

胜利油田分公司　刘志华

一、项目创新背景

海上采油相对于陆地采油存在着交通不方便，安全环保要求严格，这样就造成了海上污油回收的难题，放空是海上油井取样、调参、检查更换油嘴等日常管理工作的重要环节，每口油井年均需要放空约48次，每年从海上带回的油污液可达30余吨，增加了员工劳动强度、运输成本和处理费用。放空操作存在以下问题：每次放空的油污液需要用垃圾袋分量盛放，油污液和含油棉纱等污物再通过船舶及车辆带回陆地进行集中处理。在此过程中，由于个别时候海况恶劣，装油垃圾袋在上下船搬运过程中易破损，对环境造成不利影响。海上生产管理过程中产生的零散污油能否就地集中处理成为破解这一难题的关键。

二、结构原理作用

图1　成果实物图

该装置的工作原理：该装置由油液收集罐，高压打气筒，可伸缩漏斗，棉纱挤压器，进出口压力表，快速接头及进出口球阀、单流阀组成，设计简单、操作方便。使用时，将回收到油漆桶里的污液倒入回注装置储液罐内，利用手动无电源气体打压装置，通过井口套气流程单流阀前端放空拷克打入原油外输流程（图1）。

三、主要创新技术

（1）实现含油棉纱脱油处理。油液收集罐顶端设立漏斗式含油棉纱挤压滤油装置，通过手动挤压对含油棉纱实现脱油处理。

（2）实现油污实时处理。达到海上零散油污就地处理的目标。

（3）该装置整机安全性好，无电力驱动设备，通过手动无电源气体打压装置，将污油从井口套气流程单流阀前端放空拷克打入原油外输流程，解决了油气生产区的防爆问题，安全系数高。

四、技术经济指标

（1）回注装置在套管压力不大于1MPa的条件下注入量为5L/min，满足一般污油污水回注需求。

（2）该装置经安全部门审核符合安全要求。编制了《平台流程电磁解堵装置操作规程》纳入作业指导书，对操作人员进行操作培训，保证安全规范操作。

五、应用效益情况

海洋平台油井采出液回注装置应用后（图2），实现了井组平台零散油污就地处理回注，降低了员工在搬运垃圾袋装油的劳动强度，解决了油污从井口到船舶、从船舶到港口、从港口到集中处理点的环境污染风险，同时降低了垃圾袋使用量，节约了材料费用，年创直接经济效益约为6万元。2019年获国家实用新型专利授权（图3）和全国能源化学地质系统优秀职工技术创新成果三等奖。

图2　现场应用图　　　　　　图3　国家专利证书

电泵电缆热熔锡装置

胜利油田分公司　程　强

一、项目创新背景

目前，胜利油田海洋采油厂有海上油井600余口，大多都是用潜油电泵采油，潜油电泵采油存在着供电电缆的保护问题、接头绝缘问题，其中电缆接头绝缘问题导致的躺井占比逐渐增多，电泵电缆接头成为影响油井寿命的最大短板。以往电泵电缆接头的连接工艺是由铜连接管连接在一起，铜连接管与电缆铜芯是通过压接钳压接铜连接管使之接触，两根铜芯在连接管内存有一定的间隙，存在接触面积小、电缆接头电阻大的问题，长时间使用过程中，因电缆接头空隙内存在气体造成电缆头氧化、腐蚀等问题影响了电泵电缆的使用周期。为解决这一难题，技能大师研制了"电泵电缆热熔锡装置"，解决了电泵电缆铜芯在铜连接管内存在间隙的问题，提高了电泵电缆接头的质量，延长了电泵井电泵周期，具有很好的使用效果。

二、结构原理作用

该装置的主要结构由三部分组成。

（1）铜连接管：连接管设计为圆柱形，上部和下部设有电缆芯，中部设为空心，电缆芯插在电缆芯孔内，实现电缆中间对接；该连接管为紫铜材质，表面酸洗，具有负载量大，电阻率小，导电性好，抗氧化，接线方便的优点。

（2）连接管护罩：将截取好的Φ3mm锡焊丝10mm放入铜连接管内中间位置，用连接管护罩夹持铜连接管中间位置，将连接管内的锡焊丝全部罩住。

（3）供热装置：该装置是由数显型热风枪和焊接风嘴组成，热风枪利用枪芯吹出的热风通过焊接风嘴伸到加热护罩内对铜套进行加热，由于锡焊丝的熔点是183℃，将热风枪温度调至230℃使用，待锡焊丝熔化后填满铜连接管与铜芯之间的空隙，将两根电缆铜芯插到铜连接管内再用压接钳按规范压接铜套（图1）。

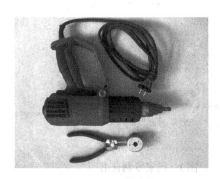

图1　成果实物图

三、主要创新技术

（1）研制专用铜连接管，具有负载量大，电阻率小，导电性好，抗氧化，接线方便的优点。

（2）数显型热风枪由手柄、加热器、外壳、风速调节按钮和稳定调节按钮，具有温度精确、稳定、操作简单方便的优点。

（3）连接管护罩与连接管贴合紧密，热量不易散失，缩短加热时间。

（4）铜连接管熔锡后，不产生松动和脱节，接触牢固，不会短路，不产生磁涡流，不会烧坏，使用寿命长。

（5）该装置结构简单，重量轻，携带方便。

四、技术经济指标

（1）电缆接头熔锡作业时，截取Φ3mm锡焊丝10mm放入铜连接管内便可填满连接管与铜芯之间的间隙。

（2）将热风枪温度调至230℃使用，只需20秒铜连接管内的锡焊丝便能熔化。

五、应用效益情况

该装置2021年1月开始研制，2021年5月，在胜利油田海洋采油厂CB 351-2等3口井大小扁接头上应用（图2），截至目前已在海洋采油厂10口潜油电泵井中应用，创经济效益约12.82万元人民币，展示了该成果的广泛应用性，可满足潜油电泵电缆连接的中间接头；该装置减少了油井作业频次，降低了海上作业费用，提升了电泵电缆接头质量，延长了电泵井电泵周期，具有很好的使用效果。2021年获胜利油田第六届为民技术创新奖优秀成果三等奖（图3）。

图2 现场应用图

图3 获奖证书

新型电缆识别仪

胜利油田分公司 牛 军

一、项目创新背景

电缆桥架是用于保护电缆的一种构架，电缆从配电室或控制室通过电缆桥架送到用电设备，电缆桥架通常用于电缆数量较多或较集中的室内外，以及电气竖井内等场所，不但有电力电缆、照明电缆还有一些自动化系统的控制电缆。由于海上平台受到空间和环境的影响，目前各种电力电缆和自控电缆都放置于同一个桥架内，在日常检维护中不易区分电缆的用途和型号，给后期施工改造带来很大困难，影响到正常的安全生产运行。为解决这一难题，技能大师研制了"新型电缆识别仪"，它根据目标电缆上的信号相位特征的唯一性将目标电缆从一大束其他电缆中识别出来，该识别仪体积小，携带方便，能快速查找出繁杂电缆中的目标电缆，在日常电缆故障检修过程中不仅提高了工作效率，还大大降低了员工劳动强度。

二、结构原理作用

（1）电缆识别仪发射机，其中包含电源开关：控制整机电源的通断；表头：指示输出信号电流的大小；指示灯：识别仪工作状态指示灯；电源输入插座：用仪器所配专用电源线，输入220V、50Hz交流电源。仪器使用时，应独立使用三孔电源插座，插座接地线就近直接接地；黑接线柱：用配套的黑色测试线插入此插孔，另一端测试夹接系统地；红接线柱：用配套的红色测试线插入此插孔，另一端测试夹接被测试电缆的芯线。

（2）电缆识别仪接收机，其中包含表头：指示接收信号幅度的大小与极性；电源指示灯：电源开关接通时，指示灯亮；极性指示灯：当识别正确时，该指示灯亮，呈现出与发射机一致的周期性亮、灭变化；电源开关：控制接收机内部电源的接通与关断；卡钳插座：接收机与接收卡钳连接插头。

（3）发射卡钳，用于与发射机相连，将发射机发出的耦合信号传递到电缆上。

（4）接收卡钳，用于与接收机相连，将电缆上的耦合信号传递给到接收机。

（5）附件，主要包含接收机的干电池，接地线夹子，发射机电源线（图1）。

三、主要创新技术

（1）实现了带电与不带电电缆的识别功能合二为一，操作简单，使用方便。

（2）工作性能可靠，对超长电缆也能做到准确判别。

（3）采用最新的通信技术。

（4）有效抑制工频干扰。

（5）判断准确、快速。

（6）保护电路可靠，不怕输出短路。

（7）极大地保证了人身安全。

（8）识别仪体积小便于携带。

四、技术经济指标

（1）发射卡钳的红、黑两个接线插头接在发射源对应的两个红、黑接线柱上，将发射卡钳卡在被识别电缆上。

（2）在识别点，用接收卡钳对各条电缆进行识别。在进行识别时，一定要将接收卡钳上的箭头始终指向电缆的终端方向，逐条电缆进行卡测。在被识别的目标电缆上，接收机表头指针一定是向右偏转，同时声光报警。而在其余电缆上，接收机电流表头指针一定是向左偏转，没有声光报警。

五、应用效益情况

该装置2021年开始研制，2021年9月5日在胜利油田海洋采油厂中心二号平台使用（图2）。同年11月份在埕岛油田各个卫星平台电缆施工改造中取得良好的应用效果。在日常检修施工中需要3~4个人逐个打开电缆桥架盖板进行查线，施工周期5天左右，采用电缆识别仪进行作业后，检修时间相比之前提高了1~2天。按照人工成本500天/人/天计算，施工时间平均3天计算，节约费用约0.4万元。按照目前管理区18个卫星平台，年维修频次10次，每年共可节约费用4万余元。同时该装置能够解决采油平台上电力、自动化等电力电缆的检维护，大大缩短施工时间，节约了人力资源，大大提高了劳动效率，该成果2021年度获海洋采油厂"一线生产难题揭榜挂帅"创新成果优秀成果二等奖（图3）。

图1 成果实物图

图2 现场应用图

图3 获奖证书

 # 新型海缆光纤熔接装置

胜利油田分公司 李西华

一、项目创新背景

目前胜利油田海洋采油厂海电中心，现有海缆光纤熔接箱为Nexans制作，且均为2000年左右购进海缆时的附件（库存2套），其中一些密封原件已老化。Nexans制作的海缆光纤熔接箱，做工精密但施工工艺烦琐，熔接一根12芯光缆需要5个多小时。

二、主要创新技术

通过研制海缆光纤熔接箱，解决原海缆光纤熔接箱施工工艺烦琐、密封原件易老化、熔接光缆耗时长等问题。实现符合海上光电复合海缆修复实际情况目的（图1）。

新型海缆光纤熔接箱在原进口海缆光纤熔接箱的基础上，通过多次反复试验研究，保证光纤恢复质量的前提下，设计最佳形状与尺寸，受损的光纤在保护盒内完成修复并固定，在光纤熔接箱内注入防水填充物（环氧树脂）后盖板封盖，完成受损光纤的修复工作，恢复海底电缆的通信功能。

图1 成果实物图

三、技术经济指标

海缆光纤熔接箱的研发，解决了海底电缆光纤熔接箱工艺烦琐问题，使海缆光纤修复时间缩短2个小时；

使用该熔接箱后，海缆光纤修复中能实现：在保障海缆光纤熔接技术质量指标的前提下达到精简工艺、缩短组装时间、提高效率、降低修复成本的目的。

四、应用效益情况

经济效益：通过对进口海缆光纤熔接箱与改造后海缆光纤熔接箱比较，每个原进口海缆光纤熔接箱费用3万元，海电中心电力服务站设计研发的海缆光纤熔接箱费用：光纤固定紧固压板0.02万元；光纤熔接固定板0.15万元；箱体0.25万元；盖板0.1万元；紧固螺栓0.002万元，合计：0.522万元，每个海缆光纤熔接箱节约费用2.478万元（图2）。

社会效益：海底电缆光纤熔接箱投入使用后，将加快修复速度，缩短停电时间（可节约修复时间2小时），提高了修复能力，为今后埕岛油田信息自动化平稳运行提供可靠保障。该成果获采油厂"一线生产难题揭榜挂帅"优秀创新成果三等奖（图3）。

图2　现场应用图

图3　获奖证书

海上平台新型防腐螺栓

胜利油田分公司　刘化光

一、项目创新背景

目前，胜利油田多数设备在野外露天作业，环境潮湿，空气中含盐强度大，特别是沿海地带环境更加严重，环境对金属腐蚀性强。螺栓是一种用于设备安装连接的常用元件，螺栓在使用过程中，由于与设备之间产生缝隙，以及防腐难度大，极易造成螺栓锈蚀。在沿海地带，普通螺栓使用两个月左右就很难拆卸，有些螺栓由于锈蚀严重，在拆卸过程中，只能采用切割的方式进行拆除。针对这一问题，技能大师经过深入分析研究，认为利用木聚糖酶的降解原理，将木聚糖酶涂到螺栓上，以实现螺栓防腐目的。经过在不同设备设施上的应用实验，该技术取得了良好的使用效果，达到了初期设计目的。

二、结构原理作用

木聚糖酶是一种存在于植物细胞壁中的异质多糖，是最具代表性的半纤维素，半纤维素是聚合碳水化合物，是在植物细胞壁中与纤维素紧密结合的几种不同类型的多糖混合物，木聚糖酶是一种可将木聚糖降解成低聚木糖和木糖的多组分复合酶系，将木聚糖酶涂到螺栓上，不仅可起到防腐的目的，还能增加螺栓的拉伸强度和扭矩力（图1）。

三、主要创新技术

（1）该技术采用半纤维素涂到螺栓上。

（2）解决了螺栓锈蚀问题。

（3）增强了螺栓强度。

（4）实现了节约降耗目的。

图1　成果实物图

四、技术经济指标

经过在不同区域，以及不同设备设施上的应用实验，该技术取得了良好的使用效果，达到了初期设计目的，符合标准要求（图2）。

五、应用效益情况

该技术，在海洋采油厂群众性创新活动中，经过相关专家及专业技术人员论证，认为该技术具有良好的创新性，和市场前景。该成果获得海油采油厂创新成果二等奖（图3）。该技术目前在海洋采油厂油气集输管理中心推广应用，有效解决了螺栓防腐问题，以及降低了成本支出，年创经济效益约5万元人民币，累计创效20万多元，节约时效1000余小时。

图2　现场应用图

图3　获奖证书

可拆式电泵电缆接头支架

胜利油田分公司　姜松竹

一、项目创新背景

电泵完井作业中影响电缆绝缘性能最关键的环节是电缆接头的连接质量，在传统作业工艺中，潜油电泵电缆终端头、大小扁接头的制作过程中，由现场施工人员手扶着电缆进行操

图1　成果实物图

作，从而费时、费力，工艺粗放不严谨，容易出现瑕疵，降低了工艺标准，影响了电缆接头的质量，给电泵井平稳运行带来了隐患，为解决这一难题，技能大师研制了"可拆式电泵电缆接头支撑架"，提升了电泵电缆接头连接质量，缩短了电泵井的完井期限，具有很好的使用效果（图1）。

二、结构原理作用

（1）支撑架：2个支撑架用于支撑大力卡钳和横跨支架。

（2）横跨支架：横跨支架上面铺设1.5mm钢板与2个支撑架通过可插拔装置连接一体，可放置工具、物料，便于手工操作。

（3）大力卡钳：2把大力卡钳分别焊接固定在2个支撑架的顶部中间位置，可分别将2根不同截面规格的电缆夹紧，便于接头制作。

三、主要创新技术

（1）结构设计新颖，拆装方便，便于携带。

（2）大力卡钳用于夹持电缆，其特点是钳口可以锁紧并产生很大的夹紧力，使被夹紧的电缆不会松脱，钳口还可以根据电缆的规格调节挡位位置。

四、技术经济指标

（1）减轻了操作人员的劳动强度，提高了施工效率。

（2）有助于制作人员提高手工操作精密度，提升电泵电缆接头质量。

五、应用效益情况

该装置2021年1月开始研制，2021年5月，在胜利油田海洋采油厂CB 626B-5井进行现场应用（图2），截至目前已在海洋采油厂120口潜油电泵井中应用，创经济效益约56.4万元人民币，展示了该成果的广泛应用性，可满足潜油电泵电缆连接的中间接头；该装置减轻了操作人员的劳动强度，提升了电泵电缆接头质量，具有很好的使用效果。2021年获胜利油田群众性优秀技术创新成果三等奖（图3）。

图2　现场应用图

图3　获奖证书

输油管道智能巡检系统

胜利油田分公司 苟磊磊

一、项目创新背景

油气输送是当今石油经济中的一个重要环节，油气管道安全输送则是这一环节中的重点，生产系统实施过程中的管理和监控是精细化管理中面临的难题，如何保证整个长输管道的畅通对国家能源安全显得尤为重要。

海洋采油厂原油外输陆地管道全长约92km，从东营港经济开发区海堤海管登陆点至孤岛首站，沿线途经黄河三角洲自然保护区等，给日常巡护管控带来极大困难。

二、结构原理作用

1.无人机作业系统

采用"双遥控，四控制"设计（图1）。

使用地面站根据作业要求对无人机进行GPS路线及高度规划并快速精准响应，全程自动驾驶、精准完成任务的同时降低对飞手的依赖，有效解决输油管道路径长、线路不规则等问题，大幅度降低作业人员劳动强度。

图1 成果实物图

无人机在空巡过程中发现管道溢油、地貌地形变化、可疑车辆人员等，可通过地面站进行悬停或兴趣点环绕飞行，配合可见光、测温性红外热成像载荷进行侦查，获取现场立体信息，全面、细致了解现场情况，有效解决信息滞后问题。

2.数据采集系统

组成部分：无人机、任务载荷（可见光、高敏红外热成像）

飞行与数据采集

该系统综合使用多旋翼飞行器和垂直起降固定翼飞行器，搭载变焦可见光等任务载荷，实时获取目标区域的空巡影像数据并发送回指挥控制中心。

数据分发传输

使用4G视频分发设备模块、数据分发系统软件，通过数据分发系统，将视频数据通过用户的光纤网络或者4G无线网络，传到用户信息中心的服务器，实现多人员、多设备、多地点的实时监控、分析和应用。

数据分析和处理

使用服务器一台、智能影像拼接软件一套，从而在无人机的航摄数据处理后，可以形成图像地貌数据库，用于图像对比实现异常报警功能等建设应用。

3.图像传输系统

组成部分：地面站、视频接收器、中继网、终端。

在高处无遮挡位置架设自主研发中继站，通过多处中继网组成中继网，结合−90dBm高灵敏接收机，实现30km以上1080P实时图像传输，在生产指挥中心设飞行监控中心，可实时看到无人机空巡画面，真正消除信息滞后，做到零延迟。

4. 智能分析系统

智能检测功能基于深度学习架构，利用多层神经网络通过样本学习实现精确的目标识别与定位。无人机搭载倾斜摄影、正射影像或者激光雷达，对巡检区域进行拍摄，获取虚拟现实照片信息，将无人机拍摄的照片导入GIS系统三维软件平台进行三维建模，得到虚拟现实的平面、三维界面，将各类样本和相关影像数据积累到数据库，从而实现目标自动检测与定位。

三、主要创新技术

（1）后台数据库设计，提高了地形新貌现场勘测的准确性。
（2）搭载红外摄像载荷，实现夜间全方位覆盖。
（3）固定翼与多旋翼结合，续航能力强。
（4）三轴机械增稳系列吊舱系统，稳定性强，捕捉和锁定目标易于操作。
（5）G20T 30倍变焦云台，图像清晰。

四、技术经济指标

未使用智能巡检系统前每天需人工巡查50人次，车辆运行1100公里，使用智能巡检系统以后，每天需人工巡查20人次，车辆运行600公里。

五、应用效益情况

该系统运行以来（图2），弥补了人工巡检空隙、监控盲区等弊端，大大降低了劳动强度，有效整合了前期现有技术手段，形成时间与空间紧密结合的高效防护体系。构建起"无人机巡检+管道检漏报警+监控视频+人工复检"的智能巡检体系。自投用以来，未发生一起油区打卡盗油案件，及时发现制止管道周边第三方施工30余次，甄别排除可疑车辆人员200余次，发现并治理管道周边隐患50余处。对长输管道安全和油区治安起到了非常重要的作用。该成果获山东省设备管理创新成果二等奖（图3）。

图2　现场应用图　　　　　　　图3　获奖证书

低碳燃烧器

胜利油田分公司　杨兆辉

一、项目创新背景

胜利油田海洋采油厂油气集输管理中心五个联合站承担着胜利海上油田每年500余万吨液量的加热任务，根据油田工程技术管理中心下发《关于开展采油专业污染防治攻坚战项目可研编制及审查的通知》，为降低加热炉烟尘、二氧化硫及氮氧化物排放含量，消除排放物超标带来的环保隐患，保障油田生产正常运行。

二、结构原理作用

燃烧装置：

（1）烟气外循环配风，燃烧器通过专用烟气管道，从排烟管中循环抽取一定比例的烟气通过混风调湿器与助燃风进行充分混合，再进入燃烧器里与天然气进行燃烧，同时，配风过程中实时调节空燃比。

（2）混风除湿器，通过O_2传感器和NO_x传感器的在线数据，及时准确地调节回流烟气量。

外置FGR系统：燃烧产生的部分烟气与空气混合后再次参加燃烧的过程称为烟气再循环燃烧技术，该技术降低了火焰区的最高温度，就可以降低氮氧化物的形成，从而实现降低氮氧化物的排放和节约能源的效果（图1）。

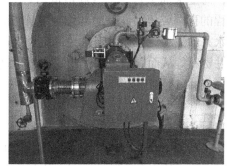

图1　成果实物图

三、应用效益情况

通过专用的引风机和专用风道，从而抑制NO_x的生成（图2）。火焰中心分散降低NO_x的生成和排放，燃烧后排放烟气成分满足DB37/2374—2018（山东省锅炉大气污染物排放标准）相关要求，氮氧化物外排浓度$<50mg/m^3$，烟尘颗粒物不大于$10mg/m^3$，烟气黑度不大于林格曼I级。现在集输站库已安装14台低氮燃烧器。该成果获山东省设备管理创新成果二等奖（图3）。

图2　现场应用图

图3　获奖证书

第二节　海上平台注采输故障检测处理

平台流程电磁解堵装置

胜利油田分公司　程　强

一、项目创新背景

海上采油平台冬季气温最低可达到零下20℃，由于极寒天气的影响会造成海上工艺流程的盲端或流动性差的部位造成冻堵，如间喷的自喷油井流程、压力变送器的传压管、注水井的注水流程等，当这些部位发生产冻堵后，会造成油水井无法正常生产或无法监控油井资料等从而影响正常生产。为解决这一难题，技能大师研制了"平台流程电磁解堵装置"，从而达到快速解除冻堵的作用。

二、结构原理作用

该装置由控制主机和电磁感应装置两部分组成（图1）。其原理是控制主机将工频电转换成20kHz的高频电源，不断变换的高频磁场通过感应装置作用到管道上产生涡流，使管道自身发热，有利于内部介质升温。金属体在变化磁场的作用下，产生磁致伸缩现象，通过磁致伸缩，给轴向流动的介质施加一个径向高频振动，能更有效地防止介质和管道粘连结垢，确保热效率始终不变，从而达到快速解除冻堵的作用（图2）。

三、主要创新技术

（1）采用防爆设计，无热源加热。

（2）装置由专用多组分复合材料组成，具有隔热保温的特性。

（3）安全性高，具有绝缘10万伏高压的特性。

（4）装置体积小便于携带。

四、技术经济指标

（1）温度低于40度时，装置自动启动；温度升至80度时，装置自动停机。

（2）装置电压等级220V。

五、应用效益情况

2019年冬季该装置在ZH10等5座平台解堵应用，解除井口流程冻堵5次，解除压力变送器传压管冻堵18次，应用后平均每次解堵减少耗时124.63min；提高了油井开井时间623.15min。在平台流程解堵过程中，该装置使用良好，性能稳定，安全可靠，大幅提高了解堵效率。2019年获全国能源化学地质系统优秀职工技术创新成果三等奖。

图1 成果实物图　　　　　　　　　　　图2 现场应用图

平台仪表短节防冻装置

胜利油田分公司　孙文波

一、项目创新背景

目前海洋平台现场压力变送器连接短节通常采用的保温方式为橡塑保温棉保温后用锡箔纸进行包裹，这种保温方式在冬季极寒天气下，保温效果不佳，极易出现仪表短节冻堵。据统计2021年1月仅海三采油管理区就发生仪表短节冻堵达25个，严重影响生产数据的监控，同时增加了员工现场解冻的工作量和交通船舶的费用。统计仪表短节冻堵主要集中在采油树油套压短节上，为了解决这一难题，技能大师研制了平台仪表短节防冻装置，有效解决了冬季油套压冻堵的难题。

二、结构原理作用

平台仪表短节防冻装置是为了防止油、套压冻堵而设计的，是利用液体不可压缩的特性，通过液压传导和液压隔离使井液不与仪表接触，从而避免冻堵。

该装置由装置本体、传压活塞、调压螺杆、专用扳手、液压油止回装置、转接头、泄压槽等部分组成（图1）。装置本体内置隔离腔，隔离腔内充满耐低温的0#透平液压油，液压油止回装置使液压油密封在隔离腔内，安装时先将装置安装在采油树上然后安装转接头和压力变送器打开传压通道，最后将调压螺杆旋出即可实现压力传导，如需更换压变只需将调压装置复位，即可使压力落零，实现安全操作（图2）。

三、主要创新技术

（1）将采油树油套压方考克及连接短节功能集合在一起。
（2）采用液压传导隔离原理，不使井液与仪表接触。
（3）具有泄压口，保证拆卸安全。
（4）设计调压装置，安装仪表实现0压操作。
（5）采用防锈蚀处理，避免腐蚀。

四、技术经济指标

（1）装置经35MPa耐压试验24小时压力无降低。
（2）在6MPa压力下，仪表误差小于0.05MPa。

五、应用效益情况

该装置于2021年11月底在胜利油田海洋采油厂CB30A平台CB30A-4CB井套压处进行安装试验，装置安装前压力为4.799MPa，安装后压力为4.770MPa，压力误差0.029MPa，经过1个月的观察，装置密封良好，压力运行稳定，后在海三管理区安装应用124套，整个冬季未发生仪表冻堵情况，对比2020年因冬季仪表解冻而产生的船舶费用减少6万元。该装置设计合理、结构简单、加工成本低，且外形美观便于安装，有效解决了冬季仪表短节冻堵的难题，该装置可在海上平台及陆地采油树仪表保温施工中推广应用，具有较高的推广价值。2022年获得山东省设备管理创新成果二等奖（图3）和2022年全国能源化学地质系统优秀职工技术创新成果三等奖。

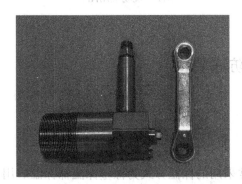

图1　成果实物图

图2　现场应用图

图3　获奖证书

潜油电泵控制柜模拟故障诊断装置

胜利油田分公司 程 强

一、项目创新背景

近年来，胜利油田海洋采油厂海上油田投入持续增长，建设速度逐步提高，围绕海上400余口潜油电泵井的生产，针对高效稳定运行的需求，日常管理、运维水平，故障排查能力的高低与油井生产效率息息相关，培养高素质、高水平的运维人员是目前海洋采油厂提质增效工作的重中之重。员工能够掌握平台所有设备操作、维护、保养，并且具备现场应急处理能力，是提高海上工作效率、降低劳动成本、提升设备运行效率、降低船舶调动等综合成本的重要方向。

潜油电泵作为海上油气生产中最主要的生产设施，其控制系统的启停分为直启、软启、变频等三种，2001年以来经电气自动化改造，均实现了远程遥控操作。目前应用最广泛控制启停方式为软起加旁通直接启动，占所有潜油电泵的86.37%，在潜油电泵运行过程中运行维护人员故障处理能力不能满足海上油气生产的需要，急需提高现场的应急故障排除技能，以提高运维人员的排故技能，降低潜油电泵故障发生率，提高潜油电泵的运行效率。

二、结构原理作用

（1）输出部分：通过光电耦合器和潜油电泵线路强电部分形成隔离，保护设备内部元件不受损坏，将输出部分继电器串联在潜油电泵控制柜控制线路中，通过程序控制可以仿真不同的故障。

（2）通信部分：系统网络通信采用HLK-RM04模块，是基于通用串行接口的符合网络标准的嵌入式模块，内置TCP/IP协议栈，能够实现用户串口、以太网、无线网（WIFI）3个接口之间的转换。

（3）软件部分：使用专用的连接线路，通过内置的通信协议，使用VB开发的相关软件，用于各仿真点的开启和关断，从而实现潜油电泵控制柜的故障类型，同时生成手机端程序，支持多系统使用（图1）。

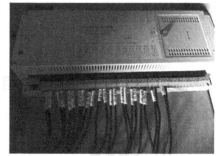

图1 成果实物图

三、主要创新技术

（1）实现了软起动和真空接触器故障仿真。

（2）实现了转换开关各类故障设置。

（3）实现了保护中心各类故障设置。

（4）实现了变压器各种故障设置。

（5）实现了行程开关各种故障类型设置。

（6）可以随时改变故障类型，便于故障变换。

（7）可以远程故障类型设置。

四、技术经济指标

研发的模拟故障仿真系统，解决了潜油电泵的78种故障排查过程中容易混淆的难题，通过故障模拟训练，运维人员在短时间内能排查出多个故障，全面提升了采油平台的运维人员的技能水平。

五、应用效益情况

该装置先后在2017年、2018年海洋采油工技师、高级技师职业技能培训和考评鉴定中应用（图2），2018年在胜利油田第二十届技能竞赛海洋采油工技术比赛中应用，累计培训800余课时参加培训人员2400人次，节约培训费用1200万元，其中180名参训人员熟练掌握了该故障技术，在生产实践中的应用迈出了坚实的一步，为采油厂海上电网安全平稳运行打下了坚实的基础。该成果获得中国设备管理创新成果二等奖（图3）。

图2　现场应用图

图3　获奖证书

直流电阻法电缆故障测试仪

胜利油田分公司　韩义同

一、项目创新背景

随着海上生产的需求，海上电网日趋复杂，目前海上已有35kV变电站5座，6kV及10kV变电站（所）84座，海底电缆123条共计305公里，平台与平台之间通过海缆供电，平台内部使用高压电缆和低压电缆联络供电，潜油电泵油井使用电泵电缆供电，海洋平台上电缆安装在电缆桥架内，每个电缆桥架内放置了数量繁多的各类线缆。当某一条线缆发生故障后，排查定位故障点需要把电缆桥架全部打开，劳动强度大和风险程度高。同时，受平台震动和海上潮汐风浪影响，传统的线缆故障定位仪器无法使用，造成故障点排查定位难。电缆故障可分为断线故障、低阻故障和高阻故障。电力电缆故障测距方法一般有行波法和电桥法（或直流电阻法）。对于低阻故障，可以采用低压脉冲法进行故障测距，而对于高阻故障使用高压脉冲确定高阻故障点位置时需要使用高电压对故障点击穿，在击穿过程中存在放电打火现象，当电缆通过危险区域时将造成严重的安全事故。为有效解决这一实际问题，研制一种在测量高阻故障中不产生火花的设备势在必行。

二、结构原理作用

硬件部分，由高压输出单元、采集单元和主控操作单元三部分组成，将高压单元与数据采集单元集成一体，高压输出单元主要包含高压包、保护单元、放电装置等。高压包采用电子式高压包设计，采用中频变压器进行升压，可以大大减轻高压包的体积和重量。电子高压包有控制接口，与主控操作单元连接，便于进行电压设定和控制。保护单元主要用于对电子高压包及数据采集电路进行保护，主要由放电管、压敏电阻、TVS管等组成，进行过压保护和泄放。放电装置，即高压开关，主要功能用于控制仪器的高压输出，以及仪器停止高压输出时的对地放电。

采集单元主要包含信号调理电路、AD转换电路、CPU电路等，实现线路的电压和电流信号测量，并传输到主控板，由主控板进行相关的计算。

主控操作单元由主控核心板和触摸屏组成，主要包含MPU、LCD接口、控制接口、通信接口等。LCD接口用于连接触摸屏，控制接口与放电装置相连，进行高压输出的控制（图1）。

图1 成果实物图

三、主要创新技术

（1）实现了海底电缆高阻故障准确测量故障点。
（2）实现了电缆带潜油电泵的低阻故障测量。
（3）实现了电缆带潜油电泵的高阻故障测量。
（4）实现了电缆绝缘测量。

四、技术经济指标

该装置能够实现绝缘测量、直流电阻测量、电缆低阻故障测量、电缆高阻故障测量，通过手动方式在确定电缆直流电阻的情况下可以测量电缆带潜油电泵的低阻故障、高阻故障，可以通过人为接地测量整条线路的直流电阻。

五、应用效益情况

装置自2020年12月份，分别在CB243A、CB4E、CB4A、CB4B等平台停电中用于海底电缆故障查找（图2），使用本设备测量后减少停电时间24小时，减少故障查找时间10

小时，减少损失5万元，海三联合站电缆故障使用本设备减少了停电范围，加快了抢修速度，减少损失1万元；取得了良好的效果，达到了预期的目的。该成果获得油田群众性优秀技术创新成果二等奖（图3）。

图2　现场应用图

图3　获奖证书

智能电伴热带监测装置

胜利油田分公司　于治军

一、项目创新背景

电伴热带作为一种有效的管道及设备防冻解决方法，具有较多的优势，已被广泛用来替代传统的蒸汽、热水等伴热方式。目前海上平台在使用与管理电伴热带的过程中，没有形成信息化管理，主要采取人工巡检、维护与管理的方式，这种传统的管理模式，需要投入大量的人力、物力。电伴热带在实际应用中，常见事故有短路、断路甚至引发火灾、爆炸。在电伴热带发生故障时，工作人员无法及时发现，从而引起安全事故。海上智能电伴热带监测装置，解决了电伴热带现有的仅靠人工巡检不能全面检查问题，该装置实现了电伴热带的无人值守、自动控制、远程集中管理等智能化管理功能，消除了安全隐患并保证了电伴热带的稳定运行。

二、结构原理作用

（1）控制模块：触控屏PLC控制器显示简洁，操作简单，通过数字或模拟式信号监控控制伴热带的运行状况，通过程序的设定，实现电流、温度范围设定，手/停/自运行状态切换，报警数据的显示及分析，电流及温度的实时数据查询、波形查看。

（2）电力模块：电源模块具有环境温度适应性强、多功能保护的特点，时刻对电路进行过负载保护、过电压保护、短路保护、过温保护，稳定提供0~24V直流电源，并与断路器、交流接触器一同实现电路的双重保护，确保电流电压保护更全面更安全。

（3）监测模块：热电阻温度传感器灵敏度高、且体积小、结构简单，能正确和快速地反映被伴热带的实际温度，实现温度的实时测量。霍尔式互感器具有精度高、线性好、频带宽、响应快、过载能力强和不损失被测电路能量等诸多优点，实现了对大电流进行精确的检测和控制，也是设备安全可靠运行的根本保证。该互感器具有模拟信号及RS485信号的转换传输功能，能适应海上自动化安全监控系统（图1）。

图1　成果实物图

三、主要创新技术

（1）实现电伴热带的无人值守，数据监测、自动巡检。

（2）设备远程集中控制，对设备远程启停、远程数据传输、数据查询及波形查看。

（3）故障报警及分析，通过事件查询系统的初步判断，极大提高了电伴热带检修的效率。

（4）通过设置温度上下限实现了电伴热带温度可控，间歇式启停电伴热大大降低了企业能源的消耗。

（5）装置体积小，防爆、防水等级均符合海上恶劣的环境使用要求。

四、技术经济指标

带保温措施1条100m电伴热带，加装该装置后，一个运行季（120天）节电3099.54kWh。节能率达到了64.83%。

五、应用效益情况

该装置2021年开始研制转化应用后（图2），1座平台每年节约价值约为13.34万元。2022年，胜利油田海洋采油厂在生产现场推广应用2套，陆续在CB11N等平台安装应用。该装置消除了安全隐患并保证了电伴热带的稳定运行，有效减少了人工巡检的工作量，提高了故障处理响应速度及整体设备设施监控水平，通过进一步优化监控软件与海上自动化安全监控预警系统的融合，确保了设备使用的安全性和兼容性，具有较好的推广应用前景。2022年获第五届全国设备管理与技术创新成果二等奖（图3）。

图2　现场应用图

图3　获奖证书

第三节　海上平台注采工具、用具

钢丝绳注油清洁保养装置

胜利油田分公司　赵　彬

一、项目创新背景

钢丝绳作为提升和承载工具，被普遍应用于吊机吊装运转、救生艇的下放及起升、作业设备的起升等。据统计，胜利油田海洋采油厂目前共有吊机、救生艇、修井机等设备126台，配备的钢丝绳累计达到了2.6万米。钢丝绳的润滑、保养和维护不仅与生产、成本息息相关，更是事关安全的头等大事！

受海上平台特殊气象环境影响，海上起重设备钢丝绳保养周期一般为2个月。目前主要采用手工清洁润滑的方式，通常需要4人共同配合完成，1人负责释放钢丝绳，其他3人负责清洁及润滑脂的涂刷保养，整个保养过程分为准备工作、释放钢丝绳、清洁、清洁程度检查、润滑、润滑均匀程度检查、设备复位七步，保养流程烦琐，耗时长，需要人员多。

二、结构原理作用

（1）清洁润滑装置：主要由清洁器和润滑装置的壳体组成，作用是清洁钢丝绳和钢丝绳涂油保养。

（2）可移动式注油机：主要由电机、柱塞泵、加热盘管、温控器、控制开关、压力表、胶管等组成，作用是向润滑装置中自动注油（图1）。

三、主要创新技术

（1）实现了钢丝绳自动清洁。

（2）对清洁后的钢丝绳重新涂油保养。

（3）实现了自动涂油，减少了人工成本。

（4）采用自动控制技术。

（5）用新型材料延长使用寿命。

（6）装置体积小便于移动。

四、技术经济指标

（1）该设备投入成本低只需0.85万元。

（2）该装置所选用的注油管线为高压金属缠绕胶管，耐压45MPa，同时设计有自动泄压阀，导向套的内孔略大于钢丝绳的尺寸，降低了高压刺漏伤人的风险。

（3）该装置使用的搅拌器设计在储油桶底部，并且配套了开盖连锁停机功能，杜绝了带电清理储油桶的可能，避免了搅拌器伤人风险。

（4）该装置设计有漏电保护器，设备有效接地，降低了触电风险，符合安全要求。

五、应用效益情况

（1）节约成本：按照钢丝绳保养劳务成本300元/（台·人）计算，海洋采油厂126台设备单次保养预计可节约劳务成本300×4×126=151200元（15.12万元）。

（2）直接效益：按照钢丝绳保养周期2个月计算，海洋采油厂四个管理区各配备一套装置，活动后第一年可实现经济效益为15.12×6−0.85×4=87.32万元，从第二年起每年可实现经济效益为15.12×6=90.72万元。

（3）间接效益：该装置可同时对钢丝绳进行清洁、保养，方便快捷，并适用于不同规格的钢丝绳，具有较强的适用性，有效延长了钢丝绳的使用寿命，降低了更换成本；该装置极大提高了工作效率，降低了职工劳动强度。该装置适用于各类起重设备、牵引设备钢丝绳的保养，具有较大的推广价值。该创新团队获得全国优秀质量管理小组称号（图2）。

图1　成果实物图　　　　图2　获奖证书

 便携式快速注油装置

胜利油田分公司　程　强

一、项目创新背景

中心一号平台现有的2台天然气压缩机是发供电系统的重要设备，为保障其安全高效运转，每天机电系员工都会定时为油箱手动补充润滑油。然而该油箱位置较高，加油口距离甲板高度为1.85m，每次员工要踩在1m多高的踏步上扛着近16公斤重的料桶进行加注，且加油口直径仅5cm，加注过程中易造成润滑油外洒，污染现场环境。每次操作需要两人配合，费时费力。为解决这一难题，技术人员研制了"便携式快速注油装置"，原先需两人配合的工作，可由一人轻松完成。不但实现了对设备快速加注润滑油，提高了效率，同时避免了传统加注时存在的溢出风险，更加绿色环保。

二、结构原理作用

（1）连接部分：有进出口连接头，进、出口分别连接内衬钢丝软管，将润滑油从桶内输送到容器内。

（2）核心部分：选用适用高黏度、低转速的齿轮泵，上部安装可快拆组合联轴器，用于将旋转动力转换成齿轮泵动力，从而将油桶内润滑油快速抽吸至油箱内。

（3）动力部分：利用平台配备的防爆手电钻旋转力作为动能来源，工作时，只需将手电钻转换头与联轴器连接，通过手电钻旋转力带动齿轮泵工作（图1）。

三、主要创新技术

（1）实现了各类油品的快速加装、回收工作。

（2）适用各种黏度的油品加注，特别是润滑油在寒冷冬季黏稠度增加的情况下使用。

（3）通过快拆组合联轴器可连接防爆电动扳手和手电钻等不同的动力源。

（4）电器设备采用防爆技术。

（5）装置体积小便于携带。

（6）避免了登高作业，避免了狭窄处工作，实现操作安全化。

四、技术经济指标

（1）流量30升/分钟，吸油高度5m，扬程20m。

（2）进出口口径20mm。

五、应用效益情况

该装置2020年3月开始研制，4月6日，在胜利油田海洋采油厂中心一号平台进行使用（图2），效果良好，目前已加工制作12套。该装置已在压缩机油箱加注润滑油、消油剂喷洒器更换机油、热媒泵更换机油、吊机齿轮箱更换齿轮油等工作场景中使用。年创经济效益约5万元人民币。2019年获全国能源化学地质系统优秀职工技术创新成果二等奖。

图1 成果实物图

图2 现场应用图

新型平台甲板除锈装置

胜利油田分公司　程　强

一、项目创新背景

海上平台甲板长期受盐雾、潮气等环境影响，易出现点蚀、泡蚀、大面积成片锈蚀等现象，对甲板钢结构材料的力学性能造成严重破坏，对平台安全运行造成不利影响。目前除锈方式有两种，一种是采用人工手动除锈的方式，主要依靠手锤、扁铲和砂纸等简单工具，这种传统的平台甲板除锈方式存在人工除锈效率低、工作量大、处理后甲板面凹凸不平、效果差；小面积或点窝状积水等问题；另一种方式是由外协单位进行风沙除锈，这种方式费用高、工期长、沙子清理困难、防护难度大且易造成平台设备损伤以及铁锈入海污染海洋。为了解决以上生产难题，海油创客团队研制了新型平台甲板除锈装置，解决海上平台除锈效率低劳动强度大的问题。

二、结构原理作用

本装置主要由主电机、除锈盘（分合金钢和钢丝轮两种）及其附件组成（图1），在使用前根据除锈甲板情况，确定安装好除锈盘，接通电源后，按动启动按钮，主电机带动除锈部件进行甲板除锈，一个人慢慢地推动除锈机，完成甲板的除锈和打磨工作，然后清扫甲板，根据防腐要求对甲板进行刷漆（图2）。

三、主要创新技术

（1）能够快速清除甲板积锈，使甲板打磨出金属本色。
（2）灵活好用，一人即可操作。
（3）减缓平台锈蚀，延长甲板使用寿命。
（4）节约人工成本。

四、技术经济指标

该装置使用前根据除锈甲板情况，确定安装好除锈盘，接通电源后，按动启动按钮，一个人慢慢地推动除锈装置，完成甲板的除锈工作，然后清扫甲板，根据要求对甲板进行刷漆，不仅可以节约人工成本，还能大幅提高除锈效率，减缓平台腐蚀，延长甲板使用寿命。

图1　成果实物图

五、应用效益情况

该除锈装置在中心平台及采修一体化平台进行使用，打磨锈蚀面积$1000m^2$以上，露出金属亮面后，再进行刷漆，达到良好的防腐效果。不仅节约了人工成本，还大大提高了除锈效率，延缓了平台腐蚀，延长了甲板使用寿命，该装置已在海洋采油厂中心平台和采修一体化平台推广使用，4个基层单位转化推广6套。该成果获得油田为民技术创新奖二等奖（图3）。

图2 现场应用图   图3 获奖证书

球形摄像机清洁装置

胜利油田分公司 赵 彬

一、项目创新背景

海上采油由于受海况以及交通条件的限制，部分平台无法实现人员24小时值守，因此视频监控系统对于海上采油人员实时监控平台现状、及时掌握平台现场状况发挥着至关重要的作用。通过视频监控系统能够提高管理区生产管理水平，极大降低巡检人员的工作强度，发现安全隐患，保证工艺流程的正常运行，提高对突发事件处理能力和事故预测能力，降低管理区非正常生产成本，保障良好的生产环境。为保障室外视频监控全覆盖，平台室外监控设备均采用防爆球机，负责监控重点设备设施、油气管道等。目前海洋采油厂各管理区及集输站库室外球机共有575部。由于天气原因，雨、雪、尘土附着在视频监控球形机外罩，尤其在冬季低温环境下，摄像头表面往往覆盖冰、雪层，从而阻挡视频监控视线。不仅影响监控时率，在异常突发事件发生时，可能会延误最佳应急处理时间。

二、结构原理作用

（1）控制部分：主要由遥控器、电机适配器、遥控开关、驱动器、加热器等配件组成，主要对清洁装置进行控制和加热。

（2）清洁部分：主要由清洁器、电机固定装置、推力球轴承、护罩等配件组成，主要是对清洁装置进行清洁和防护（图1）。

三、主要创新技术

（1）实现了球形摄像头遥控清洁。

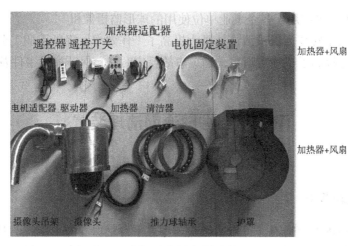

图1　成果实物图

（2）适合各种天气，可以全天候工作。

（3）采用自动化和遥控相结合的控制技术。

（4）装置使用范围广，适合所有球形摄像头的清洁。

（5）装置体积小便于安装。

四、技术经济指标

海上大部分摄像头位于平台安全区，摄像头保养所在区域亦在安全区，因此对装置防爆性能无强制要求；清洁装置采用24V安全电压供电，经海洋采油厂QHSSE管理部论证符合平台安全要求；摄像头本体及清理装置设备有效接地，降低了触电风险。该装置使用不锈钢外壳保护，电机、轴承性能稳定、效率高，无噪声，符合职业健康要求。推力球轴承技术成熟、设备故障率低，使用管理方便，橡胶雨刷通用率高、维护成本低。

五、应用效益情况

1.经计算，本装置研制共投入成本0.2万元。

海三管理区共有室外球机摄像头131台，产品投用以后，预计每年节约船舶出海航次20次，按船舶每台次1.2万，合计节约船费20×1.2=24万元。

2.预计节约人工200人次，按人工成本300元/天计算，合计节约人工费用0.03×200=6万元。

合计节约成本24+6=30万元/年。

3.社会效益

（1）性能优异。该装置可同时对视频球机进行清洁、加热，方便快捷，具有较强的适用性。

（2）安全保障。提高清晰率，减少事故响应时间，减少高风险操作，保证海上平台安全高效生产。

（3）节省资源。使用该装置降低了职工劳动强度。

（4）推广价值。可应用于各企事业单位使用的球形监摄像机

球机清洁由人工转变为机械清洁，极大提高了工作效率，降低了职工劳动强度，应用效果显著；有效地提高了视频清晰率，缩短事故反应时间，保证突发事件及时处理。

海上平台桩腿渔网清理装置

胜利油田分公司　苟磊磊

一、项目创新背景

海上生产区域内航道畅通、工作船舶安全停靠平台是保障海上生产的基本要素。由于生产海域存在大量废弃拖网、平台周边渔民违规下网，在遇到大风天气时随风浪漂移，缠绕到平台桩腿后清理难度大，对生产船舶停靠带来非常大的安全隐患。渔网、缆绳缠绕后，普通剪切工具存在够不着、剪不断、拽不动等弊端，清理效率非常低。

二、结构原理作用

电控合金剪刀头采用耐腐蚀合金；剪身采用轻质合金，总重量控制4~5kg以内，伸缩杆采用4段式，总长5m，收缩后约为1.8m；内含电动机械装置、转速控制系统、散热系统，电源采用锂电池组，续航能力3h。具有断路及过载保护；电控调速控制系统，每分钟绞合30次左右；高性能电机；末端机械驱动部分，采用曲柄滑块机构（图1）。

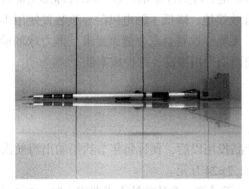

图1　成果实物图

三、主要创新技术

（1）提高了平台桩腿缠绕渔网的清除效率。

（2）锂电池动力强，附加断路及过载保护技术。

（3）采用电控调速技术。

（4）机械驱动末端滑块设计。

（5）采用耐腐蚀合金，延长使用寿命。

（6）装置体积小方便使用。

四、技术经济指标

以往单次清理面积为100平方米的渔网以往需要3~4人协作，工作4小时。目前采用海上平台桩腿渔网清理装置2人1小时即可完成。

五、应用效益情况

该装置于2020年研制成功，大大提高海上生产区域缠绕平台渔网、缆绳的清理效率，减少员工劳动强度，提高安全性，净化海上生产区域环境，一定程度上有效避免了因工

作船舶无法停靠平台造成的生产损失，消除了船舶停靠平台时的安全隐患（图2）。之前清理渔网4人4小时工作量现在2人1小时即可完成，同时节约了船舶航次。先后获得油田技师协会年度合理化建议三等奖、海洋采油厂"一线生产难题揭榜挂帅"优秀成果三等奖（图3）。

图2　现场应用图

图3　获奖证书

多功能平台设备清洗装置

胜利油田分公司　牛伟亮

一、项目创新背景

目前海上平台各类设备、储罐及压力容器外表面受海上环境影响，在雨雪及沙尘天气过后会聚集大量的灰尘及污垢，不仅会对设备表面造成侵蚀，还会严重影响海上平台的整体三标水平，为了解决以上生产难题，研制了一种多功能平台设备清洗装置，解决海上平台设备表面污渍难清理的问题。

二、结构原理作用

多功能平台设备清洗装置由电源控制箱、手持杆、各类刷头（可拆卸）、清洁棉组成。该装置操作便捷，针对不同清洁面选用合适的清洁头，通过控制箱为清洁杆提供电源驱动，带动清洁头匀速旋转配合水源喷头出水，手持杆可调节长度，满足不同高度设备要求，达到清洁设备外表面的目的（图1）。

三、主要创新技术

（1）解决的技术问题。

针对现有技术的不足，该多功能平台设备清洗装置，具备可以在清灰的同时进行冲洗，解决了以前需要先将物体用水打湿，然后再用刷子进行清理，过程烦琐，效果不佳的问题。

（2）技术方案。

为实现上述可以在清灰的同时进行冲洗的目的，该多功能平台设备清洗装置包括手持杆，手持杆的顶端通过旋转连接件固定连接有腔体，腔体的左侧面固定连接安装板，安装板的左侧面固定连接有电机，电机的电源端连接供水供电开关控制盒，电机的输出轴贯穿安装板并延伸至腔体的内部，腔体的正面连通进水连接件，电机的输出轴且位于腔体的内部处固定连接轴套，腔体的内部且位于轴套的左右两侧均设置水封，轴套的右端螺纹连接清洗刷头。

（3）有益效果。

该多功能平台设备清洗装置，通过电机带动清洗刷头对物体进行扫灰，进水连接件与水管连通，水通过进水连接件进入腔体中，空腔中的水流出出水孔配合毛刷对物体进行清洗，提供了更为简洁的带水刷洗功能，更加有效地将灰尘去除，也防止灰尘扬起损害人体，结构简单，操作方便。

四、技术经济指标

（1）供电：配有电源转换器，采用220V交流供电。

（2）供水：配有100W直流水泵/连接水源，扬程15m，吸程1.5m，最大流量180升/小时。

五、应用效益情况

该装置2021年开始研制，2022年在胜利油田海洋采油厂中心三号平台上使用。多功能平台设备清洗装置研发完成后，现场使用效果良好，对平台各类压力容器、设备表面进行清洗及表面保养，特别是一些较高的罐类设备，通过可伸缩手持杆，不同的清洁头，再配合不同的清洗剂来完成清理，一些储罐类的不锈钢保温层，因海上环境因素造成轻微的锈蚀痕迹，也可使用该装置配备专用的除锈水来进行清理。该成果获得采油厂"一线生产难题揭榜挂帅"创新成果三等奖（图2）。

图1　现场应用图

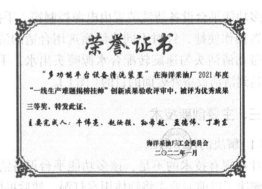

图2　获奖证书

海上平台靠船排除冰工具

胜利油田分公司 程 强

一、项目创新背景

海上采油平台冬季气温最低可达到零下20℃，由于极寒天气的影响会造成海上平台靠船排结冰，通常的除冰方式是人工使用消防斧、大锤等工具进行敲击。这种除冰方法存在多种弊端，一是靠船排积冰严重，工作量大，费时费力；二是靠船排空间较小，使用非专用工具挥动起来容易对周围人员造成伤害；三是使用消防斧等消防类工具，易造成消防工具的损坏，存在安全隐患。针对以上问题，积极考察现场，听取一线工人的建议，研制了海上平台靠船排除冰工具。

二、结构原理作用

电动工具由电动机经齿轮传动，带动曲柄、连杆，带动活塞做往复运动，推动锤头以较高的冲击频率打击工具的尾端，使工具向前冲打。改进后的铲头，更适用于大面积除冰。该工具重量仅为1.5kg，体积小巧，适用环境、角度较广（图1）。

研制了海上平台靠船排除冰工具，由手柄、锥头组成，为保证使用时有足够的力矩，该工具组合后长度达110cm，为便于存放和携带，采用分体设计、组合使用（图2）。

三、主要创新技术

（1）填补了海上无专业除冰工具的空白。

（2）海上平台靠船排工具分为手动和电动两种，适合各种空间环境使用。

（3）设备轻便，体积小，便于操作和存放。

（4）大幅提高了职工的工作效率，降低了劳动强度。

四、技术经济指标

传统除冰方式，平均完成一个靠船排工作量大约4人、10小时。使用该工具后，缩减至2人、2小时。目前人工成本700元/天/人，海二管理区现有平台23座，按每人每天工作8小时计算，单次可节约人工成本：$700 \times (36/8) \times 23 = 72450$（元）。

图1 成果实物图

五、应用效益情况

该工具2021年12月研制成功，在胜利油田海洋采油厂海二管理区海上平台使用。2022年获得山东省设备管理创新成果二等奖（图3）。目前该工具在采油厂范围内累计使用100余次，平均减少单次除冰时长约9小时，累计创造人工效益40余万元。

图2　现场应用图　　　　　　　　　　图3　获奖证书

第四节　海上平台注采仪器、仪表

 防爆感温探测器检测装置

胜利油田分公司　任　斌

一、项目创新背景

胜利油田海洋采油厂按照国家法规、行业标准在平台油气生产区域配置防爆感温探测器460台，每半年对探测器进行报警功能测试并与工艺自动化系统联调。检测所用的热风枪利用微型鼓风机吸入外界空气，通过电发热丝加热气流后吹出。高温加热电路与油气生产区域空气直接接触，存在用火作业风险。单台检测耗时8分钟，需4人配合完成检测，严重影响火灾报警系统的正常运行。

二、结构原理作用

本装置使用电磁加热检测方式，能耗转换率高达95%，安全性能高，温度精准可控，温升迅速。根据平台现场情况和电磁加热原理，优选高频感应电路板配套锂离子电池，使用24V安全电压供电，防爆等级达到T5水平。采用电子温控器在线圈内与防爆感温探测器同步加热，显示温度准确一致。设有短路和过载保护、绝缘耐热护套降低触电和放电风险；只对线圈内探温棒加热，避免对平台设备造成热损伤（图1）。

三、主要创新技术

（1）海上平台防爆要求的温度组别为T3，检测装置工作加热温度最高120℃，达到防爆等级更高的T5水平。

（2）检测装置设有短路和过载保护，只对线圈内探温棒加热，避免对平台其他设备造成热损伤，不存在人员烫伤风险。

（3）电磁加热均匀、速度快、效率高，无明火、无污染、无噪声，符合环保和消防要求。

（4）电磁加热技术成熟、设备故障率低，配件通用率高、采购维护成本低。

四、技术经济指标

温控探头与探温棒同步加热，温度精准可控。温升迅速均匀，耗电的95%转化为工作热能。加热温度保持在90~100℃之间持续加热，平均单台防爆感温探测器检测用时1.4min。

五、应用效益情况

该装置2020年开始研制，同年8月在海洋采油厂投入使用（图2），取得中石化胜利海上石油工程技术检验有限公司检验证书。目前，已在中石化、中海油多座平台上使用，年创经济效益约300万元人民币，累计创效500多万元。2021年获国家实用新型专利授权（图3），并获中石化QC成果一等奖，研发小组被评为全国优秀质量管理小组（图4）。

图1　成果实物图

图2　现场应用图

图3　国家专利证书

图4　获奖证书

火焰探测器检测装置

胜利油田分公司　任　斌

一、项目创新背景

胜利油田海洋采油厂按照国家法规、行业标准在平台油气生产区域配置火焰探测器426台，根据GB 40554.1—2021海洋石油天然气开采安全规程，每3个月进行1次可靠性检查并与工艺自动化系统联调。检测时在距离探测器镜头前方50cm处，点燃火焰并有规律地摆动（火焰高度不低于5cm），存在用火作业安全风险，检测耗时较长，严重占用了平台人力资源。

二、结构原理作用

本装置使用热辐射红外光源进行检测，能耗转换率高达85%，红外线波长范围广，安全性能高。根据平台现场情况和红外检测原理，优选陶瓷钨丝发热片并配套光频模拟器、滤光片和准直器组成红外发射器。采用双面PCB板、单片机、贴片元件和控制开关组成电路部分。使用锂离子电池作为供电设备，配套设计外壳、伸缩杆与箱体进行加工（图1）。根据电路板原理图及PCB图定制电路板并进行组装和通电测试。

三、主要创新技术

（1）装置采用24V安全电压供电，无动火作业风险隐患。
（2）装置性能稳定、效率高，无明火、无污染、无噪声，符合环保和消防要求。
（3）电路板研制技术成熟、设备故障率低，遥控检测技术、降低人员登高作业风险。

四、技术经济指标

将输入电能的85%转变为红外辐射光源，发射红外线波长2~50μm，外部防护体耐热温度为1000℃。

五、应用效益情况

该装置2021年开始研制，同年9月在胜利油田海洋采油厂中心三号平台投入使用（图2），并取得中石化胜利海上石油工程技术检验有限公司检验证书。目前，已在中石化、中海油多座平台上使用，年创经济效益约500万元，累计创效1000多万元。2021年获国家实用新型专利授权（图3），2022年获胜利油田QC成果一等奖，2022年研发小组被评为全国优秀质量管理小组（图4）。

图1 成果实物图

图2 现场应用图

图3 国家专利证书

图4 获奖证书

 便携式智能仪表检修校验装置

胜利油田分公司 贾学志

一、项目创新背景

胜利油田海洋采油厂自动化投产于2000年，在海上采油平台共有智能监控点8000余处，其中温压变使用数量为3500台左右，受海上高温差、高潮湿度、高风化侵蚀等环境制约，海上采用的是进口"罗斯蒙特变送器"，但在恶劣海况下仍然有6%的年故障率，造成年均200台仪表故障。罗斯蒙特变送器单价是国产变送器的5~10倍，并且不提供产品配件和故障修复业务，技术保密性强，因此自主故障检修难度很大，每年更换成本约100万元，采油厂多年来积攒了几百台故障的变送器，造成了大量的故障变送器闲置报废。

二、结构原理作用

（1）温变测试区：通过温度调节按钮，通过底部加热设备对标准表及被测表同时加热至测试温度。

（2）压变测试区：通过微型打压设备，可将测量仪表压力调至所需测试压力。

（3）数据采集区：集成PLC控制器、电源模块，能为仪表提供24V输出电压并完成测试仪表的信号采集，通过数据接口将PLC控制器的数据传输至电脑中进行检修校验（图1）。

图1　成果实物图

三、主要创新技术

（1）实现海上平台、陆地站库智能仪表的在线检测、检修校验。

（2）实现温压变等智能仪表的一体化校验检修。

（3）开发出软件系统，实现技术数据曲线直观对比。

（4）通过手操器对智能仪表调零、校准、改量程直接操作。

四、技术经济指标

（1）项目化运行，集成优化整合了采油厂各自动化管控站仪表检修技术；

（2）探索出进口智能仪表检修校验的工作流程和方法，编撰出"故障诊断流程图"；

（3）实现在线检修校验，降低了拆装工序带来的车船使用费、检修费等。

五、应用效益情况

该装置2016年研发应用以来（图2），检验修复温度变送器120台，压力变送器142台，按照实际产品价格7500元/台计算：262台×7500元/台=196.5万元。缩短了故障变送器的更换时间，避免了安全生产风险。避免了以往由于特殊情况下进货周期较长造成的故障变送器无法及时更新维修等情况，特别在集输管线、原油储罐等关键节点，确保了维修的及时到位，为恶劣天气情况下关键节点的温度、压力等计量参数准确监控奠定了基础，促进了安全监控和应急水平的提升。该成果获得全国能源化学地质系统优秀职工技术创新成果一等奖（图3）。

图2　现场应用图

图3　获奖证书

可燃气体探测仪故障检修装置

胜利油田分公司　程　强

一、项目创新背景

胜利油田海洋采油厂采油平台均使用进口的德尔格可燃气体探测器，使用数量为968台。探测器起到监测传输现场可燃气体浓度的作用，是海上平台实现安全生产的关键设备。受工作环境恶劣、使用年限增长和配件老化损坏等情况影响，年均120台可燃气体探测器发生故障，厂商不提供故障探测器维修业务，只提供新产品更换，单台产品价格为2.3万元，因此探测器运维成本高，故障处理不及时，严重影响可燃气体探测系统的正常运行。

二、结构原理作用

本装置利用PLC与可燃气体探测仪连接，采集模拟量信号输入专用软件中检测探测仪的故障位置。按照仪表显示屏故障、主电路板元件损坏、红外光源发射器故障、内置传感器故障，反光镜片故障、供电线路老化故障等常见故障类型进行判断和检修，是完全靠自主研究取得的结果。该装置将可燃气体探测仪通过适配器连接电脑软件，进行调试、零点标定、气体灵敏度测试等工作，均达到预期效果。

三、主要创新技术

（1）本装置（图1）按照仪表显示屏故障、主电路板元件损坏、红外光源发射器故障、内置传感器故障，反光镜片故障、供电线路板故障等六种类型进行判断和检修。

（2）装置内部采用PLC与可燃气体探测仪连接，采集信号输入自主研发的软件中，通过数据分析对比、判断出探测仪的故障位置后进行拆解修复。

（3）可燃气体探测仪修复完成后，利用软件和标准气设备对探测仪进行零点和灵敏度标定，对气体检测室清理维护，确保在一个维护周期内探测仪的量程和内部程序运行稳定。

四、技术经济指标

本装置使用自主研发的软件对可燃气体探测仪0~20mA模拟量数据进行检测、维修和标定并进行24h监控，确保探测仪修复正常。

五、应用效益情况

该装置2019年研制成功，完成了130余台德尔格可燃气体探测仪的故障排查和判定，实现了79台仪器的成功修复，创造直接经济效益123.92万元。达到自主快速修复探测仪、降低运维成本避免整体更换的目的。该装置在海洋采油厂进行推广应用（图2），四个基层单位转化推广8套，使用130次。2022年获国家实用新型专利（图3），2019年获为民技术创新奖二等奖（图4），2019年获全国能源化学地质系统优秀职工技术创新成果三等奖。

图1　成果实物图　　　　　　　　　　图2　现场应用图

图3　国家专利证书　　　　　　　　　图4　获奖证书

海上平台自控仿真平台

胜利油田分公司　赵　彬

一、项目创新背景

近年来，随着海上平台信息化、自动化系统广泛应用，自动化程度逐年提高，"扳手管钳打天下"的时代已渐成过去。新工艺、新技术的应用，要及时对职工进行系统化培训，但因采油厂无模拟培训设施，现场培训又极易发生设备误动作引起生产波动，目前各单位普遍采用理论授课方式进行培训，但通过了解发现，培训效果欠佳，员工掌握自动化技术水平提升缓慢，因此系统化、现场化、自动化模拟操作平台便成了当前提升职工业务技能最急缺的设备。

根据实际需求搭建适合自己的自控仿真平台。

二、结构原理作用

（1）RTU柜：主要由CPU、输入输出模块、继电器等电子元件组成。

（2）探头部分：主要由温变、压变、感温探头、感烟探头、火焰探测器、手报按钮等组成（图1）。

三、主要创新技术

（1）实现了平台自控系统的100%仿真。

（2）平时在平台上不能轻易触碰的自控元器件可以在自控仿真平台进行拆卸、保养、维修、故障查找等仿真训练。

（3）还原度高，培训效果好。

（4）可以开展新技术、新元件实验。

四、技术经济指标

自动化系统的广泛应用，是海上油田向数智化转型迈出的坚实步伐。方寸之间的仪器仪表，模拟出大平台的万千设备，弥补了职工技能培训短板，提高了海上职工应急处置能力，消除"本领恐慌"。

五、应用效益情况

2022年10月，胜利油田海洋采油厂海三采油管理区自控培训工作室建设完成，工作室配备了自控系统模拟工作台，完整模拟、复刻海上平台自控系统全流程，直观展示自动化仪表柜内部的各元器件、线路等，使员工能够更加清晰明了地了解自动化系统概况、内部接线、整体运行框架，通过该系统开展了自控系统原理、仪器仪表维保、自控设备调试等三方面培训。

图1　成果实物图

第三章 集输注水

第一节 集输注水工艺流程设施

 旋流式自清洗两相过滤器

胜利油田分公司 张春荣

一、项目创新背景

在石油开发行业，各种泵类设备及流量计等精密设备的前端，广泛应用到过滤器。目前在用的过滤器有两种：篮式过滤器和插板式过滤器。应用中过滤器主要存在以下问题：过滤效果差、易堵塞；操作步骤烦琐、费时费力、伤害风险高；检修费用高、支出成本高。技能大师研制了"旋流式自清洗两相过滤器"，解决了此项难题。

二、结构原理作用

该装置主要由壳体部分、滤网部分、过滤器自清洗装置、不停产清渣装置四部分组成。

（1）壳体部分：进、出液方式为低进高出切线进液，增加液体的旋流效果，采用导叶式入口结构，实现固体物质的有效去除。

（2）滤网部分：滤网底部结构为锥形，更接近介质的旋流路径，有利于絮状物质在液流中间聚集。

（3）过滤器自清洗装置：利用花洒原理，由过滤器上部端盖中央钻$\Phi25mm$的圆孔，安装喷头，实现过滤器滤网的自清洗。

（4）不停产清渣装置：在过滤器下部设计沉沙段，两端依靠双重阀门控制，实现不停产清渣。

三、主要创新技术

（1）过滤器本体设计：根据处理流体流量设计过滤器本体直径，根据处理流体要求指标，设定滤网目数，制作不同直径的过滤器系列。

（2）液体旋流除渣技术：液体进入壳体内腔时产生旋流，有利于絮状物质在液流中间聚集。

（3）花洒清洗清渣技术：实现了过滤器内部滤网的自清洗。

（4）快速自动排渣技术：实现了无死角清沙排渣，提高过滤器过滤效率，延长使用寿命。

（5）过滤器进口纠偏技术：过滤器进出口法兰平行，易于安装。

四、应用效益情况

通过现场推广应用后，滤网清理时间由2~3人45min降低为1人3min，滤网使用寿命增加720天，过滤器的运行时率由93%提高至99%，减少环境污染；该装置可应用于石油化工等开发行业（图1），各种低压管网泵类设备及流量计等精密设备的前端，具有广泛的推广价值。该装置推广应用130套。2013年该技术获国家实用新型专利授权，2016年该技术获国家发明专利授权（图2）、胜利油田技能创新成果集成优化项目推广奖（图3）。

图1 现场应用图

图2 国家专利证书

图3 获奖证书

沉降罐浮动出油装置

胜利油田分公司 隋迎章

一、项目创新背景

联合站原油储罐是原油脱水处理系统的重要组成部分，近年来由于采出的油水混合液沉降分离时间不能满足外输罐边进边输的需要，外输罐长期倒罐运行，造成原油外输系统含水波动大，影响了联合站整体运行的经济性。技能大师研制了"沉降罐浮动出油装置"，解决了此项难题。

二、结构原理作用

浮动出油装置主要由回转机构、输油管、浮筒三部分组成（图1）。

回转机构通过法兰与罐壁接管连接。回转臂（输油管）的一端与回转机构连接，另一端与浮筒连接。当油罐进油或出油时，液位会上升或下降，浮筒也会上升和下降，由于浮筒和回转臂（输油管）的一端连在一起，回转臂（输油管）的另一端被连接在回转机构上，因此回转臂（输油管）会在浮筒的带动下做上下回转运动，连接浮筒的一端是油的吸入端口，油从这一端口流入，从另一端口流出进入回转机构，经过回转机构进入罐壁接管，然后流出罐外，始终抽取高液位处的低含水原油，确保外输指标达标。浮动出油装置安装在储油罐内，与罐壁出油管连接，用来防止罐底污水及化学、机械杂质与油料混合出罐，保证油罐向外供油的纯净度。

三、主要创新技术

（1）通过控制浮球控制出油，消除了站内倒罐循环的时间，降低了操作人员频繁倒罐的工作量，实现了连续平稳外输。

（2）外输罐可边外输边排放底水，避免高含水油在各罐内反复循环，可有效降低对外输质量的影响。

（3）降低罐内破乳干扰，提高罐内破乳效果，罐前加药量减少，节约了破乳成本。

（4）一次性安装，长期使用，性能稳定，可操作性强。

四、应用效益情况

现场应用每日可节约破乳剂投加量50kg，按照破乳剂价格1万元/吨计算，累计年创效益18.25万元；实现连续外输，降低了站内倒罐循环过程中外输油泵的耗电量，节约电量约200kW/h，按照电费0.59元/千瓦时计算，年节约费用4.3万元。

该项目2018年在胜利油田技师协会中被评为2018年度优秀合理化建议三等奖（图2）。

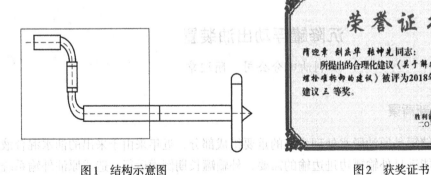

图1　结构示意图　　　　　　　　　　图2　获奖证书

除油罐密闭隔氧浮动收油装置

胜利油田分公司 张 永

一、项目创新背景

传统的采出水除油罐收油方式效率低下，导致部分采出水随浮油的回收一并排出，增加了水处理系统的工作量及难度。浮油及采出水产生的挥发气体随呼吸阀一并排到大气中，造成VOCs超标排放。技能大师研制了"除油罐密闭隔氧浮动收油装置"，解决了此项难题。

二、结构原理作用

装置由浮舱、浮筒、收油口、收油管、支架、隔氧膜、密封胶囊、油厚测量装置、控制阀门、自控系统等十部分组成（图1）。

除油罐密闭隔氧浮动收油装置，利用不锈钢浮盘和四周均匀分布的不锈钢浮筒在油水混合液中的浮力，随液位高低而升降，收油口紧贴在浮盘下方浸入液面下，使收油口始终处在油水界面的位置。油从收油口流入，收油口通过收油管汇集到收油中心筒并与收油连接管相连，收油连接管内原油流出并进入罐壁接管，通过控制阀门流出罐外收集处理，实物图见图2。

三、主要创新技术

（1）收油连接管采用柔性防转工艺，不存在卡、顶等隐患，从而实现浮动出油这一工艺过程。

（2）隔氧部分采用304不锈钢内浮顶和特殊材质隔氧膜双层密闭，周边环形空间采用双层密闭囊式弹性补偿结构，不但耐磨而且密封性好，并具有磨损自补偿功能。

四、应用效益情况

目前该装置在胜利油田纯梁采油厂300立方米采出水储罐运行，实现了准确测量采出水罐内浮油厚度，既回收了采出水罐内的浮油，也减少了VOCs治理费用，获得油田2021年度群众性优秀技术创新成果二等奖。

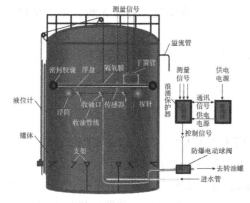

图1 结构示意图

图2 成果实物图

撬装式密闭卸油装置

胜利油田分公司　刘同玲

一、项目创新背景

目前，胜利油田部分偏远油井产出液无法进入集油管网，只能通过罐车拉运方式将各站点的原油就近运至联合站，针对罐车卸油时卸油口油气挥发严重、存在事故隐患等问题，技能大师研制了一种"撬装式密闭卸油装置"，解决了此项难题。

二、结构原理作用

撬装式密闭卸油装置主要由缓冲装置、PLC自动变频控制柜、卸油泵三大部分组成。

（1）缓冲装置：方便操作人员清理沉积在底部油品中的泥沙等杂质。并将测得数据传送至PLC自动变频控制柜。

（2）PLC自动变频控制柜：根据卸油过程中液量的大小（缓冲装置液位高低）自动调节卸油泵的转速和频率并且自动停运卸油泵。卸油时只需打开卸油阀门，将变频控制器启动即可，整个过程无须人工操作。

（3）卸油泵：采用一种新型的三叶式凸轮转子容积泵，适合输送各种黏稠、含有颗粒物气液混合介质。因具有很强的自吸能力，卸油过程中只需设一台泵就可完成卸油、扫仓、管线放空、油罐放空等多种作业。

三、主要创新技术

（1）实现了卸油过程的全密闭，避免了传统卸油过程中出现的跑、冒、滴、漏造成的环境污染。

（2）采用精度高、准确度高的压差式液位计，能够准确测量缓冲装置内液位，测量数据自动远传。

（3）密闭卸油过程中自动化程度高。

（4）卸油泵采用的一种新型技术的三叶式凸轮转子容积泵，自吸无阀、正排量泵。

（5）密闭卸油装置操作简单、自动化程度高。

（6）安全可靠性高，具有现场人工紧急启停功能，便于事故应急以及手动/自动模式切换，确保了装置运行的安全可靠。

四、技术经济指标

（1）卸油装置进口的压力变送器检测压力值大于15kPa，PLC启动密闭卸油装置。

（2）压力变送器检测压力值小于5kPa，PLC停运密闭卸油装置。

（3）PLC控制变频器呈线性控制，刚开始卸油时，罐车内原油多、装置进口压力大，装置就大排量运行，随着罐车原油减少，装置进口的压力逐渐降低，装置的排量也逐步减少。

五、应用效益情况

该装置2021年开始研制,2022年12月在胜利油田河口采油厂油气集输管理中心陈南联合站投入使用(图1)。该卸油装置通过现场试验论证,安全可靠,卸油过程在密闭环境和智能控制下进行,杜绝了卸油时挥发性气体的散逸,实现了卸油过程中气体零排放和智能化控制。降低了职工劳动强度,提高了劳动效率,减少了卸油过程中对施工人员造成的人身危害,安全环保、高效、可靠。累计创效14.7万元。该装置获评山东设备管理创新成果二等奖(图2)。

图1 现场应用图

图2 获奖证书

双向闸阀

胜利油田分公司 毕新忠

一、项目创新背景

阀门是管网系统的重要组成部分,闸板阀以其结构简单、开关方便在油田广泛应用,保障闸门顺畅的开关是保障正常生产的基础。生产运行中,受输送介质腐蚀等因素影响,经常出现闸板脱落、无法开关闸门的现象,特别是关键节点闸门受生产工艺制约,无法停产维护、更换,严重制约了正常生产。技能大师研制了"双向闸阀",解决了此项难题。

二、结构原理作用

该闸门包括密封、推动、操作三大部分,具体有上部密封、下部密封、连接板、U形架、上下推动杆、手轮、外置丝杠等件组成(图1)。

(1)密封部分:用密封颗粒代替传统盘根密封,密封填料与丝杠紧密接触,确保介质不漏失。

(2)推动部分:U形架安装在闸门阀体,在螺纹的带动下,上下推动杆推动闸板实现闸门开关。

（3）操作部分：手轮与丝杠配合实现推动部分的上下移动，完成闸门开关操作。

三、主要创新技术

（1）此技术在未改变闸门主体结构的基础上，对传动机构进行了改进，用U形架代替了闸门龙骨架。

（2）改拉动阀板为推动阀板实现闸门开关，从根本上消除了闸门阀板脱落的隐患。

（3）U形推动架与闸门固定在一起，转动手轮即可开关闸门，操作便捷。

四、应用效益情况

2020年该闸门在胜利油田桩西采油厂联合站应用（图2），因闸门闸板脱落造成的生产应急施工年减少12次，彻底消除了因闸门脱落造成的生产故障，年创效11.5万元。该装置于2021年获得国家实用新型专利授权（图3），并获得山东省设备管理创新成果三等奖（图4）。

图1　成果实物图

图2　现场应用图

图3　国家专利证书

图4　获奖证书

储罐安全阀液压油回收装置

胜利油田分公司　刘同玲

一、项目创新背景

联合站储罐顶部均安装液压安全阀，是保护油罐安全的一个重要附件。当机械呼吸阀发生故障时，液压安全阀启动进行排、进气。使用过程中当进液量过大或过快时，极易造成罐顶安全阀内液压油喷出，导致罐壁污染，存在安全隐患和清洁困难的问题。同时，冷凝水进入液压油后导致变质，操作人员无法及时发现。技能大师研制出"储罐安全阀液压油回收装置"，解决了此项问题。

二、结构原理作用

储罐安全阀液压油回收装置主要有挡雨帽、接油盒、支撑架、吸湿器四部分组成（图1）。

在安全阀体上安装接油盒，安全阀内液压油喷溅外溢时被接油盒拦截收集，彻底解决因液压油外溢导致的现场污染问题。同时放空管安装吸湿器，通过吸湿器内部硅胶干燥剂呈现的颜色，告知操作人员液压油含水率，及时进行排水操作。

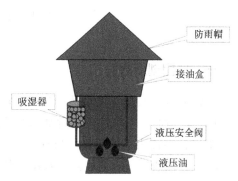

图1　结构示意图

三、主要创新技术

（1）顶部挡雨帽阻挡雨雪落入接油盒，避免接油盒内液压油含水量过大。

（2）当液压油外溢喷溅时，被接油盒拦截收集，杜绝外溢油液污染罐顶及罐壁。

（3）通过吸湿器内部硅胶干燥剂检测的颜色，直观体现出液压油含水量，提醒操作人员及时排水。

（4）提高现场"三标"管理效果，降低因登高作业引发的安全隐患，减少职工清洁劳动量。

（5）该装置应用范围较广，可应用于采油、集输储罐安全阀。

四、应用效益情况

该装置2021年开始研制，2021年8月在胜利油田油气集输管理中心渤三联合站及义和联合站安装使用（图2）。在2021年成果发布会上得到油气集输管理中心领导认可进行推广。直接经济效益每年11万元。该成果在河口采油厂2021年技能人才成果中获技术专业一等奖（图3）。

图2　现场应用图

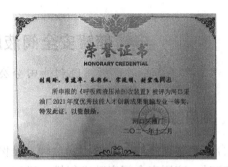
图3　获奖证书

磁控式阻水排气装置

胜利油田分公司　范　璇

一、项目创新背景

集输油站去采出水站液体温度在60℃左右，由于来液温度较高，管线及各罐内会产生气体，造成泵发生气蚀，导致泵体振动，噪声增大甚至泵不上液等问题，影响采出水系统正常运行，需人工进行排气操作，增加了工作量，且存在设备故障隐患，造成环境污染。技能大师研制了"磁控式阻水排气装置"，解决了此项难题。

二、结构原理作用

该装置由圆柱形浮球仓、圆柱形浮球、浮球定位管、阻水排气部分、过滤装置等五部分组成（图1）。

阻水排气部分包括：磁控室、环形磁铁、带孔密封垫、磁铁紧固排气丝堵。过滤装置包括：过滤仓、滤料。利用浮球与浮球仓内壁间的缝隙通过密封垫中心孔进行排气。没有气体时，浮球被采出水顶至上方，挡住密封垫中心孔，并利用环形磁铁的磁力辅助作用，使其保持良好的密封阻水。当有气体进入浮球仓时，浮球因自身重力回落，恢复正常排气工作。

三、主要创新技术

（1）自动进行排气阻水，无须人工排气。

（2）利用磁铁吸力进行阻水密封，防止水喷出造成污染。

（3）过滤装置吸附有害气体，防止污染。

（4）控水阀与排气阀处于常开状态，无须频繁开关。

四、应用效益情况

该装置在胜利油田河口采油厂义和联合站采出水线进行应用（图2），有效避免了因气阻导致的泵体振动等影响。降低设备维修成本，提高了采出水处理系统的稳定性，年创效益7.1万元。适用于集输系统的各个联合站内，推广前景良好。该装置获得2022年胜利油田设备管理成果及论文二等奖（图3）。

圆柱形浮球仓　　圆柱形浮球　　浮球定位管　　阻水排气部分　　过滤装置

图1　成果实物图

图2　现场应用图

图3　获奖证书

多功能罐智能装油装置

胜利油田分公司　刘卫东

一、项目创新背景

罐车拉油必须两人配合操作，其中一人爬上罐车将放油引管接好，然后另一人在多功能罐上手动打开阀门。在整个装油过程中，罐车上的操作人员须一直观察油位情况，发现泡沫过多时，通知另一人调小阀门开度；液位达到要求时，通知另一人关闭阀门。存在下列问题：人员在罐车顶操作，防护条件差，易发生安全事故；员工需要近距离观察罐车油位，受原油中的挥发气体如H_2S、CO_2等有毒有害气体的侵害。技能大师研制了"多功能罐智能装油装置"，解决了此项难题。

二、结构原理作用

该装置由电动阀、远程操控装置、液位检测装置等三部分组成

（1）电动阀设计：带操作手轮，紧急情况下可以手动操作阀门开闭。通过控制箱上的转换开关切换控制方式：遥控，通过遥控器控制阀门开、关；手动，通过控制箱上的按钮控制阀门开、关；远程，通过厂、区信息化平台实现远程控制阀门开、关。

（2）阀门开度控制：通过控制按钮或遥控器可以实现阀门开度0~100%自由调节。全开：阀门完全打开；点开：阀门开度增加10%；全关：阀门完全关闭；点关：阀门开度减少10%。

（3）液位提示：油罐车装油时，设置两个液位开关进行两级报警。液位高：液位达到正常装油的高度时，"液位高"指示灯点亮，蜂鸣器发出声光报警，提醒管理人员关闭阀门。液位超高：液位超高正常装油高度的10%（可调）时，"液位超高"指示灯点亮，蜂鸣器发出声光报警，系统自动关闭阀门。

三、主要创新技术

（1）控制箱、电动阀、液位开关均选用防爆产品。

（2）防误操作：电动阀门平时处于不带电状态，长按"全开"按钮5S以后电动阀送电，防止误操作阀门。遥控器下方配有安全锁，使遥控器在使用过程中避免误触碰造成误操作。安全锁闭合：按键操作有效；安全锁打开：按键操作无效。

（3）工业级产品：PLC、电气元件、LED显示屏均选用工业级产品，功能强大，可靠性高，耐高、低温。

（4）冗余设计：两路液位开关，两级报警，防误报警。液位高：发出声光报警，提醒管理人员关闭阀门；液位超高：发出声光报警，自动关闭电动阀。

四、应用效益情况

该装置2021年开始研制，2022年10月8日，在胜利油田纯梁采油厂樊137×1、137×2井上安装使用（图1），实现多功能远程遥控装油功能代替人工爬罐开关闸门，降低操作风险，安全可靠。年创经济效益约22万元。该成果2022年获采油厂技能创新成果一等奖（图2）。

图1　现场应用图　　　　　图2　获奖证书

空压机缓冲罐放空改造

河南油田分公司　马　飞

一、项目创新背景

河南油田XXX联合站冬天易出现自控系统紊乱，造成三相分离器处理效果差，致使原油含水和采出水含油超标，操作人员必须手动调节分离器。经过排查，发现是风压系统管线冻堵，造成调节阀驱动风压不足而引起的问题。空压机出口缓冲罐放空采用人工操作，放空时间短，缓冲罐底部冷凝水放空不彻底，容易使风压系统中空气含水较高，管线冻堵；放空时间长，造成风压自控系统压力低，影响调节阀开关动作，导致分离器等使用调节阀无法动作，影响平稳生产。技能大师对"空压机缓冲罐放空"进行改造，解决了此项难题。

二、结构原理作用

该技术主要由电磁阀、时间继电器两部分组成。

在放空管线加装电磁阀，通过在值班室里面的时间继电器控制器进行设定，实现自动定时放水，放水时间、放水间隔可以根据实际需要进行调节。

三、主要创新技术

（1）以电磁阀自动放空代替人工操作，降低了员工工作量。

（2）时间继电器可根据生产实际进行设置，提高了系统运行质量，保障了平稳运行。

四、应用效益情况

在河南油田下二门联合站实施后取得了良好的效果（图1）。自该项目实施以后，消除了因管线冻堵引起的系统紊乱，提高了系统运行质量。2016年在河南油田石油勘探技术创新项目中被评为优秀技术创新奖（图2）。

图1　现场应用图

图2　获奖证书

原油稳定压缩机快装过滤器

胜利油田分公司　刘同玲

一、项目创新背景

集输站库输送的天然气含有水、颗粒等杂质，易造成压缩机堵塞、卡机。原单层滤网过滤效果差，清理工作量大，且停机严重影响正常生产。技能大师研制了"原油稳定压缩机快装过滤器"，解决了此项难题。

二、结构原理作用

该装置主要由法兰壳体、快开门、锁紧螺栓和螺母、耐油橡胶板、粗细二级过滤板网、支撑隔离圈等组成。

利用压缩机入口处的抽吸负压力，使天然气依次通过二级过滤板网，各层滤网存在间隙，可实现气体携带杂质的完全过滤。清洗过滤网时，1人即可依次卸下螺栓和滤板快门，抽出过滤网板，清理杂质，恢复过滤能力。

三、主要创新技术

（1）本过滤装置有二层过滤板网，具有分级过滤功能，可实现粗、细杂质的分级过滤，过滤效率高，不易堵塞。

（2）大孔眼过滤板网设计，可使杂质在惯性力作用下向板门处聚集，便于高效快速清理。

（3）设计快开门结构，大大减少了清理滤网的操作步骤和工作量，省时省力。

（4）滤网可根据杂质大小调整更换不同孔目规格。

（5）采用优质不锈钢滤网，具有耐腐蚀性。

四、应用效益情况

该装置在胜利油田河口采油厂集输大队首站、大北站、渤三站推广应用（图1），可快速清理杂质，过滤效果好，延长了压缩机的检修周期，每次完成清理工作量由原来的2~3人3个小时，减少为1人20分钟，节约了人力成本，降低了职工劳动强度，累计创效50.27万元。该成果获得2019年胜利油田为民技术创新奖优秀成果三等奖（图2）。

图1　现场应用图

图2　获奖证书

新型卸油装置

西北油田分公司　刘　勇

一、项目创新背景

在油田建设中，由于一些新开采和偏远单井未能铺设管道，采出的原油只能通过槽车运输至固定的卸油站，经增压泵输进入原油处理系统，在卸油过程中，伴有大量的硫化氢、苯及油蒸汽等有毒有害气体挥发涌出，存在火灾人身伤害等事故隐患，同时造成资源浪费、环境污染。技能大师研制了"新型卸油装置"，解决了此项难题。

二、结构原理作用

该装置的主要由结构过滤网、挥发气回收管、液位报警、流速指示仪等四部分组成。

（1）卸油装置为密闭式，内有过滤网用于过滤原油中的杂质，箱内有一定的空间，使原油中流动的挥发气聚集。

（2）卸油装置上部有挥发气回收管线，挥发气通过回收管线进入集气站集中处理。

（3）卸油装置顶部盖板为快式，便于检查清洗过滤网；装有液位报警开关，通过液位可判断过滤网是否堵塞。

（4）卸油装置安装了液位开关和流速指示仪，可观察卸油流速，有效避免了原油溢出等情况，降低员工劳动强度，避免资源浪费和污染环境。

三、主要创新技术

（1）实现了原油密闭卸油。

（2）卸油滤网压差在线检测，并采用了声光报警技术。

（3）采用流速监控技术。

（4）电器设备采用防爆技术。

（5）采用自动控制技术。

（6）采用液位检测技术。

四、技术经济指标

原油卸油过程中，油气损耗降低90%，卸油时效提升20%，现场可燃气体检测及硫化氢浓度检测为0mg/m³。

五、应用效益情况

该装置2019年在西北油田全面推广使用（图1）。年创经济效益约50万元。该成果2019年获国家实用新型专利授权，获西北油田采油三厂2018年度技术革新与改造三等奖，获西北油田分公司采油三厂2018年HSSE特殊贡献奖励，2022年获得新疆维吾尔自治区劳模引领性创新成果奖。

图1　现场应用图

油井产出液在线计量连接装置

江苏油田分公司　林　凌

一、项目创新背景

油井生产过程中，单井的产液量及含水量是重要的生产数据，移动式在线含水分析仪在生产中得到应用，可以更加直观和快速地掌握油井的产液量及含水数据，为油井分析提供重要技术支持。目前使用的移动式含水分析设备必须串联接入抽油机和生产流程，需动火改造流程，存在施工安全风险。技能大师制作了"油井产出液在线计量连接装置"，解决了此项难题。

二、结构原理作用

该装置由内穿管、回流三通、密封压盖三部分组成（图1）。并改进了油嘴丝堵，可同时控制产量，采用铜垫片、密封胶圈确保内穿管和回流三通之间密封合格。

（1）内穿管：一端是内丝扣，和油嘴头外端加工的丝扣连接（连接口采取四氟乙烯材料垫片密封），安装在油嘴口；另一端是快装丝扣，和分析仪设备的进口管线可实现连接。

（2）回流三通：安装在油嘴套原密封丝堵位置；另外一端是快装丝扣，和分析仪设备的出口实现连接。

（3）密封压盖：其作用是隔绝内穿管和回流三通，让油流形成回路，隔绝密封是重中之重。

安装完成后，和整个油嘴套形成一体，原油从生产阀门—油嘴—内穿管—含水在线分析仪—回流三通—油嘴套三通出口—回压阀门—集输流程，形成密闭串联系统，可实现该油井的单井产业量和含水等数据的分析。

三、主要创新技术

（1）方便在线含水移动式分析仪在采油井的井口应用，安装率从60%上升到100%。

（2）加装改造油嘴，实现产量控制和在线分析功能兼顾。

（3）采用紫铜金属垫片加密封垫圈双重密封，有效隔绝回流三通和内穿管，使用过程中压盖密封完好，现场无渗漏。

（4）结合移动式分析设备，便于拆卸。

四、应用效益情况

该装置的使用不影响油井的正常生产（图2），随接随用，用完即拆，使用便捷，数据精准，便于技术人员在第一时间内了解油井生产状态和生产动态变化，并及时采取有针对性的措施，具有较大的推广价值，该发明已经获实用新型专利授权（图3）。

图1 结构示意图

图2 现场应用图

图3 国家专利证书

环保型全密闭自动化计量卸油口

江苏油田分公司　林　凌

一、项目创新背景

各油田针对偏远区块或者单井点多使用油罐车运输的方式，江苏油田油井分布具有"碎、散"的特点，油罐车运输的方式占总液量的1/3以上。存在问题是敞口卸油过程，油水飞溅、伴生气挥发蒸腾，挥发的油气对大气环境存在一定污染；取样化验时员工徒手在油管口接取油样，近距离接触挥发喷溅的油气，对员工身体健康造成隐患；静电接地远离卸油口，操作不便，操作时有忘记安装静电接地器现象，存在发生火灾的安全隐患。技能大师研制了"环保型全密闭自动化计量卸油口"，解决了此项难题。

二、结构原理作用

该装置由密闭箱体、加热系统、含水分析仪、静电释放装置、抽拉式观察孔等五部分组成（图1）。

（1）外观体现密闭性：研制成一个方形密闭箱体，螺丝固定于敞口卸油槽上方。箱体前方设置固定式快装卸油软管，卸油时可快速连接卸油口软管，密闭无泄漏。

（2）加热系统：在箱体上整合蒸汽加温流程，加热管线沿密闭箱体右侧进入箱体内的热盘管后，从右侧出来经疏水阀从卸油口回罐。

（3）外观整合多功能一体化设计，箱体后部是含水分析仪的一次仪表；顶部安装静电释放装置和抽拉式观察孔；另设3m高的排气管，排气管出口安装有阻火器和呼吸阀。

（4）装置的内部构造分前后两部分，中间由板式过滤网隔开，前半部分是加热盘管，加热、沉淀后的原油经过板式过滤器进入$DN100mm$的管式油流通道。

（5）通道中心是含水分析仪的探头，油流经过通道流入罐内时，实时含水数据就被测量出来，在箱体外的一次仪表和值班室内的二次都能显示实时含水，为分产计量提供了可靠数据。

三、主要创新技术

（1）环保性，方形密闭体替代了敞口卸油，加上带有呼吸阀的排气管，卸油过程处于全密闭输送，操作环境得到极大改善。

（2）安全性，排气管出口设置了阻火器，静电释放装置设置在箱口，随手操作，快捷简便，消除安全隐患。

（3）效率提升，流动的原油在箱内升温，流动性提高，卸油效率提高。

（4）含水自动化在线监测，取样准确性的难题得到解决。

四、技术经济指标

（1）采取新型卸油口后，环境伴生气含量测得数据由3%降至0。

（2）含水准确性提升：含水误差率由33.6%减小到1.5%。

五、应用效益情况

　　密闭型卸油口使用快速接口与油罐车连接，避免了油气外逸，保护了环境和员工的身体健康（图2）。安装含水分析仪规避了人工取样存在的人为误差和差异性，所有单位不同井号原油都经同一种仪表计量，避免了人为因素的影响，为分产提供了可靠的依据。该成果2017年获江苏油田采油一厂高技能人才成果一等奖，2018年获江苏油田创新成果一等奖（图3），2018年获国家实用新型专利授权（图4）。

图1　成果实物图

图2　现场应用图

图3　获奖证书

图4　国家专利证书

第二节　集输注水动力热力设备

柱塞泵高效运行系列配套装置

胜利油田分公司　张春荣

一、项目创新背景

油田高压注水系统中，柱塞泵的应用越来越广泛，使用维护过程中存在以下问题：填料使用寿命较短，无人值守的泵站，无法及时通过视频发现填料初期的泄漏情况；柱塞泵泵头的使用寿命短、更换程序复杂，工作量大；柱塞泵阀体总成日常保养维护或拆装检修时，没有专用配套工具，易损伤阀体总成等。技能大师研制了"柱塞泵高效运行系列配套装置"，解决了此项难题。

二、结构原理作用

该装置主要由柱塞式注水泵自冷式填料函、柱塞泵密封总成失效保护装置和分体式泵头前压盖三部分组成（图1）。

（1）柱塞式注水泵自冷式填料函：该装置主要由填料函体、压盖、导引接头、水封环、V形密封填料、分水阀组、导向环等部分组成。原截面为方形的纤维填料更换为"V"形复合橡胶填料。

（2）柱塞泵密封总成失效保护装置：主体部件为感应发射器和接收器。感应发射器能够感应到填料泄漏的情况，当泄漏超标时，发射无线信号。接收器能够接收感应发射器发射的信号，发出声光报警。当填料泄漏严重时，能够驱动控制柜自动停泵，起到保护作用。

（3）分体式泵头前压盖：将原有的一体式压盖拆分为前压盖和缸套前后两部分，中间由密封圈密封，将薄弱部分单独分出来作为缸套。改进后的前压盖分割断面处加工水封线，与原压盖水封线相同，缸套的断面处车削出直径98mm、宽5mm的凸台，安装夹布垫密封，缸套中加工凹槽方便取出。

三、主要创新技术

（1）对柱塞泵填料函进行了改进，增加了"填料泄漏远程视频察看及报警"功能。

（2）在填料函中增加了水封环，解决了柱塞泵填料润滑效果差的问题。

（3）将填料函内原截面为方形的碳素填料更换为"V"形复合橡胶填料。"V"形填料自润湿性好，回弹系数高，避免碎屑的产生；密封性能好，能更好地适用于高压部位的密封。

（4）利用泵自身输送水源，将水引入冷却流程对柱塞泵填料函进行润滑冷却，延长填料使用寿命。

（5）整体式泵头前压盖将薄弱部分单独分出来作为缸套，易于维修更换，降低维护成本。

四、应用效益情况

2021年，在胜利油田现河采油厂安装应用试验，年创经济效益65.52万元，具有很高的推广应用价值（图2）。

2021年5月，胜利油田人力资源部牵头组织油田相关专家现场进行了论证，9月份已申请到物资供应材料物码，并列入了中国石油化工集团有限公司对外技术许可清单（2021年版）。

该装置获3项国家实用新型专利授权（图3），2020年柱塞式注水泵无人值守系列配套装置获第四届全国设备管理与技术创新成果二等奖（图4），2022年柱塞式注水泵自冷式填料函总成获中国石化技能人才创新成果一等奖和QC质量管理成果一等奖。

图1　成果实物图

图2　现场应用图

图3　国家专利证书

图4　获奖证书

注水泵系列管理节点的优化改进

胜利油田分公司　毕新忠

一、项目创新背景

在油田开发过程中，注足水、注好水是提高原油产量和采收率的重要措施，柱塞泵式注水泵以其调节范围大、效率高、流量均匀等优点在胜利油田应用1200余台。柱塞式注水泵也存在人工盘泵、皮带调整、密封损坏频繁等管理难点。技能大师对"注水泵系列管理节点进行优化改进"，解决了此项难题。

二、结构原理作用

该技术由专用盘泵工具、手摇滑动式滑轨、自动报警停泵装置、喷涂成膜技术、柱塞配套改造等五部分组成（图1）。

（1）专用盘泵工具：由棘轮扳手和改进后皮带轮组成。棘轮扳手与套筒扳手组合，皮带轮中心处加装适用于棘轮扳手的操作装置，通过转动棘轮扳手，达到盘泵目的。

（2）手摇滑动式滑轨：由蜗轮蜗杆驱动丝杠、支撑盘、滑道、支架组成。通过旋转顶丝调整滑道移动，达到调整电动机位置目的。

（3）自动报警停泵装置：由水感应部分、传导线、保护继电器组成。水感应器安装在连杆工作腔内壁，当盘根刺漏超过规定值时，感应部分发出信号，保护继电器断开，实现泵自停。

（4）喷涂成膜技术：由喷涂筒、成膜材料组成。将成膜材料装入喷涂筒内，对泵头表面，连杆工作腔内壁进行喷涂，在其表面形成一层薄膜，将注入水与设备隔离，达到避免设备腐蚀结垢目的。

（5）柱塞配套改造：一是改变镀层柱塞为不锈钢柱塞；改铜制分水环、压盖衬套等为具有自润滑功能的聚四氟乙烯材质。二是将柱塞总成内部设计为9°的锥形。三是总成填料函长度减少20mm，达到快速加取盘根的目的。

三、主要创新技术

（1）专用盘泵工具：改2人配合操作为1人即可完成，操作方便，安全可靠。

（2）手摇滑动式滑轨：改反复拆卸、安装皮带护罩、电机固定螺丝、顶丝操作为简单的旋转操作，1人5分钟即可完成，操作平稳，快速便捷。

（3）自动报警停泵装置：实时监测盘根、总成、油封渗漏情况，实现故障自动停泵，消除安全隐患。

（4）喷涂成膜技术：喷涂成膜将注入水与设备隔离，避免了设备腐蚀结垢，提升了现场管理水平，减少了员工的劳动强度，延长了设备寿命。

（5）柱塞配套改造：改变柱塞数据是在保障配合的基础上，改逐个取出旧盘根为直接抽出柱塞，降低了员工的劳动强度。

四、应用效益情况

该技术是岗位员工针对柱塞式注水泵日常管理的难点进行集成创新，2019年4月8日，在胜利油田桩西采油厂现场应用（图2）。研发专用配套工用具，解决了柱塞式注水泵盘泵、调整及更换皮带操作工作量大的问题，节约了工作时间，提高了工作效率；对密封总成、柱塞进行了尺寸、结构、材料的改进，延长了密封附件使用寿命；应用喷涂技术、刺漏自动保护技术，消除了设备故障隐患，设备故障率下降了25%，提升了注水系统管理质量。年创效益128.35万元。该成果2016年获国家实用新型专利授权（图3），2019年获胜利油田第五届为民技术创新一等奖（图4）。

图1 成果实物图

图2 现场应用图

图3 国家专利证书

图4 获奖证书

 柱塞式注水泵盘根刺漏预警保护装置

胜利油田分公司 牛 军

一、项目创新背景

柱塞式增压泵因结构原理简单，增压效果好，成为油田注水增压设备的首选。由于采出水矿化度高、易结垢，且含有杂质，柱塞泵的密封部件易损坏，导致密封渗漏，甚至造成机油进水变质，发生设备故障。随着无人值守泵站的普及，现场多采取视频监控，针对雾状刺漏、设备异响等无法及时发现、导致设备损坏的问题。技能大师研制了"柱塞式注水泵盘根刺漏预警保护装置"，解决了此项问题。

二、结构原理作用

该装置由信号控制发射、接收装置、水位飞溅传感器、手动复位式继电器、声光报警等五部分组成。

信号采集部分安装于易喷溅处，当漏失量过大而产生雾状或飞溅式水流喷射时，设在箱体内的水位传感器将信号发送至信号接收控制器，自动控制断电，停止注水泵运转，避免水分进入曲轴箱而造成机油变质，避免了设备因机油变质长时间未发现而造成机械事故，该装置特别适用于现阶段无人值守泵站。

三、主要创新技术

（1）实现了盘根严重漏水时自动停泵，避免无人值守泵站事故处理滞后导致的设备故障。

（2）采用喷雾接收传感器探测雾状喷溅。

（3）采取安全防护功能，事件处置完毕按复位按钮后，方可启泵。

图1　现场应用图

（4）不改变原有电路方，便组合连接。

（5）信号采用遥控传输，无触电风险。

四、应用效益情况

2018年初，在胜利油田桩西采油厂120北注水站安装使用（图1），提高了设备管理质量，延长了设备使用寿命，降低了运行成本，年创效约1万元。

该装置2015年获国家实用新型专利授权（图2），2016年获得山东省设备管理成果二等奖（图3）。

图2　国家专利证书

图3　获奖证书

分体式防刺漏防腐蚀柱塞泵花盘

胜利油田分公司 杨智勇

一、项目创新背景

油田在用的柱塞泵花盘与填料函之间，靠专用夹布密封垫进行密封。但生产现场经常出现专用夹布密封垫失效刺漏，导致柱塞泵曲轴箱进水，造成曲轴箱故障。而且该部位刺漏的是高压水，压力约30MPa，存在较大的安全生产隐患。同时，更换柱塞泵花盘需要拆卸填料函总成及柱塞，费时费力，且紧固花盘的内六角螺栓容易腐蚀损坏，大大增加了拆卸难度，增加了员工劳动强度。技能大师研制了一种"分体式防刺漏防腐蚀柱塞泵花盘"，解决了此项难题。

二、结构原理作用

该装置主要由花盘端、塑料护套、紧固螺栓、密封圈、密封台、密封凸台、夹布垫密封、专用工具卡槽、压盖端、卡槽钳、蝶形螺母、手柄、螺栓塑料护套、可破拆端、手柄、刀头等部件组成（图1）。

将原柱塞泵花盘分割为花盘端和压盖端，中间设置夹布垫密封连接部位。压盖端内腔设计了一圈内槽，设计了专用装取工具，压盖端可以从泵头前端取出，单独更换，减少维修工作量，节约更换柱塞泵花盘的成本。紧固花盘的内六角螺栓处设计塑料护套，并添加润滑脂，起到防腐蚀作用。制作专用拆卸塑料护套工具，用专用工具破坏塑料护套直接取出。

三、主要创新技术

（1）设计了分体式花盘，设计了装取专用工具，直接取出压盖端即可进行更换，维修工作量小。

（2）该装置将易损部分压盖端单独分出、单独更换压盖，节约更换整套花盘成本。

（3）设计了螺栓护套，螺栓护套内部能够添加润滑脂，避免螺栓长时间接触腐蚀性液体从而造成锈蚀，延长了螺栓的使用寿命，避免了因螺栓损坏导致难以拆卸花盘的现象。

（4）设计了螺栓护套专用工具，拆卸护套时，直接使用专用工具进行破拆，安装螺栓后，重新安装新的螺栓护套即可。

（5）在不改变原密封的情况下，增加了两级密封，密封效果更可靠。

图1 成果实物图

四、技术经济指标

（1）注水泵运行时率提高3%以上。

（2）柱塞泵花盘寿命提高2倍以上。

五、应用效益情况

该装置2021年在胜利油田现河采油厂郝现采油管理区史127注水站安装使用，年创效益2.6万元。该成果2021年12月获国家实用新型专利授权（图2），2022年8月获得山东省设备管理创新成果一等奖（图3）。

图2 国家专利证书　　　　　图3 获奖证书

注聚泵填料式拉杆密封装置

胜利油田分公司　　孙志刚

一、项目创新背景

胜利油田孤东采油厂使用的注聚泵，拉杆油封采用压盖固定，属固定式密封，不能根据漏失量变化及时调整油封的松紧度，当拉杆受伤、偏磨时，易损坏油封，造成曲轴箱机油漏失严重，发生烧瓦甚至抱轴事故。另外，注聚泵的柱塞表面是烤瓷的，光洁度较高，在现场运行过程中经常出现柱塞磨损严重，导致盘根刺漏的现象，如果巡回检查不及时，刺漏的聚合物进入曲轴箱内，导致润滑油变质，严重时造成设备故障，增加了管理难度、成本支出，降低了注聚时率。技能大师研制了"注聚泵填料式拉杆密封装置"，解决了此项难题。

二、结构原理作用

该套装置由密封盒、调节螺帽、压盖三部分组成（图1）。

（1）调节螺帽与端盖通过丝扣连接，密封盒体的底部设有回流孔，油封盒里的润滑油通过回流孔回流到曲轴箱，达到"堵""疏"结合的目的。

（2）密封填料装在盒底，用螺帽调节压盖挤压填料，达到密封效果，实现了无须拆卸压盖、快速更换密封材料的目的。

三、主要创新技术

（1）将压盖固定油封改为螺帽调节压盖，便于油封更换。

（2）油封与端盖底部设置存油槽和回油孔，能够储存机油，润滑拉杆并回流到曲轴箱内。

（3）密封填料底部加设一个垫片，避免填料堵住回流孔。

改造后的拉杆密封装置大大延长了油封的使用寿命，节约了材料费，降低了劳动强度，提高了工作效率。

四、应用效益情况

该装置于2010年4月起，先后在胜利油田孤东采油厂六区7#、11#注聚站投入试验应用（图2），2018年又进一步改进，有效地解决了注聚泵在运行过程中拉杆油封漏油、润滑油变质问题，大大降低了注聚泵在运行过程中的故障发生率，降低了员工的劳动强度，提高了注聚时率。累计创效10万余元。该技术2010年获孤东采油厂优秀QC小组成果一等奖（图3）。

图1　成果实物图

图2　现场应用图

图3　获奖证书

柱塞泵故障语音提示装置

中原油田分公司　沙宇武

一、项目创新背景

柱塞泵是油田主要的注水设备，受环境和生产状况的影响易出现盘根刺漏、曲轴箱进水、倒错流程憋压、管线刺漏等现象。同时存在来水压力低、泵压过高、温度过高、泵头异常响声等问题。为了确保增注泵的安全运行，配套了高低压保护、温控保护、机油液面保护、安全阀等安全附件，具有自动保护自停功能。但是，在生产中，维修人员无法直接掌握停泵原因，需要多方面检查，才能判断存在问题。技能大师研制了"增注泵故障语音提示装置"，解决了此项问题。

二、结构原理作用

本装置主要由电子变压器、中间继电器、温度控制模块、防刺漏控制模块、声音控制模块、语音模块、扬声器等七部分组成。

（1）盘根防刺漏、噪声控制漏电感应装置：盘根防刺漏装置由感应面板，控制模块组成，当增注泵盘根刺漏时，水珠溅到感应面板上；控制模块接收信号，带动继电器停泵，并语音提示。该装置可以发现初期刺漏状态，防止故障扩大。漏电感应装置由氖管发光线路、语音模块和控制电路等组成。声音控制模块由接收器、控制模块、延时继电器组成。当声音达到一定的阈值时，连续5秒后，闭合泵保护线路停泵。

（2）安全语音警示装置是通过提前在语音模块中输入安全警示语音，可以在发现增注泵异常及时停泵并语音提示，安全规范操作。

三、主要创新技术

（1）增加了柱塞泵盘根刺漏、噪声超标及自动停泵装置。

（2）增加了故障语音提示功能。实现启动前、运行中，语音模块语音提示，保护自动停泵检测和语音提示功能。

（3）装置通过声音触发，当声音达到一定的阈值时，带动延时继电器动作，同时声音超值连续5秒后自动停泵。

图1　现场应用图

图2　获奖证书

四、应用效益情况

该装置在中原油田原采油三厂推广应用（图1），通过安全语音提示，及时发现设备故障，提高了工作效率，保障了人身安全，确保设备的安全运行，起到了很好的安全警示和监督辅助作用，可以广泛地应用于增注泵设备的配电控制柜，有很好的应用前景和推广价值。该装置先后获得2017年中原油田工会优秀创新成果一等奖和2017年度中国能源化学工会职工技术成果一等奖（图2）。

便捷式柱塞泵盘泵装置

胜利油田分公司 刘卫东

一、项目创新背景

柱塞泵启泵前、停泵后及维修过程中需要进行盘泵操作，由于柱塞泵皮带轮尺寸大，员工通常采用脚踏皮带轮进行盘泵，操作费时费力而且存在严重的安全隐患。技能大师研制了"便捷式柱塞泵盘泵装置"，解决了此项难题。

二、结构原理作用

该装置由棘轮定位装置、棘轮扳手、一体加长杆、接杆等四部分组成（图1）。

在柱塞泵电动机皮带轮一端加装棘轮定位装置，对应着皮带轮护罩位置开孔，便于棘轮扳手的接杆穿过护罩与棘轮定位装置相连。另外，棘轮扳手加力杆带有一体加长杆功能，能够减少扭力，更利于小皮带轮带动大轮旋转，就可实现柱塞泵连续盘泵操作。

三、主要创新技术

（1）使用杠杆原理，小轮带动大轮旋转，安装便捷式柱塞泵盘泵装置后，柱塞泵的盘泵操作无须拆卸护罩，一人转动棘轮扳手即可轻松完成。

（2）结构简单、操作方便、一次加工、可重复使用。

四、应用效益情况

该装置2021年在胜利油田纯梁采油厂推广使用120套（图2），实现了柱塞泵盘泵操作的本质安全化，避免因注水泵盘泵较沉重，启泵前不盘泵的现象，延长了设备的免修期，年创经济效益约50万元。该成果2021年被评为胜利油田优秀合理化建议三等奖（图3），采油厂合理化建议一等奖，2021年获采油厂技能革新成果一等奖，2021年获采油厂优秀质量管理QC成果二等奖，2022年获国家实用新型专利授权（图4）。

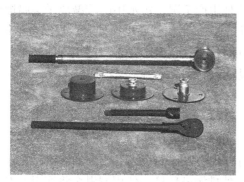

图1 成果实物图

图2 现场应用图

图3　获奖证书　　　　　　　　　　图4　国家专利证书

第三节　采气井故障检测处理

 柱塞泵智能多元化能效优化装置

胜利油田分公司　李志明

一、项目创新背景

胜利油田的油气开采是注、采、输的生产链条，通过抽油机将油气开采到地面后，经集输站进行油气水分离，油气进行外销，污水经过高压柱塞泵加压至20MPa以上，通过水井注入地层，一方面通过污水的密闭处理，实现绿色生产；另一方面可以补充地层能量，提高油气采收率。该项目涉及的柱塞增压泵，是增压注水的重要设备，传统注水增压的方式，主要靠柱塞的高速运动来完成增压，每分钟可达230次左右，柱塞高速运动会产生大量的热量，通过调整压盖的压紧度，使压盖内部的密封材料产生间隙，每分钟溢出40~60滴的污水对柱塞进行冷却和润滑，基于这种生产工况，污水中的酸碱离子会腐蚀柱塞，造成柱塞损坏，每10天就要更换一次密封材料，每半年就要更换柱塞。现场员工每4小时就要进行一次巡检，调整压盖的压紧度。同时按照绿色生产要求，污水不能外排，只能设置污水池临时收集，每周有污水车进行流动回收。

二、结构原理作用

该装置主要由机械动力部分和智能控制部分组成（图1）。

（1）机械动力部分：将增压泵的润滑方式由以往的水润滑改为油润滑，采用新型的密封材料，颠覆传统的润滑方式，避免污水外排污染环境，使用润滑泵将润滑油对高速运动的柱塞进行喷淋，起到润滑降温的作用；利用循环泵、进出口管汇和缓冲罐等设备将润滑油进行循环利用。

（2）智能控制部分：集成液位报警连锁、压力报警连锁、流量报警连锁、温度报警连锁、实时监控、远程启停、视频监控和数据分析八大功能。借助油田信息化平台，打造柱塞泵智能控制系统。

三、主要创新技术

（1）柱塞冷却润滑方式的变化。通过增压泵将油箱内的润滑油通过管路进入分支器，通过软管分配至每个柱塞上的喷淋器上，润滑油会在柱塞表面形成油膜，实现柱塞的防腐蚀、润滑和冷却，并通过管路将润滑油流入油箱，实现循环利用。

（2）设备运行状态监控。由于增压泵工作场景在野外，无法实现设备运行监控，电机扫膛、曲轴箱报瓦现象时有发生。该技术可检测曲轴箱温度、电机温度、电机振动，并设定报警阈值，及时掌控设备运行情况。

（3）实现智能化控制。现场安装温度变送器、压力变送器、流量自控仪、液位变送器、视频监控器等设备，将数据采集到油水井智能监控模块中，通过打造预警模型，监测生产运行情况，在温度、压力、流量出现异常状况时，自动联锁断电，停止增压泵运行，实现智能化自动控制。

四、技术经济指标

（1）经胜利油田能源监测站现场检测，该技术的应用使增压泵机组效率提升41.6%（图2）。

（2）密封盘根更换时间由10天成为180天，柱塞使用时间由160天成为360天，污水回收由每周1次成为无须进行回收。

五、应用效益情况

该项目颠覆传统的密封方式，采用油润滑代替传统的水润滑。减少职工劳动强度，实现无人值守，适应新型管理区发展趋势。对设备运行情况进行监控，增加设备本质化安全。实现设备智能化控制，提升自动化管理水平。降低设备维护费用，延长设备使用寿命。2023年获山东省智能制造（工业4.0）创新创业大赛一等奖，目前已在胜利油田各采油厂应用39套（图3），经济效益571万元。该成果获2项国家实用新型专利授权（图4、图5）。

图1　成果实物图

图2　现场应用图

图3　获奖证书　　　　图4　国家专利证书1　　　　图5　国家专利证书2

高压柱塞泵曲轴箱水汽自动收集装置

胜利油田分公司　沙志文

一、项目创新背景

随着油田的持续开发，注水工作越来越重要。柱塞泵是主要注水设备，曲轴需加润滑油进行润滑，生产过程中由于水汽渗入曲轴箱，导致润滑油乳化，造成成本的浪费，严重时影响注水泵正常运行。技能大师研制了"高压柱塞泵曲轴箱水汽自动收集装置"，解决了此项问题。

二、结构原理作用

该装置的主要结构由冷凝、通风、集水三部分组成（图1）。

（1）冷凝吸附部分：冷凝吸附装置安装数量本着不影响水汽向上蒸发的原则，最大密集度地安装冷凝管。装置安装在曲轴箱原盖板位置。

（2）V形集水槽部分：在冷凝管下部安装4排V形集水槽，将冷凝管吸附的水珠进行收集。

将冷凝管原理应用在水汽加速收集装置上，在装置内安装冷却管，在水汽收集装置侧面开孔，形成圆柱形通风道，利用柱塞泵皮带轮高速旋转形成风力来降低冷凝管的温度，通过温度差加速水蒸气凝结的速度，通过强制降温措施加速曲轴箱内的水汽凝结。下部设置集水槽，凝结后的水滴由于重力作用，滴落在集水槽内，通过排水阀排出装置外，从而有效改善机油乳化的问题。

三、主要创新技术

（1）实现了曲轴箱水汽自动回收。

（2）通风管冷式，使得水汽更高效凝结。

（3）自动集水，减少润滑油乳化。

四、应用效益情况

该装置2020在胜利油田石油开发中心渤三注水站安装使用（图2），水汽收集装置能很好地收集箱内的水汽，有很高推广应用价值，年创经济效益约5.2万元。该成果2021年获国家实用新型专利授权（图3），2022年获得全国设备管理与技术创新成果二等奖（图4）。

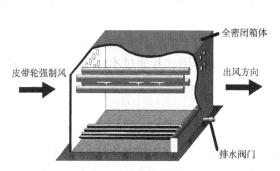

图1　结构示意图

图2　现场应用图

图3　国家专利证书

图4　获奖证书

新型机泵联轴器

胜利油田分公司　　毕新忠

一、项目创新背景

胜利油田桩西采油厂集输系统管理着离心泵82台，机泵连接方式均为传统弹性套柱销联轴器。此种连接方式需反复调整同心度，工作量大、用时长。同时，随着机泵的运转同心度降低，导致机泵整体震动加剧，造成密封磨损、螺丝松动、泵效下降等现象，严重时影响机泵寿命甚至发生机泵故障。技能大师研制了"新型机泵联轴器"，解决了此项难题。

二、结构原理作用

该装置由动力端联轴器、从动端联轴器、滑块连接螺栓、蝶形弹簧四部分组成。

（1）动力端联轴器安装于电动机轴上，从动端联轴器安装于泵轴上，两联轴器间隙配合不接触。

（2）滑块连接螺栓连接动力端联轴器、从动端联轴器实现动力传递。

（3）蝶形弹簧安装于滑块连接螺栓，起固定作用，并通过本体形变配合螺栓滑块移动，消除机泵不同心造成的震动。

三、主要创新技术

（1）动力端联轴器与从动端联轴器之间不接触，消除了机泵不同心造成的震动。

（2）径向连接代替轴向连接，滑块连接螺栓与蝶形弹簧配合，实现了机泵不同心的补偿，提高了机泵运行质量。

（3）安装简单，拆卸方便，延长了机泵使用寿命，减轻了员工的劳动强度。

四、应用效益情况

2020年该装置应用于胜利油田桩西采油厂联合站（图2），有效降低了机泵不同心产生的机泵震动，平均延长机械密封寿命6个月，年创经济效益30000元。该成果2020年获得山东省精益改善创新大赛三等奖（图2），2021年获国家实用新型专利授权（图3）。

图1　现场应用图

图2　获奖证书　　　　　　图3　国家专利证书

注水泵站远程诊断装置

胜利油田分公司 刘卫东

一、项目创新背景

日常注水站设备的故障诊断，采取视频巡检和现场人工巡检的方式。存在巡检间隔过长，导致发现生产问题、处置不及时，造成设备损坏和经济损失。技能大师研制了"注水泵站远程诊断装置"，解决了此项难题。

二、结构原理作用

该系统由采集端、算法端、终端等三部分组成。

（1）采集设备（传感器）：测量运行中各种物理量的各类传感器，包括温度传感器、噪声传感器、振动传感器。

（2）算法设备（边缘计算盒子）：接收采集器的数据，过滤常规数据，分析具体故障类型，包括数据采集、数据处理、数据压缩、本地储存。

（3）实现远传智能判断：在线检测系统的数据采集需要对多元数据实时采集、实时上传、数据校验，并对其进行大数据分析、自动分析和智能分析。

三、主要创新技术

（1）建设一套集实时数据采集、解析、远传、预警等功能为一体的诊断系统。通过对实时采集数据的学习、分析，建立设备运行智能模型，辅助设备的检测、诊断和维修，提高采油平台的信息化与智能化水平。

（2）将采集的参数值与设定值进行比较，使用特征向量神经网络进行模型训练，实现设备故障的精细化诊断并完成实验和验证，确定机泵处于异常状态，实现注水泵站的远程在线监控和故障诊断。

图1 现场应用图

图2　获奖证书

四、应用效益情况

该装置自2021年研制，2022年8月3日，在胜利油田纯梁采油厂樊一注水站安装使用（图1）。实现了泵站多元数据自动协同联动，监控设备和数据统一管理、操作、数据分析，并实现注水泵房风扇的自动启停、通风降温功能，累计创效约34万元。该成果2021年获胜利油田纯梁采油厂一线难题"揭榜挂帅"成果二等奖，2022年获纯梁采油厂合理化建议二等奖。

柱塞泵中间杆挡水防漏油密封装置

江苏油田分公司　厉昌峰　肖学培

一、项目创新背景

注水常用的高压柱塞泵曲轴箱采用飞溅式润滑方式。在日常使用过程中曲轴箱内润滑油必须控制在合理范围之内，一旦缺油就会造成轴瓦、十字头等部件干磨、高温损坏，造成设备事故。现有密封装置由密封座、橡胶骨架油封、密封压盖组成，它们与柱塞泵中间杆配合组成一体式密封，橡胶骨架油封与运动的中间杆接触，阻挡曲轴箱内润滑油流出。通过分析，曲轴箱漏失的原因是中间杆油封密封效果逐渐变差，导致渗漏严重。技能大师研制了"柱塞泵中间杆挡水防漏油密封装置"，解决了此项难题。

二、结构原理作用

该装置由密封盒、泄油环、密封环、阻水环、锁紧盖等五部分组成（图1）。

（1）密封盒：与柱塞泵中间顶杆配套，密封盒内端设有两级密封挡板，中部开有环形泄油槽，底部设有小孔用于泄油，外端设有丝扣用于压紧密封机构。

（2）泄油环：外径与密封盒一致，内径略大于柱塞泵中间顶杆。泄油环中间开孔用于泄油，安装时与密封盒泄油孔一致，主要将密封环清除的内部润滑油导流到曲轴箱内。

（3）密封环：内径与柱塞泵中间杆外径一致并紧密配合，外径与密封盒内径一致。密封环内圈辅有5mm石墨与柱塞泵中间顶杆密封面进行密封，内径的两边加工成八字形，最底部采用铜环相配合，中间与泄油环配合，中间泄油环两侧安装密封环，当柱塞泵中间杆运行时由前后八字形密封环清除表面润滑油。

（4）阻水环：与锁紧盖相配合，阻挡注水液渗入曲轴箱。

（5）锁紧盖：压盖一端加工丝扣与密封盒丝扣进行配合，丝扣尾端加工密封槽，安装密封圈防止外围水进入曲轴箱，一端均匀开出6道凹槽，便于使用工具进行拆卸与紧固。

三、主要创新技术

（1）组合密封结构：由单一的橡胶骨架油封改为刮油环+第1道石墨密封+泄油环+第2道石墨密封+阻水环。

（2）采用径向+轴向双向组合密封。

（3）应用石墨材料作为密封件。

四、应用效益情况

该装置2019年在江苏油田真武注水站应用，密封和阻水效果良好。2017年获国家实用新型专利授权；改进后，2019年也获国家实用新型专利授权；2022年再获国家发明专利授权（图2）。

图1　结构示意图　　　　　　图2　国家专利证书

新型拼叉式电动机端盖

胜利油田分公司　隋迎章

一、项目创新背景

在油田集输生产系统中，电动机是主要的生产动力设备。在电动机轴承的维护保养过程中，存在用时长、劳动强度大、工作效率低等问题。为了实现在不拆除电动机联轴器的情况下拆下前端盖，进行前轴承维护，减少电机移位、找正等工序，技能大师研制了"新型拼叉式电动机端盖"，解决了此项难题。

二、结构原理作用

该装置由插槽式对装端盖组成（图1）。

（1）将前端盖对剖成两半，一侧安装插件，一侧加工插槽，将其对叉即可组装成一个完整的端盖。

（2）由于原有端盖外圈是不规则边缘，加工时存在一定难度，将边缘设计为圆形的钢环。原端盖各部位厚薄不同，在加工过程中，将插接部分缩小到2cm，在端盖外圈加工插槽，实行局部插接，以达到固定作用。

三、主要创新技术

（1）分体式设计实现了电动机联轴器端盖拆卸。

（2）A3钢具有较好的塑性、韧性、焊接、冷冲压等性能，强度、硬度适中，经计算能达到现场应用要求。

四、应用效益情况

在新型拼叉式电动机端盖的应用中，电动机保养操作不再受空间的限制，操作耗时由62分钟下降到7分钟，节约时间55分钟。操作简便，1人即可完成前轴承的保养，减轻了劳动强度。该项技术2013年获胜利油田技能人才技术创新成果三等奖（图2）。

图1　成果实物图

图2　获奖证书

第四节　工具、用具及辅件

变径防火帽接头

胜利油田分公司　隋迎章

一、项目创新背景

防火帽是一种安装在机动车排气管后，允许排气流通且阻止排气流内的火焰和火星喷出的安全防火装置。胜利油田孤岛采油厂有7座一级防火联合站，根据进站登记表统计，全年车辆进站达到15000多车次，因防火帽无法规范佩戴，导致车辆无法进站达到200多车次，影响了生产、维修等工作的正常进行。为解决这一难题，技能大师研制了"变径防火帽接头"，解决了此项难题。

二、结构原理作用

该装置由圆形固定板、扇形密封片、圆形滑槽板、外壳等四部分组成（图1）。

借鉴喷气式飞机排气口口径自由收缩的特征，研制出变径防火帽接头。接头的间隙与挡火板的间隙进行了实际测量，接头与多种直径圆管连接，其间隙为1mm，小于防火帽与挡火板的间隙3.5mm。

三、主要创新技术

（1）实现防火帽快速安装。

（2）360°无缝隙排列，防火效果达到要求。

（3）可适用于多种型号车辆排气管道口径。

四、应用效益情况

该接头有效解决了联合站部分施工车辆因防火帽佩戴不规范无法进站施工的问题。该接头应用以来，避免因防火帽佩戴不规范影响无法进站施工63台次，年创效2.52万元。该装置2015年获胜利油田第五届技能人才技术创新成果三等奖（图2）。

图1 成果实物图

图2 获奖证书

 沉降罐清沙孔门缓开工具

胜利油田分公司 隋迎章

一、项目创新背景

沉降罐经过一段时间的运行，大量泥沙沉积在罐底和附件上，导致沉降罐有效容积减小，来液沉降时间减少，造成采出水含油超标；同时该沉淀的泥沙被高速运转的泵输送至下游，易产生机泵磨损、系统堵塞；采出水和泥沙还会腐蚀罐底、罐壁，存在安全隐患。

因此每年必须进行一次清沙工作。沉降罐清沙时，通过清沙孔将油泥沙混合物冲出沉降罐。由于清沙孔门十分沉重，一旦打开则难以控制其开度，会造成大量的油水混合物大量涌出，回收泵无法及时回收，造成油水混合物溢出，引发污染。技能大师研制了"沉降罐清沙孔门缓开工具"，解决了此项难题。

二、结构原理作用

该装置由调节手柄和固定调节主体两部分组成（图1）。

使用时将调节主体固定在沉降罐的清扫孔上，转动调节手柄调节清扫孔的开度大小，从而控制油水混合物的排出量。

三、主要创新技术

（1）通过调节手柄控制缓开门更加省力。

（2）螺纹调节开启度可控。

（3）结构简单、实施容易。

四、应用效益情况

该装置2008年在胜利油田孤岛采油厂现场应用，原来至少需要2人才能完成控制清沙孔门工作，现在只需1人就可轻松完成；杜绝了因油水混合物的排出速度无法控制而造成的回收池冒溢现象，保证了沉降罐清沙质量，减轻了职工的劳动强度，具有良好的推广前景。该装置2008年获胜利油田技师协会合理化建议三等奖（图2）。

图1　结构示意图

图2　获奖证书

 ## 地下阀门开启工具

胜利油田分公司　高正泉

一、项目创新背景

集输站库有许多地下阀门在砌好的池子里，为了保温都加上了水泥盖板，进行开关阀门时，必须把盖板打开，进入池子转动阀门手轮，费时费力。因此，我们设计了一种"地下阀门开启工具"，解决了这一难题。

二、结构原理作用

该装置主要由手轮延伸主体框架、背帽、固定棘轮螺杆、正反控制拉杆、延长手柄、垂直摇柄六部分组成（图1）。

开关闸门操作时通过手轮延伸主体框架，将阀体与之连接，通过延长棘轮手柄的拉杆，将调节开关延伸至手柄外端，只需在池外，控制摇柄和调节开关即可达到开关阀门的目的。

三、主要创新技术

（1）拉杆控制调节：将棘轮前端的正反控制开关延伸到手柄处，增加长度，池外操作更方便。

（2）延伸主体框架：把要弯腰开动的手轮提升到合适的操作位置，增加高度，池外控制更方便。

（3）垂直推柄：改横握为竖握，进一步提高了操作高度，开启更省力，操作更方便。

四、应用效益情况

该工具2018年7月，在胜利油田河口采油厂义和联合站等集输站库进行使用。现场使用时，无须将水泥盖板完全打开，人在池外即可实现阀门的开关，省时省力，降低了职工劳动强度，解决了地下阀门开关困难的问题。具有较好的推广价值。该成果获胜利油田河口采油厂2018年度优秀技能人才技术创新成果集输专业一等奖（图2）。

图1 成果实物图

图2 获奖证书

防爆快速取样器

河南油田分公司　肖　玉

一、项目创新背景

生产管理中需要对储罐进行三级取样录取含水等数据。原有的三级取样器采用防静电绳索提拉的方式取样，2人配合完成，存在擦洗困难、污染罐顶、量油尺、取样器拉绳不耐用易断裂，取样器脱落等问题，操作烦琐，取样精度低，不能及时掌握储罐原油含水等生产动态。技能大师进行了"防爆快速取样器"，解决了此项难题。

二、结构原理作用

该装置由连接固定架、尺轮、轮、锁紧耳母、折叠摇把五部分组成（图1）。

（1）连接固定架：采用螺纹连接，将尺轮、线轮整体连接。

（2）尺轮：用于刻度尺的收放。

（3）轮：用于取样时开关取样桶盖。

（4）锁紧耳母：根据耳目调整尺、线同步收放，在下尺时锁紧耳母松开，可使缠线轮自由转动与取样器连接尺同步下降。上提时用手旋转锁紧耳母紧固即可实现缠线轮与量油尺转动一致，使取样拉绳与量油尺同步上升。

（5）折叠摇把：使用时收放尺、线、取样筒。

三、主要创新技术

（1）实现一人操作快速取样。

（2）四氟乙烯作为线轮实现防爆。

（3）实现线、尺同步升降。

（4）实现免擦洗、防掉落。

四、应用效益情况

该防爆快速取样器在现场推广应用，每天可节约人工成本1人次，节约2小时，减少损坏配件1个，年创效16.42万元。该装置2021年获全国能源化工创新成果三等奖（图2）。

中国能源化学地质工会全国委员会文件

能源化学工发〔2021〕41 号

关于全国能源化学地质系统
优秀职工技术创新成果评审结果的通报

各省、自治区、直辖市能源化学地质产业工会、各集团公司工会:

2020 年度全国能源化学地质系统优秀职工技术创新成果评审、评审工作已顺利完成。各单位共上报成果711项，经过专家评审，入选一等奖211项，二等奖422项，三等奖633项。为贯彻落实习近平同志在全国产业工会工作座谈会上的讲话精神，深化产业工人队伍建设改革，大力弘扬劳模精神、劳动精神、工匠精神，团结引导广大职工更好发挥工人阶级主力军作用，为全面建设社会主义现代化国家贡献智慧和力量，中国能源化学地质工会决定对上述成果予以通报。

希望获奖的同志戒骄戒躁，不断创新，增强本领，提升素质，以新成绩为新起点，立足岗位，多做贡献。希望能源化学地质系统

—— 1 ——

图1 成果实物图 图2 获奖证书

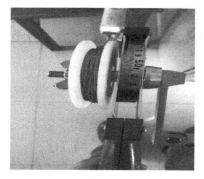

高压离心注水泵拆卸盘根工具

中原油田分公司 牛建美

一、项目创新背景

高压离心注水泵担负着采出水处理后的回注任务。生产运行过程中，因长期受高矿化度水质侵蚀，密封填料频繁发生泄漏污染环境等问题，增加了维修人员的工作量，制约了系统管理水平提升；同时，机泵泄漏严重时，存在高压水刺漏伤人、设备损坏等事故隐患。

传统的盘根更换操作存在的缺点：一是需先取出所有的旧盘根，再加入新盘根。在取盘根的过程中由于操作不当，易损伤泵配件；二是操作空间狭小，操作工具不合适，程序复杂，需2~3人配合操作，工作量大，效率低。技能大师进行了"高压离心注水泵拆卸盘根工具"的改进，解决了此项难题。

二、结构原理作用

该工具由三角形固定支架、单头螺杆加钢丝钩组成（图1）。

盘根压盖卸松后，将三角形固定支架的两个孔固定在压盖螺栓上，带丝扣的支架对准泵内盘根，用螺母旋紧使钢丝钩扎进旧盘根体内，旋转螺母带出旧盘根，方便快捷地将盘根取出，完成操作的全过程。

三、主要创新技术

（1）设计可靠，适应性强。

（2）取出省时省力，节省人工。

（3）不损伤原有结构，修复程度高，节约生产成本。

四、应用效益情况

该成果已于2021年4月在现场应用，缩短更换填料时间，减少了环境污染，提高了现场操作水平和注水泵的运行时率，应用效果明显。年创效益3.38万元。该工具2021年获中原油田挖潜增效类优秀创新成果二等奖（图2）。

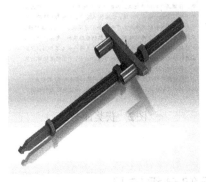

图1　成果实物图　　　　　　　　　　图2　获奖证书

棘轮式阀门开关装置

胜利油田分公司　高正泉

一、项目创新背景

集输站库中，有的阀门安装位置狭小，开启空间受限，有的阀门较大、开关比较困难。费时费力，更有可能延误生产。技能大师研制了"棘轮式阀门开关装置"，解决了这一难题。

二、结构原理作用

该装置由棘轮式手轮和装卸式加力杆两部分组成（图1）。

手轮中心设有棘轮，利用棘轮机构的工作原理，推动加力杆，便可带动手轮转动的功能。手轮的三条轮辐改良成筒状，平时将加力杆拆卸后收纳在其中，其外缘设有对接口，可插入加力杆加大力矩，应用于大阀门上，方便省力。便于在密闭、狭小空间内使用。

三、主要创新技术

（1）手轮中心设有棘轮，实现快速带动手轮转动的功能。

（2）手轮的三条轮辐改良成筒状，便于使用和收纳加力杆。

（3）装卸式加力杆加长了力臂，省时省力，大大降低了劳动强度。

（4）锁定装置使手轮固定牢固，避免打滑，安全省力。

（5）丝杆保护套便于阀门的日常保养，方便实用。

（6）装置便于安装拆卸，同规格阀门上通用。

四、应用效益情况

该装置2021年开始研制，2021年10月在胜利油田河口采油厂义和联合站应用（图2）。开关阀门的模式由转动手轮变为小幅度推动或拉动压力杆即可完成操作。特别是用于大阀门操作，缩短了开关行程、安全省力。

图1　成果实物图　　　　　　　　　图2　现场应用图

角位移传感器无线激活装置

胜利油田分公司　　毕新忠

一、项目创新背景

油井功图录取是信息化油田建设中油井管理的重要组成部分，直接反映油井生产状况。油井生产示功图的录取主要由载荷传感器和角位移传感器两大部分组成，一旦角位移传感器出现故障或休眠，示功图将无法正常显示。传统角位移传感装置的激活需要操作人员登高到抽油机中轴承位置，用磁铁接触性激活。操作烦琐、用时长，影响了采油时率，而且存在安全隐患。技能大师研制了"角位移传感器无线激活装置"，解决了此项难题。

二、结构原理作用

该装置由无线电发射端、无线电接收端、显示装置组成（图1）。

（1）无线电发射端：利用PT2262做发射编码电路，无线发射有效信号距离为15m，满足角位移传感器安装6m高度要求。

（2）无线电接收端：选择PT2272-T4接收模块，满足接收信号稳定性要求。

（3）显示装置：采用发光二极管（LED）+发生器组合，满足提示显示激活率100%。

三、主要创新技术

（1）无线激活设计安装简单，一次性安装，使用方便。

（2）电波激活不受环境影响，无信号接收死角。

图1　成果实物图

（3）光源显示直观、准确可靠。

（4）消除安全隐患，提高调节效率。

四、应用效益情况

该装置2020年胜利油田在桩西采油厂推广应用179井次，成功率100%。合计年创效5.4771万元。该成果2021年获国家实用新型专利授权授权（图2），并获胜利油田优秀质量管理成果一等奖（图3）。

图2　国家专利证书

图3　获奖证书

取样量油一体器

胜利油田分公司　刘同玲

一、项目创新背景

在集输站库原油处理及外输交接过程中，为了能够准确、及时掌握罐内纯油质量，提高计量盘库的精准度，需要按照GB/T 4756—1998标准对油罐进行取样。目前各联合站基本上都是采用绳结计数法取大罐三级样。化验工上罐取三级样时，以绳结间距为计量标准，将取样器塞子塞紧进行下尺，根据取样要求下取样器到规定高度后上提取样绳，塞子打开取样。该方法取样器瓶塞开启烦琐、取样难度大、计量误差大，影响生产质量和效益。技能大师研制了"取样量油一体器"，解决了此项难题。

二、结构原理作用

取样量油一体器由计量尺（一把完好的量油尺、一把旧的量油尺）、取样器、支撑板、中心轴、定位锁片、轮盘、转轮把手组成。

该装置通过转动转轮把手，使两个轮盘在一个中心轴的传动下缓慢下尺，到达指定液面上提旧计量尺，取样瓶塞打开，实现准确下尺精准取样目的。

三、主要创新技术

（1）下尺快速平稳，确保取样器在所取油样位置打开瓶塞，消除了瓶塞过紧打不开，过松未到指定液位高度就打开的弊端。

（2）实现GB/T 4756—1998中规定的大罐三级样所取液位样品的要求指标；降低了取样、计量误差，提高了计量盘库的精准度。

（3）节约了人工成本、降低了劳动强度，原来2个岗位2个人操作合为1个岗位1个人操作。

（4）该装置操作简单，可应用于采油、集输储罐计量，具有较好的推广使用价值。

四、应用效益情况

该取样量油一体器2018年开始研制，2018年12月在胜利油田河口采油厂首站应用了2套，解决了绳结计数取样方法误差大的问题（图1）。该装置设计成熟、制造价格低廉、安全性高、操作使用方便，降低了取样、计量误差，提高了计量盘库的精准度；节约了人工成本、降低了劳动强度。具有较好的推广使用价值和推广前景。该装置2018年获胜利油田河口采油厂优秀技能人才技术创新成果集输专业一等奖（图2）。

图1 现场应用图

图2 获奖证书

燃气炉安全点火装置

胜利油田分公司 毕新忠

一、项目创新背景

燃气加热炉是油田生产中重要的升温设备，加热炉点火操作是一项日常工作。传统操作方式是关闭加热炉气源闸门，自然通风15分钟后，再进行点炉操作。其缺点是无法准确判断炉膛内是否存有可燃气体，同时采用点火棒引燃方式，存在操作烦琐、回火爆炸、损坏设备甚至发生伤人事故。技能大师研制了"燃气炉安全点火装置"，解决了此项难题。

二、结构原理作用

该装置由气体检测系统、电子点火、辅助照明等三部分组成（图1）。

使用过程中先将点火棒伸入炉膛内，打开抽气泵，将炉膛内气体抽入燃气检测系统中，检测正常后，自动点燃点火棒完成点火操作。若可燃气体在爆炸极限范围内，蜂鸣器发出响声同时自动切断电子点火电源，此时即使按动点火按钮，点火棒亦不会启动，实现了设备安全的本质化；同时，强光照明一体化设计便于携带，方便员工夜间巡检。

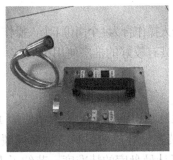

图1　成果实物图

三、主要创新技术

（1）设计可燃气体检测功能，实现安全本质化。
（2）智能化设计电子点火操作简单、安全可靠。
（3）一体化设计体积小、重量轻，便于携带。

四、应用效益情况

该装置2018年在胜利油田桩西、河口等采油厂现场推广应用（图2），得到了岗位员工的认可，填补了燃气加热炉人工点火操作无检测的技术空白。

该装置2018年获胜利油田职工优秀创新成果特别奖（图3）。

图2　现场应用图

图3　获奖证书

消防水枪固定装置

胜利油田分公司　刘同玲

一、项目创新背景

消防水枪是集输站库的重要消防设施，使用过程中因消防水枪喷水水压高，需操作人员稳定把控消防水枪，否则将造成消防枪喷射方向失控，起不到有效的灭火效果，甚至因方向失控造成意外损失。技能大师研发了"消防水枪固定装置"，解决了站库消防应急处置的难题。

二、结构原理作用

本装置由底座和消防水枪固定机构两部分组成（图1）。

底座和消防水枪固定机构用上下转轴进行连接。底座由前后支架焊接连接，前支架采用人字形焊接，后支架和前支架采用炮管式焊接。在底座上设计有座位，消防水枪固定机构设置有前固定卡和后固定卡，后端设置有手柄，前后固定卡将消防水枪通过螺丝紧固在消防水枪固定机构上。同时，在消防水枪上设置有开关，前支架底部设置前支架左轮和前支架右轮，可以根据现场需要，关闭消防枪后，通过前面的两个轮子快速移动到指定作业位置。

三、主要创新技术

（1）消防水枪固定架由原先的2~3人操作变为1人操作。

（2）消防水枪固定架通过转轴可以上下、左右转动，灵活方便。

（3）移动坐骑式消防水枪固定架通过前面的两个轮子快速移动到指定作业位置。

四、应用效益情况

本装置已在胜利油田河口采油厂首站应用（图2），获采油厂优秀安全诊断项目。具有结构简单、制造成本低、使用方便等特点。解决了传统方式下操作人员少，无法有效可靠控制消防水枪方向的难题，提高了安全生产管理水平，具有较好的推广应用价值。该装置2020年获国家实用新型专利授权（图3）。

图1 成果实物图

图2 现场应用图

图3 国家专利证书

卸油口灭火装置

胜利油田分公司　刘同玲

一、项目创新背景

装卸油岗是集输站库重点风险岗位。配备了手提灭火器和手推车式灭火器，一旦发生火灾需工作人员在高温下进行灭火，存在着人身伤害的风险。技能大师研发了"卸油口灭火装置"，解决了此项难题。

二、结构原理作用

本装置由卸油口防爆盖板（材质为有色金属铝板）、多孔方形喷头、密封防震胶皮、弹簧、岩棉、$DN20mm$短接、铝合金框等部分组成（图1）。

通过$DN20mm$管与推车式干粉灭火器相连，当卸油台发生紧急着火时，立即打开推车式灭火器保险销，上拉提环，干粉立即从多孔方形喷头喷出进行灭火。

三、主要创新技术

（1）装置的结构简单、操作过程便捷、牢固耐用。

（2）装置具有良好的密封性能和防静电功能。

（3）利用岩棉板导热系数小、吸热、不燃的特点，起到了很好地抑制及灭火的作用。

（4）远距离灭火设计，更好地保证了灭火人员的安全。

（5）装置体积小便于移动。

四、应用效益情况

本装置在胜利油田河口采油厂首站应用（图2），解决了装卸油人员难以在着火的高温下有效迅速灭火的难题，为油气集输管理中心首站的装卸油口现场增添了一种可以迅速灭火的装置，有效避免重大事故的发生。装置的结构简单、操作过程便捷，既保证了人身安全，又可迅速达到灭火功能，在油田集输系统具有较好的推广价值。该装置2019年获得胜利油田设备管理成果及论文三等奖（图3），2020年获国家实用新型专利授权（图4）。

图1　成果实物图

图2　现场应用图

图3　获奖证书　　　　　　　　　图4　国家专利证书

新式分水器看窗

胜利油田分公司　刘同玲

一、项目创新背景

为方便从看窗观察分水器油水处理效果，玻璃看窗带油后就必须进行清洁除油保障，看窗恢复到可见透明状态。看窗在使用一段时间之后，其内壁就会被流体介质中油污杂质覆盖，无法进行正常观察。维修人员对看窗进行拆卸、清洗，操作需切换流程、放空、拆卸、安装，操作复杂、用时长，清洗过程中，会造成局部污染。技能大师研制了"新式分水器看窗"，解决了该项难题。

二、结构原理作用

该装置主要由玻璃看窗、清洁头、清洁棉、控制丝杆、密封部分、控制手柄、密封圈、玻璃看窗定位螺杆、玻璃圈垫片、进水控制阀、出水控制阀十一部分组成。

（1）清洁部分：由清洁头、清洁棉组成。放置在看窗内部，用于清洁看窗，实现免拆装。

（2）转动部分：由控制丝杆、控制手柄组成。转动部分与清洁部分连接，旋转手柄清洁部分进行活塞轨迹，完成看窗清洁工作。

三、主要创新技术

（1）该装置在玻璃看窗内部安装清洁头，通过手轮旋转操作无须拆卸，1人便可完成清洁操作，省时省力。

（2）清洁头上采用玻璃专用清洁棉，提升清洁能力。

（3）操作人员巡检时就可完成看窗清洁操作，方便快捷。

四、应用效益情况

该装置2020年开始研制，2020年10月在胜利油田河口采油厂首站投入使用（图1）。清洗时无须拆卸玻璃看窗，由原来3人配合操作，优化至1人便可完成；清洗不需要拆卸看窗，避免了清理看窗过程中造成的环境污染。该装置2021年获河口采油厂优秀技能人才创新成果集输专业一等奖（图2）。

图1　现场应用图

图2　获奖证书

油、气罐区移动式消防装置

胜利油田分公司　隋爱妮

一、项目创新背景

防火、防爆是对油田油、气罐区的基本安全要求。在油田油、气站库罐区都预设有固定的消防栓，并配备消防水带、喷枪等消防配件。一旦遇到火灾险情，消防人员需将水带、喷枪以及专用扳手等配件从消防柜内取出，然后快速抱至火灾现场，接通消防栓后实施灭火作业。目前，集输站库尚未配备专职消防员，遇到突发火灾险情时，站库值班人员即为第一时间应急抢险人员。由于值班人员多为女工，几十米的消防水带及配件从消防柜内搬运到数十米外的火场速度慢、耗时长。应急响应时间延长，延误了火灾初期有利的处置时段，加大了火势控制难度。并且常规消防水压均在0.8MPa以上，水枪强大的后坐力让三名女工把握消防喷枪都非常吃力，容易对油罐喷淋时位置失准，甚至出现脱手现象，加大了操作风险。

二、结构原理作用

该装置由推车、水枪、水枪支架、旋转接头、水带及消防扳手等部件构成（图1）。

（1）推车：装置消防设备附件，固定水枪支架。

（2）水枪：喷头通过卡式接口与开关连接。

（3）水枪支架：固定在推车上，约束水带在压力作用下窜动。

（4）旋转接头：实现水枪横向及纵向无死角喷射。

（5）水带及消防扳手：接通水源。

将装有水枪转台及水带的推车快速推至火场，压下推车手把展开平台，并安装水枪喷头，展开水带，并与转台卡式接口连接，接通消防水源，并打开供水闸门，调整好喷淋位置，实施消防作业。

三、主要创新技术

（1）大幅缩短消防应急响应时间，提高了火灾初期有效控制的成功率。

（2）消除了喷枪喷射时产生后坐力导致的摆动，实现对火点的精准喷淋。

（3）节约了人工，由原来的4人同时操作降为2人操作，提高了现场员工的应急处置能力。

（4）卡式接头前端的旋转接头，可快速有效地处置水带打结问题。

四、应用效益情况

该装置制作加工2套，在胜利油田河口采油厂罗北站、埕东、义和等联合站试验应用2年（图2），安全可靠，得到采油厂和消防大队领导的肯定，受到一线员工普遍好评。作为一项高效实用的消防辅助装置，大幅缩短了应急响应时间，消除了水枪在水压作用下产生的后坐力和随意摆动，提高了对火点的精准喷淋，避免了操作水枪脱手后导致伤人的操作风险，提高突发火灾险情应急处置能力，避免了因火灾导致的经济损失及社会负面影响，安全效益显著。获2018年度河口采油厂优秀技能人才技术创新成果采油专业一等奖（图3）；2019年获国家实用新型专利授权（图4）。

图1　成果实物图　　　　　图2　现场应用图

图3　获奖证书　　　　　　　　　　　图4　国家专利证书

储罐液压安全阀阻火器辅助保养支架

华东油气分公司　　张　帅

一、项目创新背景

目前，国内油田所使用的原油储罐多数为立式圆柱形储罐，其罐顶为拱顶（即罐顶为球冠状），储罐顶部装有呼吸阀、阻火器、泡沫发生器、喷淋装置等安全附件。现场生产中，这些安全附件的运行、检查、维护和保养，关系到储罐和集输管网的安全运行。其中液压安全阀和阻火器的保养主要包括：检查本体有无异常、油位油质是否符合要求、封口网清洁有无异物、内筒隔板正常、阻火器芯清洁通畅，密封良好无腐蚀等，由于液压安全阀是坐在阻火器上方的，所以完成这些保养需要将连接的法兰螺栓拆除后抬下安全阀和阻火器方能完成保养，因此每月的安全附件保养须多人上罐才能完成保养工作，越大的储罐要求的人数越多，同时也带来了安全隐患。按照油罐区上罐管理要求：同时上罐人数应不超过5人，且不应集中在一起，扶梯同时攀爬人数不超过3人。因此在保养安全附件的过程中既要保证一定的人数完成操作也要控制人数避免造成安全隐患，对于人员精简型站库如何节省劳力又能按照要求完成设备的日常保养变得尤为重要。为解决这一难题发明了储罐液压安全阀阻火器辅助保养支架，该支架解决了每月的安全附件保养须多人上罐才能完成的保养工作问题，同时也解决了更大尺寸液压安全阀作业时要求更多人数上罐所带来的安全隐患。在保养安全附件的过程中既保证一定的人数完成操作也避免造成安全隐患，同时对于人员精简型站库如何节省劳动力又能按照要求完成设备的日常保养变得尤为重要。

二、结构原理作用

该装置的主要结构由螺旋千斤顶和支架两部分组成。

（1）螺旋千斤顶：包含一顶盖手柄，中间设有一螺纹顶丝，顶丝背帽以及螺旋千斤顶本体的底端设有一中空的螺纹底座。主要用于顶升液压安全阀。

（2）支架本体：设有三根上支撑杆和三根下支撑杆，三根上支撑杆上部设有一上顶板，上抱箍分两半并焊接上锁紧孔板，下顶板焊接在下抱箍侧面，下抱箍分两半并焊接下锁紧孔板。主要作用是支撑螺旋千斤顶上端面和下端面。

三、主要创新技术

（1）加工工艺简单，成本低。

（2）拆装简便，能有效辅助保养工作，降低劳动强度，减少用工成本。

（3）解决了液压安全阀作业时要求的多人上罐所带来的安全隐患。

四、技术经济指标

（1）三个支撑杆的位置基本为160°、100°、100°分布。

（2）上下顶板为小于5mm钢板。

（3）三个螺旋千斤顶依次旋转顶盖手柄相同角度，并每次旋转不超过180°，直至顶丝顶起1~2扣。

五、应用效益情况

该装置于2020年研制成功。先运用于华东油气分公司草舍联合站千方罐，试用两次维护保养后每次降低劳务2人，减员增效明显，降低了维保人员劳动强度。随后便应用于其余8座储罐，年节约劳务费用2.1万元（图1）。2022年获国家实用新型专利授权（图2）。

图1 现场应用图　　　　　　　图2 国家专利证书

新型紫外光固化封堵材料

胜利油田分公司　隋迎章

一、项目创新背景

胜利油田地处渤海之滨，空气湿度大、土壤碱性高，管道的腐蚀速度远远高于其他内陆地区。油气集输单位由于各类容器多，管道流程复杂，生产现场经常面临突发性油气泄漏，易造成中毒、着火、爆炸等事故隐患，必须及时处置。而油气集输属高风险作业区域，采取常规处置措施需要停产，给企业带来较大损失。技能大师研制了"新型紫外光固化封堵材料"，解决了此项难题。

二、结构原理作用

该技术由多种材料混合而成。

在紫外光照射下3分钟内固化，形成新型超高附着套层，其机械性能可与金属相媲美。现场可切割成各种形状，粘贴、缠绕在基材上，大幅度降低施工时间、施工难度及人工成本。

三、主要创新技术

新材料在光引发剂和高黏附涂层方面有关键自主技术；在固化时间和固化层级收缩方面进行了创新，2项指标处于行业领先水平。

四、应用效益情况

该技术在胜利油田孤岛采油厂应用（图1），有效解决易燃易爆等高风险作业区域施工的动火难题，降低油气集输单位在安全、环保等方面的生产运行风险，创效70万元。该技术可适用于渔船、码头、钻采平台、市政管道等，具有产业化发展前景。该技术2021年获胜利油田为民技术创新一等奖（图2）。

图1　现场应用图

图2　获奖证书

液压式闸板取出装置

胜利油田分公司 刘同玲

一、项目创新背景

闸板阀是石油石化行业最为常用的管件之一。在采油或油气集输生产过程中，由于原油及采出水处理添加剂的腐蚀作用，加剧了阀门的腐蚀和结垢，造成闸板T形槽及阀杆长方头锈蚀，发生闸板脱落故障，导致生产流程受阻停产。闸板更换时，现场大多采用撬杠等工具取出已损闸板，不仅效率低，极易损伤闸板，导致闸门报废，同时长时间停产导致生产波动，影响油水井正常生产。技能大师研制了"液压式闸板取出装置"，解决了此项难题。

二、结构原理作用

该装置由闸阀连接座、单剪叉式捞取机构、液压千斤顶、顶板及连接螺杆等组成（图1）。

将闸阀连接座通过4条螺栓固定阀门上端面，为装置生根固定。单剪叉式捞取机构上的两个外撑倒爪合拢后，扣在闸板T形槽内，旋动捞取机构上的螺杆，使梯形压块下行，撑开爪牙从而抓紧闸板。用液压千斤顶向上顶起顶板，顶板通过连杆带动捞取机构上行，即缓慢将闸板从腔体内抽出。

三、主要创新技术

（1）单剪叉式设计捞取可靠，开度范围大，适应性强。

（2）液压取出省时省力，节省人工。

（3）不损伤闸门原有结构，修复程度高，节约生产成本。

四、应用效益情况

装置设计完成后，在胜利油田河口采油厂应用修复闸门237个。该装置安全可靠，精巧实用，受到在岗员工好评。该装置提高了闸板阀的修复率，降低了阀门换新率，节省了更换费用，同时缩短了维修时间。该装置获河口采油厂2019年度优秀技能人才技术创新成果集输专业二等奖（图2）。

图1 成果实物图 　　　　图2 获奖证书

一种带压换管式取样器

胜利油田分公司　张金利

一、项目创新背景

联合站油水处理系统运行过程中，为了掌握处理效果，在各个处理节点设置了取样点，以便监控各个节点油水处理后的指标是否符合要求。按照取样规范，取样管应插入被取样管线中心位置，以确保所取样品具有代表性，在使用过程中，受介质腐蚀影响，自管壁至伸入管中心部位的取样管因腐蚀而造成穿孔或脱落，导致所取样品无法反映管内输送介质的真实情况，影响生产调节。

目前联合站所用的取样管线一般是利用法兰连接或直接焊接在被取样管线上，长时间使用后，取样管是否完好无法检查。技能大师研制了"一种带压换管式取样器"，解决了此项难题。

二、结构原理作用

该装置由取样管和取样器连接管线两个部分组成（图1）。

取样管要与取样器的连接管线部分分为两个独立的个体。

取样器安装在生产流程上，正常生产时管线内部具有一定的压力，在安装或取出取样管时，能够及时切断管线内部压源，防止介质泄漏造成污染。

检查或更换取样管时，首先将密封填料压盖禁锢螺栓松开，用管钳或转动工具盘动取样管并逐渐向外抽出，当取样管抽出至刻度位置时（此时取样管前端已被抽至球阀球体旋转范围以外），关闭球阀切断压源，将取样管全部抽出。更换取样管时，将新取样管插入密封桶，并在填料函内装入相应规格的密封填料，装好密封填料压盖；当取样管前端伸至球阀球体时，在密封填料压盖外侧做好标记，以便下次抽出取样管时及时关闭球阀。

三、主要创新技术

（1）实现了在生产工艺不停产的情况下更换取样器的取样管。

（2）避免了更换取样管动火施工的安全风险。

（3）更换取样管，方便简洁，操作方便。

四、应用效益情况

该取样器于2020年8月开始研制，2021年3月安装于胜利油田孤东采油厂东二联合站安装应用，使用效果良好。该装置2021年获胜利油田设备管理成果三等奖（图2），2021年获国家实用新型专利授权（图3）。

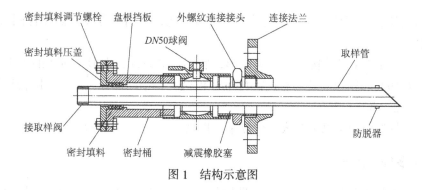

图1 结构示意图

图2 获奖证书

图3 国家专利证书

一种柱塞泵盘泵专用工具

河南油田分公司 高廷彬

一、项目创新背景

在油田注水开发过程中常采用柱塞泵为注入地层水增压，在机泵维修和处理故障（更换柱塞、中间杆、盘更盒、润滑油骨架油封等）时，需要拆除皮带轮护罩，转动大皮带轮进行盘泵操作。由于皮带轮直径大，负荷重，单人操作很难完成，需要2~3人同时操作，用手拉轮辐来转动大皮带轮进行盘泵卸载，费力费时。维修完工后还需再次安装皮带轮护罩，存在员工劳动强度大、安全系数低、维修操作时间长影响生产运行的问题。技能大师研制了"一种增注泵盘泵专用工具"，解决此项难题。

二、结构原理作用

该工具由固定轮盘、盘泵手柄组成（图1）。

（1）固定轮盘为圆柱形结构，边缘处均布6个孔，中间部分在一侧设计圆台形结构，通孔为方孔。

（2）盘泵手柄为L形结构，截面为圆形，底部一端设计为方形。所述的固定轮盘为圆柱形结构，Φ192mm定位圆处均布6个Φ20mm的圆孔，中间部分一侧设计圆台形结构，通孔形状为30mm×30mm方孔。

（3）利用杠杆原理可以一个人轻松盘泵，提高了生产效率，减轻了工人的劳动强度。

三、主要创新技术

（1）机泵维修无须拆、装柱塞泵皮带护罩，利用杠杆原理只需一个人轻松地通过转动电动机皮带轮盘泵。

（2）用固定轮盘替代电动机皮带轮防脱盖板，安装在电动机皮带轮上，通过转动电动机可方便地进行盘泵操作。

（3）在设计时始终以方便使用为主，降低了盘泵负荷，操作方便、可靠、安全，同时能降低员工劳动强度、缩短维修操作时间，因而具有很强的实用性，易于推广。

（4）该盘泵工具的设计适用于各种柱塞泵盘泵操作，使用简便可靠，有效消除了盘泵操作时的隐患，同时能降低劳动强度、减少操作时间，有很好的市场前景。

图1　成果实物图

图2　现场应用图

图3　获奖证书

图4　国家专利证书

四、应用效益情况

该工具在现场应用，解决了工人在维修柱塞泵加盘根盘泵困难的问题，现场使用简便可靠，有效消除了操作时的隐患，同时能降低劳动强度、减少机泵维修时间，1人就可以轻松盘动（图2）。该创新成果被评为技术创新项目三等奖（图3），并获国家实用型专利授权（图4）。

一种柱塞泵骨架油封安装工具

河南油田分公司 高廷彬

一、项目创新背景

柱塞泵的骨架油封属于易损件，需要定期进行更换。由于骨架油封安装位置较深，可操作空间较窄，安装时，一般用起子逐步将油封敲入，油封受力不均，易呈倾斜状态，很难均匀安装到挡沿处，对骨架油封进行单点的敲击也容易导致骨架油封出现变形，与端盖、拉杆之间形成缝隙。高压水汽通过缝隙渗入柱塞泵的曲轴箱，造成机油乳化，甚至导致动力端部件过度磨损或损坏。技能大师研制了"一种柱塞泵骨架油封安装工具"，解决了此项难题。

二、结构原理作用

该工具由套筒、顶推组成。

根据倒油头的结构设计了一个专用工具，在安装骨架油封时，先把油封套入中间杆，再把加工的专用工具套入中间杆，连接U形槽挡板即可。

套筒套装在拉杆的外部，顶推结构固定于柱塞泵拉杆上，与拉杆配合；安装盘泵时，拉杆带动顶推结构朝向油封所在的方向移动并顶推套筒，套筒将油封顶推至端盖穿孔的设定位置。

三、主要创新技术

（1）通过设计的工具来顶推骨架油封，利用拉杆的移动实现了骨架油封的安装，方便快捷。

（2）利用指示线来指示安装是否到位，达到安装位置准确。

（3）有效提升了油封的密封性能和使用周期，减少机油乳化概率，降低了生产运行成本，提升了设备安全运行系数。

四、应用效益情况

该工具在现场应用后（图1），从根本上解决了

图1　现场应用图

更换柱塞泵骨架油封操作困难的问题，年节约费用30万元，适用于柱塞泵骨架油封的维修，项目推广应用前景广阔。该工装2021年获国家实用新型专利授权（图2），2022年获全国能源化优秀职工技术创新成果奖（图3）。

图2　国家专利证书　　　　　　　　　　　图3　获奖证书

一种柱塞泵盘根盒取出工具

河南油田分公司　　高廷彬

一、项目创新背景

油田注水开发过程中常采用柱塞泵为注入水增压。柱塞泵长时间运行后盘根垫片被磨损，因此需要取出柱塞后对盘根或垫片进行更换。传统的操作方法先拆卸盘根盒底座与泵头连接的4条螺栓，然后用大锤振松盘根盒，再用撬杠将盘根盒一点点撬出。费时费力，维修操作时间长、安全系数低。技能大师进行了"一种柱塞泵盘根盒取出工具"的研制，解决了此项难题。

二、结构原理作用

该工具由顶杆组件（顶杆两端分别可拆连接有顶板和压板）、顶推机构和支撑杆等组成（图1）。

（1）顶杆两端分别设有沿顶杆轴向延伸的螺纹孔。

（2）顶板、压板均包括实心圆盘，两实心圆盘的中心部位的一侧分别设有垂直于实心圆盘的盘面延伸的螺柱，两螺柱分别旋装在顶杆两端的螺纹孔内，从而实现顶板、压板与顶杆的固定连接。

（3）顶板外径大于压板外径，顶板在使用时伸入泵头腔内且与泵头腔保持间隙2~3mm，从而将顶板顶杆组件偏斜程度控制在较小的范围内。

（4）使用时根据柱塞泵型号选择相应尺寸的顶板、压板与顶杆进行固定连接形成顶杆组件。将顶杆组件伸入泵头腔内，后端通过千斤顶作为动力轻松顶出盘根盒。同时，顶杆组件作为一个完整的结构单元，不需要配置专门的支架，顶杆组件的适用范围较宽。应用千斤顶与顶杆组件组合，以千斤顶作为动力，轻松顶出盘根盒，解决盘根盒取不出易被损坏的难题。

三、主要创新技术

（1）通过设计的工具来顶推骨架油封，利用拉杆的移动实现了骨架油封的安装，方便快捷。

（2）利用指示线来指示安装是否到位，达到安装位置准确。

（3）有效提升了油封的密封性能和使用周期，减少机油乳化概率，降低了生产运行成本，提升了设备安全运行系数。

四、应用效益情况

该工具在现场应用后，从根本上解决了拆卸盘根盒损坏的问题（图2），消除了安全隐患，年创效8.9万元。适用于高压柱塞泵维修，应用前景广阔。该工具2020年获国家实用新型专利授权（图3），2021年获河南石油勘探局技术创新二等奖（图4）。

图1 成果实物图

图2 现场应用图

图3 国家专利证书

图4 获奖证书

油罐快速量油装置

胜利油田分公司　隋迎章

一、项目创新背景

在原油处理过程中，针对罐内原油的厚度，广泛使用人工上罐检测法进行测量。这种测量方法需职工攀爬油罐，劳动强度大，夜间、雨雪、大风等环境因素对影响也很大，更重要的是目前油的硫化氢含量高，上罐检测存在安全隐患。技能大师研制了"油罐快速量油装置"，解决了此项难题。

二、结构原理作用

该装置由钢丝绳缠绕部分、计数器计量部分、重锤、手摇绞车、万用表、接地桩等六部分组成（图1）。

在油罐基础上安装钢丝绳缠绕（手摇绞车），通过计数器计量钢丝绳放出或回收的长度，当重锤接触到罐内水面时，重锤、不锈钢丝、手摇绞车、万用表、接地桩形成回路，万用表测量的电阻值迅速变小；当重锤上提进入原油内，回路断开，此时的电阻迅速增大；当重锤继续上提接触到油面上接地浮球时，回路再次接通，电阻迅速增大，回路断开时重锤上提的距离即该罐内的油厚。

三、主要创新技术

（1）实现了免登高油罐量油。
（2）能够根据电阻测量油厚。

四、应用效益情况

该装置在胜利油田孤岛采油厂12座油罐进行了安装使用，有效减少职工攀爬油罐的次数，操作方便、省时省力。该装置2012年获胜利油田优秀质量管理小组成果一等奖（图2）。

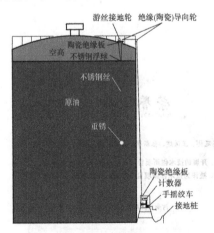

图1　结构示意图

图2　获奖证书

油水界面安全测量装置

胜利油田分公司 刘同玲

一、项目创新背景

油田各类沉降罐内水位检测方式通常采用射频导纳仪和人工手摇电流检测两种方法。射频导纳仪是通过在罐顶安装自动化的检测仪进行测量，通过水位的检测指导生产，该种类自动化仪表普遍存在零点偏移和电器故障多，稳定性较差，需要人工定期校对。人工手摇电流检测通过在罐底安装毫安电流表，用钢丝绳拉动导体浮漂在罐内上下浮动，当浮漂下降到水层时，借于水的导电性，钢丝绳和电流表间形成回路，电流表指针偏转从而测量水位。人工手摇式的缺点在于，罐顶不能做到密闭，油气挥发严重，钢丝绳与钢制滑轮之间的摩擦易产生静电，存在安全隐患。技能大师研发了"油水界面安全测量装置"，解决了此项难题。

二、结构原理作用

该装置由绝缘密封装置和绝缘棘轮式绞车两部分组成（图1）。

绝缘密封装置安装在罐顶量油口上，绝缘棘轮式绞车安装在地面，便于人员操作。绝缘密封装置从下往上依次由法兰、一级密封室、二级密封室、清洁室、滑轮导向装置组成。绝缘棘轮式绞车由绝缘轴、棘轮装置、测量表和绞车架组成。

三、主要创新技术

（1）三级密封：装置设有3个带孔的绝缘隔板，起到三级密封和稳定装置的作用。

（2）清洁功能：装置设有清洁室，具有清洁钢丝绳的功能，达到安全环保的目的。

（3）罐顶全密封：装置设有黄油嘴，可加注密封聚酯进行装置全密封。

（4）陶瓷滑轮：导向装置滑轮采用陶瓷材质，绝缘性能良好。

（5）防倒转功能：箱体上设有棘轮装置，防止摇把倒转。

四、应用效益情况

该装置2019年开始研制，2019年10月在胜利油田河口采油厂义和站、首站应用（图2），实现了测量过程全密闭、安全环保；解决了老式测量装置存在的污染和安全隐患问题，避免了操作人员上罐测量产生的不安全因素，降低了劳动强度，提高了工作效率。该装置年创效28万元。该装置2020年获胜利油田设备管理成果三等奖（图3）。

图1 结构示意图

图2 现场应用图　　　　　　　　图3 获奖证书

油水界面测量仪

胜利油田分公司　毕新忠

一、项目创新背景

及时、准确地掌握储罐油水界面变化，是集输系统生产调控的重要依据，每套班都要进行测量。传统的测量方法有电流表法、电阻法（万用表）和取样法。存在的问题：一是计量误差大；二是需两人配合操作，工作效率低；三是测量过程中黏附在尺带上的原油带出油罐，造成污染。技能大师研制了"油水界面测量仪"，解决了此项难题。

二、结构原理作用

该装置主要由测量部分、显示部分、刮油装置三大部分组成（图1）。

（1）测量部分：采用取样电流原理，形成了油、过渡带、水的对应参考阻值：300kΩ、38~161kΩ、15kΩ。

（2）显示部分：应用了指针和光电显示双重验证指示功能，互为确认，方便员工操作，提高了测量准确度。

（3）刮油装置：设计凸轮的刮油结构，应用聚四氟乙烯为刮油材料，提高了刮油效果。

三、主要创新技术

（1）由"专用电流显示器"替代"非防爆万用表"实现了测量安全。

（2）由"自动显示"替代"人工判断"油水界面高度，实现了数据准确。

（3）由"自动清除"替代"事后清理"检尺携带原油，实现了现场清洁。

（4）由"便捷体轻"替代"繁琐复杂"的测量组合体，实现了操作方便。

四、应用效益情况

该装置2015年10月作为推广项目在胜利油田全面推广应用（图2），年创效益32.25万元，该装置2016年获全国质量创新大赛一等奖，同年获全国优秀质量管理小组一等奖（图3）、中国石油化工集团公司QC成果一等奖，获得国家实用新型专利授权（图4）。2017年（立式金属罐油水界面测量法）作为中国石化集团胜利石油管理局企业标准发布应用。

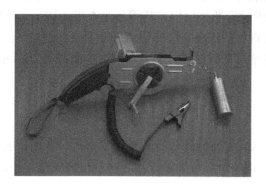

图1　成果实物图

图2　现场应用图

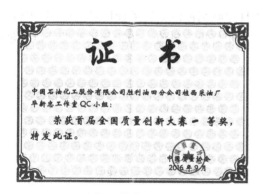

图3　获奖证书

图4　国家专利证书

 原油储罐固定式量油装置

胜利油田分公司　刘同玲

一、项目创新背景

目前储罐量油装置多为手动敞口式设计，储罐顶部原油油气挥发，造成环境污染和罐顶污染，不符合安全环保法律法规要求，雷雨季节还易造成雷击、火灾爆炸等安全事故隐患。技能大师专门研制了"原油储罐固定式量油装置"，解决了此项难题。

二、结构原理作用

该装置由销钉式开合量油孔盖和绝缘材质密闭隔油相结合、废弃电极棒穿心与过滤刷结合两部分组成。

该装置采用销钉式开合量油孔盖和绝缘材质密闭隔油相结合，人工量油时，转动孔盖栓销把手，即可提起掀开密封的孔盖，进行人工罐口量油时，关闭孔盖转动栓销，把手将孔盖锁死。罐下量油时，钢丝绳游丝跨在绝缘瓷瓶轨道内，从罐顶垂直进入罐内，在罐口位置采用废弃电极棒穿心与过滤刷结合实现灵活进出并过滤清洁游丝带油，游丝不会接触罐体导致量油误差。通过实现罐顶人工量油后及时封闭，又可以罐下量油密闭，达到安全环保目的。

三、主要创新技术

（1）该量油装置罐顶量油孔采用扇形渐入式锁紧栓销进行孔盖压紧密封，各个功能环节采用绝缘胶皮衬垫密封、绝缘瓷瓶运动，钢丝游绳带油经过滤等措施达到安全、环保、清洁、无污染目的。

（2）整个装置功能集成，简单便捷，易操作。

四、应用效益情况

该装置2019年开始研制，2019年12月在胜利油田河口采油厂首站应用（图1），实现了罐顶清洁无污染，消除了安全风险，具有很好推广价值。2020年该装置获胜利油田设备管理成果三等奖（图2）。

图1　现场应用图　　　　图2　获奖证书

原油储罐分布式自动计量盘库装置

胜利油田分公司　刘同玲

一、项目创新背景

计量盘库是对所管辖油田区块油气水生产产量进行核实标定，真实反映油田区块实际生产状况，便于指导下一步生产和措施的有效实施，胜利油田大部分站库由于传统计量仪表误差大、数据漂移等问题，仍然沿用人工计量、人工取三级样、人工化验的工作方式。

存在测量数据误差大、职工劳动强度高、登高作业和罐顶硫化氢中毒的安全隐患，恶劣天气无法上罐还造成计量滞后。技能大师研制一种"原油储罐分布式自动计量盘库装置"，解决了此项难题。

二、结构原理作用

原油储罐智能分布式自动计量盘库装置主要由传感极板、检测电路、耐腐蚀水下连接器、保护封装壳体四部分组成（图1）。

实时检测油水处理设施内部介质液位、水位、乳化层、综合含水、温度各项参数；通过分析和计算获取设施内的含水分布情况、温度分布情况、液位高度、水位界面、油厚、乳化层厚度，并结合设备设施容积表、原油密度、底面积等参数计算得出储罐内油量。

三、主要创新技术

（1）原油储罐含水检测及自动计量系统替代了现有的人工计量，实现了实时自动计量盘库。

（2）自主设计研发的对称双极板结构，形成了稳定的平行环形电场检测环境，保障了测量可靠性。

（3）应用边缘计算原理，简化了前端数据采集结构，降低了传感系统误差。

（4）自主设计研发的梯度温度补偿技术，能自动修正测量数据，提高了检测精度。

（5）该成果内置的含水检测传感器纵向多点高密度布置，实现储罐内部含水分层检测的连续性。

四、应用效益情况

该装置于2020年9月在胜利油田河口采油厂首站现场应用（图2），避免了人工计量登罐作业时带来的硫化氢等有毒有害气体中毒和高空坠落风险，提高盘库计量工作的本质安全化水平；降低了职工劳动强度，提高了劳动效率，得到在岗员工的好评。该装置2021年全国能源化学地质系统优秀职工技术创新成果三等奖（图3）。

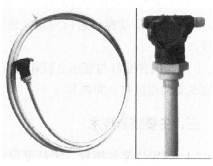

图1　成果实物图

图2　现场应用图

图3　获奖证书

原油化验可调式支架

中原油田分公司　冯玉民

一、项目创新背景

在原油计量交接工作中，原油水含量化验依据国家标准GB/T 8929—2006原油水含量测定法（蒸馏法）中相关规定，含水化验需将加热器、蒸馏烧瓶、接受器、直冷凝管以及冷却水循环塔等蒸馏仪器，组装、固定后进行操作。由于含水蒸馏的电加热设备规格型号较多，不同厂家生产的产品尺寸上也存在一定差异，化验使用的电加热设备在尺寸上无法保证一致。技能大师研制了"原油化验可调式支架"，解决了此项难题。

二、结构原理作用

该装置为固定支架结构，固定支架由支座、固定竖杆、伸缩竖杆、固定横杆、伸缩横杆、套扣等七部分组成。

（1）能够舒畅地完成上、下、左、右四个方向上的调节，在原支架的结构基础上将竖杆设计成分段结构，实现在竖向和横向上自由伸缩；其次选用铁质材料将架杆都做成圆柱形，增强了支架在使用过程中的稳定性和伸缩的流畅性。

（2）套扣与横向伸缩杆的连接方式改为嵌入式活动连接，与固定横杆的连接方式改为活口连接并用活动螺钉进行固定，使套扣在横杆上实现左右移动的同时保证了套扣的稳定性；

（3）竖向伸缩杆与底座立杆相接部位、横杆与竖杆相接部位都采用活扣形式连接，从而实现支架在纵向上的调节。

三、主要创新技术

（1）固定支架各横杆、竖杆都设计为圆柱形，在使用和拆卸过程中都能实现顺畅滑动，容易调节。

（2）伸缩横杆、伸缩竖杆都是实心铁质圆杆，增强了伸缩杆的强度，能满足多组试验时的支撑需求。

（3）新支架竖杆分段设计，增强了支架在纵向上的移动调节功能，连接处用螺钉紧固，增强了支架的稳定性，达到了最佳固定效果。

（4）横向伸缩杆上的凹槽与小管径套扣上的凸起部分相配合，避免套扣上下滑动，进一步提高了套扣的稳定性。

四、应用效益情况

该装置2011年开始研制，2012年在中原油田油气储运中心8个化验室应用（图1）。目前，已在新疆西北油田、中原油田4个采油厂80余家化验室使用，累计创效100多万元。该成果2012年10月获国家实用新型专利授权（图2）。

图1 现场应用图   图2 国家专利证书

车载式洗井装置

江苏油田分公司 顾建国

一、项目创新背景

江苏油田采油一厂共有注水井390口，2013年计划洗井500口，一次性洗井成功率仅有44.4%。经分析，洗井车设计缺陷是影响成功率的主要原因。在洗低压注水井（15MPa以下注水井）时，洗井液通过高压调节阀，进、出口压力差平均为5.8MPa，高压调节阀节流，导致洗井液用量不足，造成洗井作业失败；现场洗井过程中，洗井介质含沙较多，导致填料磨损造成刺漏，甚至发生曲轴箱进水造成三缸泵机油乳化停运；当达到额定压力的90%，每秒钟上升压力≥0.1MPa时，安全阀和电子保护系统反应滞后，造成设备损坏事故。我们针对"车载式洗井装置"进行改进，解决了此项难题。

二、结构原理作用

该装置由低压节流装置、防进水装置、扭矩限制器等三部分组成（图1）。

（1）对洗井车井口返水至下级过滤器流程进行改造。安装高压控制阀、安全阀、压力表和压力传感器制作了一套低压节流装置，通过调整流道截面积，降低注入压力差，解决了节流对洗井的影响。

（2）制作三缸泵曲轴箱防进水装置。油水混合物进入箱体，先到达高液位区（沉降区），利用重力分离使油水分离，底水由排污口排入污水箱，油因液位差进入低液位区，经出口进入油泵。

（3）在传动轴与三缸泵之间增加扭矩限制器，利用压力变送器、控制线、防护罩组合成超压保护装置。正常运转时两轴的连接靠顶针在弹簧的压力下结合运转，洗井过程中，一旦出现超压现象，在过载瞬间，顶针向后弹出并自锁，使主动、被动轴完全分离，泵停止运转。

三、主要创新技术

（1）实现一机两用，解决了洗低压井时调节阀节流问题，满足高压和低压注水井洗井要求。

（2）改造曲轴箱防进水装置，将油水混合物完全分离，使柱塞得到良好润滑。

（3）超压保护装置将两重保护改为三重保护，遇超压时，扭力保护装置最先动作，保护可靠有效，避免超压引发设备损坏事故。

四、应用效益情况

该车载洗井装置2014年9月在江苏油田采油一厂低压（15MPa）注水井上应用（图2），洗井成功率100%。被中国石化第四石油机械厂作为标准配置定型实施推广。累计创经济效益892万元。该成果2015年获国家实用新型专利授权（图3），2016年获中国石化QC成果二等奖（图4），2016年获江苏油田质量科技成果一等奖。

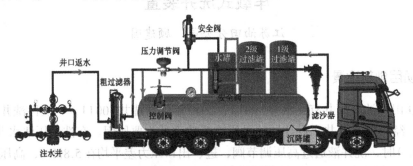

图1 结构示意图

图2 成果实物图

图3　国家专利证书　　　　　　　　　图4　获奖证书

多功能仪表盛装集油一体器

胜利油田分公司　刘同玲

一、项目创新背景

胜利油田河口采油厂生产现场共使用压力表2000块左右，生产过程中每半年要对在用压力表进行校验更换，拆卸下来的压力表接头内孔部位有时会向外滴油，堆放在一起的压力表造成相互污染，放置不当还会污染环境，增加了岗位人员的工作强度和降低了工作效率。技能大师研制了一种"多功能仪表盛装集油一体器"，解决了这一难题。

二、结构原理作用

该装置由收纳仓、集油盒、顶盖等三部分组成（图1）。

（1）收纳仓：由6个单独的储物仓呈梅花状排列组成，存放压力表。

（2）集油盒：放置在储物仓中间底部，盛接污油。

（3）顶盖：可以临时存放拆卸压力表操作中使用的扳手、丝扣带、棉纱等。

准备更换压力表时，将压力表收纳装置提到现场，将拆卸下来的压力表接头向里依次放入收纳仓。由于仓底呈向下30°斜面，压力表接头内的油污利用自身重力自然滴落在中间的集油盒内，实现了油污的收集。由于收纳仓进口比压力表直径小，压力表不会从收纳仓中滑落。

三、主要创新技术

（1）花瓣形收纳仓：六组收纳仓可同时放置30只压力表，现场使用时集油盒盛装3组15只新鉴定压力表提至现场，将更换下来的旧压力表放置在相对的空收纳仓内，提高了工作效率。

（2）工具盒：顶盖的储物盒可以放置工具用具，实现了一物多用。

（3）集油盒：安装在底部，用于收集压力表接口流出的油污，防止污染。

四、应用效益情况

该多功能仪表盛装集油一体器2019年9月在胜利油田河口采油厂现场应用（图2），最大限度地解决了现场环境污染问题，实现了分类取用和降低了职工劳动强度。累计创效14.4万元。该装置2020年获国家实用新型专利授权（图3）。2021年获得山东省设备管理创新成果二等奖（图4）。

图1　成果实物图

图2　现场应用图

图3　国家专利证书

图4　获奖证书

改进静电接地报警装置

胜利油田分公司　沙志文

一、项目创新背景

静电接地报警器是罐车在装卸油液过程中重要的安全防护装置。其工作原理是当罐车驶入指定地点后，将接地夹可靠连接到罐车本体，罐车在行驶过程中产生的静电通过报警装置由静电接地桩导入大地，如果遇到导线不通或者接地夹没有可靠连接，就会发出报警。存在的主要问题是电池使用寿命短、易产生不报警和异常报警，使用过程中导线铺设在地面，受人员踩踏等因素影响，造成老化断裂，影响报警装置的正常使用。技能大师研制了"改进静电接地报警装置"，解决了这一难题。

二、结构原理作用

该装置由报警模块、回转线盘两部分组成（图1）。

集成为一个报警模块，安装在静电接地夹上，减少了导线连接点，模块内密封固定，降低了雨水、潮湿等外在因素对电子元件的影响。针对导线长期散落在地面，人员经过踩踏造成导线破损、老化、断裂的问题，制作一个回转线盘，在使用过程中导线可根据与夹持罐车的距离选择出线长度，使用完毕后导线自动回收到线盘内，解决了导线在地面被来回踩踏的问题。

三、主要创新技术

（1）实现了改造一体集成报警装置。

（2）采用回转线盘，实现自由收放导线。

（3）装置小巧、轻便、故障率低。

四、应用效益情况

该装置2021年在胜利油田石油开发中心推广应用（图2），有效降低了维修频次，保证报警器的稳定使用。该装置在2022年石油开发中心第三届职工技能创新论坛及第二届信息化创新成果优秀成果中获二等奖（图3）。

图1　成果实物图

图2　现场应用图

图3　获奖证书

离心式玻璃烧瓶摇样清洗一体机

胜利油田分公司　刘同玲

一、项目创新背景

进行原油含水化验时，玻璃烧瓶内壁会有一层加热原油后产生黏稠、胶结的油污物，直接影响计量标定和化验称重。化验工每天清洗烧瓶过程繁杂、清理费时又费力。技能大师自行设计了"离心式玻璃烧瓶摇样清洗一体机"，解决了这一问题。

二、结构原理作用

该装置主要有离心式运动装置（5个偏心轴组成）、烧瓶固定支架、活动球头、清洗机护罩、耐热防爆胶圈、调速开关等六部分组成（图1）。

该装置通过电动机带动离心式运动装置使烧瓶做离心式旋转运动，从而使烧瓶进行清洗和摇样。

三、主要创新技术

（1）可以在调速开关的控制下，自由调节运动快慢。

（2）可以同时实现摇样和清洗功能。

（3）烧瓶固定架接触烧瓶部分采用耐热防爆胶圈，可以使烧瓶牢固地固定在烧瓶支架上，有效避免了因运动造成的碰撞破碎。

（4）降低了职工劳动强度，提高了工作效率。

四、应用效益情况

该成果自2019年在胜利油田河口采油厂进行了现场应用，解决了化验工清洗烧瓶过程复杂、费时费力的问题，降低了职工劳动强度，提高了工作效率和质量。该成果2021年获得山东省设备管理创新成果二等奖（图2）。

图1　成果实物图

图2　获奖证书

配电室降温节能装置

胜利油田分公司 刘同玲

一、项目创新背景

集输站库部分配电室无空调降温除湿装置，夏季室内气温高、湿度大，影响变频器等精密配电设备安全运行。进入秋冬季节后，由于温差大，电缆沟中的水蒸发后遇冷，在配电柜内形成一层水珠，使开关绝缘数值降低，对配电设备和操作人员造成很大安全隐患。安装了空调的配电室也存在空调开启时间较长、耗能较高的问题。技能大师研制了"配电室降温节能装置"，解决了这一难题。

二、结构原理作用

该装置主要有传感器、控制箱、空开、接触器、控制开关、电线控制线、风机、指示灯等八部分组成（图1）。

利用风机调节配电室内温湿度，在风机的控制电路中加装一个温度湿度传感控制器。控制电路有手动、自动两种运行模式：控制开关扳到手动运行时，风机可连续运行；控制开关扳到自动运行时，传感器探头检测到空气中的温度、湿度值达到设定值时，控制风机自动运行，达到控温控湿的效果。

三、主要创新技术

（1）配有温湿度传感器，可根据设定数值自动启停。

（2）有红绿启停指示灯及黄色故障指示灯，运行状态一目了然。

（3）有自动和手动两个挡位，除自动调节温湿度外，还可进行持续通风换气。

图1 成果实物图

图2 现场应用图

四、应用效益情况

该装置在胜利油田河口采油厂渤三联合站应用（图2），效果良好。夏季配电室内温、湿度得到改善，秋冬季配电柜内也无水珠形成，保证了配电设备的安全运行。且起到了节能降耗的作用，每台装置每年可节约电费约5300元。该成果适用于各个站库配电室，可替代空调使用，应用前景广泛。

污油回收装置

胜利油田分公司　连业春

一、项目创新背景

胜利油田河口采油厂陈南联合站每天做油样含水12次，产生废油26L左右，这些废油会倒进污油池，重新进入井排进行二次处理，使操作人员的工作量增加和能源损耗，因此利用分水器下部的排污管线，研制了"污油回收装置"，解决了此项难题。

二、结构原理作用

该装置由回收舱阀门、污油漏斗、污油回收舱、漏斗阀门、回收管线五部分组成（图1）。

使用时先将顶部放气阀门和污油漏斗顶部阀门打开，放净管线内残留气体后关闭顶部放气阀门；随后将污油缓慢倒入漏斗后关闭污油漏斗顶部阀门，打开污油回收舱阀门，使污油从漏斗进入舱内；关闭污油回收舱阀门，打开下部放气阀门，利用气压将舱内污油压入管线，停止30s后，关闭污油回收舱阀门、下部放气阀门。

三、主要创新技术

（1）实现了污油的回收。

（2）利用系统压力，节省能源。

图1　成果实物图

（3）利用分水器排污系统，节约改造成本。

（4）装置体积小，节约空间。

（5）节约来回倒污油时间，提高了工作效率。

四、应用效益情况

该装置2019年9月在胜利油田河口采油厂陈南联合站安装使用（图2）。缩短了操作人员回收污油的时间，整个操作过程仅需2~5分钟即可完成。该成果获河口采油厂2019年度优秀技能人才技术创新成果集输专业三等奖（图3）。

图2 现场应用图

图3 获奖证书

油田专用摄像头镜面清理装置

胜利油田分公司 毕新忠

一、项目创新背景

随着油田信息化的建设发展，生产现场大量安装应用了视频监控技术。监控摄像装置作为视频监控的主要设备长期暴露在自然环境中，受风吹日晒等影响摄像装置镜面被杂质、灰尘覆盖，导致监控视频画面不清晰，严重时无法看清生产现场情况。特别是监控摄像头安装距地面8~10m，清理难度大。技能大师研制了"油田专用摄像头镜面清理装置"，解决了此项难题。

二、结构原理作用

该装置由伸缩杆、遥控器、接收器、电动机、清洗泵、清洗盒、清扫刷七部分组成（图1）。

（1）举升部分：采用便携式伸缩杆，将清洗部分稳定举升到摄像头镜面位置。

（2）清洗部分：电机驱动清扫刷旋转，清洗泵将清洗盒内清洗液加压，实现了同步清理。

（3）控制部分：采用无线遥控技术，实现了清洗装置的轻量化，便于操作。

三、主要创新技术

（1）便携式伸缩杆可调范围1.5~7m，既满足了清理高度的需要又方便携带。

（2）喷水功能与擦洗一体化组合功能设计，提高了镜面清晰效果。

（3）遥控技术在清洗盒端面与摄像头镜面准确接触后，遥控启动清洗功能，精准可靠。

（4）一体化设计操作便捷，改登高操作为地面操作，实现了安全本质化。

四、应用效益情况

2017年该装置在胜利油田桩西、河口等采油厂推广应用，以简单的地面操作代替传统登高施工（图2），效果显著，得到了岗位员工的认可，有效提高了在用视频监控的清晰度，提高了油田信息化生产监控的质量，年创效7.3万元。该装置2018年获国家实用新型专利授权（图3），2019年获山东省优秀质量管理小组一等奖（图4）。

图1　成果实物图

图2　现场应用图

图3　国家专利证书

图4　获奖证书

柱塞泵盘根快速加取工具

胜利油田分公司　孙文海

一、项目创新背景

随着油田油藏的持续开发，为了补充地层能量，需要通过注水泵将注入水注入地层。柱塞式注水泵在注水泵中占比较大。

撬取费时费力，由于压力和水质的原因，每次更换盘根后的使用时间很短，如不及时更换，短时间内盘根刺水就会变大，甚至造成曲轴箱机油进水发生乳化变质，损坏设备。

传统更换盘根操作需逐根取出时费时费力，针对上述问题，研制的柱塞泵盘根快速加取工具，省时省力，安全实用，延长了盘根使用寿命，提高了柱塞泵的开泵时率，具有很高的推广应用价值。

二、结构原理作用

该装置主要由三部分组成（图1）。

（1）固定部分：利用环口穿过柱塞总成到盘根处合上，起固定支撑作用。

（2）加力杆：利用装置上的固定支撑点来支撑加力杆用力，从而达到加取盘根的目的。

（3）加取盘根部分：通过加力杆将旋转刮刀压入盘根腔中。

三、主要创新技术

（1）装置固定部分上有变径环，适合各种型号的柱塞泵。

（2）线切割加工的压盖可以穿过柱塞杆连接到泵头上，便于操作。

（3）采用了杠杆原理，拔插加力解决了空间受限操作难题。

（4）刮旋刀插入盘根破解压实力度，简单快捷去除盘根。

四、技术经济指标

（1）一套工具适合不同型号的柱塞泵上使用。

（2）原来更换时间为两人60分钟，应用该成果后为一人十分钟即可完成。

（3）节省了更换时间，提高了柱塞泵的开泵效率。

五、应用效益情况

该装置2016年开始研制，2017年10月完成研发。该装置自研制出台至今，经过两年多的实践认证，受到广泛好评。2016年在胜利油田河口采油厂全面试用，效果良好。2017年获得了管理区鲁班奖一等奖；2018年度采油厂职工技术创新一等奖。2018年经采油厂专家领导认证，列为河口采油厂2018年职工技术创新推广立项项目，现已经在河口采油厂推广应用70套。2019年获胜利油田为民技术创新优秀成果评比一等奖（图2）。2019年获得国家实用新型专利，同年获得全国能源化学地质系统优秀职工技术创新成果评选三等奖。

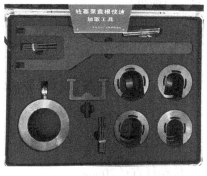

图1 成果实物图

图2 获奖证书

一种大型柱塞泵盘泵装置

胜利油田分公司　张春来

一、项目创新背景

胜利油田胜利采油厂采油管理三区现有注水站大型柱塞泵9台，担负着7000立方米的日注水能力，是满足注聚、精细注水、末端增压等必不可少的增压设备。柱塞泵在日常生产中，经常会出现一些设备故障，（如更换填料盘根、皮带、润滑油、维修曲轴等），需要进行维修、维护，操作完成后需要进行盘泵，以检验是否存在卡泵现象。由于大型柱塞泵减速箱、电动机体积大，皮带轮外侧有护罩，盘泵时需要用撬杠撬动减速箱皮带轮轮毂，费时费力，且易打滑造成人身伤害事故。技能大师研制了"一种大型柱塞泵盘泵装置"，解决了此项难题。

二、结构原理作用

柱塞泵盘泵装置主要由皮带轮固定盘、固定盘方形座、传动轴、传动轴方形头、花键式轴套、花键式支撑臂、扳手轴套、大小齿轮座、大小齿轮、扳手传动杆、手柄等组成（图1）。

原理是：将电动机皮带轮固定盘通过固定螺栓与电动机皮带轮连接在一起，盘泵时，使用传动轴将电动机固定盘与增力扳手连接起来，增力扳手通过"花键式"支撑臂支撑于皮带护罩一侧或使用加力管形成支撑点，旋转增力扳手手柄，动力传递给电动机皮带轮使其旋转，再通过传动皮带带动柱塞泵大皮带轮旋转，从而实现大型柱塞泵的盘泵操作。

三、主要创新技术

（1）柱塞泵盘泵装置体积小、重量轻、携带安装方便；

（2）柱塞泵盘泵装置只是在电动机皮带轮上安装一固定盘，对电动机旋转不产生影响；

（3）柱塞泵盘泵装置传动轴和增力扳手每站配备一台即可；

（4）柱塞泵盘泵装置增力扳手有3500N·m和6800N·m两档，完全能够满足盘泵的扭矩需求；

（5）盘泵时只需要旋转增力扳手，即可实现盘泵操作；

（6）操作简单、省时省力、安全高效，消除了盘泵剐蹭安全隐患，杜绝了安全事故发生。

四、技术经济指标

（1）增力扳手扭矩有3500N·m和6800N·m两档；传动杆直径20mm；

（2）皮带轮固定盘外径220mm。

五、应用效益情况

柱塞泵盘泵装置研制成功后，经油田、采油厂安全管理部门认定，安全性能符合要求，通过旋转增力扳手实现盘泵的目的，消除盘泵剐蹭安全隐患，实现油田各类柱塞泵安全高效盘泵，提高了柱塞泵运行效率（图2），取得了较好效果，该成果获得中石化QC成果一等奖，油田技术创新成果二等奖（图3），并获得国家实用新型专利授权（图4），目前已在胜利采油厂各管理区推广应用30多套，年创经济效益173万元，在油田范围内应用效益更加可观。

图1　成果实物图

图2　现场应用图

图3　获奖证书

图4　国家专利证书

注水泵盘泵工具

胜利油田分公司　隋红臣

一、项目创新背景

盘泵的目的是检查泵轴转动是否灵活、泵与电动机部件是否有刮磨杂音等，防止电机启动扭矩太大，电机过流烧掉电机。现场注水泵在启泵或者维修泵、更换盘根、柱塞的时候，都需要进行盘泵，因为安全的需要，所有的泵都安装了安全防护网，使盘泵工作难以进行。技能大师研制了"注水泵盘泵工具"，解决了此项难题。

二、结构原理作用

该工具的主要由三叶花瓣式本体、棘轮工具两部分组成（图1）。

（1）三叶花瓣式本体，打有三个孔洞，后端连接三个跟电机皮带轮上孔眼直径、深度一样的三个固定短棍，就像一个三相插座一样，插进三个孔眼，牢固可靠，能够更好地与轴面吸合。三叶花瓣式本体前端连接一个空心圆柱体，圆柱体顶端扯出一个27mm六棱帽头。

（2）带收缩功能的快速棘轮工具，两头适合口径是27mm与30mm，套在六棱帽头上可以上下自如地盘泵，当需要增加力度时，也可以拉出伸缩筒当加力杆使用。平时快速棘轮工具也可紧固、拆卸27mm与30mm的螺丝，一种工具可以多用途使用。

三、主要创新技术

（1）安全可靠，便于现场使用。
（2）简单轻便，一名女工可操作。
（3）使用可靠，安全环保。
（4）静音操作，消除噪声。

四、技术经济指标

（1）三叶花瓣式本体采用优质钢材制作，美观大方，减轻本体重量。
（2）孔眼贴身固定，牢固稳定。
（3）收缩功能的快速棘轮工具，省时省力，操作方便。

五、应用效益情况

注水泵盘泵工具成为河口采油厂2020年工会推广项目，加工生产26套，于全厂泵站推广使用（图2），降低了职工的劳动强度，消除了安全隐患，节省了盘泵时间，提高了注水效率。该创新成果获得了2019年胜利油田河口采油厂工会创新成果三等奖（图3）。

图1　成果实物图

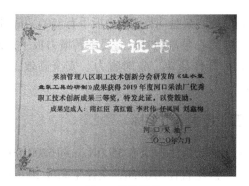

图2 现场应用图　　　　　　　　　图3 获奖证书

油田高压注水泵盘动装置

胜利油田分公司　张春来

一、项目创新背景

高压注水离心泵是油田注水的主要增压设备，为确保油田注水的持续性和连续性，注水站需要一定数量的备用高压注水离心泵，以避免设备维护、维修影响连续注水。备用高压注水离心泵有大量叶轮（10级左右），为避免泵轴弯曲，必须每8小时盘泵一次。目前盘泵是2个操作人员使用加长"F"扳手，卡住联轴器的边缘，用力进行盘动，由于移动距离有限，需要连续撬动数次，才能达到盘泵要求。存在劳动强度大，操作效率低，易打滑造成挤伤、摔伤等人身伤害风险。技能大师研制了"油田高压注水泵盘动装置"，解决了此项难题。

二、结构原理作用

注水离心泵盘动装置主要由固定部分、蜗杆部分、涡轮部分和增力扳手四部分组成（图1）。

工作原理是，先是两个分瓣式涡轮固定于离心泵联轴器本体上，再是两个蜗杆固定座分别固定于轴承座两边，蜗杆与蜗轮成90°且充分啮合。盘泵时，蜗杆一端与大扭矩增力扳手连接起来，增力扳手通过"花键式"支撑臂支撑于轴承座一侧或使用加力管形成支撑点，旋转增力扳手手柄，动力传递给蜗杆使其旋转，通过蜗杆、蜗轮啮合带动泵轴转动，从而实现高压注水泵的盘动操作。

三、主要创新技术

（1）离心泵盘动装置体积小、重量轻、携带安装方便；

（2）离心泵盘动装置只是在轴承座上安装2个固定座和涡轮，正常运行时需要取下，对离心泵旋转不产生影响；

（3）离心泵盘动装置每个注水站配备2~3台即可；

（4）离心泵盘动装置增力扳手有3500N·m和6800N·m两档，完全能够满足盘动扭矩需求；

（5）离心泵盘动时只需要旋转增力扳手，即可实现盘泵操作；

（6）操作简单、省时省力、安全高效，消除了盘动剐蹭安全隐患，杜绝了安全事故发生。

四、技术经济指标

（1）增力扳手扭矩有3500N·m和6800N·m两档；蜗杆直径26mm；

（2）涡轮直径320mm；支撑架高度200mm。

五、应用效益情况

注水离心泵盘动装置研制成功后，经油田、采油厂安全管理部门认定，安全性能符合要求，通过旋转增力扳手实现盘泵的目的，消除盘泵剐蹭安全隐患，杜绝了安全事故。注水离心泵盘动装置研制应用（图2），解决了高压注水离心泵长期使用加长"F"扳手盘动存在的劳动强度大、易打滑、速度慢、安全系数低等问题，进一步缩短了高压注水离心泵盘泵时间，平均盘泵时间由之前的25.6分钟降低为9.8分钟，提高了注水泵运行时率和注水能力。该成果获得山东省设备管理创新成果一等奖（图3），并获得国家实用新型专利授权（图4），目前已在胜利油田胜利采油厂各管理区推广应用。

图1　成果实物图

图2　现场应用图

图3　获奖证书

图4　国家专利证书

一种蝶阀开关工具

胜利油田分公司　马国新

一、项目创新背景

集输站库装卸油的罐车上的装卸控制阀门大量应用了蝶阀。装卸油品等易燃、易爆物品时，一旦发生火灾，须立即关闭罐车的装卸控制阀门，切断着火源。但是，人员难以在着火时的高温下靠近阀门将其紧急关闭，造成无法估计的损失。技能大师自行研发了"一种蝶阀开关的工具"，解决了此项难题。

二、结构原理作用

本成果主要包括钳体、钳口、活动钳舌和手柄（图1、图2）四部分。

钳体是管状体，两端分别是钳口和手柄，活动钳舌的后部与钳口的后部铰接，活动钳舌的打开与关闭，由安装在钳体中的牵拉钢丝和拉簧控制，钳体的总长度设定在4~6m之间。手柄的本体中设有拉手活动窗，拉手能够沿窗内的轨道前、后移动，使活动钳舌关闭和打开，可让操作人员在远距离关闭蝶阀。

三、主要创新技术

（1）钳口灵活控制伸缩钳制，可以牢固夹持阀门手柄；
（2）手柄采用镀锌管制作，强度高、重量轻；
（3）工具整体加长2.6m，可远距离操控开关阀门；
（4）手柄尾部设计拉手，通过钢丝拉动钳口，便于操作；
（5）工具前端设计了消防钩，可以远距离覆盖灭火毯；
（6）本工具可以拓展应用在其他普通手轮式阀门进行远距离开关操作。

四、技术经济指标

该工具解决了装卸油人员难以在着火时的高温下靠近阀门，将其紧急关闭的难题，该工具结构简单、操作过程便捷，只要拉动拉手，使活动钳舌打开，让钳口卡住蝶阀的手柄，松开拉手后，靠钳体推拉蝶阀的手柄就能将其关闭。既保证了人身安全，又可及时关闭蝶阀，挽回事故造成的经济损失，具有很好的使用效果。

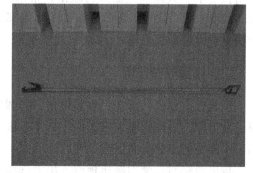

图1　成果实物图

五、应用效益情况

本工具2016年10月开始研制，2017年

5月在胜利油田河口采油厂油气集输管理中心首站开始试用。其结构简单、操作方便，实现了远距离开关阀门和覆盖石棉毯，解决了人员难以在着火时的高温下快速关闭阀门的难题，经现场消防演练证明具有灵活便捷的使用效果。该工具已在各站卸油台推广配备8套，并获采油厂优秀安全诊断项目。2017年被评为河口采油厂优秀技能人才技术创新成果集输专业一等奖，改善经营管理建议三等奖；2018年获国家实用新型专利授权（图3）。

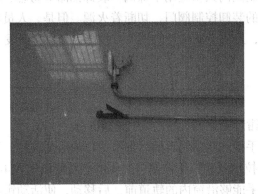

图2　现场应用图　　　　　　　图3　国家专利证书

　　一种柱塞式高压往复泵拔阀座专用工具　　

华东油气分公司　宫　平

一、项目创新背景

油田在用往复式柱塞泵，工作压力较高，甚至达到40MPa之间，同时，由于液体中含有各种腐蚀性药剂、粒径不等的泥沙、油污等杂物，会导致泵体的进液阀和出液阀受到不同程度的腐蚀、磨损，严重时导致阀芯和阀座刺坏、变形。在后期维护保养时，需要对进液阀和出液阀的阀芯、阀座进行更换。在实际维修工作中，没有合适的专用工具，只能采取用长錾子、大锤从侧面强行敲击，常常需要3人4至8小时进行拆卸。增加了维修人员劳动强度，同时猛烈地敲打对泵的函体内部易造成损伤。技能大师研制了"一种柱塞式高压往复泵拔阀专用工具"，解决了此项难题。

二、结构原理作用

该装置主要由：丝扣、收紧螺帽、静圆垫板、出液阀座、收紧拉杆、丝扣、受力圆压板、敲击杆、进液阀座、敲击面、缸体、进液阀腔室、出液阀腔室、收紧拉杆、下部受力端、木质手柄、敲击面组成（图1）。

拔出液阀时：受力圆压板嵌入出液阀座底部，将收紧拉杆顺着螺纹旋入受力圆压板内螺纹中，将静圆垫板套入收紧拉杆并嵌入缸体，收紧螺帽，将出液阀座从缸体中拔出。

三、主要创新技术

（1）该工具能够将上部收紧螺帽形成的拉力与底部敲击形成的冲击力相结合，使阀座从缸体中拔出。

（2）根据缸体内径、阀体内径尺寸加工成专用垫板。

（3）使用不同长度的收紧拉杆，能够对上、下阀座进行作业。

（4）能够快速取出阀座，降低员工的劳动强度，提高工作效率。

（5）保护缸体，避免缸体内部受到严重损伤。

四、应用效益情况

该工具2020年开始研制。在华北油气分公司泰州采油厂西边城班站仓西4泥浆泵上投入使用，以往需要3名人员4至8小时才能拆卸更换的阀座，现在只需要0.5至1小时即可完成阀座的更换，大大提高维保工作效率，具有很高推广应用价值。2021年在技师工作室推广应用；2021年获国家实用新型专利授权（图2）。

图1　成果实物图　　　　　　　　图2　国家专利证书

一种消防托架装置

中原油田分公司　马　亮

一、项目创新背景

油气集输站库是一个油气密集的连续性生产单位，消防安全及火灾预防工作尤为重要，为了积极响应"预防为主、防消结合"的安全管理方针，要组织多次消防应急演练，从而提高应急处置能力，确保生产安全平稳运行。

为了能够确保消防应急演练及生产的安全平稳运行，结合联合站（集输站库）场地、人员状况，完善消防水泵与水枪的连接就位方式。研制"一种可移动式消防枪安全托架"，提高应急演练效率并消除安全隐患。

二、结构原理作用

该装置主要由以下三部分组成（图1）。

（1）消防枪枪头固定装置：制作一个能够装入消防枪头和水龙头水带的同心异径管，并在其管壁上开槽，充压前将水龙带从该槽放入，由于该槽宽度小于充压后消防水龙带的直径，充压后的消防带就被牢牢地固定在圆管内。消防枪直径大于消防带直径，在使用时利用消防枪出水时的后坐力，枪头被自动卡入同心异径管的大径端（大径端设计有与消防枪四个手轮键相对应的四个键槽）。该部分由四部分组成：消防枪头固定仓、万向节固定销孔、消防带固定仓和操作手柄。

（2）消防枪固定仓转向装置：利用废旧凡尔球、抽油杆，结合小车地锚支架，使之组合为一个消防枪固定仓转向装置，可实现纵向及横向全方位旋转。该部分由三部分组成：消防枪头固定仓连接孔；万向节；地锚（小车）支架连接管。

（3）后坐力减缓装置：考虑到消防泵开启后，形成液柱造成的后坐力，我们使用小车平台作为配重后，将小车手柄设计成一活动驻锄，以保证消防安全托架在使用过程中平稳。

三、主要创新技术

（1）机动灵活，可实现纵、横向大角度、多方位应用。

（2）使用驻锄、配重固定，避免了消防带充压，后坐力及"摆龙现象"造成的影响。填补了油气站库的消防器材配置空缺，保证了员工在演练和救灾过程中的人身安全。

图1　成果实物图　　　　　　　　　图2　现场应用图

四、应用效益情况

该装置2018年开始研制。2018年6月15日，在中原油田采油一厂多个联合站现场使用（图2）。2019年7月8日，中原油田消防支队应急救援一大队在采油一厂进行了现场应用鉴定并召开现场会，专家组一致认为该技术适应场地及人员现状，可实现大角度、多方位的应用。提高了操作灵活性，降低了人员的操作强度，提高了应急演练（现场火情控制）效率，有很高推广应用价值。目前，已在中原油田的9座联合站应用，该技术的经济与社会效益立足于和未雨绸缪。该成果2018年获得中原油田职工创新成果安全类一等奖（图3），2019年获国家实用新型专利授权（图4）。

图3　获奖证书

图4　国家专利证书

第四章　陆上采气

第一节　采气井设备设施

引流式火管

胜利油田分公司　李志明

一、项目创新背景

在冬季生产时，由于油稠、结蜡、低液等需要使用水套炉对采出液加热才能保障生产的顺利进行。水套炉加热用的火管，一般采用普通的四分管将前端封堵，在周围钻若干个小孔，或使用锯弓锯开几条裂缝，使其气体通过并燃烧。为了满足工况要求，在实际生产过程中需要开大控制阀门，增加燃料气量，从而导致火管内气压增大，燃料从火管中喷射出来后，氧气供应不足，致使燃料气量加大，燃烧强度低，热效率低，导致油井管线回压升高，油井负荷加大，甚至会堵塞管线，严重影响油气生产的正常进行。由于火管燃烧不充分，排放烟气中的氮氧化合物，易形成光化学烟雾和酸雨，造成环境污染；同时氮氧化合物还会刺激人体肺部，引发呼吸系统疾病，对人体造成危害。

二、结构原理作用

研发的引流式火管主要构造，由以下几部分构成（图1）。

（1）混合式射流嘴：射流嘴是借助射流的原理，燃料气从喷嘴喷射时，流速加快，静压力上升，在喉管处因为周围的空气被射流卷走而产生负压形成真空状态，两股气体混合并进行动量交换，将动能转换为压力能的设备。

（2）倾斜引流混合腔：倾斜射流混合腔以倾斜喷射为主，其间不仅有纵向速度，气体碰撞产生径向和切向分速，气流混合强烈。自由射流混合腔以直角喷射为主，不受边壁限制影响，高速流动的燃料气卷吸入混合腔，气体混合后沿切线方向排出，即完成一个周期的混合过程。

（3）旋流式燃烧端：旋流燃烧端耐热温度高，用气量少，满足选型要求，且升温时间快，加热温度高，满足现场使用工况要求。

三、主要创新技术

（1）使水套炉加热效率提升。

（2）使水套炉烟气排放达标。

（3）机械式设计安全可靠。

（4）减少了天然气的损耗。

（5）一体化设计便于安装。

四、技术经济指标

（1）胜利油田技术监测中心环境监测站经现场监测氮氧化合物排放为23mg/m³，优于国标要求88.1%。热效率为85.71%，优于国标要求23.71%。

（2）编写《引流式火管使用操作手册》，手册编号：SLYT 2020 Ⅰ-13028-B。

五、应用效益情况

引流式火管成功实现了燃料气充分燃烧，提高了水套炉炉效，保证了生产的正常运行（图2）。该装置与传统装置相比，大大节约了成本能源实现了效益最大化。该装置有效减少了烟气排放中氮氧化合物的排放，实现了采油气过程中的清洁生产，减少了大气污染，保护了环境。2021年2月该装置获国家实用新型专利授权（图3），获胜利油田群众性职工创新成果一等奖（图4）、东营市油地青年创新创业大赛金奖。按照使用工况，每井次每天可以节约天然气约50m³，单井可节约费用10.8万元。目前应用20井次，经济效益192万元。

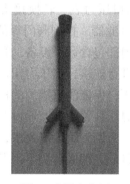

图1 成果实物图

图2 现场应用图

图3 国家专利证书

图4 获奖证书

撬装式天然气稳压装置

胜利油田分公司　李志明

一、项目创新背景

在油田开发生产中，使用注气锅炉产生的高温蒸汽注入油井实现稠油开采。移动式注汽锅炉所用燃料为天然气销售公司输送的管道天然气，冬季存在供气压力变化大的现象，当前注汽锅炉所用燃气调压器稳压精度等级过低且响应滞后，造成进入炉膛的燃气压力及瞬时流量频繁变化，极大地增加了员工的调整难度。导致锅炉燃烧工况频繁变化，影响注汽质量，还存在炉管过热、燃气爆炸等安全隐患。注汽锅炉所用的燃料气来自孤岛压气站3号线，民用气、商用气、生产用气混合输送，注气锅炉的下气点位于管线末端，易受到管网压力影响，致使锅炉燃烧不易控制，造成锅炉蒸汽干度降低，不能达到预期注汽效果。

二、结构原理作用

研发的撬装式燃气稳压装置主要由连接管线、进出口压力表、转换接头、带有反馈装置的一级调压阀、带有指挥装置的二级补偿调压阀，过滤器、控制阀门等部分组成（图1）。注汽锅炉原管网流程不变，采用撬装式稳压装置，内部包含调压设备、管网等，利用原燃烧器入口管线上的连接法兰，使用便捷式高压胶管进行连接，当压力正常时使用原流程，当压力降低时使用新制作的撬装式稳压装置进行调压，保证注汽锅炉的稳定燃烧。工作原理：天然气自下经组装管线通过法兰与撬装式燃气温压装置连接，通过节流后进入调压阀阀腔减压，通过压紧阀腔上端的调整螺栓，将出口压力调整至工况要求，阀体连接反馈装置提供动力达到阀腔上下端压力平衡，达到调压的目的。彻底解决了因燃气管网压力波动引起燃气锅炉燃烧不易控制的难题。

三、主要创新技术

（1）整压稳定：该装置使用两级调压装置，带有反馈装置及指挥装置，可精确将来气压力、流量精确调整。

（2）自动调整：该装置采用自动控制设计，利用后端反馈压力作为动力调整源，无须人工操作，自动化程度高。

（3）安全可靠：该装置无电路元件，利用机械原理设计，使用安全可靠。

（4）安装快捷：该装置撬装式设计，结构紧凑，体积小，占地面积小，现场安装方便快捷。

（5）应用范围广：该装置可适用于所有需要燃气压力的整定场所。

四、技术经济指标

（1）一级调压范围0.6~2.5MPa。

（2）二级调压范围0.05~1MPa。

五、应用效益情况

撬装式天然气稳压装置用于燃气锅炉的燃料气压力、流量整定，取得良好效果，达到预期目标（图2）。经过7次大的改进定型，已在胜利油田注汽技术服务中心孤岛项目部应用。创经济效益120余万元，取得了良好的效果。该成果获胜利油田一线生产难题揭榜挂帅最佳创意方案、胜利油田群众性优秀技术创新成果二等奖（图3）、2022年1月获国家实用新型专利授权（图4）。

图1　成果实物图

图2　现场应用图

图3　获奖证书

图4　国家专利证书

自动化智能采气撬块装置

胜利油田分公司　谢立成

一、项目创新背景

随着油田"信息化"成熟应用，打造"绿色高效环保低碳"新局面，传统采气流程工艺、管理运行模式不适应现在新型采气管理区发展建设的需要。采气管理区所辖区块点多、面广、生产气井分散，采气井的生产工艺流程老化，依靠人工进行巡回检查、点炉子、调炉火、放底水、录取资料等工作，职工劳动强度大，劳动生产率低，恶劣天气无法正常巡井、录取现场数据，达不到全天候实时监控；同时缺少必要的井控紧急自动切断、燃气泄漏报警等自动信息化装置，存在一定的安全环保隐患。

二、结构原理作用

自动化智能采气撬块装置实现远程自动开关井、井控应急快速切断；高低压节流远程控制；换热器温度远程调节；分离器高低液位自动控制；可燃气体泄漏报警联动高压快速切断；流量自动精准调节；视频、控制参数实时监控传输等功能。

（1）数据自动采集：采集生产过程中的压力、温度、流量、液位等生产数据，通过信息化网络数据远传至生产指挥中心。

（2）远程自动开关井、井控应急快速切断。生产参数超过设定阈值，通过远程SCADA系统设置，连锁快速切断高压气进入生产流程。

（3）换热器温度远程调节：采集加热棒温度、水液温度、高水位、低水位，在PLC精确连锁自动控制下，换热恒温控制高压气温度。

（4）高低压节流远程控制：根据生产井状况，调节最大气产量位置后固定，通过自动调节减压装置，远程实时精确连锁控制气产量。

（5）分离器高低液位自动控制：采集两相气液分离器，高、低液位，连锁分离器下方电动阀，实现高、低液位自动控制。

（6）流量自动精准调节：流量计参数采集远程传输，实时进行自控流量检测传输，作为自动调节减压装置连锁调气的参数。

（7）压差报警：自控采集高低压过滤装置进出口压差，当有0.2MP压差时，远程报警需要清洗或更换滤芯。

（8）可燃、有害气体浓度检测，当有气体泄漏时，可燃气体泄漏报警，远程关闭井口高压切断阀。

三、主要创新技术

（1）取代传统采气工艺流程，实现远程紧急开关、温度自动控制调节、分离器自动排水、气体泄漏报警、计量参数远传等功能，打造无人值守采气井；

（2）采取风光互补电能加热方式，取代传统天然气水套加热炉，打造绿色环保风险可控采气现场，实现碳零排放；

（3）解放了人力资源，降低了劳动生产强度，提高了劳动生产效率。

四、技术指标

（1）整个自控系统采用防爆设计要求，外接现场触摸显示屏，外接通信箱内DTU或网桥链接SCADA系统。

（2）气管网、连接法兰、加热盘管全部采用304不锈钢材质。

（3）高压压力检测采用量程25MPa的压力传感器；温度检测采用PT100A+级温度传感器。

（4）自动调节减压装置采用4~20MA信号。

（5）高压过滤装置压力32MPa，过滤精度10um。

五、应用效益情况

该装置2021年2月开始研制（图1）。2021年9月6日，在胜利油田鲁明公司首次安装使用（图2），研制各项技术指标通过公司QHSSE管理部、技术管理部、生产管理部检验认可。2022年5月，该装置在鲁明公司单期1~5井完成撬装流程改造、风光电配套使用。2021年获胜利油田第六届为民创新成果二等奖，同年获得山东省设备管理创新成果一等奖（图3）。填补胜利油田陆上采气技术设备应用空白，引领采气行业技术发展，通过采气生产现场应用，装置运行可靠，2023年获国家实用新型专利授权。

图1　成果实物图

图2　现场应用图

图3　获奖证书

一种用于检修作业的呼吸供给系统

中原油田分公司　王树森

一、项目创新背景

设备故障检修时，由于涉及密闭空间，为防止吸入有毒气体，需要佩戴空气呼吸器在缺氧环境中使用，从而安全有效地进行作业。目前市场大多数呼吸机为肩跨式，体积大、笨重，施工人员携带不方便，呼吸机气体用完后需要再次充装才能持续使用。正常使用的气瓶容积为6.8L，按工作压力30MPa计算并考虑到空气纯度，气瓶空气量为1836L。使用者呼吸的平均耗空气量为30L/min，当气瓶压力降低至5~6MPa时低压报警提醒必须进行撤离，更换气瓶才能继续操作，无法满足突发情况下连续抢修作业。

二、结构原理作用

研发的一种用于检修作业的呼吸供给系统，主要由以下几部分构成。

（1）供气部分：气体供给装置通过站场空压机仪表风管道源源不断供给气源。

（2）连接部分：通过三通连接件、过滤器、控制阀、调节阀、压力表、承接头进行连接，有效预防管道杂质，起到过滤保护作用；有效控制通向面罩的压力，满足佩戴者正常吸入需求。

（3）面罩部分：通过软管插接口、软管、呼吸面罩接头、呼吸面罩进行连接，从而保证工作人员可在密闭容器中正常呼吸。同时为扩大工作人员的工作范围，软管采用医用硅胶波纹管，有效满足工作人员在距离管道一定范围内自由活动的需求。

该系统使用站场现有的仪表风供风系统，通过管道源源不断提供气源，满足石油石化站场安全防爆要求，不仅有效提高工作效率，而且满足工作人员在距离管道一定范围内自由活动的需求。

三、主要创新技术

（1）气体供给装置为气体储罐、气体压缩机中任意一种。

（2）在仪表风管道三通连接件后安装过滤器，有效预防管道杂质，起到过滤保护作用；

（3）安装调压阀及压力表，有效控制通向面罩的压力，满足佩戴者正常吸入需求；

（4）软管采用医用硅胶波纹管，满足工作人员在距离管道一定范围内自由活动的需求。

（5）软管插接口的内径大于承接头的外径，便于快速插拔。

（6）承接头的外管壁上沿管壁周向设有凹槽，凹槽内设置有密封圈，保证密封不漏。

（7）无须再背负呼吸机，减轻工作人员负重，有效提高工作效率。

四、技术经济指标：

（1）站场设2座（1用1备）空压机橇块，空压机的供气量为24000L/min，并设2座33m³的仪表风罐，供气充足，满足持续工作需求。

（2）站场仪表风管网压力一般为0.8MPa左右，满足高压气瓶通过减压器进行一级减压，压力降至0.75MPa±0.15MPa后输送到中压管，再经供气阀二级减压后，通过面罩向使用者提供连续不间断的正压空气的压力需求。

五、应用效益情况

该呼吸供给系统2020年开始研制，2021年8月6日，在中原油田储气库脱水系统吸收塔、缓冲罐检修上安装使用（图1）。2021年9月18日，油田召开现场会，专家组一致认为该呼吸供给系统利用电动送风长管呼吸器的工作原理，将电动送风改为站场现有的仪表风供风系统，通过管道提供气源技术，有很高推广应用价值。2021年确定为中国石油化工股份有限公司10项岗位工人专利技术实施推广项目。目前，已在企业检修，尤其化工企业密闭容器内检修时安装使用，年创经济效益约20万元人民币，累计创效200多万元。该成果2022年获国家实用新型专利授权（图2）。

图1　现场应用图　　　　　　　　　图2　国家专利证书

 一种用于采输气场站工艺区阀门齿轮箱的防雨罩

中原油田分公司　王树森

一、项目创新背景

在天然气生产过程中，采输气站场工艺区内的阀门齿轮箱露天放置，遇雨雪天气时，易出现齿轮箱内部进水，造成齿轮箱中油品失效，腐蚀传动齿轮组合及轴承组合，严重时会出现卡死而无法操作；冬季积水冰冻可直接致使无法转动。影响天然气管道集输系统的安全运行，给采输气场站日常安全运行带来隐患。

二、结构原理作用

研发的一种用于采输气场站工艺区阀门齿轮箱的防雨罩，利用罩体原理，达到防水渗漏效果。主要由以下部分构成。

（1）罩体。由顶板、围板和磁铁件连接而成，罩体的底部敞口，顶板的本体背部设有与固定磁铁件相匹配的螺栓孔并均匀分布在顶板的本体背部四周，螺栓孔与顶板的本体背部相黏接、不穿透。

（2）磁铁件。磁铁件与螺栓成一体，固定螺栓依次穿过螺栓孔后旋入螺栓孔，固定螺栓上部安装锁紧螺帽，固定磁铁件与阀门齿轮箱盖相吸附，加装后能够有效防止齿轮箱渗水、锈蚀，不影响阀门正常操作，同时在不影响观察阀位开关指示器情况下对阀门的相关操作。

在安装时，需先将四个固定螺栓上部锁紧螺帽旋出，然后将罩体从上向下整个罩住阀门齿轮箱盖，若任何一个固定螺栓上的磁铁件未与阀门齿轮箱盖完全接触，可向外向上取下防雨罩，对固定螺栓进行调整，然后将固定螺栓上部锁紧、螺帽锁紧。

三、主要创新技术

（1）顶板大小设置稍大于阀门齿轮箱大小，严防雨水进入。

（2）锁紧螺帽既可固定磁铁件，又可调节磁铁件的高度与防雨罩整体平衡度，提高磁铁件与阀门齿轮箱盖的吸附力。

（3）顶板、围板均为亚克力板。亚克力板为透明板材，可方便观察阀门的开关情况，便于对阀门检查与操作。

（4）磁性件为永磁铁。根据该防雨罩的使用区域的气候情况，选择合适大小的永磁铁块，以提供足够的吸引力以防止风刮开防雨罩。

四、技术经济指标

（1）该防雨罩罩体的底部敞口，即其为半封闭的罩体，上部及前后左右均设相应的防护，阀门齿轮箱盖整个被罩入罩体内，防雨效果好。

（2）选用透明板材，在不影响观察阀位开关指示器情况下对阀门进行相关操作，实用性强。

（3）底部敞口的优势在于对磁铁件的调节，满足不同情况下的阀门齿轮箱盖与磁铁件的吸附程度。

（4）当需要检修阀门齿轮箱时可由下部向外向上掀起，使用方便。

（5）整个罩体结构简单，外部不设开启把手或锁销，简洁大方。

图 1　现场应用图

五、应用效益情况

该防雨罩2017年开始研制，2018年2月6日，在中原油田采输气场站、川气东送等40多个内、外部采输气场站安装使用（图1）。2018年7月22日，油田召开现场会，专家组一致认为该防雨罩应用于石油石化企业站场旋塞阀、球阀等阀门齿轮箱的防水，效果显著，有很高推广应用价值。2018年8月该成果荣获中原油田职工创新成果安全类二等奖（图2）。经过4年的现场验证，2022年确定为中国石油化工股份有限公司10项岗位工人专利技术实施推广项目。目前，已在石油石化企业站场旋塞阀、球阀等阀门齿轮箱上安装使用，年创经济效益约10万元人民币，累计创效100多万元。该成果2023年获国家实用新型专利证书授权（图3）。

图2 获奖证书　　　　　　　　图3 国家专利证书

新型节流器

中原油田分公司　彭经武

一、项目创新背景

目前，天然气开采的过程中，采气井口的生产阀门出口处或水套加热炉出口处安装有控制气井产量的节流器，节流器是一个中心有圆孔的钢制短节（俗称气嘴），更换不同直径的气嘴，控制采气速度。当前中原油田濮东采油厂白庙、桥口气田的气井多数为高压注采井，在节流降压过程中，气嘴很容易被高压气流携带的大量细小沙粒冲刷损坏，或被大于气嘴通道的石子、焊渣堵塞；特别是气井压裂投产过程中，冲刷和堵塞现象更加突出和频发，导致下游的计量设备及管道损坏。检修或更换气嘴时，必须关闭气嘴上下游阀门，并放出管道内的天然气，使管道内的压力降为零后才能操作，这样不仅影响开井时率，而且排出的天然气造成资源的浪费，也会污染环境。

二、结构原理作用

为解决当前气嘴只有一个气流通道容易堵塞且操作不便、造成资源浪费和存在安全风险等现状问题，研发的一种新型节流装置，主要由以下结构组成。

（1）气嘴套。前端表面呈圆弧状设计，可导通气流方向，且有自洁作用，对小于进气通道的杂质降低与通道壁剐蹭的概率，减少气流通道损坏。在弧形体上设计若干孔道，其孔小于气流通道，方便过滤大于气流通道的石子、焊渣，具有多个气流通道的防堵孔可以延长气嘴生产周期。

（2）内装气嘴。气嘴中间设有轴向延伸的气流通道，气流通道的直径小于气嘴套上周向进气孔的直径，以将由进气孔流向气流通道的气体进行节流降压。气嘴进气端呈球弧状圆台，当气体中的杂质冲击气嘴前端面时，杂质向圆台的两侧流动，避免杂质向中心位置聚集，降低杂质在气嘴中间位置的堆积速度，降低气嘴的清洗频率。使用时可更换气流通道不同的型号，满足生产要求。

（3）空心锁紧短节。气嘴螺纹段与设有外螺纹的空心锁紧短节螺纹连接，以压紧气嘴。空心锁紧短节的进口与出口呈喇叭形，可以缓慢降低流速。

三、主要创新技术

（1）解决了固体杂质堵塞气嘴通道难题。
（2）根据生产需要可以不停更换气嘴的气流通道。
（3）采用新材料，可以延长气嘴使用周期。

四、技术经济指标

新型节流装置使用前检查出厂合格证，同时根据生产技术要求，选择大小合适的气嘴，来满足生产要求。气嘴壳体最高压力50MPa，该装置依据GB/T 34148—2017检验，符合标准要求。

五、应用效益情况

该装置2017年开始研制，2020年6月10日，在中原油田濮东采油厂白64井等5口井上安装使用（图1）。2020年11月28日，濮东采油厂召开现场会，专家组一致认为该技术是目前国内外在气井控制压力和产量大小方面的一种较为先进的装置和技术先进性，有

很高推广应用价值。目前，已在白庙、桥口气田的50多口气井安装使用，年创经济效益约18万元人民币，累计创效50多万元。2020年获国家发明专利授权（图2），之后技能大师成功研制出能满足各种气井生产条件，性能更优、结构更合理的"一种用于控制油气井自喷产量的节流装置"；2022年获国家实用新型专利授权（图3）；2022年12月获全国能源化学地质系统职工技术创新成果二等奖。

图1　现场应用图

图2 国家专利证书1   图3 国家专利证书2

提升安全阀拆装效率装置

西南油气分公司 肖 健

一、项目创新背景

安全阀是一种特殊阀门，普遍存在于天然气采气流程中，在外力作用下处于常闭状态，当设备或管道内的天然气压力升高并超过规定值时自动打开，向放空管排放天然气来防止管道或设备内压力超过规定数值，当压力降低至规定压力以下时安全阀又在外力作用下自动闭合。安全阀属于自动阀类，主要用于压力容器和管道上，控制压力不超过规定值，对人身安全和设备运行起重要保护作用。但在安全阀校验拆装过程中，安全阀垂直法兰盘和放空管法兰盘间存在四种情况的错位，间距过小、间距过大、径向错位和轴向角度错位，大大增加了安全阀的拆装难度。为提升安全阀拆装效率，特此研制了一种法兰角度错位调校装置。

二、结构原理作用

该装置主要由三部分组成（图1）。

伸缩臂、锁扣和握持杆三部分组成。伸缩臂由齿轮、齿轮两端焊接的一对正反螺杆套筒和一对带铁弧片的正反螺杆共同组成，铁弧片上各绑有一根安全带。在使用时，上下摇动握持杆，由握持杆带动锁扣推动齿轮单向旋转，齿轮则带动螺杆套筒旋转，由于铁弧片和安全带的固定作用，正反螺杆保持不动，通过带螺纹套筒的旋转增大或缩小伸缩臂的长度，从而达到快速调节间距的目的。此外套筒由伸缩臂上的开孔穿出，安全带具有固定装置和收缩间距的双重作用。

三、主要创新技术

（1）实现错位安全阀快速安装。

（2）通过移动轴向或径向两组矫正组件推动法兰盘一侧轴向或径向移动，矫正至正确位置。

（3）操作简单，省时省力。

（4）装置体积小便于移动。

四、技术经济指标

以管线屈服强度245MPa为基准对间距矫正装置的抗压、抗拉强度进行了校验，其抗压/拉强度≥77kN。

五、应用效益情况

该装置2019年开始研制，2020年在西南油气分公司采气一厂什邡管理区拆装需矫正错位的安全阀225只，节约51.9802万元。2021年获得西南油气分公司QC一等奖（图2），2022年获得集团公司二等奖。新装置强度符合安全要求，且设计了更为安全的矫正螺杆用于矫正角度错位，施工过程中避免了撬棍的使用。2021年使用提升安全阀拆装效率装置后，撬棍滑脱0次，同时配合卡箍和安全带的固定，有效降低了作业安全风险。

图1　成果实物图　　　　　　图2　获奖证书

 固定式节流阀压盖取出工具

西南油气分公司　官世远

一、项目创新背景

目前，在天然气的开采中，固定式节流阀被广泛使用，常用于控制天然气的流量和压力，它由泄压螺钉、压盖、闷头、本体、固定式节流阀五部分组成。在气井生产和维护过程中，为了更换固定式节流阀和检查固定式节流阀工作状况，需拆卸固定式节流阀压盖才能取出固定式节流阀，对其进行更换或检查。在日常的维护检查，更换固定式节流阀过程中存在操作时间长的问题。因开采工艺、介质液体的特殊性，实际生产过程中需要高频次固定式节流阀取出、安装作业。从而浪费了大量时间，造成了人力物力浪费，降低了生产效率。为解决这一难题，技能大师研制了固定式节流阀压盖取出工具，不仅解决了单次操作时间长、压盖取出困难问题，还节约了人工，减少了固定式节流阀取出和安装时间，达到降本增效的目的，增加了经济效益。

二、结构原理作用

该装置由六部分组成（图1）。

（1）拉杆：承载牵引力的载体，连接牵引手轮、变径接头及压盖。

（2）牵引手轮：顺时针方向转动，产生向上位移的牵引力。

（3）备用变径接头：匹配不同型号的压盖泄压孔孔径，并与之连接。

（4）固定支架：固定工具本体，定位压盖取出牵引方向，为牵引手轮提供支撑力。

（5）锁紧螺母：锁紧变径接头。

（6）变径接头：上部螺纹连接拉杆，下部外螺纹连接压盖泄压孔。

三、主要创新技术

（1）缩短了固定式节流阀压盖单次操作时间；

（2）优化固定节流阀与拆卸工具的连接方式，实现工具与节流阀同轴连接，使取出方向与牵引方向一致；

（3）改进传统拆卸撬动取出为牵引取出，大幅度优化取出时间；

（4）减少了作业人员；

（5）体积小，重量轻便于操作；

（6）工具简洁，易懂易操作；

四、技术经济指标

通过检验单次取出压盖时间达到最快4分20秒，最慢7分32秒，平均5分39秒，大大缩短了作业时间。解决了固定式节流阀压盖拆卸困难、耗费工时多、卡死无法拆卸等情况，降低了员工的劳动强度，提高了工作效率。固定式节流阀压盖取出工具与固定式节流阀本体连接牢固、零部件运行状况正常、牵引压盖取出过程平稳，适用性好。

五、应用效益情况

缩短了压盖取出操作时间，操作人数由2人减少为1人，年节约1人，人工费18万元；单人操作使用该装置拆卸压盖平均耗时由20.81分钟降到5.39分钟，缩短了15.42分钟，采气管理区全年实施346次，节约了拆卸时间11.12天，年节约拆卸费0.88万元；年节约延误生产费5.77万元。三项合计节约24.65万元/年。2019获西南油气分公司QC成果一等奖（图2），2019年获国家实用型专利授权。

图1　成果实物图　　　　　　　图2　获奖证书

放喷防爆筒

西南油气分公司　邓远平

一、项目创新背景

在进行油气测试、井口测压作业或气井解堵时，油气内含有较多的水合物和少量的固体物质，而现有的处理方法就是点火燃烧放出来的油气，而为了防止油气直接喷出，一般是在放喷管的出口加一个90°的弯头，然后在弯头出口点火燃烧油气，在弯头的下方设置有存储燃烧的废弃物的集污槽。但是经过这种方式防喷出来的油气在直接燃烧时，由于油气中有较多的水合物和少量的固体物质，由于压力原因会火星四溅，具有安全隐患，且产生的喷溅物对周围的环境会造成一定的污染；而为了收集产生的喷溅物，设在弯头下方的集污槽需较大的面积，增加了作业面积。

二、结构原理作用

该装置主要由三部分组成。

（1）一次减压部分：所述内筒为一端开口，另一端封口的U形筒，内筒上设有多个排气孔，排气孔对气体进行第一次降压。

（2）二次减压部分：气体通过一次减压后进入外筒体，通过外筒体进一步降压。

（3）改变流体方向部分：泄流孔均匀分布在外筒下部上，且外筒上部无泄流孔以改变流体方向。

三、主要创新技术

（1）通过多级泄压孔进行降压使出口压力降至原来的1/80；

（2）利用筒体改变气液流动方向，使其按照规定的方向流动，满足环保要求；

（3）遮挡颗粒物质飞溅，提高安全性能；

（4）降低积污槽使用面积，减少土地使用面积，降低了生产成本。

四、技术经济指标

自2013年该装置投入使用以来，现场应用300余次。减少了耕地租用费。共计节约费用0.5×10000×300=150（万元）。

五、应用效益情况

该装置2012年开始研制，克服了放喷管放喷时污染环境、集污池占地面积大、燃烧时火星四溅和具有安全隐患的缺陷。现广泛运用于川西气田采油采气的油气测试作业、应急放喷和采油树解堵作业，使用300余次。2013年11月，获国家实用新型专利授权（图1）。2014年10月，获西南石油局工会职工技术创新成果展一等奖（图2）。

图1　国家专利证书

图2　获奖证书

一种新型疏水阀喷嘴

西南油气分公司　邓远平

一、项目创新背景

现有的采油采气使用的疏水阀喷嘴，体积大而且与浮球联动系统连在一起的，阀体内的空间又小，由于污水中的沉沙或杂质不断对喷嘴冲刺，喷嘴容易损坏，而现有的疏水阀喷嘴为一个整体，喷嘴底座、排污口和喷头为一整体式结构，当喷头损坏时，一般情况下是喷孔损坏，须连同喷嘴座整体全部更换。由于制造成本高，更换很复杂，使用工具很困难，须先拆卸浮球联动系统才能更换喷嘴，造成生产停工和经济损失。

二、结构原理作用

该装置主要由两部分组成：

（1）喷嘴底座部分：喷嘴底座排污口的一端设有内螺纹，用于连接喷嘴。

（2）喷嘴部分：喷嘴设有贯通的喷孔，所述喷嘴一端设有外螺纹，与喷嘴底座通过内外螺纹连接。

三、主要创新技术

（1）喷嘴底座和喷头为分体式结构。

（2）喷头内轴向贯通的喷孔，便于更换。

（3）减少了加工成本，当喷孔被污水冲刺损坏时，只需更换喷头即可。

（4）节约了更换时间。

四、技术经济指标

喷嘴用合金加工，一端加工成喷嘴另一端加工成螺纹，在密封体上加工螺纹把喷嘴安装在密封体上，用合金加工喷嘴延长了喷嘴的使用寿命，喷嘴和密封体分开方便更换。

五、应用效益情况

在采气生产中对产液量大的气井生产流程一般都要加装自动疏水阀，在生产过程中喷嘴很容易被刺坏，喷嘴和密封面是一个整体更换很不方便，由一般钢材加工而成，抗冲刷能力不高。该成果由喷嘴用合金加工，一端加工成喷嘴另一端加工成螺纹。在密封体上加工螺纹把喷嘴安装在密封体上。该成果使用以来，减少了加工成本，共计节约费用35元。该成果获局工会职工技术创新成果展一等奖（图1），并获国家实用新型专利授权（图2）。

图1　获奖证书

图2　国家专利证书

适用于低温蒸馏工艺的阻垢装置

西南油气分公司　蔡明川

一、项目创新背景

低温蒸馏工艺是利用温度、压力、沸点三者成正比关系，通过降低压力来降低沸点温度的一种节能环保水处理工艺。在生产过程中，由于部分易结垢物质随二次蒸汽进入平闪桶，温度、压力变化后结晶析出，吸附在混合冷水管线及泵机上，导致管线及泵机堵塞，机封损坏，影响系统正常运作。目前现有处理办法主要通过更换堵塞管线和机封来维持系统正常运行，导致系统维修费用增加，工作量增大。

二、结构原理作用

该装置的主要由两部分组成（图1）。

（1）换热室：换热室套设在结晶室外，换热室设置有冷却水进出口。

（2）结晶室：结晶室设置有冷凝水出口和冷凝水进口，结晶室安装有可拆卸吸附装置，吸附装置用于吸附冷凝水中析出的易结垢物质。

（3）工作原理：将结晶室置于换热室内部，换热室通过控制进出口阀门将换热温度控制在20℃以下，混合冷凝水由下往上经过结晶室，通过换热器对结晶室内冷凝水进行热交换，降低冷凝水温度和流速，让冷凝水易结垢物质吸附在吸附装置（如结晶网）上，通过降低冷凝水易结垢物质含量来降低管线、泵堵等问题，防止管线、泵堵和机封损坏，达到提高管线和机封使用寿命的目的。

三、主要创新技术

（1）该装置结晶室采用两级结晶床，两级结晶床内分别设置吸附装置（如结晶网），可有效提高装置结晶效率，降低冷凝水易结垢物质含量。

（2）吸附装置（如结晶网）通过挡板以丝扣连接方式安装在结晶床内，便于对结晶网上的垢层进行清洗，使结晶网能重复使用。

（3）在换热器进出口流程上安装控制阀门，可以根据结晶温度需求有效控制温度，为冷凝水易结垢物质结晶析出提供温度条件。

（4）在结晶室进出口安装控制阀门，通过控制阀门大小来控制冷凝水在结晶室停留时间，为冷凝水易结垢物质结晶析出提供流速和沉降条件。

（5）该装置设有旁通，可以实现不停运进行维护和清洗的目的。

四、技术经济指标

（1）换热室通过控制进出口阀门将换热温度控制在20℃以下，形成温差，便于冷凝水中的易结垢物质吸附。

（2）可通过结晶室进出口安装控制阀门，控制冷凝水在结晶室停留时间。

（3）结晶网采用挡板以丝扣连接方式，使结晶网能重复使用。

五、应用效益情况

该装置2020年开始研制，2021年在西南油气分公司采气一厂使用。通过降低冷凝水易结垢物质含量来降低管线及泵机堵塞，防止管线、泵机垢堵和机封损坏，达到提高管线和机封使用寿命的目的。2021年7月获国家实用新型专利授权（图2）；2021年7月，申请国家发明型专利，2023年1月获得受理，目前正处于公示阶段。

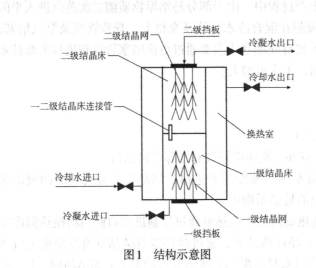

图1　结构示意图

图2　国家专利证书

第二节　采气自动化设备设施

油气井防盗箱气体浓度检测报警装置

　胜利油田分公司　李志明　

一、项目创新背景

油气井防盗箱在生产过程中，主要起到对油气井井口保护的作用。为了保证对井口的保护，气井的防盗箱采用全封闭构造，属于安全受限空间。随着井口采气树使用时间的延长，井口装置难免出现老化产生渗漏现象，如果出现渗漏时，当渗漏气体与空气混合后，达到爆炸极限会引发火灾爆炸事故。职工在进行气井巡护时，需要进入防盗箱进行资料录取，如果出现井口装置渗漏时，天然气中的主要成分为甲烷（含量可达90%以上），当空气中甲烷达25%以上时，可引起头痛、头晕、乏力，严重时可致窒息死亡。有的天然气中含有硫化氢，硫化氢含量超过$10mg/m^3$，就有硫化氢中毒的危险。

二、结构原理作用

研发的油气井防盗箱气体浓度检测报警装置，主要由以下部分构成（图1）。

（1）电源模块。采用YGYM370单晶太阳能板安装尺寸小、供电时间长，转换效率高，供电时间长，成本低廉，工作温度范围宽，满足现场工况使用的要求。

（2）气体检测仪。催化型可燃气体检测仪，利用难熔金属铂丝加热后的电阻变化来测定可燃气体浓度，成本低廉，功率消耗低，测量精度高，使用年限长，报警速度快。

（3）信号处理模块。单片机电路信号处理模块能耗低，报警成功率达到100%，成本低经济性好，电流小且频率高，调试时间短。

（4）远程传输模块：GSM模块电流小能耗低，准确率高，且响应时间短，成本低廉，能将监测数据通过网络进行传送。

三、主要创新技术

（1）实现了油气井防盗箱气体浓度的持续监测。
（2）设定报警阈值并通过网络平台实时传送。
（3）太阳能供电，绿色环保。
（4）模块化设计，便于安装。

四、技术经济指标

（1）可燃气体浓度报警值为≥3%。
（2）GSM远程模块响应时间1.9s。
（3）单片机报警成功率100%。
（4）编写油气井防盗箱气体浓度检测报警装置使用手册，手册编号：SLYT2018 Ⅰ-13028-B。

图1　成果实物图

图2　现场应用图

五、应用效益情况

油气井防盗箱气体浓度检测报警装置（图2），成功实现了油气井防盗箱内可燃气体浓度超标的自动报警，消除了安全隐患，确保了油气井安全生产，维护了社会稳定。实时检测密闭空间内气体浓度，利用短信作为报警方式，有效提醒运维人员及时查看与处理，保护职工人身安全。在密闭（半密闭）空间内气体浓度持续检测报警中，可推广应用。气油井防盗箱气体浓度检测报警装置在2018年、2019年获国家实用新型专利授权（图3）。2019年3月获胜利油田改善经营管理建议成果一等奖（图4）。该装置在油气井防盗箱内产生渗漏后造成天然气损失，据计算已累计创效36万元。

图3　国家专利证书　　　　　　　　　图4　获奖证书

油井解盐掺水装置

 江汉油田分公司　陈　飞

一、项目创新背景

江汉油田地层水平均矿化度高，溶解于井液中的矿物质结晶逐渐析出，堵塞地层或尾管，使得油井减产，严重时结晶盐附着于杆泵上，易造成盐卡，致使抽油井停产被迫检泵。目前油井需要掺水解盐油井522口，占全厂油井总数的49.4%，日均掺水量约为1122m³。

传统掺水装置是由钢罐、旋翼式水表、水嘴等构成。但由于掺水水质不合格，使水表计数不准，需要频繁清洗、校验、更换旋翼式水表。而且调节水量时间较长，掺水池又以钢质材料制成，露天敞口中，内壁会因为氧化作业极易腐蚀、生锈、长青苔，日常清理维护难度大。

二、结构原理作用

新型掺水装置是由密封式玻璃钢水箱、Y形过滤器、全自动水位控制阀、浮子流量计掺水水嘴四个部分组成。

清水经过站内清水循环泵经由管线输送到单井，通过控制闸门、双Y形杂质过滤器、全自动水位控制阀进入容量为1m³的单井清水储罐中。储罐中的清水达到水位控制阀液位时，阀体关闭，水位达到恒定。罐体出水通过镀锌防锈管、下水调节闸门、浮子流量计、水嘴进入井筒。

三、主要创新技术

（1）该产品创意非常独特，即利用自动控制液位，同时又能保证小排量掺水平稳可靠。解决了全国各油田矿化度高的开发难题。

（2）结构简单、可靠性强，适合在不同环境下使用。

四、应用效益情况

该成果推广应用后取得良好经济效益和社会效益，并获2020年度全国能源化学地质系统优秀职工技术创新成果三等奖（图1）。该成果还获国家实用新型专利授权（图2）。

图1 获奖证书

图2 国家专利证书

放喷池遥控点火装置

江汉油田分公司 王宏图

一、项目创新背景

涪陵页岩气井在开发的过程中，当井内压力低于最小携液能力时，井筒就开始积液，并逐渐压制气井的产能，影响气井生产。为解决这一问题，目前首先考虑采用的方法是：对气井进行放喷排液，排出井筒内的积液，恢复气井产能，然后再采取其他措施增产。放喷时，必须点火，主要是防止有毒有害气体直接排放至大气，对环境造成污染和引发周围森林火灾。目前点火放喷采用的方法有：人工点火和烟花弹点火两种。以上操作存在安全隐患，地面如果聚集一定浓度的烷类气体，点火操作时有发生爆燃的风险，会直接对员工的生命构成威胁；还有引发火灾的风险，排液带出的地层水在水量较大的情况下，经常会扑灭火焰，不仅会给周围的大气造成污染，若点火不及时，有可能引发森林火灾。

二、结构原理作用

研发的放喷池遥控点火装置主要由以下部件构成（图1）。

（1）电源：锂电池＋太阳能板，可实现长期持续供电。

（2）点火针：点火针是点火装置组成件之一，位于放喷桶附近。点火针具有点火灵敏、探测稳定、经久耐用、抗老化能力强、可耐1000℃高温等优点。

（3）遥控开关装置：控开关是由遥控器和接收器组成。是一种无线、非接触控制技术，具有抗干扰能力强，信息传输可靠，功耗和成本低，易实现，遥控距离大于1km等技术优点。

（4）脉冲点火器：这种点火器点火率高，可连续放电。按下按钮，开始点火，松开按钮，停止点火。适用于气体，液体燃料可直接点火，不再需要其他辅助点火手段。

装置原理：通电后逆变电路工作，造成一个高频高压加在电极上，放电产生电火花，借助电火花点燃可燃气体。随时远距离遥控点燃可燃气体，完成气井放喷提液的工作。

三、主要创新技术

（1）采用太阳能和可充电电池作为偏远地区设备的供电电源。

（2）装置的耐高温性能要求较高。

（3）改变了传统的点火方式。

（4）人员不用再到近处点火，解决了人身安全问题。

（5）可随时点火，既提高了环境安全性，又保证了气井放喷提液的效果。

（6）装置便于安装。

四、技术经济指标

当放喷出的水量较大，将火焰扑灭时，该装置可以随时再次点火，保证气井放喷提液的效果。

五、应用效益情况

该装置解决了气井放喷带液的环境和人身安全问题装置。在江汉油田67#集气站和93#集气站试验，在不同排液环境下，均达到预期效果。实地测试，其遥控距离超过

图1　成果实物图

400m。使用该装置，可以随时远距离遥控点火，能够彻底解决放喷点火的安全问题，杜绝火焰熄灭给周边环境造成的压力甚至破坏。此装置在采气、钻井等需要点火放喷的地方可全面推广，其经济和社会有着广阔的前景。该装置获得了江汉油田第二届"工匠杯"职工创新创效大赛一等奖、2020年度全国能源化学地质系统优秀职工技术创新成果三等奖（图2）。该成果还获国家实用新型专利授权（图3）。

图2　获奖证书　　　　　　　　　　　图3　国家专利证书

煤层气自动洗井装置
华东油气分公司　邵小平

一、项目创新背景

延川南煤层气田共有排采井921口，经过几年的排采实践，管式泵机抽工艺基本满足排采的需要。目前气井排水处于后期，平均单井日产液下降至$0.54m^3/d$，每年因煤粉沉积泵堵和卡泵造成的检泵作业平均占比62%，气井频繁作业，增加了作业成本，且作业过程中存在作业井控风险，中断生产对气田产销影响波动大。

延川南煤层气田采出水中以细颗粒煤粉为主，颗粒粒径小于1mm，一部分煤粉以悬浮液形式排出井筒，另一部分沉积到井底或泵桶内，井口仅少量产水。应用Stokes定律计算颗粒沉降速度，得出常规机抽能排出粒径为1mm的煤粉的最小日产液量为$5.24m^3/d$。由此可知，延川南煤层气井产液整体偏低，经测算有86.95%的大颗粒煤粉不能有效携带出煤层，是造成煤层气井管式泵泵堵和卡泵的主要原因。

二、结构原理作用

煤层气自动洗井装置（图1）：通过机械隔膜泵将水升压至0.3MPa，高于井口套压（气流程外输压力），均匀24小时注入排采水，保证气井排量日产液量不小于$5.24m^3/d$，达到提高油管内的液流速度，从而携带煤粉带出地层至地面，井口产水经过水池二级沉降、过滤后进入洗井装置，经过装置再次精滤后被隔膜泵再次注入井底，建立循环，机械隔膜泵为可调机械隔膜泵，通过调整排量，与管式泵排量相匹配，并控制井内液面在合理范围之内，避免造成水淹压井，影响产气。

三、主要创新技术

（1）煤层气井自动洗井装置为固定式洗井装置，与人工车辆洗井相比，无须车辆和人员，节省人力、财力；

（2）整个洗井过程为电力连锁自动控制，实现了24小时连续洗井，能有效携带煤粉；

（3）通过调整隔膜泵排量，与管式泵排量相匹配，控制井内液面在合理范围之内，避免水淹压井，影响产气；

（4）实现中控室远程停机报警，降低了员工的劳动强度和异常处置时率；

（5）洗井水为井口排出水，经水池、洗井装置过滤后重复使用，节省了用水和费用。

四、技术经济指标

（1）隔膜泵功率0.5kW，排量2~5m^3/d，浮子控制液位自动控制洗井装置启停，防缺水干烧；隔膜泵注入压力0.5~1.0MPa，保证高于其流程外输压力0.3MPa。

（2）注水箱缺水时，低液位控制水池补水泵补水，水池补水泵1.5kW，排量2m^3/d，水箱到达高液位浮子，控制补水泵停止工作。

五、应用效益情况

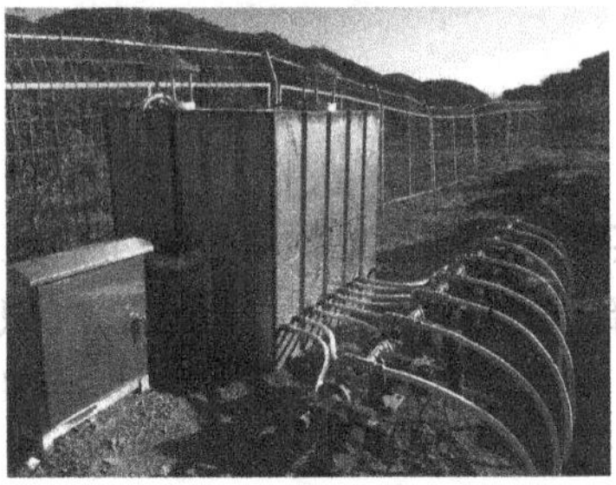

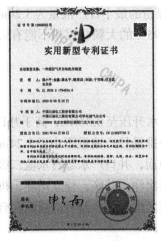

图1　成果实物图

该装置已获国家实用新型专利授权（图2），2021年获得华东石油“五节六小”一等奖。从应用效果来看，气井的抽油机运行电流下降，功图显示饱满，管式泵工作状态良好，能有效携煤粉排出井口，气井产量稳定（图3）。该装置单井制作成本2000元，目前在中石化临汾煤层气分公司实施175口井，洗井有效率达73%，两年来减少检泵50井次，减少作业影响产销12万方，单井作业费用5.81万元（含材料费），煤层气1.6元/方，累计创效412.2万元。

证书号第12898855号

实用新型专利证书

实用新型名称：一种煤层气井自动洗井装置

专利号：ZL 2020 2 1794634.6

专利申请日：2020年08月25日

专利权人：中国石油化工股份有限公司
中国石油化工股份有限公司华东油气分公司

地址：100000 北京市朝阳区朝阳门北大街22号

授权公告日：2021年04月09日　授权公告号：CN 212927758 U

局长 申长雨

图2　国家专利证书

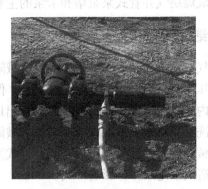

图3　现场应用图

气田压裂用配液加注装置

华东油气分公司 邵小平

一、项目创新背景

压裂时采用特殊的纤维、秸秆等压裂液、独特的泵注程序，使普通的支撑剂颗粒固结成团，从而可在支撑剂充填层内形成高导流能力通道，比常规裂缝导流能力高出几个数量级，也能有效防止支撑剂在储层缝网中回流，能够有效提升气井产量，该项技术在推广应用的过程中需要解决纤维、秸秆的加注难题。

目前应用的纤维、秸秆添加方法以气力输送为主，利用空气压缩机的气力吹送实现纤维的输送，纤维被正压吹送，纤维在重力的作用下落入混沙车的混合罐与压裂液混合，整个输送过程涉及设备多，施工工艺复杂，同时，由于纤维、秸秆悬浮于混合罐的上层，压裂液在混合罐内停留时间短，纤维和秸秆与压裂液混配，混配均匀性难以保障施工工艺作业需求。

二、结构原理作用

一种气田压裂用配液加注装置，包括压裂储水罐、水泥车、高压胶管、撬装装置、射流混配器、进液汇管、高压游壬、喷射汇管、直管、压裂混沙车、低压胶管、低压游壬、储料平台、角形料仓、螺旋输送绞龙、下料仓、防爆电动球阀、电气控制柜（图1）。水泥车为射流混配器的动力液输出机械，压裂液通过水泥车、高压胶管传输到射流混配器，纤维、秸秆通过角形料仓实现均匀打散喂料，螺旋输送绞龙均匀下料后进入射流混配器与压裂液均匀打散混合，混合液通过低压胶管传输到压裂混沙车，加注至井底。

三、主要创新技术

（1）射流混配器与螺旋输送绞龙相结合，利用水力射流将纤维或秸秆与压裂液在射流混配器内充分混合，形成的混合液中纤维、秸秆均匀度高，解决了目前纤维、秸秆加注中混配不均、易聚团的问题。

（2）变频控制实现纤维或秸秆的计量，纤维或秸秆的配比精度能够实施调节控制，适应不同沙比对纤维或秸秆的需求。

（3）结构紧凑、流程工艺简单，整套装置大部分集中在一台撬装装置上，只需要辅助配套水泥车配合提供动力液，能够使纤维或秸秆快速高效加入，提高了工作效率，降低了运维成本。

四、技术经济指标

（1）纤维打撒、搅拌机功率为3kW，纤维绞龙输送机功率为3kW，都为变频控制转速和排量。

（2）水泥车为400型或700型压裂车，纤维加注时，泵车排压8MPa，排量16m³/h。

（3）射流器混配器为自主设计加工。

五、应用效益情况

该装置已获国家实用新型专利授权（图2），在华东油气分公司煤层气井压裂推广使用。制造成本约2万元/套，如购买市场产品，价格约40万元/套，使用外部施工费用约2.5万元/层次。2021年以来成功应用于煤层气井40口井58层，节约服务费用约145万元，制作了3套设备，节约购置设备费用120万元，累计创效265万元。

图1　成果实物图　　　　　　　　图2　国家专利证书

一种撬装式自动加药泡排装置

华东油气分公司　程　旭

一、项目创新背景

页岩气在开采过程中一般伴随着地层水的排出，地层水过多而使得井筒内出现积液，导致气井产气量减少。为了避免发生气井减少、水淹现场，一般会采用加药泡排工艺，将井筒内积液泡沫化，降低地层水排除难度，保持页岩气采出通道畅通。目前采气平台的加药泡排工艺是一口井对应一个药剂桶，药剂桶数量多增大了占地面积。补充、调配药剂时容易造成药剂洒落污染土壤，目前多采用人工混合的方式，人工混合时需先计算合适的水量，再加入药液，施工过程中费时费力；人员操作因素较多，药液配比误差较大，因此会造成一定的资源浪费；后期使用中需要人员定期进行干预检查，防止设备发生故障，增加人员的劳动负担。

二、结构原理作用

研发的一种撬装式自动加药泡排装置由以下构造组成（图1）。

（1）配药罐部分：各单井分别对应一个消泡剂、起泡剂配药罐，注入的药剂浓度可以根据气井生产状况动态调整，并通过横梁中间固定的搅拌器定时搅拌，使药剂融合均匀。同一采气平台各单井之间加药泡排工艺相互独立、各不影响，可实现"一井一策"式加药，生产适应性更强、灵活度更高。

（2）补水组件、起消泡补药注药组件部分：补水组件、起泡补药组件、起泡注药组件、消泡补药组件与消泡注药组件均围绕配药罐固定于底板上方，一侧管线连接配药罐，另一侧管线连接电动阀。

（3）PLC控制柜部分：由PLC、显示触摸屏、交流接触器、热继电器、防爆控制箱、防爆仪表等组成。PLC控制柜通过光纤连接并控制起泡补药泵、消泡补药泵、补水泵、补水电动阀、消泡补药电动阀、搅拌泵与起泡补药电动阀，用于设置配药浓度与运行模式。可实现液位控制、温度检测、压力检测以及远程调参功能。

（4）底板部分：铺设管线补水补药、罐内搅拌泵搅拌配药、装置底部设有踢脚板，这些措施避免了加药泡排过程中药剂洒落、渗入土壤中污染环境。

三、主要创新技术

（1）当原药桶被吸空时，会触发报警，并停止吸入泵，保护液泵防止干烧损坏；

（2）当液位溢出或亏空时，会触发报警，并联动对应液泵停机，防止液体溢出造成环境污染、泵空转损坏设备；

（3）加药泵出口压力超过设定压力值时，会触发报警，并联动对应液泵停机，实现超压保护；

（4）实现药剂配比、补水、补药的自动化，大幅降低人工成本；

（5）配套PLC控制系统，实现调参、停机、整体断电的远程控制；

（6）自动加药系统同时连接5~8个原药桶，方便了药剂、清水一次调运，减少了调运费用；

（7）加装搅拌功能，定时搅拌，使药剂融合均匀；

（8）自动记录当天、当月、总药剂量和用水量，方便整理统计；

（9）电器设备采用防爆技术；

（10）装置采用撬装式，便于移动；

四、技术经济指标

（1）自动配比、自动补水、自动补药、定时搅拌、远程控制、超压保护、药剂、水量统计；

（2）装置正常运行时，噪声值为60dB。

图1 成果实物图

五、应用效益情况

该装置2020年开始研制，2021年1月在重庆页岩气有限公司焦页201平台4口井上安装使用（图2）。公司一致认为装置系统一体自动化高，安全可靠，减少了员工的工作强度和管理的人力、物力、时间成本，有很高的推广应用价值。2022年确定为公司专利技术实施推广项目。目前，已在重庆页岩气有限公司多个平台安装15台，减少人工成本200万元人民币。该成果2021年获国家实用新型专利授权（图3）。

图2 现场应用图

图3 国家专利证书

适用于方井积液安全高效的排水系统

西南油气分公司 刘永炬

一、项目创新背景

川渝地区属于亚热带季风气候，夏季降水量大，井场方井池受自然降水和地面渗水的影响易积液，若不能及时抽排，采气树长期浸泡在积液中易腐蚀和生锈，给生产带来不便和安全隐患，过去常采用防爆电泵和人工手动排液的方式，该方法劳动强度大、排水速率缓慢且容易受雷雨天气影响。同时现阶段页岩气普遍采取丛式井组的开发方式，一个平台平均6~8口气井，遇强降水气候现场班组人员很难及时对每口井的积液及时排出。针对这一难题，技能大师研制了"适用于方井积液安全高效的排水系统"，该装置有效解决了川渝气田夏季强降水天气方井池排液难题，不仅减轻了现场人员的工作负担，更能及时、安全和高效地排除方井池积液，有效助力了页岩气田的稳定开采。

二、结构原理作用

该装置主要由三部分组成：

（1）底阀部分：在方井池底部开挖一个立方体方坑，用于置放底阀，该装置的作用是保证方井池中的水能被完全排除。

（2）吸水排污管线部分：该部分由注水孔、排气孔、过滤器和排污管组成，起到输运、过滤方井池内污水的作用，同时排除方井池中吸入的气体，避免作业泵空抽。

（3）电机分离自吸泵部分：利用压差原理和自吸泵进行电动抽排水，提高排水率和作业安全性。启动前先在泵壳内灌满水，启动后叶轮高速旋转使叶轮槽道中的水流向蜗壳，这时入口形成真空，使进水逆止门打开，吸入管内的空气进入泵内，并经叶轮槽道到达外缘。

三、主要创新技术

（1）有效解决了页岩气丛式井场方井池及时排液问题。

（2）降低了现场作业人员的劳动强度。

（3）提高了方井池排液的效率和安全性。

（4）有效降低了方井池排液的经济成本。

（5）可以远程控制离心泵进行排液。

（6）采用非防爆装置解决防爆问题。

（7）创新性利用压差原理进行电动抽排水。

（8）缩短了排液作业时间。

四、技术经济指标

（1）及时高效排液，节约方井池内采气树防腐支出；雷雨季节有积液即排，避免防腐作业。

（2）现场1人即可远程同时对多口气井进行操作，降低了人工成本和劳动强度。

（3）该设备有效支撑推动了页岩气后期无人值场站的建设，有效助力了页岩气的效益开发。

五、应用效益情况

该装置2018年开始研制，2019年3月6日，在西南油气分公司永页1、永页5和威页45等10个平台上安装使用。2018年12月获2018年度西南油气分公司QC成果一等奖。目前，已在威荣、永川、丁山等页岩气田的38口气井安装使用，年创经济效益40多万，累计创效238万元。该成果2019年获国家实用新型专利授权（图1）。

图1 国家专利证书

一种可液压截断阀远程干预关断装置

西南油气分公司　朱　敏

一、项目创新背景

液压截断阀是长输管道上常用的紧急关断阀门，但是当输气管线出现缓慢泄漏或着火时，液压截断阀不能及时关闭，通常由工作人员赶往现场手动关闭液压截断阀，如此将延误管道气源的截断时间，容易造成事故蔓延，同时工作人员的安全也无法保障。所以，目前需要一种技术方案，以解决当输气管线出现缓慢泄漏或着火时，液压截断阀不能及时关闭，容易造成事故蔓延的技术问题。针对上述难题，首先突破传统的液压截断阀关断模式，将信息化、自动化、智能化技术与液压截断阀相结合，提出"实时报警、远程干预"的新模式。最终形成了液压截断阀远程干预关断装置，在川西陆相气田中获得推广应用。

二、结构原理作用

液压截断阀远程干预关断装置，包括油缸、油管、弹簧推力装置和平板闸阀，油缸通过油管与弹簧推力装置连通，弹簧推力装置与所述平板闸阀相连，控制器与阀门通信连接（图1）。

当输气管线出现缓慢泄漏或着火时，工作人员可通过控制器打开阀门，将油管中的液压油泄放，使弹簧推力装置回弹，平板闸阀上升，气井关闭，防止事故蔓延，做到及时止损。

通过电磁阀与控制器电连接可以实现电磁阀的远程关断，从而实现油管上的液压油的压力泄放。

装置平板闸阀上方设有接近开关，当平板闸阀上升到一定的高度会触发接近开关发出信号，工作人员通过控制器接收到的信息确认气井是否正常关闭，实现信号远传，实现平板闸阀状态监控。

本装置还包括供电装置，为用电装置提供电力供应，供电装置可以是市电、储电设备或发电设备中的至少一种，维持对气井阀门状态的持续监控，根据现场情况及时发出报警或关闭气井。

三、主要创新技术

（1）提出了"无人值守""远程干预控制"的新思路；

（2）有效避免了安全风险；

（3）有效节省了人力成本；

（4）建立了液压截断阀阀位状态实时诊断方法；

（5）实现了现场阀门情况有效监控；

（6）提出了电力模式优化方法，解决了现场用电难题。

四、技术经济指标

（1）及时高效进行关井动作，有效避免了生产安全问题。

（2）只需1人即可远程同时对多口气井进行操作，降低了人工成本和劳动强度。

（3）该设备有效支撑推动了川西陆相气田后期无人值场站的建设，有效助力了常规气的效益开发。

五、应用效益情况

2020年4月~2021年11月，新技术在川西陆相气田中成功应用124口井，并且快速扩大应用规模（图2）。整套装置成本约为6336.74元，装置安装成功后，天然气井站可实现远程紧急关断功能，一方面消除天然气泄漏的安全隐患，另一方面可实现天然气井站无人值守，安装该装置后单个天然气井站一年可节约成本约25万元，值得进一步推广应用。2020年获国家实用新型专利授权（图3），并于2021年获四川省职工"五小"活动优秀成果（图4）。

图1 现场应用图1

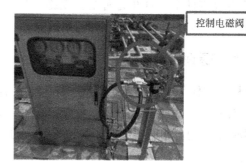

图2 现场应用图2

图3 国家专利证书

图4 获奖证书

一种适用于中江气田气井排液的柱塞工具

西南油气分公司　任基文

一、项目创新背景

中江气田位于川西凹陷东斜坡，是中国石化西南油气分公司在川西中浅层天然气增储上产的主要阵地。目前，中江气田柱塞气举工艺的应用存在四个难题：一是对影响柱塞举升的因素认识不清，难以确定最优的柱塞运行频率、关井时间；二是柱塞工具与油管之间的间隙较大，导致气体大量窜流且液体漏失严重，影响了柱塞气举举升效率；三是气井普遍产油使得井筒内壁存在黏稠的蜡或油泥，导致柱塞卡堵；四是采气树主通径与油管内径不一致，柱塞无法运行至采气树7#阀门之上，进而导致柱塞工具无法打捞。因此，急需改进柱塞工具并完善配套设施及柱塞气举参数优化方法，提高柱塞气举排液采气效果。

二、结构原理作用

（1）柱塞主体为中空腔体，柱塞主体上部具有通孔，柱塞主体下部连接下端盖，下端盖上设置有开口。在柱塞中空腔体内放置有密封球，柱塞主体外部直径略小于油管内径，柱塞主体外壁均匀分布有螺旋凹槽，使得气流通过柱塞工具与油管内壁时形成紊流，降低气体流速。

（2）采用三层错位式弹块布局，提高了柱塞与井筒内壁之间的密封性，满足气井排液要求；同时，弹块表面设有清蜡槽，使得柱塞在运行过程中可以清除井筒内壁的蜡及少量泥污，在排液的同时具备自洁功能。

（3）采用硬质纤维作为毛刷，柱塞工具外径略大于井筒内径，在柱塞运行期间可有效清除井壁污物。

（4）自主设计并加工制作内捞式柱塞打捞工具。该装置由缓冲机构、加长杆及捕捉机构，以及设置在缓冲机构和限位机构之间的连接部件组成。

三、主要创新技术

（1）研制了一种新型高密封性柱塞工具，减小了滑脱损失，提高了举升效率。

（2）研制了两种适用于不同井况的刮管柱塞工具，在柱塞运行期间可有效清除井壁污物，在排液的同时具备自洁功能。

（3）研制了内捞式柱塞打捞装置，有效提高柱塞打捞成功率。

（4）建立柱塞举升运动模型、形成高压低产气井和低压气井柱塞气举参数优化方法，为优化柱塞气举效果奠定基础。

四、技术经济指标

（1）有效提高柱塞气举效果：高密封性柱塞工具应用8井次，柱塞运行单次带液量由0.4m³增加至0.8m³，柱塞上行时间由21min缩短至13min，柱塞密封性显著增加，排液效果较好。带刮蜡功能的弹块式柱塞工具应用7井次，柱塞无卡堵时长由17~211天延长至363天；毛刷柱塞应用1井次，清蜡效果明显，清蜡后弹块柱塞可正常运行。

（2）有效提高柱塞打捞成功率：内捞式柱塞打捞装置应用成功率100%，节约钢丝打捞作业费用76.5万元。

（3）有效提高经济效益：单井一次性平均投入4.9万元，投用后累计增产天然气235.1万方，增产效益294.26万元。

五、应用效益情况

截至2021年底，累计投用柱塞气举井14口，工具成本及作业费用68.6万元，增产天然气235.1万方，增产效益294.26万元，同时节约钢丝打捞作业费用76.5万元，合计创造效益370.76万元，在中江气田及类似致密砂岩气田具备较好的推广前景。2021年、2022年均获国家实用新型专利授权（图1、图2），2022年获四川省职工"五小"活动优秀成果（图3）。

图1 国家专利证书1　　　　图2 国家专利证书2

图3 获奖证书

第三节　采气井故障检测处理

油气井温压一体变送器转接头

中国石化胜利油田　李志明

一、项目创新背景

随着胜利油田新型管理区推进，信息化建设的全面铺开，在油气井井口采油（气）树上安装温压一体变送器来测取油气井的温度及压力。温压一体变送器通过接头安装在油井采油树上，作为实现智能化管理数据采集的重要工具，应实时准确地将捕集到的温度、压力参数传送至PCS系统。在实际应用过程中，针对稠油井，低液井出现压力温度测取不准确的现象，经过调研发现在原油含水量低时，油稠、黏度大，流动性变差，加之变送器安装位置处于末端油嘴套丝堵处（俗称盲肠头），稠油易堆积在末端处，形成流动中的"死油区"，致使温度、压力测取不准确。对于油藏生产经营而言，从井口处采集准确的温度、压力数据为平稳、安全、高效运行提供了重要保障。特别是针对维护成本高、治理难度大、日常维护相对困难的特殊井、稠油井等重点油井，准确采集井口温度、压力数据的重要性变得尤为突出。

二、结构原理作用

该装置主要由三部分组成（图1）。

（1）外壳。一端通过螺纹与油气井三通相连接，直接接触采出液体，并根据温压一体变送器测取采出液的温度和压力。另一端采用六棱式设计，便于安装。

（2）活塞式压力推动装置。前端将原环形空间使用活塞进行密封，中间加入传导液，上端设计单流阀，形成活塞推动传导液来完成压力的传递，避免形成"死油区"。压力通过活塞给液压油，液压油通过单项过载保护装置传递给仪表显示压力，流体中的温度通过测温套内的传递液将温度传递给测温仪，显示流体压力。

（3）旋塞式开关。在活塞的活动空间内设置可旋动推进的横杆，外置旋塞开关，通过转动旋塞开关，旋动横杆向前推进，当横杆接触到活塞时，活塞所承受的压力传递给横杆，此时压力变送器落零，实现不停井即可更换、维修变送器。

三、主要创新技术

（1）实现了不停井更换、维修变送器。

（2）避免形成"死油区"，提高了数据准确性。

（3）实现了准确录取井口压力、温度。

（4）装置体积小、便于携带。

（5）采用新型材料，成本更低。

四、主要经济技术指标

（1）成功实现了对油井井口温度、压力等生产参数的100%准确捕集。

（2）将信息化数据修正率由5.6%降低至1.59%。

（3）编写《温压一体变送器转接头使用操作手册》，手册编号：SLYT 2020-13028-B。

五、应用效益情况

油气井温压一体变送器转接头，大幅提高示功图计算油井产量的准确性，成功实施167井次（图2），每井次提升吨油价值共78.49万元。每井次减少关井时间两小时，折合经济价值19.62万元，累计创造经济效益97.13万元。此装置成功实现了对油井井口温度、压力等生产参数的100%准确捕集，提升了油气井生产智能化管理水平，为打造新型采油管理区运行保驾护航。提高采油气时率、采油气井采收率，使油气井稳定、高效生产。杜绝采油气外排，促进采油气过程中的清洁生产。先后获国家实用新型专利授权（图3、图4）2项，2020年获山东省设备管理创新成果一等奖，中国能源地质化学工会职工优秀成果推广转化项目。2022年，该成果获油田优秀质量管理成果二等奖（图5）。

图1 成果实物图

图2 现场应用图

图3 国家专利证书1

图4 国家专利证书2

图5 获奖证书

气井大四通顶丝堵漏装置

胜利油田分公司　李志明

一、项目创新背景

随着气井开采时间的延续，井口采气树各密封部件容易发生老化，气井采气树大四通的顶丝出现漏气现象。气井大四通顶丝位于气井大四通上法兰处，一共有4根，成对角排列，主要作用是卡住油管头，防止油管因压力变化而上窜。气井大四通顶丝漏气，一般是由于顶丝密封胶圈损坏造成的，泄漏严重时会造成井喷等恶性安全事故，所以要及时进行封堵。由于采气树顶丝部位天然气泄漏下部无控制阀门，造成泄漏压力大，带压封堵难度极大；由于采气树外罩防盗箱，天然气泄漏时不能进行焊接作业（产生爆炸危险）。要想解决气井采气树顶丝漏气问题，只有通过作业施工更换顶丝，但作业施工以及工农关系等费用太高，而且施工时间长，极大制约了气井的安全生产。

二、结构原理作用

研发一种气井大四通顶丝快速堵漏装置，主要由以下部分组成（图1）。

（1）封堵顶丝漏气部位套帽。根据顶丝漏气部位的形状设计封堵套帽通过试验套帽抗压能力符合要求，测压考克上的泄压装置安装在套帽上，封堵时起泄压作用，在高压状态下能更好地进行封堵。

（2）套帽压紧装置。测量漏气顶丝部位尺寸，设计压紧装置图纸，通过对压紧套帽装置的设计加工和实施，研制出来的装置完全满足我们的要求。

（3）密封垫圈。选用耐高压的橡胶密封垫圈。套帽和漏气顶丝部位环形接触面采用柔韧性、延展性更好的橡胶垫圈进行密封。

三、主要创新技术

（1）实现了不停井、不压井进行堵漏。

（2）突破了气井不可控位置的有效封堵。

（3）机械设计安全可靠。

（4）模块化结构便于安装调试。

（5）提高开井时率。

（6）有效保护地层。

四、技术经济指标

设计压力38MPa，可完全满足250型井口使用。气井大四通顶丝堵漏装置可以在不停井、不压井的情况下，快速有效地解决气井大四通顶丝泄漏问题，保证气井安全稳定正常生产。

五、应用效益情况

气井大四通顶丝堵漏装置的应用（图2），大大降低了职工劳动强度，如果作业施工更换顶丝，就需要一个作业队的多人配合工作，职工劳动强度大。运用此堵漏装置进行顶丝漏气堵漏，快速有效，十几分钟就封堵完毕，大大提高了工作效率。运用此装置能够快速及时地对顶丝漏气部位进行封堵，杜绝了气井井口安全隐患，对井控安全起到了很好的保障作用。

该成果2014年获厂创新成果一等奖，胜利油田技师协会优秀技术论文一等奖（图3）；并获国家实用新型专利授权（图4）。加工气井大四通顶丝堵漏装置需要成本260元；实施作业施工更换顶丝，普通工农关系费用加上施工费大约需要18万元。封堵一次采气树大四通顶丝漏气可节约成本，180000元-260元=179740元=17.974万元，累计创效160多万元。

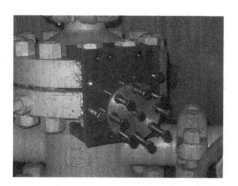

图1　成果实物图

图2　现场应用图

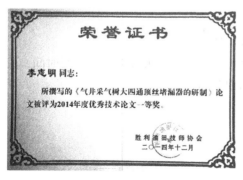

图3　获奖证书

图4　国家专利证书

采油树刺漏抱箍

西南油气分公司　邓远平

一、项目创新背景

在石油开采领域中，都要用到采油树用于开采石油，采油树要求密封性能好，不能发生泄漏，以免对周围环境造成污染，在实际开采作业过程中，在采油树底法兰可能发生刺漏，渗出石油污染周围环境，对于这种刺漏，现有办法通常是上修井设备，先压井，然后更换新的采油树，再放喷恢复生产。这种处理办法有很大弊端：一是操作复杂，更换时间长，修井设备昂贵；二是必须更换新的采油树才能恢复生产，更换成本太高。

二、结构原理作用

该装置主要由三部分组成。

（1）采油树刺漏抱箍部分：包括左半片抱箍、右半片抱箍，左半片抱箍和右半片抱箍呈半圆环状，左半片抱箍和右半片抱箍上设置有注脂孔。

（2）内衬部分：内衬为带切口的圆柱形内衬，内衬嵌入左半片抱箍和右半片抱箍中，内衬上也设有注脂孔，设在内衬上的注脂孔与设在左半片抱箍和右半片抱箍上的注脂孔相对应且相适配。

（3）左右抱箍安装耳部分：左半片抱箍的半圆环两端向外弯折，形成两个左半片安装耳，左半片安装耳上设有通孔，右半片抱箍的半圆环两端向外弯折，形成两个右半片安装耳，右半片安装耳上设有通孔，左半片安装耳上的通孔和与之相应的右半片安装耳上的通孔栓接有螺栓，左半片抱箍和右半片抱箍通过螺栓连接在一起。左半片抱箍的半圆环两端向外弯折，形成两个左半片安装耳，左半片安装耳上开有嵌槽，相应的，与其相配合的右半片抱箍的半圆环两端向外弯折，形成两个右半片安装耳，在右半片安装耳上设置有销轴，销轴嵌入与其相应的嵌槽内。

三、主要创新技术

（1）实现了采油树不压井，不停产刺漏处置。

（2）操作简单，也不用大型修井设备来更换采油树，大大缩短了维修时间，大大节约了生产成本，而且结构简单，易于制作，省时省力。

（3）黏合剂购买方便、成本低。

（4）安装方便、无安全风险。

（5）安装时间短，一人即可安装。

四、技术经济指标

（1）本产品适用于油气井采油（气）树刺漏时堵漏。不必更换采油树，不上修井设备，不用压井，符合标准要求。

（2）该设备适用于井口30MPa以内的采油树刺漏。

五、应用效益情况

在采油树底的法兰盘发生刺漏后，将该采油树刺漏抱箍上在刺漏处就可堵住刺漏处防止石油泄漏，不用再使用修井设备更换采油树。采油树刺漏抱箍已广泛运用于川西气田井口装置、高压管线的刺漏作业。大大降低了更换设备的时间和费用，减少了安全风险和环境污染，在采气流程使用过程中，发挥着重要的作用。已在川西气田推广应用了川科1井、川孝281井、新浅47井、新浅23井，共4井次。

应用在川科1井采油树环空窜气窜水，节约整改资金3000万元。川孝281井采油树大四通阀兰刺漏，节约整改资金90万元。新浅47井采油树升高短节刺漏，节约整改资金90万元。新浅23井采油树小四通与连接法兰丝扣刺漏，节约整改资金90万元。共计节约3270万元。减少了安全和环保投入。2013年11月，获国家实用新型专利授权（图1）。2014年10月，获西南石油局工会职工技术创新成果展一等奖（图2）。

图1　国家专利证书

图2　获奖证书

附录

创新成果发明人统计表

序号	所属单位	完成成人	职务	技术等级	政治荣誉	技能荣誉	获奖成果	联系电话	备注
1	东辛采油厂	代旭升	中国石化集团公司技能大师	采油高级技师	全国劳动模范	中国高技能人才楷模	国家科学技术进步二等奖	18766726866	0
2	江汉油田分公司	张义铁	中国石化集团公司技能大师	采油特级技师	全国劳动模范	中华技能大奖	全国石油石化系统职工创新成果二等奖	18508667261	1
3	孤岛采油厂	唐守忠	中国石化集团公司技能大师	采油特级技师	全国劳动模范	全国技术能手	中石化科技进步奖	18954627510	2
4	西北油气分公司	毛谦明	中国石化集团公司技能大师	采油特级技师	全国劳动模范	全国技术能手	中国石化职工创新成果一等奖	13031231620	3
5	西南油气分公司	邓远平	中国石化集团公司技能大师	采气特级技师	全国五一劳动奖章	集团公司技术能手	西南石油局工会职工创新成果展一等奖	18583379580	3
6	中原油田文留采油厂	郜亚军	中国石化集团公司技能大师	采油特级技师	全国五一劳动奖章	全国技术能手	中原油田创新成果一等奖	13525632546	3
7	中原油田文留采油厂	李红星	油田首席技师	采油高级技师	全国五一劳动奖章	河南省技术能手	中原油田创新成果一等奖	13839308540	3
8	现河采油厂	孟向明	中国石化集团公司技能大师	采油特级技师	全国五一劳动奖章	全国技术能手	全国能源化学地质系统优秀职工技术创新成果二等奖	13356616087	3
9	江苏油田	杨 莲	油田主任技师	采油特级技师	全国五一劳动奖章		集团公司QC成果一等奖	15862887715	3

续表

序号	所属单位	完成人	职务	技术等级	政治荣誉	技能荣誉	获奖成果	联系电话	备注
10	现河采油厂	张春荣	中国石化集团公司技能大师	集输特级技师	全国五一劳动奖章	国务院特殊津贴	全国设备管理与集输创新成果二等奖	18954626865	3
11	河南油田	景天豪	中国石化集团公司技能大师	采油特级技师	中原大工匠	全国技术能手	全国能源化学地质系统优秀职工技术创新成果二等奖	13937772456	4
12	中原油田地面工程抢维修中心	刘同帅	油田主任技师	采油高级技师	中原油田劳模	全国技术能手	中原油田技师协会创新成果一等奖	15839396514	4
13	华东油气分公司	沈睾	中国石化集团公司技能大师	采油特级技师	江苏省劳动模范	全国技术能手	中石化技能人才创新成果一等奖	13775796662	4
14	滨南采油厂	周家祥	主任技师	采油高级技师	中石化青年岗位能手	全国技术能手	山东省设备管理创新成果一等奖	18661385727	4
15	桩西采油厂	毕新忠	中国石化集团公司技能大师	集输特级技师	中石化劳动模范	国务院特殊津贴	全国设备管理与技术创新成果一等奖	13361509028	5
16	东辛采油厂	李志明	中国石化集团公司技能大师	采气特级技师	中国石化劳动模范	中石化技术能手	山东省智能制造创新创业大赛一等奖	13854633311	6
17	江苏油田	厉昌峰	中国石化集团公司技能大师	采油特级技师		国家技能人才培育突出贡献个人	全国能源化学地质工会二等奖	15952565068	6
18	河南油田	孙爱军	中国石化集团公司技能大师	采油特级技师	河南省劳动模范	中原大工匠	全国优秀质量管理小组	13603416075	6
19	石油开发中心	程卫星	油田技能大师	采油特级技师		齐鲁首席技师	山东省设备管理创新成果二等奖	13854680929	7

续表

序号	所属单位	完成人	职务	技术等级	政治荣誉	技能荣誉	获奖成果	联系电话	备注
20	桩西采油厂	杜国栋	油田首席技师	采油特级技师	中石化劳动模范	山东省首席技师	全国能源化学地质系统优秀职工技术创新成果二等奖	13864706907	7
21	孤东采油厂	郝洪峰	油田技能大师	采油特级技师	中石化劳动模范	中石化技能手	全国能源化学地质工会系统优秀职工创新成果二等奖	15963087991	7
22	江汉油田	洪河	油田首席技师	采油特级技师	油田劳动模范	荆楚工匠	全国职工优秀技术创新成果优秀奖	18508867261	7
23	鲁明公司	贾鲁斌	油田技能大师	采油特级技师		中石化技能手	全国设备管理与技术创新成果二等奖	18954627788	7
24	河口采油厂	刘同玲	油田技能大师	集输特级技师	山东省五一劳动奖章	中石化技能手	全国能源化工职工创新成果二等奖	15666218289	7
25	西南油气分公司	任基文	油田首席技师	采气特级技师	四川省五一劳动奖章	集团公司技术能手	四川省职工五小活动优秀成果	18583377990	7
26	临盘采油厂	上官德安	油田技能大师	采油特级技师	全国青年岗位能手	中央企业技术能手	国家实用新型专利	18562037239	7
27	河口采油厂	隋爱妮	油田技能大师	采油特级技师	中石化劳动模范	齐鲁工匠	山东省设备管理创新成果一等奖	13563395827	7
28	孤岛采油厂	隋迎章	油田首席技师	集输特级技师	中国设备管理创新杰出人物	齐鲁首席技师	山东省设备管理协会一等奖	18954627508	7
29	东胜公司	王刚	油田技能大师	采油特级技师	山东省富民兴鲁劳动奖章	山东省齐鲁首席技师	山东省设备管理创新成果一等奖	13154411826	7
30	中原油田地面工程抢维修中心	许克新	油田首席技师	采油特级技师	河南省工匠	集团公司技术能手	国家实用新型专利	13475014151	7

续表

序号	所属单位	完成人	职务	技术等级	政治荣誉	技能荣誉	获奖成果	联系电话	备注
31	临盘采油厂	张前保	油田技能大师	采油特级技师	齐鲁首席技师	集团公司技术能手	油田设备管理成果一等奖	18562037576	7
32	鲁胜公司	张延辉	油田技能大师	采油特级技师	齐鲁首席技师	中央企业技术能手	山东省设备管理技术创新成果一等奖	15698087076	7
33	河南油田	翟晓东	油田首席技师	采油高级技师	河南省五一劳动奖章	集团公司技术能手	全国能源化学地质系统优秀职工技术创新成果三等奖	13803877345	8
34	西北油田	刘勇	油田首席技师	集输高级技师	西北油田先进个人	中石化技术能手	自治区劳模引领性创新成果	18160291300	8
35	河南油田	马飞	油田首席技师	集输高级技师	河南油田大工匠	中石化技术能手	河南油田技术创新项目二等奖	13837753406	8
36	河南油田	孙小海	油田首席技师	采油高级技师	中石化劳动模范	中石化技术能手	2020年河南油田QC成果一等奖	13782002506	8
37	西北油田	吴登亮	油田首席技师	采油高级技师	中石化青年岗位能手	中石化技术能手	自治区劳模引领性优秀创新成果	13095166816	8
38	河南油田	肖玉	油田首席技师	集输高级技师		中石化技术能手	全国能源化学地质系统优秀职工技术创新成果三等奖	13949374936	8
39	河南油田	赵云春	油田首席技师	采油高级技师	中石化集团公司技术能手	中石化技术能手	全国能源化工地质系统优秀职工技术创新成果三等奖	13603410402	8
40	现河采油厂	怀文	油田技能大师	采油高级技师		中石化技术能手	山东省设备管理创新成果二等奖	18954627195	9

续表

序号	所属单位	完成人	职务	技术等级	政治荣誉	技能荣誉	获奖成果	联系电话	备注
41	河南油田	刘桂军	油田首席技师	采油高级技师	河南省五一劳动奖章	中石化技术能手	全国能源化工地质系统优秀职工技术创新成果三等奖	13838797692	9
42	滨南采油厂	孙建勇	油田技能大师	采油高级技师	山东省奖出贡献技师	集团公司技术能手	全国能源化学地质系统优秀职工技术创新成果三等奖	18561232123	9
43	东辛采油厂	孙晓燕	油田技能大师	集输高级技师	胜利油田劳动模范	中石化技术能手	中石化QC成果二等奖	13563379537	9
44	孤岛采油厂	王继国	油田技能大师	采油高级技师	东营市首席技师	中石化技术能手	中国设备管理协会技术创新成果一等奖	18354675166	9
45	胜利采油厂	张春未	油田技能大师	采油高级技师	山东省五一劳动奖章	中石化技术能手	全国优秀质量管理小组成果	18905467628	9
46	河口采油厂	赵琢萍	油田技能大师	采油高级技师	全国青年岗位能手	央企技术能手	河口采油厂优秀技术创新成果二等奖	18562112521	9
47	临盘采油厂	陈海荣	退休	集输高级技师		集团公司技术能手	油田为民技术创新成果三等奖	18562037706	10
48	江苏油田	丁志敏	油田主任技师	高级高级技师		集团公司技术能手	国家实用新型专利、江苏油田采油专业高技能人才交流三等奖、厂先进操作法	13773599653	10
49	中原油田地面工程抢修维修中心	董殿泽	油田主任技师	采油高级技师	中原油田劳模	集团公司技术能手	中原油田创新成果一等奖	13939378890	10
50	江汉油田	段晓明	主任技师	采油高级技师	厂劳动模范	集团公司技术能手	国家实用新型专利、油田第二届"工匠杯"职工创新创效大赛二等奖	18508667261	10

续表

序号	所属单位	完成人	职务	技术等级	政治荣誉	技能荣誉	获奖成果	联系电话	备注
51	江苏油田	冯铁勇	油田主任技师	采油高级技师	江苏油田优秀员工	集团公司技术能手	国家实用新型专利，江苏油田创新成果一等奖	13951262182	10
52	河南油田	高廷彬	油田主任技师	集输高级技师	河南省五一劳动奖章	集团公司技术能手	全国能源化学地质工技术创新成果优秀职工技术创新成果三等奖	15993138166	10
53	东辛采油厂	高子欣	责任技师	采油高级技师	东营区五一劳动奖章	山东省技术能手	山东省设备管理创新成果一等奖	13864706468	10
54	华东油气分公司	官平	油田主管技师	采油高级技师	江苏省五一新能手	集团公司技术能手	泰州采油厂"五节六小"创新创效劳动竞赛成果一等奖	15850887568	10
55	江苏油田	顾建国	公司经理	注水泵高级技师	油田劳动模范	中石化技术能手	中国石化QC成果一等奖	13813159661	10
56	西南油气分公司	官世远		采气高级技师		集团公司技术能手	集团公司QC二等奖	19827880693	10
57	江苏油田	何芹	油田主管技师	采油高级技师	江苏油田优秀员工	中石化技术能手	江苏油田QC成果一等奖	15895713677	10
58	河口采油厂	何张华	主任技师	作业机修理技师	油田双文明个人	集团公司技术能手	胜利油田为民技术创新成果二等奖	18706661868	10
59	桩西采油厂	侯卫山	主任技师	采油高级技师		中石化技术能手	胜利油田技能人才技术创新成果三等奖	13656472720	10
60	现河采油厂	李西江	首席技师	采油高级技师		中石化技术能手	胜利油田技能人才技术创新成果一等奖	13305465837	10

续表

序号	所属单位	完成人	职务	技术等级	政治荣誉	技能荣誉	获奖成果	联系电话	备注
61	中原油田文留采油厂	李永利	油田主任技师	采油高级技师	中原油田工匠	集团公司技术能手	中国能源化学工会职工技术成果二等奖	13703831640	10
62	江苏油田	林凌	油田主任技师	集输高级技师	江苏油田优秀员工	中石化技术能手	江苏油田创新成果一等奖	13852588581	10
63	东胜公司	刘家庆	主任技师	采油高级技师		中石化技术能手	山东省设备管理创新成果二等奖	13153411826	10
64	江汉油田	刘建华	主任技师	采油高级技师	厂劳动模范	中石化技术能手	油田创新成果一等奖	18508667261	10
65	江汉油田	刘正国	主任技师	采油高级技师	荆楚工匠	中石化技术能手	江汉油田坪北经理部职工创新创效成果二等奖	18508667261	10
66	中原油田地面工程抢维修中心	吕合军	油田主任技师	采油高级技师	中原油田工匠	集团公司技术能手	中原油田创新成果一等奖	13781333980	10
67	河口采油厂	马国新	首席技师	采油高级技师	油田二等功	中石化技术能手	胜利油田设备管理成果二等奖	13954617851	10
68	中原油田文留采油厂	马亮	油田主任技师	采油高级技师	中原油田工匠	集团公司技术能手	中原油田创新成果一等奖	17803935680	10
69	中原油田文卫采油厂	沙宇武	油田主任技师	注水泵高级技师	中原油田劳模	集团公司技术能手	中国能源化学工会职工技术成果一等奖	13525623679	10
70	华东油气分公司	邵小平	主任技师	采气高级技师	全国青年岗位能手	中央企业技术能手	华东石油局"五节六小"劳动竞赛一等奖	15996021136	10

续表

序号	所属单位	完成人	职务	技术等级	政治荣誉	技能荣誉	获奖成果	联系电话	备注
71	江苏油田	沈剑	油田主管技师	采油高级技师	江苏油田双文明先进个人	中石化技术能手	国家实用新型专利	13952595064	10
72	江汉油田	孙建兵	主任技师	采气高级技师	江汉工匠	中石化技术能手	全国能源化学地质系统优秀职工技术创新成果三等奖	18508667261	10
73	河口采油厂	王佰民		采油技师	油田双文明个人	集团公司技术能手	全国能源化工职工创新成果二等奖	18706661868	10
74	江汉油田	王宏图	主任技师	采气高级技师	中石化技术能手	中央企业技术能手	全国能源化学地质系统优秀职工技术创新成果三等奖	18508667261	10
75	滨南采油厂	王军	主任技师	采油高级技师		集团公司技术能手	胜利油田技能人才技术创新成果二等奖	18678661632	10
76	孤岛采油厂	王丽霞	主任技师	采油高级技师		集团公司技术能手	孤岛采油厂技师分会一等奖	15615928956	10
77	临盘采油厂	王民山	主任技师	采油高级技师		集团公司技术能手	局科技进步二等奖	13953458906	10
78	中原油田储气库管理中心	王树森	油田主任技师	采气高级技师	中原油田劳模	集团公司技术能手	中原油田创新成果二等奖	13939301917	10
79	江苏油田	肖学培	油田主任技师	注水泵高级技师	江苏油田优秀员工	中石化技术能手	中石化QC成果一等奖	13813164349	10
80	江苏油田	徐晓泉	油田主管技师	采油高级技师		中央企业技术能手	江苏油田QC成果二等奖	15396778022	10

续表

序号	所属单位	完成人	职务	技术等级	政治荣誉	技能荣誉	获奖成果	联系电话	备注
81	中原油田地面工程抢维修中心	杨斌	油田主任技师	采油高级技师	中原油田工匠	集团公司技术能手	中原油田创新成果一等奖	13525262117	10
82	现河采油厂	杨智勇	首席技师	注水高级技师	中石化劳动模范	中石化技术能手	山东省设备管创新成果一等奖	18954626778	10
83	江苏油田	袁成武	油田主管技师	采油高级技师	江苏油田优秀共产党员	中石化技术能手	江苏油田优秀技能创新成果二等奖	13965645003	10
84	临盘采油厂	张棣	首席技师	采油高级技师	油田技术能手	中央企业技术能手		15621300161	10
85	孤岛采油厂	张东波	首席技师	车工高级技师		中石化技术能手	胜利油田优秀质量管理成果一等奖	13705468881	10
86	江苏油田	张峰	油田主管技师	采油高级技师	江苏油田青年岗位能手	中国石化技术能手	全国能源化学地质工会三等奖	13852197121	10
87	中原油田地面工程抢维修中心	张甲勇	油田主任技师	采油高级技师	中原油田工匠	集团公司技术能手	中原油田创新成果一等奖	13781379993	10
88	纯梁采油厂	张强	首席技师	采油高级技师	油田劳动模范	山东省技术能手	胜利油田2020年度优秀群众性创新成果二等奖	15169995169	10
89	华东油气分公司	张帅	主任技师	采油高级技师	江苏省五一创新能手	中石化技术能手	实用新型专利授权	13641588063	10
90	江汉油田	张文华	主任技师	采油高级技师	江汉工匠	中石化技术能手	全国石油石化系统职工创新成果二等奖	18508667261	10

续表

序号	所属单位	完成人	职务	技术等级	政治荣誉	技能荣誉	获奖成果	联系电话	备注
91	河口采油厂	张新林	首席技师	采油高级技师	油田先进个人	中石化技术能手	全国能源化学地质系统优秀职工技术创新成果一等奖	13774905389	10
92	中原油田地面工程抢修维修中心	张忠乾	油田主任技师	采油高级技师	中原油田工匠	集团公司技术能手	中原油田创新成果二等奖	13949718484	10
93	纯梁采油厂	赵心典	首席技师	采油高级技师		中石化技术能手	油田第六届为民技术创新奖三等奖	13210377278	10
94	临盘采油厂	赵学功	首席技师	采油高级技师		集团公司技术能手	油田为民技术创新奖二等奖	18654697217	10
95	江苏油田	朱国强	油气集输班站副经理	集输高级技师	江苏油田优秀员工	中石化技术能手	全国能源化学地质工会三等奖	13813169358	10
96	江苏油田	朱平	采油班站副经理	采油高级技师	江苏省五一劳动奖章	中石化技术能手	中国质量协会石油分会二等奖	15371266871	10
97	西南油气分公司	蔡明川	主任技师	气田水处理高级技师	四川省五一劳动奖章	局技术能手	国家实用新型专利	15984931702	11
98	中原油田地面工程抢修维修中心	彭经武	油田主任技师	采气高级技师	中原油田工匠	河南省技术能手	中国能源化学工会职工技术创新成果一等奖	13839278245	11
99	河口采油厂	张学木	办事员	工程师	中石化劳动模范		优秀技能人才技术创新成果采油采气专业一等奖	13561062944	11
100	江汉油田	陈飞	主任技师	采气高级技师		荆楚工匠	全国能源化学地质系统优秀职工技术创新成果三等奖	18508667261	12

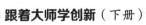

续表

序号	所属单位	完成人	职务	技术等级	政治荣誉	技能荣誉	获奖成果	联系电话	备注
101	桩西采油厂	牛军	首席技师	注水泵技师	山东省五一劳动奖章		山东省设备管理成果二等奖	15805465221	12
102	现河采油厂	陈庆卫	首席技师	采油高级技师	油田劳动模范	油田技术能手	山东省设备管理创新成果二等奖	18954626099	13
103	中原油田天然气产销厂	方祖红	油田主任技师	采气高级技师	中原油田劳模	中原油田技术能手	中原油田创新成果一等奖	13939361892	13
104	中原油田油气储运中心	冯玉民	油田主任技师	集输高级技师	中原油田劳模	中原油田技术能手	实用新型专利	13603383485	13
105	现河采油厂	耿曙光	首席技师	采油高级技师	油田劳动模范	油田技术能手	胜利油田职工群众性创新活动优秀成果奖	18954627123	13
106	中原油田濮城采油厂	牛建美	油田主任技师	集输高级技师	中原油田劳模	中原油田技术能手	中原油田创新成果二等奖	13663936176	13
107	河口采油厂	薛婷	主任技师	采油高级技师	油田劳动模范	油田技术能手	河口采油厂优秀职工创新成果一等奖	13210305855	13
108	河口采油厂	岳明东	主任技师	采油技师	油田劳动模范		河口采油厂优秀技能人才技术创新专业一等奖	15954630936	13
109	河口采油厂	范璇	责任技师	集输技师	油田三等功	胜利油田技术能手	胜利油田设备管理成果二等奖	18654468388	14
110	河口采油厂	高正泉	责任技师	集输高级技师	胜利油田文明建设先进个人	胜利油田技术能手	胜利油田设备管理成果二等奖	13954615335	14

续表

序号	所属单位	完成人	职务	技术等级	政治荣誉	技能荣誉	获奖成果	联系电话	备注
111	西南油气分公司	郭修杰	首席技师	采气高级技师	油田先进个人	油田技术能手	国家实用新型专利	18628155657	14
112	纯梁采油厂	韩荣华	首席技师	采油高级技师	油田文明先进个人	胜利油田技术能手	纯梁采油厂技术革新成果一等奖	18654604277	14
113	孤东采油厂	胡东胜	责任技师	电焊高级技师	个人三等功	胜利油田技术能手	胜利油田职工创新成果优秀奖	18554632652	14
114	东辛采油厂	皇甫自愿	首席技师	采油高级技师		胜利油田技术能手	山东省设备管理创新成果一等奖	15954635569	14
115	现河采油厂	康超勇	主任技师	采油高级技师	油田文明先进个人	油田技术能手	胜利油田优秀合理化建议三等奖	13561005734	14
116	东胜公司	李炎	责任技师	注水高级技师	东胜公司青年岗位能手	胜利油田技术能手	东胜公司工会委员会合三等奖	13854657015	14
117	河口采油厂	连业春	主任技师	集输高级技师	胜利油田文明建设先进个人	胜利油田技术能手	河口采油厂技能人才创新成果三等奖	15254601786	14
118	临盘采油厂	廖平川	主任技师	集输高级技师	油田文明建设先进个人	油田技术能手	采油厂为民技术创新奖二等奖	18562037309	14
119	纯梁采油厂	刘卫东	首席技师	集输高级技师	油田文明先进个人	胜利油田技术能手	纯梁采油厂技能革新成果一等奖	15666216232	14
120	石油开发中心	刘晓明	主任技师	采油高级技师	胜利油田劳动模范	油田技术能手	石油开发中心职工创新论坛创新成果二等奖	13864730392	14
121	江苏油田	陆登峰	油田主管技师	采油高级技师	江苏油田油水井动态分析能手	江苏油田技术能手	江苏油田QC成果三等奖	13852512815	14

续表

序号	所属单位	完成人	职务	技术等级	政治荣誉	技能荣誉	获奖成果	联系电话	备注
122	现河采油厂	罗胜王	主任技师	采油高级技师		油田技术能手	国家实用新型专利	13954632275	14
123	华东油气分公司	马斌		采气技师	CCUS维保马斌工作室领班办人	华东油气分公司技术能手		13952697120	14
124	鲁明公司	毛光明	责任技师	采油高级技师	油田文明建设先进个人	胜利油田技术能手	鲁明公司创新成果一等奖	15854131128	14
125	石油开发中心	孟松松		采油高级工	公司文明先进个人	公司技术能手	石油开发中心青工"五小"成果一等奖	13864730392	14
126	孤岛采油厂	苗一青	主任技师	采油高级技师		胜利油田技术能手	孤岛采油厂孤岛论坛设计类一等奖	13181861861	14
127	东辛采油厂	邵勇	首席技师	采油高级技师	胜利油田文明个人	胜利油田技术能手	胜利油田技师协会优秀合理化建议一等奖	13854699620	14
128	纯梁采油厂	史敬东	主任技师	采油高级技师	油田文明先进个人	胜利油田技术能手	山东省设备管理创新成果一等奖	15698089397	14
129	中原油田文留采油厂	宋成波	油田主管技师	采油高级技师	中原油田设备操作先进个人	中原油田技术能手	中原油田创新成果一等奖	13939389612	14
130	鲁胜公司	宋营营	责任技师	作业高级技师	油田局双文明建设优秀个人	油田技术能手	山东省设备管理技术创新成果一等奖	17705466036	14
131	河口采油厂	隋红臣	责任技师	采油高级技师	油田先进个人	油田技术能手	胜利油田群众性优秀技术创新成果三等奖	13181865436	14

续表

序号	所属单位	完成人	职务	技术等级	政治荣誉	技能荣誉	获奖成果	联系电话	备注
132	河口采油厂	孙文海	主任技师	采油高级技师	油田劳动模范	油田技术能手	全国能源化学地质系统优秀职工技术创新成果二等奖	13706479528	14
133	孤东采油厂	孙志刚	主任技师	集输高级技师	胜利油田创新创效能手	胜利油田技术能手	孤东采油厂QC成果一等奖	13954686509	14
134	东胜公司	全洪胜	主任技师	集输高级技师	胜利油田文明建设先进个人	胜利油田技术能手	油田技师协会胜分会胜理化建议一等奖	18006475119	14
135	孤岛采油厂	王海军	首席技师	采油高级技师	油田二等功	胜利油田技术能手	全国化学地质系统优秀职工创新一等奖	18606463682	14
136	滨南采油厂	王进峰	主任技师	采油高级技师	山东省青年岗位能手	胜利油田技术能手		18562115569	14
137	孤东采油厂	王勇	责任技师	电工技师	个人三等功	胜利油田技术能手	孤东采油厂基层创新成果二等奖	13287313731	14
138	桩西采油厂	吴凯胜	责任技师	采油技师	胜利油田青年岗位能手	胜利油田技术能手	胜利油田群众性优秀技术创新成果三等奖	13325059551	14
139	临盘采油厂	武振海	退休	采油高级技师	油田文明建设先进个人	油田技术能手	油田技术创新成果二等奖	13791310491	14
140	西南油气分公司	肖健	主管技师	采气技师		局技术能手	集团公司QC二等奖	13980115658	14
141	鲁明公司	谢立成	主任技师	采气高级技师	胜利油田文明建设先进个人	胜利油田技术能手	山东省设备管理创新成果一等奖	18654647737	14

续表

序号	所属单位	完成人	职务	技术等级	政治荣誉	技能荣誉	获奖成果	联系电话	备注
142	胜利采油厂	信思英		采油高级技师		胜利油田技术能手	油田五小成果和采油厂技术创新成果一等奖	18661389951	14
143	临盘采油厂	熊波	主任技师	作业技师		油田技术能手	国家实用新型专利	17353861224	14
144	鲁明公司	闫德刚	主任技师	采油高级技师	油田文明建设先进个人	胜利油田技术能手	胜利油田为民技术创新奖二等奖	13505443213	14
145	孤岛采油厂	燕瑞三	主任技师	采油高级技师		胜利油田技术能手	油田技师协会合理化建议三等奖	13210368139	14
146	天然气销售有限公司	张国新	主任技师	输气高级技师	胜利油田劳动模范	胜利油田技术能手	胜利油田技师协会优秀合理化建议二等奖	13365465116	14
147	河口采油厂	张海防	责任技师	油气管线安装高级技师		油田技术能手	河口采油厂优秀技能人才创新成果一等奖	13954516270	14
148	东辛采油厂	张洪军	首席技师	采油高级技师	胜利油田先进文明个人	胜利油田技术能手	胜利油田技师协会东辛采油厂分会优秀合理化建议二等奖	13792058295	14
149	孤东采油厂	张金利	首席技师	集输高级技师	胜利油田劳动模范	胜利油田技术能手	胜利油田设备管理成果三等奖	15954637827	14
150	纯梁采油厂	张永	集输主任技师	集输高级技师	油田文明先进个人	胜利油田技术能手	胜利油田2021年度群众性优秀技术创新成果二等奖	13181996018	14
151	滨南采油厂	赵爱华	首席技师	采油高级技师		胜利油田技术能手	胜利油田优秀质量管理成果三等奖	15166090220	14

续表

序号	所属单位	完成人	职务	技术等级	政治荣誉	技能荣誉	获奖成果	联系电话	备注
152	滨南采油厂	赵署生	主任技师	采油高级技师		胜利油田技术能手		13054635281	14
153	华东油气分公司	程旭	油田主管技师	采气技师	华东油气田优秀共产党员		国家实用新型专利	18652619893	15
154	胜利采油厂	丛峰	副站长	工程师	胜利油田先进个人		油田设备管理成果一等奖	18678638227	15
155	西北油田	杜林辉	采油管区总监	高级工程师	西北油田先进个人		自治区劳模引领性优秀创新成果	18997866918	15
156	河口采油厂	杜向利	油水井管理岗	采油高级工	油田先进个人		2020年胜利油田群众性优秀技术创新成果三等奖	15318393820	15
157	西北油田	李斌		集输技师	西北油田先进个人		采油一厂合理化建议一等奖	18699645933	15
158	胜利采油厂	李洪鑫	副站长	工程师	胜利油田先进个人		油田设备管理成果和采油厂技术创新成果二等奖	15605469298	15
159	河口采油厂	李军	指挥中心室经理	工程师	油田双文明个人		河口采油厂"一线生产难题揭榜挂帅"活动优秀技术创新成果二等奖	13361502228	15
160	西北油田	齐炜	油田主管技师	集输高级技师	西北油田安全先进个人		西北油田科技进步三等奖	13779346388	15
161	华东油气分公司	祁连军	主管技师	采油高级技师	华东油气田岗位技术能手	泰州采油厂岗位技术能手	国家实用新型专利	15105267370	15

续表

序号	所属单位	完成人	职务	技术等级	政治荣誉	技能荣誉	获奖成果	联系电话	备注
162	石油开发中心	沙志文	站长	集输技师	胜利油田文明先进个人	石油开发中心技术能手	山东省设备管理创新成果二等奖	18562118912	15
163	临盘采油厂	孙渊平	主任	高级工程师	油田优秀青年知识分子		局级科技进步二等奖	18615469645	15
164	鲁明公司	王秀芳	主任技师	采油高级技师	胜利油田技术创新能手		全国设备管理与技术创新成果二等奖	13465166002	15
165	桩西采油厂	王永刚	副站长	采油高级技师	胜利油田双文明个人		国家实用新型专利	13656478852	15
166	河口采油厂	蔚贝贝	责任技师	采油高级技师	油田先进个人		河口采油厂"一线生产难题揭榜挂帅"活动优秀技术创新成果二等奖	13518669943	15
167	滨南采油厂	吴斌	主任技师	采油高级技师	油田文明建设先进个人		胜利油田设备管理成果二等奖	18678640508	15
168	河口采油厂	张勇	副站长	工程师	油田文明建设先进个人		国家实用新型专利	13963357622	15
169	西北油田	赵鑫	油田主管技师	集输高级技师	西北油田安全先进个人		采油一厂合理化建议一等奖	13579483558	15
170	东胜公司	曹剑明	责任技师	集输技师	东胜公司文明建设先进个人	东胜公司技术能手	东胜公司五小成果二等奖	13054669789	16
171	江汉油田	冯俊	责任技师	采油高级技师	厂劳动模范		油田职工创新成果二等奖	18508667261	16
172	江汉油田	李军强	主任技师	采油高级技师	厂劳动模范	江汉工匠	全国能源化工地质系统优秀职工技术创新三等奖	1850866726	16

续表

序号	所属单位	完成人	职务	技术等级	政治荣誉	技能荣誉	获奖成果	联系电话	备注
173	鲁胜公司	毛群祥	责任技师	采油高级工	油田局双文明建设优秀个人	鲁胜公司技术能手	胜利油田设备管理创新成果二等奖	18654665551	16
174	临盘采油厂	高树峰		采油高级技师	采油厂文明建设先进个人	采油厂技术能手	油田群众性优秀技术创新成果二等奖	13953464706	17
175	石油开发中心	刘峰		采油高级工	公司文明先进个人	公司技术能手	石油开发中心职工创新论坛创新成果一等奖	13864730392	17
176	胜利采油厂	刘庆		采油高级技师	采油厂先进个人		采油厂技术创新成果二等奖	13165460565	17
177	临盘采油厂	王彪	站长	采油技师	油田文明建设先进个人	采油厂技术能手		15998767539	17
178	河口采油厂	王刚	技术室副经理	高级工程师	采油厂先进科技工作者		河口采油厂"一线生产难题揭榜挂帅"活动优秀技术创新成果一等奖	13361519727	17
179	胜利采油厂	王跃辉	副站长	采油高级技师	采油厂先进个人		油田群众性技术创新成果二等奖、国家实用新型专利	13082618187	17

后　记

本书从项目创新背景、结构原理作用、主要创新技术、技术经济指标、应用效益情况等5个展示维度出发，汇集、选编来自中国石化直属企业胜利、江汉、西北、西南、中原、河南、江苏、华东等8家油田166人参与完成的440项创新成果，总结归纳了陆上采油、海上采油、陆上采气、集输与注水等4个板块的创新成果，不仅是中国石化上游板块高技能人才创新成果的展示，也是指导基层员工解决生产疑难问题的工具书，更是引导广大青年员工学习创新、爱上创新、搞好创新、参与创新的启明星，具有一定的典型性、实践性和可操作性，真心希望广大读者能从中得到教益和启发。

在中国石化成立40周之际，国家级代旭升技能大师工作室、全国示范性劳模创新工作室，牵头中国石化系统内26个技能大师创新工作室成立编撰专班。代旭升承担全书的统稿、审稿、修改等工作；陆上采油第一节、第二节126个项目由杜国栋审核，第三、第四节106个项目由唐守忠审核，第五到第九节102个项目由孟向明审核。海洋采油全部27个项目由程强审核，陆上采气全部23个项目由李志明审核，集输、注水全部56个项目由毕新忠审核，全面、真实、系统地收集、整理行业内技能大师、劳模工匠们积淀形成的创新、创造的方法、解疑释惑的思路、日积月累的经验和发明创造的成果。书中75%以上创新成果获国家发明专利和实用新型专利授权，其中有1项获国家科技进步奖。

全书编写人员广泛收集资料，多方求证、核查落实、去伪留真，全面、真实记录技能工人由小改小革到发明创造的艰辛历程，字里行间充满着编者的心血和汗水，处处闪耀着劳模精神、劳动精神、工匠精神和石油石化优良传统的光芒。在此，对为本书收集、整理、编写、出版作出贡献的同志们表示崇高的敬意。同时，衷心感谢胜利油田常务副书记韩辉，胜利油田宣传文化首席专家、宣传部部长国梁，胜利油田党委组织部（人力资源处）高级主管梁晓东等领导和同志们对这本书的编写工作的大力支持。衷心感谢中国石化出版社社长黄志华、分社长宋春刚和程庆昭、高级专家周洪成、责任编辑庄嘉翠等同志对本书编写和出版发行所做出的贡献。

由于时间紧迫、工作量大，加之水平所限，疏漏和不足之处在所难免，诚望读者批评指正。

编　者
2023年7月20日